普通高等教育“十一五”国家级规划教材

土力学与基础工程

陈晓平　主编

内 容 提 要

本书为普通高等教育“十一五”国家级规划教材，系统阐述了土力学的基本理论、建筑物常用基础类型的设计与分析方法、地基处理技术等，适当介绍了一些设计新理念和新方法，教材中的符号、术语和计量单位均依照新的国家规范，各章附有例题、思考题和习题。

全书共分14章，包括：绪论，土的物理性质及工程分类，土的渗透性，土中应力，土的压缩性和地基沉降计算，土的抗剪强度，土压力及挡土墙，地基承载力和土坡稳定，天然地基上浅基础设计，连续基础，桩基础与其他深基础，软土地基处理，基坑工程，特殊土地基等。

本书可作为高等院校土木与水利工程专业及相关专业的教学用书，也可作为相应专业工程设计人员、研究人员的参考用书。

图书在版编目（CIP）数据

土力学与基础工程 / 陈晓平主编．—北京：中国水利水电出版社，2008

普通高等教育“十一五”国家级规划教材

ISBN 978-7-5084-5892-2

Ⅰ．土…　Ⅱ．陈…　Ⅲ．①土力学-高等学校-教材②基础（工程）-高等学校-教材　Ⅳ．TU4

中国版本图书馆CIP数据核字（2008）第143039号

书　名	普通高等教育“十一五”国家级规划教材 **土力学与基础工程**
作　者	陈晓平　主编
出版发行	中国水利水电出版社 （北京市海淀区玉渊潭南路1号D座　100038） 网址：www.waterpub.com.cn E-mail：sales@waterpub.com.cn 电话：（010）68367658（营销中心）
经　售	北京科水图书销售中心（零售） 电话：（010）88383994、63202643 全国各地新华书店和相关出版物销售网点
排　版	中国水利水电出版社微机排版中心
印　刷	北京市地矿印刷厂
规　格	184mm×260mm　16开本　23.25印张　551千字
版　次	2008年12月第1版　2010年6月第2次印刷
印　数	4001—7000册
定　价	**38.00**元

前言

“土力学与基础工程”是土木工程、水利工程等专业的必修课，也是其他一些工科专业的选修课。目前有两种课程设置模式：一是将“土力学”与“基础工程”作为前后两门课程；另一种是将“土力学与基础工程”或“土力学与地基基础”作为一门课程。两种课程设置所涉及到的内容差别并不太大，但在内容的详略上有所不同，本教材力图兼顾此两种课程设置模式。

土力学是用力学的基本原理和土工测试技术，研究土体的工程性质和在力系作用下的反应，是强烈依赖于实践的科学；基础工程是以土力学作为理论基础，研究地面以下与岩土材料有密切联系的工程的设计、施工与管理，是土力学的后继课程。因此，本教材的重要特点之一就是尽可能地体现理论与实践的结合。但由于该学科远不是一门已经具有严密理论体系的学科，所以本教材还给出必要的工程实例和思考空间，以培养学生的兴趣，发掘专业潜质。

本教材于2006年经教育部批准列为普通高等教育“十一五”国家级规划教材。在参阅大量有关文献的基础上，确定了以土力学的基本理论为核心，以常规基础工程设计和地基处理技术为重要内容，考虑学科发展水平以适当介绍目前尚处于初步应用阶段的设计新理念和新方法的编写原则，并对基础工程设计中一些不可回避的问题，如上部结构与地基基础的共同作用、深基坑支护工程计算与分析等进行了专门阐述。本教材中的符号、术语和计量单位均依照新的国家规范，各章相互衔接，前后一致，并附有例题、思考题和习题。

本教材共分14章，其编写人员及分工如下：绪论、第1～6章由暨南大学陈晓平编写；第7、12章由广东工业大学张建龙编写；第8、11章由暨南大学胡辉编写；第9章由暨南大学陈晓平、华南理工大学潘健编写；第10章由武汉大学傅旭东编写；第13章由福州大学刘毓川编写；第1～6章思考题和习题由暨南大学吴起星编写。本教材由陈晓平统稿、修改和定稿。

在写作方法上本教材充分考虑了本科教学的特点和需要，力求线条清晰，理论准确、简洁，便于讲解，并与工程技术规范保持一致。限于水平，书中难免有不当之处，敬请读者和同行专家不吝指正。

编者

2008 年 7 月

目录

绪　论

0.1　土力学与基础工程概念

土力学是研究土体应力、变形、强度和渗流等特性及其规律的一门学科，即用力学的基本原理和土工测试技术研究土体的工程性质和在力系作用下土体性状的学科。土力学学科可以被认为是力学学科的一个分支，但由于土是具有复杂性质的天然材料，所以在运用土力学理论解决各类土工问题时，尚不能像其他力学学科一样具备系统的理论和严密的数学公式，而必须借助经验、试验辅以理论计算。所以，土力学是一门强烈依赖于实践的学科。

基础工程包括地基与基础，是以土力学作为学科理论基础，研究地面以下工程的设计、计算、施工、管理，该类工程的重要特点是与岩土材料有密切联系：或以岩土作为支撑（地基），或以岩土作为环境介质（地下空间），或以岩土作为建筑材料（堤坝），因而其分析方法既基于结构工程，又显著区分于上部结构；既要考虑其结构的特性，又要注意与其土（岩）的相互作用。基础工程与土力学互为理论与应用。

土是地壳岩石经受强烈风化的天然历史产物，是各种矿物颗粒的集合体。土由固体颗粒、水和空气三相组成，可分为无黏性土和黏性土，前者颗粒间互不联结、完全松散，后者颗粒间虽有联结、但联结强度远小于颗粒本身强度。土与其他连续固体介质相区别的最主要特征就是其多孔性和散体性，由此导致了土体的一系列物理特性和力学特性。另外，由于自然地理环境和沉积条件的区域性特征，还形成了一些具有特殊性质的土。

土层承担建筑物荷载之后其内部应力状态会发生变化，工程上把受建筑物影响其应力发生变化从而引起物理、力学性质发生可感变化的那一部分土层称为地基。当地基由两层以上土层组成时，通常将直接与基础接触的土层称为持力层，其下的土层称为下卧层。基础结构则是指建筑物向地基传递荷载的下部结构，起着传递荷载的作用。基础工程包括地基与基础结构，以及一些与岩土体有关的工程技术问题。

基础有多种型式，但从分类上，可以把相对埋深（基础埋深与基础宽度之比）不大，采用一般方法与设备施工的基础称为浅基础；而把基础埋深超过某一值，且需借助于特殊的施工方法才能将建筑物荷载传递到地表以下较深土（岩）层的基础称为深基础。如果天然土层可以直接作为建筑物地基，就称其为天然地基，而需经人工加固处理后才能作为建筑物地基的则称为人工地基。

建筑物的上部结构、基础与地基三部分功能各异，工作于不同环境，通过之间的联系构成了一个既相互制约又共同工作的整体，合理的分析方法应同时考虑各接触点的静力平衡和变形协调。

0.2　学科的重要性

土力学与基础工程包括土力学理论和基础工程设计两大部分。

土的种类繁多，力学特性与工程性质都十分复杂，并具有不可忽视的离散性和不确定性。基础工程位于地面以下，系隐蔽工程，一旦发生质量事故，补救和处理往往非常困难，甚至完全不可能补救。因此，土力学与基础工程学科的最大特点是有较多的不知及不可知，学科的发展基于不断的发现与验证，发展过程更多的是实践先于理论。

本门学科的重要性可以通过建筑史上若干工程的质量事故来说明。

意大利比萨斜塔，始建于1174年，竣工于1370年，高约55m，是建筑物倾斜的典型实例。该塔在建筑过程中即因地基原因造成塔身倾斜而两次停工，建成之后一直以斜塔的型式成为史上最珍贵的文物之一。据记载，几世纪以来为了保持其斜而不倒的身姿，对地基和塔身进行了多次加固，采用的方法包括卸荷处理、防水灌浆、堆载反压、塔基下横向取土、基础加固等，所积累的成功经验和失败教训对土力学理论与实践有重要的意义。

中国苏州虎丘塔，落成于961年，高约47.5m，由于地基非均匀沉降导致塔身严重倾斜并开裂。至20世纪80年代开始对其进行地基加固，采用了桩排式地下连续墙围箍、钻孔注浆、树根桩基础加固的方法。

中国上海展览中心，开工于1954年，中央大厅采用框架结构、箱形基础，埋深7.27m。由于地基为高压缩性淤泥质黏土，厚约14m，所以建成当年就下沉60cm，1979年9月测得平均沉降量达160cm。由于沉降差过大，导致中央大厅与两翼展览馆部分连接断裂，影响了工程的正常使用。

加拿大特朗斯康谷仓，建于1941年，上部结构由65个圆柱形筒仓组成，高约31m，平面尺寸为59.4m×23.5m，采用筏板基础。建成后初次储存谷物便造成西侧突然下陷8.8m，东侧抬高1.5m，仓身倾斜27°。事后发现事故原因是由于基础下埋藏有厚达16m的软黏土层，储存谷物使基底平均压力达330kPa，超过了地基的极限承载力（280kPa），因而地基发生强度破坏而产生整体滑动，造成建筑物失稳。事后为修复筒仓，在基础下设置了70多个支承于基岩的混凝土墩，使用了388只500kN的千斤顶，才逐渐将倾斜的筒仓扶正，但修复后的位置比原来降低了4m。

大量工程事故说明，建筑物发生的事故很多与基础问题有关，涉及土力学理论和基础工程设计。没有地基及基础的安全稳定，任何土木工程都是难以保证其正常使用或安全稳定的。

学科重要性的另一个体现是其造价和施工工期在建筑总造价和总工期中所占的比例，虽然这一比例与多种因素有关，包括上部结构型式和层数、基础结构型式、地质条件、环境条件等，但就目前的建筑规模而言，都会占到一个相当大的比例。如对钢筋混凝土结构和一般地质条件，采用箱型基础或筏基的多层建筑，其基础工程的费用约占建筑总费用的20%，高的可达30%，相应的施工工期约占建筑总工期的20%～25%，一般桩基础与之相近，有的稍高。对于高层建筑，其地基基础工程设计要求和施工中的技术难度均会进一步提高。

随着经济建设的发展和人均土地资源的有限，充分利用各种不良地基、不占或少占耕地、最大限度地提高土地利用率，都将使土力学与基础工程在社会发展中占有越来越重要的地位，并对本门学科提出了越来越高的要求。

0.3 学科的发展简史

土力学与基础工程学科的发展远不如其他经典力学，但作为一门工程技术，却有着悠久的历史，古代许多宏伟工程的成功实施和长久使用，都从技术水平上体现了这门应用学科的理论与实践。

下述几个古典理论被认为是土力学理论的重要组成。

1773年，法国学者库仑（Coulomb）根据砂土试验成果建立了砂土的抗剪强度公式，根据刚滑动楔体理论提出了计算挡土墙背填土压力的计算方法。

1855年，法国学者达西（Darcy）根据试验创立了土的层流渗透定律。

1857年，英国学者朗肯（Rankine）发表了挡土墙土压力塑性平衡理论。

1885年，法国学者布辛奈斯克（Boussinesq）求导了弹性半空间表面竖向集中力作用时的应力、应变理论解答。

上述古典理论对于本学科的建立和发展起了很大的推进作用，一直被沿用至今。20世纪20年代后，有关研究有了较快的发展，其重要理论包括1915年由瑞典彼得森（Petterson）首先提出、后由费兰纽斯（Fellenius）等人进一步发展的土坡稳定分析的整体圆弧滑动面法，以及1920年由法国学者普朗德尔（Prandtl）提出的地基剪切破坏时的滑动面形状和极限承载力公式。1925年，奥裔美国学者太沙基（Terzaghi）出版了第一部专著《土力学》(*Erdbaumechanik*)，比较系统地阐述了土的工程性质和有关的土工试验成果，所提出的有效应力原理和固结理论将土的应力、变形、强度、时间等有机联系，使之能有效地解决一系列土工问题。太沙基专著的问世，标志着近代土力学的开始，使得土力学成为一门独立的学科。1948年，太沙基与佩克（R. Peck）出版了《工程实用土力学》(*Soil Mechanics in Engineering Practice*)，该书在土力学理论的基础上，将理论与测试技术和工程经验密切结合，不仅推动了土力学和基础工程作为一门工程学科的发展，而且强调了该门学科中实践的重要地位。

基于土力学理论的基础工程有更悠久的技术历史，以深基础为例，1981年在智利的蒙特维尔德附近的森林里发现一间支承在木桩上的木屋，据美国肯塔基大学的考古学家的考证，该桩基至今已有12000～14000年的历史。其他特殊深基础如沉井、沉箱和地下连续墙等也有很长的应用历史。据考证，1738年瑞士工程师查尔斯·拉贝雷（Charles Labelye）在伦敦泰晤士河上建造桥梁时就采用了80英尺长、30英尺宽、16英尺深的木沉井，沉井在岸上制作，然后利用潮水拖运到位并下沉，沉井顶面设计标高高于最低潮位，以利用低潮时抽干井内水，砌筑块石桥墩。1850年又创造出气压沉箱，以达到更大的埋置深度和提供更大的承载力。历史上有许多著名的建筑物是采用气压沉箱建造的，如1869～1872年在美国纽约修建的布鲁克林大桥（Brooklyn Bridge）基础，1885年法国巴黎修建的艾菲尔铁塔基础，以及 1901 年在纽约修建的摩天大楼（Sky－scraper）基础等。

我国最早的桩基础发现于浙江省河姆渡的原始社会居住遗址中，大约出土了占地约 4 万 m^2 的木结构遗存，其中有数百根尺寸不等的圆桩和方桩，是迄今为止发现的规模最大的木桩遗层，经考古测定，该处浅层和深层文化层大约分别距今 6000 年和 7000 年。另外，从北宋一直保存到现在的上海市龙华镇龙华塔（977 年重建）和山西省太原市晋祠圣母殿（建于 1023～1031 年）都是我国现存的采用桩基的古建筑。另外，古代黄河上的“沉梢”和“沉排”的方法，即将树枝扎成捆编成筏排，抛填块石压沉到河底来护岸、护底和筑坝，被认为是沉井沉箱基础的雏形；1894 年竣工的由詹天佑主持修建的天津滦河大桥是我国最早采用沉箱基础的成功实例；20 世纪 30 年代，由茅以升设计的钱塘江大桥的正桥 15 个桥墩均采用了沉箱施工。

20 世纪 70 年代以后，随着现代科技成就在该领域的逐步渗透，试验技术和计算手段都有了长足进步，由此将更多的未知变成了已知或正在成为已知，在理论方面，一些标志性的研究成果，如：土的非线性应力—应变关系、考虑土的各种特性的本构模型、土与结构物共同作用特性、土的非饱和特性、土的剪胀特性、土的加工硬化和软化特性、土的动力特性等，使得土力学理论逐渐成为一门包罗丰富的现代力学学科。在基础工程应用技术方面，各类工程的兴建，如：超高层建筑物、复杂的高速公路路基、大和特大桥梁基础、地质条件和水文条件极为特殊的水利工程等，使得原有的工程技术不断被改进和发展，由此极大地推动了基础工程的发展，特别是在桩工技术、建筑物抗震技术、深大基坑开挖和支护技术、软弱土及特殊土处理技术、土工合成材料应用技术等方面取得了令人关注的成就。

第一届国际土力学及基础工程会议于 1936 年在美国召开，之后陆续召开了 17 届。中国土木工程学会于 1957 年设立了土力学及基础工程委员会，并于 1978 年成立了土力学及基础工程学会。1962 年在天津召开了第一届全国土力学及基础工程学术会议，之后至 1994 年共召开了七届，第八届开始改名为土力学及岩土工程学术会议，至 2007 年召开了第十届。由于中国地域广大且土质多样，加之中国建筑行业的持续多年不衰，使得中国成为经济发展中涉及土力学与基础工程学科最深、最广、最多的国家，通过在土木、水利、道桥、港口等有关工程中逐一解决大量复杂的问题，为该门学科积累了丰富的理论和工程经验。

由于土的性质的复杂，土力学与基础工程还远没有成为具有严密理论体系的学科，需要不断的实践和研究。

0.4　学科的特点及课程学习要求

土力学与基础工程的特点之一是理论性和实践性均较强。传统的理论构成了学科的基本框架，不同的工程需求决定了学科本身是一门实用的学问。由于形成地基土的各异的自然条件造成了土体性质的千差万别，不同地区的土有不同的特性，即使是同一地区的土，其特性在水平方向和深度方向也可能存在较大的差异。所以，不可能用某些统一的数学或力学模型来描述土的特性、解决各种不同的实际问题。一个最优的基础工程设计方案不仅需要设计与分析理论的正确，从某种意义来说，更依赖于完整的地基土资料和工程经验。所以，经验的提炼和力学理论的借鉴，永远是该学科的重要部分和发展基础。

该学科的另一特点是知识更新周期较短。随着与之有关的建设行业的迅速发展，该学科不断面临新的问题，如基础型式的创新、地下空间的开发、软土地基的处理、新的土工合成材料的应用等，从而导致新的技术、新的设计方法不断涌现，且往往是实践促使理论不断丰富和完善。

根据学科特点，本课程的学习要求是：了解课程性质；掌握土的基本物理性质和力学特性；掌握土的物理指标、土的压缩指标、土的抗剪强度指标的常规试验理论与操作技术；掌握一般土工建筑物的计算理论和方法；能分析和解决基础工程的基本问题。

除绪论外，本教材共分13章。

第1章土的物理性质及工程分类是本课程的基础知识，要求了解土的组成，掌握土的物理性质指标的定义及有关测试方法，掌握三相比例指标的换算关系，熟悉土的分类方法。

第2～5章是本课程的重要理论部分，其中第2章土的渗透性要求掌握土的渗透规律、渗透指标的测试方法及影响因素，渗透破坏的控制；第3章土中应力要求掌握土中自重应力、地基附加压力、地基附加应力的概念及计算方法；第4章土的压缩性和地基沉降计算要求掌握土的压缩指标及测定方法、应力历史对土的压缩性的影响、地基沉降计算方法、饱和土的有效应力原理和单向固结理论；第5章土的抗剪强度要求掌握土的抗剪强度规律、抗剪强度指标的测试、抗剪强度指标选用、应力历史等对抗剪强度的影响。

第6～7章是运用土力学理论解决工程中的基本问题，其中第6章土压力及挡土墙要求了解挡土结构类型及作用于挡土墙的土压力的产生条件，掌握各种情况下土压力的计算方法和挡土墙设计的基本方法，了解新型挡土墙结构特点和应用前景；第7章地基承载力和土坡稳定要求了解地基破坏模式，掌握土的极限平衡原理和条件，掌握临界荷载和地基承载力的确定方法，掌握土坡稳定分析方法。

第8～10章为常见基础工程类型的设计与分析，其中第8章天然地基上浅基础设计要求能够根据现行规范进行浅基础的选型、布置及基本设计；第9章连续基础要求建立上部结构与地基基础共同作用的概念，掌握Winkler地基模型，了解连续基础的分析方法；第10章桩基础和其他深基础要求了解桩的类型，掌握竖向荷载单桩的承载性状及承载力的计算方法，了解竖向荷载群桩的工作性状和水平荷载桩的计算方法，掌握桩基础设计方法，了解其他深基础分析方法。

第11～13章为运用土工原理对土体进行改良、加固、支挡的设计与分析，其中第11章软土地基处理要求掌握地基处理的基本方法及适用条件，了解地基处理的某些新技术及应用前景；第12章基坑工程要求掌握现行规范中列出的常规基坑支护结构上作用的土压力的计算，了解各支护型式的设计方法；第13章特殊土地基要求对不同于一般土类的特殊土的性质有较好了解，并了解针对其特征应该采取的工程措施。

本课程与工程地质、水力学、结构力学、建筑材料、施工技术等学科有密切关系，涉及学科领域广，综合性强，建议在学习本课程时既要注意与其他学科的联系和本课程的前后联系，又要注意紧紧抓住土体的强度和变形这一核心问题，根据土与结构物共同作用特性来分析和处理基础工程问题。

第1章 土的物理性质及工程分类

土是地壳表层岩石经受自然界风化、剥蚀、搬运、沉积的产物，是大小、形状和成分都不相同的各种矿物颗粒的集合体。在天然状态下，土是由固体、液体和气体三部分所组成的三相体系。固体部分由矿物颗粒或有机质组成，构成土的骨架。骨架间有许多孔隙，可为水、气所填充。若土中孔隙全部为水所充满时，称为饱和土；若孔隙全部为气体所充满时，称为干土；若孔隙同时有水和空气存在时，称为非饱和土。土体三个组成部分本身的性质以及它们之间的比例关系和相互作用即为土的物理性质，可以反映出土的不同特性，并可据此对土进行分类和鉴定。同时，土的物理性质指标又都与土的力学性质发生联系，并在一定程度上决定着土的工程性质。

本章主要讲述土的组成、土的结构与构造、土的基本物理性质指标及有关特征，以及土的工程分类。

1.1 土 的 组 成

1.1.1 土中固体颗粒

土中固体颗粒即为土的固相，其大小、形状、矿物成分以及大小搭配情况对土的物理力学性质有明显影响。

1. 土的颗粒级配

土的颗粒大小称为粒度，通常用粒径表示。工程上将各种不同的土粒按其粒径范围划分为若干粒组，各粒组随着分界尺寸的不同呈现出一定质的变化。划分粒组的分界尺寸称为界限粒径。表1-1为国内常用的土粒粒组界限划分标准及各粒组的主要特征。表中根据《土的分类标准》（GBJ 145—90），以界限粒径200mm、60mm、2mm、0.075mm、0.005mm把土粒分为六大粒组：漂石（块石）、卵石（碎石）、圆砾（角砾）、砂粒、粉粒和黏粒。

为了表示天然土体中土粒的大小及组成情况，通常以土中各个粒组的相对含量（即各粒组占土粒总量的百分数）来表示，称为土的颗粒级配。

确定各粒组相对含量的方法称为颗粒分析试验，有筛分法、密度计法和移液管法。筛分法适用于粒径小于等于60mm、大于0.075mm的粗粒组，密度计法和移液管法适用于粒径小于0.075mm的细粒组。当土中粗细兼有时，则可联合使用筛分法和密度计法或筛分法和移液管法。

筛分法试验是将事先称过质量的风干、分散的代表性土样通过一套从上至下孔径逐渐减小的标准筛，称出留在各筛上的土质量，然后计算占总土粒质量的百分数。

密度计法和移液管法都属于沉降分析法，适用于粒径小于0.075mm的试样，此类方

表 1-1 土粒粒组的划分

粒组统称	粒组名称		粒径范围(mm)	一般特征
巨粒	漂石或块石颗粒		>200	透水性很大,无黏性,无毛细水
	卵石或碎石颗粒		200~60	
粗粒	圆砾或角砾颗粒	粗	60~20	透水性大,无黏性;毛细水上升高度不超过粒径大小
		中	20~5	
		细	5~2	
	砂粒	粗	2~0.5	易透水,当混入云母等杂质时透水性减小,而压缩性增加;无黏性,遇水不膨胀,干燥时松散;毛细水上升高度不大,随粒径变小而增大
		中	0.5~0.25	
		细	0.25~0.1	
		极细	0.1~0.075	
细粒	粉粒	粗	0.075~0.01	透水性小,湿时稍有黏性,遇水膨胀小,干时稍有收缩;毛细水上升高度较大较快,极易出现冻胀现象
		细	0.01~0.005	
	黏粒		<0.005	透水性很小,湿时有黏性、可塑性,遇水膨胀大,干时收缩显著;毛细水上升高度大,但速度较慢

注 1. 漂石、卵石和圆砾颗粒均呈一定的磨圆形状(圆形或亚圆形);块石、碎石和角砾颗粒都带有棱角。
2. 粉粒或称粉土粒,粉粒的粒径上限 0.075mm 相当于 200 号标准筛的孔径。
3. 黏粒或称黏土粒,黏粒的粒径上限也有采用 0.002mm 的。

法根据球状细颗粒在水中下沉速度与颗粒直径的平方成正比的原理,把颗粒按其在水中的下沉速度进行粗细分组。在实验室内具体操作时,是利用比重计或移液管法测定不同时间土粒和水混合悬液的密度,据此计算出某一粒径土粒占总土粒质量的百分数。

根据颗粒分析试验结果,可绘制如图 1-1 所示的颗粒级配曲线。图中纵坐标表示小于某粒径的土粒含量百分比,横坐标表示土粒的粒径,以 mm 表示。由于土体中所含粒组的粒径往往相差很大,而细粒土的含量对土的性质影响显著,因此,为了清楚表示细粒土含量,通常将粒径的坐标取为对数坐标。

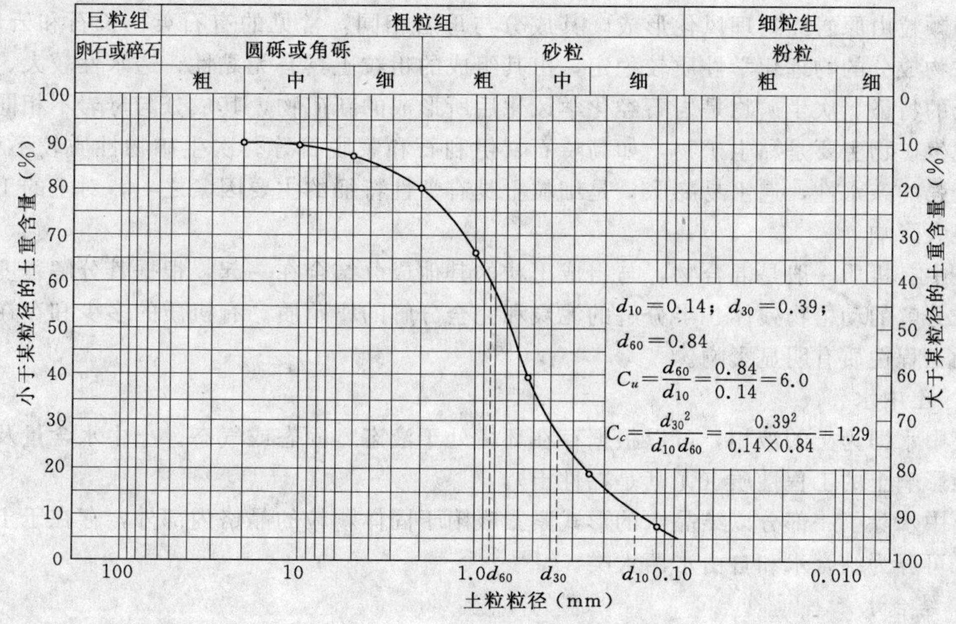

图 1-1 颗粒级配曲线

由颗粒级配曲线可求得各粒组的相对含量，如图 1-1 所示土样，砂粒占 73%，中细砾粒占 10%。

图 1-1 中级配曲线的坡度和曲率是判断土的级配状况的重要依据。如曲线平缓、分布宽，表示土粒大小不均，级配良好；反之则表示颗粒粒径相差不大，粒径较均匀，级配不良。

为了定量反映土的不均匀性，工程上常用不均匀系数 C_u 和曲率系数 C_c 来描述颗粒级配情况，其计算式为

$$C_u = \frac{d_{60}}{d_{10}} \tag{1-1}$$

$$C_c = \frac{d_{30}^2}{d_{10}d_{60}} \tag{1-2}$$

式中：d_{60} 为限定粒径、d_{10} 为有效粒径，分别表示土中小于某粒径的土的质量占土的总质量的 60%、10%时对应的粒径；d_{30} 为中值粒径，表示小于某粒径的土粒质量累计百分数为 30%时对应的粒径。

不均匀系数 C_u 反映不同粒组的分布情况，对于级配连续的土，C_u 越大，表示土粒越不均匀。工程上把 $C_u<5$ 的土视为级配不良的土；$C_u>10$ 的土视为级配良好的土。

曲率系数 C_c 反映级配曲线的整体形状，对于级配不连续的土，采用单一指标 C_u 不能准确判定土的级配情况，需参考曲率系数值。一般认为，砾类土或砂类土同时满足 $C_u \geqslant 5$ 和 $C_c=1 \sim 3$ 两个条件时，则定名为良好级配砾（砂）。

级配良好的土，较粗颗粒间的孔隙可以被较细的颗粒所填充，因而土的密实度较好。

2. 土粒的矿物成分

土中固体颗粒的矿物成分包括矿物质和少量有机质。

土粒的矿物成分取决于母岩的矿物成分及风化作用，可分为原生矿物和次生矿物。原生矿物颗粒由原岩经物理风化形成，其成分与母岩相同，常见的有石英、长石和云母等。这种矿物成分的物理化学性质较稳定，由其组成的粗粒土具有无黏性、透水性较大、压缩性较低的特征。次生矿物是岩石经化学风化后所形成的新矿物，其成分与母岩不相同，土中的次生矿物主要是黏土矿物，如高岭石、伊利石和蒙脱石等。次生矿物性质较不稳定，具有较强的亲水性，遇水易膨胀，是细粒土具有塑性特征的主要因素之一，对土的工程性质有很大影响。

土中有机质一般是混合物，与组成土粒的其他成分结合在一起，根据其分解程度可被分为未分解的动植物残体、半分解的泥炭和完全分解的腐殖质。有机质的多少和存在方式对土的工程性质有明显影响。

1.1.2 土中水

土中水即为土的液相，可以根据存在环境处于液态、固态或气态。土中水含量及性质明显地影响土的工程性质（尤其是黏性土）。

土中水除了一部分以结晶水的形式紧紧吸附于固体颗粒的晶格内部外，存在于土中的液态水可分为结合水和自由水两大类。

1. 结合水

结合水是指受电分子引力吸附于土粒表面成薄膜状的水。根据受电场作用力的大小及

离颗粒表面远近，结合水又可以分成强结合水和弱结合水两类，如图 1-2 所示。

(1) 强结合水。指紧靠于颗粒表面的结合水，受表面引力作用定向排列，性质接近于固体，不服从静水力学规律。冰点可降至-78℃，密度约为 $1.2\sim2.4\text{g/cm}^3$，只有吸热变成蒸汽(温度一般达 105℃以上) 时才能移动。

(2) 弱结合水。指强结合水以外、电场作用范围以内的水，亦称薄膜水。弱结合水也受颗粒表面电荷所吸引成定向排列于颗粒四周，但电场作用力随着与颗粒距离增大而减弱。弱结合水是一种黏滞水膜，不受重力作用，也不能传递静水压力，但能在电场引力下发生移动。弱结合水的存在及水膜的厚度是黏性土在某一含水量范围内表现出可塑性的根本原因。

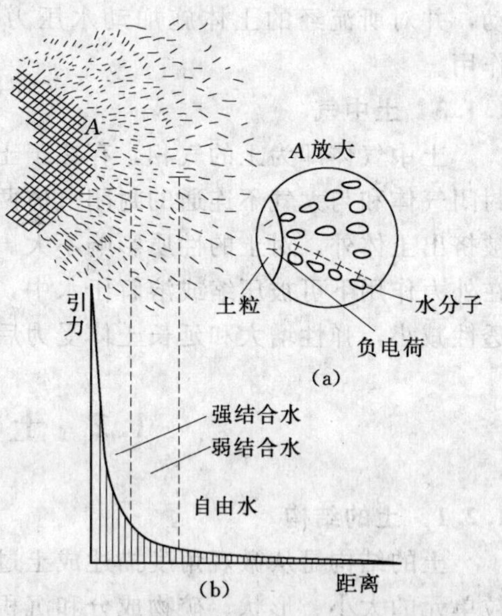

图 1-2 结合水示意图

(a) 极化了的水分子；(b) 土粒表面引力分布

2. 自由水

自由水是存在于土粒表面电场影响范围以外的水。它的性质和普通水无异，能传递静水压力，冰点为 0℃，有溶解能力。自由水按其所受控制力的不同又可分为毛细水和重力水。

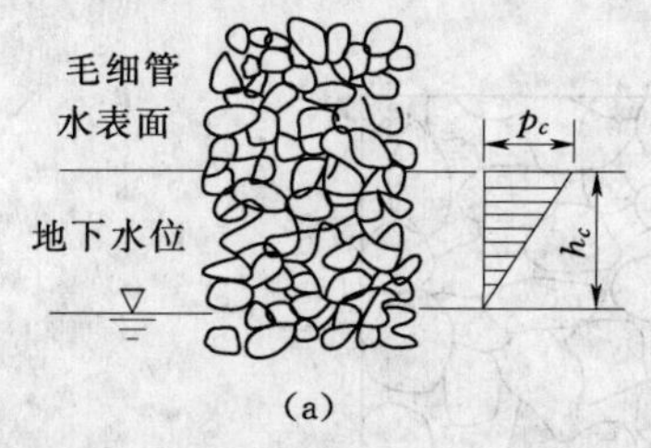

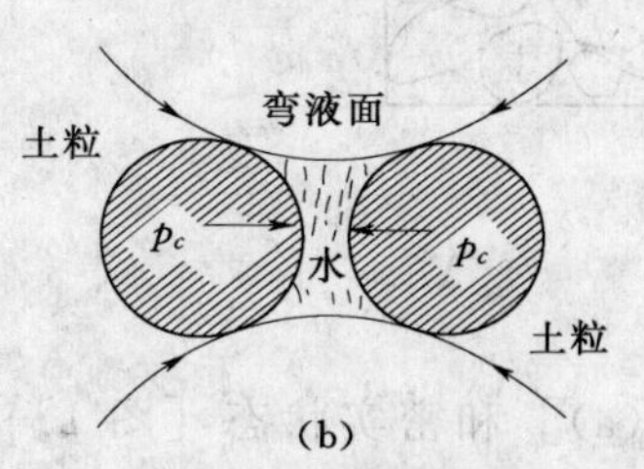

图 1-3 毛细水示意图

(1) 毛细水。毛细水是存在于地下水位以上的自由水。土体内部间相互贯通的孔隙，可以看成是许多形状不一、直径互异、彼此连通的毛细管，在水气交界面处弯液面上产生的表面张力作用下，土中自由水从地下水位通过毛细管逐渐上升，形成高度为 h_c 的毛细水，如图 1-3 (a) 所示，并根据其与地下水面是否联系可分为毛细上升水和毛细悬挂水。所以毛细水主要受表面张力的支配，上升高度和速度取决于土的孔隙大小和形状、颗粒尺寸和水的表面张力等，可用试验方法或经验公式确定。一般来说，粒径大于 2mm 的颗粒可不考虑毛细现象；极细小的孔隙中，土粒周围有可能被结合水充满，亦无毛细现象。

土中由毛细管作用上升的水柱 h_c 的重力经弯液面传递，形成使相邻土粒挤紧的毛细压力[图 1-3 (b)]。若以大气压力作为基准面，这种水对骨架产生的毛细压力就会按静水压力的规律，呈 $-\gamma_w h_c$ 到 0 的倒三角分布[图 1-3 (a)]。毛细管压力 $p_c=-\gamma_w h_c$ 称为负孔隙水压力(即孔隙水吸力)，可使无黏性土表现出一定的黏聚力，使湿砂具有一定的可塑性。通常将毛细管压力所形成的无黏性土粒间的联结力称为“似黏聚力”，当土体在完全浸没或完全干燥条件下，弯液面消失，毛细压力变为零，似黏聚力现象也随之消失。

(2) 重力水。重力水存在于地下水位以下的透水土层中，是受重力或水头压力作用的自由水。重力水对于土粒和结构物水下部分有浮力作用，在重力作用下能在土体孔隙中流动，并对所流经的土体施加动水压力。在土力学计算中必须考虑重力水的浮力及渗流作用。

1.1.3　土中气

土中气体即为土的气相，存在于土孔隙中未被水占据的部分，可分为与大气连通的非封闭气体和与大气不连通的封闭气体两种。非封闭气体成分与空气相似，受外荷作用时易被挤出土体外，对土的性质影响不大。封闭气体一般以封闭气泡的形式存在于细粒土中，在外力作用下可被压缩或溶解于水中，不能逸出，压力减小时又能有所复原，可使土的渗透性减小，弹性增大和延长土体受力后变形达到稳定的历时。

1.2　土的结构和构造

1.2.1　土的结构

土的结构是从微观角度描述成土过程中所形成的土粒的空间排列及其联结形式，与土粒单元的大小、形状、矿物成分和沉积条件有关。一般可归纳为单粒结构、蜂窝结构和絮状结构三种基本类型。

1. 单粒结构

单粒结构是砂土和碎石的主要结构形式，由粗大颗粒在水或空气中下沉形成，其特点是土粒间存在点与点的接触，如图 1-4 所示。

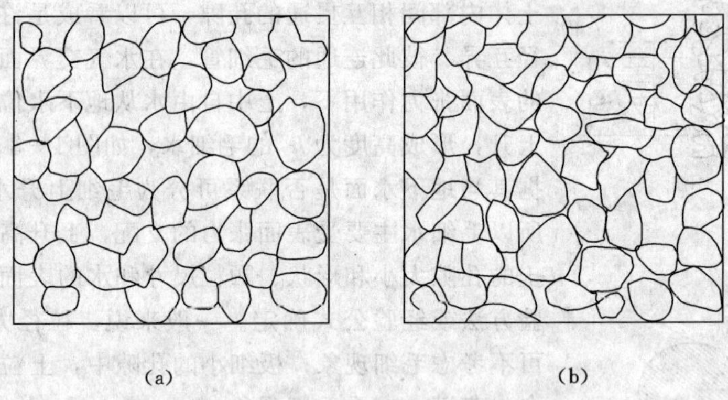

图 1-4　土的单粒结构

根据形成条件不同，单粒结构分为疏松状态［图 1-4 (a)］和密实状态［图 1-4 (b)］。疏松的单粒结构稳定性差，受到震动及其作用时土粒易发生移动，造成土中孔隙减小，引起土的较大变形。密实的单粒结构较稳定，力学性能好，一般是良好的天然地基。

2. 蜂窝结构

蜂窝结构是以粉粒为主的土所具有的结构形式。较细的颗粒（粒径 0.075～0.005mm）在水中因自重作用而下沉时，当碰到其他正在下沉或已沉稳的土粒，由于粒间的引力大于下沉土粒的重力，后沉土粒就停留在最初的接触点上不再继续下沉，逐渐形成链环状单元。很多这样的土粒链的结合便形成孔隙较大的蜂窝状结构，如图 1-5 所示。

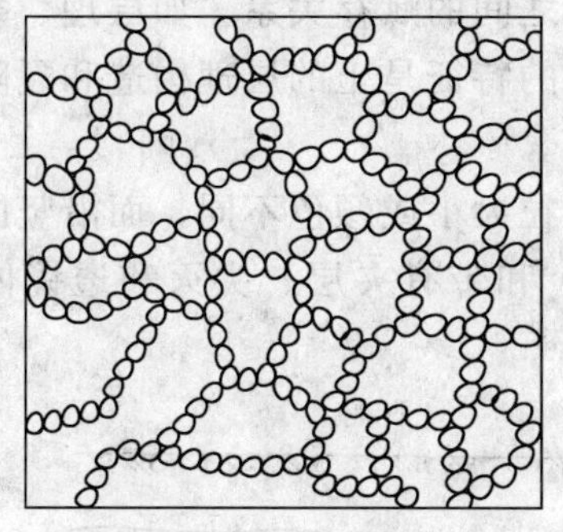

图 1-5 土的蜂窝结构

图 1-6 土的絮状结构

3. 絮状结构

絮状结构又称絮凝结构，是黏性土的主要结构形式。细微的黏粒（粒径小于 0.005mm）大都呈针状或片状，质量极轻，在水中处于悬浮状态。此时由于黏土颗粒与水的相互作用而产生粒间作用力，使得黏土颗粒凝聚成絮状物下沉，形成孔隙较大的絮状结构，如图 1-6 所示。

根据粒间作用力和悬液介质的不同，絮状结构的微观排列也不同（图 1-7）：在盐液中沉积的黏性土，由于悬液浓度的增加，使粒间斥力降低、吸力增加，由粒间吸力形成图 1-7（a）所示的面—面盐液絮凝结构；在非盐液中沉积的黏性土，主要是由于片状或针状颗粒表面带负电荷而在其边缘（即断口处）局部带正电荷，由静电吸力形成图 1-7（b）所示的面—边絮凝结构；当粒间主要存在斥力时，黏土颗粒将在分散状态下缓慢沉积，在土粒聚合时，片状颗粒大部分呈平行排列，形成分散型絮凝结构，如图 1-7（c）所示。通常称图 1-7（a）、（b）所示絮凝结构为片架结构；图 1-7（c）为片堆结构。

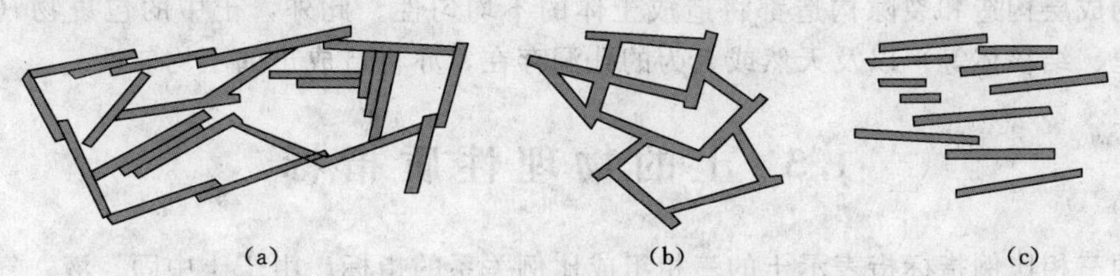

图 1-7 黏土颗粒沉积结构

（a）盐液中絮凝；（b）非盐液中絮凝；（c）分散型

具有蜂窝结构和絮状结构的土中存在大量孔隙，压缩性高，抗剪强度低，但土粒间的联结强度（结构强度）会由于压密和胶结作用而逐渐得到加强。

天然条件下，任何一种土类的结构并不是单一的，往往呈现以某种结构为主，混杂其他结构的复合形式。另外，当土的结构受到破坏或扰动时，在改变土粒排列情况的同时，也会不同程度地破坏土粒间的联结，从而影响土的工程性能，对于蜂窝和絮状结构的土，往往会大大降低其结构强度。

1.2.2　土的构造

土的构造是从宏观角度描述土体中各结构单元之间的赋存关系。如层理、裂隙、大孔隙、软弱夹层、透水层与不透水层等。其中最主要的特征是土的层理构造和裂隙构造。

1. 层理构造

成土过程中由于不同阶段沉积的物质成分、颗粒大小或颜色不同，而沿竖向呈现出的成层特征。常见的有水平层理构造［图1-8（a）］和带有夹层、尖灭和透镜体等交错层理构造［图1-8（b）］。

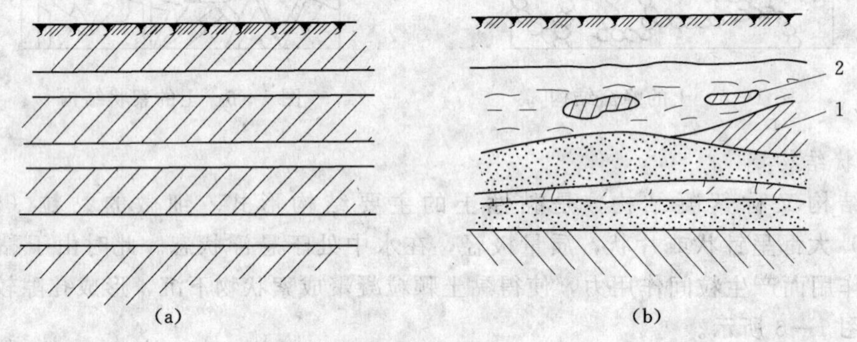

图1-8　层理构造

（a）水平层理；（b）交错层理

1—尖灭；2—透镜体

2. 裂隙构造

土在自然演化过程中由各种地质作用和其他原因形成，表现为土体被许多不连续的小裂隙所分割，在裂隙中常充填有各种沉淀物。裂隙的存在将破坏土体的整体性，降低强度和稳定性，增大透水性，对工程有极为不利的影响。

土的成层构造和裂隙构造都将造成土体的不均匀性。此外，土中的包裹物（如腐殖物、贝壳、结核体等）以及天然或人为的孔洞存在，亦将造成土的不均匀性。

1.3　土的物理性质指标

土的三相比例指标指表示土的三相组成比例关系的指标。由于土中固、液、气三相组成的比例关系反映着土的物理状态，如干湿、软硬、松密等，所以三项比例指标对于评价土的工程性质具有重要意义。

1.3.1　土的三相图

为便于分析土的三相组成比例关系，通常抽象地把土中三相分开，概化出如图1-9所示的三相图：左侧表示三相组成的质量；右侧表示三相组成的体积。

1.3.2　指标的定义

1. 基本指标

土的物理性质指标中有三个基本指标可直接通过土工试验测定，亦称直接测定指标。

(1) 土粒相对密度（土粒比重）d_s。

土粒相对密度定义为土粒质量与同体积纯蒸馏水在 4℃ 时的质量之比，即

$$d_s = \frac{m_s}{V_s \rho_w} = \frac{\rho_s}{\rho_w} \quad (1-3)$$

式中：ρ_s 为土粒的密度，即单位体积土粒的质量；ρ_w 为 4℃ 时纯蒸馏水的密度。

因为 $\rho_w = 1.0\text{g/cm}^3$，故土粒相对密度在数值上即等于土粒的密度，但是一无量纲数。

土粒相对密度常用比重瓶法测定。由于天然土体是由不同的矿物颗粒所组成，而这些矿物的相对密度各不相同，因此试验测定的是试验土样所含的土粒的平均相对密度。

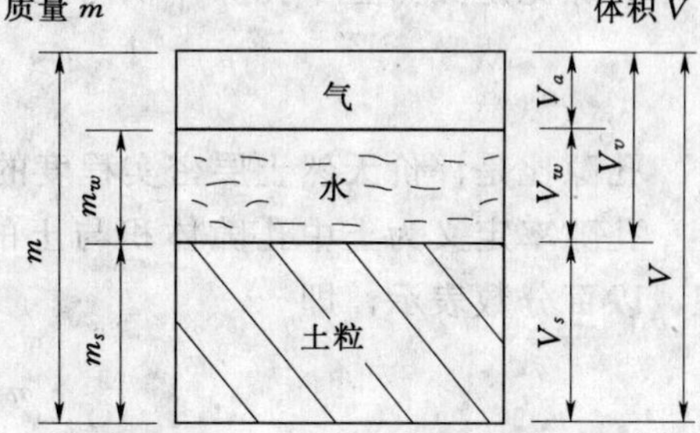

图 1-9　土的三相图

V—土的总体积；V_v—土的孔隙体积；V_s—土粒的体积；V_w—水的体积；V_a—气体的体积；m—土的总质量；m_s—土粒的质量；m_w—水的质量

由于土粒相对密度变化范围较小，故也可按经验数值选用：细粒土（黏性土）一般为 2.72～2.76；砂类土一般为 2.65～2.69；粉性土一般为 2.70～2.71。当土中有机质含量增加时，土粒相对密度减小。

(2) 土的含水量（率）w。

土的含水量（率）定义为土中水的质量与土粒质量之比，以百分数表示，即

$$w = \frac{m_w}{m_s} \times 100\% = \frac{m - m_s}{m_s} \times 100\% \quad (1-4)$$

土的含水量通常用烘干法测定，亦可近似采用酒精燃烧法快速测定。

含水量是标志土的湿度的一个重要物理指标。天然土层的含水量变化范围较大，与土的种类、埋藏条件及其所处的自然地理环境等有关，砂土类变化幅度可从 0（干砂）到 40%左右（饱和砂），黏土类变化幅度可从 30%以下（坚硬状黏性土）到 100%以上（泥炭土）。对于同一类土，含水量越高说明土越湿，一般说来也就越软，强度越低。

(3) 土的密度 ρ。

土的密度定义为单位体积土的质量，有

$$\rho = \frac{m}{V} = \frac{m_s + m_w}{V_s + V_w + V_a} \quad (1-5)$$

土的密度可用环刀法测定。天然状态下土的密度变化范围较大，其参考值为：一般黏性土 $\rho = 1.8 \sim 2.0\text{g/cm}^3$；砂土 $\rho = 1.6 \sim 2.0\text{g/cm}^3$；腐殖土 $\rho = 1.5 \sim 1.7\text{g/cm}^3$。

工程中常用重度 γ 来表示单位体积土的重力，它与土的密度有如下关系：

$$\gamma = \rho g \quad (1-6)$$

式中：g 为重力加速度，可近似取为 $g = 10\text{m/s}^2$。

2. 描述土的孔隙体积相对含量的指标

通过上述三个基本试验指标和图 1-9 所示的三相图，可推导出三相组成各部分体积的含量，并由此确定其他的有关物理性质指标。

(1) 土的孔隙比与孔隙率。

工程上常用孔隙比 e 和孔隙率 n 表示土中孔隙的含量。

孔隙比定义为土中孔隙体积与土粒体积之比，以小数表示，即

$$e=\frac{V_v}{V_s} \tag{1-7}$$

孔隙比是评价天然土层密实程度的重要指标。

孔隙率定义为土中孔隙体积与土的总体积之比，即单位体积的土体中孔隙所占的体积，以百分数表示，即

$$n=\frac{V_v}{V}\times 100\% \tag{1-8}$$

孔隙率亦可用来表示同一种土的疏松、密实程度，其值随土形成过程中所受的压力、粒径级配和颗粒排列的状况而变化。一般粗粒土的孔隙率小，细粒土的孔隙率大。例如砂类土的孔隙率一般在 28%～35%之间；黏性土的孔隙率有时可高达 60%～70%。

(2) 土的饱和度。

土的饱和度的定义为土中所含水分的体积与孔隙体积之比，以百分数计，即

$$S_r=\frac{V_w}{V_v}\times 100\% \tag{1-9}$$

饱和度可描述土体中孔隙被水充满的程度。显然，干土的饱和度 $S_r=0$，当土处于完全饱和状态时 $S_r=100\%$。砂土根据饱和度可划分为下列三种湿润状态：

$$S_r\leqslant 50\% \quad 稍湿$$

$$50\%<S_r\leqslant 80\% \quad 很湿$$

$$80\%<S_r\leqslant 100\% \quad 饱和$$

3. 不同状态下土的密度与重度

土的密度除了用上述天然密度 ρ 表示以外，工程计算上还常用如下两种密度，即饱和密度、干密度。

饱和密度 ρ_{sat} 为土体中孔隙完全被水充满时的单位体积质量，有

$$\rho_{sat}=\frac{m_s+V_v\rho_w}{V} \tag{1-10}$$

干密度 ρ_d 为单位体积中固体颗粒的质量，有

$$\rho_d=\frac{m_s}{V} \tag{1-11}$$

工程上常用重度来表示各种含水状态下单位体积土的重力，与之对应，饱和重度 $\gamma_{sat}=\rho_{sat}g$，干重度 $\gamma_d=\rho_d g$。除此之外，对受浮力作用的土体，粒间传递的力应是土粒重力扣除浮力后的数值，故另引入有效重度 γ'（又称浮重度）表示扣除浮力后的饱和土体的单位体积的重力，有

$$\gamma'=\frac{m_s g-V_s\gamma_w}{V} \tag{1-12}$$

各密度和重度在数值上有如下关系

$$\rho_{sat}>\rho>\rho_d;\gamma_{sat}>\gamma\geqslant\gamma_d>\gamma'$$

1.3.3　指标间的相互换算

表示三相比例关系的指标中，只要通过试验直接测定了土粒相对密度 d_s、含水量 w

和密度 ρ，便可利用三相图推算出其他各个指标。

图 1-10 是常用的土的三相比例指标换算图，可按下述步骤填绘。

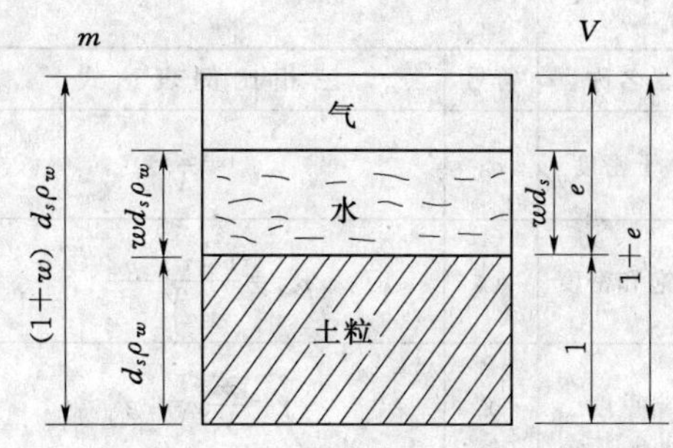

图 1-10 三相比例指标换算图

设土粒体积 $V_s=1$，则根据孔隙比定义得

$$V_v = V_s e = e$$

所以

$$V = 1 + e$$

根据相对密度定义

$$m_s = d_s\rho_w V_s = d_s\rho_w$$

根据含水量定义

$$m_w = w m_s = w d_s \rho_w$$

所以

$$m = m_s + m_w = (1+w)d_s\rho_w$$

根据体积和质量关系

$$V_w = \frac{m_w}{\rho_w} = w d_s$$

将上述体积和质量标于三相图中相应位置，即可得到图 1-10。

由图 1-10 和指标的定义可得到下述计算公式

$$e = \frac{V_v}{V_s} = \frac{V-V_s}{V_s} = \frac{m}{\rho} - 1 = \frac{(1+w)d_s\rho_w}{\rho} - 1 = \frac{d_s\rho_w}{\rho_d} - 1$$

$$\rho_d = \frac{m_s}{V} = \frac{d_s\rho_w}{1+e} = \frac{\rho}{1+w}$$

$$\rho_{sat} = \frac{m_s + V_v\rho_w}{V} = \frac{d_s+e}{1+e}\rho_w$$

$$\gamma' = \frac{m_s - V_s\rho_w}{V}g = \frac{(d_s-1)\gamma_w}{1+e}$$

$$n = \frac{V_v}{V} = \frac{e}{1+e}$$

$$S_r = \frac{V_w}{V_v} = \frac{wd_s}{e}$$

表 1-2 列出了常用的土的三相比例指标换算公式。

表 1-2　土的三相比例指标常用换算公式

名称	符号	三相比例表达式	常用换算公式	常见的数值范围
土粒相对密度	d_s	$d_s=\frac{m_s}{V_s\rho_w}$	$d_s=\frac{S_r e}{w}$	黏性土：2.72～2.75 粉　土：2.70～2.71 砂　土：2.65～2.69
含水量	w	$w=\frac{m_w}{m_s}\times100\%$	$w=\frac{S_r e}{d_s}$　$w=\frac{\rho}{\rho_d}-1$	20%～60%
密度	ρ	$\rho=\frac{m}{V}$	$\rho=\rho_d(1+w)$ $\rho=\frac{d_s(1+w)}{1+e}\rho_w$	1.6～2.0g/cm³

续表

名称	符号	三相比例表达式	常用换算公式	常见的数值范围
干密度	ρ_d	$\rho_d=\frac{m_s}{V}$	$\rho_d=\frac{\rho}{1+w}$　$\rho_d=\frac{d_s}{1+e}\rho_w$	1.3～1.8g/cm³
饱和密度	ρ_{sat}	$\rho_{sat}=\frac{m_s+V_v\rho_w}{V}$	$\rho_{sat}=\frac{d_s+e}{1+e}\rho_w$	1.8～2.3g/cm³
重度	γ	$\gamma=\frac{m}{V}g=\rho g$	$\gamma=\gamma_d(1+w)$　$\gamma=\frac{d_s(1+w)}{1+e}\gamma_w$	16～20kN/m³
干重度	γ_d	$\gamma_d=\frac{m_s}{V}g=\rho_d g$	$\gamma_d=\frac{\gamma}{1+w}$　$\gamma_d=\frac{d_s}{1+e}\gamma_w$	13～18kN/m³
饱和重度	γ_{sat}	$\gamma_{sat}=\frac{m_s+V_v\rho_w}{V}g=\rho_{sat}g$	$\gamma_{sat}=\frac{d_s+e}{1+e}\gamma_w$	18～23kN/m³
有效重度	γ'	$\gamma'=\frac{m_s-V_s\rho_w}{V}g=\rho' g$	$\gamma'=\gamma_{sat}-\gamma_w$　$\gamma'=\frac{d_s-1}{1+e}\gamma_w$	8～13kN/m³
孔隙比	e	$e=\frac{V_v}{V_s}$	$e=\frac{wd_s}{S_r}$　$e=\frac{d_s(1+w)\rho_w}{\rho}-1$	黏性土和粉土：0.40～1.20 砂土：0.30～0.90
孔隙率	n	$n=\frac{V_v}{V}\times100\%$	$n=\frac{e}{1+e}$　$n=1-\frac{\rho_d}{d_s\rho_w}$	黏性土和粉土： 30%～60% 砂土：25%～45%
饱和度	S_r	$S_r=\frac{V_w}{V_v}\times100\%$	$S_r=\frac{wd_s}{e}$　$S_r=\frac{w\rho_d}{n\rho_w}$	0～100%

【例 1-1】 已知某试验土样体积为 60cm³，湿土质量为 110g，烘干后，干土质量为 96g。若土粒的相对密度 d_s 为 2.66，试求该土样的含水量 w、密度 ρ、重度 γ、干重度 γ_d、孔隙比 e、饱和度 S_r、饱和重度 γ_{sat} 和有效重度 γ'。

解

$$w=\frac{m_w}{m_s}=\frac{110-96}{96}=0.1458=14.58\%$$

$$\rho=\frac{m}{V}=\frac{110}{60}=1.83(\text{g/cm}^3)$$

$$\gamma=\rho g=1.83\times10=18.3(\text{kN/m}^3)$$

$$\gamma_d=\rho_d g=\frac{m_s}{V}g=\frac{96}{60}\times10=16.0(\text{kN/m}^3)$$

$$e=\frac{d_s(1+w)\rho_w}{\rho}-1=\frac{2.66(1+0.1458)}{1.83}-1=0.665$$

$$S_r=\frac{wd_s}{e}=\frac{0.1458\times2.66}{0.665}=0.5832=58.32\%$$

$$\gamma_{sat}=\frac{d_s+e}{1+e}\gamma_w=\frac{2.66+0.665}{1+0.665}\times10=19.97(\text{kN/m}^3)$$

$$\gamma'=\gamma_{sat}-\gamma_w=19.97-10=9.97(\text{kN/m}^3)$$

【例 1-2】 某完全饱和黏性土的含水量为 $w=60\%$，土粒相对密度 $d_s=2.7$，试按定义确定土的孔隙比 e 和干密度 ρ_d。

解

设土粒体积 $V_s=1.0\text{cm}^3$，则由图 1-10 所示三相比例指标换算图可得：

土粒的质量

$$m_s = d_s\rho_w = 2.7(\text{g})$$

水的质量

$$m_w = wm_s = 0.6\times 2.7 = 1.62(\text{g})$$

孔隙的体积

$$V_v = V_w = \frac{m_w}{\rho_w} = 1.62(\text{cm}^3)$$

则

$$e = \frac{V_v}{V_s} = \frac{1.62}{1.0} = 1.62$$

$$\rho_d = \frac{m_s}{V} = \frac{2.7}{1+1.62} = 1.03(\text{g/cm}^3)$$

1.4 土的物理状态指标

土的物理状态指标是间接描述土体承载特征的重要指标，对于黏性土是指土体的软硬程度，也称为黏性土的稠度，对于无黏性土则是指土体的密实程度。

1.4.1 黏性土的稠度

1. 黏性土的界限含水量

黏性土的稠度可定义为土对于受外力作用所引起变形或破坏的抵抗能力。如图 1-11 所示，当土中含水量很大时，土粒被自由水所隔开，表现为流动状；随着含水量的减少，土浆变稠，逐渐变成可塑的状态，这时土中水分主要为弱结合水；当含水量继续减少，土就呈现半固态；而当土中主要含强结合水时，土处于固体状态。土体状态的变化直接反映了土粒与水互相作用的结果。

黏性土由某一种状态过渡到另一种状态的界限含水量称为土的稠度界限（Atterberg Limits）。工程上常用的稠度界限有液限（w_L）、塑限（w_P）和缩限（w_S）。液限为土从流动状态转变为可塑状态时的界限含水量；塑限为土从可塑状态转为半固态时的界限含水量；缩限为土由半固态转为固态时的界限含水量（图 1-11）。

液限和塑限的测定方法在我国一般采用“联合测定法”，试验仪器如图 1-12（a）所示。试验时取加不同数量纯水的代表性试样调成三组不同稠度的土膏，用电磁落锥法［图 1-12（b）］分别测定圆锥在自重下沉入试样 5s 时的下沉深度。并按测定结果在双对数坐标纸

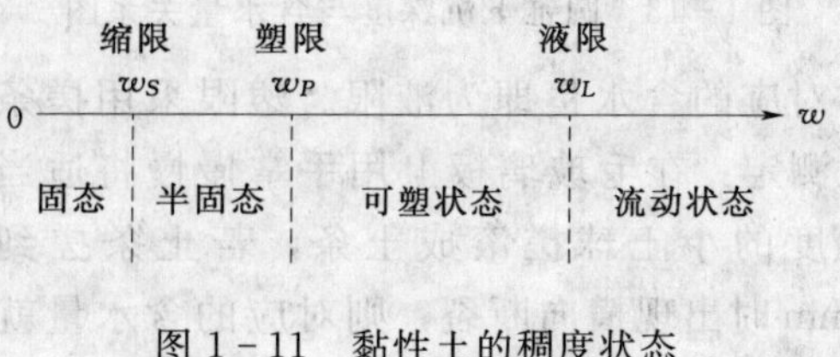

图 1-11 黏性土的稠度状态

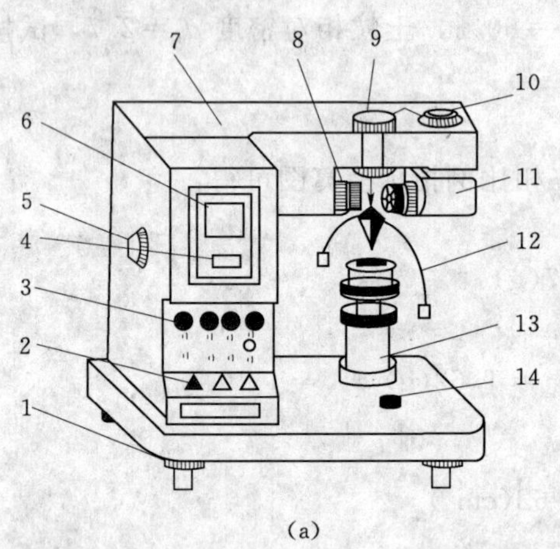

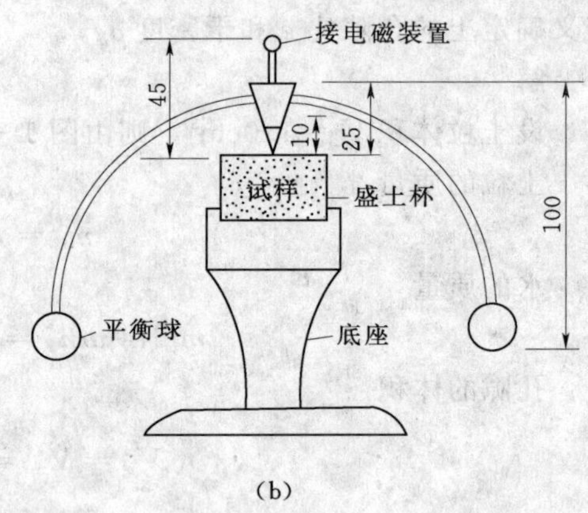

图 1-12　光电式液、塑限仪

(a) 结构示意图；(b) 圆锥仪结构

1—水平调节螺丝；2—控制开关；3—指示灯；4—零线调节螺丝；5—反光镜调节螺丝；6—屏幕；7—机壳；8—物镜调节螺丝；9—电磁装置；10—光源调节螺丝；11—光源装置；12—圆锥仪；13—升降台；14—水平泡

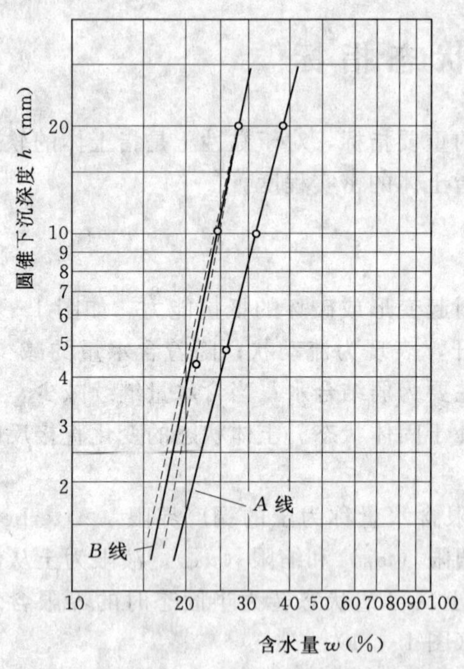

图 1-13　圆锥下沉深度与含水量关系图

上以含水量为横坐标，圆锥下落深度为纵坐标绘制关系线（图 1-13）。根据大量试验资料，双对数坐标系中 w—h 接近一条直线，如图 1-13中的 A 线。当由试验结果所获得的三点不在一条直线时，可通过高含水量的一点与其余两点连成两条直线（要求在圆锥下沉深度为 2mm 处 $\Delta w \leqslant 2\%$），然后作其平均值连线，如图 1-13 中的 B 线。《土工试验方法标准》（GB/T 50123）规定，下沉深度为 10mm 所对应的含水量为液限；下沉深度为 2mm 处的含水量为塑限。

美国、日本等国家一般采用碟式液限仪测定黏性土的液限，如图 1-14 所示。将调成土膏状的试样装在碟内，刮平表面，做成约 8mm 深的土饼；然后用开槽器在土中成槽，槽底宽约 2mm；将碟抬高 10mm 后使其自由下落，连续 25 次后，如土槽合拢长度为 13mm，此时土样对应的含水量即为液限。塑限采用搓条法测定：在毛玻璃板上用手掌慢慢将适当湿度的小土球搓滚成土条，若土条搓到 3mm 时出现横向断裂，则对应的含水量就是缩限。

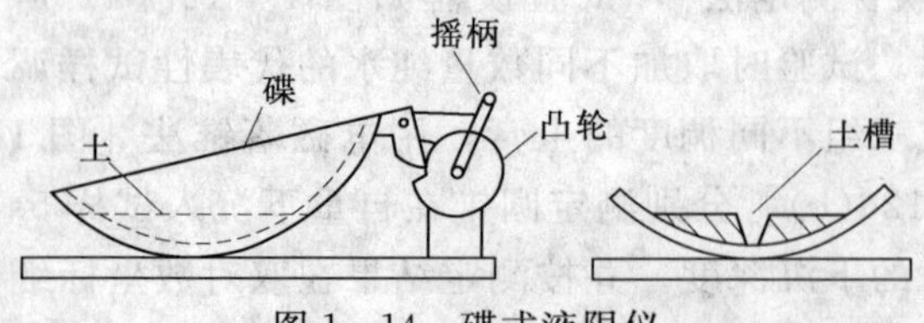

图 1-14　碟式液限仪

碟式液限仪测得的液限值相当于落锥法确定的 $w—h$ 线上下落深度为 17mm 对应的含水量。

2. 粘性土的物理状态指标

(1) 塑性指数。

塑性指数是指液限与塑限的差值，习惯上略去百分号，记为 I_P，即

$$I_P = w_L - w_P \tag{1-13}$$

塑性指数表示土处在可塑状态的含水量变化范围，其值的大小取决于土颗粒吸附结合水的能力，亦即与土中黏粒含量有关。黏粒含量越多，土的比表面积越大，塑性指数就越高。

塑性指数是描述黏性土物理状态的重要指标之一，工程上常根据其值高低对黏性土进行分类。

(2) 液性指数。

液性指数是指土的天然含水量与塑限的差值与塑性指数之比，记为 I_L，即

$$I_L = \frac{w - w_P}{I_P} \tag{1-14}$$

液性指数表征了土的天然含水量与界限含水量之间的相对关系。当 $I_L \leqslant 0$ 时，$w \leqslant w_P$，表示土处于坚硬状态；当 $I_L > 1$ 时，$w \geqslant w_L$，土处于流动状态。因此，根据 I_L 值可以直接判定土的软硬状态，见表 1-3。

表 1-3　　黏性土状态的划分（GB 50007—2002）

状　态	坚　硬	硬　塑	可　塑	软　塑	流　塑
液性指数	$I_L \leqslant 0$	$0 < I_L \leqslant 0.25$	$0.25 < I_L \leqslant 0.75$	$0.75 < I_L \leqslant 1.0$	$I_L > 1.0$

1.4.2 无黏性土的密实度

无黏性土一般指砂（类）土和碎石（类）土。天然状态下无黏性土的密实度通常指单位体积土中固体颗粒的含量，根据土颗粒含量的多少，无黏性土处于从密实到松散的不同物理状态。呈密实状态时，强度较大，可作为良好的天然地基；呈松散状态时，则是不良地基。因此，无黏性土的密实度与其工程性质有着密切关系。

以砂土为例，描述密实状态的指标可采用下述几种。

1. 孔隙比 e

由于砂土所具有的单粒结构，对于具有相同级配的土，孔隙比 e 是评价砂土密实度的有效指标，即孔隙比越大，土越松散，当孔隙比小于某一限度值时，土处于密实状态。

该评价方法的主要缺陷是不能考虑到颗粒级配这一重要因素对砂土密实状态的影响，如同一孔隙比下，对于级配不良的土体可评价为密实，而对级配良好的土体可能只能是中密或稍密。另外，由于取原状砂样和测定孔隙比存在实际困难，故在应用上也存在问题。

2. 相对密度 D_r

为了合理判定无黏性土所处的密实状态，在工程上提出了相对密度的概念：将现场土的孔隙比 e 与该种土所能达到最密实孔隙比 e_{min} 和最疏松孔隙比 e_{max} 相对比。相对密度以 D_r 表示，有

$$D_r = \frac{e_{max} - e}{e_{max} - e_{min}} \tag{1-15}$$

式中：e 为砂土在天然状态下或某种控制状态下的孔隙比；e_{max} 为砂土在最疏松状态下的孔隙比，即最大孔隙比；e_{min} 为砂土在最密实状态下的孔隙比，即最小孔隙比。

当 $D_r=0$ 时，$e=e_{max}$，表示土处于最疏松状态；当 $D_r=1.0$ 时，$e=e_{min}$，表示土处于最密实状态。用相对密度 D_r 判定砂土密实度的标准如下：

$$D_r \leqslant \frac{1}{3} \quad 疏松$$

$$\frac{1}{3} < D_r \leqslant \frac{2}{3} \quad 中密$$

$$D_r > \frac{2}{3} \quad 密实$$

根据三相比例指标间的换算关系，将 $e=(d_s\rho_w/\rho_d)-1$ 代入式（1-15），可得到以干密度表示的相对密度为：

$$D_r = \frac{\rho_{d\max}(\rho_d - \rho_{d\min})}{\rho_d(\rho_{d\max} - \rho_{d\min})} \tag{1-16}$$

采用相对密度评价砂土的密实度在理论上是比较合理的，但在实际使用中要通过试验准确测定原状土的 e_{max} 和 e_{min}（或 $\rho_{d\min}$ 和 $\rho_{d\max}$）却比较困难，而无黏性土的天然孔隙比测定的困难则已如上文所述。因此，该指标更多用于填方工程的质量控制，对于天然土的应用还有一定难度。

3. 原位试验

为避免原状砂样的取样困难，可按原位标准贯入试验的锤击数 N 划分砂土密实度，按原位重型圆锥动力触探的锤击数 $N_{63.5}$ 评定，天然碎石土密实度见表 1-4。

表 1-4　砂土和碎石土密实度评定（GB 50007—2002）

密实度	松散	稍密	中密	密实
按 N 评定砂土密实度	$N\leqslant 10$	$10<N\leqslant 15$	$15<N\leqslant 30$	$N>30$
按 $N_{63.5}$ 评定碎石土的密实度	$N_{63.5}\leqslant 5$	$5<N_{63.5}\leqslant 10$	$10<N_{63.5}\leqslant 20$	$N_{63.5}>20$

注　1. 用 N 值评定砂土密实度时，表中的 N 值为未经过修正的数值。
2. 用于评定碎石土密实度的 $N_{63.5}$，为经综合修正后的平均值。本表适用于平均粒径小于或等于 50mm 且最大粒径不超过 100mm 的卵石、碎石、圆砾、角砾。对于平均粒径大于 50mm 或最大粒径大于 100mm 的碎石土，可按 GB 50007—2002 的附录 B 鉴别其密实度。

【例 1-3】　试验测定 A、B、C 三种土样的天然含水量 w、液限 w_L 及塑限 w_P 见表 1-5 所列，试判断各土样的稠度状态。

表 1-5　A、B、C 三种土样的指标

土样号	天然含水量 w（%）	液限 w_L（%）	塑限 w_P（%）
A	45.0	49.0	26.0
B	36.0	34.0	20.0
C	20.0	32.0	17.0

解

A 土：

$$I_L = \frac{w-w_P}{w_L-w_P} = \frac{45.0-26.0}{49.0-26.0} = 0.83 \quad 属软塑状态$$

B 土：

$$I_L = \frac{w-w_P}{w_L-w_P} = \frac{36.0-20.0}{34.0-20.0} = 1.14 \quad 属流塑状态$$

C土：

$$I_L = \frac{w - w_P}{w_L - w_P} = \frac{20.0 - 17.0}{32.0 - 17.0} = 0.20 \qquad \text{属硬塑状态}$$

【例1-4】 通过试验测定某砂土试样的天然干密度 $\rho_d = 1.66\text{g/cm}^3$。已知砂样（$V = 1000\text{cm}^3$）处于最密实状态时的干砂质量 $m_{s1} = 1.76\text{kg}$，处于最疏松状态时的干砂质量 $m_{s2} = 1.55\text{kg}$。试确定相对密度 D_r，并判断砂土所处密实状态。

解

砂土最大干密度

$$\rho_{d\max} = \frac{m_{s1}}{V} = \frac{1760}{1000} = 1.76(\text{g/cm}^3)$$

砂土最小干密度

$$\rho_{d\min} = \frac{m_{s2}}{V} = \frac{1550}{1000} = 1.55(\text{g/cm}^3)$$

相对密度

$$D_r = \frac{\rho_{d\max}(\rho_d - \rho_{d\min})}{\rho_d(\rho_{d\max} - \rho_{d\min})} = \frac{1.76(1.66 - 1.55)}{1.66(1.76 - 1.55)} = 0.56$$

因为 $0.67 > D_r > 0.33$，所以该砂处于中密状态。

1.5 土的压实性

对于以土作为建筑材料的土工建筑物，为控制填土的强度和变形，在施工中需逐层压实填料以提高密实度。土的压实性就是指土体在荷载作用下密度增加的特性。

1.5.1 击实试验

土的压实特性通常在室内通过击实试验研究。击实试验分轻型和重型两种，试验所用仪器如图1-15所示，轻型击实试验适用于粒径 $d < 5\text{mm}$ 的黏性土；重型击实试验适用于 $d < 20\text{mm}$ 的土，当采用三层击实时，最大粒径 $d < 40\text{mm}$。

对于轻型击实试验，首先将风干碾碎的代表性土样过5mm筛，将筛下土样拌匀并测定其风干含水率，然后根据土样塑限制备至少5个不同含水率的一组试样（2个大于塑限、2个小于塑限、1个近似塑限，相邻2个含水率的差值宜为2%）。

试验时，将上述某一含水率的土料分三层装入击实筒，每层土料用击实锤均匀击打25下，击锤落高由导筒控制。然后用推土器将击实后的试样从击实筒中推出，取2个代表性土样测其含水率（差值应小于1），并按下式计算干密度，即

$$\rho_d = \frac{\rho_0}{1 + 0.01 w_i} \tag{1-17}$$

式中：ρ_0 为试样的湿密度，由击实筒体积和筒内被压实试样总质量确定；w_i 为对应于某一制备土样被压实后的含水率。

对上述制备的不同含水率试样采用同样的方法逐一进行击实，然后测定各试样的干密度 ρ_d 和含水率 w，在直角坐标系中绘制出图1-16所示的 ρ_d—w 击实曲线。

图1-16所示曲线存在一极值点，由此可获得试验土样的最大干密度 $\rho_{d\max}$，对应的含

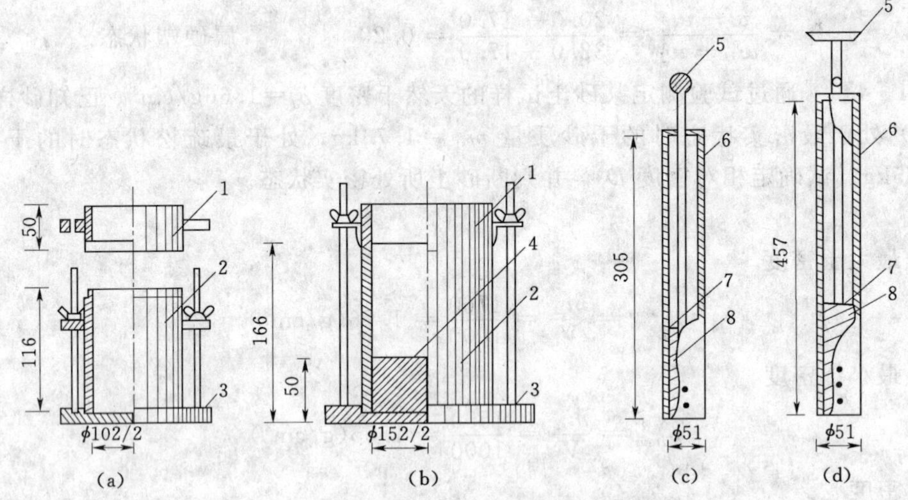

图 1－15　轻、重型试验仪

(a) 轻型击实筒；(b) 重型击实筒；(c) 2.5kg 击锤；(d) 4.5kg 击锤

1—套筒；2—击实筒；3—底板；4—垫块；5—提手；

6—导筒；7—硬橡皮垫；8—击锤

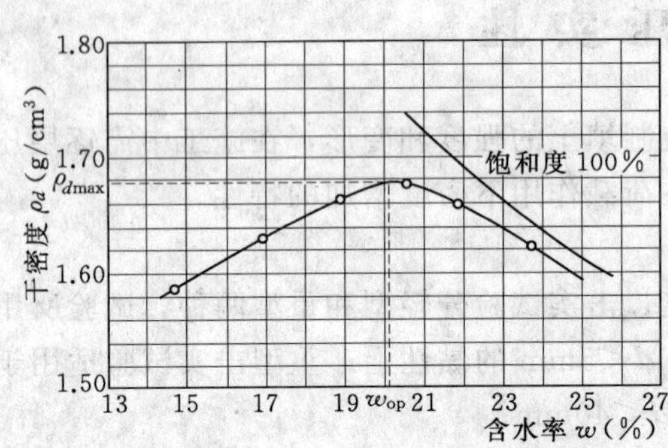

图 1－16　ρ_d—w 关系曲线

水量被定义为最优含水量 w_{op}：在击实功一定的情况下，使土体最易被压实，并能达到最大干密度时的含水量。

击实试验是确定压实填土最大干密度和最优含水量的有效方法，当无试验资料时，最优含水量 w_{op} 可按塑限含水量近似确定，即 $w_{op}=w_p\pm2$，最大干密度 $\rho_{d\max}$ 计算公式为

$$\rho_{d\max}=\eta\frac{\rho_w d_s}{1+0.01w_{op}d_s} \tag{1-18}$$

式中：η 为经验系数，对粉质黏土可取 0.96，粉土取 0.97；其余符号同前。

1.5.2　击实特性

1. 击实机理

对细粒土，包括黏性土和可被压实的粉土，在一定的压实能量下，只有当含水量适当时才能被压实到最大干密度，这一击实机理可通过土中水的状态和作用来解释。

(1) 当含水量偏低时，土颗粒周围的结合水膜很薄，致使颗粒间具有很强的引力，阻止颗粒移动并使颗粒趋向于任意排列，击实功必须克服这种引力才能使颗粒产生相对位移，造成击实效果降低。此时随着土中含水量的增加，粒间引力逐渐减小，击实功的有效作用也将随之增大。

(2) 当含水量偏高时，虽然颗粒间引力较小，但孔隙中存在自由水，击实时孔隙中过多水分不易立即排出，妨碍着土颗粒相互靠拢，同时土体中的封闭气泡也会影响颗粒间力

的传递，此时击实功仅能导致颗粒更高程度的定向排列，并不能使土体密实。

(3) 当含水量接近最优含水量时，一方面土粒的结合水膜较厚，粒间联结较弱，土颗粒易于移动，另一方面土中不含或少含自由水，击实功主要由土中颗粒承担和传递，击实能使颗粒趋于密实，土体体积减小，获得最佳的击实效果。

2. 影响因素

影响土的击实特性的主要因素有含水量、击实能量、土类和级配等，其中含水量的影响前已述及，此处不再赘述。

(1) 击实能量的影响。试验证明，土的最优含水量随着夯击能量的大小而有所不同：当击实功加大时，最大干密度将加大，而最优含水量将降低。图1-17是通过击实试验得到的同一种土在不同锤击次数下的击实曲线，曲线表明，随着锤击次数的增加，干密度增加，最优含水量降低，曲线向上和向左移动。同时表明含水量低时击实功的影响更加显著，随着含水量的增高，击实曲线以饱和线为渐近线。

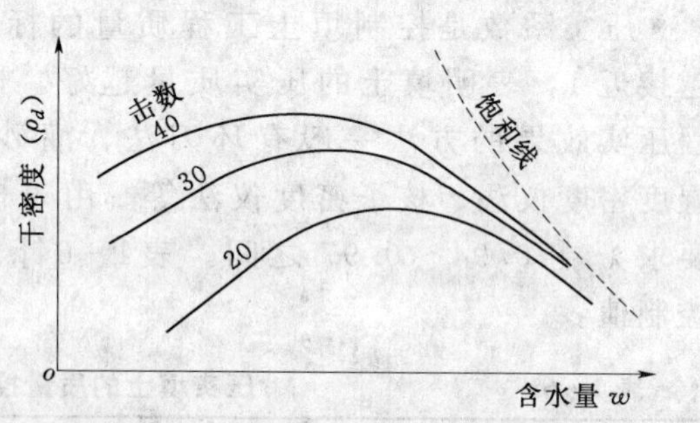

图1-17 不同击数下的击实曲线

饱和线是指 $S_r=100\%$ 时干密度与含水量的关系曲线，表达式可由 $e=wd_s/S_r=w_{sat}d_s$ 和 $e=(d_s\rho_w/\rho_d)-1$ 直接求得，为

$$\rho_d=\frac{d_s\rho_w}{1+e}=\frac{d_s\rho_w}{1+w_{sat}d_s} \tag{1-19}$$

式中：w_{sat} 为试样的饱和含水量。

由于土体不可能被击实至完全饱和状态，所以土的击实曲线不会与图中饱和线相交，这往往可作为试验成果正确与否的一个检验。

根据击实功对击实效果的影响，在实际工程中可以通过增加碾压次数或夯击次数提高土体的密实度，但要注意这种措施的有效性随着击实功的增大将逐渐减小。

(2) 土类和级配的影响。当固相中黏土矿物增多时，在相同的击实功下，土体的特性表现为最优含水量增大和最大干密度下降。因为在同一含水量下，黏粒含量越高，结合水膜就越薄，土体越难被击实。

在击实功一定的条件下，含粗粒越多的土样其干密度越大，相应的最优含水量越小。

土的级配对土的击实性也有较大影响，同一土类中，由于颗粒间的充填作用，级配良好的土压实后的干密度高于级配不良的土。

3. 无黏性土

无黏性土的击实机理与黏性土不同，含水量对击实效果的影响是通过表面张力反映，由此导致的击实特性也与粘性土有很大差别。图1-18为砂土的击实曲线：当含水量很小甚至趋于零（干砂）时，在压力与震动作用下土体易趋密实，干密度较大；当含水量较大时，由于饱和砂土的排水性较好，也容易被压实。当含水量为某一范围，使得砂土稍湿时，因颗粒间表面张力作用产生的假凝聚力会使砂土颗粒互相约束而难以相互移动，这种情况下击实效果较差。

1.5.3　土的压实系数

土的压实系数是指现场控制的土质材料压实后的干密度 ρ_d 与室内标准击实试验所确定的最大干密度 $\rho_{d\max}$ 之比，以 λ_c 表示为

$$\lambda_c = \frac{\rho_d}{\rho_{d\max}} \tag{1-20}$$

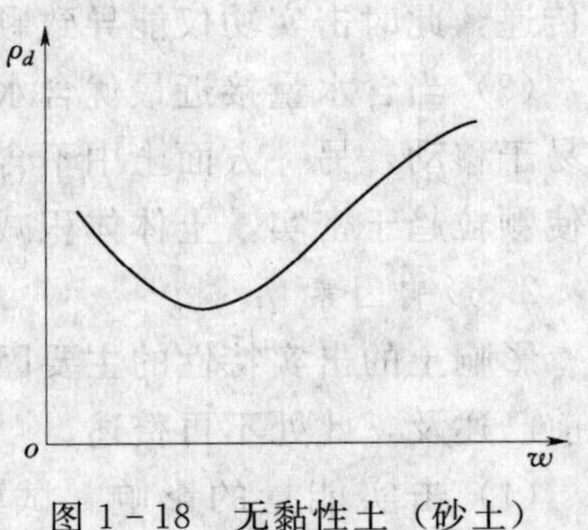

图 1-18　无黏性土（砂土）的击实曲线

压实系数是控制填土工程质量的标准之一，λ_c 越接近 1，表明填土的压实质量越好。检验填土工程压实效果的方法一般有环刀法、灌砂（水）法、湿度密度仪法、核子密度仪法等。由于现场压实条件和室内试验条件的差异，一般要求 λ_c 在 0.94～0.97 之间。表1-6针对结构类型和压实填土所处部位给出 λ_c 的控制值。

表 1-6　压实填土的质量控制（GB 50007—2002）

结构类型	填土部位	压实系数 λ_c	控制含水量（%）
砌体承重结构和框架结构	地基主要受力层范围内	≥0.97	$w_{op}\pm2$
	地基主要受力层范围以下	≥0.95	
排架结构	地基主要受力层范围内	≥0.96	
	地基主要受力层范围以下	≥0.94	

1.6　土的工程分类

土的分类就是根据实践经验和土的主要特征，把工程性能近似的土划分为一类，以便于正确选择对土的研究方法和大致判断土的工程特性。由于各部门对土的工程性质的着眼点不完全相同，因而目前并无各行业完全统一的分类体系和分类方法，本节主要依据《土的分类标准》（GBJ 145—90）、《建筑地基基础设计规范》（GB 50007—2002）、《岩土工程勘察规范》（GB 50021—2001）和《土工试验规程》（SL 237—1999）阐述土的分类。

1.6.1　分类体系

根据简明和客观反映工程特性差异的分类原则，我国制定了《土的分类标准》（GBJ 145—90），采用的总的分类体系如图 1-19 所示。

1.6.2　分类标准

1. 巨粒土、含巨粒土和粗粒土分类标准

根据粒组含量、颗粒级配系数和所含细粒的塑性高低，此类土被划分为 16 种土类，见表 1-7～表1-9。

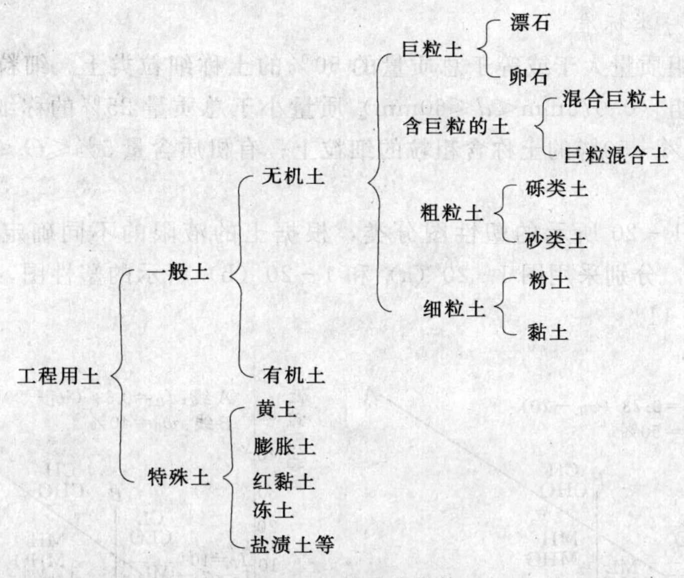

图 1-19 土的总分类体系

表 1-7 巨粒土和含巨粒的土的分类（GBJ 145—90）

土类	粒组含量		土代号	土名称
巨粒土	巨粒（d>60mm）含量 75%～100%	漂石粒（d>200mm）>50%	B	漂石
		漂石粒≤50%	Cb	卵石
混合巨粒土	巨粒含量 <75%，>50%	漂石粒>50%	BSl	混合土漂石
		漂石粒≤50%	CbSl	混合土卵石
巨粒混合土	巨粒含量 15%～50%	漂石粒>卵石粒（d=60～200mm）	SlB	漂石混合土
		漂石粒≤卵石粒	SlCb	卵石混合土

表 1-8 砾类土的分类（砾类组含量>50%）（GBJ 145—90）

土类	粒组含量		土代号	土名称
砾	细粒含量<5%	级配：C_u≥5，C_c=1～3	GW	级配良好砾
		级配：不同时满足上述要求	GP	级配不良砾
含细粒土砾	细粒含量 5%～15%		GF	含细粒土砾
细粒土质砾	细粒含量 >15%，≤50%	细粒为黏土	GC	黏土质砾
		细粒为粉土	GM	粉土质砾

表 1-9 砂类土的分类（砾类组含量≤50%）（GBJ 145—90）

土类	粒组含量		土代号	土名称
砂	细粒含量<5%	级配：C_u≥5，C_u=1～3	SW	级配良好砂
		级配：不同时满足上述要求	SP	级配不良砂
含细粒土砂	细粒含量 5%～15%		SF	含细粒土砂
细粒土质砂	细粒含量 >15%，≤50%	细粒为黏土	SC	黏土质砂
		细粒为粉土	SM	粉土质砂

2. 细粒类土分类标准

试样中细粒组质量大于或等于总质量的 50%的土称细粒类土。细粒土按下列规定划分：试样中粗粒组（0.075mm$<d\leqslant$60mm）质量小于总质量 25%的称细粒土；粗粒组质量为总质量的 25%～50%的土称含粗粒的细粒土；有机质含量 $5\%\leqslant O_u\leqslant 10\%$的土称有机质土。

细粒土按图 1-20 所示的塑性图分类，根据土的液限的不同确定标准（锥尖入土 17mm 和 10mm），分别采用图 1-20（a）和 1-20（b）所示的塑性图，土的分类定名见表 1-10 和表 1-11。

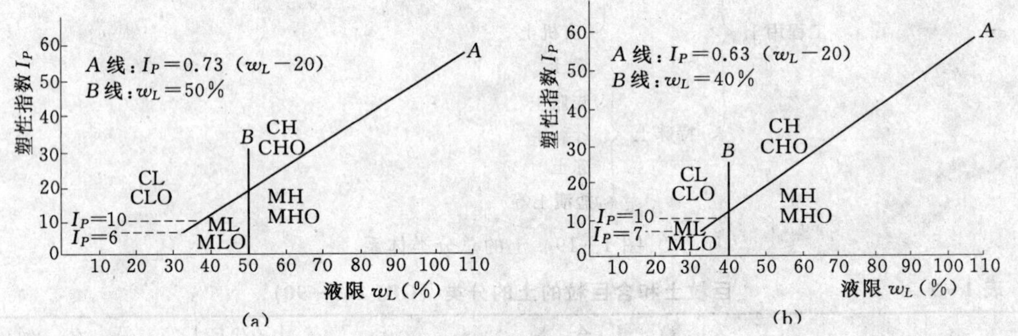

图 1-20　塑性图

(a) 液限仪锥尖入土 17mm；(b) 液限仪锥尖入土 10mm

表 1-10　细粒土的分类（液限仪锥尖入土 17mm）(GBJ 145—90)

土的塑性指标在塑性图中的位置		土名称代号	土名称
塑性指数 I_P	液限 w_L（%）		
$I_P\geqslant 0.73(w_L-20)$ 和 $I_P\geqslant 10$	$w_L\geqslant 50$	CH	高液限黏土
	$w_L<50$	CL	低液限黏土
$I_P<0.73(w_L-20)$ 和 $I_P<10$	$w_L\geqslant 50$	MH	高液限粉土
	$w_L<50$	ML	低液限粉土

表 1-11　细粒土的分类（液限仪锥尖入土 10mm）(GBJ 145—90)

土的塑性指标在塑性图中的位置		土名称代号	土名称
塑性指数 I_P	液限 w_L（%）		
$I_P\geqslant 0.63(w_L-20)$ 和 $I_P\geqslant 10$	$w_L\geqslant 40$	CH	高液限黏土
	$w_L<40$	CL	低液限黏土
$I_P<0.63(w_L-20)$ 和 $I_P<10$	$w_L\geqslant 40$	MH	高液限粉土
	$w_L<40$	ML	低液限粉土

若细粒土中粗粒含量为 25%～50%，属于含粗粒土的细粒土，分类标准同上，但需根据所含粗粒土类型在细粒土名称后加后缀，如 CHG—含砾高液限黏土、MLS—含砂低液限粉土等。

若细粒土内含部分有机质，则需在土名称中加"有机质（以 O 表示）"，如 MLO—有机质低液限粉土。

1.6.3 建筑地基土分类方法

建筑地基土的分类主要根据土的天然结构、土的工程性质以及土的特殊成因进行划分。

1. 按沉积年代和地质成因划分

按沉积年代地基土可划分为：①老沉积土，指第四纪晚更新世 Q_3 及以前沉积的土，一般呈超固结状态，具有较高的结构强度；②新近沉积土，指第四纪全新世近期沉积的土，结构强度较低。

根据地质成因地基土可分为残积土、坡积土、洪积土、冲积土、湖积土、海积土、风积土和冰积土等。

2. 按颗粒级配和塑性指数划分

按颗粒级配和塑性指数，地基土可被分为碎石土、砂土、粉土、黏性土和人工填土。

(1) 碎石土。粒径大于 2mm 的颗粒含量超过全重 50%的土被定义为碎石土。根据颗粒形状及粒组含量分为漂石或块石、卵石或碎石、圆砾或角砾，分类见表 1-12。

表 1-12　碎石土的分类（GB 50007—2002）

土的名称	颗粒形状	粒组含量
漂石 块石	圆形及亚圆形为主 棱角形为主	粒径大于 200mm 的颗粒含量超过全重 50%
卵石 碎石	圆形及亚圆形为主 棱角形为主	粒径大于 20mm 的颗粒超过全重 50%
圆砾 角砾	圆形及亚圆形为主 棱角形为主	粒径大于 2mm 的颗粒含量超过全重 50%

注　分类时应根据粒组含量栏从上到下以最先符合者确定。

(2) 砂土。粒径大于 2mm 的颗粒含量不超过全重 50%、粒径大于 0.075mm 的颗粒超过全重 50%的土被定义为砂土。按粒组含量砂土分为砾砂、粗砂、中砂、细砂和粉砂，分类见表 1-13。

表 1-13　砂土的分类（GB 50007—2002）

土的名称	粒组含量
砾砂	粒径大于 2mm 的颗粒含量占全重 25%～50%
粗砂	粒径大于 0.5mm 的颗粒含量超过全重 50%
中砂	粒径大于 0.25mm 的颗粒含量超过全重 50%
细砂	粒径大于 0.075mm 的颗粒含量超过全重 85%
粉砂	粒径大于 0.075mm 的颗粒含量超过全重 50%

注　分类时应根据粒组含量栏从上到下以最先符合者确定。

碎石土和砂土的密实度可按表 1-4 分为松散、稍密、中密、密实。

(3) 粉土。粉土介于砂土与黏性土之间、塑性指数 $I_P \leqslant 10$ 且粒径大于 0.075mm 的颗粒含量不超过全重 50%的土。

(4) 黏性土。黏性土是指塑性指数 $I_P > 10$ 的土，根据塑性指数分为黏土和粉质黏土，分类见表 1-14。

表 1-14　　黏性土的分类 (GB 50007—2002)

塑性指数 I_P	土的名称
$I_P > 17$	黏土
$10 < I_P \leqslant 17$	粉质黏土

注　塑性指数由相应于 76g 圆锥体沉入土样中深度为 10mm 时测定的液限计算而得。

黏性土的状态可按表 1-3 分为坚硬、硬塑、可塑、软塑、流塑。

(5) 人工填土。人工填土是指由于人类活动而形成的堆积物。其物质成分较杂乱，均匀性较差。人工填土根据其物质组成和成因，可分为素填土、压实填土、杂填土和冲填土。

素填土为由碎石土、砂土、粉土、黏性土等组成的填土；压实填土指经过压实或夯实的素填土；杂填土为含有建筑垃圾、工业废料、生活垃圾等杂物的填土；冲填土指由水力冲填泥沙形成的填土。

除了上述土类之外，还有一些特殊土，包括淤泥、淤泥质土、膨胀土、湿陷性黄土、红黏土等。此类土具有特殊的工程性质和分类方法，其相关内容在第 11、13 章详细介绍。

【例 1-5】　试验确定某土样的含水量和界限含水量为：$w=35\%$、$w_p=26\%$、$w_L=47\%$（锥尖入土 17mm），试按塑性图确定土的名称。

解

塑性指数 $I_P=47-26=21$

由图 1-20 (a) 确定土名称为低液限黏土（CL）。

【例 1-6】　颗粒分析试验确定 A、B、C 三种粗粒土的颗粒级配曲线如图 1-21 所示，试按建筑地基土分类方法确定三种土的名称。

解

A 土：从 A 土级配曲线查得，粒径小于 2mm 的占总土质量的 67%、粒径小于 0.075mm 占总土质量的 21%，满足粒径大于 2mm 的不超过 50%，粒径大于 0.075mm 的超过 50%的要求，该土属于砂土。

又由于粒径大于 2mm 的占总土质量的 33%，满足粒径大于 2mm 占总土质量 25%～50%的要求，故此土应命名为砾砂。

B 土：粒径大于 2mm 的没有，粒径大于 0.075mm 的占总土质量的 52%，属于砂土。按表 1-13 分类，此土应命名为粉砂。

C 土：粒径大于 2mm 的占总土质量的 67%，粒径大于 20mm 的占总土质量的 13%，由表 1-12 可得，该土应命名为圆砾或角砾。

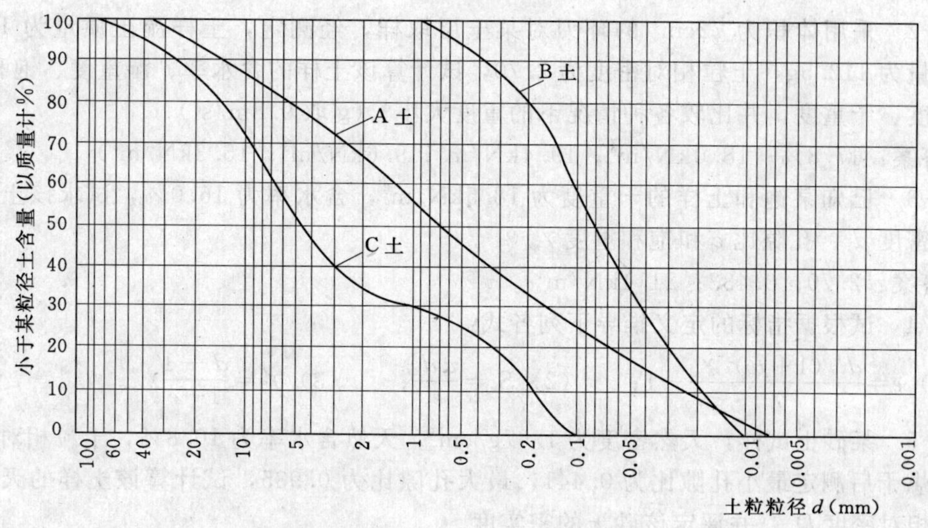

图 1-21　A、B、C 三种土的级配曲线

思　考　题

1-1　何谓土的三相体系？

1-2　d_{10}、d_{60}、d_{30} 分别是什么粒径？如何确定 C_u 和 C_c？

1-3　土中水分为几种？各自的特征是什么？

1-4　土的结构可归纳为几类？其与矿物成分、成因条件有何关系？

1-5　土的三相比例指标中哪些指标是可直接测定的？如何测定？

1-6　简述采用孔隙比 e、相对密度 D_r 描述无黏土密实度的优缺点？

1-7　黏性土的稠度界限有哪些？稠度状态如何划分？

1-8　按规范方法，建筑地基的岩土可分为几大类？其划分依据是什么？

习　题

1-1　试评价图 1-22 中甲、乙两个土样的颗粒级配情况。

（答案：甲：$C_u=1.8$，级配不良；乙：$C_u=2.9$，级配不良）

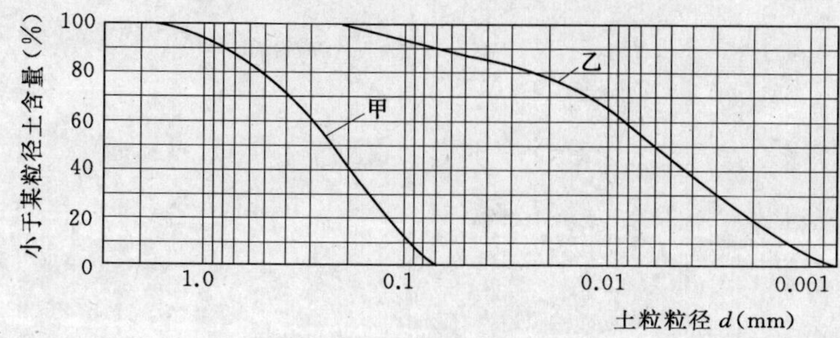

图 1-22　甲、乙两种土样的级配曲线

1-2　采用体积为 $72cm^3$ 的环刀对某土层取样，经测定，土样湿土质量为 132.5g，烘干质量为 112.5g，土粒相对密度为 2.70，试计算该土样的含水率、湿重度、饱和重度、有效重度、干重度，并比较各种情况下的重度大小？（g 取 $9.8m/s^2$）

（答案：17.8%；$18.0kN/m^3$；$19.4kN/m^3$；$9.6kN/m^3$；$15.3kN/m^3$）

1-3　已知某饱和土样的干重度为 $18.5kN/m^3$，含水率为 16.0%，试求该土样的土粒相对密度 d_s、孔隙比 e 和饱和重度 γ_{sat}？

（答案：2.70；0.433；$21.4kN/m^3$）

1-4　试根据指标的定义推导下列各式：

（1）$e=\frac{d_s(1+w)\gamma_w}{\gamma}-1$；　（2）$S_r=\frac{wd_s}{e}$；　（3）$\gamma'=\frac{d_s-1}{1+e}\gamma_w$。

1-5　某砂土试样，天然密度为 $1.67g/cm^3$，天然含水率为 10.8%，土粒相对密度为 2.66，烘干后测定最小孔隙比为 0.441，最大孔隙比为 0.935，试计算该土样的天然孔隙比 e 和相对密度 D_r，并评定该砂土的密实度。

（答案：0.765；0.344；中密）

1-6　某黏性土试样，含水率 $w=32.6\%$，液限 $w_L=47.3\%$，塑限 $w_P=28.4\%$，试计算该土的塑性指数 I_P 和液性指数 I_L，并根据塑性指数确定该土的名称及状态。

（答案：18.9；0.22；黏土；硬塑）

1-7　某无黏性试样，标准贯入试验锤击数 $N=25$，饱和度 $S_r=83\%$，土样颗粒分析结果见表 1-15 所列。

表 1-15　　土样颗料分析结果

粒径（mm）	>2	2～0.5	0.5～0.25	0.25～0.075	<0.075
粒组含量（%）	10.2	25.6	37.5	16.7	10.0

试根据土的分类方法确定该土的名称和状态。

（答案：中砂；中密饱和状态）

第2章 土的渗透性

由于土体中存在大量孔隙，所以当饱和土中两点存在能量差时，土中水就在土体孔隙中从能量高的点向能量低的点流动。土中水在重力作用下穿过土中连通孔隙发生流动的现象称为渗流，土具有被水透过的性能称为土的渗透性，是土的主要力学特性之一。土的渗透性将改变土中应力，产生一系列与强度、变形有关的问题。所以，土的渗透性与工程实践密切相关，特别是对基坑、堤坝、路基、闸坝等工程有很大影响。

土的渗透性研究主要解决三方面问题：①渗流量问题；②渗透破坏问题；③渗流控制问题。

土的渗透性与土的饱和度有关，本章主要讲述饱和土的渗透性，包括土的渗透规律、渗透系数的测定方法、土中二维渗流及流网、渗透破坏及工程措施。

2.1 渗 透 规 律

2.1.1 达西定律

法国工程师达西（Darcy. H）曾于1855年利用图2-1所示的试验装置对均质砂试样的渗透性进行了研究，发现水在土中的渗透速度与试样的水力梯度（水力坡降）成正比，即

$$v = k\frac{h}{L} = ki \tag{2-1}$$

或

$$q = vA = kiA \tag{2-2}$$

式中：v 为断面平均渗透速度，cm/s；h 为试样两断面的水位差，即水头损失；L 为渗径；i 为水力坡降，代表单位渗流长度上的水头损失；q 为单位渗流量，cm^3/s；A 为垂直于渗流方向的土样的截面积（图中圆筒断面积）；k 为土的渗透系数，cm/s，反映土的透水性能。

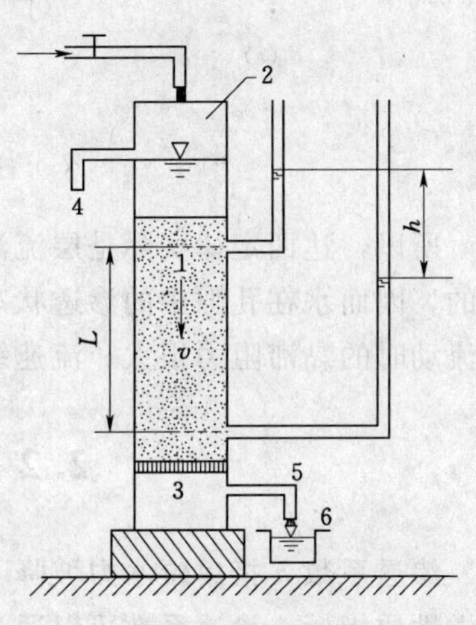

图2-1 达西渗透试验装置示意图

1—砂样；2—直立圆筒；3—滤板；4—溢水管；5—出水管；6—量杯

式（2-1）或式（2-2）即为达西定律的数学表达式，表明水在土中的渗流速度与水力坡降的一次方成正比，并与土的性质有关。

必须指出，由式（2-1）求出的渗透速度是一种假想的平均流速，即假定水在土中的渗流是通过土体

整个截面，而不是仅仅只通过土中孔隙。因此，水在土中的实际平均流速大于按达西定律确定的平均流速。因为实际平均流速很难确定，所以目前在渗流计算中广泛采用的是达西定律计算结果。

2.1.2　达西定律适用范围

式（2-1）描述的砂土渗透速度与水力坡降呈线性关系，如图 2-2（a）所示。

对于密实黏土中的渗流，进一步试验表明，由于孔隙中全部或大部分充满结合水，形成较大的黏滞阻力，当水力坡降较小时，土中不产生渗流，只有当渗透力克服了结合水的黏滞阻力后才能发生渗透，渗透规律呈非线性，偏离达西定律，如图 2-2（b）中实线。因此，密实黏土存在一起始水力坡降 $i_b>0$，即开始发生渗透时的水力坡降。实际使用的黏性土的渗透规律通常用直线来近似，如图 2-2（b）中的虚线。所以，密实黏土的渗透规律为

$$v=k(i-i_b) \tag{2-3}$$

式中：i_b 为密实黏土的起始水力坡降；其余符号意义同前。

对于粗粒土（如砾、卵石地基或堆石坝体等）中的渗流，只有在较小的水力坡降下，渗透速度与水力坡降才呈线性关系，当渗透速度超过临界流速 v_{cr} 时，水在土中的流动不符合层流状态，渗透速度与水力坡降的关系是非线性的，明显偏离达西定律，如图 2-2（c）所示。

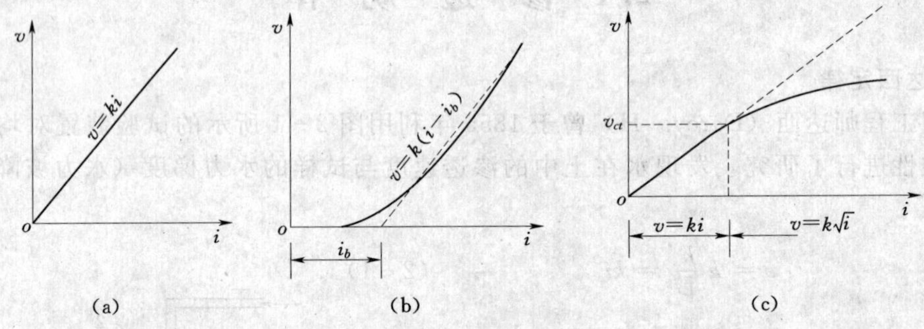

图 2-2　渗透基本规律

（a）砂土；（b）密实黏土；（c）砾石、卵石

所以，达西定律实际是层流渗透定律。由于土体中土粒和孔隙的形状与大小都是不规则的，因而水在孔隙中的渗透状态极其复杂。但由于土体中孔隙一般非常微小，水在土体中流动时的黏滞阻力很大、流速缓慢，因此，其流动状态大多属于层流。

2.2　渗透试验及渗透系数

渗透系数 k 指单位水力坡降下土中渗流速度，综合反映土的透水性强弱，是土的重要力学性质指标。渗透系数可以通过试验直接测定。

2.2.1　渗透试验

土的渗透系数可由室内或现场试验确定，室内外试验原理均以达西定律为依据。

1. 室内渗透试验

室内渗透试验按适用土类和仪器类型分为常水头试验和变水头试验，一般应取 3～4 个试样进行平行试验，以平均值作为试样在该孔隙比下的渗透系数。

(1) 常水头渗透试验。

常水头渗透试验适用于透水性较大的粗粒土，试验装置如图2-3所示，试验过程中作用于土样的水头保持不变。

试验时使水渗透通过截面为 A 的饱和试样（上端铺厚约 2cm 的砾石缓冲层），待测压管水头 h 稳定后，通过测定某时间间隔 t 内流过试样高度为 L 的总水量 V，则可以根据达西定律确定土样的渗透系数，有

$$V = qt = kiAt = k\frac{h}{L}At$$

$$k = \frac{VL}{hAt} \tag{2-4}$$

式中：h 为平均水位差$\left(\frac{h_1+h_2}{2}\right)$，$h_1$、$h_2$ 见图 2-3。

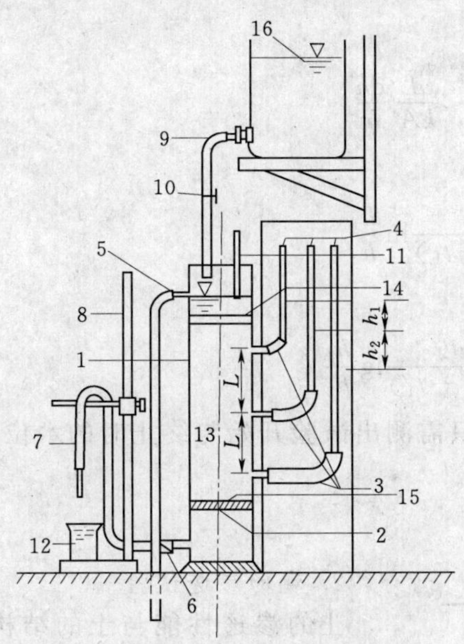

图 2-3　常水头试验装置

1—金属圆筒；2—金属孔板；3—测压孔；4—测压管；5—溢水孔；6—渗水孔；7—调水管；8—滑动架；9—供水管；10—止水夹；11—温度计；12—量杯；13—试样；14—砾石层；15—滤网；16—供水瓶

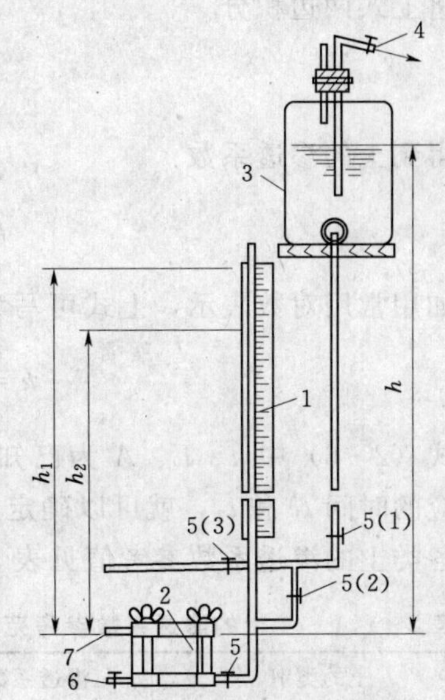

图 2-4　变水头试验装置

1—变水头管；2—渗透容器；3—供水瓶；4—接水源管；5—进水管夹；6—排气管；7—出水管

(2) 变水头渗透试验。

变水头渗透试验适用于细粒土，实验装置如图 2-4 所示，试验过程中作用于土样的水头随时间而变化。

试验时，渗透水流通过直立的带有刻度的变水头管自下而上流经土样，通过测记某一时段的起始水头差 h_1 和终了水头差 h_2 建立瞬时达西定律，由此推出渗透系数 k 的表达式。

设试验过程中任一时刻 t 的水头差为 h，经时段 $\mathrm{d}t$ 后，内截面积为 a 的变水头管中水位降落 $\mathrm{d}h$，则在时段 $\mathrm{d}t$ 内流经该管的水量 $\mathrm{d}V_e$ 为

$$\mathrm{d}V_e = -a\mathrm{d}h \tag{2-5a}$$

式中：负号表示水量 V 随水头差 h 的降低而增加。

根据达西定律，在 $\mathrm{d}t$ 时段内流经试样的水量 $\mathrm{d}V_o$ 可表示为

$$\mathrm{d}V_o = kiA\mathrm{d}t = k\frac{h}{L}A\mathrm{d}t \tag{2-5b}$$

式中：A 为试样截面积，mm^2；L 为试样高度，mm。

根据水流连续性原理，变水头管中减少的水量与流经土样的水量相等，即 $\mathrm{d}V_e=\mathrm{d}V_o$，所以，由式（2-5a）和式（2-5b）有

$$-a\mathrm{d}h = k\frac{h}{L}A\mathrm{d}t$$

将上式两边积分

$$\int_{t_1}^{t_2}\mathrm{d}t = -\int_{h_1}^{h_2}\frac{aL}{kA}\frac{\mathrm{d}h}{h}$$

得到土的渗透系数

$$k = \frac{aL}{A(t_2-t_1)}\ln\frac{h_1}{h_2} \tag{2-6a}$$

如用常用对数表示，上式可写为

$$k = 2.3\frac{aL}{A(t_2-t_1)}\lg\frac{h_1}{h_2} \tag{2-6b}$$

式（2-6）中 a、L、A 为已知，试验时只需测出试验开始与终止时的水位 h_1 和 h_2 及相应的时间 t_1 和 t_2，就可以确定渗透系数 k。

各类土的渗透系数参考值见表 2-1。

表 2-1　　土的渗透系数参考范围

土的类别	渗透系数 k（cm/s）
砾石、粗砂	$a\times10^{-1}\sim a\times10^{-2}$
中砂	$a\times10^{-2}\sim a\times10^{-3}$
细砂、粉砂	$a\times10^{-3}\sim a\times10^{-4}$
粉土	$a\times10^{-4}\sim a\times10^{-6}$
粉质黏土	$a\times10^{-6}\sim a\times10^{-7}$
黏土	$a\times10^{-7}\sim a\times10^{-10}$

2. 现场渗透试验

土的渗透性能与土的结构密切相关，因而在有些情况下不易取得具有代表性的原状土样时，为了确定土层的实际渗透系数，可直接在现场进行 k 值的原位测定。

现场试验方法有抽水试验和注水试验两种。

抽水试验法适用于均质粗粒土层。图 2-5 为井孔抽水试验原理，试验时在现场打试验井，井身贯穿待测渗透系数 k 的土层，并在距井中心不同位置设置若干观测孔。然后以不变速率自井中连续抽水，通过观测井中和观测孔中稳定水位绘制出降水漏

斗。设测得某一时间段 Δt 内抽水量为 Q，距井中心距为 r_1、r_2、…的观测孔中水位分别为 h_1、h_2、…，则通过确定的水力梯度 $i=\mathrm{d}h/\mathrm{d}r$ 和达西定律即可求得土层平均渗透系数 k 值（参见图 2-5）。

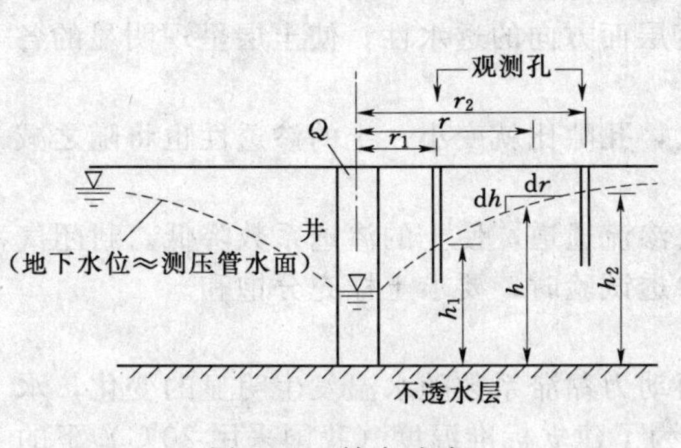

图 2-5 抽水试验

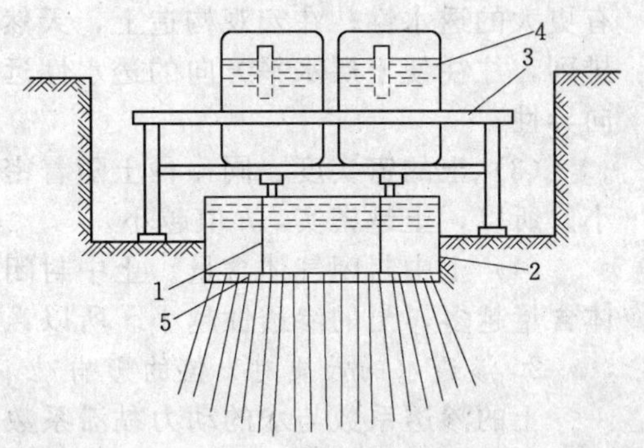

图 2-6 注水试验
1—内环；2—外环；3—支架；4—供水瓶；5—砾石层

围绕井轴取一过水断面 $$A=2\pi rh$$

单位时间内井内抽水量 $$q=\frac{Q}{\Delta t}=Aki=2\pi rhk\frac{\mathrm{d}h}{\mathrm{d}r}$$

则 $$q\frac{\mathrm{d}r}{r}=2\pi kh\,\mathrm{d}h$$

等式两边积分 $$q\int_{r_1}^{r_2}\frac{\mathrm{d}r}{r}=2\pi k\int_{h_1}^{h_2}h\,\mathrm{d}h$$

得 $$q\ln\frac{r_2}{r_1}=\pi k(h_2^2-h_1^2)$$

从而得到土的渗透系数 $$k=\frac{q}{\pi}\frac{\ln(r_2/r_1)}{(h_2^2-h_1^2)}$$

或 $$k=2.3\frac{q}{\pi}\frac{\lg(r_2/r_1)}{(h_2^2-h_1^2)}$$

注水试验法原理与抽水试验类似，图 2-6 是试坑注水试验的渗透装置，试验时在现场按预定深度开挖一面积不小于 1.0m×1.5m 的试坑，坑下开挖一直径等于外环、深 15～20cm的贮水坑。然后安放如图所示的各种装置，通过测记一定时间内供水瓶内流出的水量 Q 和内环面积确定渗透系数的近似值 $k=Q/A$，具体试验步骤参见《土工试验规程》(SL 237—1999)。

原位渗透试验可以获得试验场地较为可靠的平均渗透系数 k 值，但试验所需费用较多，故应根据工程规模和勘察要求确定是否需要采用。

2.2.2 影响渗透系数的因素

渗透系数 k 是综合反映水在土体孔隙中流动的难易程度的指标，其值与土的性质和水的性质有关。

1. 土的性质对 k 值的影响

(1) 颗粒大小与级配。颗粒大小与级配是对土的渗透性影响较大的因素。颗粒越粗、大小越均匀、k 值越大。土中细粒含量越多，土的渗透性越小。

（2）矿物成分和土的结构。对于黏性土，矿物成分对渗透系数 k 也有很大影响。例如当黏土中含有可交换的钠离子越多时，其渗透性将越低，土中有机质和胶体颗粒的存在也会对土的渗透系数产生影响。在微观结构上，当孔隙比相同时，凝聚结构将比分散结构具有更大的透水性；在宏观构造上，天然沉积的层状黏性土层，由于扁平状黏土颗粒的水平排列，往往使土层水平方向的透水性远大于垂直层面方向的透水性，使土层呈现明显的各向异性。

（3）土的密实度。同一种土随着密实度增大，孔隙比就变小，土的渗透性也将随之减小。所以，土越密实，k 值越小。

（4）土中封闭气体含量。土中封闭气体阻塞渗流通道，使土的渗透系数降低。封闭气体含量越多，土的渗透性越小。所以，在进行渗透试验时，要求土样充分饱和。

2. 渗透水的性质对 k 值的影响

土的渗透系数与水的动力黏滞系数有关，而动力黏滞系数随水温发生明显的变化，水温越高，水的动力黏滞系数越小，k 值就越大。为了建立标准温度（我国采用 20℃）下的渗透系数，需将 T℃水温下测得的 k_T 值进行温度修正，有

$$k_{20} = k_T \frac{\eta_T}{\eta_{20}} \tag{2-7}$$

式中：k_T、k_{20} 分别为 T℃和 20℃时土的渗透系数；η_T、η_{20} 为 T℃和 20℃时水的动力黏滞系数，η 值见表 2-2。

表 2-2　　水的动力黏滞系数 [kPa·s (10^{-6})]

温度（℃）	η	温度（℃）	η	温度（℃）	η	温度（℃）	η	温度（℃）	η
0.0	1.794	9.5	1.328	14.5	1.160	19.5	1.022	26.0	0.879
5.0	1.516	10.0	1.310	15.0	1.144	20.0	1.010	27.0	0.859
5.5	1.493	10.5	1.292	15.5	1.130	20.5	0.998	28.0	0.841
6.0	1.470	11.0	1.274	16.0	1.115	21.0	0.986	29.0	0.823
6.5	1.449	11.5	1.256	16.5	1.101	21.5	0.974	30.0	0.806
7.0	1.428	12.0	1.239	17.0	1.088	22.0	0.963	31.0	0.789
7.5	1.407	12.5	1.223	17.5	1.074	22.5	0.952	32.0	0.773
8.0	1.387	13.0	1.206	18.0	1.061	23.0	0.941	33.0	0.757
8.5	1.367	13.5	1.188	18.5	1.048	24.0	0.919	34.0	0.742
9.0	1.347	14.0	1.175	19.0	1.035	25.0	0.899	35.0	0.727

2.2.3　成层土的渗透系数

天然沉积土的成层性及各向异性将导致土体的平均渗透系数在水流平行层面和垂直层面有较大的不同，宏观上具有非均质性。在计算渗流量时，为简单起见，常常将若干连续土层等效为厚度为各土层之和、渗透系数为等效渗透系数的单一土层。

1. 平行层面渗透系数

在流场中截取渗流长度为 L 的平行土层层面的渗流区域段［图 2-7（a）］，设各土层的水平向渗透系数分别为 k_1、k_2、…、k_n，土层厚度分别为 H_1、H_2、…、H_n，总厚度为 H。若通过各土层单位宽度的渗流量为 q_{1x}、q_{2x}、…、q_{nx}，则通过整个土层的总渗流量

q_x 应为各土层渗流量之总和，即

$$q_x = q_{1x} + q_{2x} + \cdots + q_{nx} = \sum_{i=1}^{n} q_{ix}$$

根据达西定律，并将总渗流量用土层的等效渗透系数 k_x 表达，则

$$q_x = k_x iH$$

$$\sum_{i=1}^{n} q_{ix} = k_{1x} iH_1 + k_{2x} iH_2 + \cdots + k_{nx} iH_n$$

因此，整个土层与层面平行的等效渗透系数 k_x 为

$$k_x = \frac{1}{H}\sum_{i=1}^{n} k_{ix} H_i \tag{2-8}$$

所以，平行层面等效渗透系数 k_x 相当于各层渗透系数按厚度加权的算术平均值。

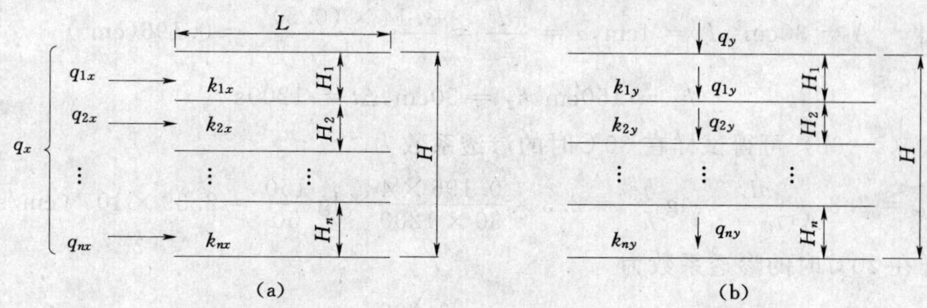

图 2-7 成层土的渗流

(a) 与层面平行渗流；(b) 与层面垂直渗流

2. 垂直层面渗透系数

图 2-7 (b) 为截取的垂直土层层面渗流的区域。设通过各土层的渗流量分别为 q_{1y}、q_{2y}、…、q_{ny}，根据水流连续定理，通过整个土层的渗流量 q_y 必等于通过各土层的渗流量，即

$$q_y = q_{1y} = q_{2y} = \cdots = q_{ny} \tag{2-9}$$

由达西定律有

$$k_y iA = k_{1y} i_1 A = k_{2y} i_2 A = \cdots = k_{ny} i_n A$$

则

$$i_i = \frac{k_y}{k_{iy}} i \tag{2-10}$$

式中：k_y 为与层面垂直的土层等效渗透系数；A 为渗流截面积。

若渗流通过各土层的水头损失分别为 h_1、h_2、…、h_n，则总的水头损失为 $h=\sum h_i$，相应的水力坡降为 $i_1=\frac{h_1}{H_1}$、$i_2=\frac{h_2}{H_2}$、…、$i_n=\frac{h_n}{H_n}$，总的水力坡降为 $i=\frac{h}{H}$。

因各土层水头损失的总和等于总水头损失，故

$$H_i = H_1 i_1 + H_2 i_2 + \cdots + H_n i_n \tag{2-11}$$

将式 (2-10) 代入式 (2-11) 可得

$$H_i = H_1 \frac{k_y}{k_{1y}} i + H_2 \frac{k_y}{k_{2y}} i + \cdots + H_n \frac{k_y}{k_{ny}} i \tag{2-12}$$

整理式（2-12）后可得垂直层面的等效渗透系数为

$$k_y = \frac{H}{\frac{H_1}{k_{1y}} + \frac{H_2}{k_{2y}} + \cdots + \frac{H_n}{k_{ny}}} = \frac{H}{\sum_{i=1}^{n} \frac{H_i}{k_{iy}}} \tag{2-13}$$

比较式（2-8）和式（2-13）后可知，k_x 可近似由最透水层的渗透系数和厚度控制，而 k_y 则可近似由最不透水层的渗透系数和厚度控制。因此，成层土与层面平行的等效渗透系数 k_x 恒大于与层面垂直的等效渗透系数 k_y。

【例 2-1】　已知变水头渗透试验采用的黏土试样截面积为 30cm²，厚度为 4cm，渗透仪细玻璃管内径为 0.5cm，试验开始时水头为 150cm，20 分钟后水头为 50cm，试验时水温为 30℃，试求试样的渗透系数 k_{20}。

解

已知　$A = 30\text{cm}^2, L = 4\text{cm}, a = \frac{\pi d^2}{4} = \frac{3.14 \times (0.5)^2}{4} = 0.196(\text{cm}^2)$

$$h_1 = 150\text{cm}, h_2 = 50\text{cm}, \Delta t = 1200\text{s}$$

由式（2-6b）可得试样在 30℃时的渗透系数为

$$k_{30} = 2.3\frac{aL}{A(t_2 - t_1)}\lg\frac{h_1}{h_2} = 2.3 \times \frac{0.196 \times 4}{30 \times 1200} \times \lg\frac{150}{50} = 2.39 \times 10^{-5}(\text{cm/s})$$

试样在 20℃时的渗透系数为

$$k_{20} = k_{30}\frac{\eta_{30}}{\eta_{20}} = 2.39 \times 10^{-5} \times \frac{0.806}{1.010} = 1.91 \times 10^{-5}(\text{cm/s})$$

2.3　土中二维渗流及流网

达西定律所描述的渗流是简单边界条件下的一维渗流，为了评价渗流在地基或坝体中的影响，需要考虑二维或三维渗流，以及复杂的边界条件，此时需要采用达西定律的微分形式。

2.3.1　二维渗流方程

当土体中形成稳定渗流场时，渗流场中水头及流速等渗流要素仅是位置的函数，与时间无关。

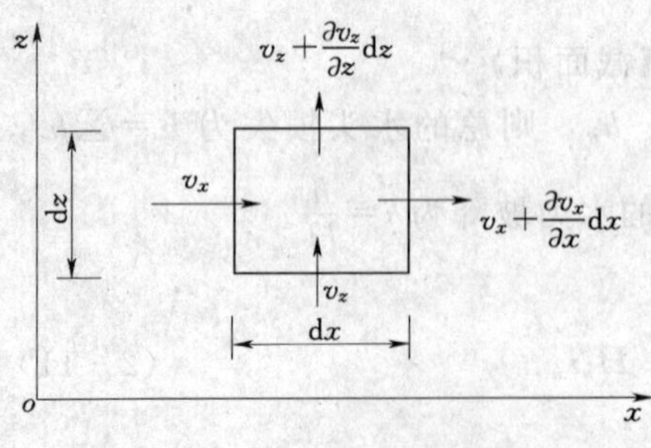

图 2-8　二维渗流单元体

从稳定渗流场中任取一微分单元体：面积 $A = \mathrm{d}x\mathrm{d}z$，厚度 $\mathrm{d}y=1$，x 方向和 z 方向流速分别为 v_x 和 v_z，如图 2-8 所示。

设单位时间内流入和流出此单元体的渗流量分别为 $\mathrm{d}q_e$ 和 $\mathrm{d}q_0$，有

$$\mathrm{d}q_e = v_x\mathrm{d}z \times 1 + v_z\mathrm{d}x \times 1$$

$$\mathrm{d}q_o = \left(v_x + \frac{\partial v_x}{\partial x}\mathrm{d}x\right)\mathrm{d}z \times 1 + \left(v_z + \frac{\partial v_z}{\partial z}\mathrm{d}z\right)\mathrm{d}x \times 1$$

若忽略水体的压缩性，则根据水流连续性原

理，单位时间内流入和流出单元体的水量应相等，即 $dq_e = dq_o$，则由上述公式可以得出二维渗流方程为

$$\frac{\partial v_x}{\partial x} + \frac{\partial v_z}{\partial z} = 0 \tag{2-14}$$

对于各向异性土体，达西定律的表达式为

$$\left.\begin{aligned} v_x &= k_x i_x = k_x \frac{\partial h}{\partial x} \\ v_z &= k_z i_z = k_z \frac{\partial h}{\partial z} \end{aligned}\right\} \tag{2-15}$$

将式（2-15）代入式（2-14），可以得到以渗透系数 k 和测管水头 h 表示的渗流方程为

$$k_x \frac{\partial^2 h}{\partial x^2} + k_z \frac{\partial^2 h}{\partial z^2} = 0 \tag{2-16}$$

式中：k_x 和 k_z 分别为 x、z 方向的渗透系数。

假设 $k_x = k_z$，式（2-16）可表示为

$$\frac{\partial^2 h}{\partial x^2} + \frac{\partial^2 h}{\partial z^2} = 0 \tag{2-17}$$

式（2-17）即为平面稳定渗流的基本方程，也是著名的拉普拉斯（Laplace）方程。该方程表明渗流场内任一点的水头 h 都是坐标的函数。所以，平面稳定渗流场就是给定边界条件下的拉普拉斯方程的解。

2.3.2 二维流网绘制及应用

对式（2-16）、式（2-17）的求解方法大致有四种：电模拟法、数学解析法、数值解法和图解法，其中用得最多的是数值解法和图解法。下面主要介绍图解法，即通过绘制流网近似求得拉氏方程的解。对于成层地基和各向异性地基，图解法比较困难，一般采用数值解法。

1. 流网的基本特征及绘制

在稳定渗流场中，描述水质点流动的路线被称为流线，其上任一点的切线方向就是流速矢量的方向，势能或水头的等值线被称为等势线。流网是指由流线和等势线所组成的曲线正交网格，具有下述特征：

1）流线与等势线正交。

2）流线与等势线构成的每一个网格的长宽比 l/b 为常数，最常用的网格是 $l/b \approx 1.0$。

3）相邻等势线间的水头损失相等。

4）各流槽的渗流量相等。

根据上述特征，流网绘制方法及步骤如图 2-9 所示：

1）按一定比例绘出结构物和土层剖面，根据渗流场边界条件确定边界流线和边界等势线［图 2-9（a）］。

2）初绘若干条相互平行的流线，注意与进水面、出水面正交，并与不透水面接近平行［图 2-9（b）］。

3）根据流线与等势线正交、流线与等势线构成的网格长宽比为常数的要求，按一定

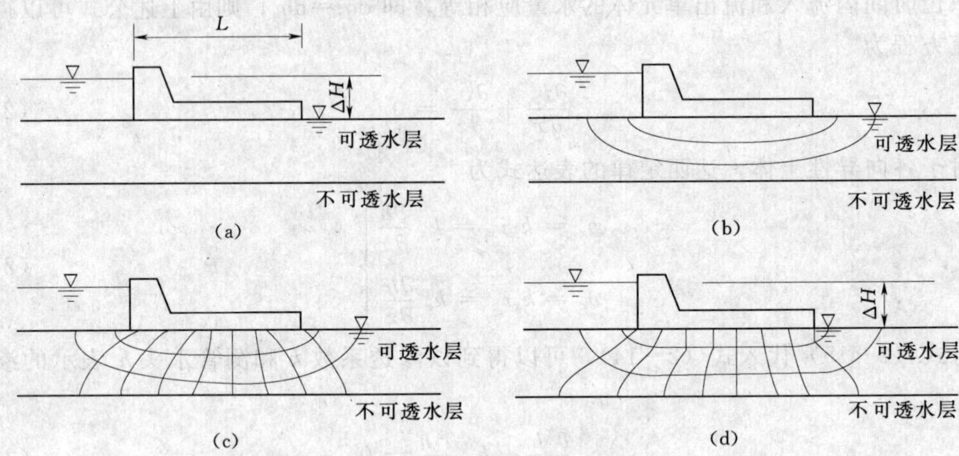

图 2-9　流图绘制

水头比例绘制等势线，注意各网格尽量近似为曲线正方形［图 2-9（c）］。

4）反复修改调整，直到满足流网基本特征［图 2-9（d）］。

应指出的是，有些工程由于边界形状不规则，在边界突变处有时会难以保证流网网格一定是四边形，这时只要网格的平均长度和宽度大致相等，一般不会影响整个流网的精度。

2. 流网的应用

图 2-10 是几种典型工程的流网图。根据流网的分布规律，可以直观地获得所研究对象的渗流特性，并可定量求得渗流场中各点的水头损失、孔隙水压力、水力坡降、渗流速度和渗流量等。

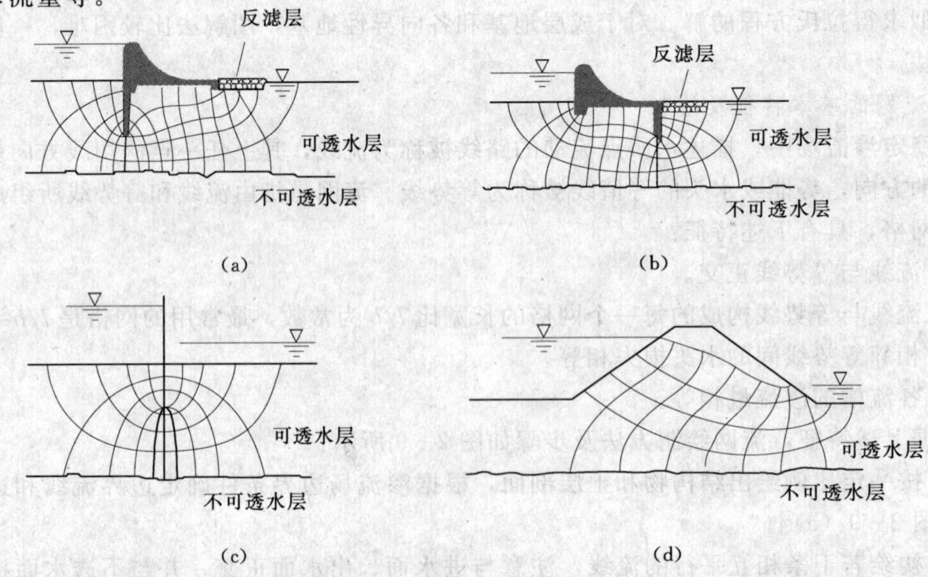

图 2-10　典型渗流问题流网图

(a) 混凝土坝基下设钢板桩；(b) 混凝土坝趾设置钢板桩和滤层；(c) 钢板桩；(d) 土坝

(1) 水头损失。设渗流总水头差为 ΔH，流网中每一个网格的长宽分别为 ΔL、b，则根据流网特征，相邻等势线间的水头损失 Δh 为

$$\Delta h = \frac{\Delta H}{N_d} \quad (N_d \text{ 为等势线条数减 } 1) \tag{2-18}$$

Δh 确定后即可确定求出任意点的测管水头。

(2) 孔隙水压力。渗流场中某点孔隙水压力 u 等于该点测压管中水柱高度 h_u 与水的重度的乘积，即

$$u = \gamma_w h_u \tag{2-19}$$

同一等势线上各点具有相同的势能（或水头），但孔隙水压力不相同。

(3) 水力坡降。流网中任意网格的平均水力坡降为

$$i = \frac{\Delta h}{\Delta L} \tag{2-20}$$

式中：ΔL 为计算网格处流线的平均长度。

上式表明流网中网格越密的地方水力坡降越大。

(4) 渗流速度。根据达西定律和式（2-20）可确定渗流速度 $v=ki$，方向为流线的切线方向。

(5) 渗流量。参见图 2-9（d），每个流槽的渗流量 Δq 为

$$\Delta q = Aki = (b \times 1) \times k \frac{\Delta h}{\Delta L} = k\Delta h \frac{b}{\Delta L} = k \frac{\Delta H}{N_d} \frac{b}{\Delta L} \tag{2-21}$$

式中：A 为网格的过流断面。

当网格的 $\Delta L/b=1$ 时，总渗流量为

$$q = k \sum_{i=1}^{N_f} \left(\frac{\Delta H}{N_d} \right)_i = k\Delta H \frac{N_f}{N_d} \tag{2-22}$$

式中：N_f 为流槽数，等于流线数减 1。

2.4 渗透破坏及工程控制

渗流引起的渗透破坏问题主要分为两类：一是由于渗流力作用使土体颗粒流失或局部土体产生移动，导致土体变形甚至失稳；二是由于渗流作用使水压力或浮力发生变化，导致土体或结构失稳。

2.4.1 渗透力

水在土体中流动时会由于克服土粒的阻力而消耗能量，引起水头损失，同时水流又会对土粒产生作用力，渗透力就是指渗透水流施加于单位体积土粒上的拖曳力，即单位体积土颗粒所受到的渗流作用力，也称为动水压力。

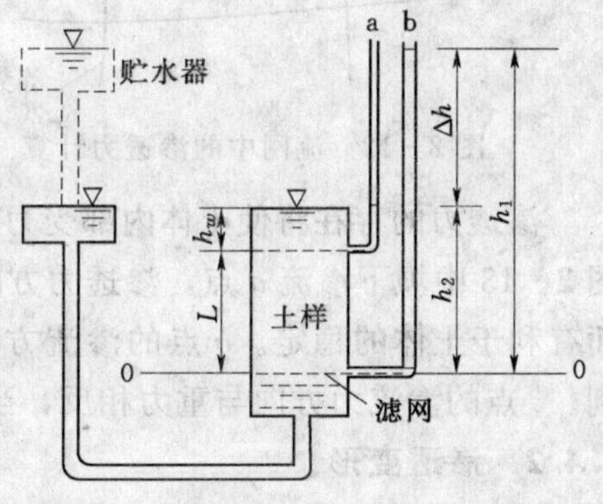

图 2-11 渗透破坏试验原理

图 2-11 为渗透破坏试验装置。当 $h_1=h_2$ 时，土中水处于静止状态，无渗流发生。当将贮水器提

升到 $h_1>h_2$ 时，由于水位差的存在，土样中产生向上渗流，随着贮水器位置的不断提升，渗透水流速度会越来越快，直到土样表面出现类似于沸腾的现象，此时土样产生了流土破坏。

设土样截面积为 A，厚度为 L，渗透水流流进和流出的水头损失为 Δh，则土粒对渗透水流的阻力为

$$F=\gamma_w \Delta h A \tag{2-23}$$

当忽略水体的惯性力时，渗流作用于土粒的总渗透力 J 和土粒对渗透水流的阻力 F 大小相等方向相反，即

$$J=F=\gamma_w \Delta h A \tag{2-24}$$

由式（2-24）可得单位体积土粒所受到的渗透作用力为

$$j=\frac{J}{AL}=\frac{\gamma_w \Delta h A}{AL}=i\gamma_w \tag{2-25}$$

式（2-25）的推导表明，渗透力为均匀分布的体积力（内力），是由渗流作用于试样两端面的孔隙水压力差（外力）转化的结果。渗透力量纲与 γ_w 相同，大小和水力坡降成正比，方向与渗流方向一致。

对于平面渗流，利用流网可以方便地求出任意网格上的渗透力及其作用方向。如图 2-12为取自流网中的一个网格，已知任两条等势线之间的水头降落为 Δh，网格流线的平均长度为 ΔL，单位厚度上网格土体的体积 $V=b\Delta l\times 1$，则网格平均水力坡降 $i=\Delta h/\Delta l$，作用于该网格形心、与流线平行的总渗透力为

$$J=jV=\gamma_w ib\Delta l\times 1=\gamma_w b\Delta h \tag{2-26}$$

上式表明，流网中各处的渗透力无论是大小还是方向均不相同，等势线越密的区域，水力坡降越大，因而渗透力也越大。

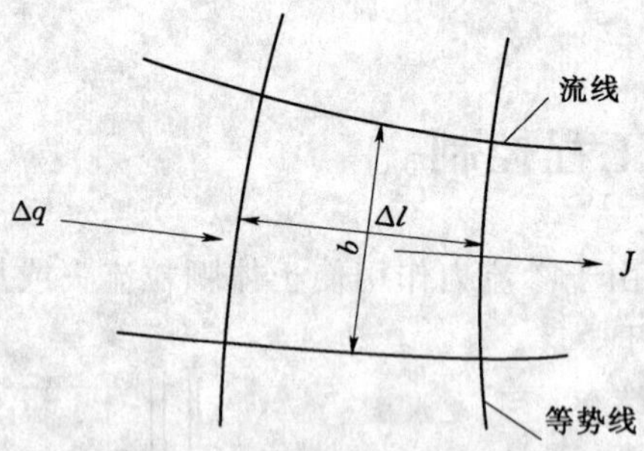

图 2-12　流网中的渗透力计算

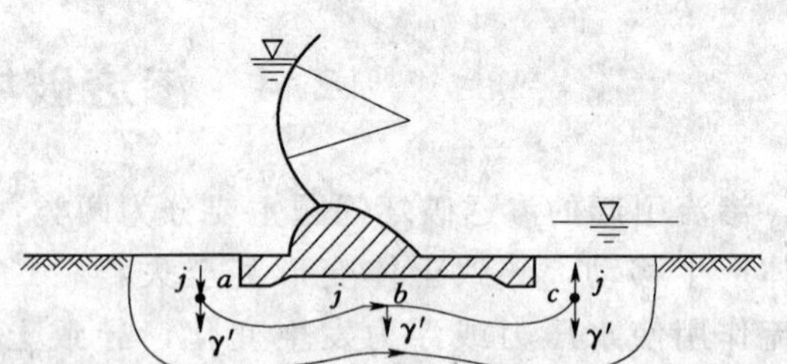

图 2-13　闸基上渗流对土体稳定的影响

渗透力的存在将使土体内部受力发生变化，这种变化对土体稳定性有着很大的影响。如图 2-13 中坝下渗流 a 点，渗透力方向与重力一致，渗透力可促使土体压密、强度提高，因而有利于土体的稳定。b 点的渗流方向近乎水平，使土粒有向下游移动的趋势，对稳定不利。c 点的渗流力方向与重力相反，当渗透力大于土体的有效重度时土粒将被水流冲出。

2.4.2　渗透变形

渗透变形是指渗透水流将土体的细颗粒冲走、带走或局部土体产生移动，导致土体变形的现象。根据土体局部破坏的特征，渗透变形可分为流土和管涌两种形式。

1. 流土

在渗流作用下，局部土体表面隆起，或某一范围内土粒群同时发生移动的现象称为流土。流土一般是以突发的形式发生在地基或土坝下游渗流出逸处，多发生于颗粒级配均匀的饱和细、粉砂和粉土层中。

流土的发生原理可通过图 2-11 所示的试验装置说明。

若图 2-11 中的贮水器不断上提，则 Δh 逐渐增大，从而作用在土体中的渗透力也逐渐增大。当达到 $j=\gamma'$ 状态时，土体就处于发生浮起或破坏的临界状态，根据渗透力计算公式 $j=i\gamma_w$ 可得此时的水力坡降为

$$i_{cr}=\frac{\gamma'}{\gamma_w} \tag{2-27}$$

式中：i_{cr} 为开始发生流土的临界水力坡降。

已知土的有效重度 γ' 为

$$\gamma'=\frac{(d_s-1)\gamma_w}{1+e}=\gamma_{sat}-\gamma_w \tag{2-28}$$

将式（2-28）代入式（2-27），可得到以三相比例指标表示的临界坡降 i_{cr} 为

$$i_{cr}=\frac{d_s-1}{1+e}=\frac{\gamma_{sat}-\gamma_w}{\gamma_w} \tag{2-29}$$

上式表明流土的临界水力坡降取决于土的物理性质，例如砂土，d_s 约为 2.66，e 约为 0.5～0.85，则 i_{cr} 一般在 0.8～1.2 之间。

在自下而上的渗流逸出处，如果出现 $i\geqslant i_{cr}$ 这一水力条件，流土就必然会发生。因此在工程设计中，为保证建筑物的安全，需将土的临界水力坡降考虑某一安全系数 F_s（约为 2～3)，作为允许水力坡降 $[i]$，设计水力坡降应控制在允许坡降 $[i]$ 内，即

$$i\leqslant[i]=\frac{i_{cr}}{F_s} \tag{2-30}$$

图 2-14 (a) 为流土破坏的示意，河堤下游相对不透水层下面有一层强透水砂层，由于堤外水位高涨，造成水头增大，使得局部覆盖层被水流冲溃，砂土大量涌出，危及堤防安全。

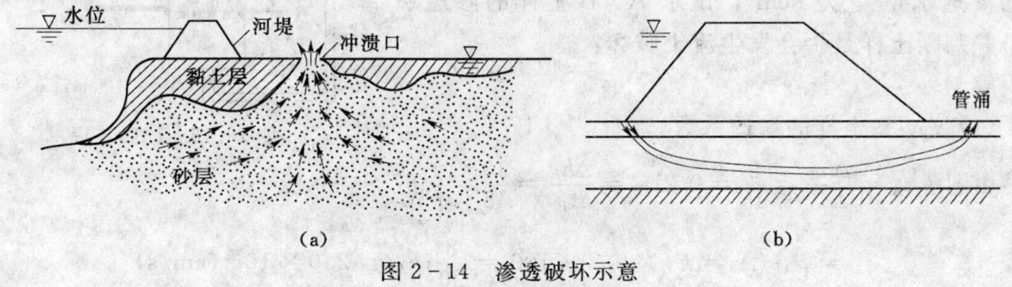

图 2-14 渗透破坏示意

(a) 流土；(b) 管涌

2. 管涌

在渗流作用下，无黏性土中的细小颗粒通过较大颗粒的孔隙，发生移动并被带出的现象称为管涌。地基土或坝体在渗透水流作用下，其细小颗粒被冲走，孔隙逐渐增大，慢慢形成一种贯通的渗流通道，掏空地基或坝体，造成土体塌陷。管涌既可以发生在土体内

部，也可以发生在渗流出口处，其发展一般有个时间过程，是一种渐进性的破坏。

管涌多发生于砂性土中，特别是缺少某种中间粒径的砂性土，其产生必须具备两方面条件：一是几何条件，即土中粗颗粒所构成的孔隙直径必须大于细粒土的直径；二是水力条件，即存在能够带动细颗粒在孔隙间移动的渗透力。产生管涌的条件目前还缺乏完善的理论计算公式，从垂直方向看，单个土粒只要向上的渗透力大于土粒的浮重度，土粒即可被向上冲出，但管涌也可在水平方向发生，此时需考虑粒间摩擦力等的作用，因而发生管涌的临界水力坡降 i_{cr} 一般通过试验确定。

防治管涌现象一般都是从改变水力条件和改变几何条件两方面采取措施，如降低水力坡降，在逸出部位设反滤层等。

图 2－14（b）为河堤管涌失事的示意。开始时土体中的细颗粒沿渗流方向移动并不断流失，继而较粗颗粒发生移动，逐渐在土体内部形成管状通道，带走大量砂粒，最后导致上部土体坍塌。

【例 2－2】　某土坝地基土的比重 $d_s=2.68$，孔隙比 $e=0.78$，下游渗流出口处经计算水力坡降 i 为 0.3，若取安全系数 F_s 为 2.5，试问该土坝地基出口处土体是否会发生流土破坏？

解　临界水力坡降为

$$i_{cr}=\frac{d_s-1}{1+e}=\frac{2.68-1}{1+0.78}=0.94$$

允许水力坡降为　$$[i]=\frac{i_{cr}}{F_s}=\frac{0.94}{2.5}=0.38$$

由于计算水力坡降 $i<[i]$，故土坝地基出口处土体一般不会发生流土破坏。

【例 2－3】　如图 2－15 所示的试验装置，已知试验土样的有关指标为：$ds_A=ds_B=2.68$，$e_A=0.6$、$e_B=0.85$；A、B 土样的截面积为 $A=100\text{cm}^2$，在稳定渗流条件下测得 $\Delta h_A=3\text{cm}$、$\Delta h_B=10\text{cm}$，$\Delta t=20\text{s}$ 时的渗透水量 Q 为 8cm^3，试求 A、B 土样的渗透系数，并判断土样是否会发生流土破坏？

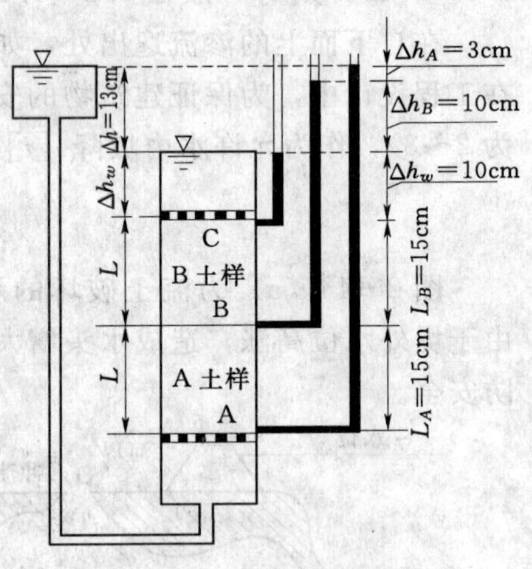

图 2－15　试验装置

解

(1) A、B 土样的渗透系数。

由图示 $i_A=\frac{\Delta h_A}{L_A}=\frac{3}{15}=0.2;i_B=\frac{\Delta h_B}{L_B}=\frac{10}{15}=0.67$

$$q_A=k_Ai_AA=k_A\times0.2\times100=\frac{8}{20};k_A=2.0\times10^{-2}(\text{cm/s})$$

$$q_B=k_Bi_BA=k_B\times0.67\times100=\frac{8}{20};k_B=6.0\times10^{-3}(\text{cm/s})$$

(2) 判别是否会发生流土。

A 土样：　$$i_{crA}=\frac{d_{sA}-1}{1+e_A}=\frac{2.68-1}{1+0.6}=1.05$$

$$F_{sA}=\frac{i_{crA}}{i_A}=\frac{1.05}{0.2}=5.25$$

安全系数满足要求，且上覆B土样，因而可以判断不会出现流土破坏。

B土样：
$$i_{crB}=\frac{d_{sB}-1}{1+e_B}=\frac{2.68-1}{1+0.85}=0.91$$

$$F_{sB}=\frac{i_{crB}}{i_B}=\frac{0.91}{0.67}=1.36$$

安全系数不满足要求，可能会出现流土破坏。

2.4.3 渗流产生的其他工程问题

渗流产生的工程问题除了上述流土（砂）和管涌（潜蚀）外，还包括地下水的浮托作用、承压水作用等。

地下水对建筑物基础产生浮托力一般按下述原则考虑：当建筑物位于粉土、砂土、碎石土和节理裂隙发育的岩石地基时，按设计水位的100%计算浮托力；当建筑物位于节理裂隙不发育的岩石地基时，按设计水位的50%计算浮托力；当建筑物位于黏性土地基时，其浮托力较难准确确定，应结合地区的实际经验考虑。

承压水的存在对开挖工程有较大影响这部分内容将在第8章中详细介绍。

2.4.4 防止渗透破坏的工程措施

对于渗流产生的各类工程问题，其防治路径都是从减小水头差、增长渗流路径、平衡渗透力、土体加固等方面考虑，具体的工程措施有下述一些做法。

1. 减小水头差

图2-16是基坑工程通过明沟排水和井点降水等方法人工降低地下水位的示意，目的是减小水头差。明沟排水是在基坑内或基坑外设置排水沟、集水井，用抽水设备将地下水从排水沟或集水井排出，如图2-16（a）所示。当基坑开挖要求地下水位降得较深时，可采用井点降水，即在基坑周围布置一排乃至几排井点，从井中抽水降低水位，图2-16（b）为多级井点降水示意。井点的间距根据土的种类及要求降水的深度而定，一般取1～3m。各井的顶部用管相连，并通过水泵抽水。

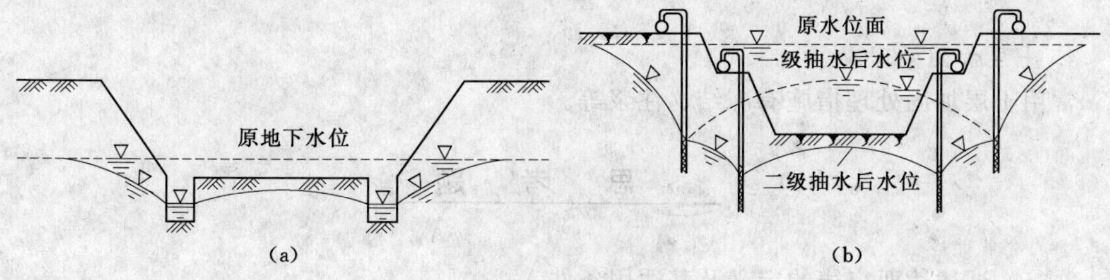

图2-16 基坑降水

（a）坑内明沟降水；（b）多级井点降水

2. 增长渗流路径

图2-17为水工堤坝中常用的增长渗流路径的方法，包括：

（1）设置垂直截渗。采用防渗墙、帷幕灌浆、板桩等截渗体完全或不完全截断透水层，达到延长渗径，降低上、下游的水力坡度的目的。图 2-17（a）为心墙坝设置了完全截断透水层的混凝土防渗墙，有很好的防渗效果，如果透水层深厚，防渗墙不能截断透水层，则可以起到延长渗径的作用。

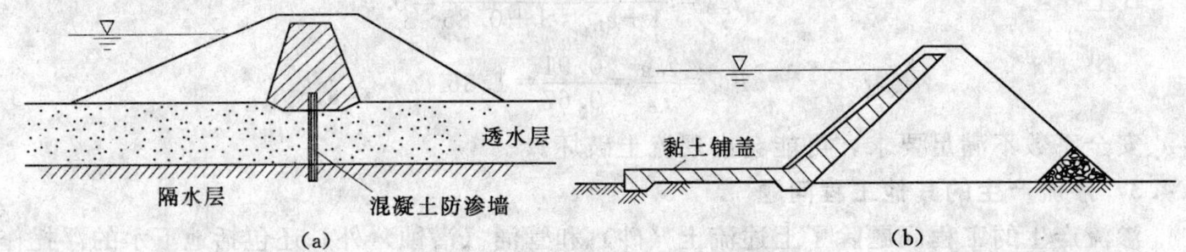

图 2-17　增长渗流路径措施

(a) 心墙坝设置混凝土防渗墙；(b) 土坝设置黏土铺盖防渗

(2) 设置水平铺盖。如图 2-17（b）所示，在上游设置黏土水平铺盖与坝体防渗体连接，也可起延长水流渗透路径的作用。

3. 平衡渗透力

图 2-18（a）为在水工建筑物下游设置减压井或深挖排水槽，以减小下游渗透压力。

图 2-18（b）为采用土工布在水工建筑物下游设置反滤层以起到通畅水流和防止细粒流失的作用，反滤层也可由粒径不等的无黏性土组成。

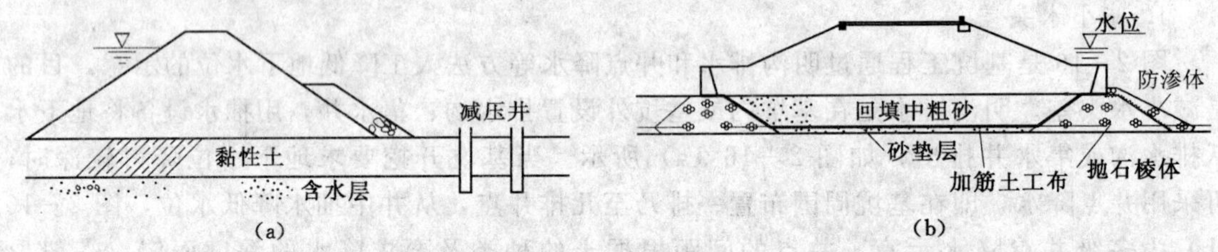

图 2-18　水工建筑物防渗措施

(a) 土坝减压井；(b) 堤防基础设置土工布反滤层

4. 土层加固处理

常用土层加固处理措施有冻结、注浆等。

思　考　题

2-1　试述达西定律的定义及其适用条件。

2-2　土的渗透系数的影响因素有哪些？

2-3　试述成层土平均渗透系数的计算方法。

2-4　何谓渗透力？其大小和方向如何确定？

2-5　试述渗透变形的基本形式及其判别方法。

2-6　试述常见的渗流工程问题及相应的防治措施。

习　题

2-1　不透水岩基上有水平分布的三层土，厚度均为 1m，竖向渗透系数分别为：k_1=1m/d，k_2=2m/d，k_3=10m/d，试计算该整个土层的竖向平均渗透系数？

（答案：1.875m/d）

2-2　已知某土体的土粒相对密度 d_s=2.67，孔隙比 e=1.215，试求该土体的临界水力坡降？

（答案：0.75）

2-3　常水头渗透试验中，已知渗透仪直径 D=75mm，渗流通过 L=200mm 路径的水头损失 Δh=66mm，60s 时间内的渗水量 Q=61.6cm^3，求试验土样的渗透系数 k？

（答案：$k=7.0\times10^{-2}$cm/s）

2-4　通过变水头试验测定某黏土的渗透系数 k，试样横断面面积 A=30cm^2，长度 L=4cm，渗透仪水头管（细玻璃管）断面积 a=0.1256cm^2，水头差 Δh_1=140cm 降低到 Δh_2=95cm 所需时间 t=16min。试推导变水头试验法确定渗透系数的计算公式，并计算该黏土在试验温度时的渗透系数 k。

（答案：$k=6.76\times10^{-6}$cm/s）

2-5　如图 2-19 所示某地基剖面依次为黏土层和砂层，已知黏土层厚 9m，重度 γ_{sat}=20kN/m^3，砂层顶面水头高 7.5m。试问在黏土层中进行基坑开挖时，为保证不发生流土，开挖深度至少应控制在多少以内？如果开挖深度达到 6m，拟采用向坑中注水的方式防止坑底流土，则注水深度为多少？

（答案：5.25m；1.5m）

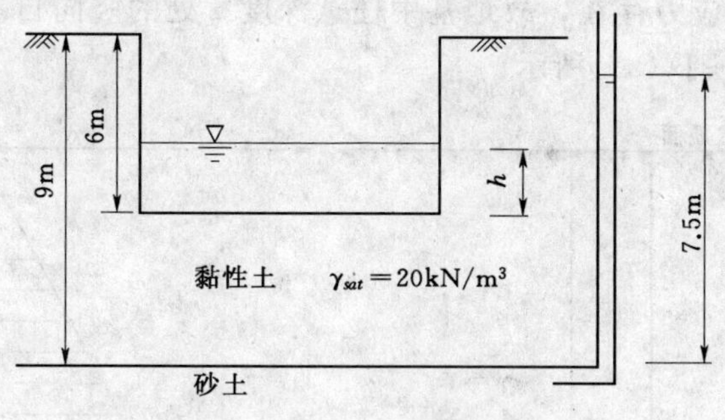

图 2-19　某地基剖面图

第3章 土 中 应 力

土中应力按成因可分为自重应力和附加应力。自重应力是土体受到自身有效重力作用而存在的应力，与地下水有关，同时与土体的固结状态有关；附加应力是由新增外荷引起的应力增量，是产生地基变形和导致地基土强度破坏的主要原因。计算附加应力时，基础底面的压力大小及分布是不可缺少的条件。

了解土中应力的大小和分布规律是研究地基变形和稳定的前提。

本章主要讲述自重应力、基底压力和附加应力的基本概念及其计算方法。

3.1 自 重 应 力

自重应力是指由土体本身的有效重力产生的应力，可分为两种情况：一种是沉积年代较长，土体在自重作用下已经完成压缩固结，这种自重应力不会再引起土体的变形，计算的目的是为了确定土体的初始应力状态；另一种是新近沉积土和近期人工填土，土体在自重作用下尚未完成固结，因而将引起土体的变形。

3.1.1 均质土中自重应力

假设地基为半无限体，天然地面为半无限体表面的一个无限水平面，则土体中任意竖直面和水平面上均无剪应力存在，故地基中任意深度 z 处的竖向自重应力就等于单位面积上的土柱重力，如图 3-1 (a) 所示。

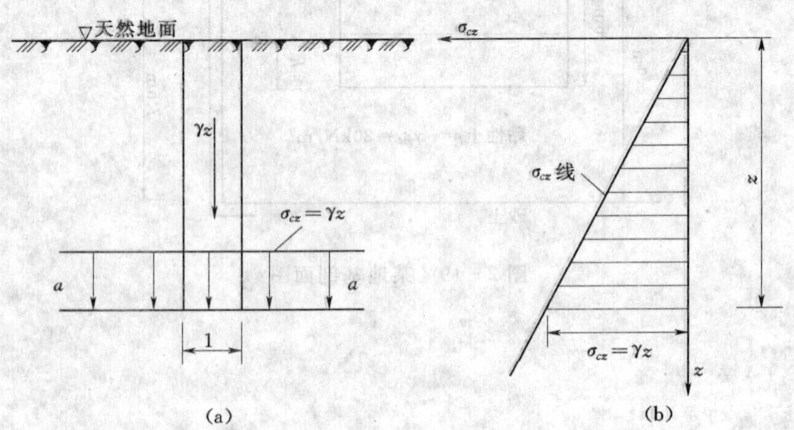

图 3-1 均质地基中自重应力

若 z 深度内的土层为均质土，天然重度为 γ，则自重应力的计算公式为

$$\sigma_{cz} = \gamma z \tag{3-1}$$

所以，均质土层中的自重应力随深度线性增加，呈图 3－1（b）所示的三角形分布。

若计算点在地下水位以下，则应考虑水对土体的浮力作用，水下部分采用有效重度 γ'。

地基中除了存在作用于水平面上的竖向自重应力外，还存在作用于竖直面上的水平自重应力 σ_{cx} 和 σ_{cy}，根据弹性力学和土体的侧限条件，可得土中任意点的侧向自重应力与竖向自重应力成正比关系，剪应力均为零，即

$$\sigma_{cx} = \sigma_{cy} = K_0 \sigma_{cz} \tag{3-2}$$

$$\tau_{xy} = \tau_{yx} = \tau_{yz} = \tau_{zy} = \tau_{zx} = \tau_{xz} = 0 \tag{3-3}$$

式中：K_0 为土的侧压力系数，可通过试验求得，无试验资料时可按经验公式推算，详见第 5 章。

3.1.2 成层土中自重应力

如果地基是由不同性质的成层土组成，天然地面下任意深度 z 范围内各土层的厚度自上而下分别为 h_1、h_2、…、h_i、…、h_n，则成层土的自重应力计算公式为

$$\sigma_{cz} = \gamma_1 h_1 + \gamma_2 h_2 + \cdots + \gamma_n h_n = \sum_{i=1}^{n} \gamma_i h_i \tag{3-4}$$

式中：n 为深度 z 范围内的土层总数；h_i 为第 i 层土的厚度，m；γ_i 为第 i 层土的重度，kN/m^3，地下水位之上的土层一般取天然重度，地下水位以下的土层取有效重度，对毛细饱和带的土层取饱和重度。

成层土中自重应力分布如图 3－2 所示，自重应力沿深度成折线分布，转折点位于 γ 值发生变化的界面。

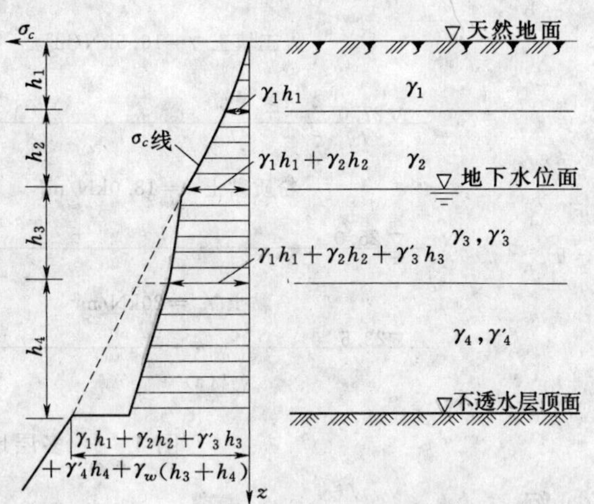

图 3－2 成层土中自重应力分布

在地下水位以下如埋藏有不透水层（如连续分布的坚硬黏性土层），由于不透水层不存在水的浮力，所以层面及层面以下的自重应力应按上覆土层的水土总重计算，如图3－2中虚线延长线所示。

3.1.3 地下水位升降时的土中自重应力

由于地下水位升降将改变所涉及土层中的土体重度，因而会导致自重应力的变化。

当地下水位有明显下降时，地基中水位发生变动的土层中的土体重度将由有效重度 γ' 增加为饱和重度 γ_{sat}（软黏土）或湿重度 γ（砂性土），从而使土中有效自重应力增加，如图 3－3（a）中自重应力分布由 1－2 增加到 1′－2′，造成水位变动范围内土层产生附加沉降。对于图 3－3（b）所示的地下水位上升、使得水位变动层自重应力减少的情况，一般发生在人工抬高蓄水水位的地区（如筑坝蓄水）或工业用水大量渗入地下的地区，如果该地区土层具有遇水后土性发生变化的特性，如湿陷性黄土，则必须引起注意。另外，地下水位上升还将导致地基承载力下降。

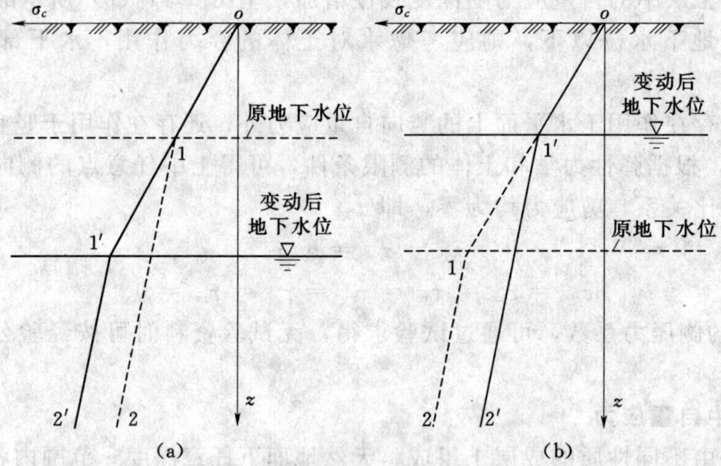

图 3-3　地下水位升降对自重应力的影响

(a) 水位下降；(b) 水位上升

【例 3-1】　一多层地基地质剖面如图 3-4 所示，试计算并绘制自重应力 σ_{cz} 沿深度分布图。

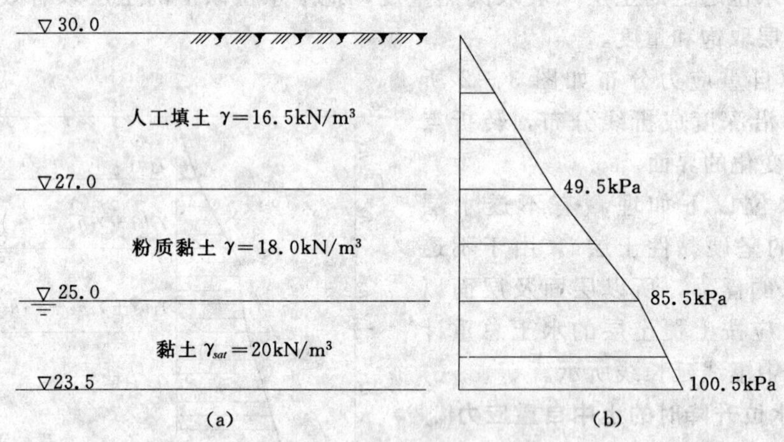

图 3-4　多层地基地质剖面图

解

(1) ▽ 27.0 高程处

$$h_1 = 3\text{m}$$

$$\sigma_{cz} = \gamma_1 h_1 = 16.5 \times 3 = 49.5(\text{kPa})$$

(2) ▽ 25.0 高程处

$$h_2 = 2\text{m}$$

$$\sigma_{cz} = \gamma_1 h_1 + \gamma_2 h_2 = 49.5 + 18 \times 2 = 85.5(\text{kPa})$$

(3) ▽ 23.5 高程处

$$h_3 = 1.5\text{m}$$

$$\sigma_{cz} = \gamma_1 h_1 + \gamma_2 h_2 + \gamma_3' h_3 = 85.5 + (20 - 10) \times 1.5 = 100.5(\text{kPa})$$

自重应力 σ_{cz} 沿深度分布如图 3-4（b）所示。

3.2 基 底 压 力

3.2.1 基底压力分布规律

建筑物荷载与自重通过自身基础传给地基，在基础底面与地基之间产生接触应力，基底压力即指作用于基础与地基接触面上的压力，既是基础底面的荷载效应，又是地基对基础的反作用力。在计算地基中的附加应力以及进行基础结构设计时，都必须研究基底压力的大小和分布规律。

基底压力的分布与多种因素有关，包括基础的形状、平面尺寸、刚度、埋深、基础上作用荷载的大小及性质、地基土的性质等。图 3-5 是圆形刚性基础模型置于砂土和硬黏土上所测得的基底压力分布：当基础置于砂土且无超载时，由于基础边缘砂粒的侧向挤出，会造成基底压力向中间部位转移，形成图 3-5（a）所示的抛物线形分布；如果基础四周有较大的超载，则超载起到约束边缘砂粒的挤出的作用，形成如图 3-4（b）所示的分布图形；当基础置于硬黏土时，基底反力分布与砂土相反，呈现边缘应力集中、中间较小的马鞍形分布图形，如图 3-5（c）所示；由于黏聚力的作用，土体的侧向挤出不明显，所以超载对反力分布图式的影响不明显，如图 3-5（d）所示。

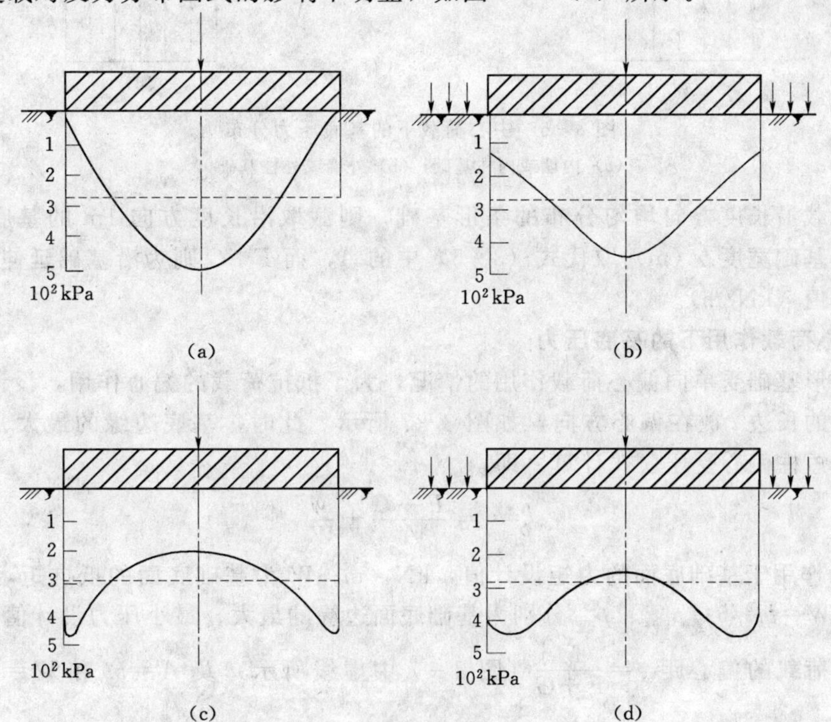

图 3-5 圆形刚性基础模型基底反力分布

（a）砂土、无超载；（b）砂土、有超载；（c）硬黏土、无超载；（d）硬黏土、有超载精确地确定基底压力是一个比较复杂的问题，目前在工程设计中，一般将基底压力分布近似按直线变化考虑，根据材料力学公式进行简化计算。

3.2.2　中心荷载作用下的基底压力

当基础承受竖向中心荷载作用时，假定基底压力呈均匀分布，按材料力学公式，有

$$p=\frac{F+G}{A} \tag{3-5}$$

式中：F 为上部结构传至基础顶面的竖向力设计值，kN；G 为基础及其上回填土的总重力，$G=\gamma_G A d$，kN；γ_G 为基础及回填土的平均重度，一般取 20kN/m³，但在地下水位以下部分应扣去浮力；d 为基础埋深，m，必须从设计地面或室内外平均设计地面起算（图 3-6）；A 为基础底面面积，m²。

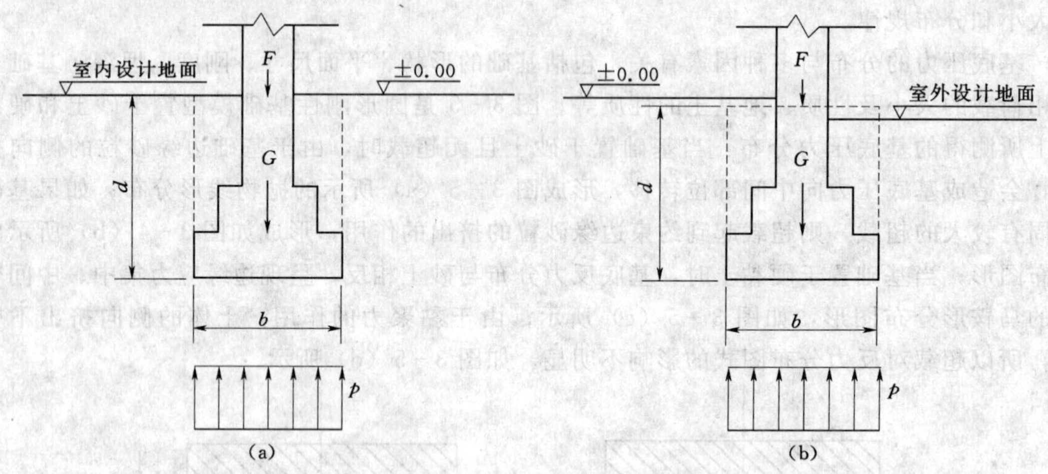

图 3-6　中心荷载下的基底压力分布

(a) 内墙或内柱基础；(b) 外墙或外柱基础

对于荷载沿长度方向均匀分布的条形基础，则截取沿长度方向 1m 的基底面积来计算。此时用基础宽度 b（m）取代式（3-5）中的 A，而 $F+G$ 则为沿基础延伸方向取 1m 截条的相应值（kN/m）。

3.2.3　偏心荷载作用下的基底压力

对于矩形基础受单向偏心荷载作用的情况，为了抵抗荷载的偏心作用，设计时，通常把基础底面的长边 l 放在偏心方向，如图 3-7 所示。此时，基底边缘的最大、最小压力按材料力学短柱偏心受压公式计算，即

$$\begin{matrix}p_{max}\\p_{min}\end{matrix}=\frac{F+G}{A}\pm\frac{M}{W} \tag{3-6}$$

式中：M 为作用于基础底面的力矩设计值，kN·m；W 为基础底面的抵抗矩，m³，对于矩形截面，$W=bl^2/6$；p_{max}、p_{min} 分别为基础底面边缘的最大、最小压力设计值。

将偏心荷载的偏心距 $e=\frac{M}{F+G}$（图 3-7 中虚线所示）及 $A=bl$ 和 $W=\frac{bl^2}{6}$ 代入式（3-6），得

$$\begin{matrix}p_{max}\\p_{min}\end{matrix}=\frac{F+G}{bl}\left(1\pm\frac{6e}{l}\right) \tag{3-7}$$

当$e<\frac{l}{6}$时，基底压力呈梯形分布［图 3-7（a）］；

当$e=\frac{l}{6}$时，基底压力呈三角形分布［图 3-7（b）］；

当$e>\frac{l}{6}$时，式（3-7）中$p_{\min}<0$［图 3-7（c）］，表明按材料力学假定基底将出现拉应力。由于基底与地基之间不能承受拉力，此时基底与地基之间将出现局部脱开，而使基底压力重新分布。根据地基反力与作用在基础上的荷载的平衡条件可知，偏心竖向荷载（$F+G$）必定作用在基底压力图形的形心处［图 3-7（c）］。设单向偏心竖向荷载作用点到基底最大压力边缘的距离为a，则基底压力图形底边为$3a$。根据力的平衡（$F+G$）$=\frac{1}{2}\times 3ap_{\max}b$，可得

$$p_{\max}=\frac{2(F+G)}{3ab} \tag{3-8}$$

式中：$a=\frac{l}{2}-e$，m；b为基础底面宽度，m。

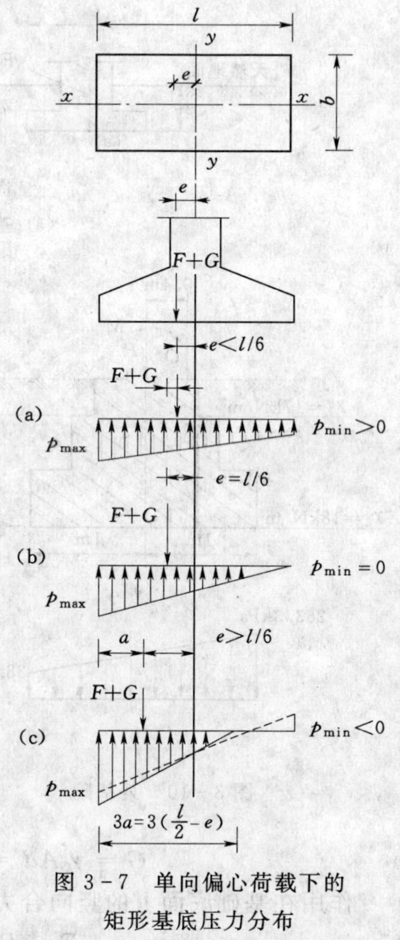

图 3-7　单向偏心荷载下的矩形基底压力分布

对于双向偏心的情况，矩形基底边缘四个角点处的压力为$p_{\max}$、$p_{\min}$（$\geqslant 0$）、p_1、p_2可按下式计算（图 3-8），即

$$\left.\begin{matrix}p_{\max}\\p_{\min}\end{matrix}\right\}=\frac{F+G}{lb}\pm\frac{M_x}{W_x}\pm\frac{M_y}{W_y} \tag{3-9}$$

$$\left.\begin{matrix}p_2\\p_1\end{matrix}\right\}=\frac{F+G}{lb}\pm\frac{M_x}{W_x}\mp\frac{M_y}{W_y} \tag{3-10}$$

式中：M_x、M_y分别为荷载合力对矩形基底x、y对称轴的力矩；W_x、W_y分别为基础底面对x、y轴的抵抗矩。

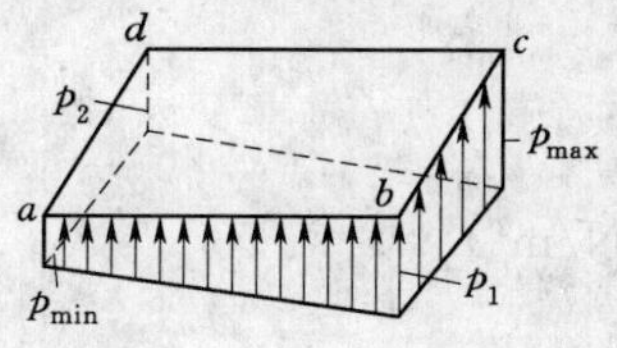

图 3-8　矩形基础在双向偏心荷载下的基底压力分布

3.2.4　基底附加压力

基底附加压力是指引起地基附加应力和变形的那部分基底压力，在数值上等于基底压力减去基底标高处原有的土中自重应力(图 3-9)。

当基底压力为均布时

$$p_0=p-\gamma_0 d \tag{3-11}$$

当基底压力为梯形分布时

$$\left.\begin{matrix}p_{0\max}\\p_{0\min}\end{matrix}\right\}=\left.\begin{matrix}p_{\max}\\p_{\min}\end{matrix}\right\}-\gamma_0 d \tag{3-12}$$

式中：p_0为基底附加压力设计值，kPa；p为基底压力设计值，kPa；γ_0为基底标高以上各天然土层的加权平均重度，其中地下水位以下取有效重度，kN/m^3；d为从天然地面算起的基础埋深，m。

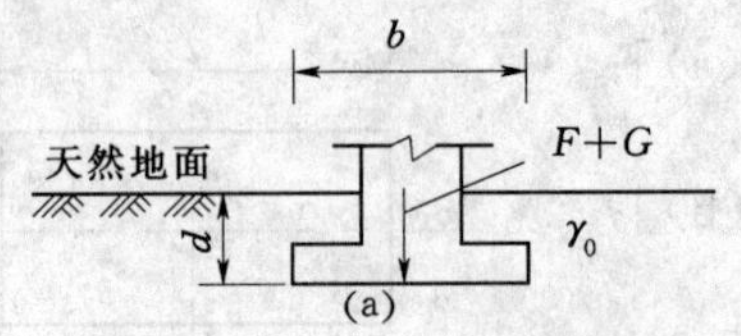

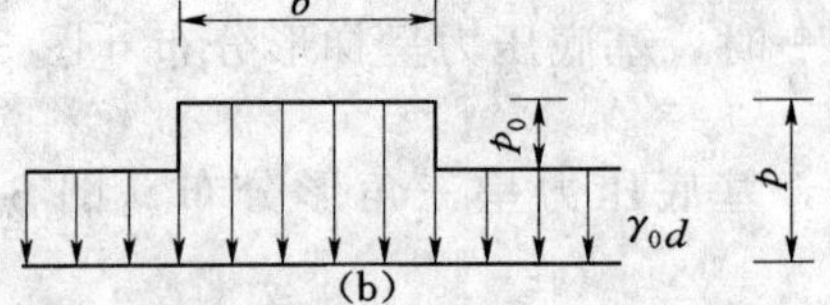

图 3-9　基底附加压力示意

(a) 基础埋深 d；(b) 基底平均附加压力

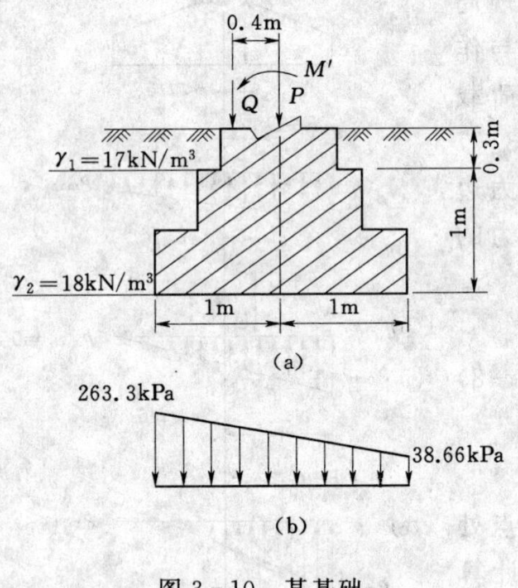

图 3-10　某基础

基底附加压力的计算表明，由建筑物荷载和基础及回填土自重在基底产生的压力并不是全部传给地基，其中一部分要补偿由基坑开挖所卸除的土体的自重应力，即扣除建筑物建前基底处的自重应力后才是新增于地基的基底压力。

基底附加压力求得后，可将其视为作用在基底处地基的荷载，然后进行地基中附加应力计算。

【例 3-2】　如图 3-10 所示基础，基底面尺寸为 2.0m×1.6m，其上作用荷载 $P=350\text{kN}$，$Q=50\text{kN}$，$M'=100\text{kN}\cdot\text{m}$。试计算：(1) 基底压力，并绘出分布图。(2) 基底附加压力。

解

(1) 基底压力。

基础及上覆土重

$$G=\gamma_G Ad=20\times2\times1.6\times1.3=83.2(\text{kN})$$

作用在基础底面上的竖向合力

$$F=P+Q=350+50=400(\text{kN})$$

作用于基础底面中心的合力矩

$$M=M'+0.4Q=100+0.4\times50=120(\text{kN}\cdot\text{m})$$

偏心距 e

$$e=\frac{M}{F+G}=\frac{120}{400+83.2}=0.248(\text{m})$$

基底压力

$$\begin{matrix}p_{\max}\\p_{\min}\end{matrix}=\frac{F+G}{lb}\left(1\pm\frac{6e}{l}\right)=\frac{400+83.2}{2\times1.6}\left(1\pm\frac{6\times0.248}{2}\right)=\begin{matrix}263.34\\38.66\end{matrix}(\text{kPa})$$

基底压力分布如图 3-10 (b) 所示。

(2) 基底附加压力。

$$\gamma_0=\frac{17.0\times0.3+18.0\times1}{1.3}=17.77(\text{kN/m}^3)$$

$$\begin{matrix}p_{0\max}\\p_{0\min}\end{matrix}=\begin{matrix}p_{\max}\\p_{\min}\end{matrix}-\gamma_0 d=\begin{matrix}263.34\\38.66\end{matrix}-17.77\times1.3=\begin{matrix}240.24\\15.56\end{matrix}(\text{kPa})$$

3.3 地基附加应力

地基附加应力是指由新增荷载在地基中产生的应力，是引起地基变形与破坏的主要因素。计算地基附加应力时一般假定地基土是连续、均质、各向同性的线性变形体，在深度和水平方向无限延伸，以便直接采用弹性力学中关于弹性半空间的理论解答。

另外，在计算地基附加应力时，通常将基底压力看成柔性荷载，即不考虑基础刚度的影响。

3.3.1 竖向集中力作用时的地基附加应力

法国学者布辛奈斯克（Boussinesq，1885）用弹性理论推出在弹性半空间表面上作用有竖向集中力 P 时，在弹性体内任意点 M 所引起的应力的解析解。如图 3－11 所示，以集中力 P 的作用点为坐标原点，以 P 的作用延长线为 Z 轴建立空间坐标系（$OXYZ$），M（x，y，z）为半空间内的任意一点，M'（x，y，0）为 M 点在半空间表面的投影。

布辛奈斯克用弹性理论推导出 M 点的六个附加应力分量 σ_x、σ_y、σ_z、τ_{xy}、τ_{yz}、τ_{zx} 和三个位移分量 u、v、w 的解答，其中竖向正应力和竖向位移为

$$\sigma_z = \frac{3Pz^3}{2\pi R^5} = \frac{3P}{2\pi R^2}\cos^3\theta \tag{3-13a}$$

$$w = \frac{P(1+\mu)}{2\pi E}\left[\frac{z^2}{R^3} + 2(1-\mu)\frac{1}{R}\right] \tag{3-14}$$

式中：R 为 M 点至坐标原点 O 的距离，$R=\sqrt{x^2+y^2+z^2}=\sqrt{r^2+z^2}$；$r$ 为 M'点至坐标原点 O 的距离；E、μ 为土体的弹性模量和泊松比。

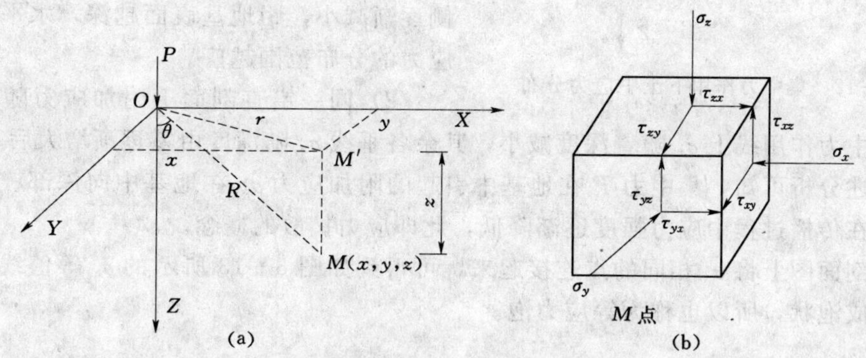

图 3－11 一个竖向集中力作用引起的应力

（a）半空间内任意点；（b）M 处单元体

利用图 3－11（a）中的几何关系 $R^2=r^2+z^2$，式（3－13a）可改为

$$\sigma_z = \frac{3P}{2\pi}\frac{z^3}{R^5} = \frac{3}{2\pi}\frac{1}{\left[1+\left(\frac{r}{z}\right)^2\right]^{\frac{5}{2}}}\frac{P}{z^2} = \alpha\frac{P}{z^2} \tag{3-13b}$$

$$\alpha = \frac{3}{2\pi}\frac{1}{\left[1+\left(\frac{r}{z}\right)^2\right]^{\frac{5}{2}}}$$

式中：α 为集中力作用下的地基附加应力系数，无因次，是 r/z 的函数，可由表 3-1 查得。

表 3-1　　　集中力作用下的竖向附加应力系数 α

$\frac{r}{z}$	α	$\frac{r}{z}$	α	$\frac{r}{z}$	α	$\frac{r}{z}$	α	$\frac{r}{z}$	α
0.00	0.4775	0.50	0.2733	1.00	0.0844	1.50	0.0251	2.00	0.0085
0.05	0.4745	0.55	0.2466	1.05	0.0744	1.55	0.0224	2.20	0.0058
0.10	0.4657	0.60	0.2214	1.10	0.0658	1.60	0.0200	2.40	0.0040
0.15	0.4516	0.65	0.1978	1.15	0.0581	1.65	0.0179	2.60	0.0029
0.20	0.4329	0.70	0.1762	1.20	0.0513	1.70	0.0160	2.80	0.0021
0.25	0.4103	0.75	0.1565	1.25	0.0454	1.75	0.0144	3.00	0.0015
0.30	0.3849	0.80	0.1386	1.30	0.0402	1.80	0.0129	3.50	0.0007
0.35	0.3577	0.85	0.1226	1.35	0.0357	1.85	0.0116	4.00	0.0004
0.40	0.3294	0.90	0.1083	1.40	0.0317	1.90	0.0105	4.50	0.0002
0.45	0.3011	0.95	0.0956	1.45	0.0282	1.95	0.0095	5.00	0.0001

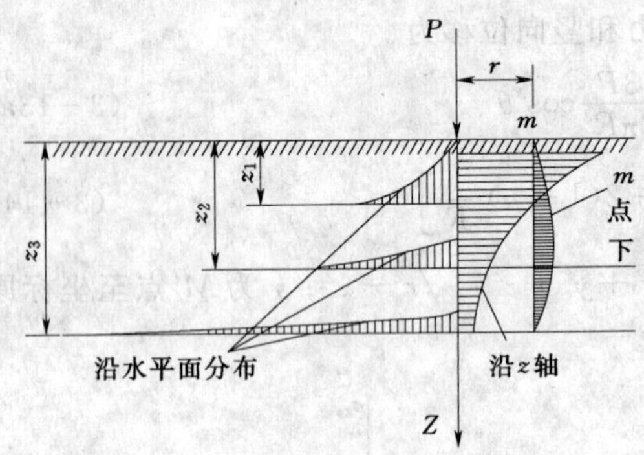

图 3-12　集中力作用下土中应力分布

由式（3-13b），可绘出如图 3-12 所示土中竖向附加应力沿水平面和铅直面的分布图以及图 3-13 所示 σ_z 的等值线图，由此可知集中力作用下半无限地基中附加应力 σ_z 的分布规律：

1）在距离地基表面不同深度 z 的各水平面上，集中力作用线上的附加应力最大，向两侧逐渐减小，距地基表面越深，水平面上附加应力的分布范围越广。

2）同一铅直剖面上附加应力随深度而变化，在集中力作用线上 σ_z 随着深度减小，其余各垂线 σ_z 随深度由零逐渐增大后又减小。

由上述分析可知，集中力 P 在地基中引起的附加应力 σ_z 在地基中向深部、向四周无限传播，在传播过程中应力强度逐渐降低，此即应力扩散的概念。

若在剖面图上将 σ_z 相同的点连接起来，可得到如图 3-13 所示的 σ_z 等值线，由于其空间图形成泡状，所以也称为等应力泡。

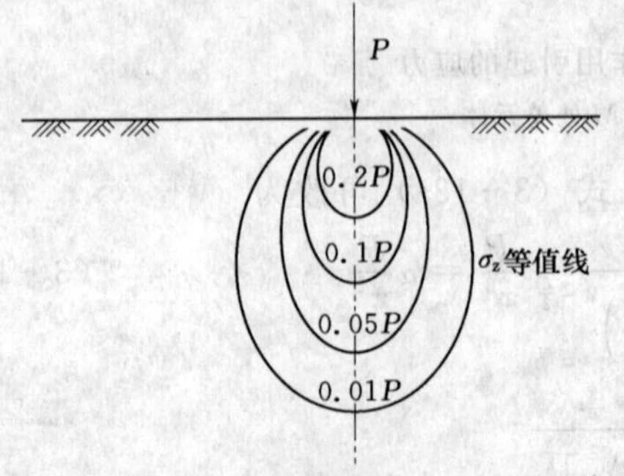

图 3-13　σ_z 的等值线图

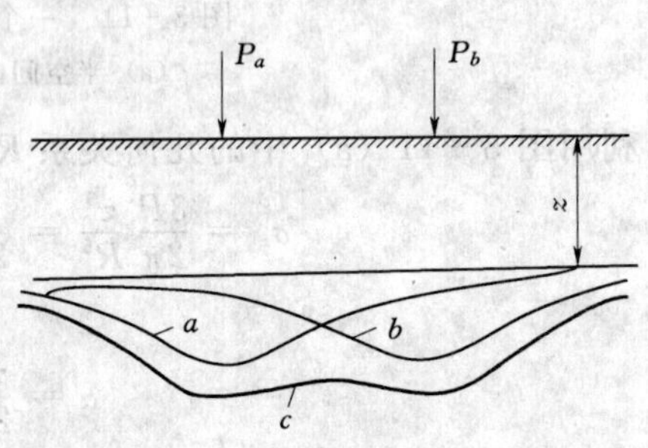

图 3-14　两个集中力作用下 σ_z 的叠加

当地基表面作用有多个竖向集中力时，可根据叠加原理，认为地面下深度 z 处某点 M 的附加应力为各集中力单独作用时在 M 点引起的附加应力的总和，即

$$\sigma_z = \sum_{i=1}^{n}\alpha_i \frac{P_i}{z^2} = \frac{1}{z^2}\sum_{i=1}^{n}\alpha_i P_i \tag{3-15}$$

图 3-14 为两个集中力 P_a、P_b 作用的情况：距地表深度 z 平面处的附加应力 c 由 P_a、P_b 单独作用下的附加应力分布线 a、b 叠加而得。

实际建筑物荷载都是通过一定尺寸的基础传递给地基，对于不同的基础形状和基础底面上的压力分布，均可利用上述集中荷载引起的附加应力的计算方法和应力叠加原理，计算地基中任意点的附加应力。

具体求解时根据应力形状的特性划分为空间问题和平面问题。

3.3.2 空间问题的附加应力计算

设基础长度为 l，宽度为 b，当 $\frac{l}{b}<10$ 时，其地基附加应力计算问题属于空间问题。

1. 矩形基底面上均布垂直荷载

当竖向均布荷载 P 作用于矩形基底面时，以荷载面角点为坐标原点 O，在荷载面内（x，y）处取一微单元 $dA=dxdy$，其上作用的集中荷载 dp 为 $p\,dxdy$，则在矩形面积角点 O 下任一深度 z 处 M 点由此集中力引起的附加应力可由式(3-13a)确定为

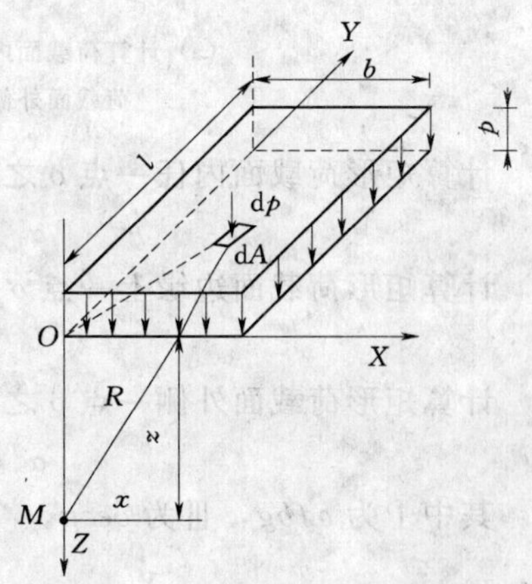

图 3-15 垂直均布荷载作用时角点下的附加应力

$$d\sigma_z = \frac{3p}{2\pi}\frac{z^3}{(x^2+y^2+z^2)^{5/2}}dxdy \tag{3-16}$$

将上式沿长度 l 和宽度 b（$l\geqslant b$）两个方向对整个荷载面 A 积分（图 3-15）

$$\sigma_z = \iint_A d\sigma_z = \int_0^l\int_0^b \frac{3p}{2\pi}\frac{z^3}{(x^2+y^2+z^2)^{5/2}}dxdy$$

得

$$\sigma_z = \frac{p}{2\pi}\left[\frac{lbz(l^2+b^2+2z^2)}{(l^2+z^2)(b^2+z^2)\sqrt{l^2+b^2+z^2}} + \arcsin\frac{lb}{\sqrt{(l^2+z^2)(b^2+z^2)}}\right] \tag{3-17}$$

令

$$\alpha_c = \frac{1}{2\pi}\left[\frac{lbz(l^2+b^2+2z^2)}{(l^2+z^2)(b^2+z^2)\sqrt{l^2+b^2+z^2}} + \arcsin\frac{lb}{\sqrt{(l^2+z^2)(b^2+z^2)}}\right] \tag{3-18}$$

有

$$\sigma_z = \alpha_c p \tag{3-19}$$

式中：α_c 为均布矩形荷载面角点下的竖向附加应力分布系数，无量纲，由式（3-18）计算，也可由 $m=l/b$ 及 $n=z/b$ 查表 3-2。

对于均布矩形荷载作用下地基中任意点的附加应力可利用式（3-19）和应力叠加原理求得。此方法称为“角点法”，如图 3-16 所示。

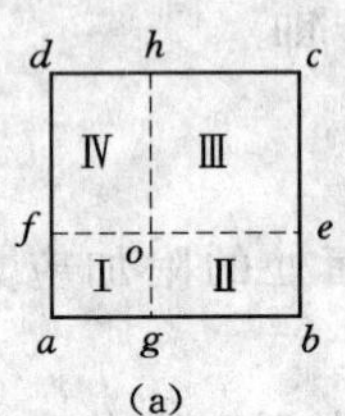

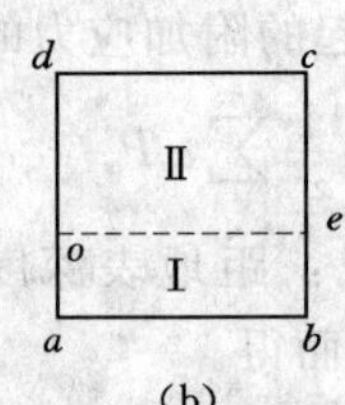

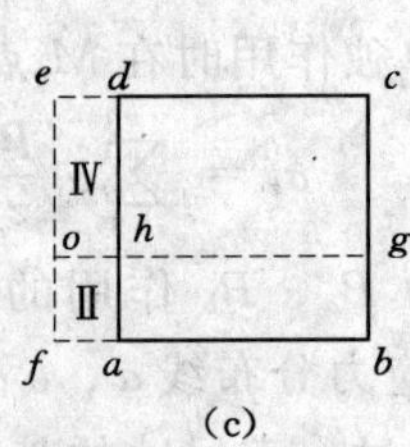

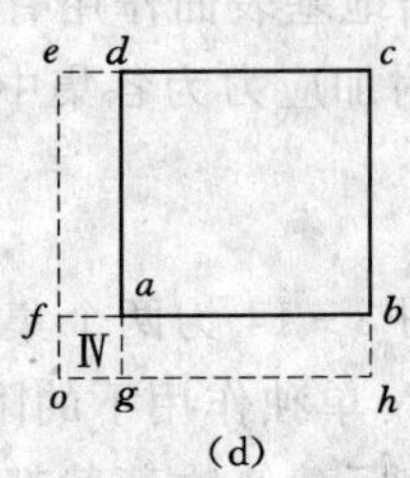

图 3-16　角点法的应用

(a) 计算荷载面内一点；(b) 计算荷载面边缘一点；(c) 计算荷载面外侧一点；(d) 计算荷载面角点外侧一点

计算矩形荷载面内任一点 o 之下的附加应力时［图 3-16 (a)］，α_c 为

$$\alpha_c = \alpha_{c\mathrm{I}} + \alpha_{c\mathrm{II}} + \alpha_{c\mathrm{III}} + \alpha_{c\mathrm{IV}}$$

计算矩形荷载面边缘上一点 o 之下的附加应力时［图 3-16 (b)］，α_c 为

$$\alpha_c = \alpha_{c\mathrm{I}} + \alpha_{c\mathrm{II}}$$

计算矩形荷载面外侧一点 o 之下的附加应力时［图 3-16 (c)］，α_c 为

$$\alpha_c = \alpha_{c\mathrm{I}} - \alpha_{c\mathrm{II}} + \alpha_{c\mathrm{III}} - \alpha_{c\mathrm{IV}}$$

其中Ⅰ为 $ofbg$，Ⅲ为 $oecg$。

计算矩形荷载面角点外侧一点 o 之下的附加应力时［图 3-16 (d)］，α_c 为

$$\alpha_c = \alpha_{c\mathrm{I}} - \alpha_{c\mathrm{II}} - \alpha_{c\mathrm{III}} + \alpha_{c\mathrm{IV}}$$

其中Ⅰ为 $ohce$，Ⅱ为 $ogde$，Ⅲ为 $ohbf$。

2. 矩形基底面上三角形分布垂直荷载

矩形面积上作用的竖向荷载沿基础 b 边呈三角形分布，最大荷载强度为 p_t，如图 3-17 所示。取荷载零值边角点 1 为坐标原点 O，在荷载面内 (x, y) 处取一微单元 $\mathrm{d}A=\mathrm{d}x\mathrm{d}y$，其上作用的集中荷载 $\mathrm{d}p$ 为 $\frac{x}{b}p\mathrm{d}x\mathrm{d}y$，则在矩形面积角点 1 下深度 z 处 M 点由该集中荷载引起的附加应力 $\mathrm{d}\sigma_z$ 同样可由式 (3-13a) 确定，通过积分求得 1 点下任意深度处的附加应力 σ_z 为

图 3-17　三角形分布荷载作用时角点下的附加应力

$$\sigma_z = \alpha_{t1} p_t \tag{3-20}$$

其中

$$\alpha_{t1} = \frac{mn}{2\pi}\left[\frac{1}{\sqrt{m^2+n^2}} - \frac{n^2}{(1+n^2)\sqrt{1+m^2+n^2}}\right]$$

式中：α_{t1} 为矩形面积垂直三角形荷载角点 1 下的附加应力分布系数，其值可由 $m=l/b$、$n=z/b$、$\alpha_{t1}=f(m, n)$ 从表 3-3 查得。

同理，荷载最大值边的角点 2 下任意深度 z 处的附加应力 σ_z 为

$$\sigma_z = \alpha_{t2} p_t \tag{3-21}$$

式中：α_{t2} 为角点 2 下的附加应力分布系数，由 $m=l/b$、$n=z/b$ 查表 3-3。

表 3-2　　矩形基底受垂直均布荷载作用角点下的竖向附加应力系数 α_c

$n=z/b$ \ $m=l/b$	1.0	1.2	1.4	1.6	1.8	2.0	3.0	4.0	5.0	6.0	10.0
0.0	0.2500	0.2500	0.2500	0.2500	0.2500	0.2500	0.2500	0.2500	0.2500	0.2500	0.2500
0.2	0.2486	0.2489	0.2490	0.2491	0.2491	0.2491	0.2492	0.2492	0.2492	0.2492	0.2492
0.4	0.2401	0.2420	0.2429	0.2434	0.2437	0.2439	0.2442	0.2443	0.2443	0.2443	0.2443
0.6	0.2229	0.2275	0.2300	0.2315	0.2324	0.2329	0.2339	0.2341	0.2342	0.2342	0.2342
0.8	0.1999	0.2075	0.2120	0.2147	0.2165	0.2176	0.2196	0.2200	0.2202	0.2202	0.2202
1.0	0.1752	0.1851	0.1911	0.1955	0.1981	0.1999	0.2034	0.2042	0.2044	0.2045	0.2046
1.2	0.1516	0.1626	0.1705	0.1758	0.1793	0.1818	0.1870	0.1882	0.1885	0.1887	0.1888
1.4	0.1308	0.1423	0.1508	0.1569	0.1613	0.1644	0.1712	0.1730	0.1735	0.1738	0.1740
1.6	0.1123	0.1241	0.1329	0.1436	0.1445	0.1482	0.1567	0.1590	0.1598	0.1601	0.1604
1.8	0.0969	0.1083	0.1172	0.1241	0.1294	0.1334	0.1434	0.1463	0.1474	0.1478	0.1482
2.0	0.0840	0.0947	0.1034	0.1103	0.1158	0.1202	0.1314	0.1350	0.1363	0.1368	0.1374
2.2	0.0732	0.0832	0.0917	0.0984	0.1039	0.1084	0.1205	0.1248	0.1264	0.1271	0.1277
2.4	0.0642	0.0734	0.0812	0.0879	0.0934	0.0979	0.1108	0.1156	0.1175	0.1184	0.1192
2.6	0.0566	0.0651	0.0725	0.0788	0.0842	0.0887	0.1020	0.1073	0.1095	0.1106	0.1116
2.8	0.0502	0.0580	0.0649	0.0709	0.0761	0.0805	0.0942	0.0999	0.1024	0.1036	0.1048
3.0	0.0447	0.0519	0.0583	0.0640	0.0690	0.0732	0.0870	0.0931	0.0959	0.0973	0.0987
3.2	0.0401	0.0467	0.0526	0.0580	0.0627	0.0668	0.0806	0.0870	0.0900	0.0916	0.0933
3.4	0.0361	0.0421	0.0477	0.0527	0.0571	0.0611	0.0747	0.0814	0.0847	0.0864	0.0882
3.6	0.0326	0.0382	0.0433	0.0480	0.0523	0.0561	0.0694	0.0763	0.0799	0.0816	0.0837
3.8	0.0296	0.0348	0.0395	0.0439	0.0479	0.0516	0.0645	0.0717	0.0753	0.0773	0.0796
4.0	0.0270	0.0318	0.0362	0.0403	0.0441	0.0474	0.0603	0.0674	0.0712	0.0733	0.0758
4.2	0.0247	0.0291	0.0333	0.0371	0.0407	0.0439	0.0563	0.0634	0.0674	0.0696	0.0724
4.4	0.0227	0.0268	0.0306	0.0343	0.0376	0.0407	0.0527	0.0597	0.0639	0.0662	0.0692
4.6	0.0209	0.0247	0.0283	0.0317	0.0348	0.0378	0.0493	0.0564	0.0606	0.0630	0.0663
4.8	0.0193	0.0229	0.0262	0.0294	0.0324	0.0352	0.0463	0.0533	0.0576	0.0601	0.0635
5.0	0.0179	0.0212	0.0243	0.0274	0.0302	0.0328	0.0435	0.0504	0.0547	0.0573	0.0610
6.0	0.0127	0.0151	0.0174	0.0196	0.0218	0.0238	0.0325	0.0388	0.0431	0.0460	0.0506
7.0	0.0094	0.0112	0.0130	0.0147	0.0164	0.0180	0.0251	0.0306	0.0346	0.0376	0.0428
8.0	0.0073	0.0087	0.0101	0.0114	0.0127	0.0140	0.0198	0.0246	0.0283	0.0311	0.0367
9.0	0.0058	0.0069	0.0080	0.0091	0.0102	0.0112	0.0161	0.0202	0.0235	0.0262	0.0319
10.0	0.0047	0.0056	0.0065	0.0074	0.0083	0.0092	0.0132	00.167	0.0198	0.0222	0.0280

表 3-3　　矩形基底受垂直三角形分布荷载作用角点下的竖向附加应力系数 α_{t1} 和 α_{t2}

$m=l/b$	角点 1	角点 2	角点 1	角点 2	角点 1	角点 2	角点 1	角点 2	角点 1	角点 2
$n=z/b$	0.2		0.4		0.6		0.8		1.0	
0.0	0.0000	0.2500	0.0000	0.2500	0.0000	0.2500	0.0000	0.2500	0.0000	0.2500
0.2	0.0223	0.1821	0.0280	0.2115	0.0296	0.2165	0.0301	0.2178	0.0304	0.2182
0.4	0.0269	0.1094	0.0420	0.1604	0.0487	0.1781	0.0517	0.1844	0.0531	0.1870

续表

m=l/b n=z/b	角点1	角点2	角点1	角点2	角点1	角点2	角点1	角点2	角点1	角点2
	0.2		0.4		0.6		0.8		1.0	
0.6	0.0259	0.0700	0.0448	0.1165	0.0560	0.1405	0.0621	0.1520	0.0654	0.1575
0.8	0.0232	0.0480	0.0421	0.0853	0.0553	0.1093	0.0637	0.1232	0.0688	0.1311
1.0	0.0201	0.0346	0.0375	0.0638	0.0508	0.0852	0.0602	0.0996	0.0666	0.1086
1.2	0.0171	0.0260	0.0324	0.0491	0.0450	0.0673	0.0546	0.0807	0.0615	0.0901
1.4	0.0145	0.0202	0.0278	0.0386	0.0392	0.0540	0.0483	0.0661	0.0554	0.0751
1.6	0.0123	0.0160	0.0238	0.0310	0.0339	0.0440	0.0424	0.0547	0.0492	0.0628
1.8	0.0105	0.0130	0.0204	0.0254	0.0294	0.0363	0.0371	0.0457	0.0435	0.0534
2.0	0.0090	0.0108	0.0176	0.0211	0.0255	0.0304	0.0324	0.0387	0.0384	0.0456
2.5	0.0063	0.0072	0.0125	0.0140	0.0183	0.0205	0.0236	0.0265	0.0284	0.0313
3.0	0.0046	0.0051	0.0092	0.0100	0.0135	0.0148	0.0176	0.0192	0.0214	0.0233
5.0	0.0018	0.0019	0.0036	0.0038	0.0054	0.0056	0.0071	0.0074	0.0088	0.0091
7.0	0.0009	0.0010	0.0019	0.0019	0.0028	0.0029	0.0038	0.0038	0.0047	0.0047
10.0	0.0005	0.0004	0.0009	0.0010	0.0014	0.0014	0.0019	0.0019	0.0023	0.0024

m=l/b n=z/b	角点1	角点2	角点1	角点2	角点1	角点2	角点1	角点2	角点1	角点2
	1.2		1.4		1.6		1.8		2.0	
0.0	0.0000	0.2500	0.0000	0.2500	0.0000	0.2500	0.0000	0.2500	0.0000	0.2500
0.2	0.0305	0.2148	0.0305	0.2185	0.0306	0.2185	0.0306	0.2185	0.0306	0.2185
0.4	0.0539	0.1881	0.0543	0.1886	0.0545	0.1889	0.0546	0.1891	0.0547	0.1892
0.6	0.0673	0.1602	0.0684	0.1616	0.0690	0.1625	0.0694	0.1630	0.0696	0.1633
0.8	0.0720	0.1355	0.0739	0.1381	0.0751	0.1396	0.0759	0.1405	0.0764	0.1412
1.0	0.0708	0.1143	0.0735	0.1176	0.0753	0.1202	0.0766	0.1215	0.0774	0.1225
1.2	0.0664	0.0962	0.0698	0.1007	0.0721	0.1037	0.0738	0.1055	0.0749	0.1069
1.4	0.0606	0.0817	0.0644	0.0864	0.0672	0.0897	0.0692	0.0921	0.0707	0.0937
1.6	0.0545	0.0696	0.0586	0.0743	0.0616	0.0780	0.0639	0.0806	0.0656	0.0826
1.8	0.0487	0.0596	0.0528	0.0644	0.0560	0.0681	0.0585	0.0709	0.0604	0.0730
2.0	0.0434	0.0513	0.0474	0.0560	0.0507	0.0596	0.0533	0.0625	0.0553	0.0649
2.5	0.0326	0.0365	0.0362	0.0405	0.0393	0.0440	0.0419	0.0469	0.0440	0.0491
3.0	0.0249	0.0270	0.0280	0.0303	0.0307	0.0333	0.0331	0.0359	0.0352	0.0380
5.0	0.0104	0.0108	0.0120	0.0123	0.0135	0.0139	0.0148	0.0154	0.0161	0.0167
7.0	0.0056	0.0056	0.0064	0.0066	0.0073	0.0074	0.0081	0.0083	0.0089	0.0091
10.0	0.0028	0.0028	0.0033	0.0032	0.0037	0.0037	0.0041	0.0042	0.0046	0.0046

续表

$m=l/b$ $n=z/b$	角点 1	角点 2	角点 1	角点 2	角点 1	角点 2	角点 1	角点 2	角点 1	角点 2
	3.0		4.0		6.0		8.0		10.0	
0.0	0.0000	0.2500	0.0000	0.2500	0.0000	0.2500	0.0000	0.2500	0.0000	0.2500
0.2	0.0306	0.2186	0.0306	0.2186	0.0306	0.2186	0.0306	0.2186	0.0306	0.2186
0.4	0.0548	0.1894	0.0549	0.1894	0.0549	0.1894	0.0549	0.1894	0.0549	0.1894
0.6	0.0701	0.1638	0.0702	0.1639	0.0702	0.1640	0.0702	0.1640	0.0702	0.1640
0.8	0.0773	0.1423	0.0776	0.1424	0.0776	0.1426	0.0776	0.1426	0.0776	0.1426
1.0	0.0790	0.1244	0.0794	0.1248	0.0795	0.1250	0.0796	0.1250	0.0796	0.1250
1.2	0.0774	0.1096	0.0779	0.1103	0.0782	0.1105	0.0783	0.1105	0.0783	0.1105
1.4	0.0739	0.0973	0.0748	0.0982	0.0752	0.0986	0.0752	0.0987	0.0753	0.0987
1.6	0.0697	0.0870	0.0708	0.0882	0.0714	0.0887	0.0715	0.0888	0.0715	0.0889
1.8	0.0652	0.0782	0.0666	0.0797	0.0673	0.0805	0.0675	0.0806	0.0675	0.0808
2.0	0.0607	0.0707	0.0624	0.0726	0.0634	0.0734	0.0636	0.0736	0.0636	0.0738
2.5	0.0504	0.0559	0.0529	0.0585	0.0543	0.0601	0.0547	0.0604	0.0548	0.0605
3.0	0.0419	0.0451	0.0449	0.0482	0.0469	0.0504	0.0474	0.0509	0.0476	0.0511
5.0	0.0214	0.0221	0.0248	0.0256	0.0283	0.0290	0.0296	0.0303	0.0301	0.0309
7.0	0.0124	0.0126	0.0152	0.0154	0.0186	0.0190	0.0204	0.0207	0.0212	0.0216
10.0	0.0066	0.0066	0.0084	0.0083	0.0111	0.0111	0.0128	0.0130	0.0139	0.0141

3. 圆形基底面上均布铅直荷载

如图 3-18 所示，设圆形基础底面半径为 r_0，其上作用有均布荷载 p，若以圆形荷载面的中心点为坐标原点 O，并在荷载面积上取微面积 $\mathrm{d}A=r\mathrm{d}\theta\mathrm{d}r$，以集中力 $p\mathrm{d}A$ 代替微面积上的分布荷载，则可用类似于求 α_c、α_t 的推导步骤，得出圆心 O 点下 z 深度处的附加应力计算公式为

$$\sigma_z=\alpha_0 p \tag{3-22}$$

$$\alpha_0=1-\frac{z^3}{(r^2+z^2)^{3/2}}=1-\frac{1}{\left(\dfrac{1}{z^2/r_0^2}+1\right)^{3/2}}$$

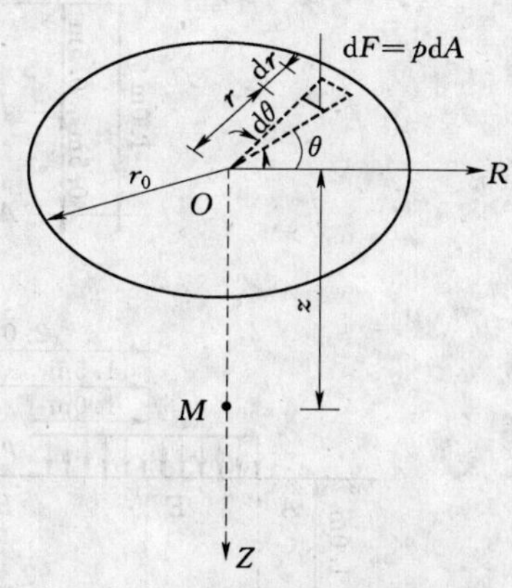

图 3-18 圆形面积作用均布荷载时中心点下的附加应力

式中：α_0 为圆心 O 点下附加应力系数，其值由 $\dfrac{z}{r_0}$ 决定，从表 3-4 查取。

同理，可确定圆形荷载周边下的附加应力

$$\sigma_z=\alpha_r p \tag{3-23}$$

式中：α_r 为圆形荷载周边下的附加应力系数，其值由 $\dfrac{z}{r_0}$ 决定，由表 3-4 查取。

表 3-4　　均布圆形荷载中点及周边下的附加应力系数 α_0 和 α_r

系数 z/r_0	α_0	α_r	系数 z/r_0	α_0	α_r	系数 z/r_0	α_0	α_r
0.0	1.000	0.500	1.6	0.390	0.244	3.2	0.130	0.103
0.1	0.999	0.482	1.7	0.360	0.229	3.3	0.124	0.099
0.2	0.993	0.464	1.8	0.332	0.217	3.4	0.117	0.094
0.3	0.976	0.447	1.9	0.307	0.204	3.5	0.111	0.089
0.4	0.949	0.432	2.0	0.285	0.193	3.6	0.106	0.084
0.5	0.911	0.412	2.1	0.264	0.182	3.7	0.100	0.079
0.6	0.864	0.374	2.2	0.246	0.172	3.8	0.096	0.074
0.7	0.811	0.369	2.3	0.229	0.162	3.9	0.091	0.070
0.8	0.756	0.363	2.4	0.211	0.154	4.0	0.087	0.066
0.9	0.701	0.347	2.5	0.200	0.146	4.2	0.079	0.058
1.0	0.646	0.332	2.6	0.187	0.139	4.4	0.073	0.052
1.1	0.595	0.313	2.7	0.175	0.133	4.6	0.067	0.049
1.2	0.547	0.303	2.8	0.165	0.125	4.8	0.062	0.047
1.3	0.502	0.286	2.9	0.155	0.119	5.0	0.057	0.045
1.4	0.461	0.270	3.0	0.146	0.113			
1.5	0.424	0.256	3.1	0.138	0.108			

【例 3-3】　某基础底面面积如图 3-19（a）所示，$l\times b=2\text{m}\times1\text{m}$，其上作用均布荷载为 $p=200\text{kPa}$。试求荷载面积上点 A、E、O 以及荷载面积外点 F、G 等点下 $z=1\text{m}$ 深度处的附加应力，并根据计算结果分析附加应力分布规律。

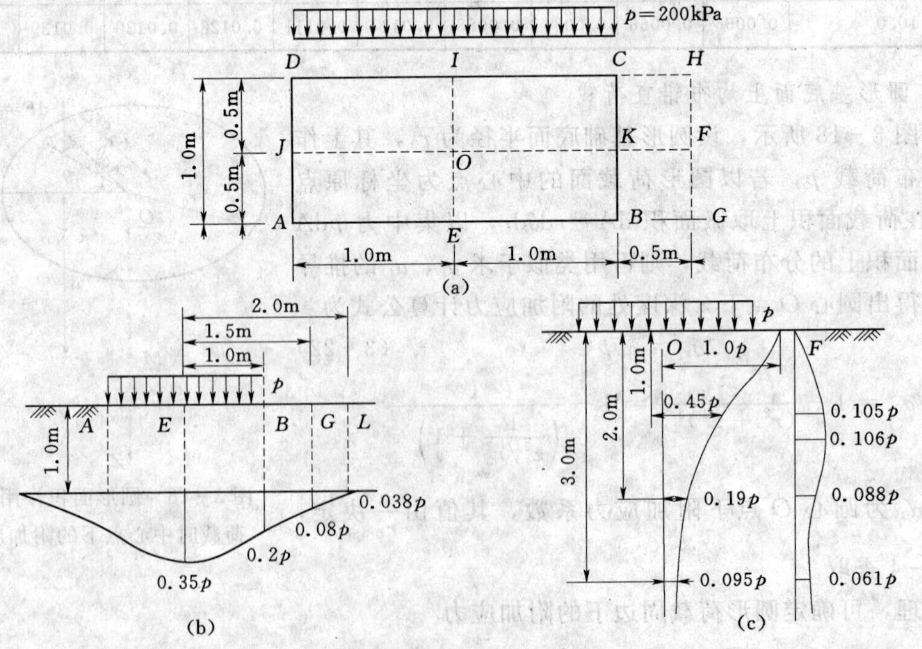

图 3-19　某基础底面

(a) 矩形荷载面；(b) $z=1\text{m}$ 处附加应力分布；(c) 沿深度附加应力分布

解

(1) A 点下的应力。A 点是矩形荷载面 $ABCD$ 的角点，由 $m=\frac{l}{b}=2$，、$n=\frac{z}{b}=1$ 查表 3-2 得 $\alpha_c=0.1999$，故

$$\sigma_{zA}=\alpha_c p=0.1999\times200=40(\text{kPa})$$

(2) E 点下的应力。通过 E 点将矩形荷载面积分为两个相等矩形 $EADI$ 和 $EBCI$，矩形面 $EADI$（或 $EBCI$）的角点应力系数 α_c：$m=1$，$n=1$，查表 3-2 得 $\alpha_c=0.1752$，故

$$\sigma_{zE}=2\alpha_c p=2\times0.1752\times200=0.35\times200=70.1(\text{kPa})$$

(3) O 点下的应力。通过 O 点将原矩形荷载面分为 4 个相等矩形 $OEAJ$、$OJDI$、$OICK$ 和 $OKBE$，求矩形面 $OEAJ$（或其中任一矩形）角点应力系数 α_c：$m=\frac{1}{0.5}=2$，$n=\frac{1}{0.5}=2$，查表 3-2 得，$\alpha_c=0.1202$，故

$$\sigma_{zo}=4\alpha_c p=4\times0.1202\times200=0.48\times200=96.2(\text{kPa})$$

(4) F 点下的应力。过 F 点作矩形 $FGAJ$、$FJDH$、$FGBK$ 和 $FKCH$。

设 $\alpha_{c\text{I}}$ 为矩形 $FGAJ$ 和 $FJDH$ 的角点应力系数；$\alpha_{c\text{II}}$ 为矩形 $FGBK$ 和 $FKCH$ 的角点应力系数。

求 $\alpha_{c\text{I}}$：$m=\frac{2.5}{0.5}=5$；$n=\frac{1}{0.5}=2$，查表 3-2，$\alpha_{c\text{I}}=0.1363$

求 $\alpha_{c\text{II}}$：$m=\frac{0.5}{0.5}=1$；$n=\frac{1}{0.5}=2$，查表 3-2，$\alpha_{c\text{II}}=0.0840$

故

$$\sigma_{zF}=2(\alpha_{c\text{I}}-\alpha_{c\text{II}})p=2(0.1363-0.084)\times200=0.105\times200=20.9(\text{kPa})$$

(5) G 点下的应力。过 G 点作矩形 $GADH$ 和 $GBCH$，分别求出它们的角点应力系数 $\alpha_{c\text{I}}$ 和 $\alpha_{c\text{II}}$。

求 $\alpha_{c\text{I}}$：$m=\frac{2.5}{1}=2.5$；$n=\frac{1}{1}=1$，查表 3-2，$\alpha_{c\text{I}}=0.2016$

求 $\alpha_{c\text{II}}$：$m=\frac{1}{0.5}=2$；$n=\frac{1}{0.5}=2$，查表 3-2，$\alpha_{c\text{II}}=0.1202$

故

$$\sigma_{zG}=(\alpha_{c\text{I}}-\alpha_{c\text{II}})p=(0.2016-0.1202)\times200=0.0814\times200=16.3(\text{kPa})$$

将计算结果与若干补充结果绘于图 3-19 (b)、(c) 中，分布规律表明了应力扩散的特征，距离荷载越远，附加应力强度越低。

3.3.3 平面问题的附加应力计算

当一定宽度的无限长基底面积承受均布荷载时，在土中垂直于长度方向的任一截面附加应力分布规律完全相同，且在长边延伸方向地基的应变和位移均为 0，这类问题称为平面问题。

对于平面问题，荷载沿宽度方向可有任意分布形式，但在沿长度方向不变，计算中只要算出任一截面上的附加应力，即可代表所有其他平行截面。

实际建筑中并没有无限长的荷载面积。研究表明，当基础的长度比 $l/b\geqslant 10$ 时，计算的地基附加应力值与按 $l/b=\infty$ 时的解相差甚微。因此，墙基、路基、坝基、挡土墙基础等均可按平面问题计算地基中的附加应力。

条形荷载面下附加应力的求解基于线荷载作用下的弹性解答。

1. 线荷载

如图 3-20 所示在弹性半空间表面一无限长直线上作用有均布荷载 p，在线荷载上取微分长度 dy，作用其上的荷载 pdy 可看做集中力，在地基内 M 点引起的附加应力 $d\sigma_z$ 按式（3-13a）可得

$$d\sigma_z=\frac{3pz^3}{2\pi R^5}dy$$

则可用下列积分求得 M 点的附加应力 σ_z 为

$$\sigma_z=\int_{-\infty}^{+\infty}d\sigma_z=\int_{-\infty}^{+\infty}\frac{3pz^3}{2\pi(x^2+y^2+z^2)^{\frac{5}{2}}}=\frac{2pz^3}{\pi(x^2+z^2)^2} \tag{3-24}$$

该解答由弗拉曼（Flamant，1892）首先得出，故也称弗拉曼解。

实际意义上的线荷载是不存在的，可以将其看做是条形面积在宽度趋于零时的特殊情况，以该解答为基础，通过积分可求解各类平面问题地基中的附加应力。

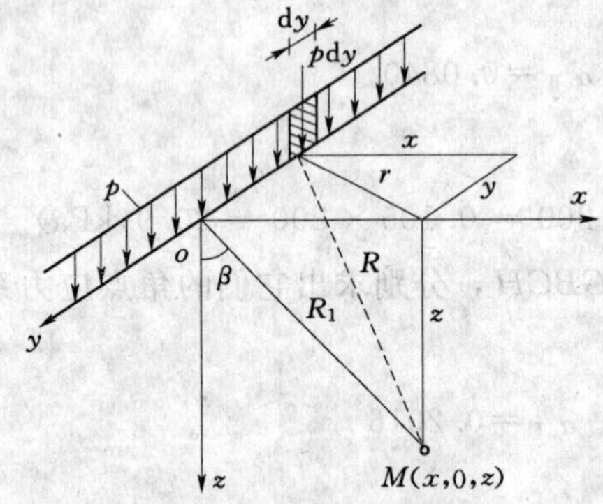

图 3-20　均布竖向线荷载下地基附加应力

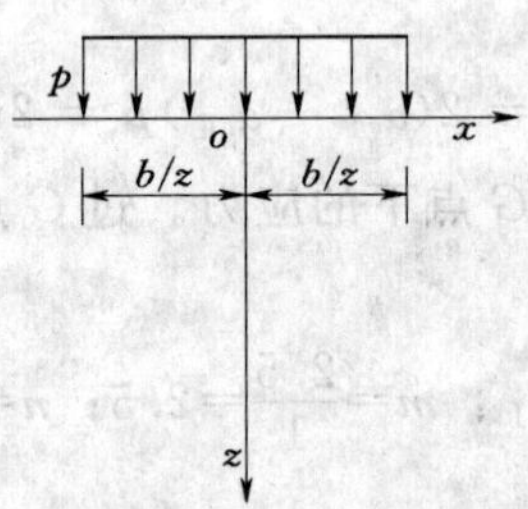

图 3-21　均布竖向条形荷载下地基附加应力

2. 均布竖向条形荷载

当基础宽度为 b 的条形基础上作用有均布荷载 p 时，取宽度 b 的中点作为坐标原点（图 3-21），则地基中某点的竖向附加应力可由式（3-24）进行积分求得，即

$$\sigma_z=\frac{p}{\pi}\left[\arctan\frac{1-2n}{2m}+\arctan\frac{1+2n}{2m}-\frac{4m(4n^2-4m^2-1)}{(4n^2+4m^2-1)^2+16m^2}\right]=\alpha_{sz}p \tag{3-25}$$

$$m=\frac{x}{b},n=\frac{z}{b}$$

式中：α_{sz} 为条形基础上作用均布垂直荷载时竖向附加应力分布系数，$\alpha_{sz}=f(m,n)$，由表 3-5 查取。

表 3-5　　条形基底受垂直均布荷载作用时的竖向附加应力系数 α_{sz}

$n=z/b$ \ $m=x/b$	0.00	0.25	0.50	0.75	1.00	1.50	2.00
0.00	1.000	1.000	0.500	0.000	0.000	0.000	0.000
0.25	0.960	0.905	0.496	0.088	0.019	0.002	0.001
0.50	0.820	0.735	0.481	0.218	0.082	0.017	0.005
0.75	0.668	0.607	0.450	0.263	0.146	0.040	0.017
1.00	0.552	0.513	0.410	0.288	0.185	0.071	0.029
1.50	0.396	0.379	0.332	0.273	0.211	0.114	0.055
2.00	0.306	0.292	0.275	0.242	0.205	0.134	0.083
2.50	0.245	0.239	0.231	0.215	0.188	0.139	0.098
3.00	0.208	0.206	0.198	0.185	0.171	0.136	0.103
4.00	0.160	0.158	0.153	0.147	0.140	0.122	0.102
5.00	0.126	0.125	0.124	0.121	0.117	0.107	0.095

3. 三角形分布的竖向条形荷载

图 3-22 为条形基础受三角形分布的垂直荷载的情况，荷载最大值为 p_t。将坐标原点取在零荷载处以荷载增大的方向为 x 正向，通过式（3-24）积分可得

$$\sigma_z=\frac{p_t}{\pi}\left\{m\left[\arctan\frac{m}{n}-\arctan\left(\frac{m-1}{n}\right)\right]-\frac{n(m-1)}{n^2+(m-1)^2}\right\}=\alpha_{tz}p_t \qquad (3-26)$$

式中：α_{tz} 为条形基础上作用三角形分布荷载时竖向附加应力分布系数，由表 3-6 查取。

表 3-6　　三角形分布竖向条形荷载作用时地基附加应力系数 α_{tz}

$n=z/b$ \ $m=xb$	−0.50	−0.25	0.00	+0.25	+0.50	+0.75	+1.00	+1.25	+1.50
0.01	0.000	0.000	0.003	0.249	0.500	0.750	0.497	0.000	0.000
0.1	0.000	0.002	0.032	0.251	0.498	0.737	0.468	0.010	0.002
0.2	0.003	0.009	0.061	0.255	0.489	0.682	0.437	0.050	0.009
0.4	0.010	0.036	0.011	0.263	0.441	0.534	0.379	0.137	0.043
0.6	0.030	0.066	0.140	0.258	0.378	0.421	0.328	0.177	0.080
0.8	0.050	0.089	0.155	0.243	0.321	0.343	0.285	0.188	0.106
1.0	0.065	0.104	0.159	0.224	0.275	0.286	0.250	0.184	0.121
1.2	0.070	0.111	0.154	0.204	0.239	0.246	0.221	0.176	0.126
1.4	0.080	0.144	0.151	0.186	0.210	0.215	0.198	0.165	0.127
2.0	0.090	0.108	0.127	0.143	0.153	0.155	0.147	0.134	0.115

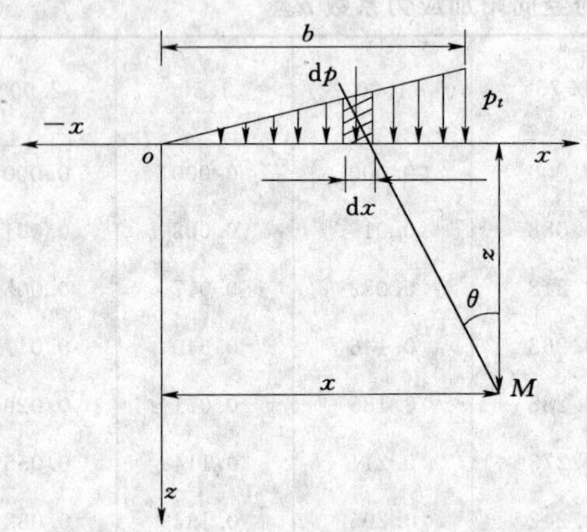

图3-22　三角形分布竖向条形荷载下地基附加应力

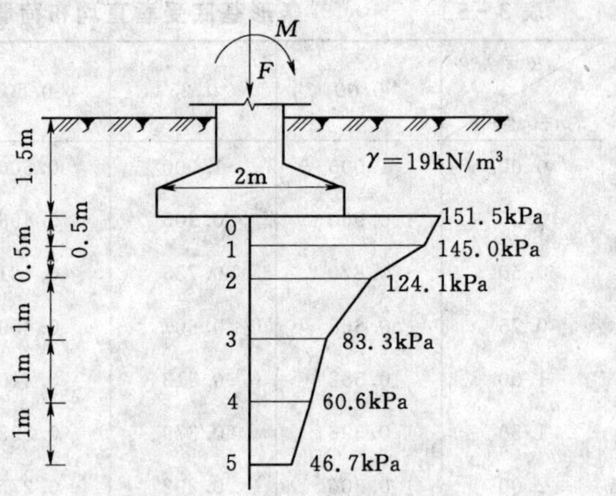

图3-23　某条形基础

【例3-4】　某条形基础如图3-23所示，基础上作用荷载 $F=300\text{kN}$，$M=50\text{kN}\cdot\text{m}$，试求基础中点下的附加应力分布。

解

(1) 求基底附加压力。

基础及上覆土重　　$G=2\times1.5\times20=60(\text{kN})$

偏心距　　$e=\dfrac{M}{F+G}=\dfrac{50}{300+60}=0.14(\text{m})$

基底压力

$$\begin{matrix}p_{\max}\\p_{\min}\end{matrix}=\frac{300+60}{2}\left(1\pm\frac{6\times0.14}{2}\right)=\begin{matrix}255.6\\104.4\end{matrix}(\text{kPa})$$

基底附加压力

$$\begin{matrix}p_{\max}\\p_{\min}\end{matrix}=\begin{matrix}255.6\\104.4\end{matrix}-19\times1.5=\begin{matrix}227.1\\75.9\end{matrix}(\text{kPa})$$

(2) 基础中点下的附加应力。将梯形分布的附加压力视为作用于地基上的荷载，并分成均布和三角形分布的两部分。其中均布荷载 $p_0=75.9\text{kPa}$，三角形分布的 $p_t=151.2\text{kPa}$。

分别计算 $z=0\text{m}$、0.5m、1.0m、2.0m、3.0m、4.0m 处的附加应力，计算结果列于表3-7中。

如果利用对称性和叠加原理，取 $\bar{p}_0=151.5\text{kPa}$，本题计算将会得到同样的结果，且计算更简捷。

表3-7　附加应力计算结果

点号	深度 z (m)	z/b	均布荷载 $p_0=75.9\text{kPa}$			三角形荷载 $p_t=151.2\text{kPa}$			$\sigma_z=\sigma'_z+\sigma''_z$ (kPa)
			x/b	α_{sz}	σ'_z	x/b	α_{tz}	σ''_z	
0	0	0	0	1.00	75.9	0.5	0.500	75.6	151.5
1	0.5	0.25	0	0.96	72.9	0.5	0.477	72.1	145.0

续表

点号	深度 z (m)	z/b	均布荷载 $p_0=75.9$kPa			三角形荷载 $p_t=151.2$kPa			$\sigma_z=\sigma'_z+\sigma''_z$ (kPa)
			x/b	α_{sz}	σ'_z	x/b	α_{tz}	σ''_z	
2	1.0	0.5	0	0.82	62.2	0.5	0.409	61.8	124.0
3	2.0	1.0	0	0.55	41.7	0.5	0.275	41.6	83.3
4	3.0	1.5	0	0.40	30.4	0.5	0.200	30.2	60.6
5	4.0	2.0	0	0.31	23.5	0.5	0.153	23.1	46.6

3.4 地基中附加应力的有关问题

3.4.1 地基中附加应力的分布规律

研究表明，地基中附加应力的分布有如下规律：

1）σ_z 不仅发生在荷载面积之下，而且分布在荷载面积外相当大的范围之下。

2）在荷载分布范围内任意点沿垂线的 σ_z 值随深度越向下越小。

3）在基础底面下任意水平面上，以基底中心点下轴线处的 σ_z 为最大，距离中轴线越远则越小。

图 3-24 所示等值线表示了基底型式对附加应力的影响，在其他条件相同的情况下，方形荷载面所引起的 σ_z 的影响深度比条形荷载面小［图 3-24（a）、（b）］，在同一深度下，条形荷载面下的附加应力强度大于方形荷载面。

由图 3-24（c）、（d）表明，条形荷载面下水平附加应力 σ_x 的影响范围较浅，所以基础下地基土的侧向变形主要发生于浅层；剪应力 τ_{xz} 的最大值出现于荷载边缘，所以位于基础边缘下的土容易发生剪切破坏。

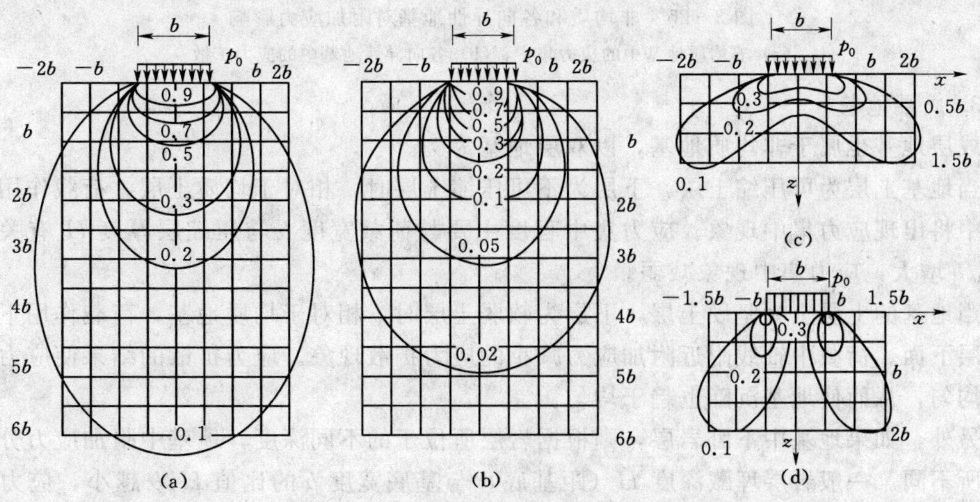

图 3-24　地基中附加应力等值线

（a）等 σ_z 线（条形荷载）；（b）等 σ_z 线（方形荷载）；（c）等 σ_x 线（条形荷载）；（d）等 τ_{xz} 线（条形荷载）

3.4.2　非均质或各向异性地基中的附加应力

前述地基中附加应力计算都是按弹性理论把地基视为均质、各向同性的线弹体，实际工程中地基条件明显复杂于计算假定，如地基中模量随深度增大，地基有明显的薄交互层构造，成层地基等，所以按理想条件计算出的附加应力与实际应力将有一定差别。

根据一些简单问题的解答可以总结出地基的非均质和各向异性对地基竖向应力 σ_z 的分布影响主要有两种情况：一是应力集中；二是应力扩散。

1. 变形模量随深度增大的非均质地基

土的变形模量 E_0 随地基深度而增大的现象在砂土地基中最为明显，在这种情况下，相对于均质地基，土中荷载中轴线附近的附加应力 σ_z 将增大，中轴线以外应力差逐渐减小，至某一距离后，应力又将小于均匀半无限体时的应力，这种现象称为应力集中现象，即沿荷载中心线下的附加应力将出现应力集中，如图 3-25（a）所示。

2. 有薄交互层的各向异性地基

当天然沉积的土形成水平薄交互层时，水平向变形模量 E_{0h} 通常大于竖向变形模量 E_{0v}，在这种情况下，相对于各向同性地基，沿荷载中心线下的附加应力将出现应力扩散现象，如图 3-25（b）所示。

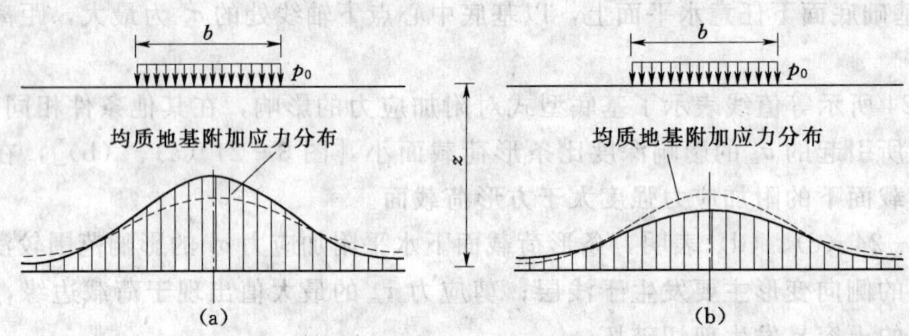

图 3-25　非均质和各向异性地基对附加应力影响

（a）非均质地基中的应力集中；（b）各向异性地基中的应力扩散

3. 成层地基

成层地基也属于非均质地基，以双层地基为例。

当地基上层为可压缩土层，下层为不可压缩土层时，相对于均质土层，荷载作用下上层土中将出现应力集中现象。应力集中程度主要与荷载宽度 b 与压缩层厚度 H 有关，随着 H/b 增大，应力集中现象减弱。

当地基的上层土为坚硬土层，下层为软弱土层时，相对于均质地基，荷载作用下将出现硬层下面、荷载中轴线附近附加应力减小的应力扩散现象。应力扩散的结果使应力分布比较均匀，从而使地基沉降也趋于均匀。

另外，如果地基中下卧岩层，则根据岩层所位于的不同深度，地基中附加应力分布也会有所不同。一般岩层埋藏深度 H（距基底）与基底宽度 b 的比值 H/b 越小，应力集中的程度越高。

思 考 题

3-1 土的自重应力应如何计算？

3-2 地下水位的升、降对地基中的自重应力有何影响？

3-3 影响基底压力分布的主要因素有哪些？

3-4 基底附加压力如何计算？

3-5 地基附加应力计算作了哪些假定？

3-6 简述集中荷载作用下地基中附加应力的分布规律。

3-7 若作用于基础底面的总压力不变，则增加埋置深度对土中附加应力有何影响？

3-8 如何应用角点法计算基底面下任意点的附加应力？

3-9 双层地基中附加应力分布较均质土体有何区别？

习 题

3-1 根据图 3-26 所示资料计算并绘制地基中的自重应力沿深度的分布曲线。如地下水因某种原因骤然下降至高程 35m 以下，地基中的自重应力分布将有何改变？并用图表示。（提示：地下水位骤降时，细砂层的重度 $\gamma=17.23\text{kN/m}^3$，黏土和粉质黏土的含水情况不变。）

（答案：地下水位下降前后 35m 高程处 σ_c 分别为 105.85kPa 及 158.56kPa）

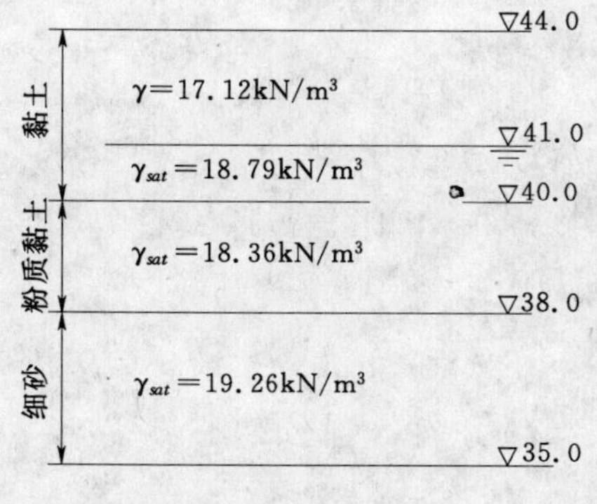

图 3-26 习题 3-1 图

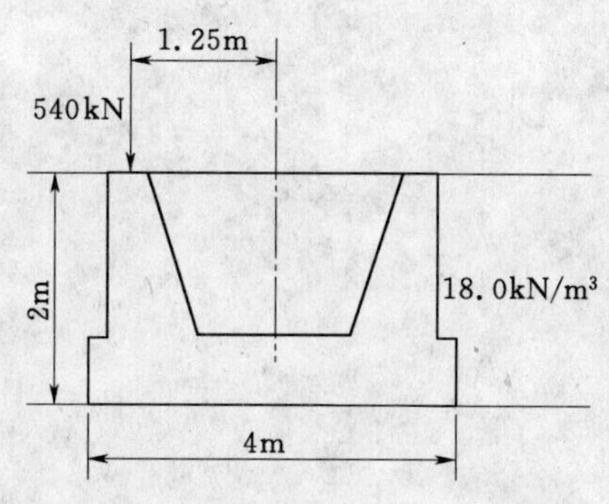

图 3-27 习题 3-2 图

3-2 如图 3-27 所示，某构筑物基础底面尺寸为4m×2m，在设计地面标高处作用有偏心荷载 540kN，偏心距 1.25m，基础埋深为 2m，基底以上土层平均重度为 18.0kN/m^3。试计算基底平均压力 p、基底最大压力 $p_{\max}$ 及基底附加压力 p_0，并绘出沿偏心方向的基底压力分布图。

（答案：107.5kPa；235.9kPa；71.5kPa）

3-3 有荷载面 A 和 B 如图 3-28 所示，试考虑相邻荷载面的影响，计算 A 荷载面中心点以下深度 $z=2\text{m}$ 处的附加应力 σ_z。

（答案：49.25kPa）

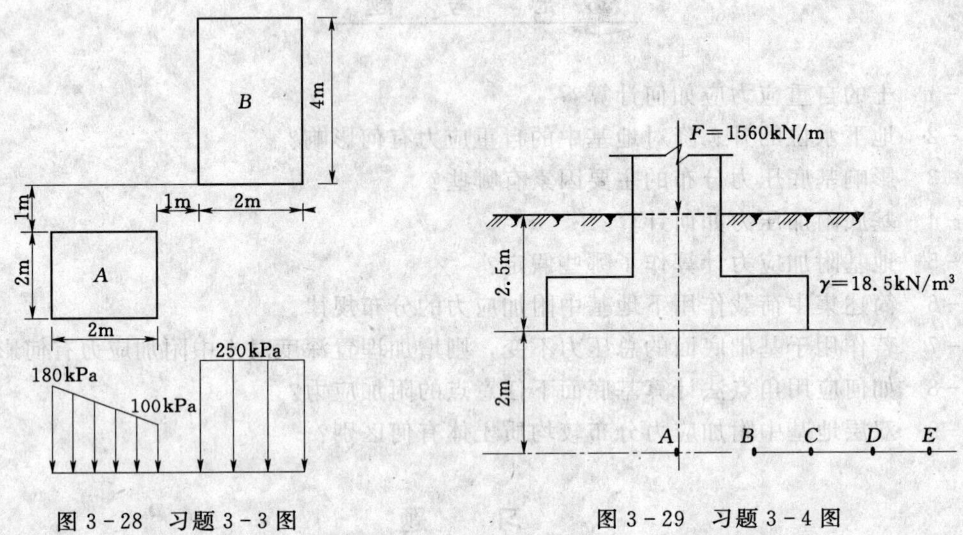

图 3-28 习题 3-3 图　　图 3-29 习题 3-4 图

3-4 某条形基础如图 3-29 所示，基底宽 $b=4\text{m}$。在距基底 $z=2\text{m}$ 的水平面上，A、B、C、D、E 点距中心垂线的距离分别为 0m、1m、2m、3m、4m，试计算各点的附加应力并绘出分布曲线。

（答案：322.88kPa；289.41kPa；189.39kPa；85.84kPa；32.29kPa）

第 4 章　土的压缩性和地基沉降计算

土的压缩性是指土体在压力作用下体积缩小的特性，反映土的孔隙性规律，是土的主要力学特性之一。由于土的压缩性，土质地基承受建筑物基础荷载后，必然会产生一定的沉降，所以地基沉降特性一方面取决于建筑物荷载的大小和分布，另一方面取决于土的压缩特性和地基压缩土层厚度。

当地基产生沉降时，特别是建筑物各部分之间由于荷载不同或土层压缩性不同而产生非均匀沉降时，建筑物的上部结构会产生影响建筑物安全或正常使用的附加应力，尤其是超静定结构。因此，进行地基设计时，必须根据建筑物的情况和勘探试验资料计算基础可能发生的沉降，并设法将其控制在建筑物所容许的范围以内。如果不满足设计要求，就必须从上部结构、基础与地基三方面作出合理的调整。

本章主要讲述土的压缩性、地基最终沉降量计算、饱和土的单向渗透固结及建筑物的沉降观测。

4.1　土的压缩性

试验研究表明，在工程实践中可能遇到的压力（<600kPa）作用下，土粒与土中水的压缩量与土体的压缩总量相比是很微小的（小于 1/400），可以忽略不计。因此，土的压缩通常被认为只是由于孔隙体积减小的结果。

土体在外荷作用下被压缩时，土粒将产生相对移动并重新排列，与此同时，土体孔隙中的水和气体部分被排出，使孔隙体积减小。对于透水性较大的无黏性土，由于水容易排出，这一压缩过程很快即可完成；而对于透水性较小的黏性土，特别是饱和软黏土，排水缓慢，达到压缩稳定需要较长时间。饱和土体的压缩过程，即土体在压力作用下压缩量随时间增长的全过程，称为土的固结。

4.1.1　固结试验和压缩曲线

1. 固结试验

研究土的压缩性大小及其特征的室内试验方法称为固结试验，亦称侧限压缩试验，所获得的成果是土的孔隙比与所受压力的关系曲线。固结试验所用的固结仪由固结容器、加压设备和量测设备组成，图 4-1 即为固结容器。

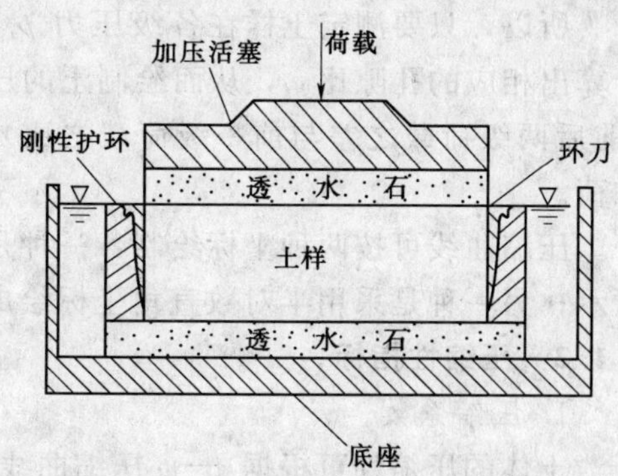

图 4-1　固结仪的固结容器简图

固结试验时用金属环刀从原状土样中切取保持天然结构的试样，将试样连同环刀置入一刚性护环内，其上下面各置一块透水石，以便于土中水的排出。试验时通过传压板向试样施加压力，由于金属环刀及刚性护环所限，土样在压力作用下只能在竖向产生压缩，而不可能产生侧向变形，即土样的横截面积不会发生变化。

通过确定土样在各级压力作用下孔隙比的变化，可绘制土体的压缩曲线。

2. 压缩曲线

设土样初始高度为 H_0，土样受荷变形稳定后的高度为 H_i，土样压缩量为 $\Delta H_i = H_0 - H_i$（图 4-2）。

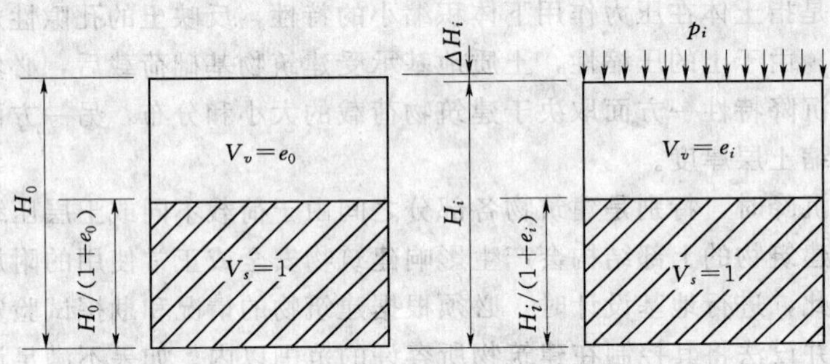

图 4-2　侧限条件下土样孔隙比的变化

设土样受压前初始孔隙比为 e_0，受压后孔隙比为 e_i，则根据土样受压前后土粒体积 V_s 不变和横截面积 A 不变的两个条件，可得出

$$\frac{H_i}{H_0} = \frac{1 + e_i}{1 + e_0}$$

或

$$\frac{\Delta H_i}{H_0} = \frac{e_0 - e_i}{1 + e_0}$$

整理得

$$e_i = e_0 - \frac{\Delta H_i}{H_0}(1 + e_0) \tag{4-1}$$

其中

$$e_0 = \frac{(1 + w_0) d_s \rho_w}{\rho_0} - 1$$

式中：d_s 为土粒相对密度；ρ_w 为水的密度，g/cm^3；w_0 为土样的初始含水量，以小数计；ρ_0 为土样的初始密度，g/cm^3。

所以，只要测定土样在各级压力 p_i 作用下的稳定压缩量 ΔH_i，就可采用式（4-1）计算出相应的孔隙比 e_i，从而绘制土的压缩曲线。常规试验中，一般取加荷率 $\Delta p/p_1 \leqslant 1$（前后两级荷载之差与前一级荷载之比）按 p 为 50kPa、100kPa、200kPa、400kPa 四级加荷。

压缩曲线可按两种坐标绘制：一种是采用直角坐标绘制的 $e-p$ 曲线，如图 4-3（a）所示；另一种是采用半对数直角坐标绘成 $e-\lg p$ 曲线，如图 4-3（b）所示。

4.1.2　压缩性指标

1. 压缩系数

土体的压缩性可根据 $e-p$ 压缩曲线的形状来判断，曲线越陡，说明在相同的压力增量作用下，土体孔隙比减少得越显著，因而土的压缩性越高。所以，曲线上任一点的切线

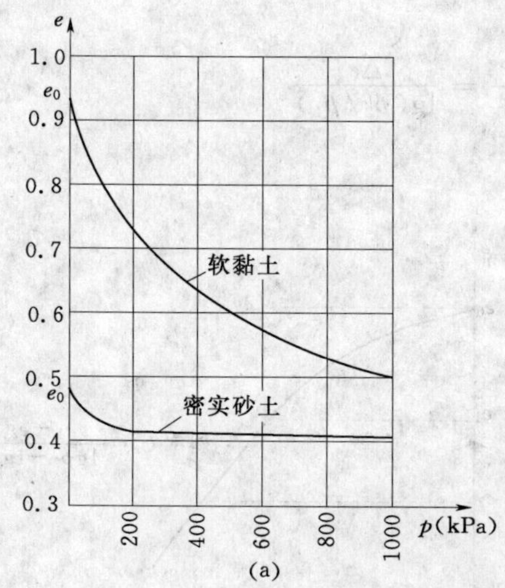

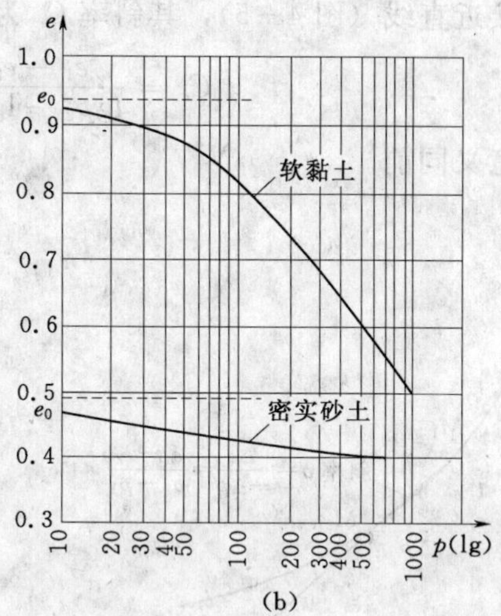

图 4-3 土的压缩曲线

(a) $e-p$ 曲线；(b) $e-\lg p$ 曲线

斜率 a 就表示了相应压力作用下土的压缩性

$$a=-\frac{\mathrm{d}e}{\mathrm{d}p} \tag{4-2}$$

式中负号表示孔隙比 e 随压力 p 的增加而减小。

所以，土的压缩系数 a 的定义是土体在侧限条件下孔隙比减小量与有效压应力增量的比值（MPa^{-1}）。

当压力变化范围不大时，土的压缩性可用图 4-4 中割线 M_1M_2 的斜率代替式（4-2）所示的切线斜率，设压力由 p_1 增至 p_2，相应地孔隙比由 e_1 减小到 e_2，则土的压缩系数 a 近似表示为

$$a=-\frac{\Delta e}{\Delta p}=\frac{e_1-e_2}{p_2-p_1} \tag{4-3}$$

式中：p_1 为加压前使试样压缩稳定的压力强度，一般指地基中某深度处土体原有的竖向自重应力，kPa；p_2 为加压后使试样压缩稳定的压力强度，一般指地基中某深度处自重应力与附加应力之和，kPa；e_1、e_2 分别为加压前后在 p_1 和 p_2 作用下试样被压缩稳定后的孔隙比。

压缩系数 a 是表征土的压缩性的重要指标之一，压缩系数越大，表明土的压缩性越大。为便于应用和比较，通常采用 $p_1=0.1\text{MPa}$（100kPa）、$p_2=0.2\text{MPa}$（200kPa）时相对应的压缩系数 a_{1-2} 来评价土的压缩性：

$a_{1-2}<0.1\text{MPa}^{-1}$ 低压缩性土

$0.1\leqslant a_{1-2}<0.5\text{MPa}^{-1}$ 中压缩性土

$a_{1-2}\geqslant 0.5\text{MPa}^{-1}$ 高压缩性土

2. 压缩指数

土的压缩指数的定义是土体在侧限条件下孔隙比减小量与竖向有效应力常用对数值增量的比值，即 $e-\lg p$ 曲线中某一压力段的直线斜率。将土的 $e-p$ 曲线改为 $e-\lg p$ 曲线

时，后段接近直线（图 4-5），其斜率 C_c 为

$$C_c=\frac{e_1-e_2}{\lg p_2-\lg p_1}=\frac{\Delta e}{\lg(p_2/p_1)} \tag{4-4}$$

式中符号意义同前。

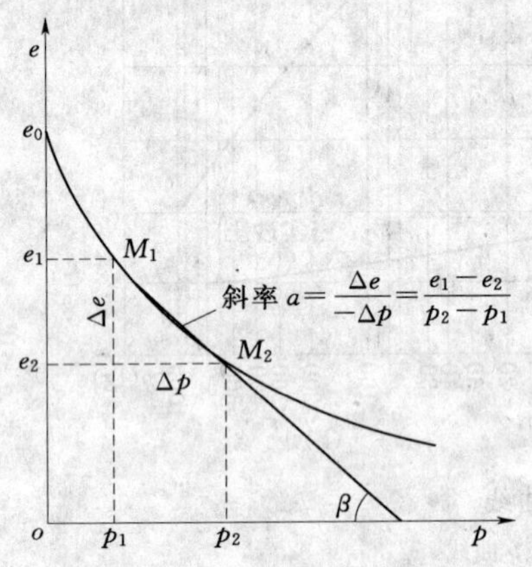

图 4-4　采用 $e-p$ 曲线确定 a

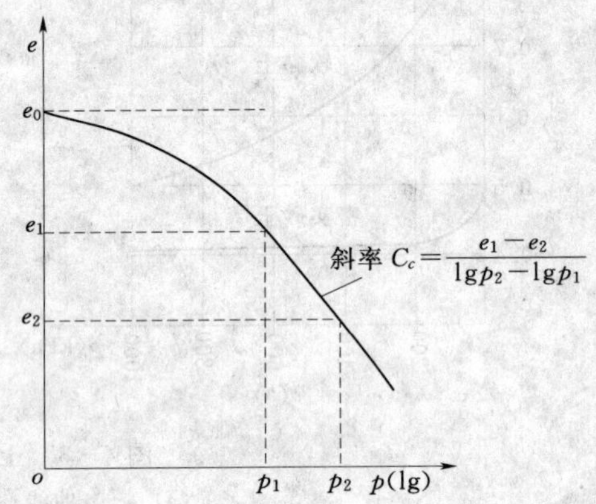

图 4-5　采用 $e-\lg p$ 曲线确定 C_c

同压缩系数 a 一样，压缩指数 C_c 值越大，土的压缩性越高，低压缩性土的 C_c 一般小于 0.2，当 C_c 大于 0.4 时为高压缩性土。

3. 压缩模量

压缩模量 E_s 又称侧限变形模量，可由 $e-p$ 压缩曲线得到，其定义为土体在侧限条件下竖向压应力 σ_z 与竖向总应变 ε_z 之比（MPa），即

$$E_s=\frac{\sigma_z}{\varepsilon_z} \tag{4-5}$$

将 $\sigma_z=\Delta p$，$\varepsilon_z=-\frac{\Delta e}{1+e_1}$代入上式，可得

$$E_s=\frac{\Delta p}{-\frac{\Delta e}{1+e_1}}=\frac{1+e_1}{a} \tag{4-6}$$

式（4-7）表明，E_s与 a 成反比，即 E_s越大，土体的压缩性越低。

4. 体积压缩系数

土的体积压缩系数是由 $e-p$ 曲线求得的另一个压缩性指标，其定义为土体在侧限条件下的竖向（体积）应变与竖向附加压应力之比（MPa^{-1}），即土的压缩模量的倒数，亦称单向体积压缩系数

$$m_V=\frac{1}{E_s}=\frac{a}{1+e_1} \tag{4-7}$$

同压缩系数和压缩指数一样，体积压缩系数越大，土的压缩性越高。

5. 变形模量

土的变形模量 E_0 是由现场静载荷试验或旁压试验等测定的压缩性指标，定义为土在侧向自由变形条件下竖向压应力与竖向总应变之比，其物理意义与材料力学中材料的杨氏

弹性模量相同，只是土的总应变中既有弹性应变又有部分不可恢复的塑性应变，因此称为变形模量。

根据广义虎克定理和土样在侧限条件下的受力条件，可以推导出变形模量 E_0 与压缩模量 E_s 在理论上的关系

$$E_0 = \beta E_s \tag{4-8}$$

式中：β 为与土的泊松比 μ 有关的系数

$$\beta = 1 - \frac{2\mu^2}{1-\mu} \tag{4-9}$$

由于土的泊松比变化范围一般在 0～0.5 之间，所以 $\beta \leqslant 1.0$，即由式（4-8）给出的关系，应有 $E_s \geqslant E_0$。然而，由于土的变形性质并不完全服从虎克定理，加之现场载荷试验和室内压缩试验中一些无法考虑的因素，如压缩试验中土样的扰动、载荷试验与压缩试验的加荷速率、压缩稳定标准的差异等，使得由不同的试验方法测得的 E_s 和 E_0 之间的关系往往并不符合式（4-8）。根据统计资料，对于硬土，其 E_0 可能较 βE_s 大数倍；对于软土，E_0 和 βE_s 比较接近。

4.1.3 土的回弹与再压缩

在室内固结试验中，如果加压到某一级压力下不再继续加压，而是逐级卸压到零，则可以观察到土体的回弹，通过测定各级压力下土样回弹稳定后的孔隙比，可绘制土样的回弹曲线。如图 4-6（a）所示，土样通过逐级加荷得到压缩曲线 ab，加荷至 b 点开始逐级卸荷，此时土样将沿 bed 曲线回弹，如果卸荷至 d 点后再逐级加荷，可测得土样在各级压力下再压缩稳定后的孔隙比，从而绘制再压缩曲线 db'，至 b' 后与压缩曲线重合，$b'c$ 段呈现为 ab 段的延续。图 4-6（b）为 $e-\lg p$ 曲线反映的土样回弹与再压缩特性，与 $e-p$ 曲线有相同的规律。

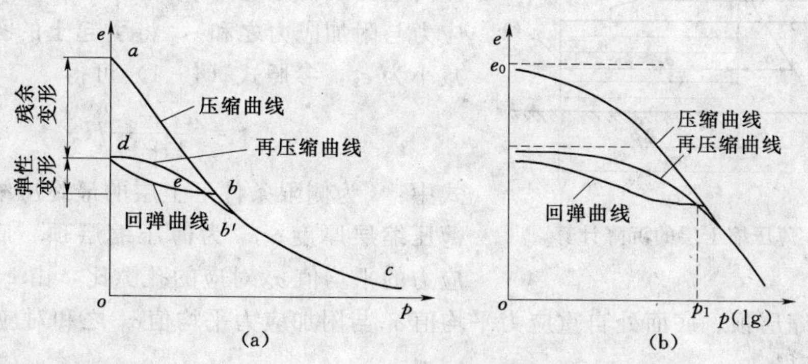

图 4-6 土的回弹曲线和再压曲线

（a）$e-p$ 曲线；（b）$e-\lg p$ 曲线

从土的回弹和再压缩曲线可以看出：

1）由于土样已在逐级压缩荷载作用下产生了压缩变形，所以土的卸荷回弹曲线不与原压缩曲线重合，说明土样的压缩变形是由弹性变形和残余变形两部分组成，且残余变形为主。

2）土的再压缩曲线比原压缩曲线斜率明显减小，说明土样经过压缩后的卸荷再压缩性降低。

根据固结试验的回弹和再压缩 $e-p$ 曲线可以确定地基土的回弹模量 E_c，即土体在侧限条件下卸荷或再加荷时竖向附加压应力与竖向应变的比值，而根据压缩、回弹、再压缩的 $e-\lg p$ 曲线，可以分析应力历史对土的压缩性的影响，这些对于一些开挖工程或地基沉降量计算等都有重要的实际意义。

4.2 基础最终沉降量

基础最终沉降量是指地基变形达到稳定后基础底面的最大沉降量。基础最终沉降量的计算方法有多种，本节仅介绍基于分层总和法的一些计算方法。

4.2.1 分层总和法

1. 基本假设

在采用分层总和法计算地基最终沉降量时，通常假定：

1）地基是均质、各向同性的半无限线性变形体，因而可按弹性理论计算土中应力。

2）在压力作用下，地基土不产生侧向变形，因此可采用侧限条件下的压缩性指标。

为了弥补由于忽略地基土侧向变形而对计算结果造成的误差，通常取基底中心点下的附加应力进行计算，以基底中点的沉降代表基础的平均沉降。

2. 薄压缩土层沉降计算公式

设基底宽度为 b，可压缩土层厚度为 $H\leqslant 0.5b$（图 4-7），由于基础底面和不可压缩层顶面的摩阻力对可压缩土层的限制作用，土层压缩时的侧向变形较少，因而可认为土层受力条件近似于侧限压缩试验中土样受力条件。竖向应力从自重应力 p_1 增加到总应力 p_2（自重应力与附加应力之和），将引起土的孔隙比从 e_1 减小为 e_2，参照式（4-1）可得

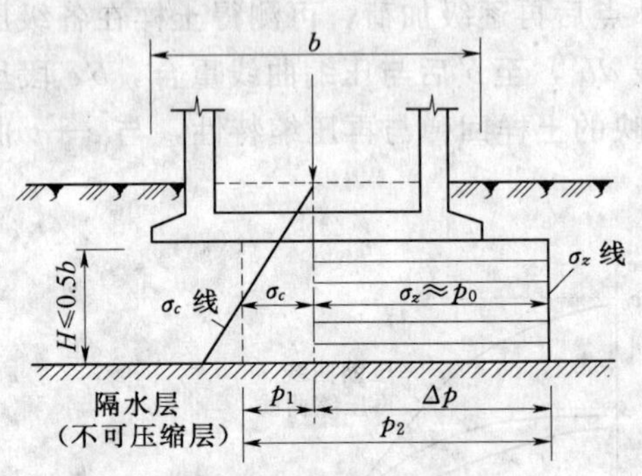

图 4-7　薄压缩土层的沉降计算

$$s=\frac{e_1-e_2}{1+e_1}H \tag{4-10}$$

式中：s 为侧限条件下土层的最终压缩量；H 为薄压缩层厚度；e_1 为薄压缩层顶、底面处自重应力的平均值 σ_c 对应的孔隙比，由 $e-p$ 曲线查得；e_2 为薄压缩层顶、底面处自重应力平均值 σ_c 与附加应力平均值 σ_z 之和对应的孔隙比，由 $e-p$ 曲线查得。

式（4-10）即为单一压缩土层的一维沉降计算公式，不难证明，式（4-10）亦可写成

$$s=\frac{a}{1+e_1}(p_2-p_1)H=\frac{\Delta p}{E_s}H \tag{4-11}$$

式中：a 为压缩系数；E_s 为压缩模量；H 为土层厚度；Δp 为土层厚度内的平均附加应力（$\Delta p=p_2-p_1$）。

3. 成层地基单向压缩分层总和计算公式

对于图 4-8 所示的成层地基及土中应力分布，可采用分层总和的方法计算最终沉降，

即分别计算基础中心点下地基中各个分层土的压缩变形量 Δs_i，然后将其求和

$$s=\sum_{i=1}^{n}\Delta s_i=\sum_{i=1}^{n}\varepsilon_i H_i \tag{4-12}$$

$$\varepsilon_i=\frac{e_{1i}-e_{2i}}{1+e_{1i}}=\frac{a_i(p_{2i}-p_{1i})}{1+e_{1i}}=\frac{\Delta p_i}{E_{si}} \tag{4-13}$$

式中：n 为计算深度范围内的土层数；ε_i 为第 i 层土的压缩应变；H_i 为第 i 分层厚度，mm；e_{1i}为由第 i 层的自重应力均值$\frac{\sigma_{c(i-1)}+\sigma_{ci}}{2}$从土的 $e-p$ 压缩曲线上得到的相应孔隙比；e_{2i}为由第 i 层的自重应力均值$\frac{\sigma_{c(i-1)}+\sigma_{ci}}{2}$与附加应力均值$\frac{\sigma_{z(i-1)}+\sigma_{zi}}{2}$之和从土的 $e-p$ 压缩曲线上得到的相应孔隙比；其余符号意义同前。

采用式（4-12）进行单向压缩分层总和计算的步骤如下：

（1）绘制基础中心点下地基中自重应力和附加应力分布曲线。对于正常固结土，计算自重应力的目的是为了确定地基土的初始孔隙比，因此，应从天然地面起算，而附加应力是指可使地基土产生新的压缩的应力，应根据基底附加压力按第 3 章所述方法从基底面起算。

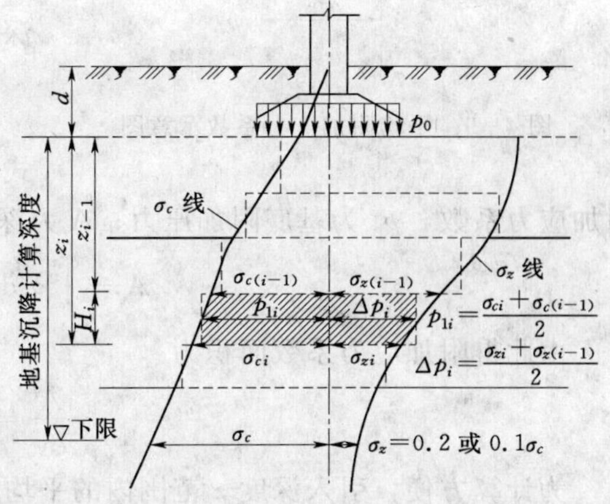

图 4-8 成层地基分层总和法

（2）确定地基沉降计算深度。沉降计算深度 z_n 是指由基础底面向下计算压缩变形所要求的深度，从图 4-8 可见，附加应力随深度递减，自重应力随深度递增，至深度 z_n 后，附加应力与自重应力相比已经很小，所引起的压缩变形可忽略不计，因此沉降计算到此深度即可。根据此“应力比法”的思路，一般取附加应力与自重应力的比值为 20％处所对应的距基底的深度为沉降计算深度，即

$$\sigma_z=0.2\sigma_c \tag{4-14}$$

如果是软土，式（4-14）应改为 $\sigma_z=0.1\sigma_c$，即加大沉降计算深度，如果在沉降计算深度范围内存在基岩，z_n 可取至基岩表面。

（3）确定沉降计算深度范围内的分层界面。沉降计算分层界面可按下述两个原则确定：一是不同土层的分界面与地下水位面；二是每一分层厚度不大于基础宽度的 0.4 倍。

（4）计算各分层沉降量。首先根据自重应力和附加应力分布曲线确定各分层的自重应力平均值 $\bar{\sigma}_{ci}$ 和附加应力平均值 $\bar{\sigma}_{zi}$（图 4-8），然后根据 $p_{1i}=\bar{\sigma}_{ci}$ 和 $p_{2i}=\bar{\sigma}_{ci}+\bar{\sigma}_{zi}$，分别由 $e-p$压缩曲线确定相应的初始孔隙比 e_{1i} 和压缩稳定以后的孔隙比 e_{2i}，按下式计算任一分层的沉降量，即

$$\Delta s_i=\varepsilon_i H_i=\frac{e_{1i}-e_{2i}}{1+e_{1i}}H_i \tag{4-15}$$

(5) 计算地基最终沉降。按式 $s=\sum_{i=1}^{n}\Delta s_i=\sum_{i=1}^{n}\varepsilon_i H_i$ 计算出基础中点的最终沉降，理论上将其视为基础的平均沉降。

4.2.2　分层总和法规范修正公式

《建筑地基基础设计规范》(GB 50007—2002) 基于各向同性均质线性变形体理论提出修正形式的分层总和法，该方法仍然采用前述分层总和法的假设前提，但在计算中采用了平均附加应力系数，并引入了地基沉降计算经验系数，以使计算成果更接近实测值，计算原理如图 4-9 所示。

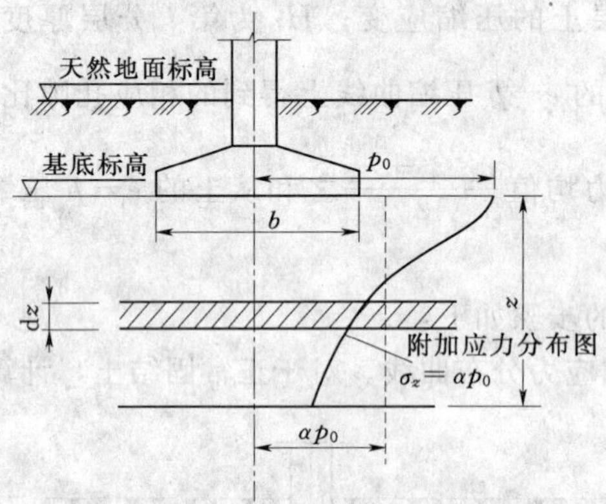

图 4-9　平均附加应力系数示意图

1. 以附加应力系数表达的基本公式

假设地基是均质的，土在侧限条件下的压缩模量 E_s 不随深度而变，则从基底至地基任意深度 z 范围内的压缩量为

$$s'=\int_0^z \frac{\sigma_z}{E_s}\mathrm{d}z=\frac{1}{E_s}\int_0^z \sigma_z \mathrm{d}z=\frac{A}{E_s} \tag{4-16}$$

式中：σ_z 为附加应力，$\sigma_z=\alpha p_0$，α 为地基竖向附加应力系数，p_0 为基底附加压力；A 为深度 z 范围内的附加应力面积，可表示为

$$A=\int_0^z \sigma_z \mathrm{d}z=p_0\int_0^z \alpha \mathrm{d}z$$

由此得附加应力系数面积为

$$\frac{A}{p_0}=\int_0^z \alpha \mathrm{d}z$$

为计算方便，引入深度 z 范围内的平均附加应力系数 $\bar{\alpha}$

$$\bar{\alpha}=\frac{\int_0^z \alpha \mathrm{d}z}{z}=\frac{A}{p_0 z} \tag{4-17}$$

则附加应力面积等代值为 $A=\bar{\alpha}p_0 z$ (图 4-9)。

将 A 的表达式代入式 (4-16)，有

$$s'=\bar{\alpha}p_0\frac{z}{E_s} \tag{4-18}$$

式 (4-18) 即是以附加应力面积等代值 A 导出的、以平均附加应力系数表达的地基变形计算公式。由此可得成层地基中第 i 层分层沉降的计算公式为

$$\Delta s'=s'_i-s'_{i-1}=\frac{A_i-A_{i-1}}{E_{si}}=\frac{\Delta A_i}{E_{si}}=\frac{p_0}{E_{si}}(z_i\bar{\alpha}_i-z_{i-1}\bar{\alpha}_{i-1}) \tag{4-19}$$

式中：z_i、z_{i-1} 为基础底面至第 i 层土、第 $i-1$ 层土底面的距离，m；E_{si} 为基础底面下第 i 层土的压缩模量，MPa，应取土的自重应力至土的自重应力与附加应力之和的压力段计算；s'_i、s'_{i-1} 为 z_i 和 z_{i-1} 范围内的变形量，mm；$\bar{\alpha}_i$、$\bar{\alpha}_{i-1}$ 为 z_i 和 z_{i-1} 范围内竖向平均附加应力系数；$p_0 z_i\bar{\alpha}_i$ 为 z_i 范围内附加应力面积 A_i 的等代值（图 4-10 中面积 1234）；$p_0 z_{i-1}\bar{\alpha}_{i-1}$ 为 z_{i-1} 范围内附加应力面积 A_{i-1} 的等代值（图 4-10 中面积 1256）；ΔA_i 为第 i 分层的

竖向附加应力面积（图 4-10 中面积 5634）；p_0 为对应于荷载标准值的基础底面处的附加压力，kPa。

根据分层总和法基本原理可得计算地基变形量的公式为

$$s' = \sum_{1}^{n} \Delta s' = \sum_{i=1}^{n} \frac{p_0}{E_{si}}(z_i\bar{\alpha} - z_{i-1}\bar{\alpha}_{i-1}) \quad (4-20)$$

2. 沉降计算深度

采用规范修正方法计算地基变形量时，计算深度 z_n 采用“变形比法”确定，即

$$\Delta s_n' \leqslant 0.025 \sum_{i=1}^{n} \Delta s_i' \quad (4-21)$$

式中：$\Delta s_i'$为在计算深度范围内第 i 层土的计算变形量；$\Delta s_n'$为在由计算深度处向上取厚度 Δz 土层的计算变形量，Δz 值意义见图 4-10 并按表 4-1 确定。

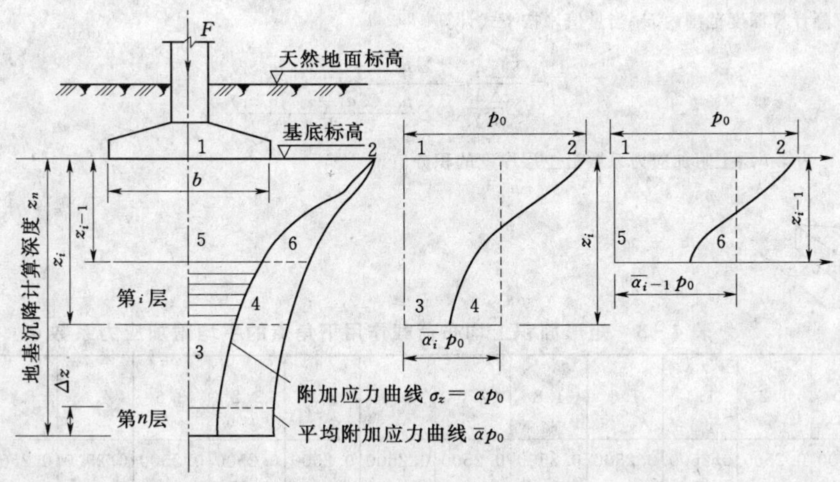

图 4-10 附加应力面积等代值计算分层沉降示意

表 4-1 Δz 的确定

b（m）	$b\leqslant2$	$2<b\leqslant4$	$4<b\leqslant8$	$8<b\leqslant15$	$15<b\leqslant30$	$b>30$
Δz（m）	0.3	0.6	0.8	1.0	1.2	1.5

若确定的计算深度下部仍有软弱土层，则应继续向下计算。

当无相邻荷载影响时，基础宽度 b 在 1～50m 范围内时，基础中点的地基沉降计算深度可简化为

$$z_n = b(2.5 - 0.4\ln b) \quad (4-22)$$

如果在计算深度范围内存在基岩，z_n 可取至基岩表面；如果存在较厚的坚硬黏性土层，其孔隙比小于 0.5、压缩模量大于 50MPa，或存在较厚的密实砂卵石层，其压缩模量大于 80MPa 时，z_n 可取至该土层表面。

3. 经验修正系数

为提高计算精度，规范引入沉降计算经验系数 ψ_s 修正按式（4-20）所得的成层地基

最终变形，即

$$s=\psi_s s'=\psi_s\sum_{i=1}^{n}\frac{p_0}{E_{si}}(z_i\bar{\alpha}_i-z_{i-1}\bar{\alpha}_{i-1}) \qquad (4-23)$$

式中：$\psi_s=s_\infty/s'$，s_∞ 系利用地区地基沉降观测资料推算的最终沉降量，无地区经验时可采用表 4－2 数值；n 为地基沉降计算范围内所划分的土层数；$\bar{\alpha}_i$、$\bar{\alpha}_{i-1}$ 为 z_i 和 z_{i-1} 范围内竖向平均附加应力系数，按表 4－3、表 4－4 确定。

表 4－2　　沉降计算经验系数 ψ_s

$\bar{E}_s$(MPa) / 地基附加应力	2.5	4.0	7.0	15.0	20.0
$p_0\geqslant f_k$	1.4	1.3	1.0	0.4	0.2
$p_0\leqslant 0.75f_k$	1.1	1.0	0.7	0.4	0.2

注　1. f_k 为地基承载力标准值。

2. $\bar{E}_s$ 为沉降计算深度范围内 E_s 当量值，按下式计算

$$\bar{E}_s=\frac{\sum\Delta A_i}{\sum\frac{\Delta A_i}{E_{si}}}=\frac{\sum p_0\ (z_i\bar{\alpha}_i-z_{i-1}\bar{\alpha}_{i-1})}{\sum\frac{p_0\ (z_i\bar{\alpha}_i-z_{i-1}\bar{\alpha}_{i-1})}{E_{si}}}$$

式中：A_i 为第 i 层土附加应力系数沿土层厚度的积分值。

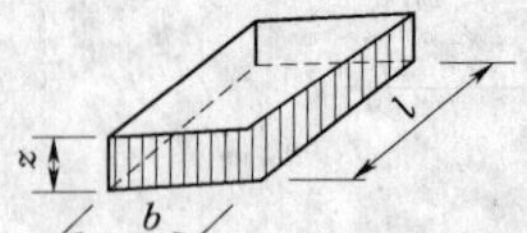

表 4－3　矩形面积上均布荷载作用下角点的平均附加应力系数 $\bar{\alpha}$

z/b \ l/b	1.0	1.2	1.4	1.6	1.8	2.0	2.4	2.8	3.2	3.6	4.0	5.0	10.0
0.0	0.2500	0.2500	0.2500	0.2500	0.2500	0.2500	0.2500	0.2500	0.2500	0.2500	0.2500	0.2500	0.2500
0.2	0.2496	0.2497	0.2497	0.2498	0.2498	0.2498	0.2498	0.2498	0.2498	0.2498	0.2498	0.2498	0.2498
0.4	0.2474	0.2479	0.2481	0.2483	0.2483	0.2484	0.2485	0.2485	0.2485	0.2485	0.2485	0.2485	0.2485
0.6	0.2423	0.2437	0.2444	0.2448	0.2451	0.2452	0.2454	0.2455	0.2455	0.2455	0.2455	0.2455	0.2456
0.8	0.2346	0.2372	0.2387	0.2395	0.2400	0.2403	0.2407	0.2408	0.2409	0.2409	0.2410	0.2410	0.2410
1.0	0.2252	0.2291	0.2313	0.2326	0.2335	0.2340	0.2346	0.2349	0.2351	0.2352	0.2352	0.2353	0.2353
1.2	0.2149	0.2199	0.2229	0.2248	0.2260	0.2268	0.2278	0.2282	0.2285	0.2286	0.2287	0.2288	0.2289
1.4	0.2043	0.2102	0.2140	0.2164	0.2180	0.2191	0.2204	0.2211	0.2215	0.2217	0.2218	0.2220	0.2221
1.6	0.1939	0.2006	0.2049	0.2079	0.2099	0.2113	0.2130	0.2138	0.2143	0.2146	0.2148	0.2150	0.2152
1.8	0.1840	0.1912	0.1960	0.1994	0.2018	0.2034	0.2055	0.2066	0.2073	0.2077	0.2079	0.2082	0.2084
2.0	0.1746	0.1822	0.1875	0.1912	0.1938	0.1958	0.1982	0.1996	0.2004	0.2009	0.2012	0.2015	0.2018
2.2	0.1659	0.1737	0.1793	0.1833	0.1862	0.1883	0.1911	0.1927	0.1937	0.1943	0.1947	0.1952	0.1955
2.4	0.1578	0.1657	0.1715	0.1757	0.1789	0.1812	0.1843	0.1862	0.1873	0.1880	0.1885	0.1890	0.1895
2.6	0.1503	0.1583	0.1642	0.1686	0.1719	0.1745	0.1779	0.1799	0.1812	0.1820	0.1825	0.1832	0.1838

续表

z/b \ l/b	1.0	1.2	1.4	1.6	1.8	2.0	2.4	2.8	3.2	3.6	4.0	5.0	10.0
2.8	0.1433	0.1514	0.1574	0.1619	0.1654	0.1680	0.1717	0.1739	0.1753	0.1763	0.1769	0.1777	0.1784
3.0	0.1369	0.1449	0.1510	0.1556	0.1592	0.1619	0.1658	0.1682	0.1598	0.1708	0.1715	0.1725	0.1733
3.2	0.1310	0.1390	0.1450	0.1497	0.1533	0.1562	0.1602	0.1628	0.1345	0.1657	0.1664	0.1675	0.1685
3.4	0.1256	0.1334	0.1394	0.1441	0.1478	0.1508	0.1550	0.1577	0.1595	0.1607	0.1616	0.1628	0.1639
3.6	0.1205	0.1282	0.1342	0.1389	0.1427	0.1456	0.1500	0.1528	0.1548	0.1561	0.1570	0.1583	0.1595
3.8	0.1158	0.1234	0.1293	0.1340	0.1378	0.1408	0.1452	0.1482	0.1502	0.1516	0.1526	0.1541	0.1554
4.0	0.1114	0.1189	0.1248	0.1294	0.1332	0.1362	0.1408	0.1438	0.1459	0.1474	0.1485	0.1500	0.1516
4.2	0.1073	0.1147	0.1205	0.1251	0.1289	0.1319	0.1365	0.1396	0.1418	0.1434	0.1445	0.1462	0.1479
4.4	0.1035	0.1107	0.1164	0.1210	0.1248	0.1279	0.1325	0.1357	0.1379	0.1396	0.1407	0.1425	0.1444
4.6	0.1000	0.1070	0.1127	0.1172	0.1209	0.1240	0.1287	0.1319	0.1342	0.1359	0.1371	0.1390	0.1410
4.8	0.0967	0.1036	0.1091	0.1136	0.1173	0.1204	0.1250	0.1283	0.1307	0.1324	0.1337	0.1357	0.1379
5.0	0.0935	0.1003	0.1057	0.1102	0.1139	0.1169	0.1216	0.1249	0.1273	0.1291	0.1304	0.1325	0.1348
5.2	0.0906	0.0972	0.1026	0.1070	0.1106	0.1136	0.1183	0.1217	0.1241	0.1259	0.1273	0.1295	0.1320
5.4	0.0878	0.0943	0.0996	0.1039	0.1075	0.1105	0.1152	0.1186	0.1211	0.1229	0.1243	0.1265	0.1292
5.6	0.0852	0.0916	0.0968	0.1010	0.1046	0.1076	0.1122	0.1156	0.1181	0.1200	0.1215	0.1238	0.1266
5.8	0.0828	0.0890	0.0941	0.0983	0.1018	0.1047	0.1094	0.1128	0.1153	0.1172	0.1187	0.1211	0.1240
6.0	0.0805	0.0866	0.0916	0.0957	0.0991	0.1021	0.1067	0.1101	0.1126	0.1146	0.1161	0.1185	0.1216
6.2	0.0783	0.0842	0.0891	0.0932	0.0966	0.0995	0.1041	0.1075	0.1101	0.1120	0.1136	0.1161	0.1193
6.4	0.0762	0.0820	0.0869	0.0909	0.0942	0.0971	0.1016	0.1050	0.1076	0.1096	0.1111	0.1137	0.1171
6.6	0.0742	0.0799	0.0847	0.0886	0.0919	0.0948	0.0993	0.1027	0.1053	0.1073	0.1088	0.1114	0.1149
6.8	0.0723	0.0779	0.0826	0.0865	0.0898	0.0926	0.0970	0.1004	0.1030	0.1050	0.1066	0.1092	0.1129
7.0	0.0705	0.0761	0.0806	0.0844	0.0877	0.0904	0.0949	0.0982	0.1008	0.1028	0.1044	0.1071	0.1109
7.2	0.0688	0.0742	0.0787	0.0825	0.0857	0.0884	0.0928	0.0962	0.0987	0.1008	0.1023	0.1051	0.1090
7.4	0.0672	0.0775	0.0769	0.0806	0.0838	0.0865	0.0908	0.0942	0.0967	0.0988	0.1004	0.1031	0.1071
7.6	0.0656	0.0709	0.0752	0.0789	0.0820	0.0846	0.0889	0.0922	0.0948	0.0968	0.0984	0.1012	0.1054
7.8	0.0642	0.0693	0.0736	0.0771	0.0802	0.0828	0.0871	0.0904	0.0929	0.0950	0.0966	0.0994	0.1036
8.0	0.0627	0.0678	0.0720	0.0755	0.0785	0.0811	0.0853	0.0886	0.0912	0.0932	0.0948	0.0976	0.1020
8.2	0.0614	0.0663	0.0705	0.0739	0.0769	0.0795	0.0837	0.0869	0.0894	0.0914	0.0931	0.0959	0.1004
8.4	0.0601	0.0649	0.0690	0.0724	0.0754	0.0779	0.0820	0.0852	0.0878	0.0893	0.0914	0.0943	0.0938
8.6	0.0588	0.0636	0.0676	0.071	0.0739	0.0764	0.0805	0.0836	0.0862	0.0882	0.0898	0.0927	0.0973
8.8	0.0576	0.0623	0.0663	0.0696	0.0724	0.0749	0.0790	0.0821	0.0846	0.0866	0.0882	0.0912	0.0959

续表

z/b \ l/b	1.0	1.2	1.4	1.6	1.8	2.0	2.4	2.8	3.2	3.6	4.0	5.0	10.0
9.2	0.0554	0.0599	0.0637	0.067	0.0697	0.0721	0.0761	0.0792	0.0817	0.0837	0.0853	0.0882	0.0931
9.6	0.0533	0.0577	0.0614	0.0645	0.0672	0.0696	0.0734	0.0765	0.0789	0.0809	0.0825	0.0855	0.0905
10.0	0.0514	0.0556	0.0592	0.0622	0.0649	0.0672	0.0710	0.0739	0.0763	0.0783	0.0799	0.0829	0.0880
10.4	0.0496	0.0537	0.0572	0.0601	0.0627	0.0649	0.0686	0.0716	0.0739	0.0759	0.0775	0.0804	0.0857
10.8	0.0479	0.0519	0.553	0.0581	0.0606	0.0628	0.0664	0.0693	0.0717	0.0736	0.0751	0.0781	0.0834
11.2	0.0463	0.0502	0.535	0.0563	0.0587	0.0609	0.0644	0.0672	0.0695	0.0714	0.0730	0.0759	0.0813
11.6	0.0448	0.0486	0.518	0.0545	0.0569	0.0590	0.0625	0.0652	0.0675	0.0694	0.0709	0.0738	0.0793
12.0	0.0435	0.0471	0.0502	0.0529	0.0552	0.0573	0.0606	0.0634	0.0656	0.0674	0.0690	0.0719	0.0774
12.8	0.0409	0.0444	0.0474	0.0499	0.0521	0.0541	0.0573	0.0599	0.0621	0.0639	0.0654	0.0682	0.0739
13.6	0.0387	0.0420	0.0448	0.0472	0.0493	0.0512	0.0543	0.0568	0.0589	0.0607	0.0621	0.0649	0.0707
14.4	0.0367	0.0398	0.0425	0.0448	0.0468	0.0486	0.0516	0.0540	0.0561	0.0577	0.0592	0.0619	0.0677
15.2	0.0349	0.0379	0.0404	0.0426	0.0445	0.0463	0.0492	0.0515	0.0535	0.0551	0.0565	0.0592	0.0650
16.0	0.0332	0.0361	0.0385	0.0407	0.0425	0.0442	0.0469	0.0492	0.0511	0.0527	0.0540	0.0567	0.0625
18.0	0.0297	0.0323	0.0345	0.0364	0.0381	0.0396	0.0422	0.0442	0.0460	0.0475	0.0487	0.0512	0.0570
20.0	0.0269	0.0292	0.0312	0.0330	0.0345	0.0359	0.0383	0.0402	0.0418	0.0432	0.0444	0.0468	0.0524

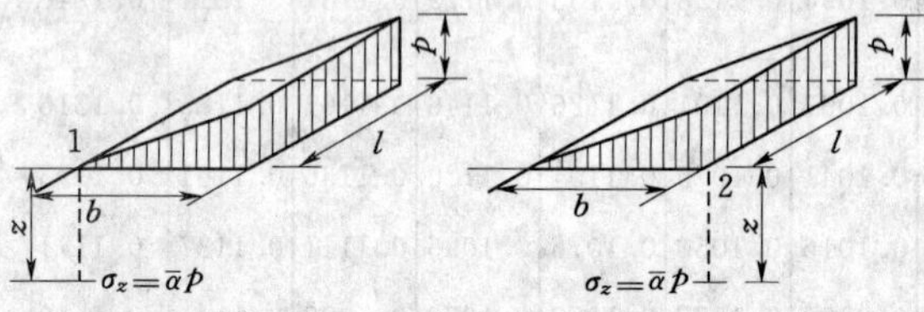

表 4-4　矩形面积上三角形分布荷载作用下角点的平均附加应力系数$\overline{\alpha}$

z/b \ l/b	0.2		0.4		0.6		0.8		1.0	
	1	2	1	2	1	2	1	2	1	2
0.0	0.0000	0.2500	0.0000	0.2500	0.0000	0.2500	0.0000	0.2500	0.0000	0.2500
0.2	0.0112	0.2161	0.0140	0.2308	0.0148	0.2333	0.0151	0.2339	0.0152	0.2341
0.4	0.0179	0.1810	0.0245	0.2084	0.0270	0.2153	0.0280	0.2175	0.0285	0.2184
0.6	0.0207	0.1505	0.0308	0.1851	0.0355	0.1966	0.0376	0.2011	0.0388	0.2030
0.8	0.0217	0.1277	0.0340	0.1640	0.0405	0.1787	0.0440	0.1852	0.0459	0.1883
1.0	0.0217	0.1104	0.0351	0.1461	0.0430	0.1624	0.0476	0.1704	0.0502	0.1746
1.2	0.0212	0.0970	0.0351	0.1312	0.0439	0.1480	0.0492	0.1571	0.0525	0.1621
1.4	0.0204	0.0865	0.0344	0.1187	0.0436	0.1356	0.0495	0.1451	0.0534	0.0507
1.6	0.0195	0.0779	0.0333	0.1082	0.0427	0.1247	0.0490	0.1345	0.0533	0.1405
1.8	0.0186	0.0709	0.0321	0.0993	0.0415	0.1153	0.0480	0.1252	0.0525	0.1313

续表

l/b z/b	0.2		0.4		0.6		0.8		1.0	
	1	2	1	2	1	2	1	2	1	2
2.0	0.0178	0.0650	0.0308	0.0917	0.0401	0.1071	0.0467	0.1169	0.0513	0.1232
2.5	0.0157	0.0538	0.0276	0.0769	0.0365	0.0908	0.0429	0.1000	0.0478	0.1063
3.0	0.0140	0.0458	0.0248	0.0661	0.0330	0.0786	0.0392	0.0871	0.0439	0.0931
5.0	0.0097	0.0289	0.0175	0.0424	0.0236	0.0476	0.0285	0.0576	0.0324	0.0624
7.0	0.0073	0.0211	0.0133	0.0311	0.0180	0.0352	0.0219	0.0427	0.0251	0.0465
10.0	0.0053	0.0150	0.0097	0.0222	0.0133	0.0253	0.0162	0.0308	0.0186	0.0336

l/b z/b	1.2		1.4		1.6		1.8		2.0	
	1	2	1	2	1	2	1	2	1	2
0.0	0.0000	0.2500	0.0000	0.2500	0.0000	0.2500	0.0000	0.2500	0.0000	0.2500
0.2	0.0153	0.2342	0.0153	0.2343	0.0153	0.2343	0.0153	0.2343	0.0153	0.2343
0.4	0.0288	0.2187	0.0289	0.2189	0.0290	0.2190	0.0290	0.2190	0.0290	0.2191
0.6	0.0394	0.2039	0.0397	0.2043	0.0399	0.2046	0.0400	0.2047	0.0401	0.2048
0.8	0.0470	0.1899	0.0476	0.1907	0.0480	0.1912	0.0482	0.1915	0.0483	0.1917
1.0	0.0518	0.1769	0.0528	0.1781	0.0534	0.1789	0.0538	0.1794	0.0540	0.1797
1.2	0.0546	0.1649	0.0560	0.1666	0.0568	0.1678	0.0574	0.1684	0.0577	0.1689
1.4	0.0559	0.1541	0.0575	0.1562	0.0586	0.1576	0.0594	0.1585	0.0599	0.1591
1.6	0.0561	0.1443	0.0580	0.1467	0.0594	0.1484	0.0603	0.1494	0.0609	0.1502
1.8	0.0556	0.1354	0.0578	0.1381	0.0593	0.1400	0.0604	0.1413	0.0611	0.1422
2.0	0.0547	0.1274	0.0570	0.1303	0.0587	0.1324	0.0599	0.1338	0.0608	0.1348
2.5	0.0513	0.1107	0.0540	0.1139	0.0560	0.1163	0.0575	0.1180	0.0586	0.1193
3.0	0.0476	0.0976	0.0503	0.1008	0.0525	0.1033	0.0541	0.1052	0.0554	0.1067
5.0	0.0356	0.0661	0.0382	0.0690	0.0403	0.0714	0.0421	0.0734	0.0435	0.0749
7.0	0.0277	0.0496	0.0299	0.0520	0.0318	0.0541	0.0333	0.0558	0.0347	0.0572
10.0	0.0207	0.0359	0.0224	0.0379	0.0239	0.0395	0.0252	0.0409	0.0263	0.0403

l/b z/b	3.0		4.0		6.0		8.0		10.0	
	1	2	1	2	1	2	1	2	1	2
0.0	0.0000	0.2500	0.0000	0.2500	0.0000	0.2500	0.0000	0.2500	0.0000	0.2500
0.2	0.0153	0.2343	0.0153	0.2343	0.0153	0.2343	0.0153	0.2343	0.0153	0.2343
0.4	0.0290	0.2192	0.0291	0.2192	0.0291	0.2192	0.0291	0.2192	0.0291	0.2192
0.6	0.0402	0.2050	0.0402	0.2050	0.0402	0.2050	0.0402	0.2050	0.0402	0.2050
0.8	0.0486	0.1920	0.0487	0.1920	0.0487	0.1921	0.0487	0.1921	0.0487	0.1921
1.0	0.0545	0.1803	0.0546	0.1803	0.0546	0.1804	0.0546	0.1804	0.0546	0.1804
1.2	0.0584	0.1697	0.0586	0.1699	0.0587	0.1700	0.0587	0.1700	0.0587	0.1700

续表

z/b \ l/b	3.0		4.0		6.0		8.0		10.0	
	1	2	1	2	1	2	1	2	1	2
1.4	0.0609	0.1603	0.0612	0.1605	0.0613	0.1606	0.0613	0.1606	0.0613	0.1606
1.6	0.0623	0.1517	0.0626	0.1521	0.0628	0.1523	0.0628	0.1523	0.0628	0.1523
1.8	0.0628	0.1441	0.0633	0.1445	0.0635	0.1447	0.0635	0.1448	0.0635	0.1448
2.0	0.0629	0.1371	0.0634	0.1377	0.0637	0.1380	0.0638	0.1380	0.0638	0.1380
2.5	0.0614	0.1223	0.0623	0.1233	0.0627	0.1237	0.0628	0.1238	0.0628	0.1239
3.0	0.0589	0.1104	0.0600	0.1116	0.0607	0.1123	0.0609	0.1124	0.0609	0.1125
5.0	0.0480	0.0797	0.0500	0.0817	0.0515	0.0833	0.0519	0.0837	0.0521	0.0839
7.0	0.0391	0.0619	0.0414	0.0642	0.0435	0.0663	0.0442	0.0671	0.0445	0.0674
10.0	0.0302	0.0462	0.0325	0.0485	0.0340	0.0509	0.0359	0.0520	0.0364	0.0526

【例 4-1】 已知某厂房柱下单独方形基础底面尺寸为 4m×4m，埋深 $d=1.2\text{m}$，地基为粉质黏土，地下水位距天然地面 3.6m。上部荷重传至基础顶面 $F=1550\text{kN}$，土的天然重度 $\gamma=16.5\text{kN/m}^3$，饱和重度 $\gamma_{sat}=18.5\text{kN/m}^3$，其他有关计算资料如图 4-11 所示。试分别用分层总和法单向压缩公式和分层总和法规范修正公式计算基础最终沉降（已知 $f_k=94\text{kPa}$）。

解

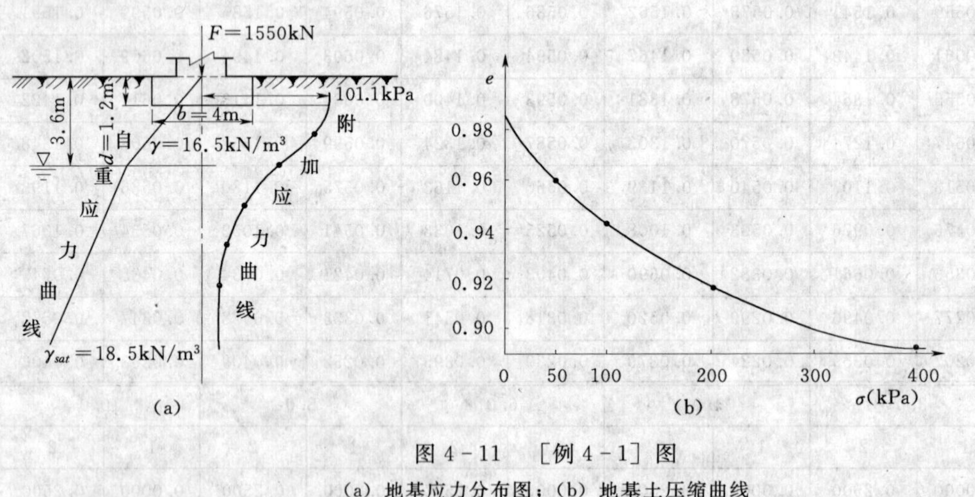

图 4-11　[例 4-1] 图

(a) 地基应力分布图；(b) 地基土压缩曲线

1. 分层总和法单向压缩公式计算

(1) 计算分层厚度。每层厚度 $h_i<0.4b=1.6\text{m}$。所以地下水位以上分 2 层，各 1.2m，地下水位以下按 1.6m 分层。

(2) 计算地基土的自重应力。自重应力从天然地面起算，z 的取值从基底面起算。

$z=0$　　$\sigma_{c0}=16.5\times1.2=19.8(\text{kPa})$

$z=1.2\text{m}$　　$\sigma_{c1}=19.8+16.5\times1.2=39.6(\text{kPa})$

$z=2.4\text{m}$　　$\sigma_{c2}=39.6+16.5\times1.2=59.4(\text{kPa})$

$z=4.0\text{m}$ $\sigma_{c3}=59.4+(18.5-10)\times1.6=73.0(\text{kPa})$

$z=5.6\text{m}$ $\sigma_{c4}=73.0+(18.5-10)\times1.6=86.6(\text{kPa})$

$z=7.2\text{m}$ $\sigma_{c5}=86.6+(18.5-10)\times1.6=100.2(\text{kPa})$

(3) 计算基底压力。

$$G=\gamma_G Ad=20\times4\times4\times1.2=384(\text{kN})$$

$$p=\frac{F+G}{A}=\frac{1550+384}{4\times4}=120.9(\text{kPa})$$

(4) 计算基底附加压力。

$$p_0=p-\gamma d=120.9-16.5\times1.2=101.1(\text{kPa})$$

(5) 计算基础中点下地基中附加应力。用角点法计算，过基底中点将荷载面四等分，计算边长 $l=b=2\text{m}$，$\sigma_z=4\alpha_c p_0$，a_c 由表 3-2 确定，计算结果见表 4-5。

表 4-5　[例 4-1] 表 1

z (m)	z/b	α_c	σ_z (kPa)	σ_c (kPa)	σ_z/σ_c	z_n (m)
0	0	0.2500	101.1	19.8		
1.2	0.6	0.2229	90.1	39.6		
2.4	1.2	0.1516	61.3	59.4		
4.0	2.0	0.0840	34.0	73.0		
5.6	2.8	0.0502	20.3	86.6	0.23	
7.2	3.6	0.0326	13.2	100.2	0.13	7.2

(6) 确定沉降计算深度 z_n。根据 $\sigma_z=0.2\sigma_c$ 的确定原则，由表 4-5 计算结果，可取 $z_n=7.2\text{m}$。

(7) 最终沉降计算。由图 4-11 (b) 所示曲线，根据 $s_i=\left(\frac{e_{1i}-e_{2i}}{1+e_{1i}}\right)h_i$，计算各分层沉降量，计算结果见表 4-6。

表 4-6　[例 4-1] 表 2

z (m)	σ_c (kPa)	σ_z (kPa)	h (mm)	p_1 (kPa)	Δp (kPa)	$p_2=p_1+\Delta p$ (kPa)	e_1	e_2	$\frac{e_{1i}-e_{2i}}{1+e_{1i}}$	s_i (mm)
0	19.8	101.1								
			1200	29.7	95.6	125.3	0.968	0.938	0.0152	18.3
1.2	39.6	90.1								
			1200	49.5	75.7	125.2	0.960	0.937	0.0117	14.1
2.4	59.4	61.3								
			1600	66.2	47.6	113.8	0.956	0.940	0.0082	13.1
4.0	73.0	34.0								
			1600	79.8	27.1	106.9	0.951	0.942	0.0046	7.4
5.6	86.6	20.3								
			1600	93.4	16.7	110.1	0.949	0.941	0.0041	6.6
7.2	100.2	13.2								
										$\Sigma s_i=59.5$

按分层总和法求得的基础最终沉降量为 $s=59.5\text{mm}$。

2. 分层总和法规范修正公式计算

(1) σ_c、σ_z 分布及 p_0 值计算见分层总和法步骤 (1) ～ (4)。

(2) 计算 E_s。根据已知条件，由 $E_{si}=\dfrac{1+e_{1i}}{e_{1i}-e_{2i}}(p_{2i}-p_{1i})$ 确定各分层 E_{si}，其中 $p_{2i}=\bar{\sigma}_{ci}+\bar{\sigma}_{zi}$，$p_{1i}=\bar{\sigma}_{ci}$。计算结果见表 4-7。

(3) 计算 $\bar{\alpha}$。根据角点法，过基底中点将荷载面四等分，各计算区域边长 $l_i=b_i=2\text{m}$，由表 4-3 确定 $\bar{\alpha}$。计算结果见表 4-7。

(4) 确定沉降计算深度 z_n。根据基底宽度由式 (4-22) 计算得

$$z_n=b(2.5-0.4\ln b)=4\times(2.5-0.4\ln 4)=7.8(\text{m})$$

(5) 计算各分层沉降量 $\Delta s_i'$。由 $\Delta s_i'=\dfrac{p_0}{E_{si}}[(4\bar{\alpha})z_i-(4\bar{\alpha}_{i-1})z_{i-1}]=4\dfrac{p_0}{E_{si}}(\bar{\alpha}z_i-\bar{\alpha}_{i-1}z_{i-1})$ 和前述 E_{si}、$\bar{\alpha}_i$ 的计算结果，求得各分层沉降量。计算结果见表 4-7。

表 4-7　　[例 4-1] 表 3

z (m)	l/b	z/b	$\bar{\alpha}$	$\bar{\alpha}z$ (m)	$\bar{\alpha}_iz_i-\bar{\alpha}_{i-1}z_{i-1}$ (m)	E_{si} (kPa)	$\Delta s'$ (mm)	s' (mm)
0		0	0.2500	0				
	2/2=1				0.2908	6856	17.2	
1.2		0.6	0.2423	0.2908				
					0.2250	7053	12.9	
2.4		1.2	0.2149	0.5158				
					0.1826	5664	13.0	
4.0		2.0	0.1746	0.6984				
					0.1041	6429	6.5	
5.6		2.8	0.1433	0.8025				
					0.0651	4458	5.9	55.5
7.2		3.6	01205	0.8676				
					0.0185	8746	0.9	56.4
7.8		3.9	0.1136	0.8861				

(6) 确定计算沉降量 s'。由 $s'=\sum\limits_{i=1}^{n}\Delta s_i'$ 和各分层沉降量计算结果求得 $s'=56.4\text{mm}$。由表 4-7 中结果可知：$\Delta z=0.6\text{m}$，相应的 $\Delta s_n'=0.9\text{mm}$，有

$$\frac{\Delta s_n'}{\sum\limits_{i=1}^{n}\Delta s_i'}=\frac{0.9}{56.4}=0.016<0.025$$

满足式 (4-21) 要求。

(7) 确定修正系数 ψ_s。根据 $\overline{E_s}=\dfrac{\sum\Delta A_i}{\sum\dfrac{\Delta A_i}{E_{si}}}$ 求得：$\overline{E_s}=6.4\text{MPa}$

由 $f_k=p_0$ 查表 4-2 得 $\psi_s=1.06$。

(8) 计算基础最终沉降。

$$s=\psi_s s'=1.06\times56.4=59.8(\text{mm})$$

所以，由分层总和法规范修正公式计算得该基础最终沉降量 $s=59.8$ (mm)。

4.2.3 应力历史法计算地基沉降

1. 应力历史对压缩性的影响

土的压缩试验成果证明土的再压缩曲线比初始压缩曲线要平缓得多，这表明试样经历的应力历史对压缩性有显著影响。土的应力历史是通过先期固结压力来描述的，即天然土层在历史上受过的最大固结压力。根据应力历史可将土（层）分为正常固结土（层）、超固结土（层）和欠固结土（层）：正常固结土（N.C.）在历史上所经受的先期固结压力等于现有上覆土重；超固结土（O.C.）在历史上曾经受过大于现有覆盖土重的先期固结压力；而欠固结土（U.C.）是现有覆盖土重大于先期固结压力。

定义先期固结压力与现有覆盖土重的比值为超固结比 OCR（Over Consolidation Ratio），有

$$\mathrm{OCR}=\frac{p_c}{p_1} \tag{4-24}$$

式中：p_c 为先期固结压力；p_1 为现有覆盖土重。

正常固结土（层）、超固结土（层）和欠固结土（层）的超固结比分别为：OCR＝1、OCR＞1、和 OCR＜1，其 OCR 值越大就表明超固结作用越大。实际应用时，考虑到取土、制样、仪器等对试验结果的影响，可将 OCR＝1.0～1.2 的土视为正常固结土。

图 4-12 为三类土层的示意，A 类土层为正常固结土（层），即覆盖土层在沉积过程中已在自重作用下达到固结稳定，先期固结压力 p_c 等于现有覆盖土自重应力 $p_1=\gamma h$［图 4-12（a）］。B 类土层为超固结土（层），即在历史上覆盖土层的沉积厚度达图 4-12（b）中虚线位置，且在自重作用下达到固结稳定，后由于各种原因，如水流冲刷、冰川剥蚀、人工开挖等，形成现在的沉积层地表，先期固结压力 $p_c=\gamma h_c$ 大于现有土自重应力 $p_1=\gamma h$。C 类土层为欠固结土（层），即在沉积过程中土体没有在自重作用下达到固结稳定［图 4-12（c）中虚线位置］，$p_c=\gamma h_c$ 小于现有土自重应力 $p_1=\gamma h$。

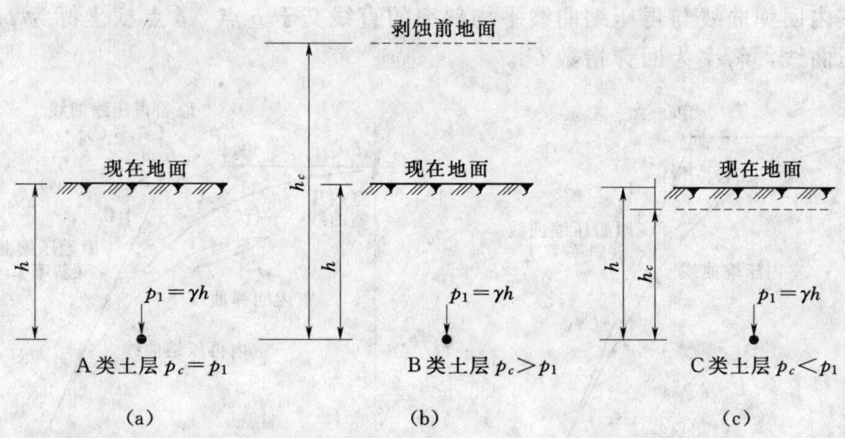

图 4-12 沉积土层按先期固结压力分类
(a) 正常固结土；(b) 超固结土；(c) 欠固结土

在沉积土应力历史研究中，先期固结压力的确定是至关重要的，常用的方法是通过室内高压固结试验获得如图 4-13 所示的 $e-\lg p$ 曲线，然后根据 A. 卡萨格兰德（Cassagrande，1936）建议的经验作图方法确定：

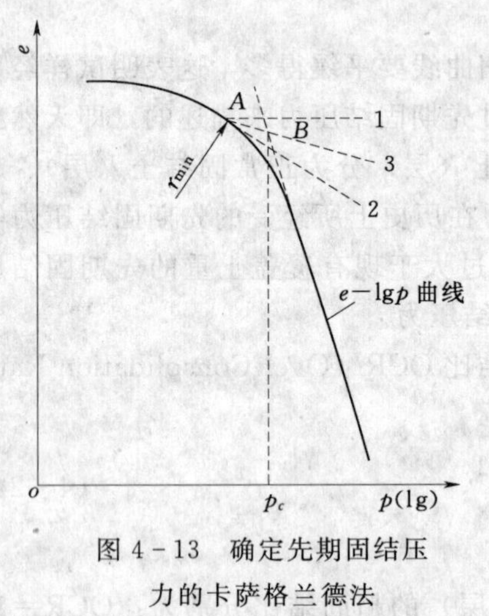

图 4－13　确定先期固结压力的卡萨格兰德法

1）从 $e-\lg p$ 曲线上找出曲率半径最小的一点 A，过 A 点做水平线 $A1$ 和切线 $A2$。

2）作∠$1A2$ 的平分线 $A3$，与 $e-\lg p$ 曲线中直线段的延长线相交于 B 点。

3）B 点所对应的有效应力即为先期固结压力 p_c。

应注意的是，采用这种方法确定 p_c 对取土质量和试验的准确性以及 $e-\lg p$ 曲线的绘图比例等都有较高要求，否则可能很难找到 A 点。

另外，先期固结压力的确定还应结合场地条件、地貌形成历史等加以综合判断。

2. 原位压缩曲线和原位再压缩曲线

上述压缩曲线都是从室内侧限压缩试验获得，由于取样中的扰动和土样取至地面后应力释放等因素影响，不能完全代表原位压缩曲线，亦称现场原始压缩曲线。

原位压缩曲线可通过修正室内高压固结试验的 $e-\lg p$ 曲线得出。

对于正常固结土，修正步骤如下（图 4－14）：假定取样过程中试样不发生体积变化，试样的初始孔隙比 e_0 就是原位孔隙比，则根据 e_0 和 p_c 值，在 $e-\lg p$ 坐标中定出 b 点，此即现场压缩的起点，然后从纵坐标 $0.42e_0$（试验证明这是不受扰动影响的点）处作一水平线交室内压缩曲线于 c 点，直线 bc 即为原位压缩曲线。

对于超固结土，修正步骤如下（图 4－15）：

1）以纵、横坐标分别为初始孔隙比 e_0 和现场自重压力 p_1 作 b_1 点；然后过 b_1 点作一斜率等于室内回弹曲线与再压缩曲线平均斜率的直线交于 b 点（b 点横坐标为 p_c），b_1b 即为原始再压曲线，斜率为回弹指数 C_e。

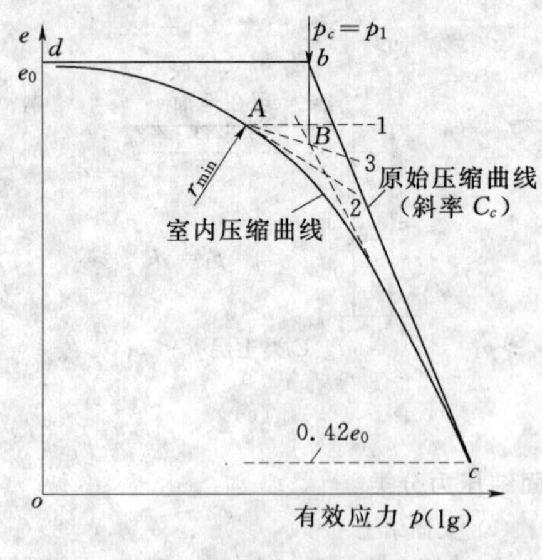

图 4－14　正常固结土的原位压缩曲线

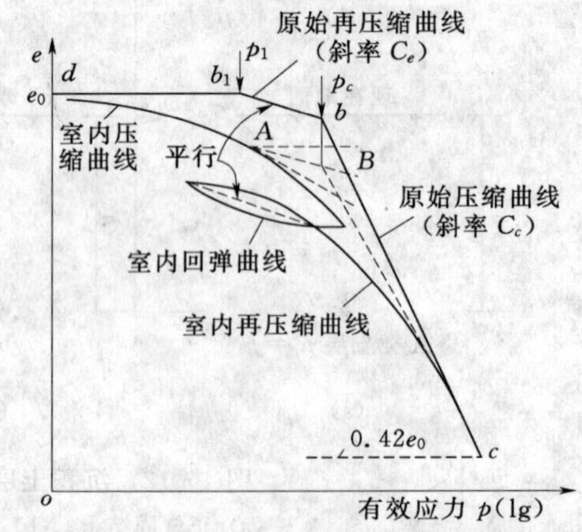

图 4－15　超固结土的原位压缩和再压缩曲线

2）从室内压缩曲线上找到 $e=0.42e_0$ 的点 c，连接 bc 直线，即为原始压缩曲线，斜

率为压缩指数 C_c。

对于欠固结土，可近似按正常固结土的方法求得原始压缩曲线。

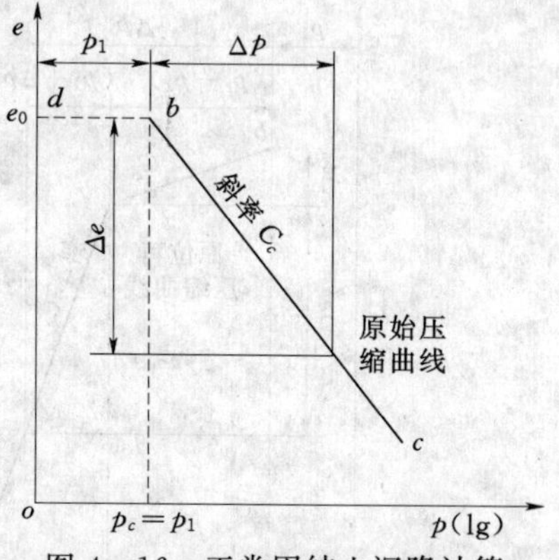

图 4-16 正常固结土沉降计算

3. 基础最终沉降计算

考虑应力历史的沉降计算方法仍然是采用分层总和法的侧限条件单向压缩公式，所不同的是压缩性指标应从由 $e-\lg p$ 曲线推求的原位压缩曲线获得。

(1) 正常固结土（层）。根据原位压缩曲线确定压缩指数 C_c，按下述公式计算固结沉降（图 4-16）

$$s_c=\sum_{i=1}^{n}\varepsilon_i H_i \tag{4-25a}$$

由
$$\varepsilon_i=\frac{\Delta e_i}{1+e_{0i}}=\frac{1}{1+e_{0i}}C_{ci}\lg\frac{p_{1i}+\Delta p_i}{p_{1i}}$$

得
$$s_c=\sum_{i=1}^{n}\frac{H_i}{1+e_{0i}}C_{ci}\lg\frac{p_{1i}+\Delta p_i}{p_{1i}} \tag{4-25b}$$

式中：ε_i 为第 i 分层的压缩应变；H_i 为第 i 分层厚度；Δe_i 为从原位压缩曲线确定的第 i 层的孔隙比变化；e_{0i} 为第 i 层土的初始孔隙比；p_{1i} 和 Δp_i 分别为第 i 层土的自重应力均值和附加应力均值。

(2) 超固结土（层）。根据原位压缩曲线和再压缩曲线分别确定土的压缩指数 C_c 和回弹指数 C_e（图4-17）。计算中注意区分两种情况：一是各分层平均固结压力 $\Delta p>p_c-p_1$；二是 $\Delta p<p_c-p_1$。

如果 $\Delta p>p_c-p_1$，则第 i 分层在 Δp_i 作用下，孔隙比将先沿原位再压缩曲线 b_1b 段减少 $\Delta e'$，然后沿原位压缩曲线 bc 段减少 $\Delta e''$，即相应于 Δp 的孔隙比变化 Δe 应等于这两部分之和［图 4-17 (a)］，即

$$\Delta e'=C_e\lg(p_c/p_1)$$
$$\Delta e''=C_c\lg[(p_1+\Delta p)/p_1]$$
$$\Delta e=\Delta e'+\Delta e''=C_e\lg(p_c/p_1)+C_c\lg[(p_1+\Delta p)/p_1] \tag{4-26a}$$

由此得各分层总和的固结沉降量为

$$s_c=\sum_{i=1}^{n}\frac{H_i}{1+e_{0i}}\{C_{ei}\lg(p_{ci}/p_{1i})+C_{ci}\lg[(p_{1i}+\Delta p_i)/p_{ci}]\} \tag{4-26b}$$

式中：n 为压缩土层中固结压力 $\Delta p>p_c-p_1$ 的分层数；C_{ei}、C_{ci} 为第 i 层土的回弹指数和压缩指数；p_{ci} 为第 i 层土的先期固结压力。

如果 $\Delta p<p_c-p_1$，分层土的孔隙比变化 Δe 只沿再压缩曲线 b_1b 发生［图 4-17 (b)］，即

$$\Delta e=C_e\lg[(p_1+\Delta p)/p_1] \tag{4-27a}$$

由此得各分层固结沉降量为

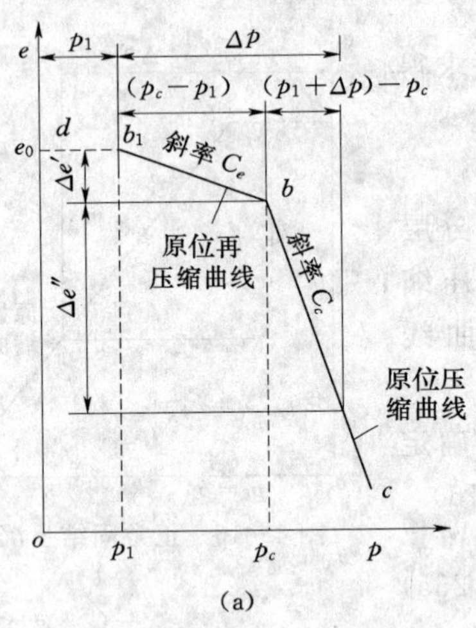

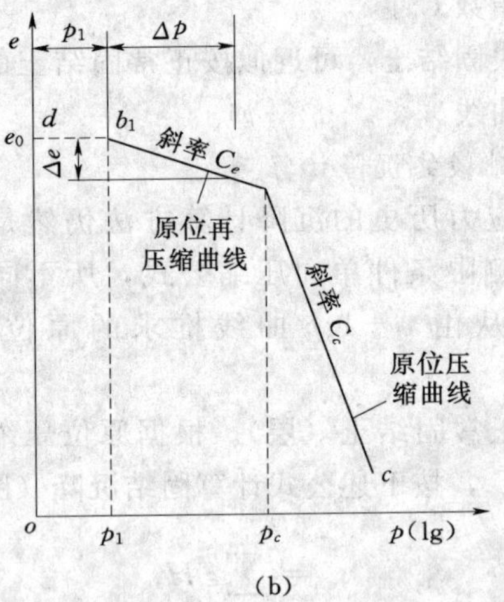

图 4-17　超固结土沉降计算

(a) $\Delta p > p_c - p_1$ 情况；(b) $\Delta p < p_c - p_1$ 情况

$$s_c = \sum_{i=1}^{m} \frac{H_i}{1+e_{0i}} C_{ei} \lg[(p_{1i} + \Delta p_i)/p_{1i}] \tag{4-27b}$$

式中：m 为压缩土层中 $\Delta p \leqslant p_c - p_1$ 的分层数；其余符号同前。

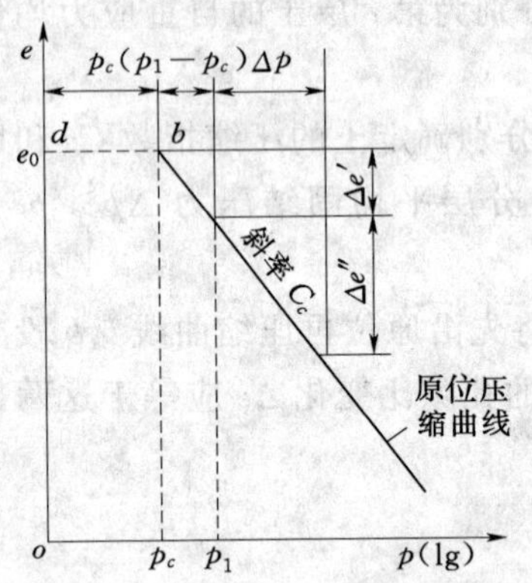

图 4-18　欠固结土的沉降计算

(3) 欠固结土（层）。欠固结土沉降必须考虑自重应力作用下固结还没有达到稳定的那一部分沉降。孔隙比变化可近似按正常固结土方法求得的原位压缩曲线确定（图 4-18），固结沉降除了附加应力引起的沉降外，还包含自重应力作用下土层继续固结引起的沉降，即

$$s_c = \sum_{i=1}^{n} \frac{H_i}{1+e_{0i}} [C_{ci} \lg(p_{1i} + \Delta p_i)/p_{ci}] \tag{4-28}$$

式中：p_{ci} 表示第 i 层土的实际有效压力，小于土的自重应力 p_{1i}。

4.2.4　沉降计算方法讨论

1. 分层总和法

1）该方法主要特点是方便实用，但在计算中假定地基土无侧向变形，这只有当基础面积较大，可压缩土层较薄时才比较符合，而在一般情况下，由于这一假定使计算结果偏小。另一方面，计算中采用的基础中心点下土的附加应力一般大于基础底面其他点下的附加应力，因而把基础中心点的沉降作为整个基础的平均沉降时可能又会使计算结果偏大。这两个相反的因素在一定程度上可能相互抵消一部分，但其精确误差目前还难以估计。再加上许多其他因素造成的误差，如室内侧限压缩试验成果对地基土实际性状描述的准确性、土层非均匀性对附加应力的影响、上部结构对基础沉降的调整作用等，都会使分层总和法的计算结果与实际沉降有一定的差异。规范修正公式中引入的经验系数 ψ_s 可以对各种因素造成的沉降计算误差进行适当修正，以使计算结果更接近实际值。

2）对于欠固结土（层），若地基土在其自重作用下尚未达到压缩稳定，则附加应力计

算中还应包括土体自重应力，此时分层总和法中应考虑土体在自重作用下的压缩量。

3）有相邻荷载作用时，应将相邻荷载在沉降计算点各深度处引起的应力叠加到附加应力中去。

4）当建筑物地下室基础埋置较深时，应考虑开挖基坑时地基土的回弹，若采用规范经验修正公式时，该部分回弹变形量可按下式计算

$$s_c = \psi_s \sum_{i=1}^{n} \frac{p_c}{E_{ci}}(z_i\bar{a}_i - z_{i-1}\bar{a}_{i-1}) \tag{4-29}$$

式中：s_c 为考虑回弹再压缩影响的地基变形量；ψ_c 为考虑回弹影响的沉降计算经验系数，规范建议可取 1.0；p_c 为基坑底面以上土的自重压力，kPa，地下水位以下应扣除浮力；E_{ci} 为土的回弹模量。

2. 应力历史法

应力历史法虽然也采用分层总和的侧限条件单向压缩公式，但土的压缩性指标是按由 $e-\lg p$ 曲线推求的原位压缩曲线确定，能考虑应力历史的影响，因而优于 $e-p$ 曲线计算方法，但压缩试验需在高压固结仪上完成。

3. 黏性土沉降的三个组成部分

根据对黏性土地基在局部荷载作用下的实际变形特征的观察和分析，黏性土地基的最终沉降 s 可以认为是由机理不同的三部分沉降组成（图 4-19），即

$$s = s_d + s_c + s_s \tag{4-30}$$

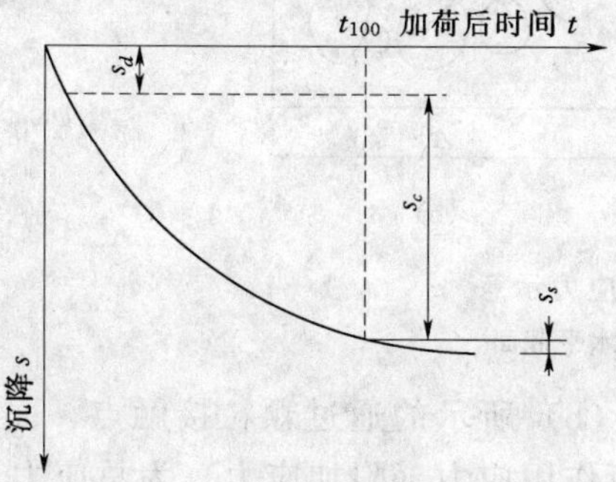

式中：s_d 为瞬时沉降（亦称初始沉降）；s_c 为固结沉降（亦称主固结沉降）；s_s 为次固结沉降（亦称蠕变沉降）。

图 4-19 黏性土沉降的三个组成部分

瞬时沉降是指加载后瞬时地基发生的沉降，此时地基土在荷载作用下只发生剪切变形，其体积还来不及发生变化。固结沉降是指饱和与接近饱和的黏性土在荷载作用下，随着孔隙水压力的消散，土骨架产生变形所造成的沉降。前述应力历史法所求得的沉降就属于固结沉降，对于一般黏性土，该部分沉降占有很大比例且需一定时间才能完成。次固结沉降是指在有效应力不变的情况下，土的骨架随时间发生的蠕动变形。一般情况下，次固结沉降所占比例较小，但对于塑性高的软黏土，次固结沉降不应忽视。

有学者（A. W. Skempton& L. Bjerrum，1955）在黏性土层基础最终沉降计算中考虑地基变形发展过程的三个组成部分，采用分部计算和线性叠加的方法，具体计算可参见有关书籍。

4.3 地基变形与时间的关系

碎石土和砂土地基由于土的透水性强、压缩性低，因而在荷载下的变形一般在较短的

时间就能完成。而黏性土地基、特别是饱和黏性土地基，固结变形缓慢，可延续至施工完成后一个很长的时间。一般来说，土的压缩性越高，渗透性越小，达到沉降稳定所需要的时间越长。

因而，对于建造在饱和黏性土地基上的建筑物，设计时不仅需计算基础的最终沉降，有时还需知道地基变形与时间的关系，以合理安排施工程序及采取必要的建筑措施，消除后期变形可能带来的不利后果。

4.3.1　饱和土中的有效应力

1. 有效应力原理

土体中任意承受荷载的截面都可以被分作土颗粒截面和孔隙截面两部分，如图 4－20（a）所示。通过土粒接触点传递的粒间应力被称为土中有效应力，是控制土体变形和强度变化的土中应力，通过土中孔隙传递的应力被称为孔隙压力，包括孔隙水压力和孔隙气压力，当土体饱和时，就只有孔隙水压力，分静水压力和超静水压力。土中某点的有效应力与孔隙水压力之和为总应力。

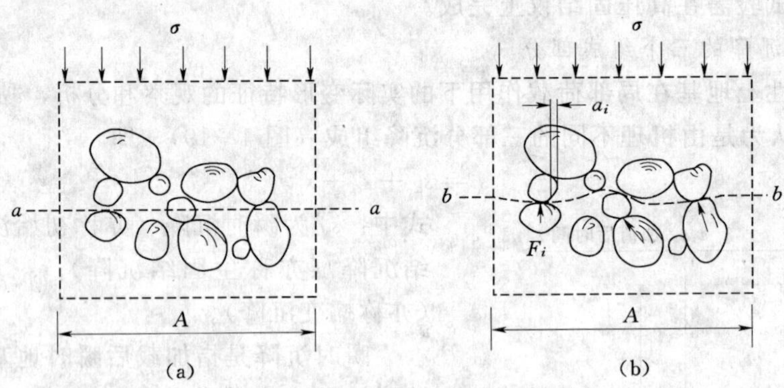

图 4－20　土中总应力与有效应力示意

（a）土中水平截面；（b）土中非水平截面

为研究饱和土体中的有效应力，可以取图 4－20（b）所示的通过颗粒接触点、面的非水平截面 $b—b$，假设图中横截面面积为 $A\times1$，外荷作用应力（附加应力）为总应力 σ，产生的超静水压力为 u，作用于颗粒接触面上的力为 F_i，相应的接触面积为 a_i，则各力的竖向分量之和等于横截面积上有效应力合力：$\sigma'\times A=\sum F_{iV}$，于是可列出横截面上力的平衡方程为

$$\sum F_{iV}+u\ (A-\sum a_i)\ =\sigma\times A$$

若忽略颗粒接触面积$\sum a_i$ ［$\sum a_i\leqslant$（2%～3%）A］，可得出

$$\sigma'+u=\sigma \tag{4-31}$$

上式即为饱和土的有效应力原理，表明饱和土中任意点的总应力 σ 总是等于有效应力与孔隙水压力之和，或有效应力 σ'总是等于总应力减去孔隙水压力。

2. 土中水渗流对有效应力的影响

图 4－21 表示原位地基中存在地下水、土中水形成向下渗流、土中水形成向上渗流时土体中 A、B、C 点 σ、u、σ'分布，结果显示渗流不影响土中总应力，但渗流时产生的渗流力将改变土中有效应力和孔隙水压力。土中水自上向下渗流时，渗流力与土自重应力方

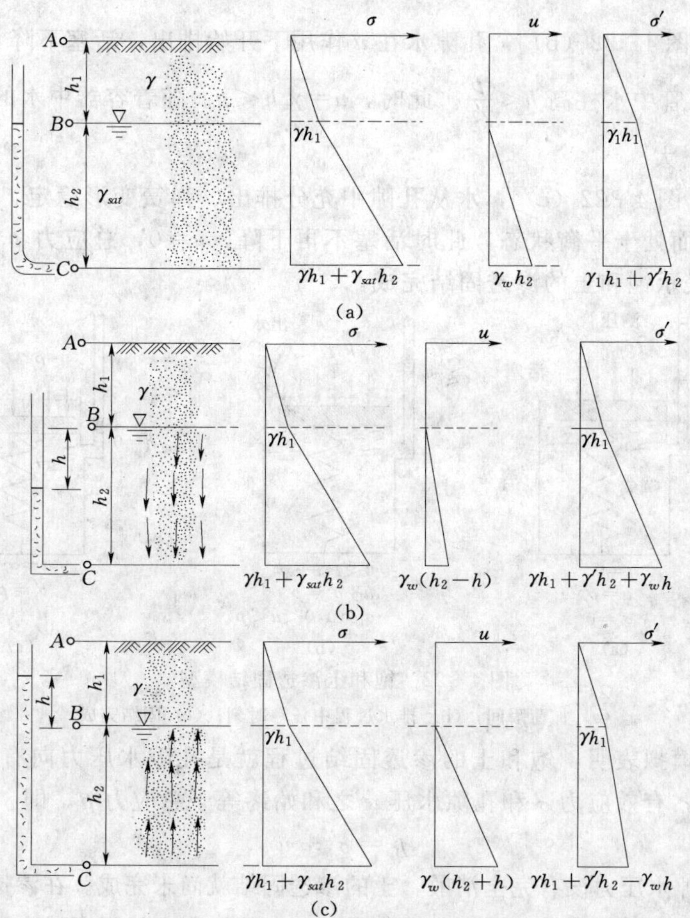

图 4-21 土中水渗流对有效应力的影响

(a) 静水条件下 σ、u、σ'分布；(b) 渗流向下时 σ、u、σ'分布；(c) 渗流向上时 σ、u、σ'分布

向一致，有效应力增加，孔隙水压力减小。土中水自下向上渗流时，土中有效应力减小，孔隙水压力增加。

3. 渗透固结对有效应力的影响

饱和土的压缩主要是由于土在外荷作用下孔隙水被排出、孔隙体积减小所致，而在同等荷载条件下，孔隙水排出速度主要是取决于土的渗透性和土层厚度，这种与自由水的渗透速度有关的饱和土固结过程被称为渗透固结。

图 4-22 为太沙基（1923）建立的模拟饱和土体中某点渗透固结过程的弹簧模型。模型的容器中盛满水，水面放置一个带有排水孔的活塞，下端用一弹簧支承。整个模型表示饱和土体，弹簧模拟土颗粒骨架，容器内的水模拟土中自由水。p 为总应力，u 为 p 的作用在土孔隙水中所引起的超孔隙水压力，σ为土骨架所传递的压力，即有效应力。

加荷瞬间 $t=0$ 时［图 4-22（a）］，容器中的水来不及排出，不考虑水的压缩性时弹簧此时不受力，全部压力由水所承担，测压管中水柱上升度高为 h，则 $u=\gamma_w h=$

p，$\sigma'=0$。

当 $t>0$ 时［图 4-22（b）］，孔隙水在 u 作用下开始排出，活塞下降，弹簧受到压缩，此时 $\sigma'>0$，测压管中水柱高 $h<\dfrac{p}{\gamma_w}$。此时，$u=\gamma_w h<p$。随着容器中水的不断排出，u 不断减小，σ'不断增大。

当 $t\to\infty$时［图 4-22（c）］，水从孔隙中充分排出、弹簧变形稳定，弹簧内的应力与所加压力 p 相等而处于平衡状态，此时活塞不再下降，$u=0$，总应力 p 全部由土骨架承担，即 $\sigma'=p$，表示饱和土的渗透固结完成。

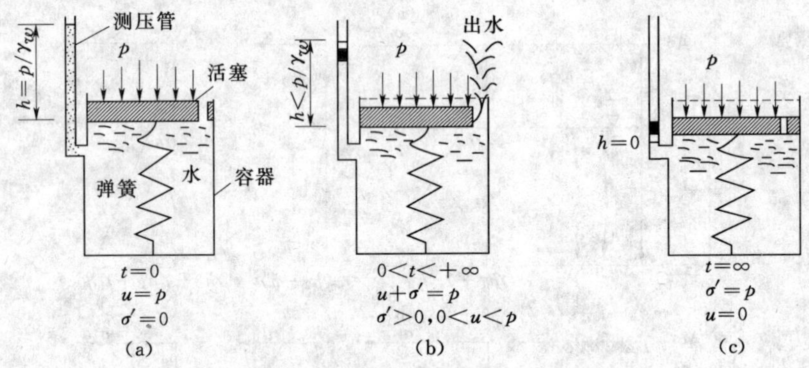

图 4-22 饱和土渗透固结模型

（a）加荷瞬间；（b）排水过程中任一时刻；（c）固结完成

上述模型的模拟表明，饱和土的渗透固结过程就是孔隙水压力向有效应力转化的过程，在任一时刻，有效应力 σ'和孔隙水压 u 之和始终等于总应力 p，即

$$p=\sigma'+u \tag{4-32}$$

只要土中孔隙水压力没有完全消散，土的渗透固结就尚未完成。在渗透固结过程中，伴随着孔隙水压力逐渐消散，有效应力在逐渐增长，土的体积也就逐渐减小，强度随之提高。

4.3.2 饱和土的一维固结理论

如图 4-23 所示，在可压缩层厚度为 H 的饱和土层上面施加无限均布竖向荷载 p，土中附加应力沿深度均匀分布，土层只在外荷作用方向产生渗流和变形，与土的室内侧限压缩试验情况类似，属于一维渗透固结情况。

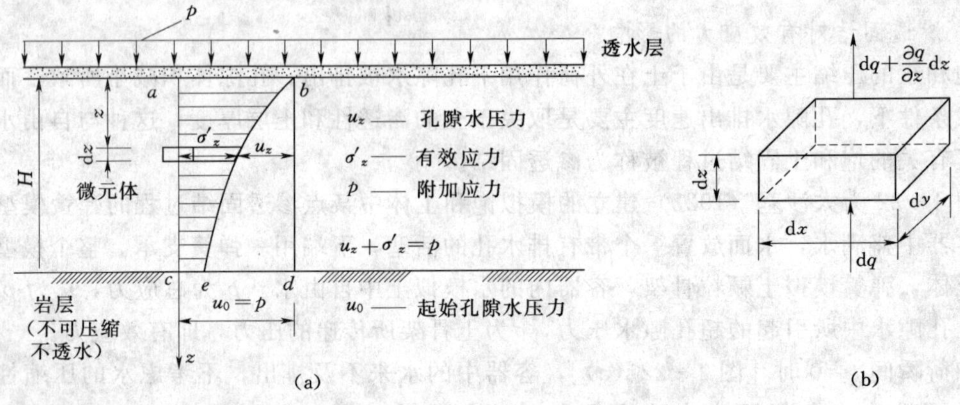

图 4-23 一维渗透固结过程

1. 基本假定

一维固结理论的基本假设为：

1）土层是均质的、各向同性的、完全饱和的。

2）土粒和孔隙水都是不可压缩的。

3）土中水的渗流和土的压缩只沿竖向发生。

4）土中水的渗流服从达西定律。

5）在渗透固结中，土的渗透系数 k 和压缩系数 α 保持不变。

6）外荷一次瞬时施加，固结过程中保持不变。

2. 微分方程及其解析解

从压缩土层中深度 z 处取 $\mathrm{d}x\mathrm{d}y\mathrm{d}z=1\times1\times dz$ 的微分体，[图 4-23（b）]，土粒体积 $V_s=\dfrac{1}{1+e_1}\mathrm{d}z$，孔隙体积 $V_v=eV_s=\dfrac{e}{1+e_1}\mathrm{d}z$，已知 V_s 在固结过程中保持不变。

设 k 为 z 方向的渗透系数，i 为水力梯度，h 为透水面下 z 深度处的超静水头，A 为单元土体的过水面积，则根据达西定律，加荷后 t 时间流入和流出单元体的单位渗流量分别为

流入 $$\mathrm{d}q=kiA=k\left(-\frac{\partial h}{\partial z}\right)\mathrm{d}x\mathrm{d}y$$

流出 $$\mathrm{d}q+\frac{\partial q}{\partial z}\mathrm{d}z=k\left(-\frac{\partial h}{\partial z}-\frac{\partial^2 h}{\partial z^2}\mathrm{d}z\right)\mathrm{d}x\mathrm{d}y$$

根据水流连续性原理，单元体在 t 时间的渗水量变化（渗出）为

$$\frac{\partial q}{\partial z}\mathrm{d}z=-k\frac{\partial^2 h}{\partial z^2}\mathrm{d}x\mathrm{d}y\mathrm{d}z \tag{4-33}$$

单元体中孔隙体积 $V_v=V_w$ 的变化量（减少）为

$$\frac{\partial V_v}{\partial t}=-\frac{\partial}{\partial t}\left(\frac{e}{1+e_1}\mathrm{d}x\mathrm{d}y\mathrm{d}z\right) \tag{4-34}$$

根据饱和土体固结渗流的连续条件，单元体在时间 t 的渗出水量等于单元体在该时间孔隙体积变化，即式（4-33）和式（4-34）相等

$$k\frac{\partial^2 h}{\partial z^2}\mathrm{d}x\mathrm{d}y\mathrm{d}z=\frac{\partial}{\partial t}\left(\frac{e}{1+e_1}\mathrm{d}x\mathrm{d}y\mathrm{d}z\right)$$

得

$$k\frac{\partial^2 h}{\partial z^2}=\frac{1}{1+e_1}\frac{\partial e}{\partial t} \tag{4-35}$$

根据侧限条件下土的压缩系数定义 $a=-\mathrm{d}e/\mathrm{d}p=-\mathrm{d}e/d\sigma'$，有

$$\frac{\partial e}{\partial t}=-a\frac{\partial \sigma'}{\partial t}$$

式中：σ'为有效应力。

将上式代入式（4-35），得

$$\frac{k(1+e_1)}{a}\frac{\partial^2 h}{\partial z^2}=-\frac{\partial \sigma'}{\partial t} \tag{4-36}$$

根据有效应力原理 $\sigma'=\sigma_z-u$ 和 $u=\gamma_w h$，有 $\dfrac{\partial^2 h}{\partial z^2}=\dfrac{1}{\gamma_w}\dfrac{\partial^2 u}{\partial z^2}$ 和 $\dfrac{\partial \sigma'}{\partial t}=-\dfrac{\partial u}{\partial t}$，代入式

(4-36)，得

$$\frac{k(1+e_1)}{a\gamma_w}\frac{\partial^2 u}{\partial z^2}=\frac{\partial u}{\partial t}$$

即
$$c_v\frac{\partial^2 u}{\partial z^2}=\frac{\partial u}{\partial t} \tag{4-37}$$

式中：c_v 为土的固结系数，m^2/年。

$$c_v=\frac{k(1+e)}{a\gamma_w} \tag{4-38}$$

式中：e_1 为渗透固结前土的孔隙比；γ_w 为水的重度，kN/m^3；a 为土的压缩系数，kPa^{-1}；k 为土的渗透系数，m/年。

式（4-37）即为饱和土的渗透固结微分方程，可根据不同的初始条件和边界条件求得它的特解。

对图 4-23 所示的情况：

$t=0$ 和 $0\leqslant z\leqslant H$ 时，$u=\sigma_z$

$0<t<\infty$ 和 $z=0$ 时，$u=0$

$0<t<\infty$ 和 $z=H$ 时，$\frac{\partial u}{\partial z}=0$

$t=\infty$ 和 $0\leqslant z\leqslant H$ 时，$u=0$

采用分离变量法可求得满足上述条件的傅立叶级数解如下

$$u_{z,t}=\frac{4}{\pi}\sigma_z\sum_{m=1}^{\infty}\frac{1}{m}\sin\frac{m\pi z^2}{2H}e^{-\frac{m^2\pi^2}{4}T_v} \tag{4-39}$$

$$T_v=\frac{c_v}{H^2}t \tag{4-40}$$

式中：m 为正奇整数 1，3，5，…；e 为自然对数底数；H 为待固结土层的排水最长距离，m，当土层为单面排水时，H 等于土层厚度，当土层为上下双面排水时，H 为土层厚度的一半；T_v 为时间因数；t 为固结时间，年。

3. 地基固结度

(1) 土层中某点的固结度。

固结度指地基土层中某点在固结过程中任一时刻 t 的固结沉降量 s_{ct} 与其最终固结沉降量 s_c 之比，或土层中超孔隙水压力消散程度。

根据式（4-39）所示孔隙水压力 u 随时间 t 和深度 z 变化的函数解，可求得地基在任一时间的固结度为

$$U_{zt}=\frac{s_{ct}}{s_c} \tag{4-41}$$

或
$$U_{zt}=\frac{u_0-u}{u_0} \tag{4-42}$$

式中：s_{ct} 和 s_c 分别为 t 时刻地基某点的固结沉降和地基最终固结沉降；u_0 和 u 分别为地基中某点初始孔隙水压力和 t 时刻的孔隙水压力。

应提及的是式（4-41）为固结度的应变表达式，式（4-42）为固结度的应力表达式，由于土体的非线性变形特征，两式的计算结果不一定相同。

在土层压缩应力、土层性质和排水条件等已定的情况下，U_{zt} 仅是时间 t 的函数。

(2) 土层平均固结度。

实际工程中最关注的是土层的平均固结度，所以对于竖向排水情况，土层的平均固结度 $\overline{U}_{zt}$ 为某一时刻有效应力图面积和最终有效应力图面积之比值（图 4-23），即

$$\overline{U}_{zt} = \frac{\text{应力面积}\ abce}{\text{应力面积}\ abcd} = \frac{\text{应力面积}\ abcd - \text{应力面积}\ bde}{\text{应力面积}\ abcd}$$

$$= 1 - \frac{\int_0^H u_{z,t}\mathrm{d}z}{\int_0^H \sigma_z \mathrm{d}z} \tag{4-43}$$

式中：$u_{z,t}$ 为深度 z 处 t 时刻的孔隙水压力；σ_z 为深度 z 处附加应力。

式（4-43）表明，地基的平均固结度就是土体中孔隙水压力向有效应力转化过程的完成程度。

将式（4-39）求得的孔隙水压力沿土层深度的分布代入式（4-43），经积分可求得图 4-23 所示条件下土层固结度为

$$\overline{U}_{zt} = 1 - \frac{8}{\pi^2}\sum_{m=1}^{\infty}\frac{1}{m^2}e^{-\frac{m^2\pi^2}{4}T_v} = f(T_v) \tag{4-44}$$

式中符号意义同式（4-39）。

由于式（4-44）中级数收敛很快，故当 T_v 值较大（如 $T_v \geqslant 0.16$）时，可只取第一项（精确度可满足工程要求），则上式被简化为

$$\overline{U}_{zt} = 1 - \frac{8}{\pi^2}e^{-\frac{\pi^2}{4}T_v} = f(T_v) \tag{4-45}$$

由此可见，固结度仅为时间因素 T_v 的函数。当土性指标 k、e、a 和土层厚度 H 已知时，针对某一具体的排水条件和边界条件，即可求得 $\overline{U}_{zt}-t$ 关系。

根据式（4-45），在压缩应力分布及排水条件相同的情况下，两个土质相同（即 c_v 相同）而厚度不同的土层，要达到相同的固结度，其时间因素 T_v 应相等，即

$$\frac{c_v}{H_1^2}t_1 = \frac{c_v}{H_2^2}t_2$$

$$\frac{t_1}{t_2} = \frac{H_1^2}{H_2^2} \tag{4-46}$$

式（4-46）表明，土质相同而厚度不同的两层土，当压缩应力分布和排水条件都相同时，达到同一固结度所需时间之比等于两土层最长排水距离的平方之比。因而对于同一地基情况，若将单面排水改为双面排水，要达到相同的固结度，所需历时可减少到原来的 1/4。

4. 各种情况下地基固结度的求解

地基固结度基本表达式（4-45）中的 $\overline{U}_{zt}$ 随地基中附加应力和排水条件不同而不同，因此固结度与时间的关系 $\overline{U}_{zt}-t$ 也有所区别。对于一维固结问题，大致可分为下述 3 类起始孔隙水压力分布情况，如图 4-24 所示。

图 4-24 (a) 所示分布适用于地基土在其自重作用下已固结完成，基底面积很大而压缩土层又较薄的情况。

图 4-24（b）所示分布适用于土层在其自重作用下未固结，土的自重应力等于附加应力的情况。

图 4-24（c）所示分布适用于地基土在其自重作用下已固结完成，基底面积较小，压缩土层较厚，外荷在压缩土层的底面引起的附加应力已接近于零的情况。

若将分布 a 和分布 b 叠加、或分布 a 和分布 c 叠加可获得如图 4-25 所示的梯形分布，分别对应欠固结土和正常固结土基底面积和压缩层厚度都有限的情况。

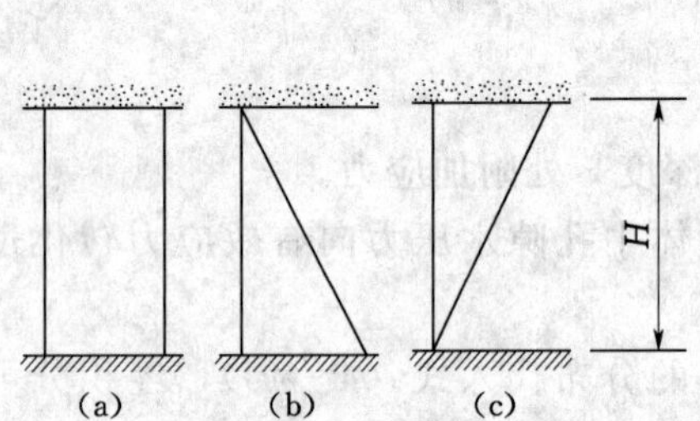

图 4-24　三种简单分布的起始孔隙水压力图

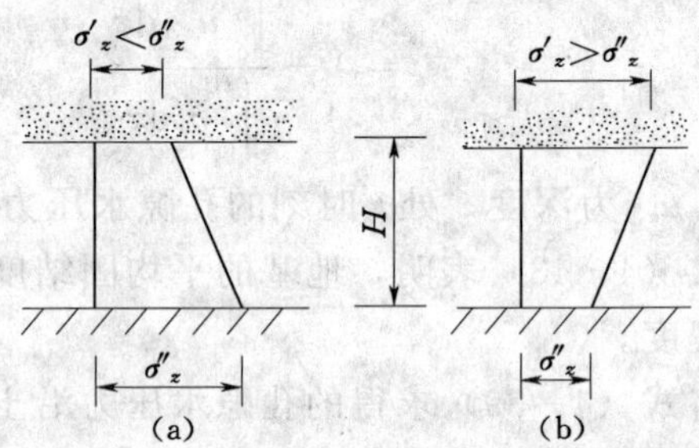

图 4-25　两种梯形分布的起始孔隙水压力图

图 4-24 和图 4-25 所示均为单面排水情况，若为双面排水，则不论土层中附加应力为何种分布，均按分布 a 计算，但最大排水距离应取土层厚度的一半。

为便于应用，可将上述各种起始孔隙水压力分布下的地基固结度的解汇制成如图 4-26所示的 $\overline{U}_{zt}-T_v$ 关系曲线，称为一维渗透固结理论曲线。

曲线（1）计算图 4-24 中分布 a 和所有双面排水情况，曲线（2）计算图 4-24 中分布 b 情况，曲线（3）计算图 4-24 中分布 c 情况。

对于图 4-25 中梯形分布情况，可采用叠加原理求解。设梯形分布起始孔隙水压力（固结应力）在排水面和不排水面处分别为 σ'_z 和 σ''_z，若 $\sigma'_z<\sigma''_z$ [图 4-25（a）]，则根据固结度定义和沉降计算公式，有

$$s_{ct}=\overline{U}_{zt}s_c=\frac{\overline{U}_{zt}}{E_s}\frac{\sigma'_z+\sigma''_z}{2}H$$

令 $s_{ct1}=\overline{U}_{zt1}s_{c1}=\dfrac{\overline{U}_{zt1}}{E_s}\sigma'_zH,s_{ct2}=\overline{U}_{zt2}s_{c2}=\dfrac{\overline{U}_{zt2}}{E_s}\dfrac{\sigma''_z-\sigma'_z}{2}H$,则

$$s_{ct}=s_{ct1}+s_{ct2}$$

所以
$$\overline{U}_{zt}=\frac{2\sigma'_z\overline{U}_{zt1}+(\sigma''_z-\sigma'_z)\overline{U}_{zt2}}{\sigma'_z+\sigma''_z}\tag{4-47}$$

式中：$\overline{U}_{zt1}$ 和 $\overline{U}_{zt2}$ 分别采用曲线（1）和曲线（2）求解。

同理，当 $\sigma'_z>\sigma''_z$ 时 [图 4-5（b）]，可采用曲线（1）和曲线（3）求解，相应的叠加公式为

$$\overline{U}_{zt}=\frac{2\sigma_z''\overline{U}_{zt1}+(\sigma_z'-\sigma_z'')\overline{U}_{zt3}}{\sigma_z'+\sigma_z''}\tag{4-48}$$

根据上述固结度定义和量化计算方法，可求得地基固结过程中任意时刻的沉降量，步骤如下：

1）根据土中应力计算方法计算地基附加应力沿深度分布。

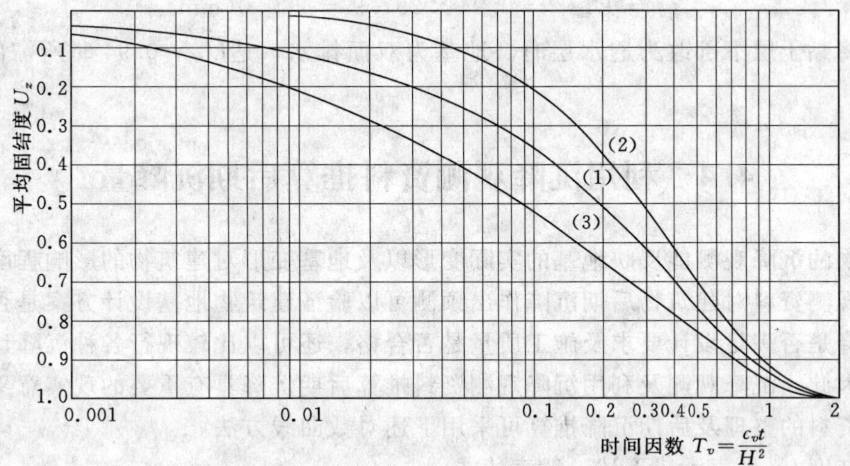

图 4-26 平均固结度与时间因素 $\overline{U}_{zt}-T_v$ 关系曲线

2）根据地基最终沉降计算方法计算地基最终固结沉降 s_c。

3）根据土性指标计算土层竖向固结系数 c_v 和竖向固结时间因素 T_v。

4）根据固结度定义式计算地基固结过程中某一时刻 t 的沉降 $s_{ct}=\overline{U}_{zt}s_c$。

【例 4-2】 某饱和黏土层厚度 $H=10\text{m}$，单面排水，在大面积荷载作用下压缩应力分布如图 4-27 所示。已知黏土层的初始孔隙比 $e_1=1.1$，压缩系数 $a=0.3\text{MPa}^{-1}$，渗透系数 $k=5.5\times10^{-7}\text{cm/s}$。试求：

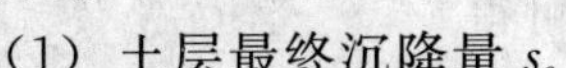

（1）土层最终沉降量 s_c。

（2）加荷一年后土层的平均固结度 U_{zt} 和沉降量 s_{ct}。

（3）若将此黏土层下部改为透水层，则达同一固结度所需历时 t。

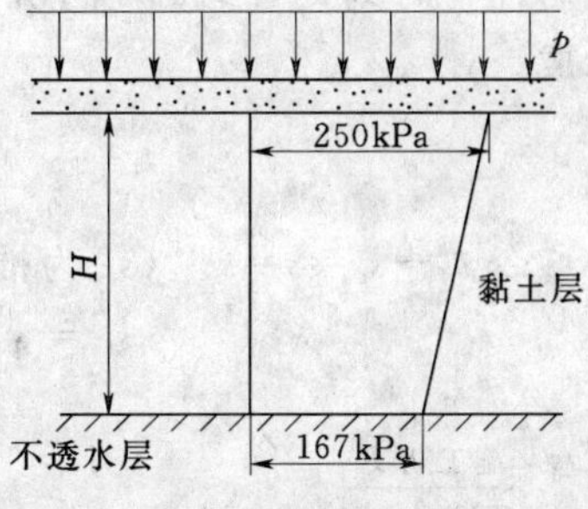

图 4-27 ［例 4-2］图

解

（1）求最终沉降量 s_c。

$$s_c=\frac{a}{1+e_1}\bar{\sigma}_z H=\frac{0.0003}{1+1.1}\times\left(\frac{250+167}{2}\right)\times10000=297.9(\text{mm})$$

（2）t 为 1 年时的固结度 U_{zt} 和沉降量 s_{ct}。

$$c_v=\frac{k(1+e_1)}{a\gamma_w}=\frac{5.5\times10^{-7}\times(1+1.1)}{0.0003\times0.1}=3.85\times10^{-2}(\text{cm}^2/\text{s})=121.4(\text{m}^2/\text{年})$$

$$T_v=\frac{c_v}{H^2}t=\frac{121.4}{10^2}\times1=1.21$$

由 $T_v=1.21$，查图 4-26，得

$$\overline{U}_{zt1}=0.93,\overline{U}_{zt3}=0.97$$

则

$$\overline{U}_{zt}=\frac{2\sigma''_z\overline{U}_{zt1}+(\sigma'_z-\sigma''_z)\overline{U}_{zt3}}{\sigma'_z+\sigma''_z}=\frac{2\times167\times0.93+(250-167)\times0.97}{250+167}=0.94$$

$$s_{ct} = \overline{U}_{zt} s_c = 0.94 \times 297.9 = 280.0(\text{mm})$$

(3) 将黏土层下部改为透水层时。地基为双面排水，达$\overline{U}_{zt}=0.94$时所需的历时$t=0.25$年。

4.4　利用沉降观测资料推算后期沉降量

建筑物的沉降观测能反映地基的实际变形以及地基变形对建筑物的影响程度，根据已有的沉降观测资料对建筑物后期沉降作出预测可以验证建筑物地基设计方案是否正确，判断地基沉降是否满足设计要求及施工质量是否合格，还可以比较现行各种沉降计算方法的准确性。因此，沉降观测及利用沉降观测资料推算后期沉降具有重要的现实意义。

观测资料的整理及后期沉降推算可采用下述对数曲线方法。

设固结度U_{zt}可表示成下述一般表达式

$$U_{zt} = 1 - A\exp(-Bt) \tag{4-49}$$

式中：A、B 为实测沉降与时间关系曲线中的待定参数。将上式与式（4-45）所示的理论公式比较，可知$A=8/\pi^2$，B 与固结系数、排水距离等有关。

根据式（4-30）所示的最终沉降的三组成部分，若忽略次固结沉降，则在施工期 T 以后任一时刻 t（$t>T$）的沉降可表示为 $s_t=s_d+s_{ct}=s_d+U_{zt}s_c$，所以式（4-49）可表示成

$$\frac{s_t - s_d}{s_c} = 1 - A\exp(-Bt) \tag{4-50}$$

令 $s_d+s_c=s=s_\infty$（s_∞为推算的最终沉降量），则整理上式可得

$$s_t = s_\infty[1 - A\exp(-Bt)] + s_d A\exp(-Bt) \tag{4-51}$$

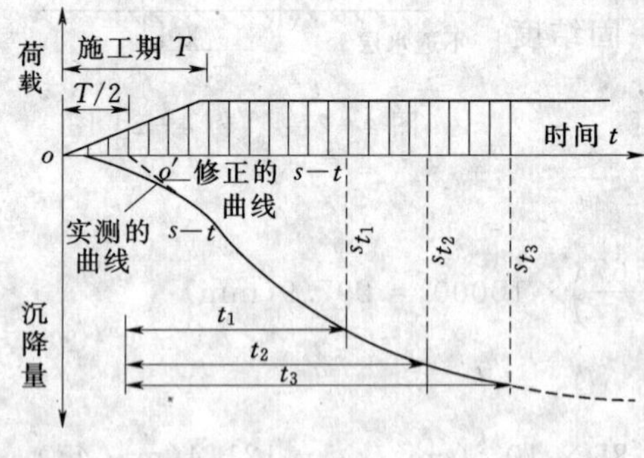

图 4-28　沉降与时间关系实测曲线

上式即为通过沉降观测资料确定后期某一时刻沉降的计算公式，式中 s_∞、s_d、A、B 为式中的未知数，按下述方法确定：

1）绘出图 4-28 所示沉降与时间关系实测曲线。

2）确定时间过程的修正零点（图 4-28 中 o'），从曲线上选择停止加荷后的三个时间 t_1、t_2、t_3，其中（t_2-t_1）和（t_3-t_2）尽可能相等，t_3 尽可能与曲线终点对应。

3）将所选时间代入式（4-51）可得 s_{t1}、s_{t2}、s_{t3}的表达式。

4）联立求解

$$s_d = \frac{s_{t1} - s_\infty[1 - A\exp(-Bt_1)]}{A\exp(-Bt_1)}$$
$$= \frac{s_{t2} - s_\infty[1 - A\exp(-Bt_2)]}{A\exp(-Bt_2)}$$

$$= \frac{s_{t3} - s_{\infty}[1 - A\exp(-Bt_3)]}{A\exp(-Bt_3)} \tag{4-52}$$

和 $(t_2 - t_1) = (t_3 - t_2)$ 或 $\exp[B(t_2 - t_1)] = \exp[B(t_3 - t_2)]$

可得

$$B = \frac{1}{t_2 - t_1}\ln\frac{s_{t2} - s_{t1}}{s_{t3} - s_{t2}} \tag{4-53}$$

$$s_{\infty} = \frac{s_{t3}(s_{t2} - s_{t1}) - s_{t2}(s_{t3} - s_{t2})}{(s_{t2} - s_{t1}) - (s_{t3} - s_{t2})} \tag{4-54}$$

5）通过实测资料由式（4-53）和式（4-54）确定 B 和 s_{∞}，代入 A 的理论值通过式（4-52）确定 s_d，A 可采用一维固结理论近似值 $8/\pi^2$。

6）将上述求得的结果代入式（4-51）确定任一时刻的后期沉降 s_t。

思　考　题

4-1　简述土体具有压缩性的原因。

4-2　简述土的压缩性指标 a_{1-2}、E_{1-2} 的意义及其确定方法。

4-3　简述地基土压缩模量和变形模量在概念上的区别，理论公式 $E_0 = \beta E_s$ 是否与实际相符？

4-4　简述分层总和法的假定条件，并写出其表达形式。

4-5　简述土的应力历史对土的压缩性的影响。

4-6　简述饱和土体的有效应力原理。

4-7　简述饱和土一维固结理论的基本假设及其适用条件。

4-8　根据饱和土一维固结理论，说明固结土层的厚度、排水条件、渗透系数对固结历时的影响。

4-9　简述根据沉降观测资料推算后期沉降的对数曲线法。

习　题

4-1　在固结仪上做某饱和黏性土样的压缩试验，已知环刀高度为 2cm，直径为 6.18cm，土样与环刀的总重为 179.18g，环刀重 59.80g。当固结压力从 p_1 =100kPa 增加到 p_2=200kPa 时，土样变形稳定后的高度相应地由 18.95mm 减小到 17.98mm。试验结束后烘干试样，称得干土重为 96.73g。试计算并回答：

（1）与 p_1 及 p_2 相对应的孔隙比 e_1 及 e_2。

（2）该土样的压缩系数 a_{1-2}。

（3）评价该土的压缩性。

（答案：0.522，0.444；0.78MPa^{-1}；高压缩性土）

4-2　某地基剖面的自重应力与附加应力的分布如图 4-29（a）所示，室内压缩试验获得的 $e-p$ 曲线如图 4-29（b）所示。试用分层总和法计算该地基的最终沉降量。

（答案：178.98mm）

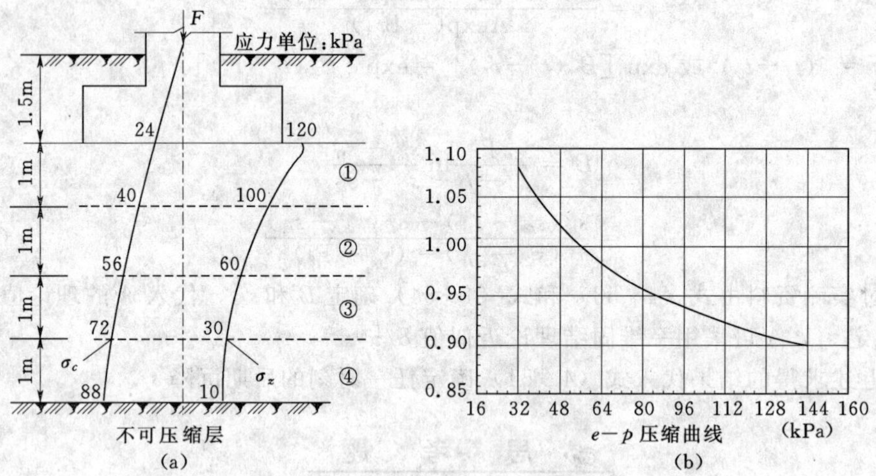

图 4-29　习题 4-2 图

4-3　一单独基础的地基土层资料如图 4-30 所示，已知地基承载力标准值 $f_k=150\text{kPa}$。试按规范法计算该基础承受柱荷载 $F=1200\text{kN}$，基础埋深 $d=1.5\text{m}$，基础底面尺寸为 4m×2m 时的最终沉降量。

（答案：85.61mm）

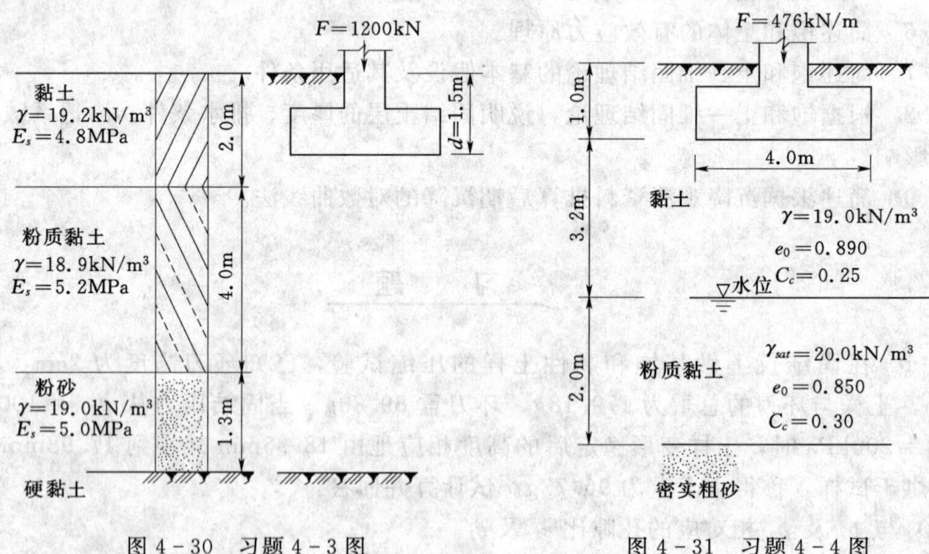

图 4-30　习题 4-3 图　　图 4-31　习题 4-4 图

4-4　某中心荷载作用下的条形基础如图 4-31 所示，基础宽 $b=4.0\text{m}$，地基土为正常固结土，试计算基础中点的沉降值。

（答案：279.14mm）

4-5　某基础中点下的附加应力分布如图 4-32 所示，厚 6m 的饱和黏土层上下为透水砂层，已知黏土层在自重应力作用下的孔隙比 $e_1=0.726$，压缩系数 $a_{1-2}=0.35\text{MPa}^{-1}$，

渗透系数 $k=0.0019\text{m}/$年。假设饱和黏土层下的密实砂层不产生变形，试求：

(1) 加荷 1 年后的沉降量。

(2) 沉降量达 90mm 时需多少时间？

(答案：68.5mm；1.80 年)

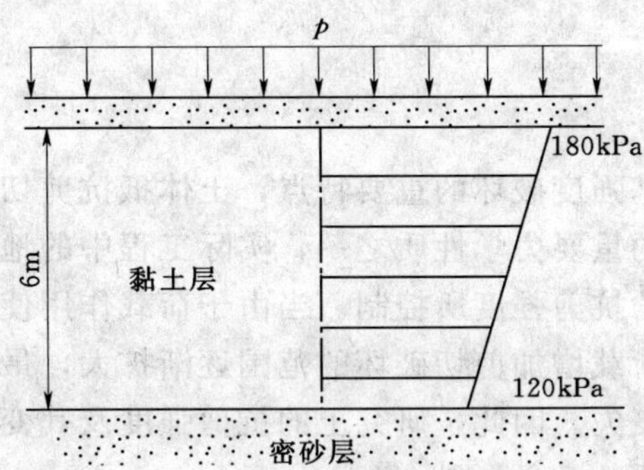

图 4-32　习题 4-5 图

第5章　土的抗剪强度

剪切破坏是建筑物地基强度破坏的重要特点，土体抵抗剪切破坏的极限能力就是土的抗剪强度。抗剪强度是土的重要力学性质之一，实际工程中的地基承载力、挡土墙的土压力以及土坡稳定等都受土的抗剪强度所控制。当由于荷载作用使得土体内某一部分的剪应力达到抗剪强度，并随着荷载增加剪切破坏的范围逐渐扩大，最终在土体中形成连续滑动面时，土体的稳定性就会丧失。因此，研究土的抗剪强度及其变化规律对于工程设计、施工、管理等都具有非常重要的意义。

本章主要讲述土的抗剪强度与极限平衡条件、土的抗剪强度试验方法、不同排水条件时剪切试验成果及土的剪切性状等内容。

5.1　土的抗剪强度理论

5.1.1　库仑定律

法国科学家库仑（Coulomb，1773）通过一系列砂土剪切试验，提出砂土抗剪强度的表达式为

$$\tau_f = \sigma\tan\varphi \tag{5-1}$$

以后又通过试验进一步提出黏性土的抗剪强度表达式为

$$\tau_f = c + \sigma\tan\varphi \tag{5-2}$$

式中：τ_f 为土的抗剪强度，kPa；σ 为剪切面上的法向应力，kPa；c 为土的黏聚力，kPa；φ 为土的内摩擦角，(°)。

式（5-1）和式（5-2）称为库仑抗剪强度定律，式中 c、φ 称为土的抗剪强度指标。将库仑定律表示在 τ_f—σ 坐标中即为图5-1所示的两条直线。

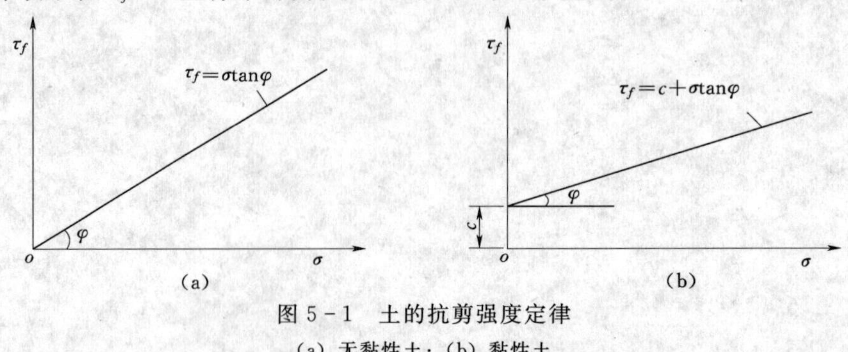

图5-1　土的抗剪强度定律

(a) 无黏性土；(b) 黏性土

库仑定律表明，土体的抗剪强度表现为剪切面上法向总应力 σ 的线性函数，对于无黏

性土，抗剪强度由粒间的摩擦力提供；对于黏性土，其抗剪强度由黏聚力和摩擦力两部分构成。

抗剪强度的摩擦力 $\sigma\tan\varphi$ 主要来自两方面：一是滑动摩擦，即剪切面土粒间表面的粗糙所产生的摩擦作用；二是咬合摩擦，即粒间互相嵌入所产生的咬合力。因此，抗剪强度的摩擦力除了与剪切面上的法向总应力有关以外，还与土的原始密度、土粒的形状、表面的粗糙程度以及级配等因素有关。

抗剪强度的黏聚力 c 一般由土粒之间的胶结作用和电分子引力等因素所形成。因此，黏聚力通常与土中黏粒含量、矿物成分、含水量、土的结构等因素密切相关。

应当指出，c、φ 是决定土的抗剪强度的两个重要指标，其值的大小与试验方法和排水条件等有关，其中影响最大的是排水条件。根据有效应力原理，土体内的剪应力只能由土的骨架承担，因此，土体的抗剪强度实质是剪切面上法向有效应力 σ' 的函数，即砂土和黏性土库仑定律的表达式分别为

$$\tau_f = \sigma'\tan\varphi' \tag{5-3}$$

$$\tau_f = c' + \sigma'\tan\varphi' \tag{5-4}$$

式中：σ' 为剪切破坏面上的法向有效应力，$\sigma'=\sigma-u$；c'、φ' 分别为土的有效黏聚力和有效内摩擦角，即土的有效应力强度指标；u 为孔隙水压力。

所以，以库仑定律描述的土的抗剪强度有两种表达方法：一种是式（5-1）和式(5-2)所示的总应力表示方法，相应的 c、φ 称为总应力抗剪强度指标；另一种是式(5-3)和式（5-4）所示的有效应力表示方法，相应的 c'、φ' 称为有效应力抗剪强度指标。有效应力强度指标可以更真实地反映土的抗剪强度实质，是比较合理的表示方法，但总应力法在应用上比较方便，因此，两种表达式并存至今，目前在工程中存在着两套指标并用的现象。

5.1.2 莫尔—库仑强度理论及土的极限平衡条件

1. 土中某点的应力状态

莫尔（Mohr，1910）提出材料的抗剪强度是剪切面上法向应力 σ 的函数 $\tau_f=f(\sigma)$，该函数在 $\tau_f-\sigma$ 坐标中是一条曲线，称为莫尔包络线，或抗剪强度包线，如图 5-2 中实线。如果用库仑定律所示的直线方程近似表示莫尔包络线，可得到图 5-2 中的虚线。莫尔—库仑理论就是用库仑公式表示莫尔包络线的强度理论。

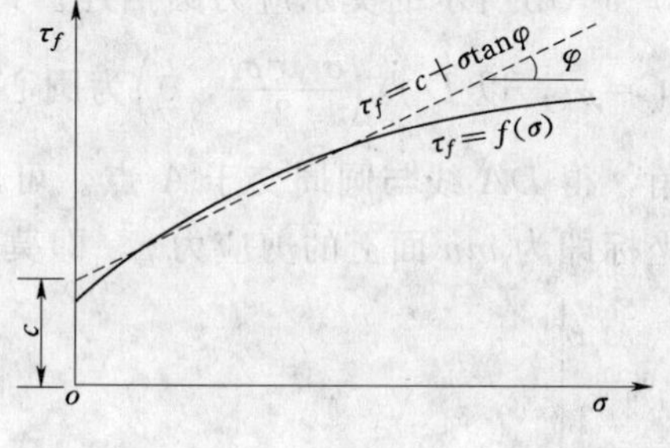

图 5-2 莫尔—库仑包络线

当土中任意一点在某一方向的剪应力 τ 达到土的抗剪强度 τ_f 时，该点便处于极限平衡状态。因此，若已知土体的抗剪强度 τ_f，则只要求得土中某点各个面上的剪应力 τ 和法向应力 σ，即可判断土体所处的状态。

以平面课题为例。

从土体中任取一如图 5-3（a）所示的单元体，设作用在该单元体上的大、小主应力分别为 σ_1 和 σ_3，在单元体内与大主应力 σ_1 作用面成任意角 α 的 mn 平面上有正应力 σ，剪

应力τ。为建立σ、τ与σ_1、σ_3之间的关系，取楔形脱离体abc［图5-3（b)］。

根据楔体静力平衡条件可得

$$\sigma_3 \mathrm{d}s\sin\alpha - \sigma \mathrm{d}s\sin\alpha + \tau \mathrm{d}s\cos\alpha = 0$$

$$\sigma_1 \mathrm{d}s\cos\alpha - \sigma \mathrm{d}s\cos\alpha - \tau \mathrm{d}s\sin\alpha = 0$$

联立求解以上方程得mn平面上的应力为

$$\sigma = \frac{1}{2}(\sigma_1 + \sigma_3) + \frac{1}{2}(\sigma_1 - \sigma_3)\cos 2\alpha$$

$$\tau = \frac{1}{2}(\sigma_1 - \sigma_3)\sin 2\alpha \tag{5-5}$$

根据材料力学公式，微分单元上大、小主应力值与$x-z$坐标上σ_z、σ_x和τ_{xz}间的相互转换关系为

$$\left.\begin{matrix}\sigma_1\\ \sigma_3\end{matrix}\right\} = \frac{\sigma_z + \sigma_x}{2} \pm \sqrt{\frac{(\sigma_z - \sigma_x)^2}{4} + \tau_{xz}^2} \tag{5-6}$$

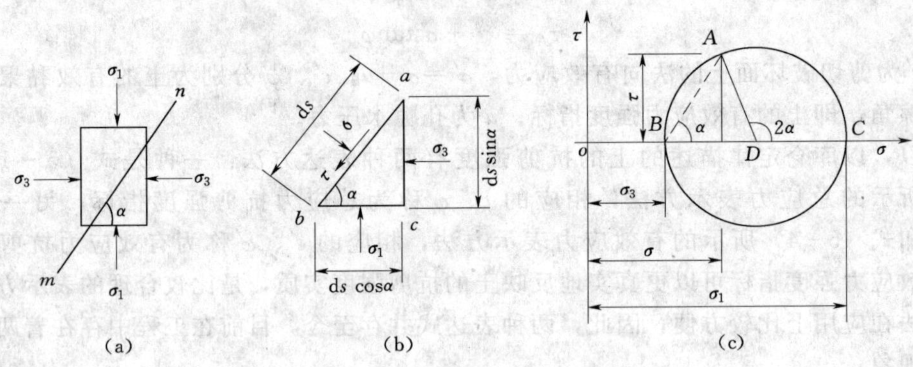

图5-3　土中任意点的应力状态

(a) 单元体上的应力；(b) 脱离体上的应力；(c) 莫尔应力圆

由材料力学可知，土中某点应力状态既可由式（5-5）和式（5-6）表示，也可用图5-3（c)所示的莫尔应力圆描述。即在$\sigma-\tau$坐标系中，按一定比例沿σ轴截取$oB=\sigma_3$，$oC=\sigma_1$，以D点$\left(\frac{\sigma_1+\sigma_3}{2},\ 0\right)$为圆心、$\frac{\sigma_1-\sigma_3}{2}$为半径作圆，从$DC$开始逆时针方向旋转$2\alpha$角，得$DA$线与圆周交于$A$点。可以证明，$A$点的横坐标即为斜面$mn$上的正应力$\sigma$，纵坐标即为$mn$面上的剪应力$\tau$。即莫尔应力圆圆周上某点的坐标表示土中该点在这一平面的正应力和剪应力，该面与大主应力作用面的夹角，等于$\overset{\frown}{CA}$所含的圆心角的一半。图5-3（c)还表明最大剪应力$\tau_{max}=\frac{1}{2}$（$\sigma_1-\sigma_3$），作用面与大主应力σ_1作用面的夹角$\alpha=45°$。

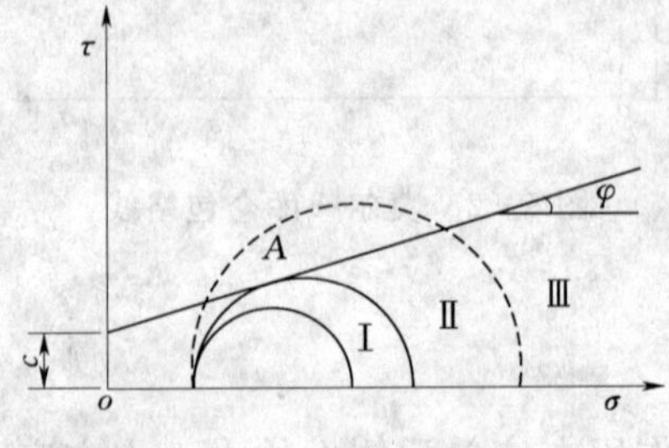

图5-4　莫尔—库仑破坏准则

2. 土的极限平衡条件

为判别土体中某点的应力状态，可将上述莫尔—库仑抗剪强度包线与描述土体中某点的莫尔应力圆绘

于同一坐标系中（图5-4），然后按其相对位置判断该点所处的应力状态。

(1) 莫尔应力圆Ⅰ位于抗剪强度包线的下方，表明通过该点的任何平面上的剪应力都小于抗剪强度，即$\tau<\tau_f$，所以该点处于弹性平衡状态。

(2) 莫尔应力圆Ⅱ与抗剪强度包线在A点相切，表明切点A所代表的平面上剪应力等于抗剪强度，即$\tau=\tau_f$，该点处于极限平衡状态。

(3) 莫尔应力圆Ⅲ与抗剪强度包线相割，表示过该点的相应于割线所对应弧段代表的平面上的剪应力已“超过”土的抗剪强度，即$\tau>\tau_f$，该点“已被剪破”。实际上圆Ⅲ的应力状态是不可能存在的，因为在任何条件下产生的任何应力都不可能超过其强度。所以，当土体的剪应力达到抗剪强度时，其解答已不符合弹性理论。

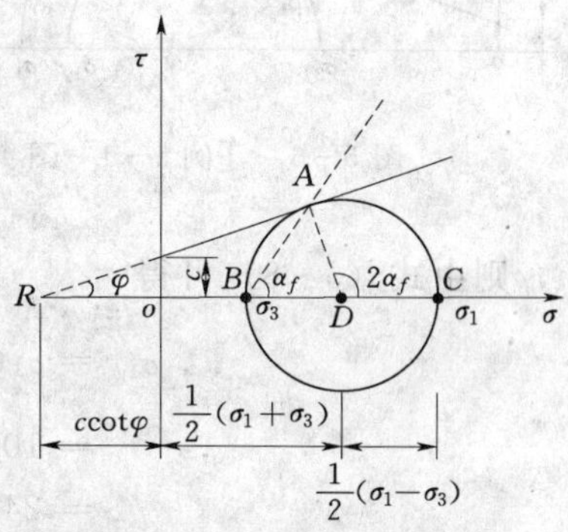

图5-5 土的极限平衡条件

土的极限平衡条件即是指$\tau=\tau_f$时的应力关系，故莫尔应力圆Ⅱ被称为极限应力圆。图5-5表示了极限应力圆与抗剪强度包线之间的几何关系，由此几何关系可得极限平衡条件的数学表达式为

$$\sin\varphi=\frac{\overline{AD}}{\overline{RD}}=\frac{\frac{1}{2}(\sigma_1-\sigma_3)}{c\cot\varphi+\frac{1}{2}(\sigma_1+\sigma_3)} \tag{5-7}$$

利用三角函数关系转换后可得

$$\sigma_1=\sigma_3\tan^2\left(45^\circ+\frac{\varphi}{2}\right)+2c\tan\left(45^\circ+\frac{\varphi}{2}\right) \tag{5-8}$$

或

$$\sigma_3=\sigma_1\tan^2\left(45^\circ-\frac{\varphi}{2}\right)-2c\tan\left(45^\circ-\frac{\varphi}{2}\right) \tag{5-9}$$

土处于极限平衡状态时破坏面与大主应力作用面间的夹角为α_f，由图5-5中的几何关系可得

$$\alpha_f=\frac{1}{2}(90^\circ+\varphi)=45^\circ+\frac{\varphi}{2} \tag{5-10}$$

式（5-7）～式（5-10）即为土的极限平衡条件。对于无黏性土，由于$c=0$，则由式（5-8）、式（5-9）可得其极限平衡条件为

$$\sigma_1=\sigma_3\tan^2\left(45^\circ+\frac{\varphi}{2}\right) \tag{5-11}$$

$$\sigma_3=\sigma_1\tan^2\left(45^\circ-\frac{\varphi}{2}\right) \tag{5-12}$$

式（5-7）～式（5-12）统称为莫尔—库仑强度理论。由该理论所描述的土体极限平衡状态可知，土的剪切破坏并不是由最大剪应力$\tau_{\max}=\frac{\sigma_1-\sigma_3}{2}$所控制，即剪破面并不产生于最大剪应力面，而是与最大剪应力面成$\frac{\varphi}{2}$的夹角。

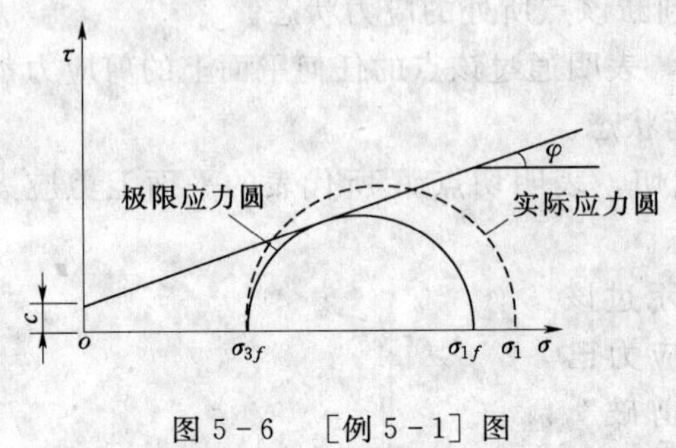

图 5-6 [例 5-1] 图

【例 5-1】 地基中某点应力状态为 $\sigma_1=350\text{kPa}$，$\sigma_3=100\text{kPa}$，已知该土体的抗剪强度指标 $c=20\ \text{kPa}$，$\varphi=18°$。试问该点是否会出现剪切破坏？

解 已知 $\sigma_1=350\text{kPa}$，$\sigma_3=100\text{kPa}$，$c=20\ \text{kPa}$，$\varphi=18°$。

(1) 该点所处应力状态判别。

利用极限平衡条件式判别：

设达到极限平衡状态时所需大主应力为 σ_{1f}，则由式 (5-8) 可得

$$\begin{aligned}\sigma_{1f}&=\sigma_3\tan^2\left(45°+\frac{\varphi}{2}\right)+2c\tan\left(45°+\frac{\varphi}{2}\right)\\&=100\tan^2 54°+2\times 20\tan 54°\\&=244.5(\text{kPa})\end{aligned}$$

因为 σ_{1f} 小于该点实际大主应力 σ_1，即实际应力圆半径大于极限应力圆半径，如图 5-6所示。所以，该点土体处于剪切破坏状态。

亦可采用式 (5-9) 计算达到极限平衡状态时所需小主应力 σ_{3f}，即

$$\sigma_{3f}=\sigma_1\tan^2\left(45°-\frac{\varphi}{2}\right)-2c\tan\left(45°-\frac{\varphi}{2}\right)=350\tan^2 36°-2\times 20\tan 36°=155.7(\text{kPa})$$

计算结果表明，σ_{3f} 大于该点实际小主应力 σ_3，即实际应力圆半径大于极限应力圆半径，同样可得出上述结论。

(2) 该题另一种解法是利用剪切面上剪应力 τ 与抗剪强度 τ_f 进行判断。

剪切面与大主应力作用面夹角 $\alpha_f=45°+\dfrac{\varphi}{2}=54°$

剪切面上法向应力 $\sigma=\dfrac{1}{2}(\sigma_1+\sigma_3)+\dfrac{1}{2}(\sigma_1-\sigma_3)\cos 2\alpha_f$

$$=\frac{1}{2}\times(350+100)+\frac{1}{2}\times(350-100)\cos 108°=186.4(\text{kPa})$$

剪切面上剪应力 $\tau=\dfrac{1}{2}\ (\sigma_1-\sigma_3)\ \sin 2\alpha_f$

$$=\frac{1}{2}\times\ (350-150)\ \sin 108°=118.9\ (\text{kPa})$$

由库仑定律 $\tau_f=c+\sigma\tan\varphi=20+186.4\tan 18°=80.5(\text{kPa})$

由于 $\tau>\tau_f$

所以，该点处于剪切破坏状态。

5.2 土的抗剪强度试验

确定土的抗剪强度指标的试验称为剪切试验。剪切试验方法有多种，本节仅介绍实验室内常用的直接剪切试验、三轴压缩试验和无侧限抗压强度试验，以及现场原位测试的十

字板剪切试验。

5.2.1 直接剪切试验

直接剪切试验是测定土的抗剪强度指标的最常用和最简便方法，所使用的仪器称直剪仪，分应变控制式和应力控制式两种，前者以等应变速率使试样产生剪切位移直至剪破，后者是分级施加水平剪应力并测定相应的剪切位移。目前我国用得较多的是应变控制式直剪仪，主要工作部分如图 5-7 所示。

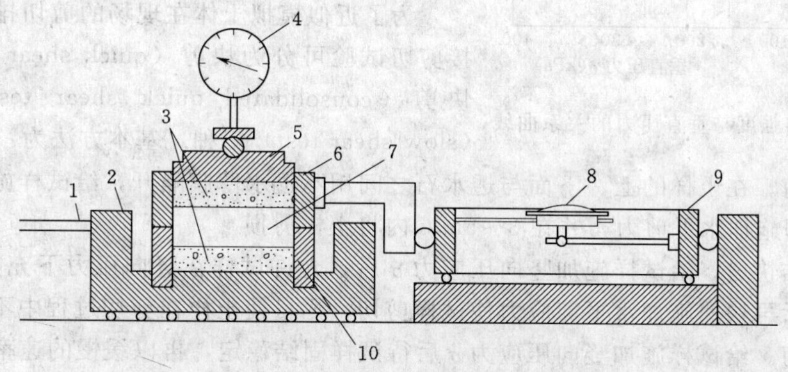

图 5-7 应变控制式直剪仪结构示意图

1—轮轴；2—底座；3—透水石；4—量表；5—活塞；6—上盒；7—土样；8—量表；9—量力环；10—下盒

试验时，首先将剪切盒的上、下盒对正，插入固定销，然后用环刀切取土样，并将其推入由上、下盒构成的剪切盒中（根据试验排水要求试样上下有透水石或不透水板）。通过杠杆对土样施加垂直压力 p 后，拔除固定销，由推动座匀速推进对下盒施加剪应力，使试样沿上下盒水平接触面产生剪切变形，直至破坏。剪切面上相应的剪应力值由与上盒接触的量力环的变形值推算。

剪切过程中，每隔一固定时间间隔测记量力环中百分表读数，直至土样剪破。根据计算的剪应力 τ 与剪切位移 Δl 的值可绘制出相应于某一法向应力 σ 的剪应力—剪切位移关系曲线，如图5-8所示。

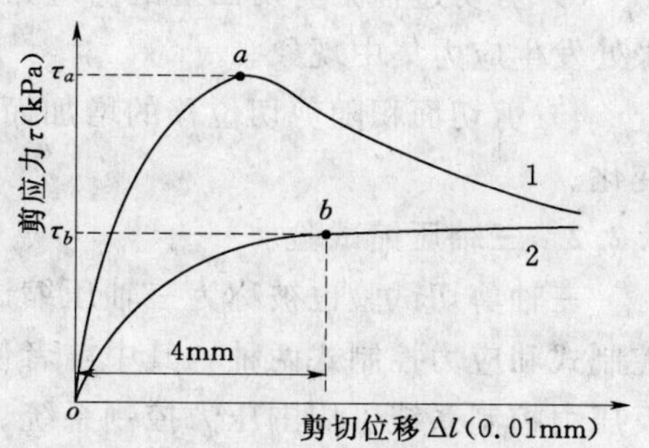

图 5-8 剪应力与剪切位移关系

对于较密实的黏土及密砂土，$\tau-\Delta l$ 曲线具有明显峰值，如图 5-8 中曲线 1，其峰值 τ_a 即为破坏强度 τ_f；对于软黏土和松砂，其 $\tau-\Delta l$ 曲线如图 5-8 中曲线 2，一般不出现峰值。此时可按某一剪切变形量作为控制破坏标准，《土工试验方法标准》（GB/T 50123—1999）规定以剪切位移 $\Delta l=4$mm 对应的剪应力 τ_b 作为抗剪强度 τ_f。

图 5-8 中曲线 1 表明出现峰值后，强度随应变增大而降低，此为应变软化特征。曲线 2 无峰值再现，强度随应变增大而趋于某一稳值，称为应变硬化特征。

通过直接剪切试验确定某种土的抗剪强度时，通常取四个试样，分别施加不同的垂直压力，如 $\sigma=100$kPa、200kPa、300kPa、400kPa，进行剪切，求得相应的抗剪强度 τ_f。

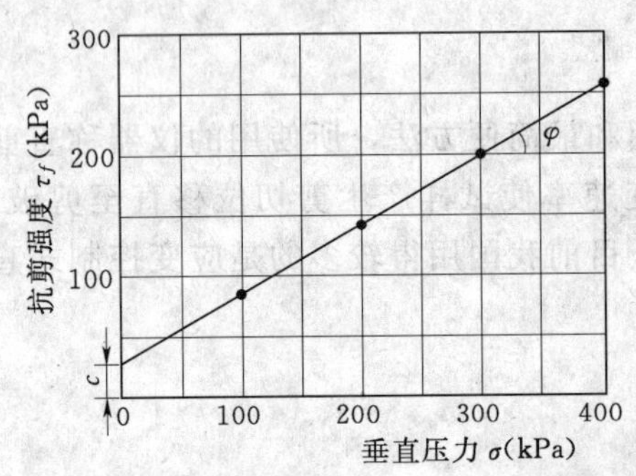

图5-9　抗剪强度与垂直压力的关系曲线

将 τ_f 与 σ 绘于直角坐标系中，即得该土的抗剪强度包线，如图5-9所示。强度包线与 σ 轴的夹角即为内摩擦角 φ，在 τ_f 轴上的截距即为土的黏聚力 c。

绘制图5-9所示的抗剪强度与垂直压力的关系曲线时必须注意纵横坐标的比例一致。

为了近似模拟土体在现场的剪切排水条件，直接剪切试验可分为快剪（quick shear test）、固结快剪（consolidated quick shear test）和慢剪（slow shear test）三种，基本方法为：

(1) 快剪。在土样的上、下面与透水石之间用不透水薄膜隔开，给试样施加竖向压应力 σ 后，立即施加水平剪力，并在3～5min内将土样剪损。

(2) 固结快剪。给试样施加竖向压应力 σ 后，允许试样在竖向压力下充分排水固结，待完全固结后再快速施加水平剪应力使试样剪切，尽量使土样在剪切过程中不再排水。

(3) 慢剪。给试样施加竖向压应力 σ 后待试样固结稳定，再以缓慢的速率施加水平剪切力，直至试样剪破。

直剪仪构造简单、操作方便，因而在工程中被广泛采用。但该试验存在着下述不足：

1) 不能严格控制排水条件，不能量测试验过程中试样的孔隙水压力，因而对于抗剪强度受排水条件影响显著的饱和黏性土，慢剪试验成果不够准确。

2) 试验中限定了上、下盒的接触面为剪切面，而不是沿土样最薄弱的面剪切破坏。

3) 剪切过程中剪切面上的剪应力分布不均匀，土样剪切破坏时先从边缘开始，在边缘处发生应力集中现象。

4) 剪切面积随剪切位移的增加而减小，而在计算抗剪强度时却没有考虑面积的这一变化。

5.2.2　三轴压缩试验

三轴剪切试验也被称为三轴压缩试验，所使用的仪器为三轴压缩（剪力）仪，有应变控制式和应力控制式两种，其中前者使用较广泛，图5-10为主要工作部分示意图，包括反压力控制系统、周围压力控制系统、压力室、孔隙水压力测量系统、试验机等。

三轴试验采用正圆柱形试样［图5-11(a)］。试验的主要步骤为：

(1) 将制备好的试样套在橡皮膜内并置于压力室底座上，装上压力室外罩并密封。

(2) 向压力室充水使周围压力达到所需的 σ_3。

(3) 按照试验要求关闭或开启各阀门，开动马达使压力室按选定的速率匀速上升，活塞即对试样施加轴向压力增量 $\Delta\sigma$，$\sigma_1=\sigma_3+\Delta\sigma$。

假定试样上下端所受约束的影响忽略不计，则轴向即为大主应力方向，试样剪破面方向与大主应力作用平面的夹角为 $\alpha_f=45°+\frac{\varphi}{2}$［图5-11(b)］。按试样剪破时的 σ_1 和 σ_3 作极限应力圆，它必与抗剪强度包线切于A点，如图5-11(c)所示。A点的坐标值即为剪破面 mn 上的法向应力 σ_f 与极限剪切应力 τ_f。

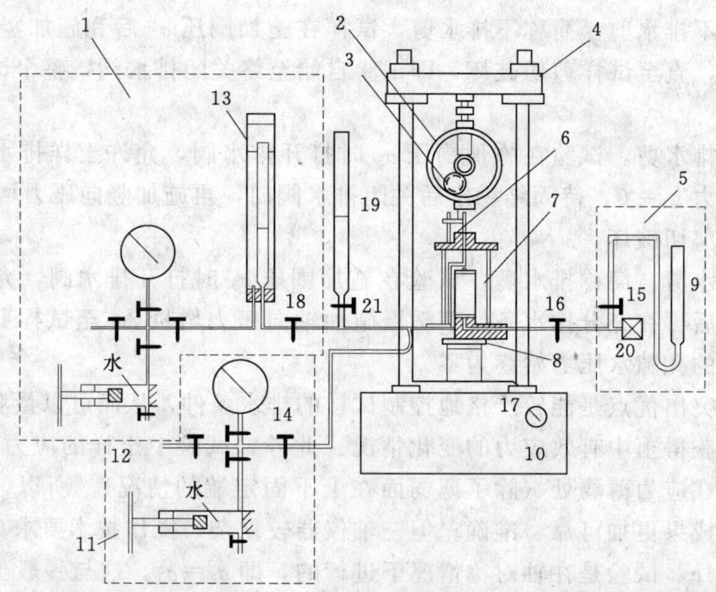

图 5-10 三轴仪组成示意图

1—反压力控制系统；2—轴向测力计；3—轴向位移计；4—试验机横梁；5—孔隙水压力测量系统；6—活塞；7—压力室；8—升降台；9—量水管；10—试验机；11—周围压力控制系统；12—压力源；13—体变管；14—周围压力阀；15—量管阀；16—孔隙压力阀；17—手轮；18—体变管阀；19—排水管；20—孔隙压力传感器；21—排水管阀

试验时一般采用 3～4 个土样，在不同的 σ_3 作用下进行剪切，得出 3～4 个不同的破坏应力圆，绘出各应力圆的公切线，即为抗剪强度包线，通常近似取一直线。由此求得抗剪强度指标 c、φ 值［图 5-11（d）］。

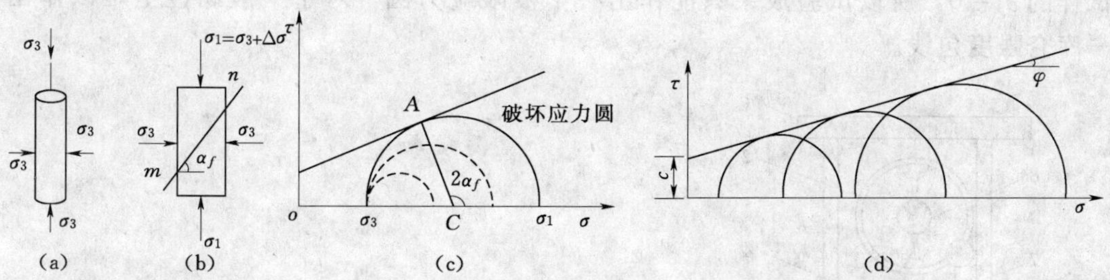

图 5-11 三轴剪切试验原理

（a）试验土样；（b）试样破坏面方向；（c）剪切过程中应力圆变化；（d）剪切试验成果

如要量测试验过程中的孔隙水压力，可以通过调压筒调整零位指示器的水银面始终保持原来位置，使得孔隙水压力表中读数就是孔隙水压力值。如要量测试验过程中的排水量，可打开排水阀，让试样中的水排入量水管中，根据量水管中水位变化可算出在试验过程中的排水量。

根据试验中的排水条件，三轴压缩试验可被分为不固结不排水剪（UU，unconsolidated undrained test）、固结不排水剪（CU，consolidated undrained test）、固结排水剪（CD，consolidated drained test），分别对应于直接剪切试验的快剪、固结快剪、慢剪，基本方法如下：

(1) 不固结不排水剪。简称不排水剪，试样在施加围压 σ_3 后和施加竖向压力增量 $\Delta\sigma$ 后都不允许排水，直至试样剪切破坏，即试验自始至终关闭排水阀，整个试验过程土样的含水量不变。

(2) 固结不排水剪。试验在施加围压 σ_3 时打开排水阀，允许土样排水固结，即让试样中的孔隙水压力 $u_1=0$，待固结稳定后关闭排水阀门，再施加竖向压力增量 $\Delta\sigma$，使试样在不排水条件下剪切破坏。

(3) 固结排水剪。简称排水剪，试验在施加围压 σ_3 时打开排水阀，允许土样排水固结，待固结稳定后再在充分排水条件下缓慢施加轴向压力增量 $\Delta\sigma$ 至试样剪切破坏，整个试验过程中试样的孔隙水压力始终为零。

三轴试验的突出优点是能较严格地控制试样的排水条件，从而可以量测试样中的孔隙水压力，以定量获得土中有效应力的变化情况。此外，试验中土样的应力状态比较明确，破裂面可以发生在应力薄弱处（除了薄弱面在上下固定端的情况）。所以，三轴试验成果较直接剪切试验成果更加可靠、准确。但三轴仪器较复杂，操作技术要求高，且试样制备也比较麻烦。此外，试验是在轴对称情况下进行的，即 $\sigma_2=\sigma_3$，这与一般土体实际受力还是有所差异的。对于这一缺陷的克服只有采用 $\sigma_1\neq\sigma_2\neq\sigma_3$ 的真三轴仪等才能更准确地测定不同应力状态下土的强度的实验仪器。

5.2.3 无侧限抗压试验

无侧限抗压试验是三轴剪切试验的一种特例，即对正圆柱形试样不施加周围压力（$\sigma_3=0$），而只对它施加垂直的轴向压力 σ_1，由此测出试样在无侧向压力的条件下，抵抗轴向压力的极限强度，称为无侧限抗压强度。

图 5-12 (a) 为应变控制式无侧限压缩仪，试样受力情况如图 5-12 (b) 所示。因为试样的 $\sigma_3=0$，所以试验成果只能作出一个极限应力圆，对于一般黏性土难以作出莫尔—库仑强度包线。

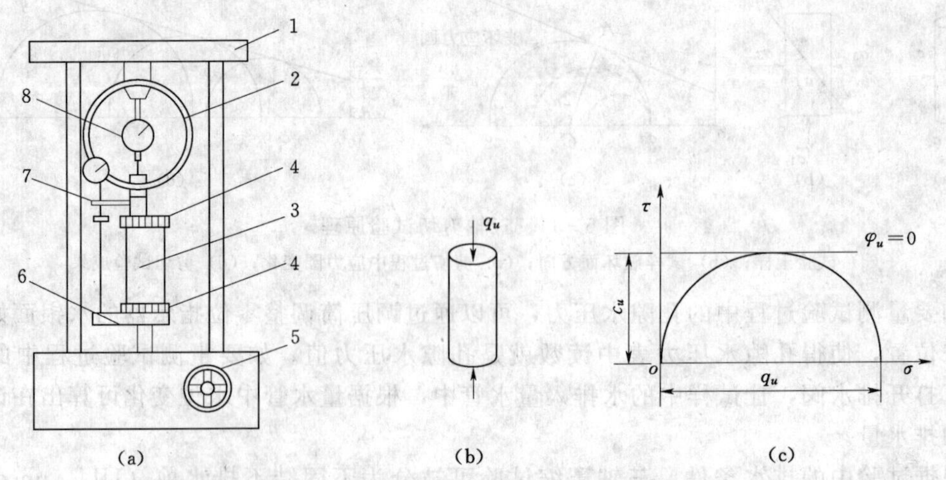

图 5-12 应变控制式无侧限抗压强度试验

1—轴向加压架；2—轴向测力计；3—试样；4—上、下传压板；5—手轮或电动转轮；6—升降板；7—轴向位移计；8—量表对于饱和软黏土，根据三轴不排水剪试验成果，其强度包线近似于一水平线，即 $\varphi_u=0$。所以，在 $\sigma-\tau$ 坐标上，以无侧限抗压强度 q_u 为直径，通过 $\sigma_3=0$、$\sigma_1=q_u$ 作极限应力圆，其水平切线就是强度包线，如图 5-12（c）所示。该线在 τ 轴上的截距 c_u 即等于抗剪强度 τ_f，即

$$\tau_f = c_u = \frac{q_u}{2} \tag{5-13}$$

式中：c_u 为饱和软黏土的不排水强度，kPa。

故无侧限抗压试验适用于测定饱和软黏土的不排水强度。另外，饱和黏性土的强度与土的结构有关，当土的结构遭受破坏时，其强度会迅速降低，工程上常用灵敏度 S_t 来反映土的结构性的强弱，其表达式为

$$S_t = \frac{q_u}{q_0} \tag{5-14}$$

式中：q_u 为原状土的无侧限抗压强度，kPa；q_0 为重塑土（指在含水量不变的条件下使土的天然结构彻底破坏再重新制备的土）的无侧限抗压强度，kPa。

根据灵敏度的值可将饱和黏性土分为三类：

低灵敏度 $1<S_t\leqslant 2$

中灵敏度 $2<S_t\leqslant 4$

高灵敏度 $S_t>4$

土的灵敏度越高，其结构性越强，受扰动后土的强度降低就越多。所以在高灵敏土上修建建筑物时，应尽量减少对土的扰动。

5.2.4 十字板剪切试验

十字板剪切试验是一种现场测定饱和软黏土的抗剪强度的原位试验方法。与室内无侧限抗压强度试验一样，十字板剪切所测得的成果亦相当于不排水抗剪强度。

十字板剪切仪的主要工作部分见图 5-13。试验时预先钻孔到接近预定施测深度，清理孔底后将十字板固定在钻杆下端下至孔底，压入到孔底以下约 750mm。然后通过安放在地面上的设备施加扭矩，使十字板按一定速率扭转直至土体剪切破坏。由剪切破坏时的扭矩 $M_{\max}$ 可推算土的抗剪强度。

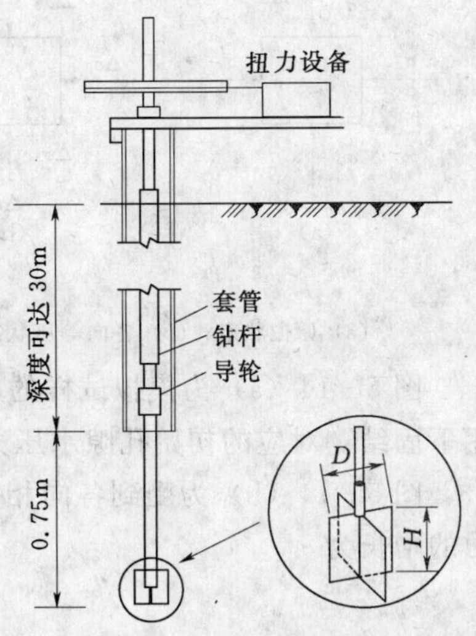

图 5-13 十字板剪切仪

土体的抗扭力矩由 M_1 和 M_2 两部分组成，即

$$M_{\max} = M_1 + M_2 \tag{5-15}$$

$$M_1 = 2\times\frac{\pi D^2}{4}\times\frac{D}{3}\times\tau_{fh} \tag{5-16}$$

$$M_2 = \pi DH\,\frac{D}{2}\tau_{fv} \tag{5-17}$$

式中：M_1 为柱体上下平面的抗剪强度对圆心所产生的抗扭力矩，kN·m；τ_{fh} 为水平面上

的抗剪强度，kPa；D 为十字板直径，m；M_2 为圆柱侧面上的剪应力与圆心所产生的抗扭力矩，kN·m；H 为十字板高度，m；τ_{fv} 为竖直面上的抗剪强度，kPa。

假定土体为各向同性体，即 $\tau_{fh}=\tau_{fv}=\tau_f$，则将式（5-17）和式（5-16）代入式(5-15)中，可得

$$\tau_f=\frac{2}{\pi D^2 H\left(1+\dfrac{D}{3H}\right)}M_{\max} \tag{5-18}$$

十字板剪切试验具有无需钻孔取样和使土少受扰动的优点，且仪器结构简单、操作方便，因而在软黏土地基中（$\varphi_u=0$）有较好的适用性，亦常用以在现场对软黏土的灵敏度测定。但这种原位测试方法中剪切面上的应力条件十分复杂，排水条件也不能严格控制，因此所测得的不排水强度与原状土室内的不排水剪切试验成果可能会有一定差别。另外，对于软土层中夹砂薄层，测试结果有可能失真或偏高。

5.2.5　三轴压缩试验中的孔隙压力系数

根据三轴试验结果，A. W. 斯肯普顿（Skempton，1954）定义孔隙压力系数 A 和 B 表示孔隙水压力的发展和变化，建立轴对称应力状态下土中孔隙压力与大、小主应力之间的关系。

图 5-14 表示单元土体中孔隙压力的发展：

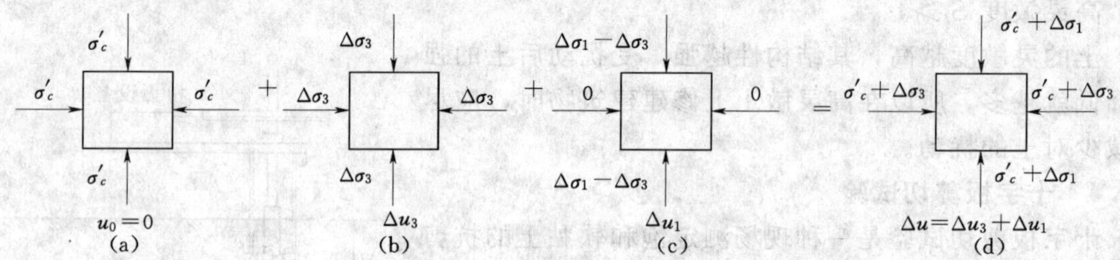

图 5-14　孔隙压力的变化

(a) 原位状态；(b) 各向等压状态；(c) 轴向加压状态；(d) 轴向压力和侧向压力共同作用状态

图 5-14（a）为模拟试样的原位应力状态，设土体单元在各向相等的有效应力 σ_c' 作用下固结，对应的初始孔隙水压力 $u_0=0$。

图 5-14（b）为受到各向相等的压力 $\Delta\sigma_3$ 的作用，孔隙压力的增长为 Δu_3，有效应力的增长为

$$\Delta\sigma'_3=\Delta\sigma_3-\Delta u_3 \tag{5-19}$$

图 5-14（c）为在单元土体上施加轴向压力增量（$\Delta\sigma_1-\Delta\sigma_3$），设在试样中产生孔隙压力增量为 Δu_1，则相应轴向和侧向有效应力增量分别为

$$\Delta\sigma'_1=(\Delta\sigma_1-\Delta\sigma_3)-\Delta u_1 \tag{5-20}$$

和

$$\Delta\sigma'_3=-\Delta u_1 \tag{5-21}$$

图 5-14（d）为在轴向压力 $\Delta\sigma_1$ 和 $\Delta\sigma_3$ 共同作用下单元土体中产生孔隙压力 $\Delta u_3+\Delta u_1$。

对于图 5-14（b）所示的应力状态，根据弹性理论，如果弹性材料的弹性模量和泊松比分别为 E 和 μ，在各向应力相等而无剪应力的情况下，土体积的变化为

$$\Delta V=\frac{3(1-2\mu)}{E}V\Delta\sigma'_3$$

将式（5-19）代入上式得

$$\Delta V=C_sV(\Delta\sigma_3-\Delta u_3) \tag{5-22}$$

式中：C_s 为土骨架的三向体积压缩系数，$C_s=3(1-2\mu)/E$，表明土体在三轴压缩试验中土体积应变与围压增量的比值；V 为试样体积。

土孔隙中气和水由于 Δu_3 的作用产生压缩，压缩量为

$$\Delta V_v=C_vnV\Delta u_3 \tag{5-23}$$

式中：n 为土的孔隙率；C_v 为孔隙的三向体积压缩系数，是土体在三轴压缩试验中孔隙体积应变与围压增量的比值。

忽略土体中固体颗粒的压缩量，土体体积的变化就等于土中孔隙体积的变化 $\Delta V=\Delta V_v$，则由式（5-22）和式（5-23）得

$$C_sV(\Delta\sigma_3-\Delta u_3)=C_vnV\Delta u_3$$

整理后得

$$\Delta u_3=\frac{1}{1+n\dfrac{C_v}{C_s}}\Delta\sigma_3=B\Delta\sigma_3 \tag{5-24}$$

式中：B 为各向应力相等条件下的孔隙压力系数，$B=1/(1+nC_v/C_s)$，是土体在等向压缩应力状态时，单位围压增量所引起的孔隙压力增量。

对于完全饱和土，孔隙中被水充满，由于水的压缩性比土骨架的压缩性小得多，$C_v/C_s\to0$，因而 $B=1$，故 $\Delta u_3=\Delta\sigma_3$；对于干土，$C_v/C_s\to\infty$，故 $B=0$；对于非饱和土，$0<B<1$，土的饱和度越小，B 值也越小。

对于图 5-14（c）所示的应力状态，根据弹性理论，其体积变化为

$$\Delta V=C_sV\times\frac{1}{3}(\Delta\sigma'_1+2\Delta\sigma'_3)$$

将式（5-20）及式（5-21）代入，得

$$\Delta V=C_sV\times\frac{1}{3}(\Delta\sigma_1-\Delta\sigma_3-3\Delta u_1) \tag{5-25}$$

同理，孔隙压力增量 Δu_1 使土孔隙体积的变化为

$$\Delta V_v=C_vnV\Delta u_1 \tag{5-26}$$

根据 $\Delta V=\Delta V_v$，得

$$\Delta u_1=B\times\frac{1}{3}(\Delta\sigma_1-\Delta\sigma_3) \tag{5-27}$$

将式（5-24）和式（5-27）相加，得到在 $\Delta\sigma_1$ 和 $\Delta\sigma_3$ 共同作用下总的孔隙压力增量为

$$\Delta u=\Delta u_3+\Delta u_1=B\left[\Delta\sigma_3+\frac{1}{3}(\Delta\sigma_1-\Delta\sigma_3)\right] \tag{5-28a}$$

因为土并非理想弹性体，故式（5-28a）中的系数 1/3 是不准确的，若以 A 代替，式（5-28a）可写为

$$\Delta u=B[\Delta\sigma_3+A(\Delta\sigma_1-\Delta\sigma_3)] \tag{5-28b}$$

式中：A 为在偏应力作用下的孔隙压力系数。

对于饱和土 $B=1$，故在不排水试验中，孔隙压力增量为

$$\Delta u=\Delta\sigma_3+A(\Delta\sigma_1-\Delta\sigma_3) \tag{5-29}$$

在固结不排水试验中，由于试样在 $\Delta\sigma_3$ 作用下固结稳定，故 $\Delta u_3=0$，于是

$$\Delta u=\Delta u_1=A(\Delta\sigma_1-\Delta\sigma_3) \tag{5-30}$$

在排水试验中，孔隙压力全部消散，故 $\Delta u=0$。

研究表明，A 值的大小受很多因素的影响，并随着应力增加呈非线性变化。高压缩性土的 A 值比较大，超固结黏土在偏应力作用下将发生体积膨胀，会产生负的孔隙压力，故 A 是负值。即便是对同一种土，A 值也不是常数，分别受应变、初始应力状态和应力历史等因素影响。各类土的孔隙压力系数 A 的参考值见表 5-1，但要比较准确地确定土体的孔隙压力，还是要根据实际应力应变条件进行三轴压缩试验测定 A 值。

表 5-1　孔隙压力系数 A

土样类型（饱和）	用于验算土体破坏的数值	用于计算地基沉降的数值
很松的细砂	2～3	
灵敏黏土	1.5～2.5	
正常固结黏土	0.7～1.3	0.5～1
轻度超固结黏土	0.3～0.7	
严重超固结黏土	−0.5～0	0～0.25
很灵敏的软黏土		>1
超固结黏土		0.25～0.5

5.3 饱和黏性土的剪切性状

5.3.1 不同排水条件下的剪切试验成果表达方法

按上节直接剪切试验和三轴压缩所述的三种排水条件下的试验所得的成果，均可用总应力强度指标来表达，其表示方法是在 c、φ 符号右下角分别标以表示不同排水条件的符号，见表 5-2。

表 5-2　剪切试验成果表达

直接剪切		三轴剪切	
试验方法	成果表达	试验方法	成果表达
快剪	c_q、φ_q	不排水剪	c_u、φ_u
固结快剪	c_{cq}、φ_{cq}	固结不排水剪	c_{cu}、φ_{cu}
慢剪	c_s、φ_s	排水剪	c_d、φ_d

对于三轴试验成果，除用总应力强度指标表达外，还可用有效应力指标 c'、φ' 表示，且对同一种土，无论采用 UU、CU 或 CD 试验成果，都可获得相同的 c'、φ'，即土体的有效应力强度指标不随试验方法而变。

5.3.2 不固结不排水强度

图 5-15 表示一饱和黏性土的三轴不排水剪试验结果，图中三个实线圆 A、B、C 表示三个试样在不同 σ_3 作用下剪切破坏时的总应力圆，虚线圆为有效应力圆。试验结果表明，虽然三个试样的周围压力 σ_3 不同，但剪切破坏时的主应力差相等，因而三个极限应力圆的直径相同，由此而得的强度包线是一条水平线，即

$$\varphi_u = 0$$

$$\tau_f = c_u = \frac{1}{2}(\sigma_1 - \sigma_3) \qquad (5-31)$$

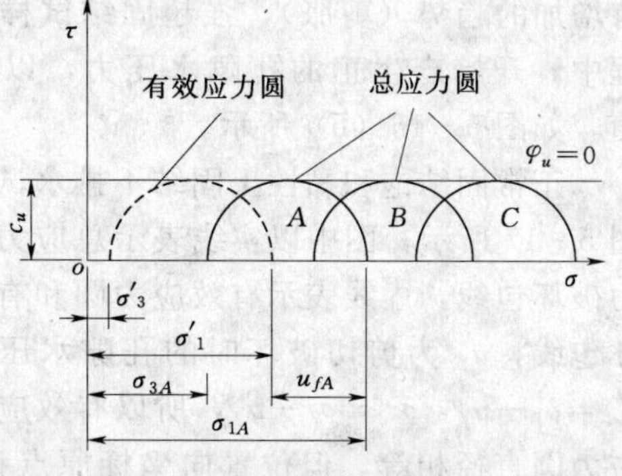

图 5-15 饱和黏性土的不排水剪切试验结果

试验中分别量测试样破坏时的孔隙水压力 u_f，可根据有效应力原理获得以有效应力表示的极限应力圆。结果表明，三个试样只有同一有效应力圆，即

$$\sigma'_1 - \sigma'_3 = (\sigma_1 - \sigma_3)_A = (\sigma_1 - \sigma_3)_B = (\sigma_1 - \sigma_3)_C \qquad (5-32)$$

出现上述现象的原因是因为在不排水条件下，试样在剪切过程中始终不能排水固结而使试样含水量不变，体积也不变，所增加的周围压力只能引起孔隙水压力的增加，并不能增加试样的有效应力，因此土体的抗剪强度不会改变。如果剪切前的固结压力较高，也不会改变这一现象，只是会得出较大的不排水强度 c_u。

饱和黏性土在不排水剪中的这一剪切性状表明随着 σ_3 的增加，试样存在含水量—体积—有效应力唯一性的特征，导致剪切过程中强度不变。

由于一组饱和黏性土试验的有效应力圆只有一个，因而该方法不能得到有效应力破坏包线和有效应力强度指标 c'、φ'。

5.3.3 固结不排水抗剪强度

饱和黏性土的固结不排水抗剪强度在一定程度上受应力历史的影响，因此，在研究黏性土的固结不排水强度时，要区别试样是正常固结还是超固结［图 5-16 (a)］。

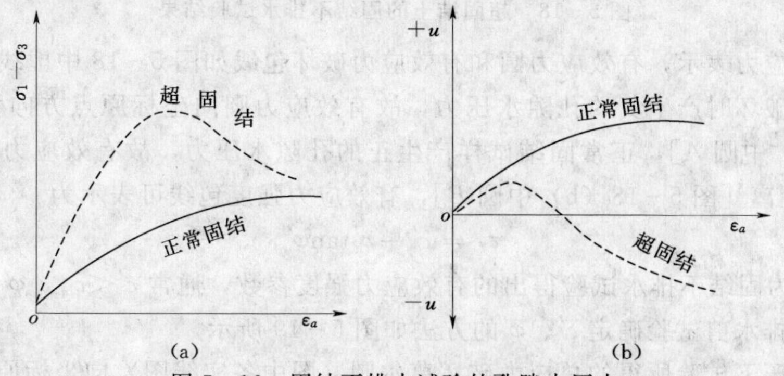

图 5-16 固结不排水试验的孔隙水压力

(a) 主应力差 $(\sigma_1-\sigma_3)$ 与轴向应变 ε_a 关系；(b) 孔隙水压力 u 与轴向应变 ε_a 关系

饱和黏性土固结不排水试验时，试样在 σ_3 作用下充分排水固结，$\Delta u_3=0$，在不排水条件下施加偏应力剪切时，试样中的孔隙水压力随偏应力的增加而不断变化，$\Delta u_1=$

$A(\Delta\sigma_1-\Delta\sigma_3)$，对正常固结试样剪切时体积有减少的趋势（剪缩），但由于不允许排水，故产生正的孔隙水压力，由试验得出孔隙压力系数都大于零，而超固结试样在剪切时体积有增加的趋势（剪胀），强超固结试样在剪切过程中，开始产生正的孔隙水压力，以后转为负值，如图5-16（b）所示。

正常固结饱和黏性土固结不排水试验结果如图5-17所示，图中以实线表示总应力圆和总应力破坏包线，虚线表示有效应力圆和有效应力破坏包线，u_f 为剪切破坏时的孔隙水压力，由于 $\sigma'_1=\sigma_1-u_f$，$\sigma'_3=\sigma_3-u_f$，所以有效应力圆与总应力圆直径相等，但位置向坐标原点移动 u_f 距离。总应力破坏包线和有效应力破坏包线都通过原点，说明未受任何固结压力的土（如泥浆状土）不会有抗剪强度。总应力破坏包线的倾角以 φ_{cu} 表示，有效应力破坏包线的倾角 φ' 称为有效内摩擦角，$\varphi'>\varphi_{cu}$。

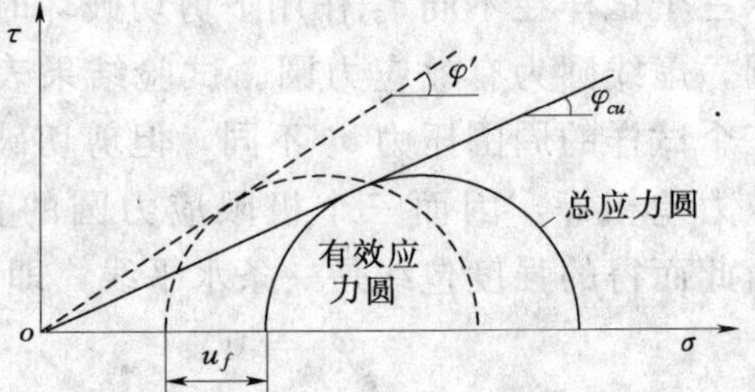

图5-17　正常固结饱和黏性土固结不排水试验结果

超固结土的固结不排水总应力破坏包线如图5-18（a）所示，是一条略平缓的曲线，可近似用直线 ab 代替，与正常固结破坏包线 bc 相交，bc 线的延长线仍通过原点，实用上将 abc 折线取为如图5-18（b）所示的一条直线，总应力强度指标为 c_{cu} 和 φ_{cu}。于是，固结不排水剪切的总应力破坏包线可表达为

$$\tau_f = c_{cu} + \sigma\tan\varphi_{cu} \tag{5-33}$$

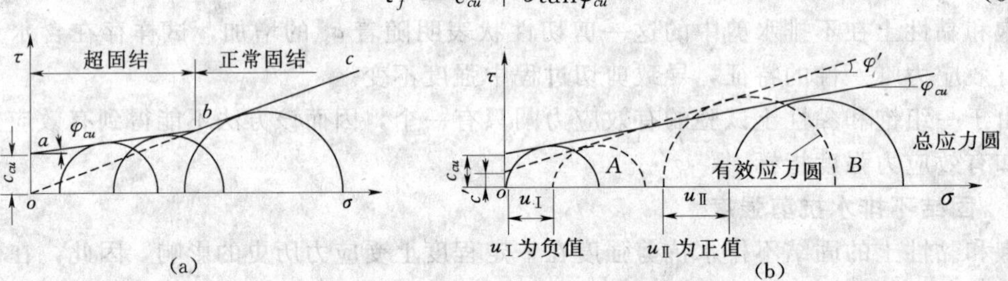

图5-18　超固结土的固结不排水试验结果

如以有效应力表示，有效应力圆和有效应力破坏包线如图5-18中虚线所示，由于超固结土在剪切破坏时产生负的孔隙水压力，故有效应力圆向坐标原点方向移动 $-u_{\mathrm{I}}$ 距离[图5-18（b）中圆 A]，正常固结试样产生正的孔隙水压力，故有效应力圆向坐标原点方向移动 u_{II} 距离[图5-18（b）中圆 B]，有效应力强度包线可表示为

$$\tau_f = c' + \sigma'\tan\varphi' \tag{5-34}$$

式中：c' 和 φ' 为固结不排水试验得出的有效应力强度参数，通常 $c'<c_{cu}$，$\varphi'>\varphi_{cu}$。

由固结不排水剪试验确定 c'、φ' 的方法如图5-19所示。

将不同围压下试验所得的总应力破坏莫尔圆（图中各实线图）向坐标原点平移一破坏时的 u 值距离，圆的半径保持不变，就可绘出有效应力破坏莫尔圆（图中各虚线）。按各实线圆求得的公切线为该土的总应力抗剪强度包线，据之可确定 c_{cu} 和 φ_{cu}；按各虚线圆求得的公切线即为该土的有效应力抗剪强度包线，据之可确定 c' 和 φ'。

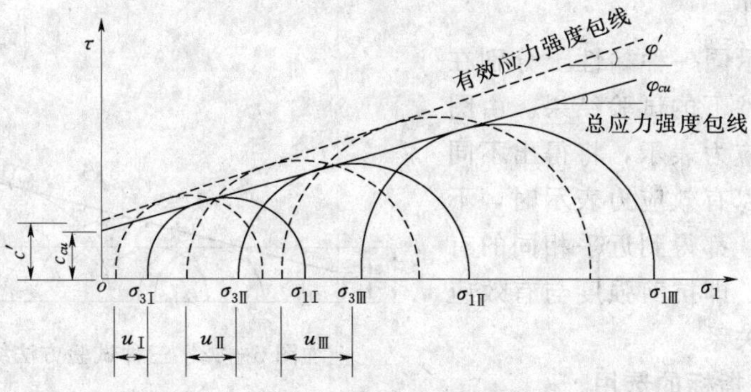

图 5-19 由三轴试验成果确定 c、φ'

5.3.4 固结排水抗剪强度

固结排水试验在整个试验过程中超孔隙水压力始终为零，总应力最后全部转化为有效应力，所以总应力圆就是有效应力圆，总应力破坏包线就是有效应力破坏包线。图 5-20（a）、(b)分别为固结排水试验的应力—应变关系和体积变化，在剪切过程中，正常固结黏土发生剪缩，而超固结土则是先剪缩，继而主要呈现剪胀的特性。

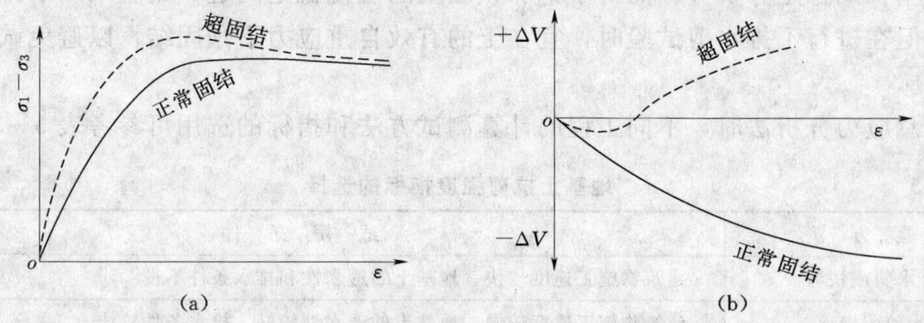

图 5-20 固结排水试验的应力—应变关系和体积变化

图 5-21 为固结排水试验结果，正常固结土的破坏包线通过原点，如图 5-21（a）所示，黏聚力 $c_d=0$，φ_d 可达 20°以上。超固结土的破坏包线存在拐点，实用上近似取为一条直线代替，如图 5-21（b）实线所示，$c_d>0$，φ_d 比正常固结土的内摩擦角要小。

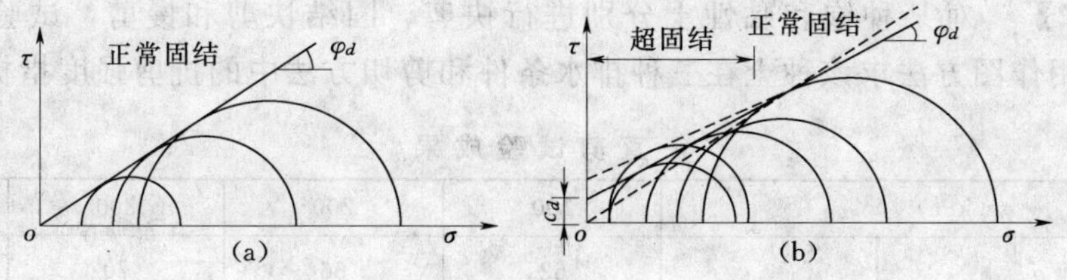

图 5-21 固结排水试验结果

（a）正常固结；（b）超固结

试验结果表明，c_d、φ_d 与固结不排水试验得到的 c'、φ'很接近，由于固结排水试验所需的时间太长，故实用上常以 c'、φ'代替 c_d 和 φ_d，但要注意两者的试验条件是不同的，固结不排水试验在剪切过程中试样体积保持不变，而固结排水试验在剪切过程中试样的体积一般要发生变化。

图 5-22 表示同一种黏性土分别在三种不同排水条件下的试验结果。由图可见，如果以总应力表示，将得出不同的试验结果，而以有效应力表示时，不论何种试验方法，都得到近乎相同的有效应力破坏包线。即抗剪强度与有效应力有唯一的对应关系。

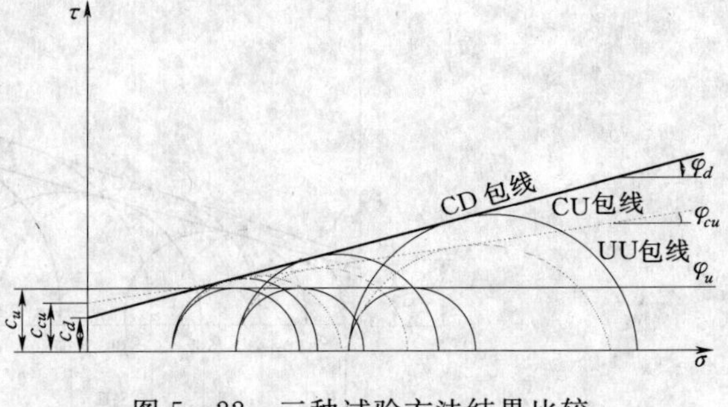

图 5-22　三种试验方法结果比较

5.3.5　抗剪强度指标的选用

如前所述，土的抗剪强度指标随试验方法、排水条件的不同而异，因而在实际工程中应该尽可能按照现场条件选择适当的实验室试验方法，以获得与实际场地最为接近的抗剪强度指标。

一般认为，由三轴固结不排水试验确定的有效应力强度参数 c' 和 φ' 宜用于分析地基的长期稳定性，例如土坡的长期稳定分析、挡土结构物的长期土压力计算、软土地基上结构物的地基长期稳定分析等。而对于饱和软黏土的短期稳定问题，则宜采用不排水剪的强度指标。但在进行不排水剪试验时，宜在土的有效自重应力下预固结，以避免试验得出的指标过低。

采用总应力分析法时，不同工程的计算测试方法和指标的选用可参考表 5-3。

表 5-3　　地基土抗剪强度指标的选择

试验方法	适用条件
不排水剪或快剪	建筑物施工速度较快、地基土的透水性和排水条件不良
排水剪或慢剪	建筑物施工速度较慢、地基土的透水性较好、排水条件较佳
固结不排水剪或固结快剪	介于以上两种情况之间，或建筑物竣工以后较久荷载又突然增加（如房屋增层、水库突然蓄水、水库水位降落期等）

实际加荷情况和土的性质是复杂的，而且建筑物在施工和使用过程中要经历不同的固结状态，因此，确定强度指标时还应结合工程经验。

【例 5-2】　对某种饱和黏性土分别进行快剪、固结快剪和慢剪，试验成果列于表 5-4中，试用作图方法求该种土在三种排水条件和剪切方法中的抗剪强度指标。

表 5-4　　直剪试验成果

σ（kPa）		100	200	300	400
快剪 q	τ_f（kPa）	62	66	70	73
固结快剪 c_q	τ_f（kPa）	70	94	117	141
慢剪 s	τ_f（kPa）	81	130	176	225

解　据表 5-4 所列数据，依次绘制三种试验方法所得的抗剪强度包线，如图 5-23 所示，并由此确定得各抗剪强度指标如下：

$$c_q = 59\text{kPa}, \varphi_q = 2°$$

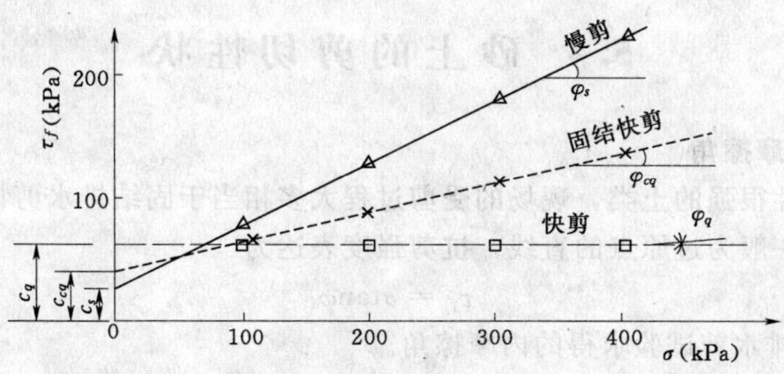

图 5-23 [例 5-2] 图

$$c_{cq} = 47\text{kPa}, \varphi_{cq} = 13°$$

$$c_s = 34\text{kPa}, \varphi_s = 26°$$

【例 5-3】 对某种饱和黏性土做固结不排水试验，三个试样破坏时的 σ_{1f}、σ_{3f} 和相应的孔隙水压力 u_f 列于表 5-5 中。(1) 试确定该试样的 c_{cu}、φ_{cu} 和 c'、φ'；(2) 试分析用总应力法与有效应力法表示土的强度时，土的破坏面是否发生在同一平面上？

表 5-5 三轴试验成果

σ_{1f} (kPa)	σ_{3f} (kPa)	u_f (kPa)
133	50	23
210	90	40
303	140	67

解

(1) 根据表 5-5 中的 σ_{1f}、σ_{3f} 值，按比例在 $\tau-\sigma$ 坐标中绘出三个总应力极限莫尔圆，如图 5-24 中实线图，再绘出此三圆的外包线，得

$$c_{cu} = 13\text{kPa}, \varphi_{cu} = 18°$$

将三个总应力极限莫尔圆按各自测得的 u_f 值分别向坐标原点平移，即 $\sigma'=\sigma-u$，绘得三个有效应力极限莫尔圆，如图 5-24 中虚线图。绘出外包线，确定得

$$c' = 11\text{kPa}, \varphi' = 27°$$

(2) 由土的极限平衡条件可知，剪破角 $a_f=45°+\frac{\varphi}{2}$，若以总应力来表示，$a_f=45°+\frac{\varphi_{cu}}{2}=54°$，而用有效应力来表示，$a_f=45°+\frac{\varphi'}{2}=58.5°$。

该例表明，用总应力法和有效应力法表示土的强度时，其理论剪破面并不发生在同一平面上。

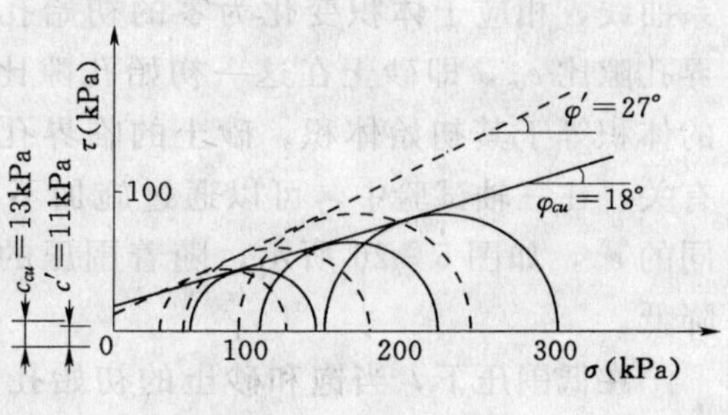

图 5-24 [例 5-3] 图

5.4　砂土的剪切性状

5.4.1　砂土的内摩擦角

砂土是透水性很强的土类，现场的受剪过程大多相当于固结排水剪情况，试验所求得的抗剪强度包线一般为过原点的直线，抗剪强度表达为

$$\tau_f = \sigma \tan\varphi_d \tag{5-35}$$

式中：φ_d 为固结排水剪试验求得的内摩擦角。

影响砂土内摩擦角的主要因素是土体的初始孔隙比、土粒表面粗糙度及颗粒级配，初始孔隙比小、土粒表面粗糙、级配良好的砂土内摩擦角较大。另外，土体的饱和度也对内摩擦角有一定影响，研究表明，具有同一初始孔隙比的同一种砂土在饱和时的内摩擦角比干燥时一般小 2°左右。

5.4.2　砂土的应力－轴向应变－体变关系

砂土在剪切过程中的性状与初始孔隙比有关，图 5－25 为同一种砂土具有不同初始孔隙比时在相同周围压力 σ_3 下受剪时的性状。图示结果表明，松砂受剪时强度随轴向应变的增大而增大，应力—应变关系呈应变硬化型，受剪过程中体积减小（剪缩）。密砂受剪时应力—应变关系有明显峰值，但过峰值后随着轴向应变的增加，强度逐渐降低，呈应变软化型，最后趋于松砂的强度，这一不变的强度值被称为残余强度。体积变化是开始稍有减少，继而不断增加（剪胀），超过了初始体积，这是由于土粒间的咬合作用，受剪时砂粒之间产生相对滚动，位置重新排列，使得体积增加。密砂的剪胀趋势会随着围压的增大、颗粒的破碎而逐渐消失。图 5－25 结果还表明，在高的周围压力下，不论砂土的密实程度如何，受剪都将压缩。

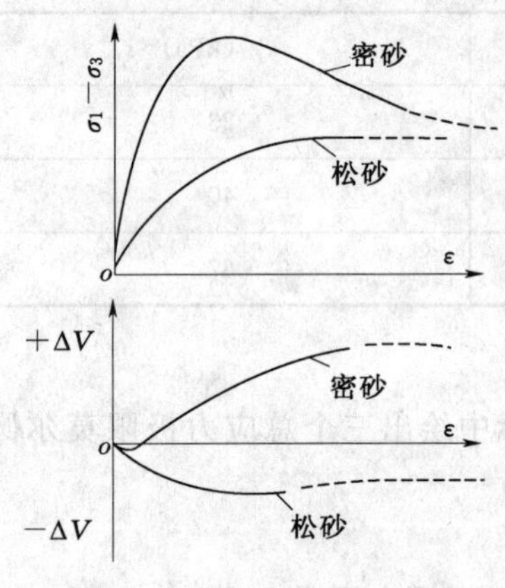

图 5－25　砂土受剪时的应力—轴向应变—体变关系

砂土在低周围压力受剪时体积是缩小还是增大取决于初始孔隙比，将具有不同初始孔隙比 e_0 的试样在同一压力下进行剪切试验，可以得到图 5－26 所示的 e_0 与体积变化 $\Delta V/V$ 之间的关系曲线，相应于体积变化为零的初始孔隙比被定义为临界孔隙比 e_{cr}，即砂土在这一初始孔隙比下受剪，剪破时的体积等于其初始体积。砂土的临界孔隙比与周围压力有关，在三轴试验中，可以通过施加不同围压 σ_3 得出不同的 e_{cr}，如图 5－26 所示，随着围压的增加临界孔隙比降低。

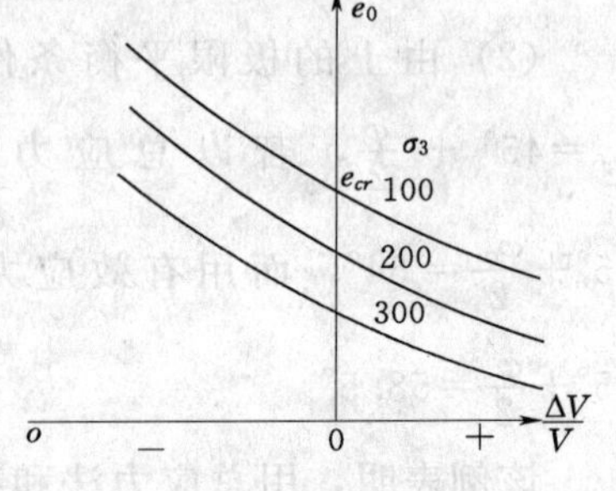

图 5－26　砂土的临界孔隙比

在低围压下，当饱和砂土的初始孔隙比 e_0 大于临界孔隙比 e_{cr}（松砂）时，如果剪切过程中不允许体积发生变化，即进行固结不排水剪，则剪应力作用下的剪缩趋

势将产生正的孔隙水压力，使有效周围压力降低，以保持试样在受剪阶段体积不变，从而使土体的抗剪强度降低。当饱和砂土的初始孔隙比 e_0 小于临界孔隙比 e_{cr}（密砂）时，如果进行固结不排水剪切试验，则剪胀趋势将通过土体内部的应力调整，产生负孔隙水压力，使有效周围压力增加，以保持试样在受剪阶段体积不变。所以，在相同的初始围压下，松砂由固结不排水剪试验获得的抗剪强度小于固结排水剪，密砂由固结不排水剪试验获得的强度高于固结排水剪。

另外，当饱和松砂受到动荷作用（如地震），由于孔隙水来不及排出，导致孔隙水压力不断上升，就有可能使得有效应力降低到零，此时砂土会像流体那样完全失去抗剪强度，这种现象称为砂土液化。

思　考　题

5-1　试用库仑定律说明土的抗剪强度与哪些因素有关。

5-2　根据土中应力状态推导土中一点的极限平衡条件。

5-3　比较直接剪切试验和三轴压缩试验的优缺点。

5-4　简述三轴压缩试验中 UU、CU、CD 试验的排水条件。

5-5　土体中发生剪切破坏的平面是否为最大剪应力作用面？一般情况下，破坏面与大主应力面间的夹角如何计算？

5-6　实际工程中应如何选用不同剪切条件下的抗剪强度指标？

5-7　简述孔隙水压力系数 A、B 的物理意义。

5-8　饱和黏性土的不固结不排水试验的强度包线有何特点？解释其原因。

5-9　正常固结饱和黏性土的固结不排水抗剪强度试验中，总应力和有效应力强度包线均通过原点，是否表明该土样的黏聚力为零？

5-10　简述密实砂土的固结不排水剪性状。

习　题

5-1　已知某土样的一组快剪试验成果见下表所示。试用作图法求该土的抗剪强度指标 c、φ。若已知此土体中某剪切面上的应力为：$\sigma=210$kPa，$\tau=120$kPa，试问该面是否会发生剪切破坏？

σ(kPa)	50	100	200	400
τ_f(kPa)	45	79	130	236

（答案：21.6kPa、28.3°；不会发生剪切破坏）

5-2　已知某条形基础下地基土的抗剪强度指标为：$\varphi=22°$，$c=12$kPa，试问土体中应力为：$\sigma_z=210$kPa、$\sigma_x=120$kPa、$\tau_{xz}=50$kPa 的某点是否发生破坏？若 σ_z 和 σ_x 不变，τ_{xz} 增至 65kPa，则该点又如何？

（答案：未剪切破坏；剪切破坏）

5-3　某饱和黏性土试样做三轴固结不排水剪切试验，试验结果见下表所示。试用作图法求该土样的总应力和有效应力强度指标 c_{cu}、φ_{cu} 和 c'、φ'。

固结压力 σ_3 (kPa)	剪破时	
	σ_1 (kPa)	u_f (kPa)
100	205	63
200	385	110
300	570	150

（答案：8.3kPa、17.0°；16.2kPa、25.0°）

5-4　某砂土地基的某点应力状态为：$\sigma_1=450$kPa，$\sigma_3=220$kPa，已知土体内摩擦角 $\varphi=30°$，试计算：

（1）该点最大剪应力及相应的正应力分别是多少？

（2）此点是否已达极限平衡状态？

（3）如果此点未达到极限平衡，令大主应力不变，改变小主应力使该点达到极限平衡状态，此时小主应力应为多少？

（答案：115kPa，335kPa；未达到极限平衡状态；150kPa）

5-5　某饱和黏性土无侧限抗压强度试验测得不排水抗剪强度 $c_u=65$kPa，若对同一土样进行三轴不固结不排水试验，施加周围压力 $\sigma_3=120$kPa，试问在多大的轴向压力作用下发生破坏？

（答案：250kPa）

第6章　土压力及挡土墙

土压力通常指作用于挡土墙和各种支护结构上的侧压力。由于土压力是这类土工建筑的主要外荷载，因此直接影响着设计结果。土压力计算是比较复杂的问题，不仅与挡土墙的位移大小和位移方向有关，还与挡土墙墙后填土性质和墙背型式有关。根据土压力的产生条件和作用性质，土压力被分为主动土压力、被动土压力和静止土压力。

本章主要讲述这三种土压力的基本概念和近似计算方法，以及挡土墙的基本设计方法。

6.1　挡土墙侧土压力

6.1.1　土压力类型及产生条件

挡土墙是防止土体坍塌的构筑物，是应用最广泛的土工建筑之一。图6-1为房屋建筑、桥梁工程等应用挡土墙的实例。

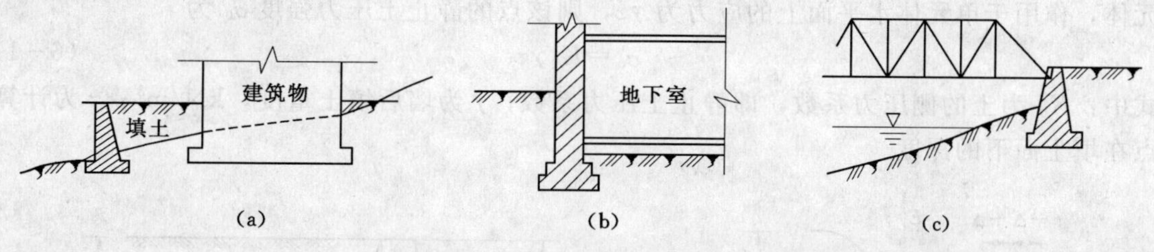

图6-1　常见挡土墙应用

(a) 支撑建筑物周围填土；(b) 地下室侧墙；(c) 桥台边墩

根据挡土墙的位移情况和墙后土体所处的应力状态，作用在挡土墙侧的土压力被分为三种（图6-2）。

1. 静止土压力

当挡土墙静止不动，墙后填土处于弹性平衡状态时，作用在挡土墙背的土压力称为静止土压力，用 E_0 表示［图6-2 (a)］。坚硬基岩上的重力式挡土墙、建筑结构的地下室外墙等可视为受静止土压力作用。

2. 主动土压力

当挡土墙向离开土体方向偏移至墙后土体达到极限平衡状态时，作用在墙背的土压力称为主动土压力，用 E_a 表示［图6-2 (b)］。支撑构筑物周围填土的挡土墙大多受主动土压力作用。

3. 被动土压力

当挡土墙向土体方向偏移至土体达到极限平衡状态时，作用在墙背的土压力称为被动土压力，用 E_p 表示［图 6-2（c）］。桥台边墩受到桥体推力时土体对其产生的侧压力属被动土压力。

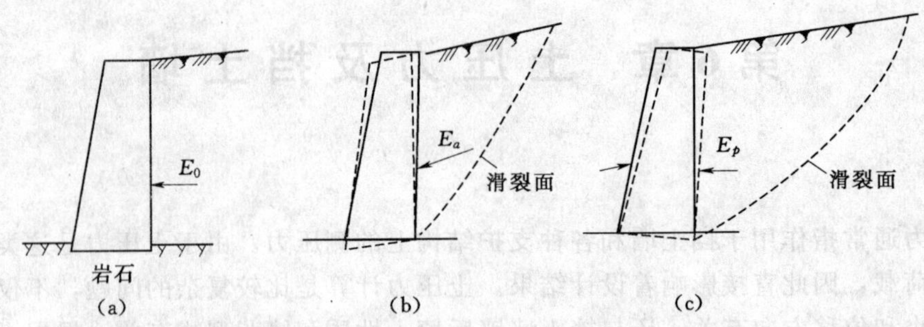

图 6-2　挡土墙侧的三种土压力

(a) 静止土压力；(b) 主动土压力；(c) 被动土压力

将上述挡土墙位移与土压力的关系绘制成图 6-3 所示的曲线。理论分析与原型实测结果均证明，对同一挡土墙，在填土的物理力学性质相同的条件下，三种土压力在数值上存在 $E_a < E_0 \ll E_p$，相应地，产生被动土压力所需位移量 Δ_p 也大大超过产生主动土压力所需的位移量 Δ_a，即 $\Delta_p \gg \Delta_a$。

6.1.2　静止土压力计算

静止土压力可按图 6-4 所示方法计算。在墙后填土表面下任意深度 z 处取一微小单元体，作用于单元体水平面上的应力为 γz，则该点的静止土压力强度 σ_0 为

$$\sigma_0 = K_0 \gamma z \tag{6-1}$$

式中：K_0 为土的侧压力系数，即静止土压力系数；γ 为墙后填土重度，kN/m³；z 为计算点在填土面下的深度。

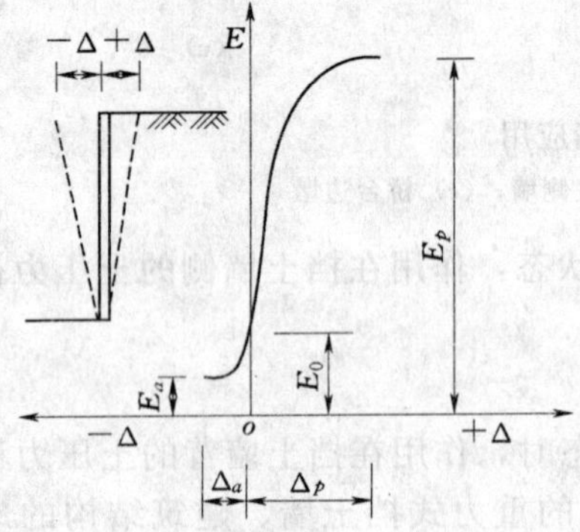

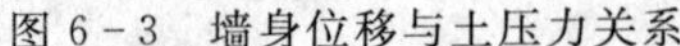

图 6-3　墙身位移与土压力关系

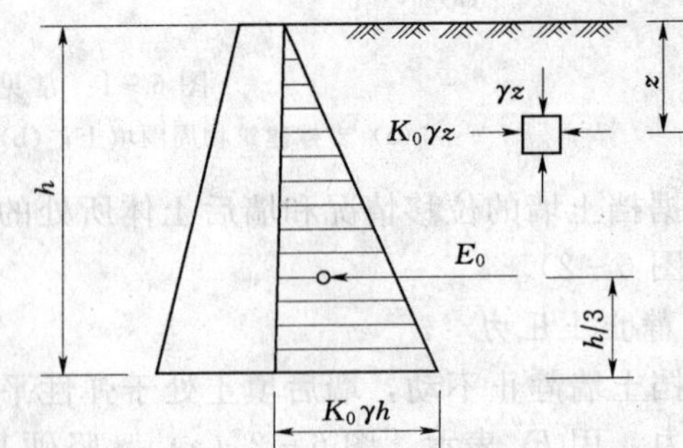

图 6-4　静止土压力的分布

静止土压力系数的确定可通过侧限条件下的试验测定，也可采用杰克（Jacky，1948）对于正常固结土提出的经验公式计算，即

$$K_0 = 1 - \sin\varphi'$$

式中：φ'为土的有效内摩擦角。

一般认为，由上式计算的 K_0 值与砂性土的试验结果吻合较好，对黏性土有一定误

差，对饱和软黏土更应谨慎采用。

由式（6－1）可知，静止土压力沿墙高为图 6－4 所示的三角形分布，如果取单位墙长计算，则作用在墙上的静止土压力合力为

$$E_0=\frac{1}{2}\gamma h^2 K_0 \tag{6-2}$$

式中：E_0 为单位墙长的静止土压力合力，kN/m，作用点在距墙底 $h/3$ 处；h 为挡土墙高度，m。

6.2 朗肯土压力理论

6.2.1 墙背土体的应力状态

朗肯（Rankine，1857）古典土压力理论是根据半空间的应力状态和土中一点的极限平衡条件而得出的土压力计算方法。

朗肯土压力理论的假设条件是：①墙体为刚体；②墙背铅直、光滑；③填土表面水平。

根据上述三点假设，可以认为水平填土体中的应力状态与半空间土体中的应力状态一致，铅直面内和水平面上均无剪应力存在。这样可将墙背假想为半无限土体内的一个铅直平面，在水平面与铅直面上的正应力分别为大、小主应力。

图 6－5（a）表示地表水平的半空间 z 处取一微单元体 M，当土体处于静止状态时，该点处于弹性平衡状态。设土的重度为 γ，作用在单元体 M 水平和铅直面上的应力为

$$\sigma_z=\gamma z \tag{6-3}$$

$$\sigma_x=K_0\gamma z \tag{6-4}$$

由前述假设可知 σ_z、σ_x 均为主应力，且在正常固结土中 $\sigma_1=\sigma_z$、$\sigma_3=\sigma_x$，此时的应力状态用莫尔应力圆表示为图 6－5（b）中圆Ⅰ。

当某种原因使挡土墙在土压力作用下产生离开土体的位移时，墙背土体在水平方向均匀伸展，即作用在墙背微单元 M 上的竖向应力保持不变，水平应力由于土体抗剪强度的发挥而逐渐减少。当挡土墙位移增大到 Δ_a，墙后土体在某一范围达到极限平衡状态（称为朗肯主动状态）时，墙后土体中出现一组滑裂面，它与大主应力作用面（即水平面）的夹角为（$45°+\varphi/2$）［图 6－5（c）］，此时水平应力 $\sigma_x=\sigma_3$ 减至最低限值 σ_a，此即为主动土压力。

以 $\sigma_1=\sigma_z=\gamma z$ 和 $\sigma_3=\sigma_x=\sigma_a$ 画出的莫尔应力圆与抗剪强度线相切，如图 6－5（b）中圆Ⅱ。若挡土墙继续位移，只能使土体产生塑性变形，而不会改变其应力状态。

如果挡土墙向填土方向产生位移，则土体在水平方向压缩，σ_x 不断增加、σ_z 保持不变，当挡土墙位移增加到 Δ_p 时，土体达到被动朗肯状态，墙后土体中出现一组与小主应力作用面（即水平面）的夹角为（$45°-\varphi/2$）［图 6－5（d）］的滑裂面。这时 σ_x 达到极限值，是大主应力，此即为大主应力 σ_p，σ_z 变为小主应力，莫尔应力圆为图 6－5（b）中的圆Ⅲ。

所以，随着挡土墙后的土体在水平方向的伸展或压缩，土体由弹性平衡状态转为塑性平衡状态。

6.2.2 主动土压力

由土体的极限平衡条件可知，在极限平衡状态下，图 6－6（a）所示黏性填土中任一

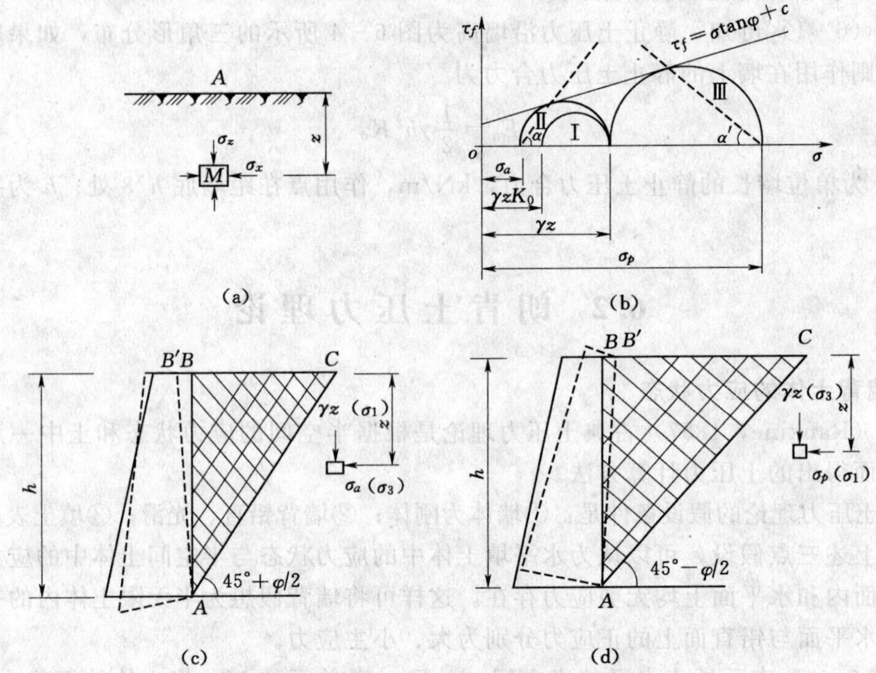

图 6-5 半空间单元体及墙背的极限平衡状态

(a) 半空间体中一点的应力；(b) 莫尔应力圆与朗肯状态关系；

(c) 墙背主动朗肯状态；(d) 墙背被动朗肯状态

点的大、小主应力 σ_1 和 σ_3 之间应满足下式

$$\sigma_3=\sigma_1\tan^2\left(45°-\frac{\varphi}{2}\right)-2c\tan\left(45°-\frac{\varphi}{2}\right) \tag{6-5}$$

将 $\sigma_3=\sigma_a$、$\sigma_1=\gamma z$ 代入式（6-5）并令 $K_a=\tan^2\left(45°-\frac{\varphi}{2}\right)$，可得到主动土压力计算公式

$$\sigma_a=\gamma z K_a-2c\sqrt{K_a} \tag{6-6}$$

对于无黏性土，有 $c=0$，则

$$\sigma_a=\gamma z K_a \tag{6-7}$$

式中：σ_a 为主动土压力强度，kPa；K_a 为主动土压力系数；γ 为墙后填土重度，kN/m^3；c 为填土的黏聚力，kPa；φ 为填土的内摩擦角，(°)；z 为计算点离填土表面的距离，m。

式（6-7）表明，无黏性土的主动土压力强度与 z 成正比，即沿墙高呈三角形分布［图 6-6（b）］。作用在单位墙长上的主动土压力 E_a（kN/m）为

$$E_a=\frac{1}{2}\gamma h^2 K_a \tag{6-8}$$

式中：h 为挡土墙的高度，m；E_a 的作用点距墙底 $h/3$。

式（6-6）表明，黏性土的主动土压力强度由土自重引起的对墙的压力和由黏聚力引起的对墙的“拉”力两部分组成，叠加后如图 6-6（c）所示，包括 Δabc 所示的压力和

Δade 所示的"拉"力。由于结构物与土之间的抗拉强度很低，在拉力作用下极易开裂，因而"拉"力是一种在设计中不应被考虑的力，故在图中以虚线表示。

所以，当墙背填土为黏性土时，挡土墙设计中考虑的作用于墙背的土压力只是图6-6 (c)中 Δabc 部分，而将 a 点以上墙背的土压力作为零考虑。

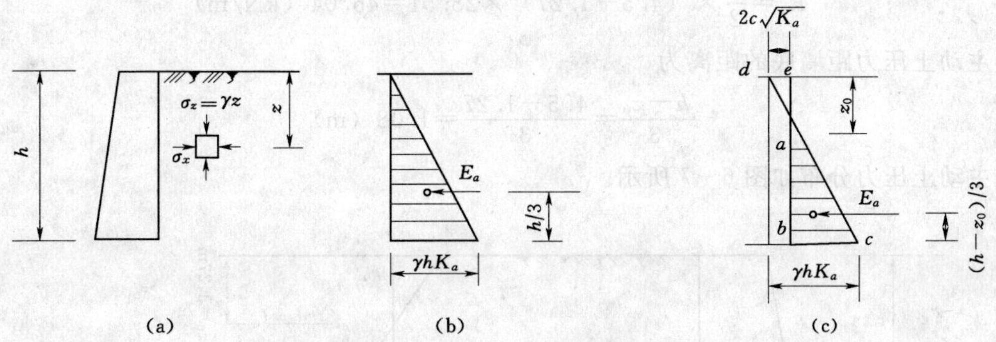

图6-6 主动土压力强度分布图

(a) 主动土压力的计算；(b) 无黏性土；(c) 黏性土

图6-6 (c) 中 a 点至墙顶的距离被称为临界深度，记为 z_0。在填土面无荷载作用时，令式 (6-6) 中 $\sigma_a=0$，即可确定 z_0 为

$$\sigma_a=\gamma z_0 K_a-2c\sqrt{K_a}=0 \tag{6-9}$$

$$z_0=\frac{2c}{\gamma\sqrt{K_a}}$$

取单位墙长计算，作用于墙背的主动土压力合力 E_a 为

$$E_a=\frac{1}{2}(h-z_0)(\gamma hK_a-2c\sqrt{K_a})$$

$$=\frac{1}{2}\gamma h^2K_a-2ch\sqrt{K_a}+\frac{2c^2}{\gamma} \tag{6-10a}$$

或

$$E_a=\frac{1}{2}\gamma(h-z_0)^2K_a \tag{6-10b}$$

E_a 作用于距墙底 $(h-z_0)/3$ 处。

【例6-1】 图6-7所示挡土墙高4.5m，墙背直立、光滑，墙后填土面水平。填土为黏性土，物理力学指标如下：$\gamma=18\text{kN/m}^3$，$c=8\text{kPa}$，$\varphi=20°$。试求主动土压力沿墙高分布、每延米合力及其作用点。

解 墙底处的土压力强度为

$$\sigma_a=\gamma h\tan^2\left(45°-\frac{\varphi}{2}\right)-2c\tan\left(45°-\frac{\varphi}{2}\right)$$

$$=18\times4.5\tan^2\left(45°-\frac{20°}{2}\right)-2\times8\tan\left(45°-\frac{20°}{2}\right)$$

$$=28.51\ (\text{kPa})$$

临界深度为

$$z_0=\frac{2c}{\gamma\sqrt{K_a}}=\frac{2\times 8}{18\tan\left(45°-\frac{20°}{2}\right)}=1.27\ (\text{m})$$

主动土压力为

$$E_a=\frac{1}{2}\times(4.5-1.27)\times 28.51=46.04\ (\text{kN/m})$$

主动土压力距墙底的距离为

$$\frac{h-z_0}{3}=\frac{4.5-1.27}{3}=1.08\ (\text{m})$$

主动土压力分布如图 6－7 所示。

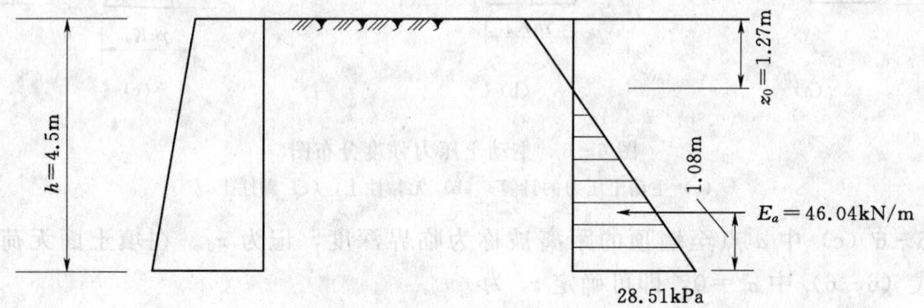

图 6－7　［例 6－1］图

6.2.3　被动土压力

当墙在外力作用下产生向填土方向移动并使墙背填土达到被动极限平衡状态时，填土中任意一点的竖向应力 $\sigma_z=\gamma z$ 保持不变，但应力状态为小主应力 $\sigma_3=\sigma_z$，大主应力 $\sigma_1=\sigma_p$，由此可根据极限平衡条件推出被动土压力 σ_p 计算公式为

黏性土：

$$\sigma_p=\gamma z K_p+2c\sqrt{K_p} \tag{6-11}$$

无黏性土：

$$\sigma_p=\gamma z K_p \tag{6-12}$$

土压力分布图形如图 6－8 所示。

单位墙长的被动土压力 E_p 为

无黏性土：

$$E_p=\frac{1}{2}\gamma h^2 K_p \tag{6-13}$$

黏性土：

$$E_p=\frac{1}{2}\gamma h^2 K_p+2ch\sqrt{K_p} \tag{6-14}$$

式中：E_p 为单位墙长的被动土压力值，kN/m；K_p 为被动土压力系数，$K_p=\tan^2\left(45°+\frac{\varphi}{2}\right)$。

被动土压力合力 E_p 通过三角形或梯形压力分布图的形心。

由于土体达到被动极限平衡条件所要求的位移量较大，所以在有些工程设计中要求慎重采用由极限平衡条件求出的被动土压力计算公式。

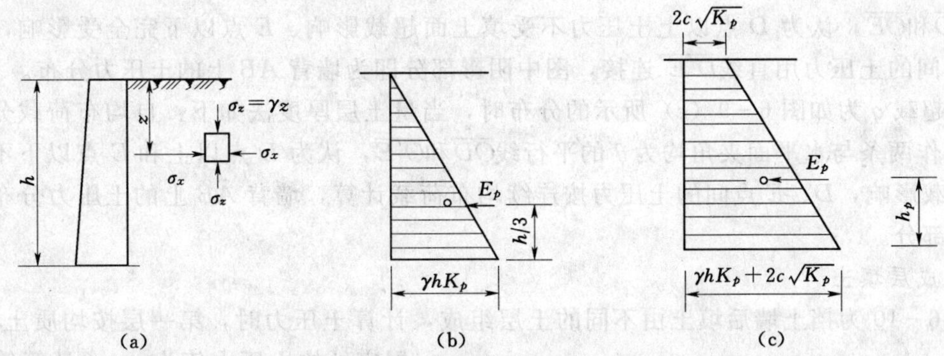

图 6-8 被动土压力强度分布图

(a) 被动土压力的计算；(b) 无黏性土；(c) 黏性土

6.2.4 几种常见情况下主动土压力计算

以无黏性土为例说明工程上常见的几种情况的主动土压力计算。

1. 填土表面有均布荷载

挡土墙后填土面上作用的均布荷载 q 被称为超载，超载分布范围一般有图 6-9 所示几种型式。有超载作用的主动土压力强度计算是将超载看作当量土重，然后将 q 换算成当量土层厚度，即

$$h=\frac{q}{\gamma} \tag{6-15}$$

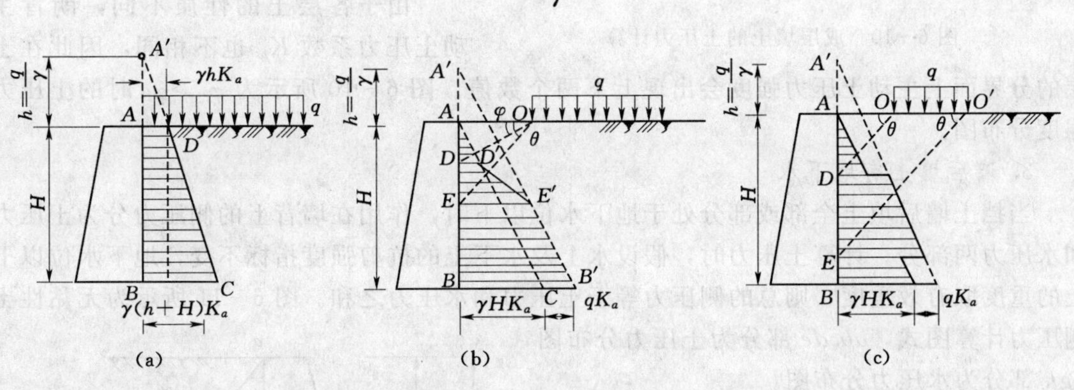

图 6-9 填土面有均布荷载时的主动土压力

(a) 连续均布荷载；(b) 距墙顶一定距离均布荷载；(c) 局部均布荷载

当超载 q 为如图 6-9 (a) 所示的连续分布时，以 $A'B$ 为墙背代替原墙背 AB，然后按填土面无荷载情况计算土压力。对于无黏性土，填土面 A 点土压力强度为

$$\sigma_{aA}=\gamma hK_a=qK_a \tag{6-16}$$

墙底 B 点的土压力强度为

$$\sigma_{aB}=\gamma\ (h+H)\ K_a=\ (q+\gamma H)\ K_a \tag{6-17}$$

压力分布如图 6-9(a)所示，实际土压力分布为梯形 $ABCD$，合力的作用点在梯形形心。

当超载 q 为如图 6-9（b）所示的分布时，土压力计算仍然采用当量土层厚度法，但计算范围按下述方法近似确定：自均布荷载起点 O 作两条与水平面夹角分别为 φ 和 θ 的辅助线 $\overline{OD}$ 和 $\overline{OE}$，认为 D 点以上土压力不受填土面超载影响、E 点以下完全受影响，D 点和 E 点间的土压力用直线 $\overline{D'E'}$ 连接，图中阴影部分即为墙背 AB 上的土压力分布。

当超载 q 为如图 6-9（c）所示的分布时，当量土层厚度法如下：自均布荷载分布点 O 和 O' 作两条与水平面夹角均为 θ 的平行线 $\overline{OD}$ 和 $\overline{O'E}$，认为 D 点以上和 E 点以下不受填土面超载影响，D、E 点间的土压力按连续均布荷载计算，墙背 AB 上的土压力分布如图中阴影部分。

2. 成层填土

图 6-10 为挡土墙后填土由不同的土层组成，计算土压力时，第一层按均质土计算，层底处的土压力值为 σ_{ae1}；计算第二层土压力时，将第一层土按重度换算成与第二层土相同的当量土层 h'_1，$h'_1=h_1\gamma_1/\gamma_2$，然后以（$h'_1+h_2$）为墙高，按均质土计算第二层土压力，得出该层土上下层面的土压力值 σ_{ae2} 和 σ_{aB}，即

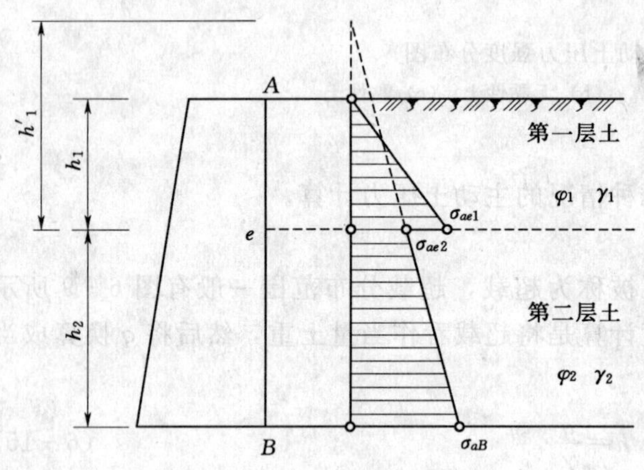

图 6-10 成层填土的土压力计算

$$\sigma_{a0}=0$$

$$\sigma_{ae1}=\gamma_1 h_1 K_{a1}$$

$$\sigma_{ae2}=\gamma_1 h_1 K_{a2}$$

$$\sigma_{aB}=(\gamma_1 h_1+\gamma_2 h_2)K_{a2}$$

由于各层土的性质不同，朗肯主动土压力系数 K_a 也不相同，因此在土层的分界面上主动土压力强度会出现上下两个数值。图 6-10 所示为 $\varphi_2>\varphi_1$ 时的土压力强度分布图。

3. 墙后填土有地下水

当挡土墙后填土全部或部分处于地下水位以下时，作用在墙背上的侧压力分为土压力和水压力两部分。计算土压力时，假设水上及水下土的抗剪强度指标不变，地下水位以下土的重度取有效重度，则总的侧压力等于土压力和水压力之和。图 6-11 所示为无黏性土侧压力计算图式，$abcde$ 部分为土压力分布图，fgh 部分为水压力分布图。

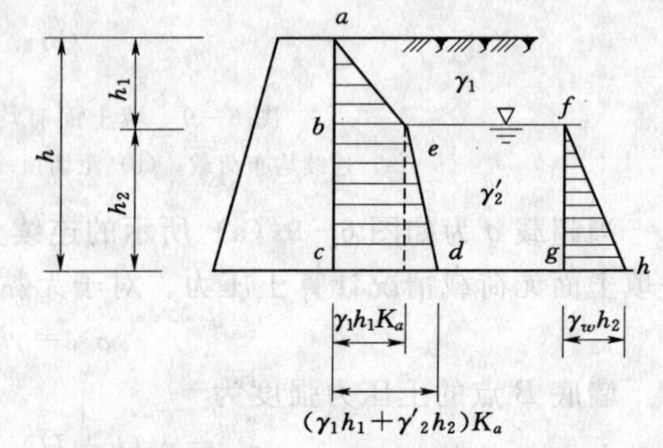

图 6-11 填土中有地下水的土压力计算

【例 6-2】 某挡土墙高 5m，墙背铅直光滑；填土表面水平，其上作用有连续均布荷载 $q=10$kPa。已知填土的物理力学性质指标为：$\varphi=20°$，$c=16$kPa，$\gamma=18$kN/m³，试求挡土墙上作用的主动土压力 E_a 及作用点位置，并绘出主动土压力强度分布图。

解 填土表面处主动土压力强度为

$$\sigma_{a1}=qK_a-2c\sqrt{K_a}$$

$$=10\tan^2\left(45°-\frac{20°}{2}\right)-2\times16\tan$$

$$=-17.5\ (\text{kPa})$$

墙底处的土压力强度为

$$\sigma_{a2}=(q+\gamma h)\ K_a-2c\sqrt{K_a}$$

$$=-17.5+18\times5\tan^2\left(45°-\frac{20°}{2}\right)=26.6\ (\text{kPa})$$

临界深度为

$$z_0=\frac{17.5}{26.6+17.5}\times5=1.98\ (\text{m})$$

总主动土压力为

$$E_a=\frac{1}{2}\times26.6\times3.02=40.2\ (\text{kN/m})$$

土压力作用点位置为

$$z=\frac{(5-1.98)}{3}=1.01\ (\text{m})$$

主动土压力强度分布如图 6-12 所示。

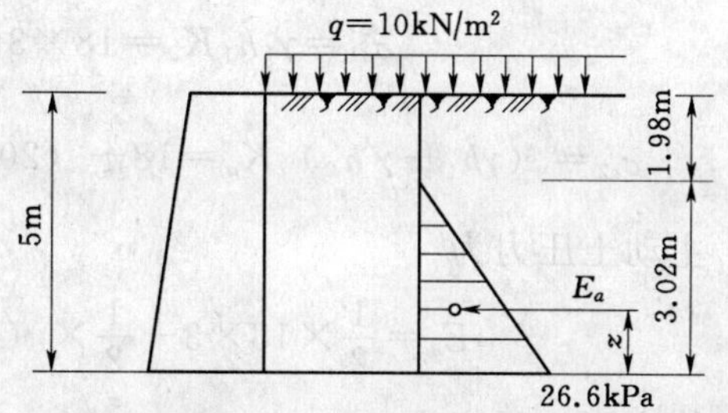

图 6-12 [例 6-2] 图

【例 6-3】 某挡土墙高 6m，墙背直立，光滑，墙后填土面水平，填土分层及物理力学性质指标如图 6-13 所示，试求主动土压力合力 E_a，并绘出土压力分布图。

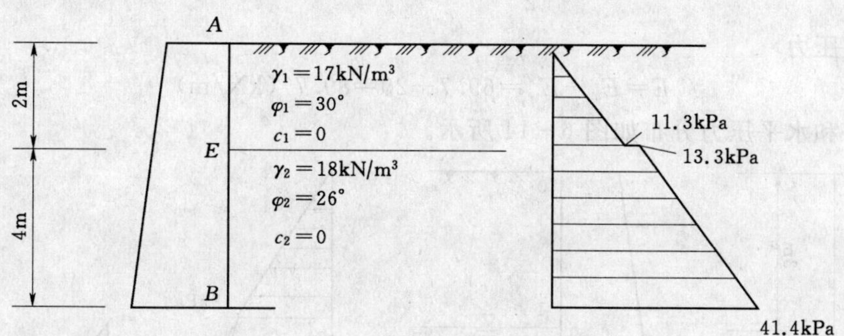

图 6-13 [例 6-3] 图

解 第一层土的土压力强度为

$$\sigma_{a0}=0$$

$$\sigma_{a1上}=\gamma_1 h_1 K_{a1}=17\times2\tan^2\left(45°-\frac{30°}{2}\right)=11.3\ (\text{kPa})$$

第二层土的土压力强度为

$$\sigma_{a1下}=\gamma_1 h_1 K_{a2}=17\times2\tan^2\left(45°-\frac{26°}{2}\right)=13.3\ (\text{kPa})$$

$$\sigma_{a2}=(\gamma_1 h_1+\gamma_2 h_2)\ K_{a2}=(17\times2+18\times4)\ \tan^2\left(45°-\frac{26°}{2}\right)=41.4\ (\text{kPa})$$

主动土压力 E_a 为

$$E_a=\frac{1}{2}\times11.3\times2+\frac{1}{2}\times(13.3+41.4)\times4=120.7\ (\text{kN/m})$$

主动土压力分布图如图 6-13 所示。

【例 6-4】　某挡土墙高 5m，墙后填土为无黏性土，地下水位距填土表面 3m。已知填土物理力学指标为：$\gamma=18\text{kN/m}^3$，$\gamma_{sat}=20\text{kN/m}^3$，$\varphi=30°$。求作用于挡土墙的总侧向压力，并绘出土压力和水压力分布图。

解　各土层的土压力强度为

$$\sigma_{a0}=0$$

$$\sigma_{a1}=\gamma_1h_1K_a=18\times3\tan^2\left(45°-\frac{30°}{2}\right)=18\ (\text{kPa})$$

$$\sigma_{a2}=(\gamma h_1+\gamma'h_2)K_a=18+(20-10)\times2\tan^2\left(45°-\frac{30°}{2}\right)=24.7\ (\text{kPa})$$

主动土压力为

$$E_a=\frac{1}{2}\times18\times3+\frac{1}{2}\times(18+24.7)\times2=69.7\ (\text{kN/m})$$

静水压力强度为

$$\sigma_w=\gamma_wh_2=10\times2=20\ (\text{kPa})$$

静水压力为

$$E_w=\frac{1}{2}\times20\times2=20\ (\text{kN/m})$$

总侧向压力

$$E=E_a+E_w=69.7+20=89.7\ (\text{kN/m})$$

土压力和水平压力分布如图 6-14 所示。

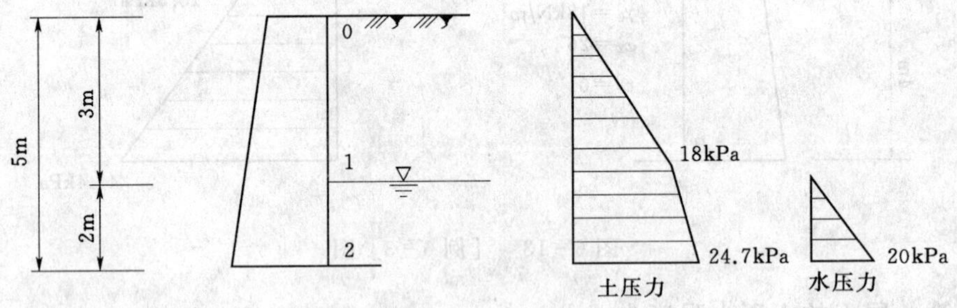

图 6-14　［例 6-4］图

6.3　库仑土压力理论

6.3.1　基本假设

库仑（Coulomb，1776）土压力理论是另一种古典土压力理论，与朗肯土压力理论不同，它是基于整个滑动土体上力系的平衡条件求解作用于墙背的土压力，即根据墙后土体处于极限平衡状态并形成一滑动楔体时，以楔体的静力平衡条件得出土压力计算理论。

库仑理论的基本假设是：①墙后的填土是理想的散粒体（$c=0$）；②滑动破坏面为通过墙踵的平面；③滑动土楔体被视为刚体。

6.3.2 主动土压力

设挡土墙型式如图 6-15（a）所示：墙高 H，墙背与垂线夹角为 α，墙后填土为砂土，填土表面与水平面的夹角为 β，墙背与填土间的摩擦角（称为外摩擦角）为 δ。

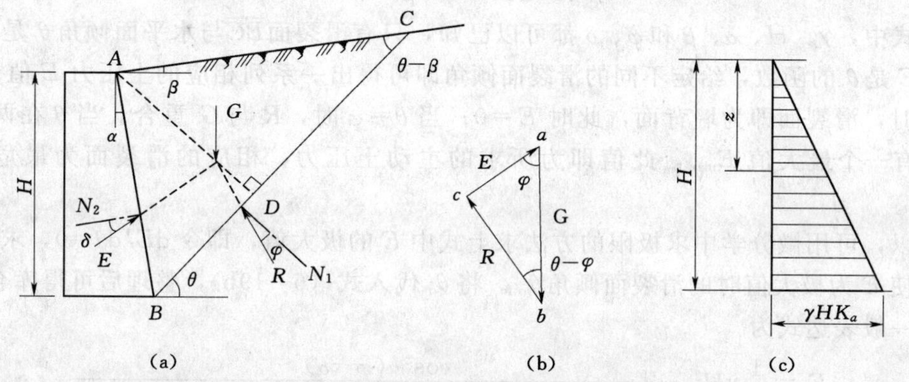

图 6-15 按库仑理论求主动土压力

(a) 土楔体上的作用力；(b) 力矢三角形；(c) 主动土压力分布

沿墙长方向取 1m 进行分析。当墙向前移动或转动而使墙后填土沿某一破坏面$\overline{BC}$和墙背$\overline{AB}$向下滑动时，滑动土楔体$\overline{ABC}$处于主动极限平衡状态，取$\overline{ABC}$作为脱离体研究其平衡条件，作用于土楔体上的力有以下几部分。

(1) 土楔体自重 G。设滑裂面$\overline{BC}$与水平面夹角为 θ，则

$$G=\gamma\Delta ABC=\frac{1}{2}\gamma\,\overline{BC}\cdot\overline{AD} \tag{6-18a}$$

利用平面三角形可得

$$\overline{BC}=\overline{AB}\frac{\sin(90°-\alpha+\beta)}{\sin(\theta-\beta)}$$

将$\overline{AB}=H/\cos\alpha$ 代入上式，有

$$\overline{BC}=H\cos(\alpha-\beta)/\cos\alpha\sin(\theta-\beta)$$

由 ΔADB 可得

$$\overline{AD}=\overline{AB}\cos(\theta-\alpha)=H\cos(\theta-\alpha)/\cos\alpha$$

将$\overline{BC}$和$\overline{AD}$的表达式代入式（6-18a），得

$$G=\frac{1}{2}\gamma H^2\frac{\cos(\alpha-\beta)\cos(\theta-\alpha)}{\cos^2\alpha\sin(\theta-\beta)} \tag{6-18b}$$

土楔体重力方向向下。

(2) 滑裂面$\overline{BC}$上的反力 R。方向与滑裂面$\overline{BC}$的法线逆时针成 φ 角（φ 为土的内摩擦角），并位于下侧，大小未知。

(3) 墙背对土楔体的反力 E。E 与墙背的法线成 δ 角。当土楔下滑时，墙对土楔的阻力向上，故反力 E 位于$\overline{AB}$法线的下侧。

土楔体$\overline{ABC}$在以上三力作用下处于静力平衡状态，三力形成一个闭合的力三角形

[图 6-11 (b)]，由正弦定理可得

$$E=G\frac{\sin(\theta-\varphi)}{\sin[180°-(\theta-\varphi+\Psi)]}=G\frac{\sin(\theta-\varphi)}{\sin(\theta-\varphi+\Psi)} \tag{6-19a}$$

式中 $\Psi=90°-\alpha-\sigma$，将式（6-18b）土楔体 G 的表达式代入上式得

$$E=\frac{1}{2}\gamma H^2\frac{\cos(\alpha-\beta)\cos(\theta-\alpha)\sin(\theta-\varphi)}{\cos^2\alpha\sin(\theta-\beta)\sin(\theta-\varphi+\Psi)} \tag{6-19b}$$

上式中，γ、H、α、β 和 φ、δ 都可以已知，只有滑裂面 $\overline{BC}$ 与水平面倾角 θ 是假定的，所以，E 是 θ 的函数，给定不同的滑裂面倾角即可得出一系列相应的土压力 E 值。当 $\theta=90°+\alpha$ 时，滑裂面即为墙背面，此时 $E=0$；当 $\theta=\varphi$ 时，R 与 G 重合。当 θ 在两者之间时，E 有一个最大值 E_{max}，此值即为所求的主动土压力，相应的滑裂面为最危险的滑裂面。

所以，可用微分学中求极限的方法求上式中 E 的极大值，即令 $dE/d\theta=0$，求解上式，可解得使 E 为极大值时的滑裂面倾角 θ_{σ}。将 θ_{σ} 代入式（6-19b），整理后可得库仑主动土压力的一般表达式为

$$E_a=\frac{1}{2}\gamma H^2\frac{\cos^2(\varphi-\alpha)}{\cos^2\alpha\cos(\alpha+\delta)\left[1+\sqrt{\dfrac{\sin(\varphi+\delta)\sin(\varphi-\beta)}{\cos(\alpha+\delta)\cos(\alpha-\beta)}}\right]^2} \tag{6-20}$$

令

$$K_a=\frac{\cos^2(\varphi-\alpha)}{\cos^2\alpha\cos(\alpha+\delta)\left[1+\sqrt{\dfrac{\sin(\varphi+\delta)\sin(\varphi-\beta)}{\cos(\alpha+\delta)\cos(\alpha-\beta)}}\right]^2} \tag{6-21}$$

则

$$E_a=\frac{1}{2}\gamma H^2K_a \tag{6-22}$$

式中：K_a 为库仑主动土压力系数，按式（6-21）计算或查表 6-1 确定；H 为挡土墙高度，m；γ 为墙后填土的重度，kN / m^3；φ 为墙后填土的内摩擦角，(°)；α 为墙背的倾斜角，(°)，俯斜时取正号，仰斜时取负号；β 为墙后填土面的倾角，(°)；δ 为土对挡土墙背的摩擦角，可查表 6-2 确定。

当墙背垂直（$\alpha=0$）、光滑（$\delta=0$），填土面水平（$\beta=0$）时，式（6-20）可写为

$$E_a=\frac{1}{2}\gamma H^2\tan^2\left(45°-\frac{\varphi}{2}\right) \tag{6-23}$$

所以，在上述条件下，库仑公式和朗肯公式是相同的。

由式（6-22）可知，主动土压力 E_a 与墙高 H 的平方成正比，为求得离墙顶任意深度 z 处的主动土压力强度 σ_a，可将 E_a 对 z 取导数而得，即

$$\sigma_a=\frac{dE_a}{dz}=\frac{d}{dz}\left(\frac{1}{2}\gamma z^2K_a\right)=\gamma zK_a \tag{6-24}$$

由上式可见，主动土压力强度沿墙高成三角形分布［图 6-15（c）］。主动土压力的合力作用点在离墙底 $h/3$ 处，方向与墙背法线顺时针成 δ 角，与水平面成（$\alpha+\delta$）角。

式（6-24）是 E_a 对垂直深度 z 微分得来的，因而在图 6-15（c）中所示的土压力分布只表示沿墙垂直高度的大小，并不代表作用方向。

表 6-1　　　　库仑主动土压力系数 K_a 值

δ	α	β \ φ	15°	20°	25°	30°	35°	40°	45°	50°
0°	−20°	0°	0.497	0.380	0.287	0.212	0.153	0.106	0.070	0.043
		10°	0.595	0.439	0.323	0.234	0.166	0.114	0.074	0.045
		20°		0.707	0.401	0.274	0.188	0.125	0.080	0.047
		30°				0.498	0.239	0.090	0.090	0.051
	−10°	0°	0.540	0.433	0.344	0.270	0.209	0.158	0.117	0.083
		10°	0.644	0.500	0.389	0.301	0.229	0.171	0.125	0.088
		20°		0.785	0.482	0.353	0.261	0.190	0.136	0.094
		30°				0.614	0.331	0.226	0.155	0.104
	0°	0°	0.589	0.490	0.406	0.333	0.271	0.217	0.172	0.132
		10°	0.704	0.569	0.462	0.374	0.300	0.238	0.186	0.142
		20°		0.883	0.573	0.441	0.344	0.267	0.204	0.154
		30°				0.750	0.436	0.318	0.235	0.172
	10°	0°	0.652	0.560	0.478	0.407	0.343	0.288	0.238	0.194
		10°	0.784	0.655	0.550	0.461	0.384	0.318	0.261	0.211
		20°		1.015	0.685	0.548	0.444	0.360	0.291	0.231
		30°				0.925	0.566	0.433	0.337	0.262
	20°	0°	0.736	0.648	0.569	0.498	0.434	0.375	0.322	0.274
		10°	0.896	0.768	0.663	0.572	0.492	0.421	0.358	0.302
		20°		1.205	0.834	0.688	0.576	0.484	0.405	0.337
		30°				1.169	0.740	0.586	0.474	0.385
5°	−20°	0°	0.457	0.352	0.267	0.199	0.144	0.101	0.067	0.041
		10°	0.557	0.410	0.302	0.220	0.157	0.108	0.070	0.043
		20°		0.688	0.380	0.259	0.178	0.119	0.076	0.045
		30°				0.484	0.228	0.140	0.085	0.049
	−10°	0°	0.503	0.406	0.324	0.256	0.199	0.151	0.112	0.080
		10°	0.612	0.474	0.369	0.286	0.219	0.164	0.120	0.085
		20°		0.776	0.463	0.339	0.250	0.183	0.131	0.091
		30°				0.607	0.321	0.218	0.149	0.100
	0°	0°	0.556	0.465	0.387	0.319	0.260	0.210	0.166	0.129
		10°	0.680	0.547	0.444	0.360	0.289	0.230	0.180	0.138
		20°		0.886	0.558	0.428	0.333	0.259	0.199	0.150
		30°				0.753	0.428	0.311	0.229	0.168
	10°	0°	0.622	0.536	0.460	0.393	0.333	0.280	0.233	0.191
		10°	0.767	0.636	0.534	0.448	0.374	0.311	0.255	0.207
		20°		1.035	0.676	0.538	0.436	0.354	0.286	0.228
		30°				0.943	0.563	0.428	0.333	0.259

续表

δ	α	β \ φ	15°	20°	25°	30°	35°	40°	45°	50°
5°	20°	0°	0.709	0.627	0.553	0.485	0.424	0.368	0.318	0.271
		10°	0.887	0.775	0.650	0.562	0.484	0.416	0.355	0.300
		20°		1.250	0.835	0.684	0.571	0.480	0.402	0.335
		30°				1.212	0.746	0.587	0.474	0.385
10°	−20°	0°	0.427	0.330	0.252	0.188	0.137	0.096	0.064	0.039
		10°	0.529	0.388	0.286	0.209	0.149	0.103	0.068	0.041
		20°		0.675	0.364	0.248	0.170	0.114	0.073	0.044
		30°				0.475	0.220	0.135	0.082	0.047
	−10°	0°	0.477	0.385	0.309	0.245	0.191	0.146	0.109	0.078
		10°	0.590	0.455	0.354	0.275	0.221	0.159	0.116	0.082
		20°		0.773	0.450	0.328	0.242	0.177	0.127	0.088
		30°				0.605	0.313	0.212	0.146	0.098
	0°	0°	0.533	0.447	0.373	0.309	0.253	0.204	0.163	0.127
		10°	0.664	0.531	0.431	0.350	0.282	0.225	0.177	0.136
		20°		0.897	0.549	0.420	0.326	0.254	0.195	0.148
		30°				0.762	0.423	0.306	0.226	0.166
	10°	0°	0.603	0.520	0.448	0.384	0.326	0.275	0.230	0.189
		10°	0.759	0.626	0.524	0.440	0.369	0.307	0.253	0.206
		20°		1.064	0.674	0.534	0.432	0.351	0.284	0.227
		30°				0.969	0.564	0.427	0.332	0.258
	20°	0°	0.695	0.615	0.543	0.478	0.419	0.365	0.316	0.271
		10°	0.890	0.752	0.646	0.558	0.482	0.414	0.354	0.300
		20°		1.308	0.844	0.687	0.573	0.481	0.403	0.337
		30°				1.268	0.758	0.594	0.478	0.338
15°	−20°	0°	0.405	0.314	0.180	0.240	0.132	0.093	0.062	0.038
		10°	0.509	0.372	0.201	0.201	0.144	0.100	0.066	0.040
		20°		0.667	0.352	0.239	0.164	0.110	0.071	0.042
		30°				0.470	0.214	0.131	0.080	0.046
	−10°	0°	0.458	0.371	0.298	0.237	0.186	0.142	0.106	0.076
		10°	0.576	0.442	0.344	0.267	0.205	0.155	0.114	0.081
		20°		0.776	0.441	0.320	0.237	0.174	0.125	0.087
		30°				0.607	0.308	0.209	0.143	0.097
	0°	0°	0.518	0.434	0.363	0.301	0.248	0.201	0.160	0.125
		10°	0.656	0.522	0.423	0.343	0.277	0.222	0.174	0.135
		20°		0.914	0.546	0.415	0.323	0.251	0.194	0.147
		30°				0.777	0.422	0.305	0.225	0.165

续表

δ	α	β \ φ	15°	20°	25°	30°	35°	40°	45°	50°
15°	10°	0°	0.592	0.511	0.441	0.378	0.323	0.273	0.228	0.189
		10°	0.760	0.623	0.520	0.437	0.336	0.305	0.252	0.206
		20°		1.103	0.679	0.535	0.432	0.351	0.284	0.228
		30°				1.005	0.571	0.430	0.334	0.260
	20°	0°	0.690	0.611	0.540	0.476	0.419	0.366	0.317	0.273
		10°	0.904	0.757	0.649	0.560	0.484	0.416	0.357	0.303
		20°		1.383	0.862	0.697	0.579	0.486	0.408	0.341
		30°				1.341	0.778	0.606	0.487	0.395
20°	−20°	0°			0.231	0.174	0.128	0.090	0.061	0.038
		10°			0.266	0.195	0.140	0.097	0.064	0.039
		20°			0.344	0.233	0.160	0.108	0.069	0.042
		30°				0.468	0.210	0.129	0.079	0.045
	−10°	0°			0.291	0.232	0.182	0.140	0.105	0.076
		10°			0.337	0.262	0.202	0.153	0.113	0.080
		20°			0.437	0.316	0.233	0.171	0.124	0.086
		30°				0.614	0.306	0.207	0.142	0.096
	0°	0°			0.357	0.297	0.245	0.199	0.160	0.125
		10°			0.419	0.340	0.275	0.220	0.174	0.135
		20°			0.547	0.414	0.322	0.251	0.193	0.147
		30°				0.798	0.425	0.306	0.225	0.166
	10°	0°			0.438	0.377	0.322	0.273	0.229	0.190
		10°			0.521	0.438	0.367	0.306	0.254	0.208
		20°			0.690	0.540	0.436	0.354	0.286	0.230
		30°				1.015	0.582	0.437	0.338	0.264
	20°	0°			0.543	0.479	0.422	0.370	0.321	0.277
		10°			0.659	0.568	0.490	0.423	0.363	0.309
		20°			0.891	0.715	0.592	0.496	0.417	0.349
		30°				1.434	0.807	0.624	0.501	0.406
25°	−20°	0°				0.170	0.125	0.089	0.060	0.037
		10°				0.191	0.137	0.096	0.063	0.039
		20°				0.229	0.157	0.106	0.069	0.041
		30°				0.470	0.207	0.127	0.078	0.045
	−10°	0°				0.228	0.180	0.139	0.104	0.075
		10°				0.259	0.200	0.151	0.112	0.080
		20°				0.314	0.232	0.170	0.123	0.086
		30°				0.620	0.307	0.207	0.142	0.096

续表

δ	α	β \ φ	15°	20°	25°	30°	35°	40°	45°	50°
25°	0°	0°				0.296	0.245	0.199	0.160	0.126
		10°				0.340	0.275	0.221	0.175	0.136
		20°				0.417	0.324	0.252	0.195	0.148
		30°				0.828	0.432	0.309	0.228	0.168
	10°	0°				0.379	0.325	0.276	0.232	0.193
		10°				0.443	0.371	0.311	0.258	0.211
		20°				0.551	0.443	0.360	0.292	0.235
		30°				1.112	0.600	0.448	0.346	0.270
	20°	0°				0.488	0.430	0.377	0.329	0.284
		10°				0.582	0.502	0.433	0.372	0.318
		20°				0.740	0.612	0.512	0.430	0.360
		30°				1.553	0.846	0.650	0.520	0.421

表 6-2　土对挡土墙墙背的摩擦角

挡土墙情况	外摩擦角 δ	挡土墙情况	外摩擦角 δ
墙背平滑、排水不良	(0～0.33) φ_k	墙背平滑、排水良好	(0.5～0.67) φ_k
墙背粗糙、排水不良	(0.33～0.5) φ_k	墙背粗糙、排水良好	(0.67～1.0) φ_k

注　φ_k 为墙背填土的内摩擦角的标准值。

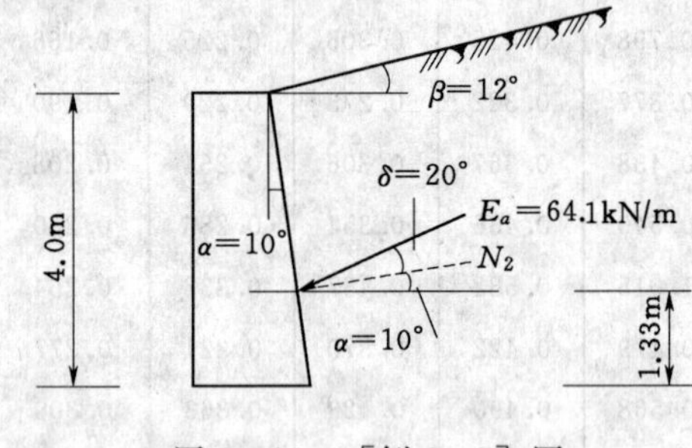

图 6-16　［例 6-5］图

【例 6-5】　某挡土墙如图 6-16 所示，墙高 4m，墙背倾斜角 $\alpha=10°$，填土坡角 $\beta=12°$，填土为砂土 $\gamma=17.5\ \text{kN/m}^3$，$\varphi=30°$，填土与墙背的摩擦角 $\delta=(2/3)\varphi$，试按库仑理论求主动土压力 E_a 及作用点。

解

由 $\alpha=10°$，$\beta=12°$，$\varphi=30°$，$\delta=(2/3)\varphi=20°$，查表 6-1 得主动土压力系数为 $K_a=0.458$。

则

$$E_a=\frac{1}{2}\gamma H^2 K_a=\frac{1}{2}\times17.5\times4^2\times0.458=64.1\ (\text{kN/m})$$

土压力作用点在距墙底 $H/3=4/3=1.33\text{m}$ 处（图 6-16）。

6.3.3　被动土压力

图 6-17（a）表示墙受外力作用向填土方向移动的情况，当墙背土体沿某一破坏面 $\overline{BC}$ 产生滑动时，土楔体 $\overline{ABC}$ 在自重 G 和反力 R、E 的作用下处于极限平衡状态，构成一个闭合的力三角形［图 6-17（b）］，根据土体滑动方向，R 和 E 的方向分别位于 $\overline{BC}$ 和 $\overline{AB}$ 面法线上方。与求主动土压力同样的原理可求得一系列可能滑裂面所对应的土压力的极小

值 $E_{min}=E_p$，即

$$E_p=\frac{1}{2}\gamma H^2\frac{\cos^2(\varphi+\alpha)}{\cos^2\alpha\cos(\alpha-\delta)\left[1-\sqrt{\frac{\sin(\varphi+\delta)\ \sin(\varphi+\beta)}{\cos(\alpha-\delta)\ \cos(\alpha-\beta)}}\right]^2} \tag{6-25}$$

或

$$E_p=\frac{1}{2}\gamma H^2K_p \tag{6-26}$$

式中：K_p 为被动土压力系数，由式（6-25）中后面部分确定；其余符号同前。

当墙背垂直（$\alpha=0$）、光滑（$\delta=0$），填土面水平（$\beta=0$）时，式（6-25）可写为

$$E_p=\frac{1}{2}\gamma H^2\tan^2\left(45°+\frac{\varphi}{2}\right) \tag{6-27}$$

所以，在上述条件下，库仑被动土压力公式也和朗肯被动土压力公式相同。

被动土压力强度 σ_p 按下式确定

$$\sigma_p=\frac{dE_p}{dz}=\frac{d}{dz}\left(\frac{1}{2}\gamma z^2K_p\right)=\gamma zK_p \tag{6-28}$$

由上式可见，被动土压力强度沿墙高成三角形分布［图 6-17（c）］，合力作用点在离墙底 $H/3$ 处，方向与墙背法线逆时针成 δ 角。同样，图 6-17（c）中所示的土压力分布只表示沿墙垂直高度的大小，并不代表作用方向。

由于库仑理论的滑裂面为平面的假设用于计算被动土压力误差较大，故一般在工程中应用较少。

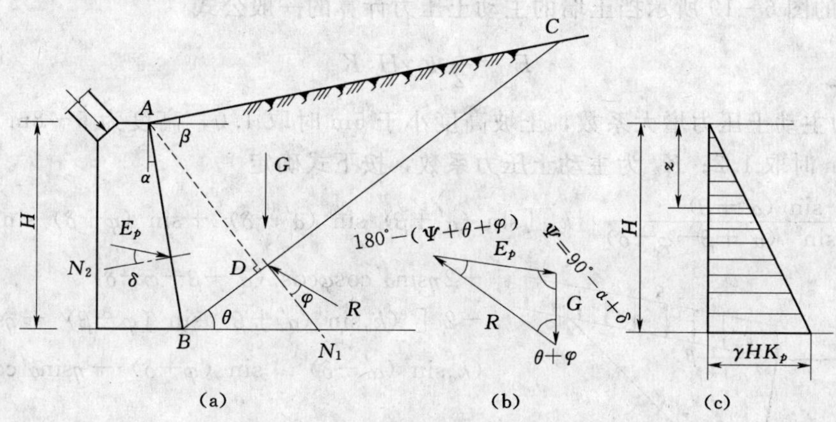

图 6-17 按库仑理论求被动土压力

（a）土楔体上的作用力；（b）力矢三角形；（c）被动土压力分布

6.3.4 墙背填土为黏性土时的主动土压力计算

库仑土压力理论适用于墙背填土为无黏性土，如果墙背填土为黏性土或粉土，可以采用下述方法确定主动土压力。

1. 图解法

图解法适用于挡土墙产生位移并使黏性填土的抗剪强度全部发挥的情况。如图 6-18 (a)所示，墙后填土在 z_0 深度内出现张拉裂缝（假设 z_0 满足朗肯土压力理论的临界深度条件），则当形成滑裂面$\overline{BD'}$时，根据滑动土楔体$\overline{A'BD'}$的平衡条件可绘制图6-18 (b)所

示的力矢多边形。其中：C 为$\overline{BD'}$面上的总黏聚力 $C=c\cdot\overline{BD'}$，c 为填土的黏聚力，kPa；C_a 为墙背与$\overline{A'B}$面上的总黏聚力 $C_a=c_a\cdot\overline{A'B}$，$c_a$ 为墙背与填土间的黏聚力，kPa。

假定不同的滑裂面按上述方法确定相应的 E，可得 $E_a=E_{\max}$。

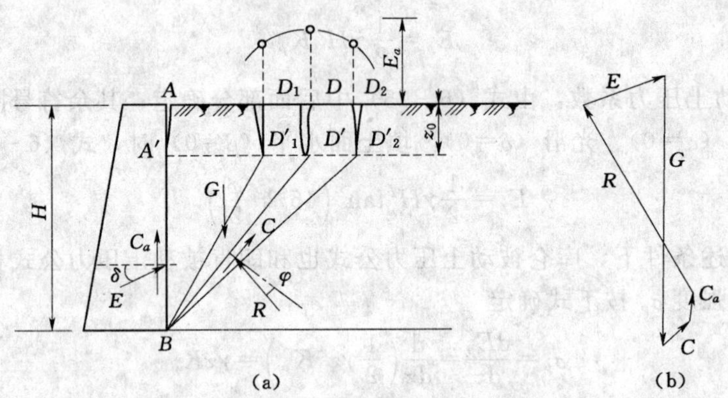

图 6-18　黏性填土图解法求主动土压力

(a) 土楔体上的作用力；(b) 力矢多边形

2. 公式法

《建筑地基基础设计规范》(GB 50007—2002) 提出基于库仑理论的、适用于黏性土和粉土条件的图 6-19 所示挡土墙的主动土压力计算的一般公式

$$E_a=\frac{1}{2}\Psi_c\gamma H^2K_a \tag{6-29}$$

式中：Ψ_c 为主动土压力增大系数，土坡高度小于 5m 时取 1.0，高度为 5～8m 时取 1.1，高度大于 8m 时取 1.2；K_a 为主动土压力系数，按下式确定

$$K_a=\frac{\sin(\alpha'+\beta)}{\sin^2\alpha'\sin^2(\alpha'+\beta-\varphi-\delta)}\{k_q[\sin(\alpha'+\beta)\sin(\alpha'-\delta)+\sin(\varphi+\delta)\sin(\varphi-\beta)]+2\eta\sin\alpha'\cos\varphi\cos(\alpha'+\beta-\varphi-\delta)-2[(k_q\sin(\alpha'+\beta)\sin(\varphi-\beta)+\eta\sin\alpha'\cos\varphi)(k_q\sin(\alpha'-\delta)\sin(\varphi+\delta)+\eta\sin\alpha'\cos\varphi)]^{\frac{1}{2}}\} \tag{6-30}$$

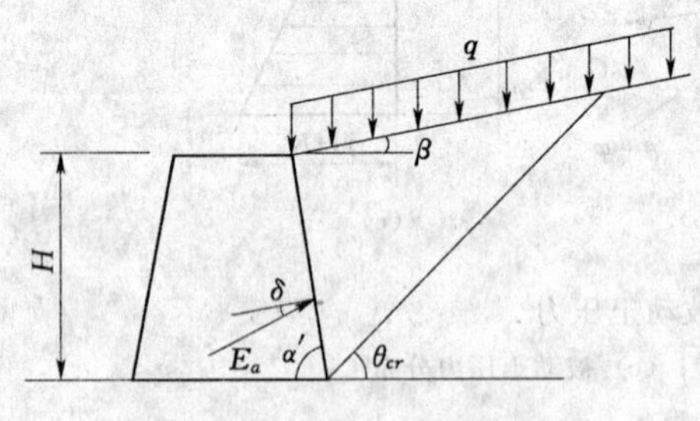

图 6-19　公式法计算示意图

$$k_q=1+\frac{2q}{\gamma H}\frac{\sin\alpha'\cos\beta}{\sin(\alpha'+\beta)} \tag{6-31}$$

$$\eta=\frac{2c}{\gamma h} \tag{6-32}$$

上述式中 α'、β、δ 如图 6-19 所示。

6.4　土压力计算方法讨论

6.4.1　两种经典理论的比较

朗肯土压力理论和库仑土压力理论在墙背铅直、光滑、填土面水平情况下可得出相同的计算结果，但两种理论的分析方法是不同的，具体见表 6.3 所列。

表 6-3　　两种经典理论的比较

	朗肯土压力理论	库仑土压力理论		朗肯土压力理论	库仑土压力理论
理论依据	半空间应力状态和极限平衡条件	墙后滑动土楔体的静力平衡条件	结果误差	主动土压力略偏大、被动土压力偏小	被动土压力偏大明显
基本假定	墙背铅直、光滑、填土面水平	墙后填土为无黏性土、滑裂面为平面			

6.4.2　特殊墙背条件时的主动土压力

1. 坦墙

当墙背平缓如图 6-20 所示时被称为坦墙，此时土体不是沿墙背 AC 产生滑动，而是沿土中与垂线夹角为 α_{cr} 的 BC 面，α_{cr} 为临界角，按下式计算

$$\alpha_{cr}=45°-\frac{\varphi}{2}+\frac{\beta}{2}-\frac{1}{2}\arcsin\frac{\sin\beta}{\sin\varphi} \qquad (6-33)$$

确定了 α_{cr} 之后可按库仑理论计算墙背土压力，注意土压力的作用面为 $\overline{BC}$，$\triangle ABC$ 内土体的有效重力计入墙体自重。

也可假定土压力的作用面是 $\overline{DC}$，将 $\triangle ACD$ 内土体的有效重力计入墙体自重，然后按朗肯理论计算 E_a。

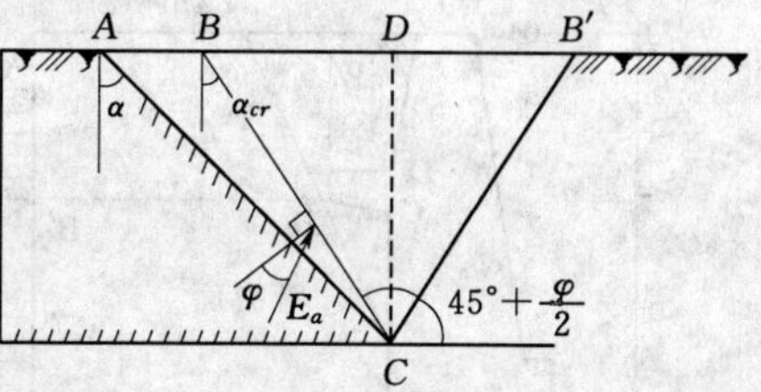

图 6-20　坦墙主动土压力计算

2. 折线型墙背

如果挡土墙为图 6-21（a）所示的折线型，可先按常规方法计算 $\overline{AB}$ 段之土压力[图 6-21（b）]，再将 BC 延长交墙顶于 D，将 $\overline{CD}$ 作为假想墙背计算土压力，其中 B 点以下的土压力 $BFEC$ 即为 $\overline{BC}$ 段承受的土压力[图 6-21（c）]。

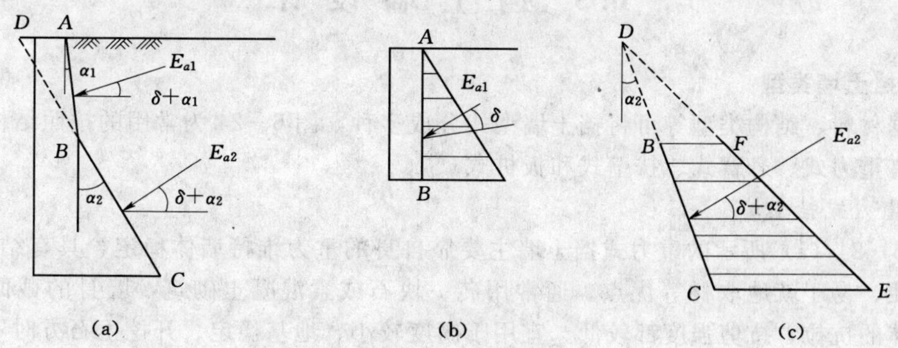

图 6-21　折线型墙背土压力计算

（a）折线型墙背；（b）AB 段土压力；（c）BC 段土压力

3. 墙背设卸荷平台

图 6-22（a）为墙背设卸荷平台的挡土墙，可起到减小土压力的作用。设滑裂面通过平台边缘交于墙背 E 点，平台以上 H_1 高度内土压力按朗肯理论计算，将 $\overline{AB}$ 设为墙背，

作用的土压力为 $\gamma H_1 K_a$，平台以下土压力计算考虑平台的减压作用，从 B 点土压力等于零始，减压范围至 E 点，相应点土压力为 E'，连接 B' 和 E' 并按朗肯理论计算墙底处土压力为 $\gamma(H_1+H_2)K_a$，土压力分布如图 6－22（b）所示。

6.4.3　墙后有稳定岩坡时的主动土压力

如图 6－23 所示，挡土墙后有稳定岩石边坡，且坡度倾角 $\theta>(45°+\varphi/2)$ 时，应按有限范围填土计算土压力，将岩石坡面作为滑裂面，根据库仑理论按下式计算主动土压力系数

$$K_a=\frac{\sin(\alpha+\theta)\sin(\alpha+\beta)\sin(\theta-\delta_r)}{\sin^2\alpha\sin(\theta-\beta)\sin(\alpha-\delta+\theta-\delta_r)} \tag{6-34}$$

式中：θ 为稳定岩石坡面的倾角；δ_r 为稳定岩石坡面与填土间的摩擦角，根据试验确定，当无试验资料时，可取 $\delta_r=0.33\varphi_k$，φ_k 为填土的内摩擦角标准值。

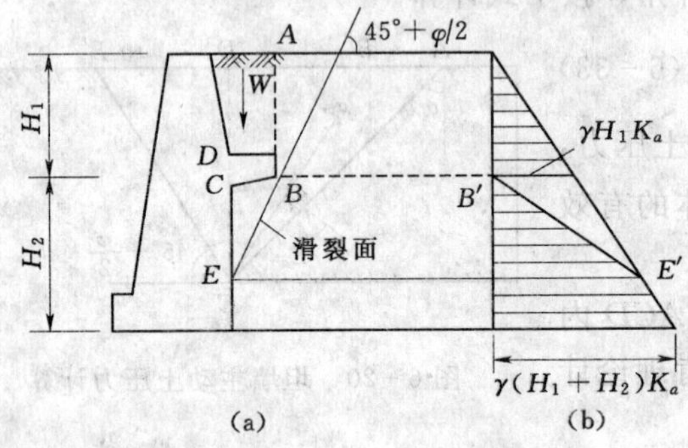

图 6－22　墙背设卸荷平台土压力计算
（a）墙背设卸荷平台；（b）土压力分布

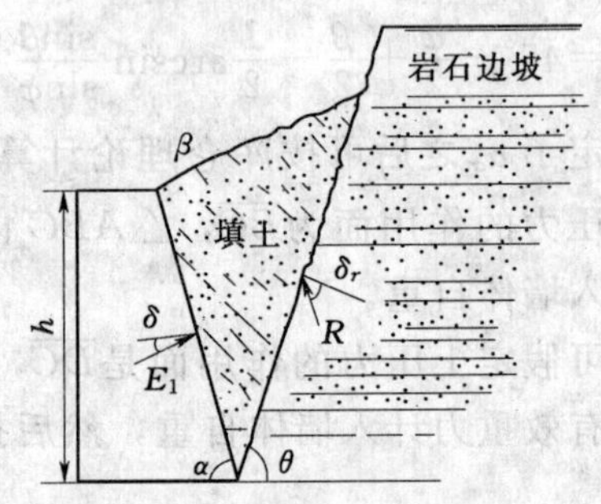

图 6－23　墙后有稳定岩坡的土压力计算

6.5　挡土墙设计

6.5.1　挡土墙类型

根据材料、结构类型等可将挡土墙型式分成多种，图 6－24 为常用的按照结构型式的分类，有重力式、悬臂式、扶壁式和板桩式。

1. 重力式挡土墙

图 6－24（a）所示的重力式挡土墙主要靠自身的重力维持墙体稳定，具有结构简单、施工方便、易于就地取材等优点。通常用砖、块石或素混凝土砌筑，墙身的截面尺寸较大，墙体的抗拉、抗剪强度都较低。宜用于高度较小、地基稳定、开挖土石方时不会影响相邻建筑物的情况。

2. 悬壁式挡土墙

图 6－24（b）所示悬臂式挡土墙由立臂、墙趾悬壁和墙踵悬臂三个悬壁板组成，一般用钢筋混凝土建造，墙的稳定主要靠墙踵悬臂上的土重维持，墙体内的拉应力由钢筋承受。这类挡土墙的优点是能充分利用钢筋混凝土的受力特点，墙体结构轻巧。适用于墙高大于 5m、地基土差、当地缺乏石料等条件。

3. 扶壁式挡土墙

图 6-24（c）所示扶壁式挡土墙适用于墙高大于 8m 的情况，为增加立臂抗弯能力和减少钢筋用量，常沿墙的纵向每隔一定距离设一道扶壁，墙体稳定主要靠扶壁间土重维持。

4. 板桩式挡土墙

图 6-24（d）所示板桩式挡土墙是一种承受弯矩的结构，较多应用于深基坑支护，一般有钢板桩、木板桩和钢筋混凝土板桩墙等。根据板桩上有无支撑分为悬臂式和锚定式，悬臂式靠插入土中部分维持整体平衡；锚定式在桩顶或桩顶附近加一道锚定拉杆，以减小板桩入土深度和断面。

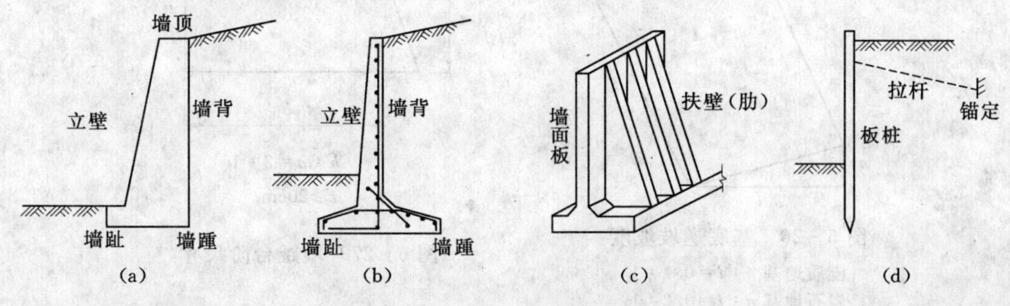

图 6-24 挡土墙的类型

（a）重力式；（b）悬臂式；（c）扶壁式；（d）板桩式

6.5.2 重力式挡土墙选型及构造

挡土墙设计的重要内容之一是根据工程要求和地基条件等合理选择墙型和采取必要的构造措施。

1. 墙背的倾斜形式

重力式挡土墙按墙背的倾斜方向可分为仰斜、直立和俯斜三种形式（图 6-25）。如果用相同的计算方法和计算指标，其主动土压力以仰斜为最小，直立居中，俯斜最大。

2. 墙身剖面

块石类挡土墙顶宽不宜小于 0.4m，混凝土墙不宜小于 0.2m。重力式挡土墙基础底宽为墙高的 1/3～1/2。

当墙前地面较陡时，墙面可取 1∶0.05～1∶0.2 仰斜坡度，亦可直立。当墙前地形较为平坦时，对于中、高挡土墙，墙面坡度可较缓，但不宜缓于 1∶0.4。为了避免施工困难，墙背仰斜时坡度一般不宜缓于 1∶0.25，墙面坡应尽量与墙背坡平行[图 6-25（a）]。

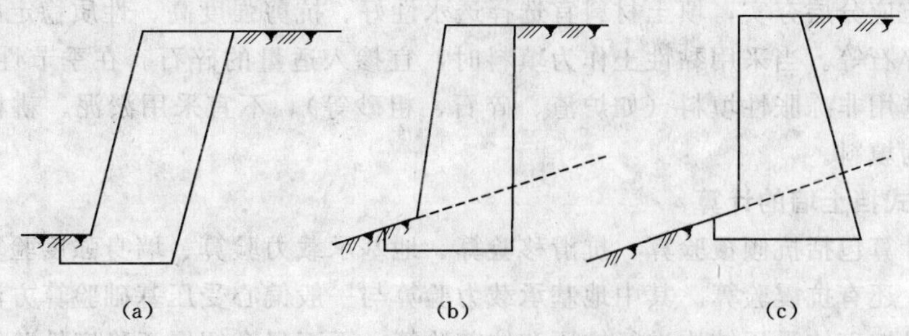

图 6-25 重力式挡土墙墙背的倾斜

（a）仰斜；（b）直立；（c）俯斜

为增加挡土墙的抗滑稳定性，可将基底做成逆坡［图 6－26］，一般土质地基的基底逆坡不宜大于 0.1∶1，对岩石地基不宜大于 0.2∶1。

当墙高较大时，为了使基底压力不超过地基承载力设计值，可加设墙趾台阶（图 6－27），其宽高比可取 $h:a=2:1$，a 不得小于 20cm。

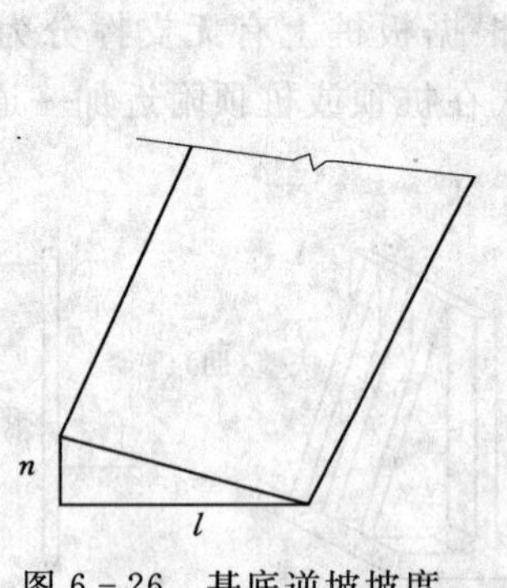

图 6－26　基底逆坡坡度

土质地基 $n:l=0.1:1$

岩石地基 $n:l=0.2:1$

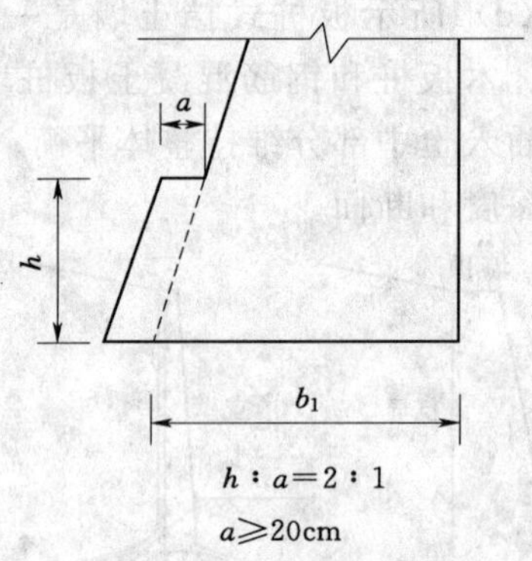

图 6－27　墙趾台阶尺寸

重力式挡土墙应每间隔 10～20m 设置一道伸缩缝。当地基有变化时宜加设沉降缝。在挡土结构的拐角处，应适当采取加强的构造措施。

3. 挡土墙的埋置深度

挡土墙的埋置深度根据地基承载力、冻结深度、水流冲刷、岩石裂隙发育及风化程度等因素确定，如基底倾斜，按最浅处的墙趾处计算。在土质地基中，埋置深度不宜小于 0.5m；在软质岩石地基中，基础埋置深度不宜小于 0.3m。

4. 墙后排水措施

挡土墙应沿横、纵两向设排水孔，间距宜取 2～3m，外斜 5%。孔眼尺寸不宜小于 ϕ100mm。图 6－28 是常用的排水方案，墙后应设置滤水层和必要的排水暗沟，在墙顶背后的地面宜铺设防水层。当墙后有山坡时，还应在坡下设置截水沟。对不能向坡外排水的边坡应在墙背填土体设置足够的排水暗沟。另外，为防止墙后积水渗入地基，应在最低泄水孔下部铺设黏土层并夯实，同时设散水或排水沟。

5. 填土质量

墙后填土应分层夯实，填土材料宜选择透水性好、抗剪强度高、性质稳定的土，如砂土、砾石、碎石等。当采用黏性土作为填料时，宜掺入适量的碎石。在季节性冻土地区，墙后填土应选用非冻胀性填料（如炉渣、碎石、粗砂等）。不宜采用淤泥、耕植土、膨胀性黏土等作为填料。

6.5.3　重力式挡土墙的计算

挡土墙计算包括抗倾覆验算、抗滑移验算、地基承载力验算、墙身强度验算等，在考虑地震区域，还有抗震验算。其中地基承载力验算与一般偏心受压基础验算方法相同，墙身强度验算是按砌体受压结构进行抗压和抗剪验算。下面只介绍属于稳定性验算的抗倾覆验算和抗滑移验算。

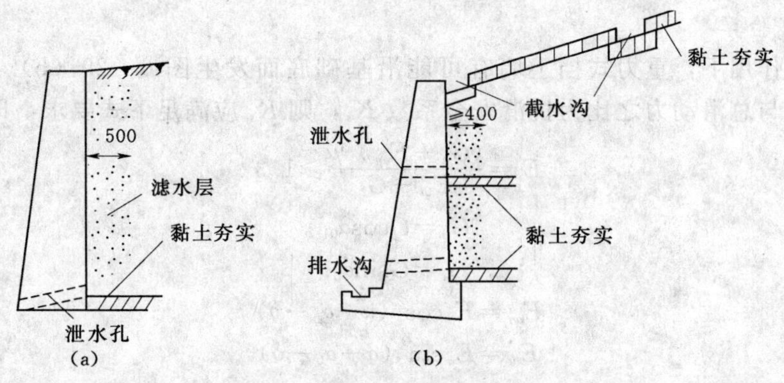

图 6-28 挡土墙的排水措施
(a) 方案一；(b) 方案二

1. 抗倾覆验算

图 6-29 (a) 为一基底倾斜的挡土墙，在主动土压力作用下可能绕墙趾 O 点产生向外倾覆，定义挡土墙每延米抗倾覆安全系数 K_t 为抗倾覆力矩与倾覆力矩之比，则 K_t 应满足下式要求，即

$$K_t=\frac{Gx_0+E_{az}x_f}{E_{ax}z_f}\geqslant 1.5 \tag{6-35}$$

$$E_{az}=E_a\cos(\alpha-\delta) \tag{6-36}$$

$$E_{ax}=E_a\sin(\alpha-\delta) \tag{6-37}$$

$$x_f=b-z_f\cot\alpha \tag{6-38}$$

$$z_f=z-b\tan\alpha_0 \tag{6-39}$$

式中：G 为挡土墙每延米自重，kN/m；E_{az}、E_{ax} 分别为主动土压力 E_a 在 z、x 方向投影；x_0、x_f、z_f 分别为 G、E_{az}、E_{ax} 离墙趾 O 的水平距离；z 为土压力作用点与墙踵的高差，m；b 为基底的水平投影宽度，m；α、α_0 分别为墙背、墙基与水平面之间的夹角，(°)。

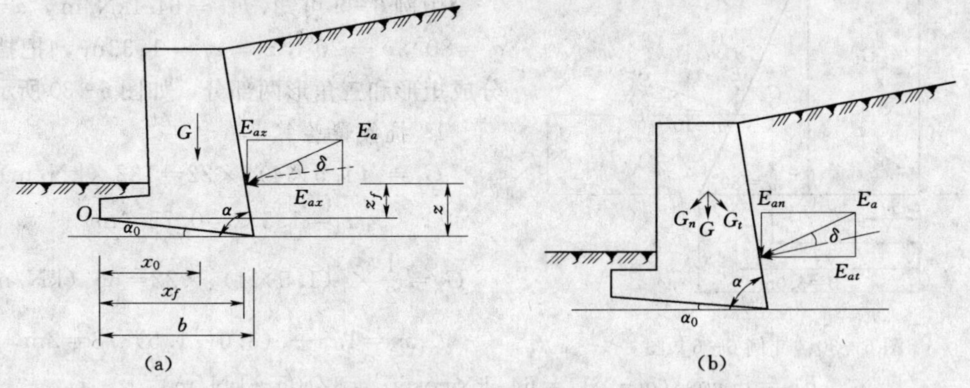

图 6-29 挡土墙的稳定性验算
(a) 抗倾覆验算；(b) 抗滑移验算

对软弱地基，墙趾可能陷入土中，使力矩中心 O 点内移，减小抗倾覆力矩的力臂，造成抗倾覆安全系数降低，因此在运用式 (6-35) 时要注意地基土的压缩性。

2. 抗滑移验算

在土压力作用下，重力式挡土墙有可能沿基础底面发生图 6-29（b）所示的滑动，定义总抗滑力与总滑动力之比为抗滑安全系数 K_s，则 K_s 应满足下式要求，即

$$E_s=\frac{(G_n+E_{an})\ \mu}{E_{at}-G_t}\geqslant 1.3 \tag{6-40}$$

$$G_n=G\cos\alpha_0 \tag{6-41}$$

$$G_t=G\sin\alpha_0 \tag{6-42}$$

$$E_{an}=E_a\cos\ (\alpha-\alpha_0-\delta) \tag{6-43}$$

$$E_{at}=E_a\sin\ (\alpha-\alpha_0-\delta) \tag{6-44}$$

式中：G_n、G_t 分别为重力垂直基底和平行基底的分量；E_{an}、E_{at} 分别为土压力垂直基底和平行基底的分量；μ 为土与挡土墙基底的摩擦系数，由试验确定，无试验资料时，参考按表 6-4 确定。

表 6-4　土对挡土墙基底的摩擦系数 μ

土的类别		摩擦系数 μ	土的类别		摩擦系数 μ
黏性土	可塑	0.25～0.30	中砂、粗砂、砾砂		0.40～0.50
	硬塑	0.30～0.35	碎石土		0.40～0.60
	坚硬	0.35～0.45	岩石	软质岩石	0.40～0.60
粉土	稍湿	0.30～0.40		表面粗糙的硬质岩石	0.65～0.75

注　1. 对易风化的软质岩和塑性指数 I_p 大于 22 的黏性土，基底摩擦系数应通过试验确定。
2. 对碎石土，密实的取高值；稍密、中密及颗粒为中等风化或强风化的取低值。

【例 6-6】　已知例 6-5 挡土墙顶宽 $b=1.5$m，墙底宽度 $B=3.0$m，地基为砂性土，与墙底摩擦系数 $\mu=0.45$，墙体材料平均重度 $\bar{\gamma}=22.0\text{kN/m}^3$。试验算此挡土墙是否满足抗倾覆和抗滑移要求。

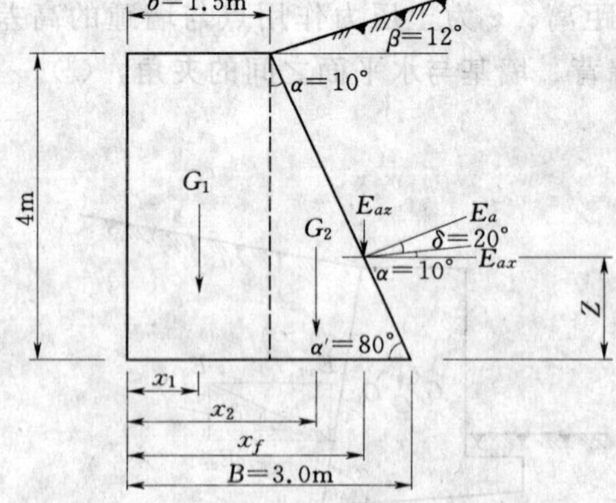

图 6-30　[例 6-6] 图

解

由例 6-5 可知，$E_a=64.1\text{kN/m}$，$\alpha=10°$，$\alpha'=80°$，$\delta=20°$，$z=z_f=1.33$m，把挡土墙分成矩形和三角形两部分，如图 6-30 所示，得

1. 抗倾覆验算

$$G_1=(1.5\times4)\times22=132\ (\text{kN/m})$$

$$x_1=1.5/2=0.75\ (\text{m})$$

$$G_2=\frac{1}{2}\times(1.5\times4)\times22=66\ (\text{kN/m})$$

$$x_2=1.5+(3.0-1.5)/3=2\text{m}$$

$$E_{az}=E_a\cos\ (\alpha'-\delta)=64.1\times\cos60°=32.05\ (\text{kN/m})$$

$$x_f=b-z_f\cot\alpha'=2.765\ (\text{m})$$

$$E_{ax}=E_a\sin\ (\alpha'-\delta)=64.1\times\sin60°=55.5\ (\text{kN/m})$$

$$K_t=\frac{G_1x_1+G_2x_2+E_{az}x_f}{E_{ax}z_f}=\frac{132\times0.75+66\times2+32.05\times2.765}{55.5\times1.33}=4.33>1.5$$

满足要求。

2. 抗滑移验算

$$E_s=\frac{(G_n+E_{an})\ \mu}{E_{at}-G_t}=\frac{(132+66+32.05)\ \times 0.45}{55.5-0}=1.87>1.3$$

满足要求。

6.6　土工合成材料加筋挡墙

6.6.1　基本型式

土工合成材料加筋挡墙是在挡墙结构中水平铺设各种类型的土工合成材料，以增加土体的强度，提高挡墙的稳定性。

根据筋材布置方式土工合成材料加筋挡墙一般可分为图 6-31 所示的两种型式：满铺包裹式和筋带式。

1. 满铺包裹式加筋挡墙

筋材大多采用强度较高的编织布及经编复合土工布，分层满铺包裹土体并与面板连接组成［图 6-31（a)］。

2. 筋带式加筋挡墙

筋材采用强度较高、延伸率较低的扁筋条带或土工格栅加筋材料，按一定的间距，分层沿水平向铺设于土体内，并与面板垂直牢固联结而成，如图 6-31（b）所示。

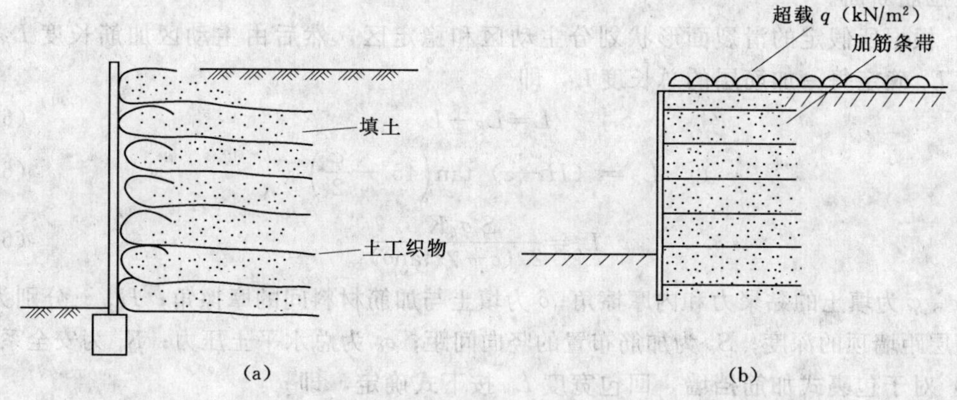

图 6-31　直立式有面板挡墙

(a) 满铺包裹式；(b) 筋带式

6.6.2　设计要点

加筋挡墙的设计包括确定挡墙类型、挡墙断面型式与尺寸、挡墙基本构造等。计算内容包括内部稳定性分析和外部稳定性分析。

1. 内部稳定性分析

内部稳定性分析主要是根据墙板所受土压力验算筋材的强度和抗拔力等。

(1) 土压力计算。当加筋挡墙处于极限平衡状态时，由于主动土压力作用，加筋土体内会形成一潜在破裂面，即沿加筋材水平方向最大拉力点的轨迹。以破裂面为界将加筋土体划分为主动区和稳定区。图6-32为两种可能的破裂面形式：对于拉伸量较大的土工织物加筋挡墙或高度较大的挡墙，破裂面如图6-32（a）所示；对于采用扁筋带、隔栅等延伸率较小的加筋材料和墙高8m以下的挡墙，宜采用图6-32（b）所示的“0.3H折线滑裂面”。土压力计算可采用朗肯土压力理论。

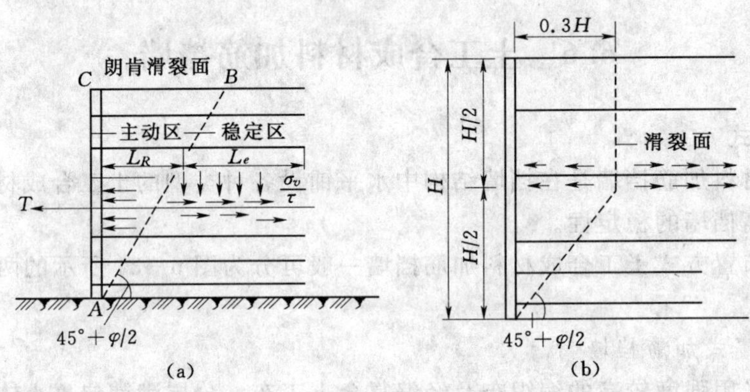

图6-32 滑裂面形状类型

（a）郎肯型滑裂面；（b）0.3H折线滑裂面

（2）筋材强度分析。拉筋受力分析按下述步骤进行：

1）根据加筋材料的容许抗拉强度确定加筋布置间距和单根拉筋分担的土压力值，进而确定拉筋断面。

2）根据所假定的滑裂面形状划分主动区和稳定区，然后由主动区加筋长度L_R和锚固长度L_e确定每一加筋层的总长度L，即

$$L=L_R+L_e \tag{6-45}$$

$$L_R=(H-z)\tan\left(45°-\frac{\varphi}{2}\right) \tag{6-46}$$

$$L_e=\frac{S_v\sigma_h K_s}{2(c+\gamma z\tan\delta)} \tag{6-47}$$

式中：c、φ为填土的黏聚力和内摩擦角；δ为填土与加筋材料间的摩擦角；H、z分别为墙高和加筋层距墙顶的深度；S_v为加筋布置的竖向间距；σ_h为总水平土压力；K_s为安全系数。

3）对于包裹式加筋挡墙，回包宽度L_0按下式确定，即

$$L_0=\frac{S_v\sigma_h K_s}{4(c+\gamma z\tan\delta)} \tag{6-48}$$

2. 外部稳定性分析

外部稳定性即整体稳定性，当确定挡墙满足内部稳定性的要求后，将加筋体同面板及基础视为重力式挡土墙，按前述方法验算抗滑移、抗倾覆和地基稳定性等。

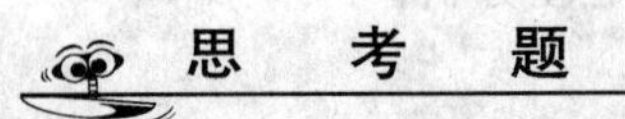

思 考 题

6-1 简述土压力的类型及其产生条件。

6－2　比较朗肯土压力理论和库仑土压力理论的基本假定及适用条件。

6－3　简述挡土墙背黏性填土临界深度的概念及确定方法。

6－4　挡土墙设计需进行哪些验算？

6－5　简述加筋挡墙的主要特点。

6－6　挡土墙后的填料选择有何要求？

6－7　墙后存在稳定岩坡时作用在挡土墙上的土压力应如何计算？

习　题

6－1　某挡土墙高 4.5m，墙背竖直光滑，填土表面水平，填土的物理指标：$\gamma=18.2\text{kN/m}^3$，$c=10\text{kPa}$，$\varphi=26°$，试求：

(1) E_a 及其作用点位置，并绘出 σ_a 分布图。

(2) 若填土表面作用有超载 $q=10\text{kPa}$，计算 E_a 及其作用点位置，并绘出 σ_a 分布图。

(答案：26.69kN/m、0.91m；38.49kN/m、1.10m)

6－2　某挡土墙高 4.2m，填土倾向角 $\beta=10°$，填土的重度 $\gamma=19.5\text{kN/m}^3$，$c=0\text{kPa}$，$\varphi=30°$，填土与墙背的摩擦角 $\delta=10°$，试用库仑理论分别计算墙背倾斜角 $\alpha=10°$ 和 $\alpha=-10°$ 时的主动土压力并绘图表示其分布与合力、作用点位置和方向。

(答案：75.68kN/m，47.30kN/m)

6－3　某挡土墙如图 6－33 所示。墙高 6m，墙背竖直光滑，墙后填土为砂土，表面水平，$\varphi=30°$，地下水位距填土表面 3m，水上填土重度 $\gamma=18.5\text{kN/m}^3$，水下土的饱和重度 $\gamma_{sat}=21.5\text{kN/m}^3$，试绘出主动土压力强度和静水压力分布图，并求出总侧压力的大小。

(答案：145.5kN/m)

6－4　如图 6－34 所示挡土墙高 4m，墙背竖直光滑，填土表面水平，试计算 E_a 及其作用点位置，并绘出 σ_a 分布图。

(答案：69.26kN/m，1.47m)

6－5　某挡土墙如图 6－35 所示。墙高 5.0m，墙顶宽 1.0m，底宽 2.5m，墙底摩擦系数 $\mu=0.4$，砌体重度 $\gamma_k=22\text{kN/m}^3$，墙背竖直光滑；填土表面水平，物理指标为：$\gamma=19.2\text{kN/m}^3$，$c=12\text{kPa}$，$\varphi=20°$。试验算该挡土墙的稳定性。

(答案：$K_t=5.82$，$E_s=1.58$，满足要求)

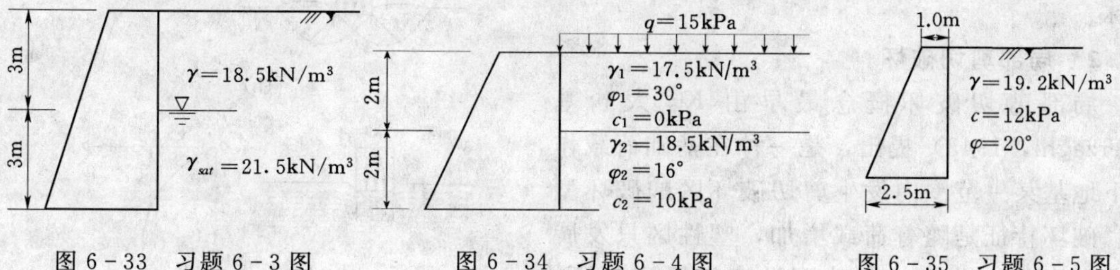

图 6－33　习题 6－3 图　　图 6－34　习题 6－4 图　　图 6－35　习题 6－5 图

第 7 章　地基承载力和土坡稳定

地基承载力是指地基土承受荷载的能力。为了保证地基在荷载作用下，不至于出现整体剪切破坏而丧失其稳定性，在地基计算中必须验算地基的承载力。

对于天然土坡或人工土坡，土体的重力分量将形成土层向下滑动的趋势。在土层的可能滑动面上，由重力或其他原因（例如流水、承重或地震等）所产生的剪应力，若超过土体的抗剪强度，则可能产生剪切破坏及土体的移动，即滑坡。土坡的坍塌可造成严重的工程事故，验算土坡的稳定性及采取适当的工程措施是常见而又重要的实际问题。

地基承载力与土坡稳定都与土的抗剪强度有关，本章主要讲述地基承载力和简单土坡稳定分析的基本原理、计算公式和影响因素。

7.1　地基的破坏模式

根据地基剪切破坏特征，可将地基破坏概化为三种模式：整体剪切破坏、局部剪切破坏和冲切剪切破坏，如图 7-1 所示。

7.1.1　整体剪切破坏

整体剪切破坏概念最早由 L. 普朗德尔（Prandtl，1920）提出，是一种在基础荷载作用下地基发生连续剪切滑动面的地基破坏模式。破坏特征是随着荷载增加，剪切破坏区域不断扩大，最后在地基中形成连续滑动面，造成基础急剧下沉并可能向一侧倾斜，基础四周地面明显隆起，地基发生整体剪切破坏［图 7-1（a）］。

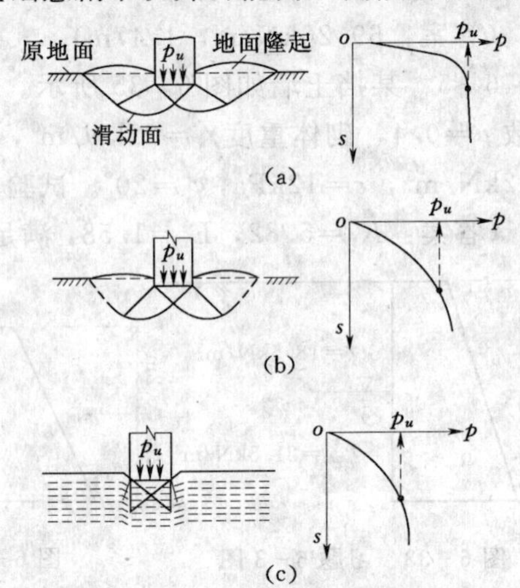

图 7-1　地基破坏模式

(a) 整体剪切破坏；(b) 局部剪切破坏；(c) 冲剪破坏

描述整体破坏模式的荷载—沉降曲线（p—s 曲线）的典型特征是具有明显的转折点。

密砂和坚硬黏土中最有可能发生整体剪切破坏。

7.1.2　局部剪切破坏

局部剪切破坏概念最早由 K. 太沙基（Terzaghi，1943）提出，是一种在基础荷载作用下地基某一范围内发生剪切破坏区的破坏型式。破坏特征是随着荷载增加，塑性区只发展到地基内某一范围，滑动面没有发展到地面，基础没有明显的倾斜或倒塌，基础周围地面稍有隆起［图 7-1（b）］。

描述局部剪切破坏模式的 p—s 曲线以变形为主要特征，直线段范围较小，一般没有明显的转折点。

中等密实砂土、松砂、软黏土都可能发生局部剪切破坏。

7.1.3 冲切剪切破坏

冲切剪切破坏概念由 E. E 德贝尔和 A. S. 魏锡克（De Beer，Vesic，1958）提出，是一种在荷载作用下地基土体发生垂直剪切破坏，使基础产生较大沉降的破坏，也称刺入破坏。破坏特征是在荷载作用下地基中不出现明显滑动面，基础产生较大沉降，基础周围土体也产生下陷［图 7-1（c）］。

描述冲切剪切破坏的 p—s 曲线具有典型的变形特征，没有转折点。

压缩性较大的松砂、软土地基或基础埋深较大时可能发生冲切剪切破坏。

地基破坏模式的形成与地基土条件、基础条件、加荷方式等因素有关，是这些因素综合作用的结果，对于一个具体工程可能会发生哪一种破坏需综合考虑各方面的因素。

7.2 临 界 荷 载

7.2.1 地基土变形的三个阶段

根据现场载荷试验成果可得到具有整体破坏特征的地基土 p—s 曲线和地基变形经过的三个阶段，如图 7-2 所示。

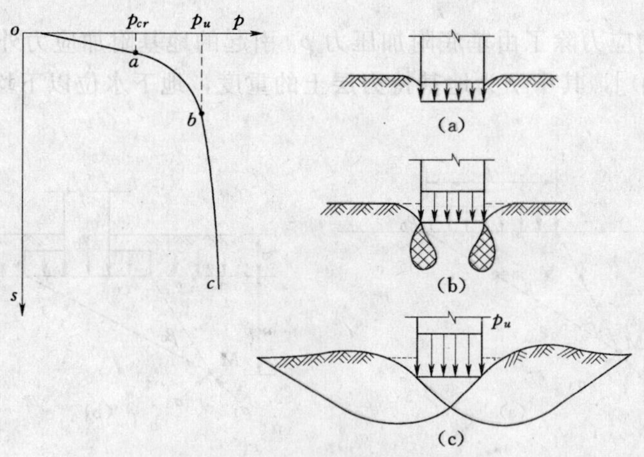

图 7-2 地基载荷试验结果

(a) 压缩阶段；(b) 剪切阶段；(c) 隆起阶段

1. 直线变形阶段

对应 p—s 曲线的 oa 段，又称压缩阶段。这个阶段外加荷载较小，地基土以压缩变形为主，地基中任一点的剪应力均小于该点的抗剪强度，地基中的应力处于弹性平衡阶段。

2. 塑性变形阶段

对应 p—s 曲线呈现非线性变化的 ab 段，又称剪切阶段。这一阶段基底边缘局部位置土中剪应力等于该处土的抗剪强度，土体处于塑性极限平衡状态，但塑性区尚未在地基中连成片。

3. 塑性流动阶段

对应 p—s 曲线的 bc 段，又称隆起阶段。该阶段塑性区已经发展到形成一连续滑动面，基础周围土体隆起，荷载略有增加或不增加都会引起基础急剧变化，变形主要由地基土的塑性流动引起，地基失去稳定性。

相应于上述地基变形的三个阶段，在图 7－2 所示的 p—s 曲线上存在 a 和 b 两个转折点：a 点所对应的荷载 p_{cr} 是从压缩阶段过渡到剪切阶段的界限荷载，称为临塑荷载或比例界限荷载；b 点所对应的荷载 p_u 是从剪切阶段过渡到隆起阶段的界限荷载，称为极限荷载。地基荷载从 p_{cr} 到 p_u 的过程就是地基剪切破坏区逐渐发展的过程。

7.2.2　地基临塑荷载和临界荷载

1. 地基塑性变形区边界方程

根据 3.3 节介绍和弹性力学理论，可求得图 7－3（a）所示表面作用有均布条形荷载的均质地基内任一点 M 处的大、小主应力的极坐标表达为

$$\left.\begin{matrix}\sigma_1\\\sigma_3\end{matrix}\right\}=\frac{p_0}{\pi}(\beta_0\pm\sin\beta_0) \tag{7-1}$$

式中：p_0 为均布条形荷载，kPa；β_0 为任意点 M 到均布条形荷载两端点的夹角；σ_1 和 σ_3 的作用方向如图 7－3（a）所示。

考虑基础埋置深度时，条形基础两侧作用有超载 $q=\gamma_m d$，γ_m 为基础埋深范围内土层的加权平均重度。

作用在 M 点的应力除了由基底附加压力 p_0 引起的地基附加应力外，还有土自重应力 $q+\gamma z$［图 7－3（b）］，其中 γ 为地基持力层土的重度，地下水位以下均取浮重度，z 为 M 点距基底的距离。

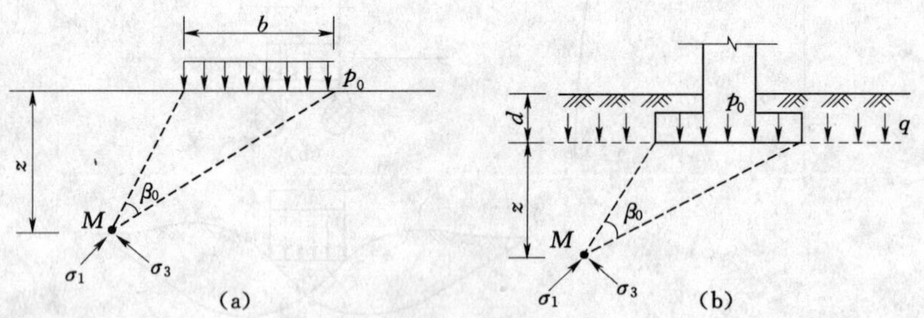

图 7－3　均布条形荷载作用下地基中的主应力

（a）无埋置深度；（b）有埋置深度

为公式推导中不改变 M 点附加应力场的大小和方向，假设地基原有的自重应力场 $\sigma_x=\sigma_z=\gamma z$，即静止侧压力系数 $K_0=1$，则 M 点的大、小主应力为

$$\left.\begin{matrix}\sigma_1\\\sigma_3\end{matrix}\right\}=\frac{p_0}{\pi}(\beta_0\pm\sin\beta_0)+q+\gamma z \tag{7-2}$$

式中：p_0 为基底附加压力，$p_0=p-\sigma_{ch}=p-\gamma_m h$（$h$ 为从天然地面算起的基础埋深）。

当 M 点应力达到极限平衡状态时，该点的大、小主应力应满足下述极限平衡条件，即

$$\sin\varphi=\frac{(\sigma_1-\sigma_3)}{(\sigma_1+\sigma_3+2c\cot\varphi)} \tag{7-3}$$

将式（7-2）代入式（7-3）有

$$z=\frac{p_0}{\gamma\pi}\left(\frac{\sin\beta_0}{\sin\varphi}-\beta_0\right)-\frac{1}{\gamma}\ (c\cot\varphi+q) \tag{7-4}$$

此即为满足极限平衡条件的地基塑性区边界方程，给出了塑性区边界上任意一点的坐标 z 与 β_0 角的关系，如图 7-4 所示。如果荷载 p_0、基础两侧超载 q 以及土的 γ、c、φ 为已知，则根据此式可绘出塑性区的边界线。

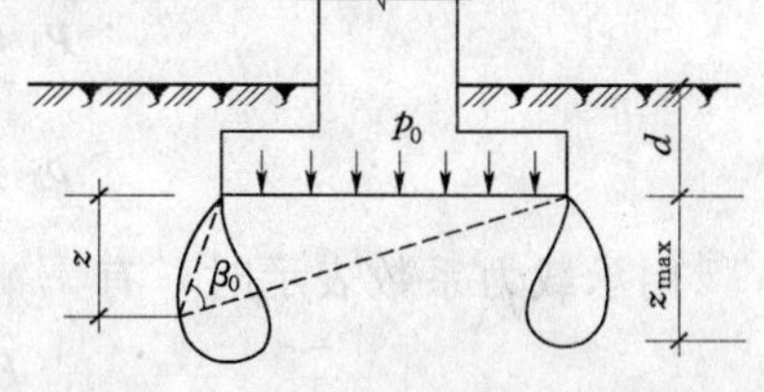

图 7-4　条形基础底面边缘的塑性区

2. 临塑荷载

临塑荷载是指地基土中应力状态从压缩阶段过渡到剪切阶段时的界限荷载，即地基中刚要出现塑性区时基底单位面积上所承担的荷载。

在基础中心荷载作用下，当荷载超过临塑荷载时，基础两侧以下土中将出现对称塑性区，塑性区发展范围随着荷载的增加而扩大。根据式（7-4），若令 $\frac{dz}{d\beta_0}=0$，可以求得数学上的极值，也即为某一定荷载作用下塑性区的最大发展 z_{max}（图 7-4）。

即，令

$$\frac{dz}{d\beta_0}=\frac{p_0}{\gamma\pi}\left(\frac{\cos\beta_0}{\sin\varphi}-1\right)=0$$

得

$$\beta_0=\frac{\pi}{2}-\varphi$$

将上述结果带到式（7-4），得 z_{max} 的表达式为

$$z_{max}=\frac{p_0}{\gamma\pi}\left(\cot\varphi+\varphi-\frac{\pi}{2}\right)-\frac{1}{\gamma}\ (c\cot\varphi+q) \tag{7-5}$$

由上式可见，当土性和基础埋深一定时，塑性区最大深度仅随荷载 p_0 的增大而增大。根据临塑荷载的定义，当 $z_{max}=0$ 时所对应的荷载就是临塑荷载 p_{cr}，即

$$p_{cr}=\frac{\pi(c\cot\varphi+q)}{\cot\varphi+\varphi-\pi/2}+q \tag{7-6a}$$

用承载力系数表示时，有

$$p_{cr}=cN_c+qN_q \tag{7-6b}$$

式中承载力系数 N_c、N_q 均为 φ 的函数，有

$$N_c=\frac{\pi\cot\varphi}{\left(\cot\varphi+\varphi-\dfrac{\pi}{2}\right)}$$

$$N_q=\frac{\left(\cot\varphi+\varphi+\dfrac{\pi}{2}\right)}{\left(\cot\varphi+\varphi-\dfrac{\pi}{2}\right)}$$

3. 临界荷载

临塑荷载 p_{cr} 可以作为地基容许承载力，但对于中等强度以上的地基可能偏于保守。

事实上，地基中存在小范围的塑性区域仍然可以保证地基的安全度。允许地基产生一定范围的塑性变形区所对应的荷载即为临界荷载，将临界荷载作为地基容许承载力或地基承载力特征值可以比较充分地发挥地基的承载能力。

根据目前的工程经验，对于基底宽度为 b 的基础，中心荷载作用下可允许塑性区最大开展深度 $z_{\max}=b/4$，偏心荷载下可允许塑性区最大开展深度 $z_{\max}=b/3$，将此代入式(7-5)可得临界荷载 $p_{1/3}$ 和 $p_{1/4}$ 的表达式为

$$p_{1/4}=\frac{\pi(c\cot\varphi+q+\gamma b/4)}{\cot\varphi+\varphi-\pi/2}+q \tag{7-7a}$$

$$p_{1/3}=\frac{\pi(c\cot\varphi+q+\gamma b/3)}{\cot\varphi+\varphi-\pi/2}+q \tag{7-8a}$$

用承载力系数表示时，有

$$p_{1/4}=cN_c+qN_q+\gamma bN_{1/4} \tag{7-7b}$$

$$p_{1/3}=cN_c+qN_q+\gamma bN_{1/3} \tag{7-8b}$$

式中承载力系数 $N_{1/4}$、$N_{1/3}$ 均为 φ 的函数，有

$$N_{1/4}=\pi/[4(\cot\varphi+\varphi-\pi/2)],\quad N_{1/3}=\pi/[3(\cot\varphi+\varphi-\pi/2)]$$

式（7-7b）和式（7-8b）表明，临界荷载由三部分组成：第一、第二部分分别反映地基土黏聚力和基础埋深对承载力的影响，这两部分的叠加即为临塑荷载；第三部分表明基础宽度和地基土重度对承载力的影响，实际反映塑性区开展深度的影响。

由承载力系数的定义和公式的表示形式可知，临界荷载的大小随着 φ、c、q、γ、b 的增大而增加。需注意的是，公式是基于弹性力学针对条形荷载推出，因而对于其他基础形式和塑性区较大的情况存在误差。

【例 7-1】　某均质地基上修建一条形基础，基础宽 $b=2.5$m，埋深 $d=1.1$m，地基土性指标为 $\gamma=18.0\text{kN/m}^3$，$w=35\%$，$d_s=2.73$，$c=10$kPa，$\varphi=13°$，求：(1) 该基础的临塑荷载 p_{cr}、临界荷载 $p_{1/4}$ 和 $p_{1/3}$？(2) 若地下水位位于基础底面，当不考虑水对土的抗剪强度指标的影响时，临塑荷载和临界荷载有何变化？

解

根据 $\varphi=13°$，从公式计算得：$N_c=4.55$，$N_q=2.05$，$N_{1/4}=0.26$，$N_{1/3}=0.35$

$$q=\gamma_m d=18.0\times1.1=19.8\ (\text{kPa})$$

$$p_{cr}=cN_c+qN_q=10\times4.55+19.8\times2.05=86\ (\text{kPa})$$

$$p_{1/4}=cN_c+qN_q+\gamma bN_{1/4}=10\times4.55+19.8\times2.05+18\times2.5\times0.26=98\ (\text{kPa})$$

$$p_{1/3}=cN_c+qN_q+\gamma bN_{1/3}=10\times4.55+19.8\times2.05+18\times2.5\times0.35=102\ (\text{kPa})$$

当地下水位上升到基础底面时，γ 需取有效重度 γ'，有

$$\gamma'=\frac{d_s-1}{1+e}\gamma_w=\frac{(d_s-1)\gamma}{d_s(1+w)}=\frac{(2.73-1)\times18.0}{2.73\times(1+0.35)}=8.45\ (\text{kN/m}^3)$$

$$p_{cr}=10\times4.55+19.8\times2.05=86\ (\text{kPa})$$

$$p_{1/4}=10\times4.55+19.8\times2.05+8.45\times2.5\times0.26=92\ (\text{kPa})$$

$$p_{1/3}=10\times4.55+19.8\times2.05+8.45\times2.5\times0.35=93\ (\text{kPa})$$

此题计算结果表明，基底以下地下水位变化带来的土的重度的改变将影响地基临界荷载 $p_{1/3}$ 和 $p_{1/4}$，而地基临塑荷载与基底以下地下水位变动无关，但当地下水位上升到基底

以上时临塑荷载将降低。

7.3 地基极限承载力

地基极限承载力是指使地基发生剪切破坏失去整体稳定时的基底压力，亦称地基极限荷载，相当于地基土中应力状态从剪切阶段过渡到隆起阶段时的界限荷载。

求解整体剪切破坏模式的地基极限承载力的途径有二：一是假定地基土是刚塑性体，用严密的数学方法求解土中某点达到极限平衡时的静力平衡方程组，以得出地基极限承载力；二是根据模型试验的滑动面形状，通过简化得到假定的滑动面，然后借助该滑动面上的极限平衡条件，求出地基极限承载力。

本节仅介绍基于极限平衡理论法的普朗德尔和赖斯纳极限公式，及基于假定滑动面法的太沙基公式、汉森公式和魏锡克公式。

7.3.1 普朗德尔和赖斯纳极限承载力公式

普朗德尔（Prandtl，1920）假定：①条形基础，具有足够大的刚度，底面光滑；②地基土具有刚塑性性质，重度为零；③基础置于地基表面。

根据极限平衡理论对刚性模子压入半无限刚塑性体问题的研究结果，普朗德尔指出在上述假定条件下，当作用在基础上的荷载足够大使基础陷入地基中时，地基中将产生如图7-5所示的整体剪切破坏。

普朗德尔将整个塑性极限平衡区分为五个部分：一是位于基础以下的中心三角区，称主动朗肯区，该区竖向应力为大主应力 σ_1，水平应力为小主应力 σ_3。三角区两侧面与水平面夹角为 $45°+\varphi/2$，此即小主应力作用方向与破坏面夹角。与中心三角区相邻的是两个辐射向剪切区，称普朗德尔区，由一组形似以对数螺线 $r_0\exp(\theta\tan\varphi)$ 为弧线边界的扇形和一组辐射向直线组成，中心角为直角。与两个普朗德尔区另一侧相邻的是两个被动朗肯区，该区水平向应力为大主应力 σ_1，竖向应力为小主应力 σ_3，破坏面与水平面的夹角为 $45°-\varphi/2$。

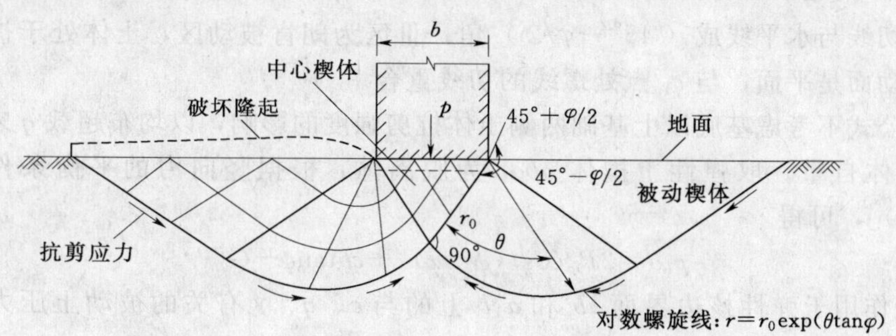

图7-5 普朗德尔地基整体剪切破坏模式

普朗德尔针对图7-5导出基底极限荷载为

$$p_u=cN_c \tag{7-9}$$

式中：p_u 即为普朗德尔极限承载力；N_c 为承载力系数，$N_c=\cot\varphi\left[\exp(\pi\tan\varphi)\ \tan^2(45°+\varphi/2)-1\right]$，或查表7-1；$c$、$\varphi$ 为土的抗剪强度指标。

在式（7－9）基础上，赖斯纳（Ressiner，1924）进一步考虑了基础埋深对承载力的影响，如图 7－6 所示。通过将埋深范围内基底两侧土体重量作为作用在基底面上的柔性超载 $q=\gamma_m d$ 得到相应的地基极限承载力公式为

$$p_u=cN_c+qN_q \tag{7-10}$$

式中：N_q 为承载力系数，$N_q=\exp(\pi\tan\varphi)\tan^2(45°+\varphi/2)$，或查表 7－1；其余符号同前。

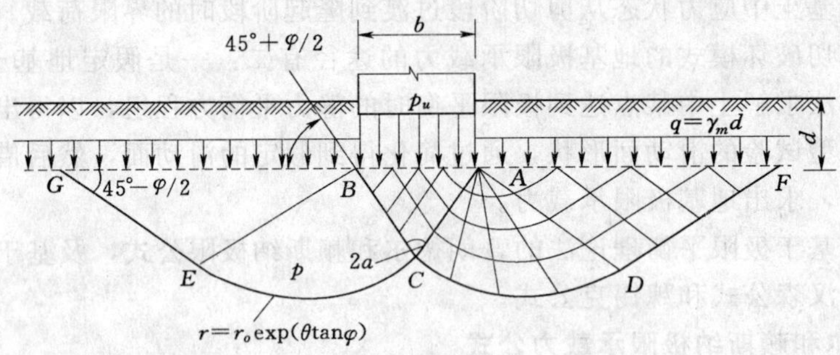

图 7－6　基础有埋置深度时的赖斯纳解

普朗德尔和赖斯纳极限承载力公式没有考虑基底以下地基土的重量，也没有考虑基础埋深范围内侧面土的抗剪强度，因而应用结果与实际工程有较大差距。许多学者先后对此进行了研究并得出了具有应用价值的成果。

7.3.2　太沙基极限承载力公式

太沙基（Terzaghi，1943）极限承载力考虑地基土重量，并假设基底粗糙，在不考虑基底以上填土的抗剪强度、仅视为作用在基底水平面上的超载时，极限荷载作用下基础发生整体剪切破坏时的地基滑动面形状如图 7－7（a）所示。

滑动土体共分为三区：基础下的楔形为Ⅰ区，由于粗糙基底的摩阻作用，该区为压密区，土体形成与基础一起位移的弹性核，不产生剪切状态，弹性核侧面 ab 和 a_1b 与水平面夹角 ψ 介于（$45°+\varphi/2$）（基底光滑）和 φ 之间（基底足够粗糙，可完全限制弹性核侧向位移）；Ⅱ区为过渡区，滑动面由对数螺旋线和直线组成，b 点处螺线的切线垂直，c_1 点处螺线的切线与水平线成（$45°-\varphi/2$）角；Ⅲ区为朗肯被动区，土体处于被动极限平衡状态，滑动面是平面，与 c_1 点处螺线的切线重合。

太沙基公式不考虑基底以上基础两侧土体抗剪强度的影响，以均布超载 q 来代替埋深范围内的土体自重。取弹性土楔体 aba_1 为脱离体，根据竖向力的平衡条件 $\sum P_z=0$［图 7－7（b）］，可得

$$p_u b=2P_p\cos(\psi-\varphi)+cb\tan\psi-G$$

式中：P_p 为作用于弹性核边界面 ab 和 a_1b 上的与 c、q、γ 有关的被动土压力合力，即 $P_p=P_{pc}+P_{pq}+P_{p\gamma}$；其余符号参见图 7－7（b）。

太沙基建议 P_p 按下述简化公式计算

$$P_p=\frac{b}{2\cos^2\varphi}\left(cK_{Pc}+qK_{Pq}+\frac{1}{4}\gamma b\tan\varphi K_{P\gamma}\right)$$

式中：K_{Pc}、K_{Pq}、$K_{P\gamma}$ 为土压力系数。

将上述 P_p 的表达式代入脱离体 aba_1 的竖向力平衡方程，可得

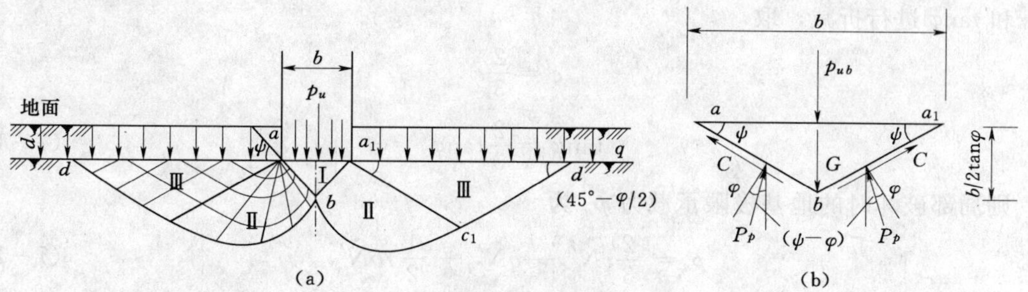

图 7-7 太沙基承载力解

(a) 粗糙基底地基中滑动面形状；(b) 弹性楔体受力状态

$$p_u=cN_c+qN_q+\frac{1}{2}\gamma bN_\gamma \tag{7-11}$$

其中 $q=\gamma d$

式中：q 为基底面以上基础两侧超载，kPa；b、d 分别为基底宽度和埋置深度，m；N_c、N_q、N_γ 分别为承载力系数，与土的内摩擦角 φ 和夹角 ψ 有关。

当基底不完全粗糙时，弹性核两侧边界面 ab 和 a_1b 与水平面的夹角 ψ 是未知的。如果基底完全粗糙，有 $\psi=\varphi$，太沙基给出承载力系数 N_c、N_q 的数学表达式为

$$N_q=\frac{\exp\left[\left(\frac{3\pi}{2}-\varphi\right)\tan\varphi\right]}{2\cos^2(45°+\varphi/2)} \tag{7-12}$$

$$N_c=(N_q-1)\cot\varphi \tag{7-13}$$

对于 N_γ，太沙基未给出显式，需通过试算确定。

当基底完全粗糙时，承载力系数与 φ 的关系也可由图 7-8 所示的承载力系数曲线查得。由曲线可以看出，当 $\varphi>25°$ 后，N_γ 增加很快，说明对砂土地基，基础的宽度对极限承载力影响很大。而当地基为饱和软黏土时，$\varphi_u=0$，这时 $N_c\approx5.7$，$N_q\approx1.0$，$N_\gamma\approx0$，按式（7-11）可得饱和软黏土地基上极限承载力为

$$p_u\approx q+5.7c \tag{7-14}$$

即饱和软黏土地基的极限承载力与基础宽度无关。

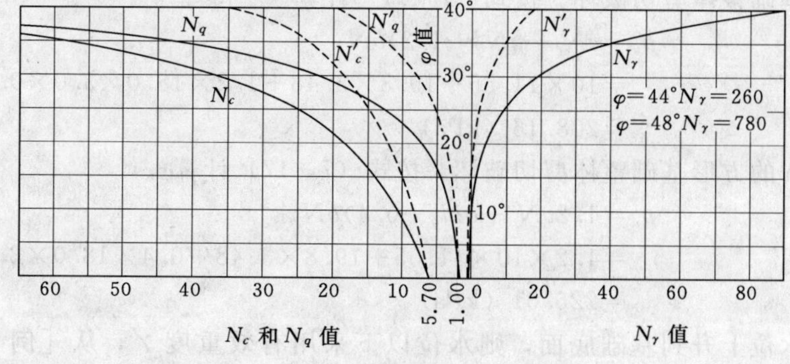

图 7-8 太沙基公式承载力系数

式（7-11）适用于条形基础整体剪切破坏的情况，对于局部剪切破坏，太沙基建议

将 c 和 $\tan\varphi$ 进行折减，取

$$c'=\frac{2}{3}c$$

$$\tan\varphi'=\frac{2}{3}\tan\varphi \tag{7-15}$$

则局部破坏时的地基极限承载力 p_u 为

$$p_u=\frac{2}{3}cN'_c+qN'_q+\frac{1}{2}\gamma bN'_\gamma \tag{7-16}$$

式中：N'_c、N'_q、N'_γ 分别为局部剪切破坏时的承载力系数，由图 7-8 中虚线查取。

对于方形和圆形均布荷载整体剪切破坏情况，太沙基建议采用经验系数进行修正，修正后的公式为：

方形基础（宽度为 b）

整体剪切破坏 $$p_u=1.2cN_c+qN_q+0.4\gamma bN_\gamma \tag{7-17}$$

局部剪切破坏 $$p_u=0.8cN'_c+qN'_q+0.4\gamma bN'_\gamma \tag{7-18}$$

圆形基础（半径为 b）

整体剪切破坏 $$p_u=1.2cN_c+qN_q+0.6\gamma bN_\gamma \tag{7-19}$$

局部剪切破坏 $$p_u=0.8cN'_c+qN'_q+0.6\gamma bN'_\gamma \tag{7-20}$$

如果是 $b\times l$ 的矩形基础，可分别计算 $b/l=0$（条形基础）和 $b/l=1$（方形基础）的极限承载力，然后进行内插求得。

实际工程设计中，将太沙基极限承载力除以安全系数 K 作为地基容许承载力，K 的取值需综合考虑结构类型、建筑物重要性、荷载性质等因素，一般取 $K=2\sim3$。

【例 7-2】 基本资料同［例 7-1］，求：(1) $b=3.0$m 时条形基础地基整体剪切破坏时太沙基极限承载力。(2) 边长 $b=3$m 的方形基础地基整体剪切破坏时太沙基地基极限承载力。(3) 若地下水位上升到基础底面，问 (1)、(2) 极限承载力有无变化，如何变化？

解

根据题意 $c=10$kPa，$\varphi=13°$，$\gamma=18.0\text{kN/m}^3$，$b=3.0$m，$d=1.1$m，$q=19.8$kPa

查得 $$N_c=11.55,\ N_q=3.48,\ N_\gamma=0.88$$

(1) 条形基础整体剪切破坏。按式 (7-11) 计算

$$\begin{aligned}p_u&=cN_c+qN_q+1/2\gamma bN_\gamma\\&=10\times11.55+19.8\times3.48+1/2\times18.0\times3.0\times0.88\\&=208.16\ (\text{kPa})\end{aligned}$$

(2) $b=3$m 的方形基础整体剪切破坏。按式 (7-17) 计算

$$\begin{aligned}p_u&=1.2cN_c+qN_q+0.4\gamma bN_\gamma\\&=1.2\times10\times11.55+19.8\times3.48+0.4\times18.0\times3.0\times0.88\\&=226.51\ (\text{kPa})\end{aligned}$$

(3) 地下水位上升到基础底面，则水位以下采用有效重度 γ'，从［例 7-1］可知，$\gamma'=8.45\text{kN/m}^3$，则有

条形基础整体剪切破坏

$$p_u=10\times11.55+19.8\times3.48+1/2\times8.45\times3.0\times0.88$$
$$=195.56\ (\text{kPa})$$

方形基础整体剪切破坏

$$p_u=1.2\times10\times11.55+19.8\times3.48+0.4\times8.45\times3.0\times0.88$$
$$=216.43\ (\text{kPa})$$

比较计算结果可知，地下水位上升可导致地基极限承载力下降。

7.3.3 汉森和魏锡克极限承载力

J.B.汉森（Hansen，1961）和A.S.魏锡克（Vesic，1963）在太沙基理论基础上假定基底光滑，并考虑荷载倾斜和偏心，给出图7-9所示的理论破坏模式。与仅有中心荷载作用不同，地基在水平荷载作用下整体剪切破坏将沿水平荷载作用方向一侧发生滑动，使得弹性区边界面不对称：一侧为平面（滑动方向），另一侧为圆弧（圆心与基础转动中心重合），如图7-9（a）所示。另外，随着荷载偏心距的增大，滑动面明显缩小[图7-9（b）]。

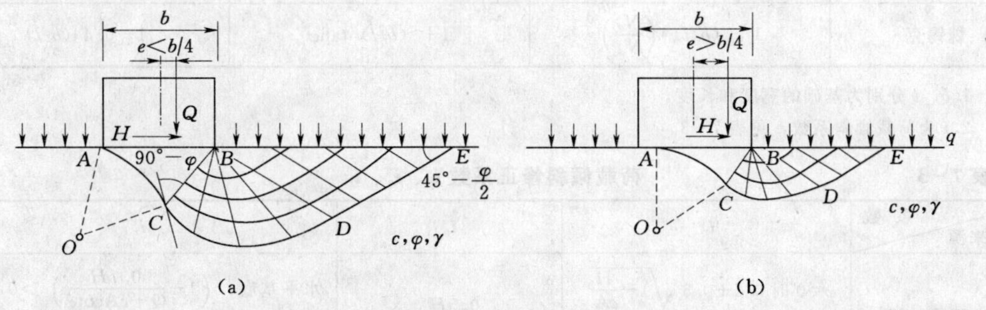

图7-9 偏心和倾斜荷载下的理论滑动面

（a）偏心距 $e<b/4$ 时；（b）偏心距 $e>b/4$ 时

汉森和魏锡克基于复杂荷载作用下的理论滑动面对太沙基极限承载力计算公式进行了修正，提出了考虑荷载倾斜和偏心、基础形状和埋深、地面倾斜、基底倾斜等诸多影响因素的承载力修正公式

$$p_u=cN_cS_ci_cd_cg_cb_c+qN_qS_qi_qd_qg_qb_q+1/2\gamma bN_rS_ri_rd_rg_rb_r \tag{7-21}$$

式中：N_c、N_q、N_r 为承载力系数，其中 N_r 汉森和魏锡克分别采用 $N_{r(H)}$ 和 $N_{r(v)}$，与 φ 的关系见表7-1；S_c、S_q、S_r 为基础倾斜修正系数，见表7-2；i_c、i_q、i_r 为荷载倾斜修正系数，见表7-3；d_c、d_q、d_r 为基础埋深修正系数，见表7-4；g_c、g_q、g_r 为地面倾斜修正系数，见表7-5；b_c、b_q、b_r 为基底倾斜修正系数，见表7-6。

表7-1　系数 N_c、N_q、N_γ [$N_{r(H)}$、$N_{r(v)}$]

φ (°)	N_c	N_q	$N_{r(H)}$	$N_{r(v)}$	φ (°)	N_c	N_q	$N_{r(H)}$	$N_{r(v)}$
0	5.14	1.00	0	0	12	9.29	2.97	0.76	1.69
2	5.69	1.20	0.01	0.15	14	10.37	3.58	1.16	2.29
4	6.17	1.43	0.05	0.34	16	11.62	4.33	1.72	3.06
6	6.82	1.72	0.14	0.57	18	13.09	5.25	2.49	4.07
8	7.52	2.06	0.27	0.86	20	14.83	6.40	3.54	5.39
10	8.35	2.47	0.47	1.22	22	16.89	7.82	4.96	7.13

续表

φ (°)	N_c	N_q	$N_{r(H)}$	$N_{r(v)}$	φ (°)	N_c	N_q	$N_{r(H)}$	$N_{r(v)}$
24	19.33	9.61	6.90	9.44	36	50.61	37.77	48.08	56.31
26	22.25	11.83	9.53	12.54	38	61.36	48.92	67.43	78.03
28	25.80	14.71	13.13	16.72	40	75.36	64.23	95.51	109.41
30	30.15	18.40	18.09	22.40	42	93.69	85.36	136.72	155.55
32	35.50	23.18	24.95	30.22	44	118.41	115.35	198.77	224.64
34	42.18	29.45	34.54	41.06	45	133.86	134.86	240.95	271.76

表7-2　基础形状修正系数 S_c、S_q、S_r

公式来源 \ 系数	S_c	S_q	S_r
汉森	$1+0.2i_c\ (b/l)$	$1+i_q\ (b/l)\ \sin\varphi$	$1+0.4i_r,\ (b/l)\geqslant 0.6$
魏锡克	$1+(b/l)\left(\dfrac{N_q}{N_c}\right)$	$1+(b/l)\ \tan\varphi$	$1-0.4\ (b/l)$

注　1. b、l 分别为基础的宽度和长度。

2. i 为荷载倾斜系数，见表7-3。

表7-3　荷载倾斜修正系数 i_c、i_q、i_r

公式来源 \ 系数	i_c	i_q	i_r
汉森	$\varphi=0°$时 $0.5+0.5\sqrt{1-\dfrac{H}{cA}}$ $\varphi>0°$时 $i_q-\dfrac{1-i_q}{N_c\tan\varphi}$	$\left(1-\dfrac{0.5H}{Q+cA\cot\varphi}\right)^5>0$	水平基底：$\left(1-\dfrac{0.7H}{Q+cA\cot\varphi}\right)^5>0$ 倾斜基底：$\left[1-\dfrac{(0.7-\eta/45°)\ H}{Q+cA\cot\varphi}\right]^5>0$
魏锡克	$\varphi=0°$时 $1-mH/cAN_c$ $\varphi>0°$时 $i_q-(1-i_q)/N_c\tan\varphi$	$\left(1-\dfrac{H}{Q+cA\cot\varphi}\right)^m$	$\left(1-\dfrac{H}{Q+cA\cot\varphi}\right)^{m+1}$

注　1. 基底面积 $A=bl$，当荷载偏心时，则用有效面积 $A_e=b_el_e$。

2. H 和 Q 分别为倾斜荷载在基底上的水平分力和竖直分力。

3. η 为基础底面与水平面的倾斜角。

4. 当荷载在短边倾斜时，$m=2+\left(\dfrac{b}{l}\right)\Big/\left[1+\left(\dfrac{b}{l}\right)\right]$；当荷载在长边倾斜时，$m=2+\left(\dfrac{l}{b}\right)\Big/\left[1+\left(\dfrac{l}{b}\right)\right]$；对于条形基础 $m=2$。

5. 当进行荷载倾斜修正时，必须满足 $H\leqslant c_aA+Q\tan\delta$ 的条件，c_a 为基底与土之间的黏着力，可取用土的不排水剪切强度 c_u，δ 为基底与土之间的摩擦角。

表7-4　深度修正系数 d_c、d_q、d_r

公式来源 \ 系数	d_c	d_q	d_r
汉森	$1+0.4\ (d/b)$	$1+2\tan\varphi\ (1-\sin\varphi)^2\ (d/b)$	1.0
魏锡克	$\varphi=0°$时 $d\leqslant b$：$1+0.4\ (d/b)$ $\varphi=0°$时 $d>b$：$1+0.4\arctan\ (d/b)$ $\varphi>0°$时 $d_q-\dfrac{1-d_q}{N_c\tan\varphi}$	$d\leqslant b$时 $1+2\tan\varphi\ (1-\sin\varphi)^2\ (d/b)$ $d>b$时 $1+2\tan\varphi\ (1-\sin\varphi)\ \arctan\ (d/b)$	1.0

表 7-5 地面倾斜修正系数 g_c、g_q、g_r

公式来源＼系数	g_c	$g_q=g_\gamma$	公式来源＼系数	g_c	$g_q=g_\gamma$
汉森	$1-\beta/147°$	$(1-0.5\tan\beta)^5$	魏锡克	$\varphi=0°$时 $1-\left(\dfrac{2\beta}{2+\pi}\right)$ $\varphi>0°$时 $g_q-\left(\dfrac{1-g_q}{N_c\tan\varphi}\right)$	$(1-\tan\varphi)^2$

注 1. β 为倾斜地面与水平面之间的夹角。

2. 魏锡克公式规定，当基础置于 $\varphi=0°$ 的倾斜地面上时，承载力公式中的 N_r 项应为负值，其值为 $N_r=-2\sin\beta$，并且应满足 $\beta<45°$和 $\beta<\varphi$ 的条件。

表 7-6 基底倾斜修正系数 b_c、b_q、b_r

公式来源＼系数	b_c	b_q	b_r
汉森	$1-\eta/147°$	$e^{-2\eta\tan\varphi}$	$e^{-2.7\eta\tan\varphi}$
魏锡克	$\varphi=0$ 时 $1-\left(\dfrac{2\eta}{5.14}\right)$ $\varphi>0$ 时 $b_q-\dfrac{1-b_q}{N_c\tan\varphi}$	$(1-\eta\tan\eta)^2$	$(1-\eta\tan\varphi)^2$

注 η 为倾斜基底与水平面之间的夹角，应满足 $\eta<45°$的条件。

采用汉森公式和魏锡克公式确定地基容许承载力时，也是将极限承载力除以一安全系数 K，实际工程中采用的安全系数见表 7-7、表 7-8。

表 7-7 汉森公式安全系数表

土或荷载条件	K	土或荷载条件	K
无黏性土	2.0	瞬时荷载（风、地震和相当的活荷载）	2.0
黏性土	3.0	静荷载或长期活荷载	2 或 3（视土样而定）

表 7-8 魏锡克公式安全系数表

种类	典型建筑物	所属的特征	土的查勘	
			完全、彻底的	有限的
A	铁路桥、仓库、高炉、水工建筑、土工建筑	最大设计荷载极可能经常出现，破坏的结果是灾难性的	3.0	4.0
B	公路桥、轻工业和公共建筑	最大设计荷载可能偶然出现，破坏的结果是严重的	2.5	3.5
C	房屋和办公室建筑	最大设计荷载不可能出现	2.0	3.0

注 1. 对于临时建筑物，可以将表中数值降低至 75%，但不得使安全系数低于 2.0 来使用。

2. 对于非常高的建筑物，例如烟囱和塔，或者随时可能发展成为承载力破坏危险的建筑物，表中数值将增加 20%～50%。

3. 如果基础设计是由沉降控制，必须采用高的安全系数。

7.3.4 极限承载力公式比较及影响承载力的因素

1. 极限承载力公式比较

上述各种承载力公式都是在一定的假设前提下导出的，因而其结果不尽一致，表7-9和表 7-10 给出了相同 φ 值下不同承载力理论的承载力系数和极限承载力计算结果。从表可知，太沙基考虑基底摩擦，其值相对较大；魏锡克和汉森假定基底光滑，其值相对较小，计算结果偏安全。

表 7-9　　承载力系数比较表

N 值	φ	0°	10°	20°	30°	40°	45°
N_c	太沙基公式	5.70	9.10	17.30	36.40	91.20	169.00
	魏锡克公式	5.14	8.35	14.83	30.14	75.32	133.87
	汉森公式	5.14	8.35	14.83	30.14	75.32	133.87
N_q	太沙基公式	1.00	2.60	7.30	22.00	77.50	170.00
	魏锡克公式	1.00	2.47	6.40	18.40	64.20	134.87
	汉森公式	1.00	2.47	6.40	18.40	64.20	134.87
N_r	太沙基公式	0	1.20	4.70	21.00	130.00	330.00
	魏锡克公式	0	1.22	5.39	22.40	109.41	271.76
	汉森公式	0	0.47	3.54	18.08	95.45	241.00

注　表中太沙基公式指基底完全粗糙的情况。

表 7-10　　极限承载 p_u 比较表

计算公式 \ d/b	0	0.25	0.50	0.75	1.00
太沙基	673.0	868.0	1063.0	1258.0	1453.0
魏锡克	616.0	811.0	1029.0	1273.0	1541.0
汉　森	532.0	731.0	844.0	1185.0	1389.0

注　表计算值所用资料 $\gamma=19.5\text{kN/m}^3$，$c=20\text{kPa}$，$\varphi=22°$，$b=4\text{m}$。

2. 影响承载力的因素

根据地基极限承载力的理论可知，地基极限承载力大致由下列几部分组成：

1）滑裂土体自重所产生的抗力。

2）基础两侧均布荷载 q 所产生的抗力。

3）滑裂面上黏聚力 c 所产生的抗力。

其中，第一种抗力除了取决于土的重度 γ 以外，还取决于滑裂土体的体积。随着基础宽度的增加，滑裂土体的长度和深度也随着增长，即极限承载力将随着基础宽度 b 的增加而线性增加。第二种抗力主要来自基底以上土体的上覆压力。基础埋深越大，则基础侧面荷载 $\gamma_0 d$ 越大，极限承载力越高。第三种抗力主要取决于地基土的黏聚力 c，其次也受滑裂面长度的影响。若 c 值越大，滑裂面长度越长，极限承载力也随之增加。另外，上述 3 种抗力都与地基破坏时的滑裂面形状有关，而滑裂面的形状又主要受土体内摩擦角 φ 的影响：随着土的内摩擦角 φ 值的增加，N_γ、N_q、N_c 也增大很多。

7.4　无黏性土坡的稳定性

7.4.1　稳定安全系数与自然休止角

1. 无黏性土坡稳定安全系数

根据实际观测，均质的砂性土构成的土坡，破坏时的滑动面往往近似于平面，因此在分析砂性土的土坡稳定时，为了计算简便起见，一般均假定滑动面是平面。

如图 7-10 所示的简单土坡，已知土坡高度为 H，坡角为 β，土的重度为 γ，土的抗剪强度 $\tau_f=\sigma\tan\varphi+c$。若假定滑动面是通过坡脚 A 的平面 AC，AC 的倾角为 α，滑动面 AC 的长度为 L，则可计算滑动土体 ABC 沿 AC 面上滑动的稳定安全系数 K 值。

沿土坡长度方向取单位长度土坡，作为平面应变问题分析。已知滑动土体 ABC 的重力为

$$W=\gamma S_{\triangle ABC}$$

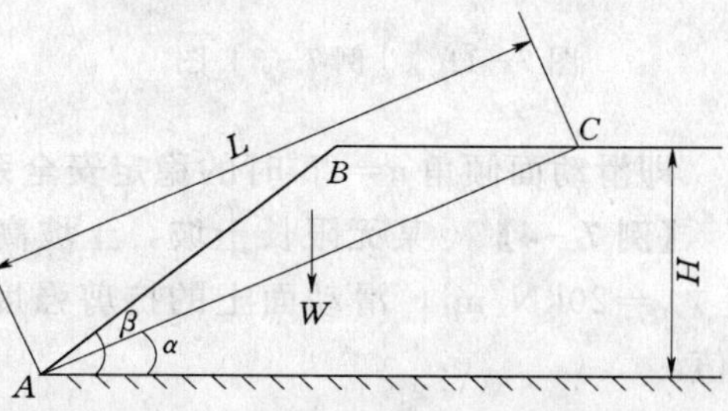

图 7-10 无黏性土坡平面滑动法

W 在滑动面 AC 上的法向分力 N 及正应力 σ 为

$$N=W\cos\alpha$$

$$\sigma=\frac{N}{L}=\frac{W\cos\alpha}{L}$$

W 在滑动面 AC 上的切向分力 T（T 即为滑动面上的下滑力）及剪应力 τ 为

$$T=W\sin\alpha$$

$$\tau=\frac{T}{L}=\frac{W\sin\alpha}{L}$$

则土坡的安全系数为

$$K=\frac{\tau_f}{\tau}=\frac{\sigma\tan\varphi+c}{\tau}=\frac{\dfrac{W\cos\alpha}{L}\tan\varphi+c}{\dfrac{W\sin\alpha}{L}}=\frac{W\cos\alpha\tan\varphi+cL}{W\sin\alpha} \tag{7-22}$$

验算时，先通过坡脚假设一直线滑动面，按式（7-22）计算土坡沿此滑动面下滑的安全系数 K，然后再假设若干个滑动面，计算相应的安全系数，由此求得最小安全系数 $K_{\min}$。当 $K_{\min}\geqslant 1$ 时，此土坡即是稳定的。为了保证土坡具有足够的安全储备，通常可取 $K\geqslant 1.3\sim1.5$。

当均质无黏性土坡 $c=0$ 时，上式可简化为

$$K=\frac{\tan\varphi}{\tan\alpha} \tag{7-23}$$

从式（7-23）可见，对于 $c=0$ 的均质无黏性土坡，当 $\alpha=\beta$ 时，滑动稳定安全系数最小，也即土坡坡面的一层土是最容易滑动的。因此，无黏性土的土坡稳定安全系数为

$$K=\frac{\tan\varphi}{\tan\beta} \tag{7-24}$$

上式表明，$c=0$ 的均质无黏性土坡稳定性与坡高无关，而仅与坡角 β 有关，只要坡角小于土的内摩擦角（$\beta<\varphi$），$K>1$，则无论土坡多高在理论上都是稳定的。$K=1$ 表明土坡处于极限状态，即土坡坡角等于土的内摩擦角。

【例 7-3】 用砂性土填筑的路堤如图 7-11 所示，高度为 3.0m，顶宽 26m，坡率为 1：1.25，采用直线滑动面法验算其边坡稳定性，$\varphi=30°$，$c=0.2$kPa，假设滑动面倾角 $\alpha=25°$，滑动面以上土体重 $W=52.2$kN/m，滑面长 $L=7.1$m。求抗滑稳定性系数为多少？

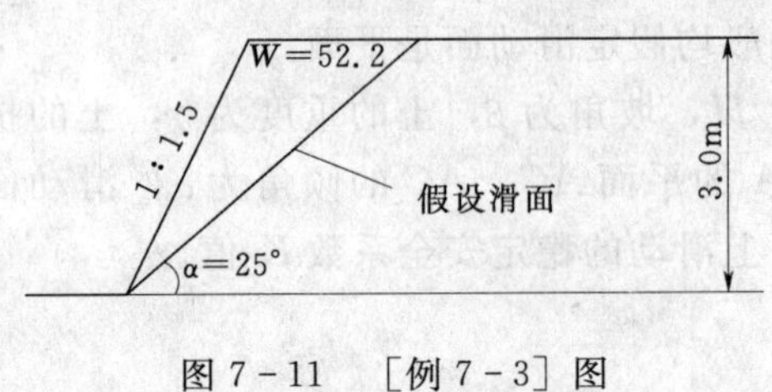

图 7-11　［例 7-3］图

解

由公式

$$K=\frac{抗滑力}{下滑力}=\frac{W\cos\alpha\tan\varphi+cL}{W\sin\alpha}$$

$$=\frac{52.2\cos25°\times\tan30°+7.1\times0.2}{52.2\sin25°}$$

$$=1.30$$

即滑动面倾角 $\alpha=25°$ 时的稳定安全系数为 1.30。

【例 7-4】　某无限长土坡，土坡高度 H（图 7-12），土重度 $\gamma=19\text{kN/m}^3$，饱和重度 $\gamma_{sat}=20\text{kN/m}^3$，滑动面土的抗剪强度 $c=0$，$\varphi=28°$，若安全系数 $K=1.3$，试求坡角 α 值。

图 7-12　［例 7-4］图

解

设滑体重为 W，坡角为 α 值，沿滑面下滑力为

$$T=W\sin\alpha$$

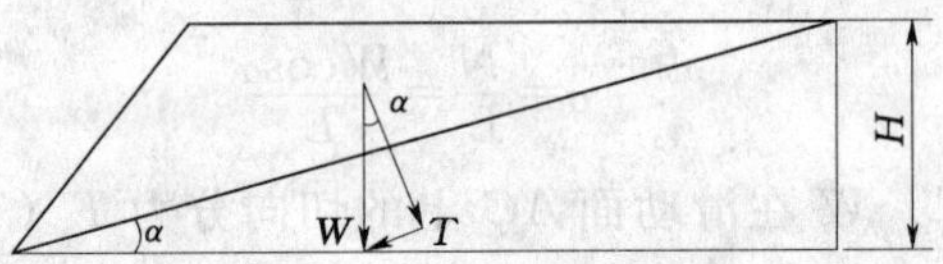

沿滑面抗滑力为

$$R=W\cos\alpha\tan\varphi$$

安全系数为

$$K=\frac{R}{T}=\frac{W\cos\alpha\tan\varphi}{W\sin\alpha}=1.3$$

则

$$\tan\alpha=\frac{\tan\varphi}{1.3}=\frac{\tan28°}{1.3}=0.409$$

$$\alpha=22.24°$$

即该土坡安全系数若为 1.3，则土坡坡角为 22.24°。

2. 自然休止角

式（7-24）表明，无黏性土所能形成的最大坡角就是无黏性土的内摩擦角，此坡角也称为自然休止角。人工临时堆放的砂土，常比较疏松，其自然休止角略小于同一级配砂土的内摩擦角。根据这一原理，在工程上就可以通过堆砂锥体法来近似确定砂土的内摩擦角。

7.4.2　存在渗流时的稳定安全系数

当无黏性土坡受到一定的渗透力作用时，坡面上渗流溢出处的单元体除本身重量外，还受到渗流力 $J=\gamma_w i$ 的作用。

若渗流为顺坡出流，则溢出处渗流力方向与坡面平行，此时使土单元体下滑的剪切力为 $T+J=W\sin\alpha+\gamma_w i$，此时对于单元体来说，土体自重 W 就等于浮重度 γ'，$i=\sin\alpha$，故土坡的稳定安全系数变为

$$K=\frac{T_f}{T+J}=\frac{\gamma'\cos\alpha\tan\varphi}{(\gamma'+\gamma_w)\sin\alpha}=\frac{\gamma'\tan\varphi}{\gamma_{sat}\tan\alpha} \qquad (7-25)$$

可见，与上式相比，相差 γ'/γ_{sat} 倍，此值约为 1/2。所以，当坡面有顺坡渗流作用时，无黏性土坡的稳定安全系数约降低一半。

当渗流方向为水平逸出坡面时，$i=\tan\alpha$，则 K 表达式为

$$K=\frac{(\gamma'-\gamma_w\tan^2\alpha)\ \tan\varphi}{(\gamma'+\gamma_w)\ \tan\alpha} \tag{7-26}$$

式中，$\frac{\gamma'-\gamma_w\tan^2\alpha}{\gamma'+\gamma_w}<\frac{1}{2}$，说明与干坡相比 K 下降一半多。

上述分析说明，有渗流情况下无黏性土的土坡只有当坡角 $\alpha\leqslant\varphi/2$ 时才能稳定。工程实践中应尽可能消除渗透水流的作用。

处于水下的土坡，其稳定坡角为无黏性土的水下内摩擦角 φ'。

【例 7-5】 同［例 7-4］土坡，但土体处于饱和状态，水沿顺坡方向产生渗流，当安全系数 $K=1.3$ 时，试求容许坡角。

解

土坡下滑力除土体本身重量外，还受到渗流力作用，渗流力为

$$J=\gamma_w i$$

式中：γ_w 为水的重度；i 为水力梯度，产生顺坡渗流时 $i=\sin\alpha$。

下滑力为

$$T+J=W\sin\alpha+\gamma_w i=(W+\gamma_w)\ \sin\alpha$$

抗滑力为

$$R=W\cos\alpha\tan\varphi$$

对于单位土体，土的自重等于土的浮重度 γ'。所以

$$K=\frac{R}{T+J}=\frac{W\cos\alpha\tan\varphi}{(W+\gamma_w)\ \sin\alpha}=\frac{\gamma'\tan\varphi}{(\gamma'+\gamma_w)\ \tan\alpha}=\frac{\gamma'\tan\varphi}{\gamma_{sat}\tan\alpha}=1.3=\frac{10\tan28°}{20\tan\alpha}$$

则

$$\tan\alpha=\frac{10\times0.532}{20\times1.3}=0.2045$$

$$\alpha=11.56°$$

比较［例 7-5］和［例 7-4］计算结果可知，对于同一高度的无黏性土坡，当存在顺坡渗流时，若要保证同样的安全系数，容许坡角减小约一倍；即在同样的容许坡角下，顺坡渗流时的安全系数降低约一半。

7.5 黏性土坡的稳定性

由于黏聚力的存在，黏性土土坡不会像无黏性土土坡那样沿坡面表面滑动（即滑动面是平面），黏性土坡危险滑动面会深入土体内部。基于极限平衡理论可以推导出，均质黏性土土坡发生滑动时，其滑动面形状为对数螺旋线曲面，形状近似于圆柱面，在断面上的投影则近似为一圆弧曲面，如图 7-13 所示。通过对现场土坡滑动、失稳实例的调查表明，实际滑动面也与圆弧面相似。因此，工程设计中常把滑动面假定为圆弧面来进行稳定分析。如整体圆弧滑动法、条分法、瑞典条分法、毕肖普条分法等均基于滑动面是圆弧这一假定。

7.5.1 整体圆弧滑动法土坡稳定分析

整体圆弧滑动法是最常用的方法之一，又称瑞典圆弧法，由瑞典的彼得森（K. E. Petterson）于 1915 年提出，后被广泛应用于实际工程。

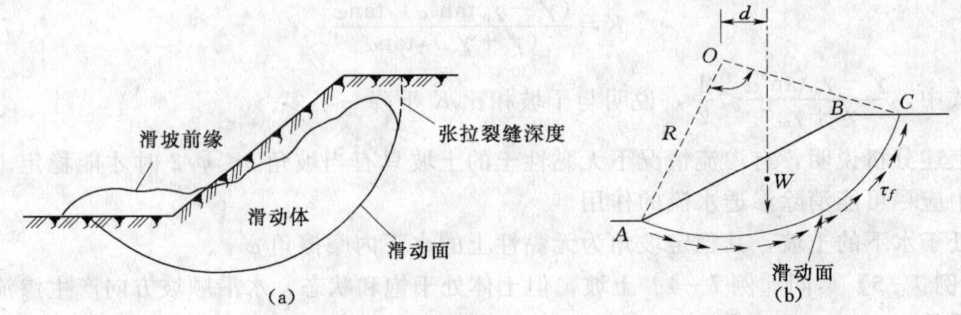

图 7-13　均质黏性土土坡滑动面

(a) 实际滑坡体的组成；(b) 假设滑动面投影是圆弧的滑动体

1. 稳定安全系数

整体圆弧滑动法将滑动面以上的土体视作刚体，并分析在极限平衡条件下它的整体受力情况，以整个滑动面上的平均抗剪强度与平均剪应力之比来定义土坡的安全系数，即

$$K=\frac{\tau_f}{\tau} \tag{7-27}$$

对于均质的黏性土土坡，其实际滑动面与圆柱面接近。计算时一般假定滑动面为圆柱面，在土坡断面上投影为圆弧。其安全系数也可用滑动面上的最大抗滑力矩与滑动力矩之比来定义，其最终结果与式（7-27）的定义完全相同，即

$$K=\frac{M_f}{M}=\frac{\tau_f L_{AC} R}{\tau L_{AC} R} \tag{7-27a}$$

式中：τ_f 为滑动面上的平均抗剪强度，kPa；τ 为滑动面上的平均剪应力，kPa；M_f 为滑动面上的最大抗滑力矩，kN·m；M 为滑动面上的滑动力矩，kN·m；L_{AC}为滑弧 AC 长度，m；R 为滑弧半径，m。

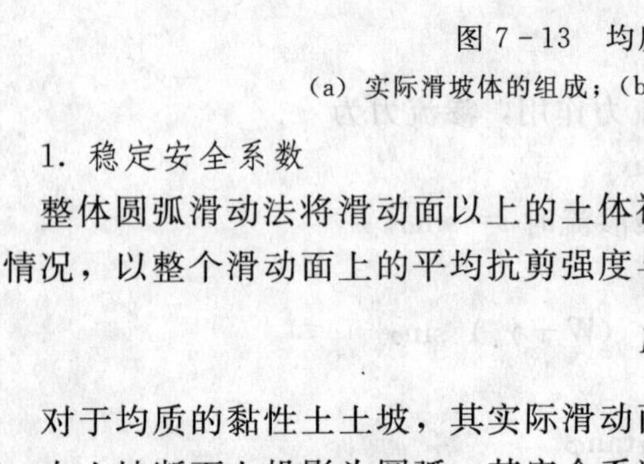

图 7-14　均质黏性土土坡的整体圆弧滑动

对于如图 7-14 所示的简单黏性土土坡，根据式（7-27a）可以写出更具体的 K 计算公式。AC 为假定的圆弧，O 点为其圆心，半径为 R。滑动土体 ABC 可视为刚体，在自重作用下，将绕圆心 O 沿 AC 弧转动下滑。如果假设滑动面上的抗剪强度完全发挥，即 $\tau=\tau_f$，则其抗滑力矩 $M_f=\tau_f L_{AC} R$，滑动力矩 $M=Wd$，将 M_f、M 代入式（7-27a），可得

$$K=\frac{M_f}{M}=\frac{\tau_f L_{AC} R}{Wd} \tag{7-27b}$$

式中：d 为滑动土体重心到滑弧圆心 O 的水平距离，m；W 为滑动土体自重力，kN。

根据摩尔—库仑强度理论，黏性土的抗剪强度 $\tau_f=\sigma\tan\varphi+c$。因此，对于均质黏性土土坡，其 c、φ 虽然是常数，但滑动面上法向应力 σ 却是沿滑动面不断改变的，并非常数。所以只要 $\sigma\tan\varphi\neq 0$，式（7-27b）中的 τ_f 就不是常数，即式（7-27b）只能给出一个定义，并不能确定 K 的大小。但对于饱和软黏土，在不排水条件下，其内摩擦角 φ 等于 0，

此时 $\tau_f = c_u$，抗滑力矩可表达为 $c_u L_{AC} R$，式（7-27b）可写为

$$K=\frac{c_u L_{AC} R}{Wd} \tag{7-28}$$

式（7-28）可直接计算边坡稳定的安全系数，适用于 $\varphi=0$ 的黏性土土坡稳定性分析，被称为 $\varphi=0$ 分析法。式中 c_u 可以用三轴不排水剪试验求出，也可由无侧限抗压强度试验或现场十字板剪切试验获得。

2. 最小稳定安全系数

以上求出的 K 是任意假定的某个滑动面的抗滑安全系数，而土坡稳定分析要求的是与最危险滑动面相对应的最小安全系数。为此，通常需要假定一系列滑动面进行多次试算，才能找到所需要的最危险滑动面对应的安全系数，计算工作量是很大的。费兰纽斯（Fellenius）通过大量计算提出了确定最危险滑动面圆心的经验方法，一直沿用至今。该方法的主要内容为：

对于均质黏性土坡，当土的内摩擦角 $\varphi=0$ 时，最危险滑动面常通过坡脚。其圆心位置可由图 7-15（a）中 BO 与 CO 两线的交点确定，图中 β_1 及 β_2 的值可根据坡角由表 7-11查出。当 $\varphi>0$ 时，最危险滑动面的圆心位置可能在图 7-15（b）中 EO 的延长线上。自 O 点向外取圆心 O_1、O_2、…，分别作滑弧求出相应的抗滑安全系数 K_1、K_2、…，然后绘制 K 与圆心 O 的曲线找出最小值 $K_{\min}$ 及对应的最危险滑动面的圆心 O_m。

当土坡非均质、或坡面形状及荷载情况比较复杂时，还需自 O_m 作 OE 线的垂直线，并在垂线上再取若干点作为圆心进行计算比较。

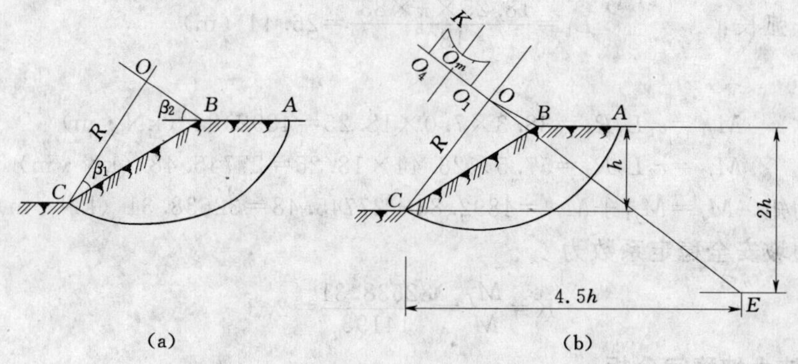

图 7-15　确定最危险滑动面圆心位置示意图

（a）$\varphi=0$；（b）$\varphi>0$

表 7-11　　　　不同边坡的 β_1 和 β_2

坡比	坡角	β_1	β_2	坡比	坡角	β_1	β_2
1∶0.58	60°	29°	40°	1∶3	18.43°	25°	35°
1∶1	45°	28°	37°	1∶4	14.04°	25°	37°
1∶1.5	33.79°	26°	35°	1∶5	11.32°	25°	37°
1∶2	26.57°	25°	35°				

需提及的是，当土坡外形和土层分布都比较复杂时，最危险滑动面并不一定通过坡脚，此时费伦纽斯法计算结果不一定可靠。但大量电算分析结果表明，无论土坡多么复

杂，最危险滑弧圆心的轨迹都是一根类似于双曲线的曲线，位于土坡坡线中心的竖直线与法线之间。所以，采用电算分析时可在此范围内有规律地搜索，求得最小值 K_{min}。另外，对于成层土边坡，其最小安全系数值区不止一个，可能存在多个 K_{min} 值。

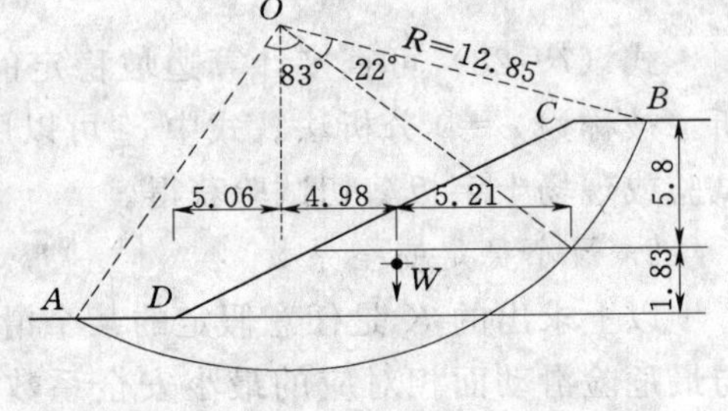

图 7-16　[例 7-6] 图

【例 7-6】　一黏性边坡几何尺寸如图 7-16 所示，滑坡体的面积为 $150m^2$，边坡土层由两层土组成，从坡顶到埋深 5.8m 处为第Ⅰ层：$c=38.3kPa$，$\varphi=0$；以下为第Ⅱ层：$c=57.5kPa$，$\varphi=0$。两层土的平均重度为 $\gamma=19.0kN/m^3$。若边坡以 O 点为圆心形成圆弧滑动，问该边坡的安全稳定系数为多少？

解

(1) 滑坡体的自重（取单位宽度）为

$$W=\gamma\times 面积=19.0\times 150=2850\ (kN)$$

(2) 滑坡体的下滑力矩为

$$M=W\times 4.98=2850\times 4.98=14193\ (kN\cdot m)$$

(3) 计算滑坡体抗滑力矩

第Ⅰ层土弧长：$$L_1=\frac{18.25\times\pi\times 22°}{180°}=7.0\ (m)$$

第Ⅱ层土弧长：$$L_1=\frac{18.25\times\pi\times 83°}{180°}=26.44\ (m)$$

抗滑力矩

$$M_{f1}=c_1L_1R_1=38.3\times 7.0\times 18.25=4892.83\ (kN\cdot m)$$
$$M_{f2}=c_2L_2R_2=57.5\times 26.44\times 18.25=27745.48\ (kN\cdot m)$$

总抗滑力矩　$M_f=M_{f1}+M_{f2}=4892.83+27745.48=32638.31\ (kN\cdot m)$

(4) 则边坡安全稳定系数为

$$K=\frac{M_f}{M}=\frac{32638.31}{14193}=2.3$$

7.5.2　条分法土坡稳定分析

条分法基于刚体极限平衡理，由瑞典工程师费兰纽斯（Fellenius，1922）等人在整体圆弧法的基础上提出。该法将滑动体分成若干个垂直土条，把土条视为刚体，分别计算每个土条上的力对滑弧中心的滑动力矩和抗滑力矩，而后按式（7-28）求土坡稳定安全系数。条分法是黏性土坡稳定分析中最常用的方法。

1. 条分法基本原理

图 7-17 (a) 为一均质黏性土坡，设滑动面为 AC，对应的滑弧圆心为 O，半径为 R，将滑动体 ABC 分成 n 个土条，取其中第 i 个土条并分析其受力状况，如图 7-17 (b) 所示。

土条上作用的力有：

(1) 重力 W_i，方向向下。$W=\gamma_i b_i h_i$，γ_i、b_i、h_i 分别为第 i 条土的重度、宽度和高度，为已知量。

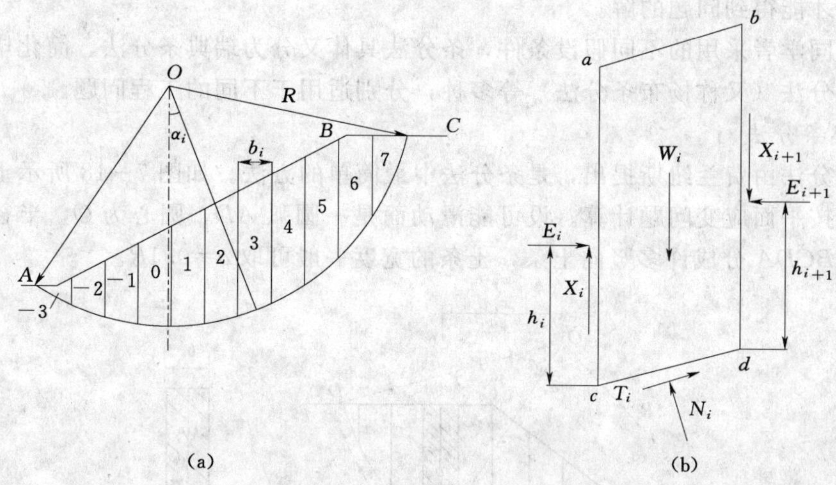

图 7-17 条分法计算图式

(a) 土坡分条；(b) 第 i 条受力分析

(2) 土条底面上的法向反力 N_i 和切向反力 T_i。假设 N_i 作用在土条底面中点，切向反力 T_i 作用线平行于土条的底面，即滑动面。考虑滑动面的受力时，一个土条含有两个未知数 N_i 和 T_i，则 n 个土条有 $2n$ 个未知数。如果假设土条滑动安全系数为 K，按照摩尔—库仑强度理论，N_i 和 T_i 关系为

$$T_i=\frac{c_i l_i+N_i\tan\varphi_i}{K} \tag{7-29}$$

上式表明，在确定了土性参数 c_i、φ_i 和指定某一安全系数的条件下，同一土条上的法向反力 N_i 和切向反力 T_i 是线性相关的，即两者不互相独立。所以，考虑滑动面的受力时，n 个土条实际上共有 n 个独立未知数。

(3) 土条间法向作用力 E_i 和 E_{i+1}。这一对力的大小和作用点均为未知，考虑相邻两个土条间的法向作用力大小相等，方向相反，所以 n 个土条有 $2n$ 个未知量。但需注意，对图 7-17 (a) 中土条 7（入坡土条）的右侧面和土条 −3（出坡土条）的左侧面上作用力是为 0 或为已知的。因此，考虑土条间法向作用力大小和作用点时，实际上 n 个土条共有 $2n-2$ 个独立未知数。

(4) 土条间的切向作用力 X_i 和 X_{i+1}。分析方法同法向力情况，但由于切向力无作用点，所以 n 个土条未知数目共有 $n-1$ 个。

当滑动面确定，土体抗剪强度指标已知，外力及自重确定时，滑动面上的剪应力和抗剪强度均可确定，从而可以计算各个土条的安全系数。为方便和适用起见，假定各个土条的安全系数相等并等于整个滑动面的安全系数。

所以，采用基于极限平衡理论的条分法求解安全系数时，共有 $n+(2n-2)+(n-1)+1$，即 $4n-2$ 个未知数（包括安全系数 K）。如果仅考虑土条在断面上的静力平衡条件，那么每个土条可分别列出两个方向互相垂直的力平衡方程和一个绕圆心的力矩平衡方程，共计 3 个独立的平衡方程。所以，n 个土条应该有 $3n$ 个独立的平衡方程。可见，对整个土坡稳定而言，未知数比方程数多 $n-2$ 个，属于超静定问题。需增加 $n-2$ 个附加假设条件作为

补充条件，才能得到问题的解。

根据不同学者采用的不同假设条件，条分法具体又分为瑞典条分法、简化毕肖普条分法、普遍条分法（又称杨布条分法）等多种，分别适用于不同的工程问题。

2. 瑞典条分法

瑞典条分法由费兰纽斯提出，是条分法中最简单的方法。如图 7－18 所示土坡，取单位长度土坡按平面应变问题计算。设可能滑动面是一圆弧 AD，圆心为 O，半径为 R。将滑动土条 $ABCDA$ 分成许多竖向土条，土条的宽度一般可取 $b=0.1R$。

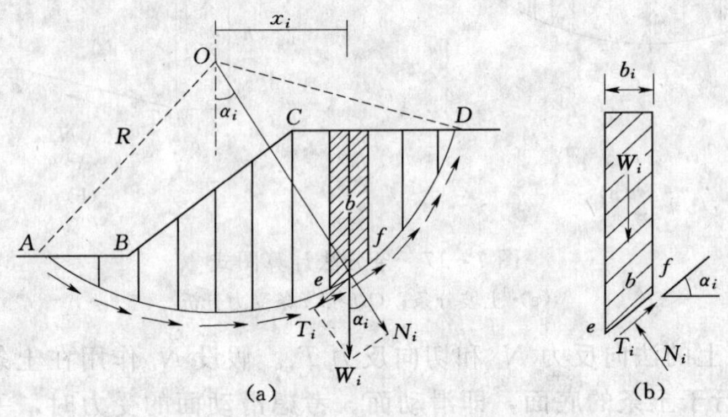

图 7－18　瑞典条分法

(a) 土坡分条；(b) 第 i 条受力分析

瑞典条分法假设 E_i 和 X_i 的合力等于 E_{i+1} 和 X_{i+1} 的合力，同时，它们的作用线也重合，因此土条两侧的作用力相互抵消。这时，作用于土条上的力仅有 W_i，N_i 及 T_i [图 7－18（b）]，根据平衡条件可得

$$N_i=W_i\cos\alpha_i$$

$$T_i=W_i\sin\alpha_i$$

滑动面 ef 上土的抗剪强度为

$$\tau_{fi}=\sigma_i\tan\varphi_i+c_i=\frac{1}{l_i}\left(N_i\tan\varphi_i+c_il_i\right)=\frac{1}{l_i}\left(W_i\cos\alpha_i\tan\varphi_i+c_il_i\right)$$

式中：α_i 为土条 i 滑动面的法向（亦即半径）与竖直线的夹角；l_i 为土条 i 滑动面的弧长；c_i、φ_i 为滑动面上的黏聚力及内摩擦角。

土条 i 上的作用力对圆心 O 产生的滑动力矩 M 及抗滑力矩 M_f 分别为

$$M=T_iR=W_iR\sin\alpha_i$$

$$M_f=\tau_{fi}l_iR=\left(W_i\cos\alpha_i\tan\varphi_i+c_il_i\right)R$$

则整个土坡相应于滑动面 AD 时的稳定安全系数为

$$K=\frac{M_f}{M}=\frac{\sum_{i=1}^{i=n}\left(W_i\cos\alpha_i\tan\varphi_i+c_il_i\right)}{\sum_{i=1}^{i=n}W_i\sin\alpha_i} \tag{7-30}$$

对于均质土坡，$c_i=c$，$\varphi_i=\varphi$，则得

$$K=\frac{M_f}{M}=\frac{\tan\varphi\sum_{i=1}^{i=n}W_i\cos\alpha_i+c\overline{L}}{\sum_{i=1}^{i=n}W_i\sin\alpha_i} \tag{7-31}$$

式中：$\overline{L}$ 为滑动面 AD 的弧长；n 为土条分条数。

式（7-31）是最简单的条分法的计算公式。由于忽略了土条之间的相互作用力，所以土条上的 3 个力 W_i、T_i 和 N_i 组成的力多边形并不闭合。因此，费兰纽斯条分法不满足静力平衡条件，只满足滑动土体整体力矩平衡条件，得到的稳定安全系数偏小，计算结果偏于安全。

使用瑞典条分法仍然要假设很多滑动面通过试算分析找到最危险滑动面，从而找到相应最小的 K 值，并由此判断土坡的稳定性。

3. 毕肖普条分法

为了改进条分法的计算精度，许多学者都认为应该考虑土体间的作用力，以求得比较合理的结果，毕肖普（A. N. Bishop，1955）法就是其中的一种，一直得到广泛的应用。

毕肖普法仍然假定滑动面为圆弧面，并假定各土条底部滑动面上的抗滑安全系数相同且等于整个滑动面上的平均安全系数。取单位长度土坡按平面问题计算，如图 7-19 所示。设可能的滑动面为一圆弧 AC，圆心为 O，半径 R。将滑动土体 ABC 分成若干土条，其中第 i 条上作用的力有：

1）土条自重 $W_i=\gamma b_i h_i$，其中 b_i、h_i 分别为该土条的宽度与平均高度。

2）作用于土条底面的抗剪力 T_i、有效法向反力 N'_i 及孔隙水压力 $u_i l_i$，其中 u_i、l_i 分别为该土条底面中点处孔隙水压力和滑弧弧长。

3）作用于土条两侧的法向力 E_i 和 E_{i+1} 及切向力 X_i 和 X_{i+1}，$\Delta X_i=(X_{i+1}-X_i)$。且 W_i、T_i、n'_i 及 $u_i l_i$ 的作用点均在土条底面中点。

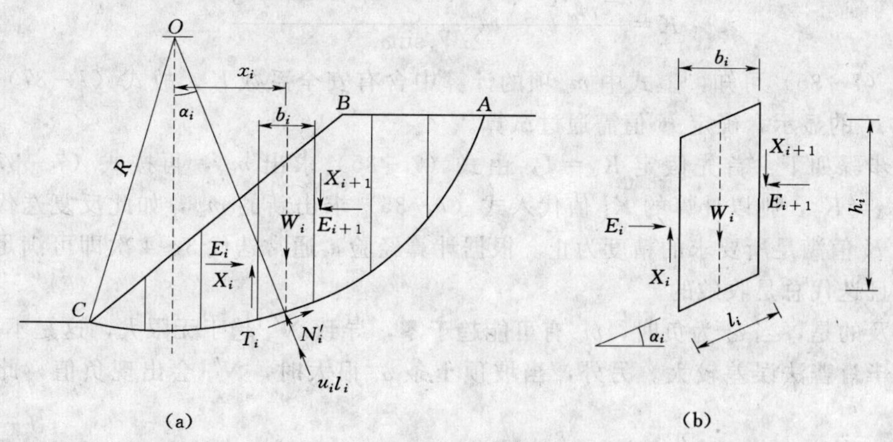

图 7-19 毕肖普条分法计算图式

(a) 土坡剖面；(b) 作用在第 i 土条上的力

由第 i 土条竖向力的平衡条件得

$$W_i+\Delta X_i-T_i\sin\alpha_i-N_i{}'\cos\alpha_i-u_i l_i\cos\alpha_i=0$$

或
$$N_i'\cos\alpha_i = W_i + \Delta X_i - T_i\sin\alpha_i - u_i b_i \tag{7-32}$$

当土坡尚未破坏时，土条滑动面上的抗剪强度只发挥了一部分，若以有效应力表示，土条滑动面上的抗剪力为

$$T_i = \frac{\tau_{fi} l_i}{K} = \frac{c' l_i}{K} + N'_i \frac{\tan\varphi'}{K} \tag{7-33}$$

式中：c'为土的有效黏聚力；φ'为土的有效内摩擦角；K为安全系数。

代入式（7-32），可解得N'_i为

$$N'_i = \frac{1}{m_{\alpha i}}\left(W_i + \Delta X_i - u_i b_i - \frac{c' l_i}{K}\sin\alpha_i\right) \tag{7-34}$$

其中
$$m_{\alpha i} = \cos\alpha_i\left(1 + \frac{\tan\varphi'\tan\alpha_i}{K}\right) \tag{7-35}$$

将整个滑动土体对圆心O求力矩平衡，此时相邻土条之间侧壁作用力的力矩将相互抵消，而各土条的N'_i及$u_i l_i$的作用线均通过圆心，也不产生力矩，故有

$$\sum_{i=1}^{n} W_i X_i - \sum_{i=1}^{n} T_i R = \sum_{i=1}^{n} W_i R\sin\alpha_i - \sum_{i=1}^{n} T_i R = 0$$

将式（7-33）、式（7-34）代入上式，可得毕肖普条分法计算边坡安全系数的普遍公式

$$K = \frac{\sum \frac{1}{m_{\alpha i}}\left[c' b_i + (W_i - u_i b_i + \Delta X_i)\tan\varphi'\right]}{\sum W_i \sin\alpha_i} \tag{7-36}$$

上式中$\Delta X_i = (X_{i+1} - X_i)$仍是未知数，为得到问题的解，毕肖普假设$\Delta X_i = X_{i+1} - X_i = 0$，并已经证明，这种简化对安全系数$K$的影响仅在1%左右，且分条宽度越小，这种影响就越小。简化后的毕肖普条分法基本公式为

$$K = \frac{\sum \frac{1}{m_{\alpha i}}\left[c' b_i + (W_i - u_i b_i)\tan\varphi'\right]}{\sum W_i \sin\alpha_i} \tag{7-37}$$

由式（7-35）可知，上式中$m_{\alpha i}$项的计算中含有安全系数K，故式（7-37）并不是安全系数K的显示，确定K值需通过试算。

试算步骤如下：首先假定$K_0 = 1$，由式（7-35）求出$m_{\alpha i}$，再按式（7-37）求出K_1，若$K_1 \neq K_0$，则以计算的K_1值代入式（7-35）求出新的$m_{\alpha i}$，如此反复迭代，直至前后两次K值满足所要求的精度为止。根据计算经验，通常迭代3～4次即可满足工程精度要求，且迭代总是收敛的。

需提及的是，当α_i为负时，$m_{\alpha i}$有可能趋于零，导致N'_i趋于无限大，这是不合理的，此时简化毕肖普法误差较大。另外，当坡顶土条α_i很大时，N'_i会出现负值，此时可取$N'_i = 0$。

为了求得$K_{\min}$，毕肖普条分法也必须在若干个假定滑动面中搜索最危险的滑裂面，其方法同前。

毕肖普条分法也可用于总应力分析，即在上述公式中不考虑孔隙水压力$u_i l_i$的影响，同时采用总应力强度指标c、φ。

与瑞典条分法相比，毕肖普简化条分法具有以下特点：

(1) 假设滑动面为圆弧。

(2) 满足整体力矩平衡条件。

(3) 假设土体之间只有法向力而无切向力。

(4) 在 (2) 和 (3) 两个条件下，满足各个土条的力多边形闭合条件，而不满足各个土条的力矩平衡条件。

(5) 从计算结果上分析，由于考虑了土体间的水平作用力，安全系数比瑞典条分法略高。

(6) 简化条分法虽然不是严格的（即满足全部静力平衡条件）的极限平衡分析法，但计算结果与严格方法很接近（误差约为2%～7%），且计算不是很复杂。

【例7-7】 某均质黏性土坡，高10m，坡比1∶1，填土黏聚力$c=15\text{kPa}$，内摩擦角$\varphi=20°$，重度$\gamma=18\text{kN/m}^3$，坡内无地下水影响，试用毕肖普条分法（总应力法）计算土坡的稳定安全系数。

解

(1) 选择滑弧圆心，作出相应的滑动圆弧。按一定比例画出土坡剖面，如图7-20所示。由于是均质土坡，可按表7-11查得$\beta_1=28°$，$\beta_2=37°$，作BO线及CO线得交点O。再求得E点，作EO的延长线，在EO延长线上取一点O_1作为第一次试算的滑弧圆心，过坡脚作相应的滑动圆弧，可量得半径$R=16.56\text{m}$。

(2) 将滑动土体分成若干土条，并对土条编号。取土条编号从滑弧圆心的垂线开始作为0，逆滑动方向的土条依次编号为1，2，3，…，7。

(3) 量出各土条中心高度h_i，并列表计算$\sin\alpha_i$，$\cos\alpha_i$，W_i，$W_i\sin\alpha_i$，$W_i\tan\varphi$以及cb_i。

(4) 稳定安全系数计算公式为

$$K=\frac{\sum\frac{1}{m_{\alpha i}}[cb_i+W_i\tan\varphi]}{\sum W_i\sin\alpha_i}$$

(5) 计算表格见表7-12。

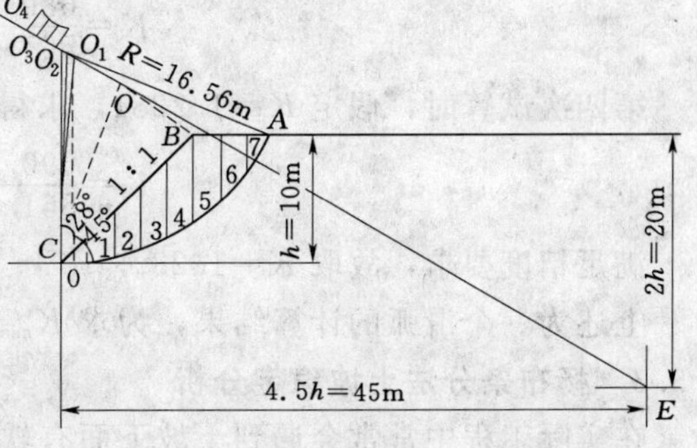

图7-20 [例7-7]图

表7-12 [例7-7] 计算表

土条编号	No	0	1	2	3	4	5	6	7	Σ
h_i (m)	1	0.970	2.786	4.351	5.640	6.612	6.188	4.202	1.520	
b_i (m)	2	2.0	2.0	2.0	2.0	2.0	2.0	2.0	1.709	
W_i ($=\gamma h_i b_i$)	3	34.92	100.30	156.64	203.04	238.03	222.77	151.27	46.76	
$\sin\alpha_i$	4	0.030	0.151	0.272	0.393	0.514	0.636	0.758	0.950	
$\cos\alpha_i$	5	1.000	0.988	0.962	0.919	0.857	0.772	0.652	0.313	
$W_i\sin\alpha_i$	6	1.05	15.15	42.61	79.79	122.35	141.68	114.66	44.42	561.71
$W_i\tan\varphi$	7	12.71	36.51	57.01	73.90	86.64	91.08	55.06	17.02	
cb_i	8	30.0	30.0	30.0	30.0	30.0	30.0	30.0	25.64	

续表

土条编号	No	0	1	2	3	4	5	6	7	Σ
$m_{\alpha i}$ （K=1）	9	1.011	1.043	1.061	1.062	1.044	1.003	0.928	0.659	
［（7）＋（8）］/（9）	10	42.25	63.77	82.01	97.83	111.72	110.75	91.66	64.73	664.72
$m_{\alpha i}$ （K=1.1834）	11	1.009	1.034	1.046	1.040	1.015	0.968	0.885	0.605	
［（7）＋（8）］/（11）	12	42.33	64.32	83.18	99.90	114.92	114.75	96.11	70.51	686.02
$m_{\alpha i}$ （K=1.2213）	13	1.009	1.033	1.043	1.036	1.010	0.962	0.878	0.596	
［（7）＋（8）］/（13）	14	42.33	64.39	83.42	100.29	115.49	115.47	96.88	71.58	689.85
$m_{\alpha i}$ （K=1.2281）	15	1.009	1.033	1.043	1.035	1.009	0.961	0.877	0.595	
［（7）＋（8）］/（15）	16	42.33	64.39	83.42	100.39	115.60	115.59	96.99	71.70	690.41

第一次试算时，假定 $K=1$，求得

$$K=\frac{664.72}{561.71}=1.1834$$

第二次试算时，假定 $K=1.1834$，求得

$$K=\frac{686.02}{561.71}=1.2213$$

第三次试算时，假定 $K=1.2213$，求得

$$K=\frac{689.85}{561.71}=1.2281$$

第四次试算时，假定 $K=1.2281$，求得

$$K=\frac{690.41}{561.71}=1.2291$$

满足精度要求，故取 $K=1.23$。

上述为一个滑弧的计算结果，为求 $K_{\min}$ 值，需要假定若干个滑动面进行试算。

7.5.3　杨布条分法土坡稳定分析

在实际工程中常常会遇到土坡下面有软弱夹层，或土坡位于倾斜岩层面上等情况，此时圆弧滑动面法分析就不再适用，杨布（N. Janbu，1954，1972）提出了非圆弧滑动普遍条分法。

如图 7-21（a）所示土坡，假定：①滑动面上的切向力 T_i 等于滑动面上土所发挥的抗剪强度 τ_{fi}，即 $T_i=\tau_{fi}l_i=(N_i\tan\varphi_i+c_il_i)/K$；②土条两侧法向力 E 的作用点位置为已知，且一般假定作用于土条底面以上 1/3 高度处。

取任一土条 i 如图 7-16（b）所示，h_{ti} 为条间力作用点的位置，α_{ti} 为推力线与水平线的夹角。需求的未知量有：土条底部法向反力 N_i（n 个）；法向条间力之差 ΔE_i（n 个）；切向条间力 X_i（$n-1$ 个）及安全系数 K。可通过对每一土条力和力矩平衡建立 $3n$ 个方程求解。

对 i 土条分别取竖向力、水平向力和土条中点力矩的平衡，有

竖向力　$$N_i\cos\alpha_i=W_i+\Delta X_i-T_i\sin\alpha_i \tag{7-38a}$$

或　$$N_i=(W_i+\Delta X_i)\sec\alpha_i-T_i\tan\alpha_i \tag{7-38b}$$

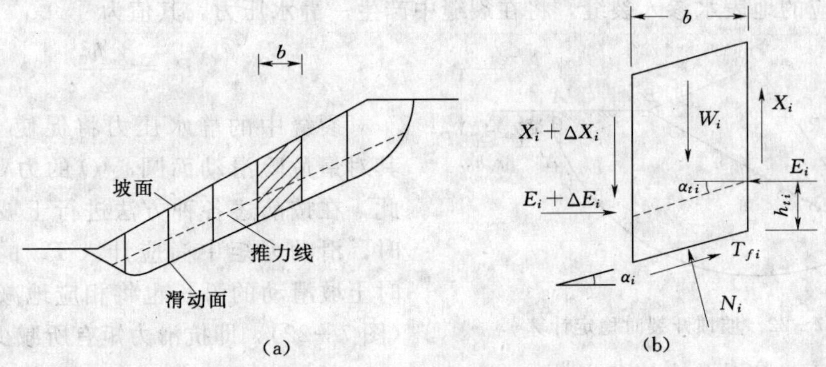

图 7-21 杨布的普遍条分法

(a) 土坡剖面；(b) 作用在第 i 土条上的力

水平向力 $\Delta E_i = N_i \sin\alpha_i - T_i \cos\alpha_i = (W_i + \Delta X_i)\tan\alpha_i - T_i \sec\alpha_i$ (7-39)

力矩（略去高阶微量） $X_i b = -E_i b \tan\alpha_{ti} + h_{ti}\Delta E_i$ (7-40a)

或 $X_i = -E_i \tan\alpha_{ti} + h_{ti}\Delta E_i / b$ (7-40b)

由整个土坡条间力 $\sum \Delta E_i = 0$，可得

$$\sum (W_i + \Delta X_i)\tan\alpha_i - \sum T_i \sec\alpha_i = 0 \tag{7-41}$$

根据安全系数的定义和摩尔—库仑破坏准则

$$T_i = \frac{\tau_{fi} l_i}{K} = \frac{cb\sec\alpha_i + N_i \tan\varphi}{K} \tag{7-42}$$

联合求解式（7-38b）及式（7-42），得

$$T_i = \frac{1}{K}\left[cb + (W_i + \Delta X_i)\tan\varphi\right]\frac{1}{m_{\alpha i}} \tag{7-43}$$

其中

$$m_{\alpha i} = \left(1 + \frac{\tan\varphi \tan\alpha_i}{K}\right)$$

将式（7-43）代入式（7-41），即可得杨布安全系数计算公式为

$$K = \frac{\sum \frac{1}{m_{\alpha i}}\left[cb + (W_i + \Delta X_i)\tan\varphi\right]}{\sum (W_i + \Delta X_i)\sin\alpha_i} \tag{7-44}$$

式（7-44）的求解仍需采用迭代法。

比较式（7-44）和式（7-36）可知两者很相似，杨布公式中含有的 ΔX_i 项次也是未知的，但杨布利用了条块间的力矩平衡条件，因而可以满足所有静力平衡条件，这是与毕肖普普遍公式的不同之处。

7.5.4 土坡稳定分析的几个问题

1. 坡顶开裂时的土坡稳定性

黏性土土坡在发生滑坡前，坡顶常出现竖向裂缝，如图 7-22 所示。开裂深度 h_0 可近似按 6.2 节中临界深度公式计算，即 $h_0 = \frac{2c}{\gamma\sqrt{K_a}}$，其中 K_a 为朗肯主动土压力系数。如

果雨水或相应的地表水渗入裂缝，将在裂缝中产生一静水压力，其值为

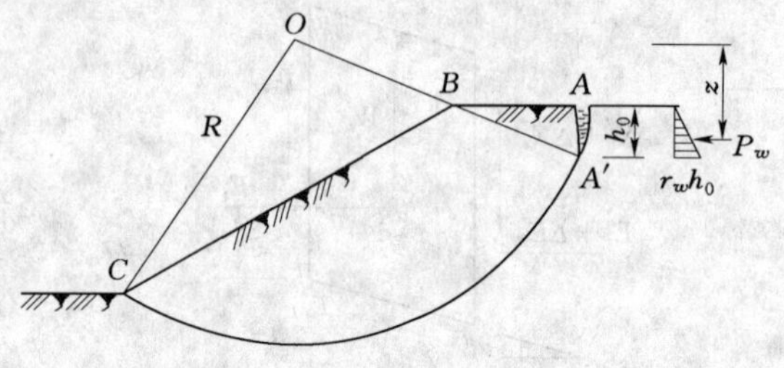

图 7－22　坡顶开裂时稳定计算

$$P_w=\frac{\gamma_w h_0^2}{2} \tag{7-45}$$

裂缝中的静水压力将促使土坡滑动，其对最危险滑动面圆心 O 的力臂为 z，因此，在按前述各种方法进行土坡稳定分析时，滑动力矩中尚应计入 P_w 的影响，同时土坡滑动的弧长也将相应地减短为 $A'C$（图 7－22），即抗滑力矩有所减少。

2. 土中水渗流时的土坡稳定性

当土坡部分浸水时，水下土条的重力都应按饱和重度计算，同时还需要考虑滑动面上的静孔隙水压力和作用在土坡坡面上的水压力。如图 7－23（a）所示，ef 线以下作用有滑动面上的静孔隙水压力合力 P_1、坡面上水压力合力 P_2 以及孔隙水的重力和土粒浮力的反作用力 G_w。在静水状态三力维持平衡，且由于 P_1 的作用线通过圆心，根据力矩平衡条件，P_2 对圆心的矩也恰好与 G_w 对圆心的矩相互抵消。因此，在静水条件下水压力对滑动土体的影响可用静水面以下滑动土体所受的浮力来代替，即相当于水下土条重量取浮重度计算。故稳定安全系数的计算公式与前述完全相同，只是将坡外水位以下土的重度用浮重度 γ' 计算即可。

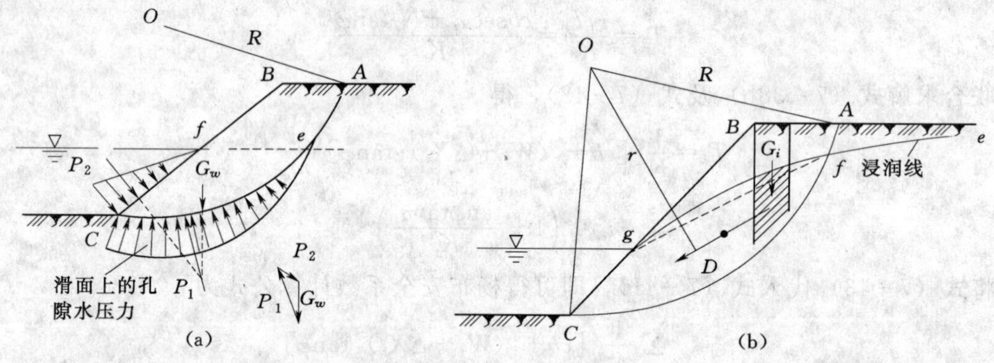

图 7－23　水渗流时的土坡稳定计算

(a) 部分浸水土坡；(b) 水渗流时土坡

当土坡两侧水位不同形成渗流时，土坡稳定分析需考虑渗流力的作用。图 7－23（b）为形成方向指向坡面渗流力的情况，若已知浸润线（渗流水位线）为 efg，滑动土体在浸润线以下部分（fgC）的面积为 A_w，则作用在该部分土体上每延米的渗流力合力 D 为

$$D=JA_w=\gamma_w iA_w \tag{7-46}$$

式中：J 为作用在单位体积土体上的渗流力，kN/m^3；i 为浸润线以下部分面积 A_w 范围内水头梯度平均值，可近似地假定 i 等于浸润线两端 fg 连线的坡度。

渗流力合力 D 的作用点在面积 fgC 的形心，其作用方向假定与 fg 平行，D 滑动面圆心 O 的力臂为 r，由此可得考虑渗流力后，毕肖普条分法分析土坡稳定安全系数的有效

应力计算公式为

$$K=\frac{\sum\frac{1}{m_{ai}}\left[c'b+(W_i+u_ib)\tan\varphi'\right]}{\frac{r}{R}D+\sum W_i\sin\alpha_i} \tag{7-47}$$

3. 土的抗剪强度指标及安全系数的选用

黏性土土坡稳定计算，不仅要求提出计算方法，更重要的是如何测定土的抗剪强度指标，如何规定安全系数的问题，特别是对于软黏土。

实践工程中应结合土坡的实际加载情况、填土性质和排水条件等选用合适的抗剪强度指标。如验算土坡施工结束时的稳定情况，若土坡施工速度较快，填土的渗透性较差，则土中孔隙水压力不易消散，这时宜采用快剪或三轴不排水剪试验指标，用总应力法分析。如验算土坡长期稳定性时，应采用排水剪试验或固结不排水剪试验确定指标，用有效应力法分析。

允许安全系数同选用的抗剪强度指标密切相关，我国《港口工程技术规范》根据从实践中总结出来的经验，给出了抗滑稳定安全系数和土的强度指标配合应用的规定，见表7-13。

表 7-13　　抗滑稳定安全系数及相应的强度指标

抗剪强度指标	允许安全系数	说　明
固结快剪	1.10～1.30	土坡上超载 q 引起的抗滑力矩可全部采用或部分采用，视土体在 q 作用下固结程度而定；q 引起的滑动力矩应全部计入
有效强度指标	1.30～1.50	孔隙水压力采用与计算情况相应的数值
十字板剪	1.10～1.30	需考虑因土体固结而引起的强度增长
快剪	1.00～1.20	需考虑因土体固结而引起的强度增长；考虑土体的固结作用，可将计算得到的安全系数提高 10%

4. 挖方、填方边坡的特点

从边坡的有效应力分析法的公式（7-37）中可以看出，孔隙水压力是影响滑动面上土的抗剪强度的重要因素。在总应力保持不变的情况下，孔隙水压力增大，土的抗剪强度就会减小，边坡的稳定安全系数相应地就会下降；反之，孔隙水压力变小，边坡的稳定安全系数相应地会增大。

在饱和黏性土地基上修筑路堤或堆载形成的边坡，超孔隙水压力随着填土荷载的增大而加大。竣工后，土中的总应力保持不变，而超孔隙水压力则由于黏性土的固结而逐渐消散。因此，当填土结束时边坡的稳定性应用总应力法和不排水强度指标来分析，而长期稳定性则应用有效应力法和有效应力参数来分析。边坡的安全系数在施工结束时最小，并随着时间的增长而增大。

黏性土中挖方形成的边坡，在开挖时，随着总应力的减小，孔隙水压力也不断地下降，直至出现负值。竣工以后，负超孔隙水压力随着时间逐渐消散，伴随而来的是黏性土的膨胀和抗剪强度的下降。因此，竣工时的稳定性分析和长期稳定性分析应分别采用卸载条件下的不排水和排水强度来表示。但与填方边坡不同，挖方边坡的最不利条件是其长期稳定性。

5. 影响土坡稳定性的因素

导致边坡失稳的各种原因可归纳为以下两类：

(1) 外界力的作用破坏了土体内原来的应力平衡状态。如路堑或基坑的开挖，路堤的填筑或土坡顶面上作用外荷载，以及土体内水的渗流力、地震力的作用时，也都会改变土体内原有的应力平衡状态，促使土坡坍塌。

(2) 土的抗剪强度由于受到外界各种因素的影响而降低，促使土坡失稳破坏。如由于外界气候等自然条件的变化，使土时干时湿、收缩膨胀、冻结、融化等，从而使土变松，强度降低；土坡内因雨水的浸入使土湿化，强度降低；土坡附近因施工引起的震动，如打桩、爆破等，以及地震力的作用，引起土的液化或触变，使土的强度降低。

7.5.5 条分法的基本讨论

基于极限平衡理论基础上的条分法计算黏性土坡的安全系数的方法，从建立简单的计算公式到普遍的条分法公式，经历了80年的历史，经众多学者的努力，公式的形式已比较完善，计算手段也从简化的手工计算发展到计算程序设计应用。

但是，就一具体土坡工程来说，稳定分析还存在一些明显的问题，如不同的方法与计算公式会得到不同的计算安全系数，有时还有较大的差别；又如即使得到理论上坡体处于稳定状态的安全系数，在实际中可能仍会出现滑坡。产生这些问题的主要原因有两点：一是由于土坡稳定分析的一些假设条件与实际有出入，如假定土坡属于平面应变问题、滑弧是给定的形状、土体是理想塑性材料、土条是理想的刚体、土条条间力的不同考虑等；二是抗剪强度参数的准确性不够，与工程实际的环境状态有一定的差别。除此之外，坡体的应力历时和强度的变化、自然环境、工程环境和水环境的影响等也是特别重要的原因。

土坡的安全性是动态变化的过程，滑坡的形成总是从稳定状态、小变形的渐变进程而逐渐发展到大变形。从工程应用出发，除了加强稳定分析方法的研究，更为重要的是应加强稳定状态的保护和滑坡治理技术的应用研究。

思　考　题

7-1　地基破坏的形式有哪几种？它与土的性质有何关系？

7-2　地基的破坏过程与地基中的塑性范围有何关系？正常工作状态下地基承载力应处在破坏过程的哪个位置？

7-3　怎样根据地基内塑性区开展的深度确定临塑荷载？基本假定是怎样的？

7-4　将条形基础的极限承载力公式计算结果用于方形基础，是偏于安全还是不安全？

7-5　土坡失稳破坏的原因有哪些？

7-6　土坡稳定分析方法可以解决什么工程实际问题？

7-7　试述几种常用的土坡稳定分析方法的基本原理，并比较各自的特点和适用条件，以及对于实际工程而言，每种方法的精确程度如何？

7-8　了解坡顶开裂及路堤内有水渗流时的土坡稳定分析方法。

7-9 何谓瞬时稳定和长期稳定？分析计算时应该采用什么试验方法取得的抗剪强度指标？为什么？

7-10 用总应力法及有效应力法分析土坡稳定时有何不同之处？各适用于何种情况？

习 题

7-1 某条形基础如图 7-24 所示，试求临塑荷载 p_{cr}、临界荷载 $p_{1/4}$ 及用太沙基公式求极限承载力 p_u，并问其地基承载力是否满足（取安全系数 $K=3$）。已知粉质黏土的重度 $\gamma_1=18\text{kN/m}^3$，黏土层 $\gamma=19.8\text{kN/m}^3$，$c=15\text{kPa}$，$\varphi=25°$，作用在基础底面的荷载 $p=250\text{kPa}$。

（答案：$p_{cr}=248.4\text{kPa}$；$p_{1/4}=294.8\text{kPa}$；$p_u=1147\text{kPa}$；满足。）

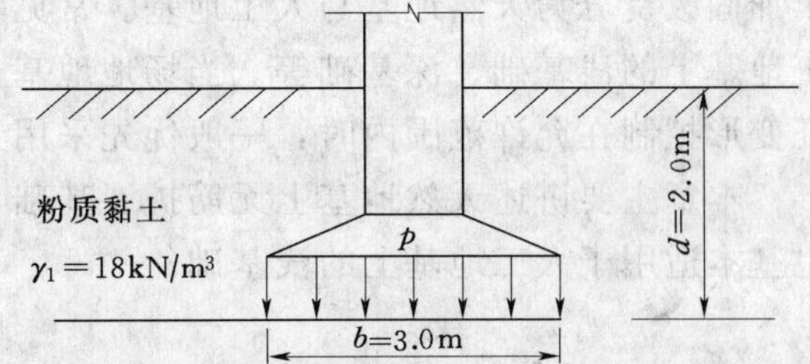

图 7-24 习题 7-1 图

7-2 某方形基础受中心垂直荷载作用，$b=1.5\text{m}$，$d=2.0\text{m}$，地基为坚硬黏土，$\gamma=18.2\text{kN/m}^3$，$c=30\text{kPa}$，$\varphi=22°$，试分别按 $p_{1/4}$、太沙基及汉森公式确定地基的承载力（安全系数取 3）。

（答案：322.9kPa，322.8kPa，456.7kPa）

7-3 某边坡高 10m，边坡坡率 1∶1，如图 7-25 所示，路堤填料 $\gamma=20\text{kN/m}^3$，$c=12\text{kPa}$，$\varphi=25°$，试求直线滑动面的倾角 $\alpha=32°$时的稳定系数。

（答案：$K=1.46$）

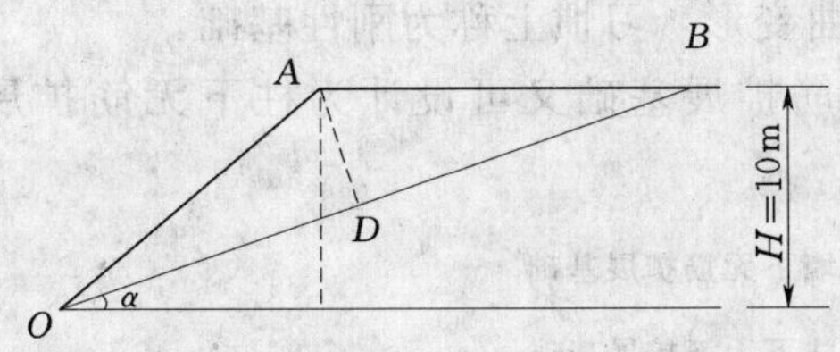

图 7-25 习题 7-3 图

7-4 有一简单黏性土坡，高 25m，坡比1∶2，填土的重度 $\gamma=20\text{kN/m}^3$，黏聚力 $c=10\text{kPa}$，内摩擦角 $\varphi=26.6°$。假设滑动圆弧半径为 50m，并假设滑动面通过坡脚位置，试用简化毕肖普条分法求该土坡对应这一滑动圆弧的安全系数。

（答案：$K=2.38$）

第 8 章　天然地基上浅基础设计

基础根据其埋深或相对埋深分为浅基础与深基础，地基根据基础建造前是否对其进行了加固改良分为天然地基与人工地基。常见的地基基础方案包括天然地基上的浅基础、人工地基上的浅基础、深基础等。当场地地基土质较好，能够承受基础传递的荷载，并能保证变形控制在允许范围内时，一般优先采用天然地基上浅基础。

本章主要讲述天然地基上无筋扩展基础与扩展基础的设计原理和计算方法。这些方法也基本适用于人工地基上的浅基础。

8.1 浅基础的基本类型

根据实际工程应用中浅基础与深基础的划分标准，浅基础的主要类型包括无筋扩展基础、扩展基础、柱下条形基础、十字交叉条形基础、筏形基础、箱形基础等，如图 8-1 所示。

8.1.1 无筋扩展基础

无筋扩展基础通常采用砖、块石、素混凝土、三合土和灰土等材料建造。这些材料的共性是具有较高的抗压强度，但抗拉、抗剪强度低。设计时要求基础的外伸宽度和基础高度的比值在一定范围内，避免基础内出现较高的拉应力与剪应力。无筋扩展基础的相对高度比较大，一般不发生弯曲变形，习惯上称为刚性基础。

根据上部结构型式无筋扩展基础又可设计为柱下无筋扩展基础和墙下无筋扩展基础(图 8-2)。

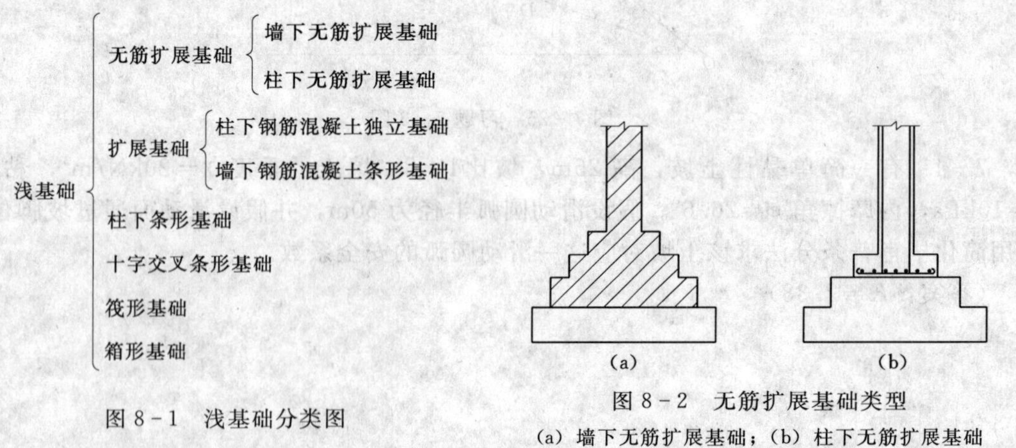

- 浅基础
  - 无筋扩展基础
    - 墙下无筋扩展基础
    - 柱下无筋扩展基础
  - 扩展基础
    - 柱下钢筋混凝土独立基础
    - 墙下钢筋混凝土条形基础
  - 柱下条形基础
  - 十字交叉条形基础
  - 筏形基础
  - 箱形基础

图 8-1　浅基础分类图

(a)　　(b)

图 8-2　无筋扩展基础类型

(a) 墙下无筋扩展基础；(b) 柱下无筋扩展基础

无筋扩展基础适用于六层和六层以下（三合土基础不宜超过四层）的民用建筑和砌体承重的厂房。

8.1.2 扩展基础

扩展基础指柱下钢筋混凝土独立基础和墙下钢筋混凝土条形基础。当无筋扩展基础的尺寸不能同时满足地基承载力和基础埋深要求，或采用无筋扩展基础无经济优势时，可考虑采用扩展基础。

由于扩展基础内配置了钢筋，具有较好的抗拉与抗剪强度。当基础承受荷载增大、且存在弯矩和水平荷载时采用扩展基础可在相对无筋扩展基础不增加埋深的条件下扩大基础底面尺寸，以满足地基承载力的要求。

柱下钢筋混凝土独立基础通常有现浇台阶形基础、现浇锥形基础和预制柱的杯口形基础等，如图 8-3 所示。

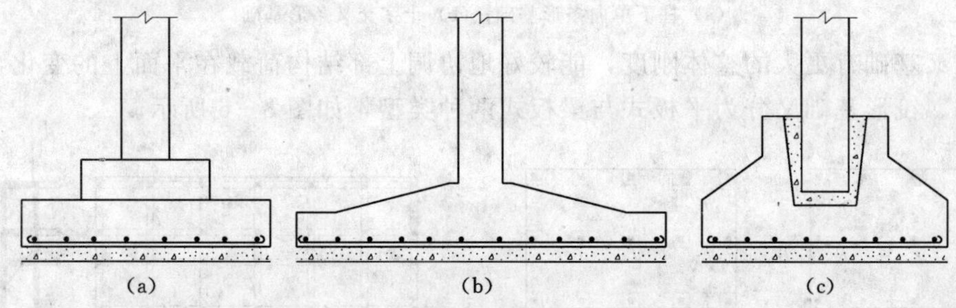

图 8-3 柱下钢筋混凝土独立基础
(a) 台阶形基础；(b) 锥形基础；(c) 杯口形基础

墙下钢筋混凝土条形基础一般做成板式（或称无肋式），如图 8-4 (a) 所示。但当基础纵向上墙上荷载分布不均匀或地基土的压缩性不均匀时，为了增强基础的整体性和纵向抗弯能力，减少不均匀沉降，有时采用带肋的墙下钢筋混凝土条形基础，如图8-4 (b)所示。

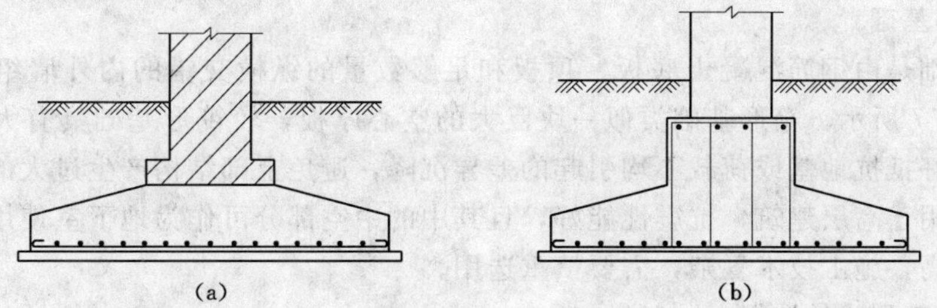

图 8-4 墙下钢筋混凝土条形基础
(a) 板式；(b) 梁式

8.1.3 柱下条形基础

在框架结构中，当地基承载力较小而荷载较大时，若采用柱下独立基础可能由于基础底面尺寸的扩大使基础边缘相互接近或对接，为增强基础的整体性和施工方便，将同一排柱下独立基础连接成为柱下钢筋混凝土条形基础，如图 8-5 (a) 所示，或称柱下单向条形基础。如果在一个方向上连接为条形基础尚不能满足地基基础设计要求时，则可设置双向条形基础即十字交叉条形基础，如图 8-5 (b) 所示。

8.1.4 筏形基础

当地基承载力较低而荷载大，以致十字交叉条形基础仍不能满足地基基础设计要求时，可采用钢筋混凝土满堂基础，即筏形基础。筏形基础类似一倒置的上部建筑结构层，

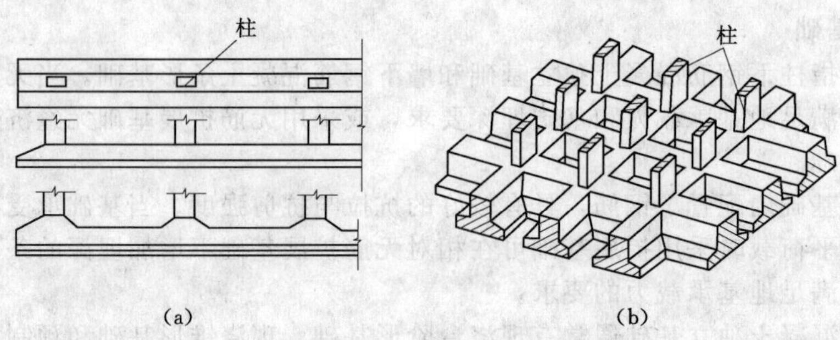

图 8-5　柱下条形基础

(a) 柱下单向条形基础；(b) 十字交叉条形基础

比十字交叉基础有更大的整体刚度，能较好地协调上部结构荷载在平面上的变化，减小不均匀沉降。筏形基础又分为平板式与梁板式两种类型，如图 8-6 所示。

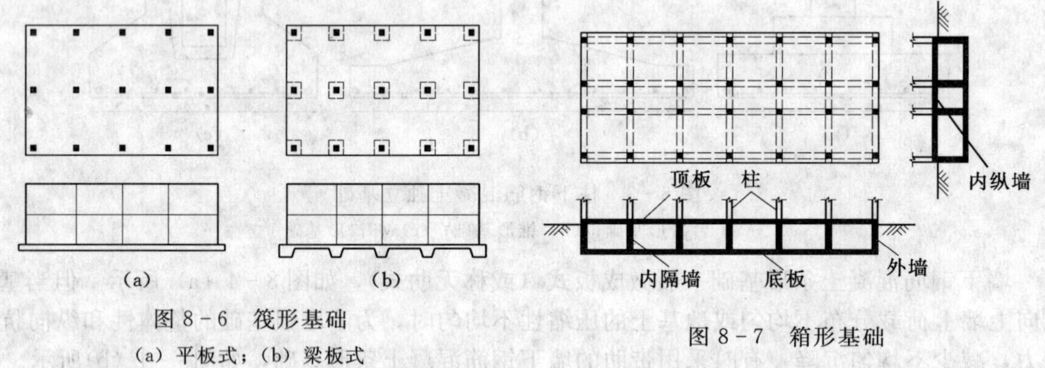

图 8-6　筏形基础

(a) 平板式；(b) 梁板式

图 8-7　箱形基础

8.1.5　箱形基础

箱形基础是由钢筋混凝土底板、顶板和足够数量的纵横交错的内外墙组成的空间结构，如图 8-7 所示。箱形基础类似一块巨大的空心厚板，较筏形基础具有大得多的空间刚度，能较好抵抗地基或荷载不均引起的差异沉降，避免上部结构产生过大的次应力。该基础型式可用于高层建筑，抗震性能好，且其中的中空部分可作为地下室使用，但材料用量大，造价高，施工技术复杂，需要慎重选用。

8.1.6　浅基础型式的选择

确定浅基础类型的总体思路是由简单类型到复杂类型，一般需从以下几个方面分析。

1. 从地基承载力要求考虑

基础的第一功能是传递荷载、扩散应力，因而必须满足地基强度和稳定性的要求。根据上部结构荷载的大小和地基土承载力高低选择基础类型，尽可能选择简单的基础型式，如柱下应首选无筋扩展独立基础或扩展独立基础，墙下应首选无筋扩展条形基础或扩展条形基础；当独立基础不能满足承载力要求时再考虑扩展条形基础，当单向条形基础底面积不够时采用十字交叉条形基础；在条形基础仍然不能满足承载力要求时才选用造价较高的筏形基础等。随着基底面积的逐步扩大，基础承载能力不断提高，同时，工程造价与施工难度也在不断加大。

另外，在同样的基础底面尺寸条件下，也可以通过增加基础埋置深度来提高地基承载力，但对层状土地基，如果持力层下存在软弱土层，加大基础埋深可能使基础底面更接近软弱下卧层，地基承载力反而降低。

2. 从变形要求考虑

上部结构、基础和地基是一个整体，地基的变形将引起建筑物的沉降，而不同类型的基础具有不同的调整不均匀沉降的能力。当建筑物荷载比较大，而地基土又相对软弱时，需要考虑基础对不均匀沉降的调整能力，此时应采用刚度更大的基础。如软弱土层上的框架结构，当柱间距离过大时不宜采用柱下独立基础，可考虑采用能较好调整不均匀沉降的十字交叉条形基础或筏形基础。而在筏形基础与十字交叉条形基础型式之间，虽然筏形基础有比条形基础更大的刚度和更大的协调不均匀沉降的能力，但由于筏形基础的宽度大，因而应力扩散影响的深度更大，这时如果深层的土层软弱，可能会造成沉降量增大。

3. 从建筑物的使用要求考虑

在选择基础方案时，有时建筑物的使用要求是决定基础类型控制因素。如建筑物需要设置地下室时，筏形基础或箱形基础可能成为首选，因为基础板可作为地下室的底板。特别是箱形基础，底板和顶板就是地下室的底板和顶板。

综合上述因素，各种浅基础类型的选择条件总结见表 8-1。

表 8-1　　各种基础类型的选择条件

结构类型	岩土性质与荷载条件	适宜的基础类型
多层砖混结构	土质均匀，承载力高，无软弱下卧层，地下水位以上，荷载不大	无筋扩展基础
	土质均匀性较差，承载力较低，有软弱下卧层，基础需浅埋	墙下条形基础或交叉条形基础
	土质均匀性差，承载力低，荷载较大，采用条形基础面积超过建筑物占地面积的 50%	筏形基础
框架结构（无地下室）	土质均匀，承载力较高，荷载相对较小，柱网分布均匀	柱下独立基础
	土质均匀性较差，承载力较低，荷载较大，采用独立基础不能满足要求	柱下条形基础或交叉条形基础
	土质不均匀，承载力低，荷载大，柱网分布不均，采用条形基础面积超过建筑物占地面积的 50%	筏形基础
全剪力墙，10 层以上住宅建筑	地基土层较好，荷载分布均匀	筏形基础
	当上述条件不能满足时	筏形基础或箱形基础
框架、剪力墙结构（有地下室）	可采用天然地基时	筏形基础或箱形基础

8.2 浅基础的设计原则

8.2.1 地基基础设计等级

建筑物的安全与正常使用，不仅要求上部结构具有一定的安全储备，也要求地基基础有一定的安全度。根据地基基础破坏可能造成建筑物破坏后果（危及人的生命、造成的经济损失、社会影响以及修复的可能性）的严重程度，《建筑地基基础设计规范》（GB 50007—2002）将地基基础设计分为三个等级，见表 8-2。

表 8-2　　地基基础设计等级

设计等级	建筑和地基类型
甲级	重要的工业与民用建筑；30 层以上的高层建筑；体型复杂，层数相差超过 10 层的连成一体的建筑物；大面积的多层地下建筑物；对地基变形有特殊要求的建筑物；复杂地质条件下的坡上建筑物；对原有工程影响较大的新建筑物；场地和地基条件复杂的一般建筑物；位于复杂地质条件及软土地区的 2 层以上地下室的基坑工程
乙级	除甲级与丙级以外的工业与民用建筑物
丙级	场地和地基条件简单、荷载分布均匀的 7 层及 7 层以下民用建筑及一般工业建筑物，次要的轻型建筑物

8.2.2　地基基础设计一般规定

根据建筑物地基基础设计等级及长期荷载作用下地基变形对上部结构的影响程度，地基基础设计应符合以下基本规定。

1）所有建筑物的地基计算均应满足承载力验算的有关规定。

2）设计等级为甲级、乙级的建筑物，均应按地基变形设计。

3）表 8-3 所列范围内的丙级建筑物可不作变形验算，如有下列情况之一时，仍应作变形验算：

表 8-3　　可不作地基变形计算的丙级建筑物

<table>
<tr><td rowspan="2">地基主要受力层的情况</td><td colspan="3">地基承载力标准值 f_{ak}（kPa）</td><td>60≤f_{ak}<80</td><td>80≤f_{ak}<100</td><td>100≤f_{ak}<130</td><td>130≤f_{ak}<160</td><td>160≤f_{ak}<200</td><td>200≤f_{ak}<300</td></tr>
<tr><td colspan="3">各土层坡度（%）</td><td>≤5</td><td>≤5</td><td>≤10</td><td>≤10</td><td>≤10</td><td>≤10</td></tr>
<tr><td rowspan="8">建筑类型</td><td colspan="3">砌体承重结构、框架结构（层数）</td><td>≤5</td><td>≤5</td><td>≤5</td><td>≤6</td><td>≤6</td><td>≤7</td></tr>
<tr><td rowspan="4">单层排架结构（6m 柱距）</td><td rowspan="2">单跨</td><td>吊车额定起重量（t）</td><td>5～10</td><td>10～15</td><td>15～20</td><td>20～30</td><td>30～50</td><td>50～100</td></tr>
<tr><td>厂房跨度（m）</td><td>≤12</td><td>≤18</td><td>≤24</td><td>≤30</td><td>≤30</td><td>≤30</td></tr>
<tr><td rowspan="2">多跨</td><td>吊车额定起重量（t）</td><td>5</td><td>5～10</td><td>10～15</td><td>15～20</td><td>20～30</td><td>30～75</td></tr>
<tr><td>厂房跨度（m）</td><td>≤12</td><td>≤18</td><td>≤24</td><td>≤30</td><td>≤30</td><td>≤30</td></tr>
<tr><td colspan="2">烟囱</td><td>高度（m）</td><td>≤30</td><td>≤40</td><td>≤50</td><td colspan="2">≤75</td><td>≤100</td></tr>
<tr><td colspan="2" rowspan="2">水塔</td><td>高度（m）</td><td>≤15</td><td>≤20</td><td>≤30</td><td colspan="2">≤30</td><td>≤30</td></tr>
<tr><td>容积（m^3）</td><td>≤50</td><td>50～100</td><td>100～200</td><td>200～300</td><td>300～500</td><td>500～1000</td></tr>
</table>

注　1. 地基主要受力层系指条形基础底面下深度为 3b（b 为基础底面宽度），独立基础下为 1.5b，且厚度均不小于 5m 的范围（2 层以下一般的民用建筑物除外）。

2. 地基主要受力层中如有承载力，特征值小于 130kPa 的土层时，表中砌体承重结构的设计，应符合《建筑地基基础设计规范》第 7 章的有关要求。

3. 表中砌体承重结构和框架结构均指民用建筑，对于工业建筑可按厂房高度、荷载情况折合成与其相当的民用建筑层数。

4. 表中吊车额定起重量、烟囱高度和水塔容积的数值系指最大值。

①地基承载力特征值小于 130kPa，且体型复杂的建筑。

②在基础上及其附近有地面堆载或相邻基础荷载差异较大，可能引起地基产生过大的不均匀沉降时。

③软弱地基上的建筑物存在偏心荷载时。

④软弱地基上的相邻建筑如距离过近，可能发生倾斜时。

⑤地基内有厚度较大或厚薄不均的填土，其自重固结未完成时。

4）对经常受水平荷载作用的高层建筑、高耸结构和挡土墙等，以及建造在斜坡上或边坡附近的建筑物和构筑物，尚应验算其稳定性。

5）基坑工程应进行稳定性验算。

6）当地下水埋藏较浅，建筑物地下室或地下构筑物存在上浮问题时，尚应进行抗浮验算。

8.2.3 荷载取值与抗力限值

地基基础设计时，所采用荷载效应的最不利组合与相应的抗力限值应符合下述规定：

1）按地基承载力确定基础底面尺寸及埋深时，传至基础底面上的荷载效应应按正常使用极限状态下荷载效应的标准组合。相应的抗力应采用地基承载力特征值。

2）计算地基变形时，传至基础底面上的荷载效应应按正常使用极限状态下荷载效应的准永久组合，不应计入风荷载和地震作用。相应的限值应为地基变形允许值。

3）计算挡土墙土压力、地基或斜坡稳定及滑坡推力时，荷载效应应按承载能力极限状态下荷载效应的基本组合，但其荷载分项系数均取 1.0。

4）在确定基础高度、支挡结构截面、计算基础或支挡结构内力、确定配筋和验算材料强度时，上部结构传来的荷载效应组合和相应的基底反力，应按承载能力极限状态下荷载效应的基本组合，采用相应的荷载分项系数。

当需要验算基础裂缝宽度时，应按正常使用极限状态荷载效应标准组合。

5）基础设计安全等级、结构设计使用年限、结构重要性系数应按有关规范的规定采用，但结构重要性系数 γ_0 不应小于 1.0。

对由永久荷载效应控制的基本组合可取标准组合值的 1.35 倍。

8.3 地 基 设 计

浅基础设计包括地基设计与基础设计两个方面。地基设计工作主要包括确定基础埋置深度，确定地基承载力特征值，确定基础底面尺寸，以及进行必要的变形、稳定性验算等。

8.3.1 基础埋置深度的确定

基础埋置深度一般指天然地面到基础底面的距离。选择合适的基础埋深是地基基础设计工作中的重要环节，关系到地基的可靠性，基础施工的难易程度，施工工期长短以及工程造价高低。相对而言，基础埋深大，地基承载力高，稳定性好，但造价高，工期长。影响基础埋深的因素有下述几方面，对于一个具体工程，可能只是其中某一个或某几个因素起决定作用。

1. 建筑结构特点与功能要求

某些建筑结构特点和使用功能要求特定的基础型式，而不同的基础结构型式所要求的基础埋深不同，这些要求常成为基础埋深确定的先决条件。

上部结构荷载大小和性质不同，对地基土的要求不同，因而也影响基础埋置深度的选择。如浅层某一深度的土层，对荷载小的基础可能是较好的持力层，但可能不适宜作荷载较大的基础的持力层。另外，荷载的性质对基础埋深也有较大影响。对于承受水平荷载的建筑物基础，必须有足够的埋置深度来获得土的侧向抗力，以保证基础的稳定性，避免建筑物的整体倾斜。例如，对采用天然地基浅基础的高层建筑，其基础的埋置深度一般不小于建筑物高度的 1/12；对于承受动荷载的建筑基础，则不宜选择饱和的粉细砂作为持力层，以免地基土液化丧失承载力，导致地基失稳；对于桥梁墩基础，确定其埋深时必须充分考虑河床的冲刷深度。

2. 工程地质与水文地质条件

工程地质条件与水文地质条件是决定基础埋深的重要因素。一般应选择具有足够强度、稳定可靠的土层作为持力层，以保证地基的稳定性，减小建筑物的沉降。在保证建筑物基础安全稳定、耐久使用的前提下，基础宜尽量浅埋，以便节省投资，方便施工。

一般情况下，当上层土的承载力大于下层土时，宜优先利用上层土作为持力层；当上层土的承载力小，下部不深处有较好土层时，也可选择下层土作持力层。如在某一定深度内存在软弱下卧层，基础应尽量浅埋，以加大基础底至软弱层顶面之间的距离。如地基土在水平方向分布不均匀，则可将建筑场地分段或分区，不同区段的基础埋深在保证相邻基础标高差不超出规范允许值的条件下可以不同。

对于砂土层和粉土层，应注意基础埋深太小，侧限作用小，土颗粒可能被挤出并降低土体密实度而影响地基承载力。对于膨胀土、非饱和土、有机质土、湿陷性黄土等特殊土地基，应根据相关研究成果具体分析设计。

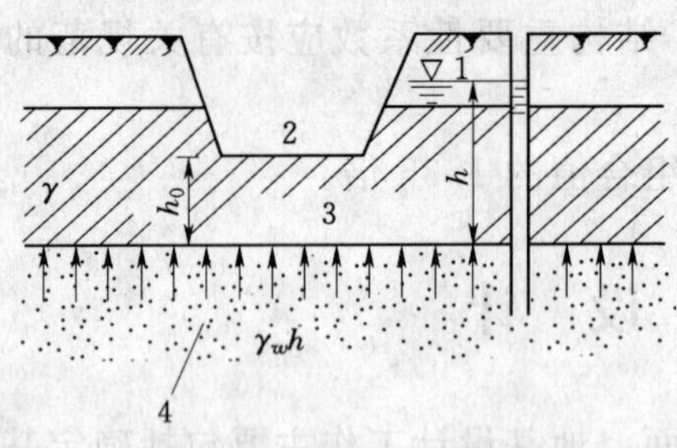

图 8-8 基坑下埋藏有承压含水层的情况

1—承压水位；2—基槽；3—黏土隔水层；4—透水层

当场地的地下水位较高时，基础应尽量浅埋，以免引起流沙或造成基坑塌方等工程问题。如必须置于地下水位以下，则施工时应采取措施，保证基底地基土不受水浸泡或扰动。

当持力层为隔水层而其下方存在承压水层时（图 8-8），为了避免承压水冲破槽底而破坏地基，应注意开挖基槽时保留槽底地基土安全厚度 h_0。安全厚度 h_0 可按下式估算

$$h_0 > \frac{\gamma_w}{\gamma} h \tag{8-1}$$

式中：γ 为隔水层土的重度，kN/m³；γ_w 为水的重度，取 10kN/m³；h 为承压水的上升高度（从隔水层底面起算），m；h_0 为隔水层剩余厚度（槽底安全厚度），m。

如果场地的地下水位在基础底面标高附近经常变动，进行基础设计时应考虑地下水位的起落对地基有效应力的影响，因为地下水位降低有效应力增大，引起附加沉降，而地下

水位升高可能对地基产生不稳定性因素。

为了保护基础不受人类和生物活动的影响，基础埋置的最小深度为 0.5m，且基础顶面宜低于室外设计地面 0.1m 以上，以便于建筑物周围排水沟的布置。

3. 场地与环境条件

如果在基础影响范围内有管道或坑沟等地下设施通过时，基础的顶面原则上应低于这些设施的底面。否则应采取有效措施，消除基础对地下设施的不利影响。

在既有建筑物附近新建工程，新建建筑物的基础埋深不宜大于原有建筑基础。当埋深大于原有建筑基础时，两基础间应保持一定净距，如图 8-9所示。如上述要求不能满足时，应采取分段施工，设置临时加固支撑、板桩等施工措施，或事先加固原有建筑物地基，以保证既有建筑物的安全。

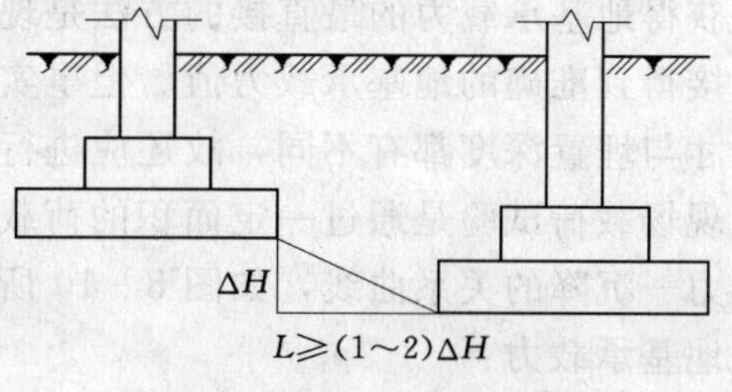

图 8-9　相邻既有建筑物与新建建筑物埋深

4. 地基冻融深度的影响

地表下一定深度的地层温度随大气温度而变化，当地层温度降至土中水的冰点以下时，土中的水分冻结而形成冻土。冻土分为季节性冻土和多年冻土两类，季节性冻土是指一年内冻结与解冻交替出现。在季节性冻土地区，确定基础的埋置深度时应考虑地基土的冻胀性。

当土冻结后，土颗粒间的连接力增强，体积膨胀，这种现象称为冻胀。在温度升高后，冻土解冻，土中的冰晶体融化，使土体处于饱和及软化状态，强度降低，地基土将产生附加沉降，称为融陷。当冻土冻胀产生的上抬力大于基底压力时，会引起建筑物不均匀隆起、结构开裂甚至破坏。在气温低，冻融深度大的地区，由于冻害使建筑物墙体开裂的情况较多，为避免冻融变化对建筑物产生的不利影响，必须将基础底面置于冻结深度以下。

影响冻融的因素主要有土的粒径大小、土中含水量的多少以及地下水补给条件等。对于黏粒含量很少的无黏性粗颗粒，孔隙较大，毛细作用极小，基本不存在冻胀问题。而在相同的条件下，黏性土的冻胀性就比无黏性土明显得多。细粒土的冻胀与含水量有关，若地下水位高或通过毛细水能向冻结区补给，则冻胀不容忽视。

根据土的类别、天然含水量大小和地下水位相对深度，将地基土划分为不冻胀、弱冻胀、冻胀、强冻胀和特强冻胀五类。对于埋置于可冻胀土中的基础，其最小埋深 d_{min} 可按下式确定，即

$$d_{min}=Z_d-h_{max} \tag{8-2}$$

式中：Z_d 为设计冻深；h_{max} 为基础底面下允许残留冻土层的最大厚度，均可按《建筑地基基础设计规范》有关规定确定。

满足基础最小埋深是防止冻害的一个基本要求，对于冻胀较大的地基，还应根据情况采取相应的防冻措施。

8.3.2　地基承载力确定与验算

地基承载力是地基承受荷载的能力。在保证地基稳定的前提下，使建筑物沉降不超过

允许值的地基承载能力为地基承载力特征值。

确定地基承载力的方法通常有：①由现场静载荷试验成果确定；②根据土的抗剪强度指标理论计算确定；③根据原位测试、室内试验成果并结合工程实践经验等综合确定；④根据规范提出的承载力表确定。

下面介绍①、②两类方法。

1. 根据载荷试验确定地基承载力特征值

获得地基承载力的最直接的方法是现场载荷试验。如果能进行足尺原型试验，那么就能直接得到准确的地基承载力值。但事实上，现场的静荷载试验与实际的基础相比，两者的尺寸与埋置深度都有不同，故还应进行相应的修正。

现场载荷试验是通过一定面积的荷载板（亦称承压板）向地基逐级施加荷载，从而绘制压力—沉降的关系曲线，如图 8－10 所示。对土质地基，一般按以下原则由 p—s 曲线确定地基承载力：

1）当 p—s 曲线上有比例界限 p_0 时，如图 8－10（a）所示，取该比例界限所对应的压力作为地基承载力特征值。

2）当极限荷载 p_u 小于对应比例界限荷载的值的 2 倍时，取极限荷载的一半 $p_u/2$ 作为地基承载力特征值。

3）当 p—s 曲线无明显转折点、不能按上述原则确定时［图 8－10（b）］，如果压板面积为 0.25～0.50m^2，可取 s/b＝0.01～0.015 所对应的荷载作为承载力特征值，但其值不能大于最大加载量的一半。

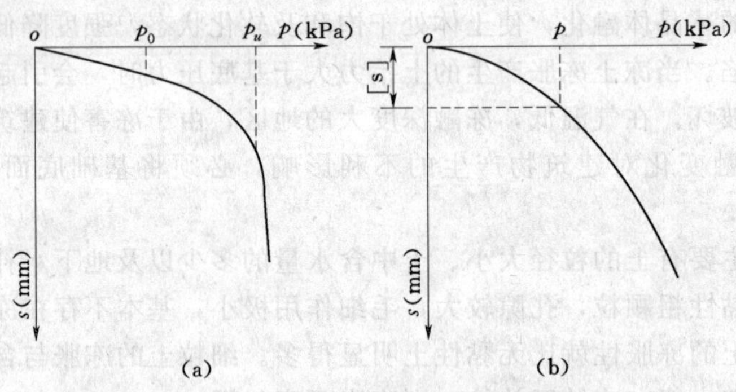

图 8－10　按静载荷试验 p—s 曲线确定地承基载力

p_0—比例极限荷载；p_u—极限荷载

同一土层参加统计的试验点不应小于 3 点，当试验实测值的极差不超过其平均值的 30％时，取平均值作为该土层的地基承载力特征值。

应该指出，地基承载力的大小与基础底面积有关，载荷试验的压板越接近基础底面的尺寸，试验结果越接近实际情况。对于具体建筑物来说，应将标准尺寸压板的试验结果经深度和宽度修正，得出修正后的地基承载力特征值 f_a。

当基础宽度大于 3m 或埋置深度大于 0.5m 时，通过载荷试验结果确定的地基承载力设计值应按下式修正，即

$$f_a = f_{ak} + \eta_b \gamma (b-3) + \eta_d \gamma_m (d-0.5) \tag{8-3}$$

式中：f_a 为修正后的地基承载力特征值，kPa；f_{ak} 为试验得出的地基承载力特征值，kPa；η_b、η_d 为基础宽度和埋深的地基承载力修正系数，查表 8－4；b 为基础底面宽度，m，当基宽小于 3m 按 3m 计，大于 6m 按 6m 计；d 为基础埋置深度，m，一般自室外地面标高算起。在填方整平地区，可自填土地面标高算起。但填土在上部结构施工后完成时，应从天然地面标高算起。对于地下室，如采用箱形基础或筏板基础时，基础埋置深度自室外地面标高算起；当采用独立基础或条形基础时，应从室内地下室地面标高算起；γ_m 为基础底面以上各土层加权平均重度，地下水位以下的取浮重度，kN/m³；γ 为基础底下 1b 深度内土层的加权平均重度，地下水位以下的土层取浮重度，kN/m³。

表 8－4　　　　承载力修正系数 η_b、η_d

土的类别		η_b	η_d
淤泥和淤泥质土		0	1.0
人工填土、e 或 I_L 大于或等于 0.85 的黏性土		0	1.0
红黏土	含水比 $a_w>0.8$	0	1.2
	含水比 $a_w\leqslant 0.8$	0.15	1.4
大面积压实填土	压实系数大于 0.95、黏粒含量 $\rho_c\geqslant 10\%$ 粉土	0	1.5
	最大干密度大于 21kN/m³ 的级配砂石	0	2.0
粉土	黏粒含量 $\rho_c\geqslant 10\%$ 的粉土	0.3	1.5
	黏粒含量 $\rho_c<10\%$ 的粉土	0.5	2.0
e 或 I_L 均小于 0.85 的黏性土		0.3	1.6
粉砂、细砂（不包括很湿与饱和时的稍密状态）		2.0	3.0
中砂、粗砂、砾砂和碎石土		3.0	4.4

注　1. 含水比 a_w 为土的天然含水量与其液限之比 w/w_L。
2. 强风化和全风化的岩石，可参照所风化成的相应土类取值，其他状况下的岩石不修正。
3. 地基承载力特征值按深层平板载荷试验（参见相应规范）确定时 η_d 取 0。

2. 根据地基土抗剪强度指标确定地基承载力特征值

（1）规范推荐的理论公式。当荷载偏心距 $e\leqslant l/30$（l 为偏心方向基础边长）时，可以采用《建筑地基基础设计规范》推荐的、以界限荷载 $p_{1/4}$ 为基础的理论公式计算地基承载力特征值，有

$$f_a=M_b\gamma b+M_d\gamma_m d+M_c c_k \tag{8-4}$$

式中：M_b、M_d、M_c 为承载力系数，根据土的内摩擦角标准值 φ_k 按表 8－5 确定；c_k、φ_k 为基底下 1b 深度内的土层黏聚力、内摩擦角标准值；其余符号意义同前。

表 8－5　　　　承载力系数 M_b、M_d、M_c

φ_k（°）	M_b	M_d	M_c	φ_k（°）	M_b	M_d	M_c
0	0	1.00	3.14	12	0.23	1.94	4.42
2	0.03	1.12	3.32	14	0.29	2.17	4.69
4	0.06	1.25	3.51	16	0.36	2.43	5.00
6	0.10	1.39	3.71	18	0.43	2.72	5.31
8	0.14	1.55	3.93	20	0.51	3.06	5.66
10	0.18	1.73	4.17	22	0.61	3.44	6.04

续表

φ_k (°)	M_b	M_d	M_c	φ_k (°)	M_b	M_d	M_c
24	0.80	3.87	6.45	34	3.40	7.21	9.22
26	1.10	4.37	6.90	36	4.20	8.25	9.97
28	1.40	4.93	7.40	38	5.00	9.44	10.80
30	1.90	5.59	7.95	40	5.80	10.84	11.73
32	2.60	6.35	8.55				

关于式（8-4）的几点说明：

1）承载力系数 M_b、M_d、M_c 应是针对基础底面以下塑性发展深度内土层而言的，实际计算中可以基础底面下相当于一倍基础短边宽度的深度内土层的试验参数为基础，通过下述回归分析方法得到；如在此深度内为分层土，则应取加权平均值。

2）根据砂土地基载荷试验资料，按 $p_{1/4}$ 公式计算的结果偏小较多，所以对于砂土地基，当 b 小于 3m 时按 3m 计算。此外，考虑到内摩擦角大时理论值 M_d 偏小的实际情况，当 $\varphi_k \geqslant 24°$时，采用比理论值大的经验值。

3）当地基持力层土的渗透系数较低（如厚度较大的饱和软黏土），在快速加载条件下，地基土可能因未能充分固结而破坏，此时应采用土的不排水抗剪强度计算短期承载力。

4）按该公式确定地基承载力时，只保证地基强度有足够的安全度，未能保证满足变形要求，故还应进行地基变形验算。

5）内摩擦角标准值 φ_k 和黏聚力标准值 c_k 按下列规定计算。

根据室内 n 组三轴压缩试验的结果，按下列公式计算某一土层强度指标的变异系数、试验平均值和标准差

$$\delta = \frac{\sigma}{\mu} \tag{8-5}$$

$$\mu = \frac{\sum_{i=1}^{n} \mu_i}{n} \tag{8-6}$$

$$\sigma = \sqrt{\frac{\sum_{i=1}^{n} \mu_i^2 - n\mu^2}{n-1}} \tag{8-7}$$

式中：δ 为变异系数；μ 为试验平均值；σ 为标准差。

按下列公式计算内摩擦角和黏聚力的统计修正系数 ψ_φ、ψ_c

$$\psi_\varphi = 1 - \left(\frac{1.704}{\sqrt{n}} + \frac{4.678}{n^2}\right)\delta_\varphi \tag{8-8}$$

$$\psi_c = 1 - \left(\frac{1.704}{\sqrt{n}} + \frac{4.678}{n^2}\right)\delta_c \tag{8-9}$$

式中：ψ_φ 为内摩擦角的统计修正系数；ψ_c 为黏聚力的统计修正系数；δ_φ 为内摩擦角的变异系数；δ_c 为黏聚力的变异系数。

计算内摩擦角标准值 φ_k、黏聚力标准值 C_k，有

$$\varphi_k = \psi_\varphi \varphi_m \tag{8-10}$$

$$c_k = \psi_c c_m \tag{8-11}$$

式中：φ_m 为土层内摩擦角的试验平均值；c_m 为土层黏聚力的试验平均值。

(2) 地基极限承载力理论公式。根据地基极限承载力计算地基承载力特征值的公式如下

$$f_a = p_u / K \tag{8-12}$$

式中：K 为安全系数，对长期承载力一般取 $K=2\sim3$；p_u 为地基极限承载力，可按第 7 章所介绍的理论公式确定。

确定地基承载力的方法还有静力触探、动力触探、标准贯入试验、旁压试验等原位试验方法，经验方法，规范承载力表格方法等，可根据实际工程选用，并进行综合分析。

3. 地基承载力验算

地基基础设计时，必须保证基底压力作用下地基土体不发生剪切破坏和丧失稳定性，并具有足够的安全度，因此，对各级建筑物均应进行地基承载力验算。

(1) 中心荷载作用下的基础。要求相应于荷载效应标准组合时基底平均压力 p_k 不超过持力层修正后的地基承载力特征值 f_a，即

$$p_k \leqslant f_a \tag{8-13}$$

(2) 偏心荷载作用下的基础。要求相应于荷载效应标准组合时基底平均压力不超过持力层修正后的地基承载力特征值 f_a，即满足式 (8-13) 外，尚应满足

$$p_{\max} \leqslant 1.2 f_a \tag{8-14}$$

式中：$p_{\max}$为相应于荷载效应标准组合时基础底面边缘的最大压力，kN。

(3) 软弱下卧层的承载力验算。软弱下卧层是指在持力层下，成层土地基受力层范围内，承载力显著低于持力层的高压缩性土层。如果地基中存在软弱下卧层，则按上述方法对地基承载力验算后，还应验算软弱下卧层的承载力。验算的标准是要求基底压力传递至软弱下卧层的顶面处的附加应力值和土的自重应力之和不超过软弱下卧层的承载力，如图 8-11 所示，即

$$p_z + p_{cz} \leqslant f_{az} \tag{8-15}$$

式中：p_z 为软弱下卧层顶面处的附加应力值；p_{cz} 为软弱下卧层顶面处的土体自重应力值；f_{az} 为软弱下卧层顶面处经深度修正后或理论计算出的地基承载力特征值。

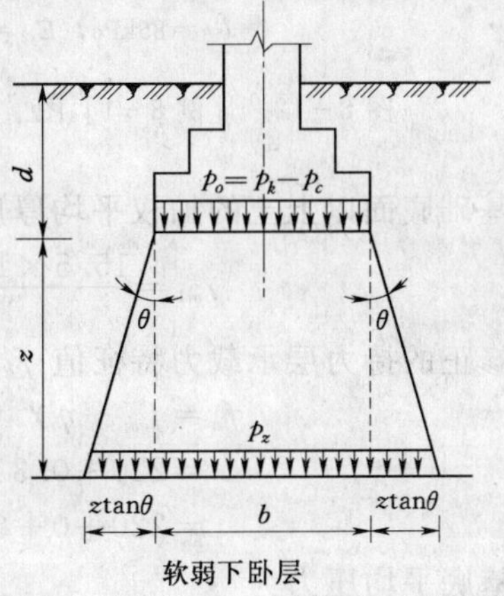

图 8-11 软弱下卧层验算简图

对于软弱下卧层顶面处的附加应力值 p_z 的求解应按不同变形性质的双层地基中的应力分布理论解求解，但该方法比较复杂。一般情况下，可采用简化方法计算，即当持力层与软弱下卧层的压缩模量之比大于或等于 3 时，假定基底处附加压力经持力层扩散后作用于软弱下卧层的顶面，根据基底与扩散面积上总附加压力相等的条件，得软弱下卧层顶面处的附加应力计算公式为：

条形基础

$$p_z=\frac{b\ (p_k-p_c)}{b+2z\tan\theta} \tag{8-16}$$

矩形基础

$$p_z=\frac{lb\ (p_k-p_c)}{(b+2z\tan\theta)\ (l+2z\tan\theta)} \tag{8-17}$$

式中：p_c 为基础底面处土的自重应力值，kPa；z 为基础底面至软弱下卧层的距离，m；l 为矩形基础长度，m；θ 为地基压力扩散角，可按表 8-6 选用。但应注意，当上覆硬土层厚度 $z<0.25b$ 时，该土层只能起到调节变形与保护下卧软土层的作用，此时不应考虑其压力扩散作用，另外，当上、下两土层的压缩模量的比值小于 3 时，可按均匀土层考虑应力分布。

表 8-6　　地基压力扩散角

E_{s1}/E_{s2}	$Z=0.25b$	$Z\geqslant 0.5b$	E_{s1}/E_{s2}	$Z=0.25b$	$Z\geqslant 0.5b$
3	6°	23°	10	20°	30°
5	10°	25°			

注　E_{s1} 为上层土压缩模量；E_{s2} 为下层土压缩模量。

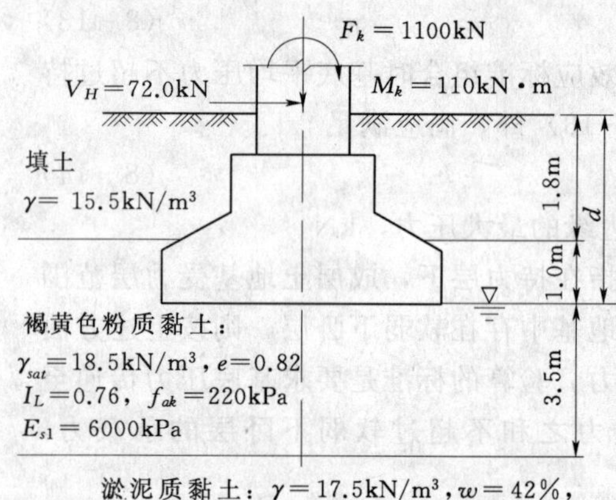

图 8-12　［例 8-1］图

【例 8-1】　某柱基础设计地面处荷载作用情况和地基条件如图 8-12 所示。已知基础埋深 2.8m，基础底面尺寸 $b\times l=3.0\text{m}\times 3.2\text{m}$，试验算持力层和软弱下卧层的强度。

解

(1) 持力层承载力验算。

持力层承载力特征值 f_a：

根据

$$b=3\text{m},\ d=2.8\text{m},\ e=0.82<0.85$$

$$I_L=0.76<0.85$$

查表 8-4 得

$$\eta_b=0.3,\ \eta_d=1.6$$

基础底面以上土的加权平均厚度为

$$\gamma_{m1}=\frac{15.5\times 1.8+18.5\times 1.0}{2.8}=16.6\ (\text{kN/m}^3)$$

修正的持力层承载力特征值 f_a 为

$$\begin{aligned}f_a&=f_{ak}+\eta_b\gamma\ (b-3)\ +\eta_d\gamma_{m1}\ (d-0.5)\\&=220+0.3\times\ (18.5-10)\ \times\ (3-3)\ +1.6\times 16.6\times\ (2.8-0.5)\\&=220+0+61.1=281.1\ (\text{kPa})\end{aligned}$$

基底平均压力为

$$p_k=\frac{F_k+G_k}{A}=\frac{1100+3\times 3.2\times 2.8\times 20}{3\times 3.2}=170.6\ (\text{kPa})\ <f_a\ (满足)$$

基底最大压力为

$$\sum M=110+72\times2.8=311.6\ (\text{kN}\cdot\text{m})$$

$$W=\frac{bl^2}{6}=\frac{3\times3.2^2}{6}=5.12\ (\text{m}^3)$$

由于 $e=\frac{\sum M}{F_k+G_k}=\frac{311.6}{1100+3\times3.2\times2.8\times20}=0.19\ (\text{m})\leqslant\frac{l}{6}$（满足）

则 $p_{k\max}=\frac{F_k+G_k}{A}+\frac{\sum M}{W}=170.6+\frac{110+72\times2.8}{5.12}=231.5<1.2f_a$（满足）

所以，持力层承载力满足要求。

（2）软弱下卧层承载力验算。

下卧层承载力特征值 f_{az} 计算：

因为下卧层系淤泥质土，查表 8-4，$\eta_d=1.0$。

下卧层顶面埋深 $d'=d+z=2.8+3.5=6.3$（m），下卧层顶面以上土的平均重度 γ_{m2} 为

$$\gamma_{m2}=\frac{15.5\times1.8+18.5\times1.0+(18.5-10)\times3.5}{1.8+1.0+3.5}=12.1\ (\text{kN/m}^3)$$

$$f_{az}=f_{ak}+\eta_d\gamma_{m2}(d'-0.5)=85+1.0\times12.1\times(6.3-0.5)=155.2\ (\text{kPa})$$

基础底面附加压力为

$$p_0=p_k-\gamma_{m1}d=170.6-16.6\times2.8=124.1\ (\text{kPa})$$

下卧层顶面处应力：

自重应力 $p_{cz}=15.5\times1.8+18.5\times1.0+(18.5-10)\times3.5=76.2$（kPa）

附加应力按扩散角计算，$E_{s1}/E_{s2}=6000/1920=3.125$，$z/b=3.5/3.0=1.7>0.50$，查表 8-6，得 $\theta=23°$。

$$p_z=\frac{p_0bl}{(b+2z\tan\theta)(l+2z\tan\theta)}=\frac{124.1\times3\times3.2}{(3+2\times3.5\tan23°)(3.2+2\times3.5\tan23°)}=76.4\ (\text{kPa})$$

作用在软弱下卧层顶面处的总应力为

$$p_z+p_{cz}=76.2+76.4=152.6\ (\text{kPa})<f_{az}\ (\text{满足})$$

所以，软弱下卧层承载力也满足要求。

8.3.3 地基变形验算

对于表 8-3 所列范围内的建筑物，按地基承载力计算已满足地基变形要求，可不必进行变形验算。但对于甲、乙设计等级的建筑物、表 8-3 所列范围以外的以及本章 8.2 中有关规定确定可以不作变形验算的丙级建筑物外，尚应进行地基变形计算。

地基变形验算的要求如下

$$\triangle\leqslant[\triangle] \tag{8-18}$$

式中：△为地基变形计算值；[△] 为地基变形允许值。

由于不同建筑物的结构类型、整体刚度以及使用要求的差异，对地基变形的敏感程度、危害、变形要求也不同，因此，不同的建筑物有不同的变形特征要求。地基变形按其特征可分为下述四种：

（1）沉降量——独立基础或刚性较大基础中心的沉降量。

(2) 沉降差——相邻两个柱基的沉降量之差。

(3) 倾斜——独立基础在倾斜方向基础两端点的沉降差与其距离的比值。

(4) 局部倾斜——砌体承重结构沿纵墙 6～10m 内基础两点的沉降差与其距离的比值。

一般来说，砌体承重结构对地基非均匀沉降很敏感，地基变形主要由局部倾斜控制，框架结构和单层排架结构地基变形主要由沉降差控制，高耸结构和高层建筑的整体刚度很大，地基变形由建筑物整体倾斜控制，必要时还应控制平均沉降量。

现行规范根据建筑物的结构类型、整体刚度及使用要求的差异，给出了各类建筑的地基允许变形值，见表 8-7。

表 8-7　　建筑物的地基变形允许值

变形特征		地基土类别	
		中、低压缩性土	高压缩性土
砌体承重结构基础的局部倾斜		0.002	0.003
工业与民用建筑相邻柱基的沉降差	框架结构	$0.002l$	$0.003l$
	砌体墙填充的边排柱	$0.0007l$	$0.001l$
	当基础不均匀沉降时不产生附加应力的结构	$0.005l$	$0.005l$
单层排架结构（柱距为 6m）柱基的沉降量（mm）		(120)	200
桥式吊车轨面的倾斜（按不调整轨道考虑）	纵向	0.004	
	横向	0.003	
多层或高层建筑的整体倾斜	$H_g \leqslant 24$	0.004	
	$24 < H_g \leqslant 60$	0.003	
	$60 < H_g \leqslant 100$	0.0025	
	$H_g > 100$	0.002	
体型简单的高层建筑基础的平均沉降量（mm）		200	
高耸结构基础的倾斜	$H_g \leqslant 20$	0.008	
	$20 < H_g \leqslant 50$	0.006	
	$50 < H_g \leqslant 100$	0.005	
	$100 < H_g \leqslant 150$	0.004	
	$150 < H_g \leqslant 200$	0.003	
	$200 < H_g \leqslant 250$	0.002	
高耸结构基础的沉降量（mm）	$H_g \leqslant 100$	400	
	$100 < H_g \leqslant 200$	300	
	$200 < H_g \leqslant 250$	200	

注　1. 表中数值为建筑物地基实际最终变形允许值。
2. 括号内数据适用于中压缩性土。
3. l 为相邻柱基的中心距离，mm；H_g 为自室外地面起算的建筑物高度，m。

8.3.4　基础底面尺寸确定

在初步确定基础类型和埋置深度后，可以根据持力层承载力计算基础底面的尺寸。

1. 中心荷载作用下的基础底面尺寸确定

在中心荷载作用下，相应于荷载效应标准组合时的基底平均压力 p_k 按下式简化计算

$$p_k=\frac{F_k+G_k}{A} \tag{8-19}$$

式中：F_k 为相应于荷载效应标准组合时上部结构传至基础顶面的竖向力值，kN；G_k 为基础自重及基础上回填土重，kN；对一般实体基础，可近似取 $G_k=\gamma_G A\overline{d}$，$\gamma_G$ 为基础及上方回填土的平均重度，一般取 $\gamma_G=20\text{kN/m}^3$；$\overline{d}$为基础平均埋深，m；A 为基础底面积，m^2。

根据式 $p_k\leqslant f_a$，可得

$$A\geqslant\frac{F_k}{f_a-\gamma_G d} \tag{8-20}$$

对于条形基础，沿长度方向取 1m 作为计算单元，故基础宽度 b 为

$$b\geqslant\frac{F_k}{f_a-\gamma_G d} \tag{8-21}$$

式中：F_k 为沿长度方向 1m 范围内上部结构传至地面标高处的竖向力值，kN/m。

2. 偏心荷载作用下的基础

对于偏心荷载作用下的基础，如果地基承载力特征值 f_a 是采用魏锡克或汉森一类公式计算的，则已考虑了荷载偏心和倾斜引起的折减，此时基底压力只需满足式（8-13）即可。但是如果 f_a 是采用载荷试验或规范表格确定，则除满足式（8-13）外，还应满足式（8-14）。

根据基础压力呈直线分布的假定，基底边缘最大、最小压力为

$$\left.\begin{matrix}p_{k\max}\\p_{k\min}\end{matrix}\right\}=\frac{F_k+G_k}{A}\pm\frac{M_k}{W} \tag{8-22}$$

对于常见的单向偏心矩形基础，上述公式可写为

$$\left.\begin{matrix}p_{k\max}\\p_{k\min}\end{matrix}\right\}=\frac{F_k+G_k}{A}\left(1\pm\frac{6e}{l}\right) \tag{8-23}$$

式中：e 为偏心距，$e=\dfrac{M_k}{F_K+G_k}$，为保证基础不至过分倾斜，通常要求 $e\leqslant l/6$，即 $p_{k\min}>0$；l 为基础底面偏心方向边长。

需指出的是，上述计算需先确定承载力特征值 f_a，但 f_a 又与基础底面宽度 b 有关，所以一般采用下述试算的方法。

（1）对地基承载力先进行深度修正，确定修正后的地基承载力特征值。

（2）按中心荷载作用初算基础底面积 A_0，然后根据荷载偏心情况将 A_0 增大 10%～40%，即

$$A=(1.1\sim1.4)A_0=(1.1\sim1.4)\frac{F_k}{f_a-\gamma_G d+\gamma_w h_w} \tag{8-24}$$

（3）根据选取的基底长边 l 与短边 b 的比值 n，有

$$b=\sqrt{A/n};\ l=nb$$

（4）根据上述结果判断是否需要对承载力进行宽度修正，如果需要，则在完成承载力

修正后重复上述步骤（2）～（3）。

（5）计算偏心距并验算地基承载力是否满足要求，如果不满足，则调整 A，直到满足为止。

当下卧软土层时，根据持力层承载力确定的基底尺寸还需进行下卧层验算。如果验算不满足应考虑增大基础底面积，或减小埋深。如果这样处理仍未能符合要求，则可考虑其他地基基础方案。

【例 8-2】　某柱基础如图 8-13 所示，地基为均质黏性土层，重度 $\gamma=18.0\text{kN/m}^3$，孔隙比 $e=0.7$，液性指数 $I_L=0.72$。已确定地基承载力特征值为 $f_{ak}=226\text{kPa}$，柱截面为 300mm×400mm，$F_k=700\text{kN}$、$M_k=105\text{ kN}\cdot\text{m}$，水平荷载 $H_k=25\text{kN}$，基础埋深从设计地面（±0.000）起算为 1.3m。试确定柱下独立基础的底面尺寸。

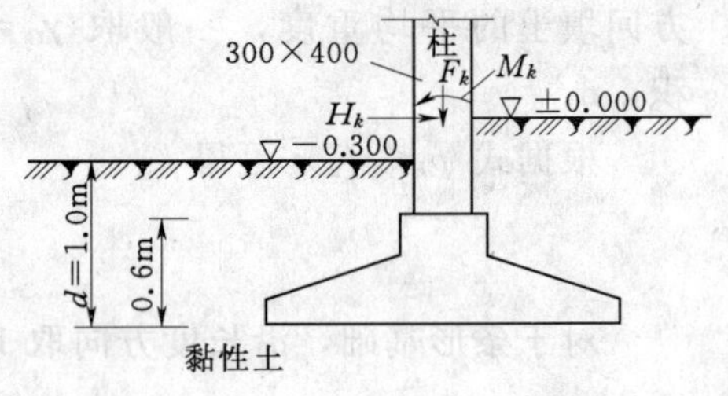

图 8-13　［例 8-2］图

解

（1）求深度修正后的地基承载力特征值 f_a。

因为黏性土 $e=0.7$，$I_L=0.78$

查表 8-4 得 $\eta_d=1.6$，则持力层承载力 f_a 为

$$\begin{aligned} f_a &= f_{ak}+\eta_d\gamma_m\ (d-0.5) \\ &= 226+1.6\times18.0\times(1.0-0.5) \\ &= 240.4\ (\text{kPa}) \end{aligned}$$

（注意：基础的埋深 d 按室外地面起算为 $1.3-0.3=1.0\text{m}$）

（2）初步选定基础底面尺寸。

计算基础和回填土所受重力 G_k 时的基础埋深采用平均埋深 $\overline{d}$，即

$$\overline{d}=\frac{1.0+1.3}{2}=1.15$$

由下式可得

$$A\geqslant\frac{F_k}{f_a-\gamma_G d}=\frac{700}{240.4-20\times1.15}=3.22\ (\text{m}^2)$$

由于偏心不大，基础底面积按 20%增大，即

$$A=1.2A_0=1.2\times3.22=3.86\ (\text{m}^2)$$

所以，初步选择基础底面积 $A=l\times b=2.4\times1.6=3.84\ (\text{m}^2)$

由于 $b=1.6\text{m}<3\text{m}$，所以不需对 f_a 进行宽度修正。

（3）验算持力层的地基承载力。

基础及回填土所受重力 G_k 为

$$G_k=\gamma_G dA=20\times1.15\times3.84=88.3\ (\text{kN})$$

偏心距

$$e=\frac{M_k}{F_K+G_k}=\frac{105-25\times1.3}{700+88.3}=0.092\ (\text{m})<\frac{l}{6}$$

基底压力最大、最小值为

$$\frac{p_{k\max}}{p_{k\min}}=\frac{F_k+G_k}{A}\left(1\pm\frac{6e}{l}\right)=\frac{700+88.3}{2.4\times1.6}\times\left(1\pm\frac{6\times0.11}{2.4}\right)=\frac{262}{149}\ (\text{kPa})$$

验算

$$p_{k平均}=205\ \text{kPa}<f_a=240.4\text{kPa}$$

$$p_{k\max}=262\ \text{kPa}<1.2f_a=1.2\times240.4=288.5\ (\text{kPa})$$

结论：满足地基承载力要求，基础底面积最终按 $A=l\times b=2.4\times1.6=3.84\ (\text{m}^2)$ 确定。

8.4 无筋扩展基础设计

无筋扩展基础是指以抗压性能较好而抗拉、抗剪性能很低的砖、石、素混凝土、灰土和三合土等材料建造的柱下独立基础或墙下条形基础。其设计原则是必须使基础主要承受压应力，并保证基础内出现的拉应力和剪应力都不超过材料强度的设计值。所以设计中主要通过控制基础的高宽比值来实现。同时，基础宽度应满足地基承载力要求，或满足变形要求。

8.4.1 构造要求

根据建造材料的不同，无筋扩展基础又可分为砖基础、混凝土或毛石混凝土基础、毛石浆砌基础、灰土基础、三合土基础等，设计无筋扩展基础时应根据材料特点满足相应的构造要求。

1. 砖基础

砖基础所用砖的强度等级不得低于 MU7.5，砂浆强度等级不低于 M5，地下水位以下或地基土潮湿时应采用水泥砂浆砌筑。砖基础底面以下一般设 100mm 的混凝土垫层，混凝土强度一般为 10MPa 或不低于 7.5MPa。砖基础广泛应用于6层及6层以下的民用建筑和墙承重厂房。

2. 三合土基础

三合土是由石灰、砂和骨料（碎石、碎砖或矿渣等），按体积比为 1∶2∶4 或 1∶3∶6 配成，经加适量水拌和后，在基槽内每层虚铺约 220mm，夯至 150mm。

3. 灰土基础

灰土是由熟化后的石灰和黏土按比例拌和并夯实而成。石灰和土料的体积比为 3∶7 或 2∶8，加适量水拌匀，在基槽内每层虚铺 220～250mm，夯实至 150mm。灰土基础宜在比较干燥的地基中使用，夯实后灰土的最小干密度要求对于粉土不小于 15.5kN/m^3，对于粉质黏土不小于 15.0kN/m^3，对于黏土不小于 14.5kN/m^3。

4. 毛石浆砌基础

毛石是指未经加工或稍作修凿的硬质石材。毛石基础分级砌筑，分级高度一般不小于 200mm，每级外伸宽度不宜大于 200mm。当毛石形状不规则时，其高度应不小于 150mm，浆砌砂浆强度等级不应小于 M5。由于毛石之间间隙较大，如果砂浆强度太低或很不饱满，则不能用于层数较多的建筑物，且不宜用于地下水位以下。

5. 混凝土和毛石混凝土基础

当荷载较大或位于地下水位以下时，常采用混凝土或毛石混凝土基础。混凝土基础一般用 C15 以上的素混凝土；毛石混凝土基础毛石体积比一般为 25%～30%，且石块尺寸一般不大于 300mm，使用前需冲洗干净。

8.4.2　设计计算

无筋扩展基础设计是通过控制材料强度等级和台阶宽高比确定基础截面尺寸，无需再进行内力分析和截面强度计算。设计时一般先选择适当的基础埋深和基础底面尺寸，基础高度 H_0 应符合下式要求，即

$$H_0 \geqslant \frac{b-b_0}{2\tan\alpha} \tag{8-25}$$

式中：b、b_0 分别为基础底面宽度和基础顶面的砌体宽度，如图 8-14 所示，图中 b_2 为基础台阶宽度；$\tan\alpha$ 为基础台阶宽高比 b_2/H_0，其允许值参照表 8-8 选用。

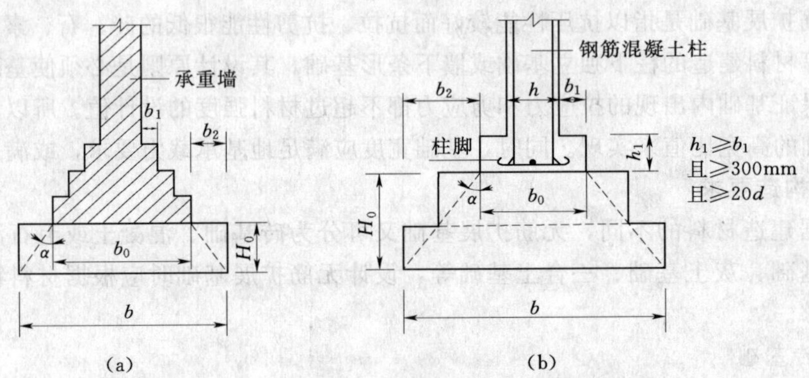

图 8-14　无筋扩展基础构造示意图

(a) 墙下；(b) 柱下

混凝土基础高度 H_0 不宜小于 200mm，一般为 300mm。对于三合土基础或灰土基础，基础高度应为 150mm 的倍数。砖基础的高度应符合砖的模数，标准砖的规格为 240mm×115mm×53mm，八五砖的规格为 220mm×105mm×43mm。砌筑方式有两皮一收和二一间隔收，如图 8-15 所示。两皮一收即每层为两皮砖，高度为 120mm，挑出 1/4 砖长，即 60mm；二一间隔收是从底层起先砌两皮砖，收进 1/4 砖长，再砌一皮砖，收进 1/4 砖长，如此反复。

表 8-8　无筋扩展基础台阶宽高比的允许值

基础材料	台阶宽高比的允许值			基础材料	台阶宽高比的允许值		
	$p_k \leqslant 100$	$100 < p_k \leqslant 200$	$200 < p_k \leqslant 300$		$p_k \leqslant 100$	$100 < p_k \leqslant 200$	$200 < p_k \leqslant 300$
混凝土基础	1：1.00	1：1.00	1：1.25	毛石浆砌基础	1：1.25	1：1.50	
毛石混凝土基础	1：1.00	1：1.25	1：1.50	灰土基础	1：1.25	1：1.50	
砖基础	1：1.50	1：1.50	1：1.50	三合土基础	1：1.50	1：2.00	

注　1. p_k 为荷载效应标准组合时基础底面处的平均压力，kPa。

2. 阶梯形毛石基础的每阶伸出宽度，不宜大于 200mm。

3. 当基础由不同材料叠合组成时，应对接触部分作抗压验算。

4. 当基础底面处的平均压力超过 300kPa 时，尚应进行抗剪验算。

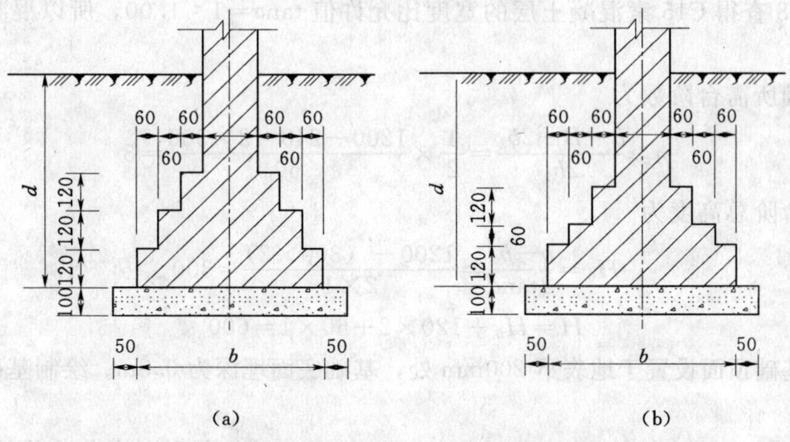

图 8-15　砖基础剖面图

(a) 两皮一收；(b) 二一间隔收

【例 8-3】　某多层住宅承重墙厚 $B=240\text{mm}$，地基土表层为杂填土，层厚 0.65m，$\gamma=17.2\text{kN/m}^3$；其下为黏性土层，$\gamma=18.3\text{kN/m}^3$，$e=0.86$，$I_L=0.92$，承载力特征值 $f_{ak}=160\text{kPa}$。地下水位在地表下 0.8m 处。若已知上部墙体传来的荷载效应标准组合竖向值为 176kN/m，试设计该承重墙下的条形基础。

解

(1) 确定基础宽度 b。

初选基础埋深：为便于施工，将基础建在地下水位以上，初选 $d=0.8\text{m}$。

对持力层承载力进行深度修正：根据黏性土层 $e=0.86$ 和 $I_L=0.92$，查表8-4，$\eta_d=1.0$

$$\gamma_m=\frac{(17.3\times0.65+18.3\times0.15)}{0.8}=17.5\ (\text{kN/m}^3)$$

则持力层承载力设计值初定为

$f_a=f_{ak}+\eta_d\gamma_m\ (d-0.5)\ =160+17.5\times1.0\times(0.8-0.5)\ =165\ (\text{kPa})$

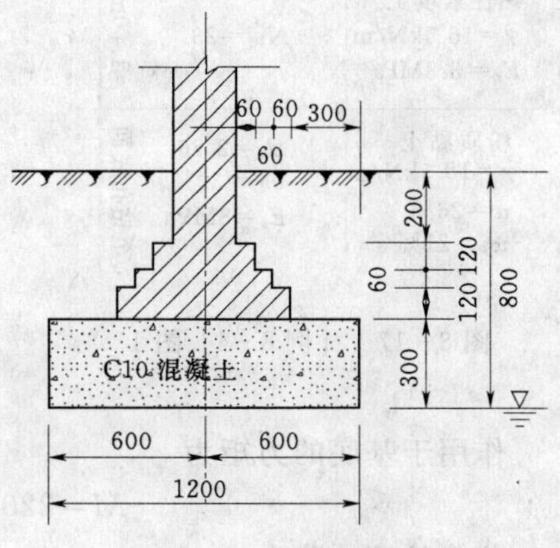

图 8-16　基础剖面设计结果

条形基础宽度为

$$b\geqslant\frac{F_k}{f_a-\gamma_G d}=\frac{176}{165-20\times0.8}=1.18\ (\text{m})$$

取基础宽度 $b=1200\text{mm}$

(2) 确定基础剖面尺寸。

基础下层采用 300mm 厚的 C15 素混凝土层，其上采用“二一间隔收”砖砌基础。

混凝土垫层设计：

基底压力

$$p_k=\frac{F_k+G_k}{A}=\frac{176+20\times0.8\times1.0\times1.2}{1.2\times1.0}=163\ (\text{kPa})$$

由表 8－8 查得 C15 素混凝土层的宽度比允许值 $\tan\alpha=1:1.00$，所以混凝土垫层内收 300mm。

则砖基础所需台阶数为

$$n\geqslant\frac{b-B-2b_2}{2b_1}=\frac{1}{2}\times\frac{1200-240-2\times300}{60}=3$$

基础与台阶总高度为

$$H_0=\frac{b-b_0}{2\tan\alpha}=\frac{1200-(300\times2)}{2\times1}=300$$

$$H=H_0+120\times2+60\times1=600$$

（3）将基础顶面设置于地表下 200mm 处，基础底面埋深为 0.8m。绘制基础剖面图如图 8－16 所示。

【例 8－4】　某建筑柱截面为600mm×400mm，基础承受荷载设计值为 $F=800\text{kN}$，$M=220\text{kN}\cdot\text{m}$，$V_H=50\text{kN}$。地基土层剖面如图 8－17 所示，基础埋置于粉质黏土中，埋深 2.0m，$f_a=190\text{kPa}$。试按柱下无筋扩展基础进行设计。

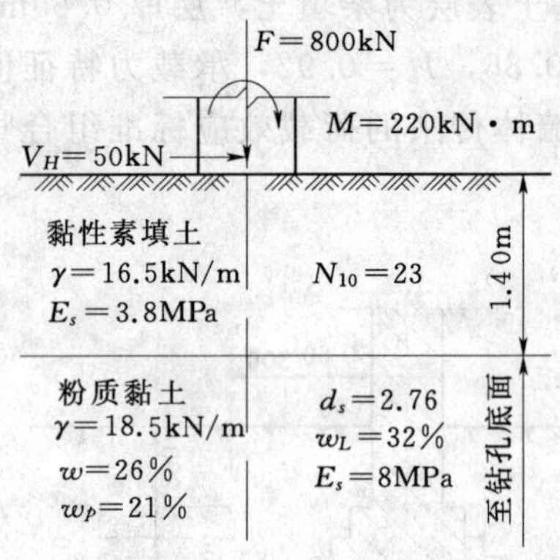

图 8－17　[例 8－4] 图 1

解

（1）按中心荷载初估基底面积。

$$A_1=\frac{F}{f_a-\gamma_G d}=\frac{800}{190-20\times2}=5.33\ (\text{m}^2)$$

（2）考虑偏心荷载作用，将基底面积扩大 1.3 倍。

$$A=1.3A_1=6.93\ (\text{m}^2)$$

采用 2.5m×3.0m 基础尺寸。

（3）计算基底压力 $p_{\max}$。

基础及回填土重

$$G=\gamma_G dA=20\times2\times2.5\times3=300\ (\text{kN})$$

基础的总垂直荷载为

$$F+G=800+300=1100\ (\text{kN})$$

作用于基底的力矩为

$$M=220+50\times2=320\ (\text{kN}\cdot\text{m})$$

荷载的偏心距为

$$e=\frac{320}{1100}=0.29\ (\text{m})<\frac{l}{6}=0.5\ (\text{m})$$

基底边缘最大压力为

$$p_{\max}=\frac{F+G}{A}+\frac{M}{W}=\frac{1100}{3\times2.5}+\frac{6\times320}{3^2\times2.5}=232\ (\text{kN/m}^2)$$

（4）对地基承载力进行宽度、埋深修正。

黏性土　$$I_L=\frac{w-w_p}{w_L-w_p}=\frac{26-21}{11}=0.45$$

由表 8－4 得：$\eta_b=0.3$，$\eta_d=1.6$

$$\gamma_m=\frac{16.5\times1.4+18.5\times0.6}{2}=17.1\ (\text{kN/m}^3)$$

$$f=f_{ak}+\eta_b\gamma\ (b-3)\ +\eta_b\gamma_0\ (b-0.5)$$

$$f_a=190+1.6\times17.1\times\ (2.0-0.5)\ =231.04\ (\mathrm{kN/m^3})$$

（5）地基承载力验算。

$$p=\frac{F+G}{A}=\frac{1100}{3\times2.5}=146.67\ (\mathrm{kN/m^2})\ <f_a=231.04\ (\mathrm{kN/m^2})$$

$$p_{max}=232\mathrm{kN/m^2}<1.2f_a=1.2\times231.04=277.25\ (\mathrm{kN/m^2})$$

所以，基础底面按 2.5m×3m 设置满足要求。

（6）确定基础高度和构造尺寸。

采用 C10 混凝土基础，查表 8-8，台阶宽高比允许值 1：1.0，则基础高度为

$$h=\frac{l-l_0}{2}=\frac{3.0-0.6}{2}=1.2\ (\mathrm{m})$$

可设置三个台阶，基础的构造尺寸如图 8-18 所示。

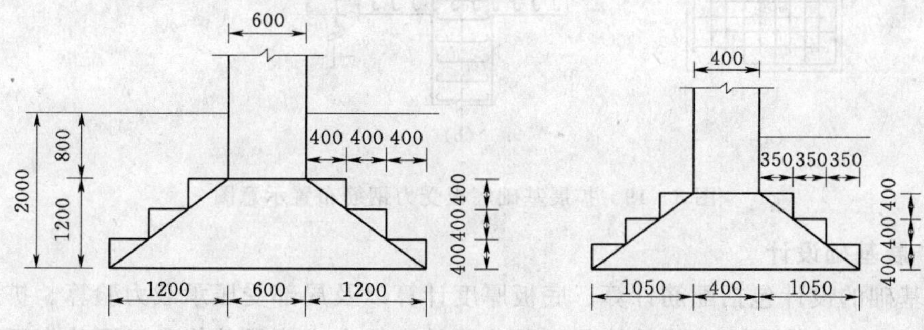

图 8-18　［例 8-4］图 2 基础设计剖面图

8.5　钢筋混凝土扩展基础设计

钢筋混凝土扩展基础简称扩展基础，指柱下钢筋混凝土独立基础和墙下钢筋混凝土条形基础。与前述无筋扩展基础不同，扩展基础通常能在较小的埋深内把基础底面扩大到所需的面积。

8.5.1　构造要求

扩展基础构造应符合下列要求：

1）墙下条形基础一般采用梯形截面，其边缘高度不宜小于 200mm；柱下扩展基础一般采用阶梯形截面，每阶高度宜为 300～500mm。

2）基础下通常设置低强度等级（C10）素混凝土垫层，垫层厚度不宜小于 70mm。

3）混凝土强度等级不低于 C20。

4）底板受力钢筋最小直径不宜小于 10mm，间距不宜大于 200mm、也不宜小于 100mm。墙下钢筋混凝土条形基础纵向分布钢筋的直径不小于 8mm；间距不大于 300mm；每延米分布钢筋的面积应不小于受力钢筋面积的 1/10。当有垫层时钢筋保护层厚度不宜小于 40mm，无垫层时不宜小于 70mm。

5）当柱下钢筋混凝土独立基础的边长和墙下钢筋混凝土条形基础的宽度大于或等于

2.5m 时，底板受力钢筋的长度可取边长或宽度的 0.9 倍，并宜交错布置[图 8-19（a)]。

6）钢筋混凝土条形基础底板在 T 形及十字形交接处，底板横向受力钢筋仅沿一个主要受力方向通长布置，另一方向的横向受力钢筋可布置到主要受力方向底板宽度 1/4 处［图 8—19（b)]。在拐角处底板横向受力钢筋应沿两个方向布置［图 8—19（c)]。

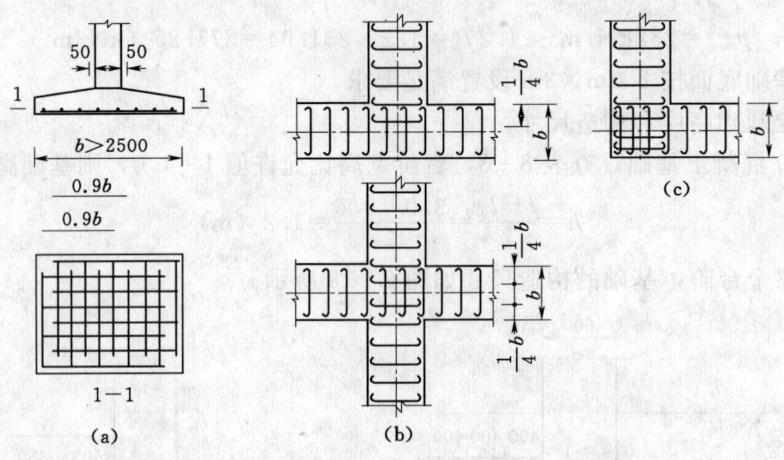

图 8-19　扩展基础底板受力钢筋布置示意图

8.5.2　扩展基础设计

扩展基础的设计包括配筋计算、底板厚度计算以及局部受压承载力验算。扩展基础在进行上述设计与计算时，上部结构传来的荷载效应组合应按承载能力极限状态下荷载的基本组合考虑。

当扩展基础的混凝土强度等级小于柱的混凝土强度等级时，应验算柱下扩展基础顶面的局部受压承载力。

1. 墙下钢筋混凝土条形基础设计

墙下钢筋混凝土条形基础的内力计算一般可按平面问题处理。截面设计验算的内容包括：基础底面宽度 b 和基础高度 H 及基础底面配筋等。其中基底宽度应根据地基承载力要求确定，基础高度由混凝土的抗剪条件确定，基础底板的受力配筋则由基础验算截面的抗弯能力确定。在确定基础底面尺寸或基础沉降时，应考虑设计地面以下基础及其上覆土重力的作用，而在进行基础截面设计（基础高度的确定、基础底板配筋）中，应采用不计基础与上覆土重力作用时的地基净反力进行计算。

(1) 中心荷载作用。

1）荷载计算。相应于荷载效应基本组合时的地基净反力设计值 p_n 为（扣除基础自重及其上土重）

$$p_n=\frac{F}{b} \tag{8-26}$$

式中：F 为上部结构传至地面标高处的轴向荷载；b 为墙下钢筋混凝土条形基础宽度。

p_n 作用下基础底板内产生的弯矩 M 和剪力 V 在图 8-20 中 Ⅰ—Ⅰ 截面（悬臂板根部）处最大，有

$$V=p_n a_1 \quad (8-27)$$

$$M=\frac{1}{2}p_n a_1^2 \quad (8-28)$$

式中：a_1 为Ⅰ—Ⅰ截面到基础边缘的距离。当墙体材料为混凝土时取 $a_1=b_1$；为砖墙且放脚不大于1/4砖长时，取 $a_1=b_1+0.06$。

2）基础底板厚度确定。由于墙下钢筋混凝土条形基础底板属于不配置箍筋与弯起钢筋的情况，因此，其底板厚度应满足混凝土的抗剪条件，即

$$V\leqslant 0.7\beta_h f_t h_0 \quad (8-29)$$

式中：β_h 为截面高度影响系数，$\beta_h=(800/h_0)^{1/4}$；当 $h_0\leqslant 800$mm 时，取 $h_0=800$mm；当 $h_0\geqslant 2000$mm 时，取 $h_0=2000$mm；f_t 为混凝土轴心抗拉强度设计值；h_0 为基础底板的有效高度，即基础底板厚度减去钢筋保护层厚度（有垫层40mm，无垫层70mm）和1/2倍的钢筋直径。

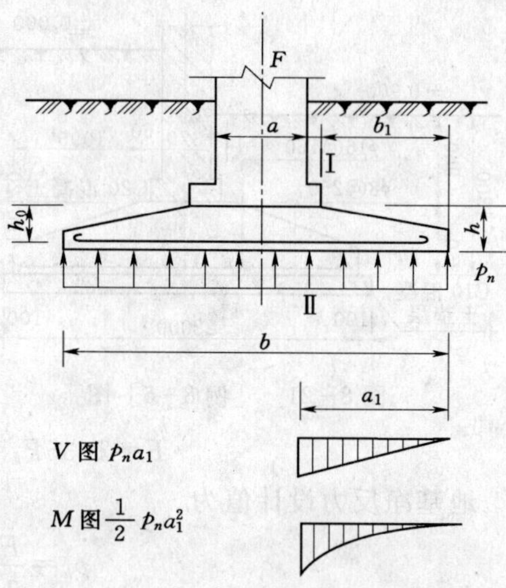

图8-20 中心荷载作用下墙下钢筋混凝土条形基础受力示意

3）基础底板配筋计算。基础每延米受力钢筋截面面积 A_s 按下式计算

$$A_s=\frac{M}{0.9h_0 f_y} \quad (8-30)$$

式中：f_y 为钢筋抗拉强度设计值；其余符号意义同前。

（2）偏心荷载作用。

在偏心荷载作用下，基底净反力偏心距为

$$e_0=\frac{M}{F}\text{（要求 } e_0\leqslant b/6\text{）} \quad (8-31)$$

基础边缘处的最大净反力为

$$p_{j\max}=\frac{F}{b}\left(1+\frac{6e_0}{b}\right) \quad (8-32)$$

基础的高度和配筋仍按式（8-29）和式（8-30）计算，但式中 V 和 M 按下式确定

$$V=\frac{1}{2}(p_{j\max}+p_j)b_1$$

$$M=\frac{1}{6}(2p_{j\max}+p_j)b_1^2 \quad (8-33)$$

式中：p_j 为平均基底反力设计值，按式（8-26）确定。

【例8-5】 已知某多层建筑外墙厚370mm，基础顶面的竖向荷载标准值 $F_k=280$kN/m，室内外高差0.90m，基础埋深 $d=1.30$m（以室外地面算起），地基承载力特征值 $f_a=138$kPa。试按墙下钢筋混凝土条形基础设计此基础。

解

（1）基础宽度。

$$b\geqslant\frac{F_k}{f_a-20d}=\frac{280}{138-20\times1.75}=2.72\text{（m）}$$

取基础宽度 $b=2.80\text{m}=2800\text{mm}$。

（2）基础底板厚度。

按 $h=b/8=350\text{mm}$，根据墙下钢筋混凝土条形基础构造要求初步绘制基础剖面如图8-21所示。

对 I—I 剖面抗剪切验算：

按《建筑地基基础设计规范》，取荷载综合分项系数 1.35，则基础顶面竖向荷载设计值 F 为

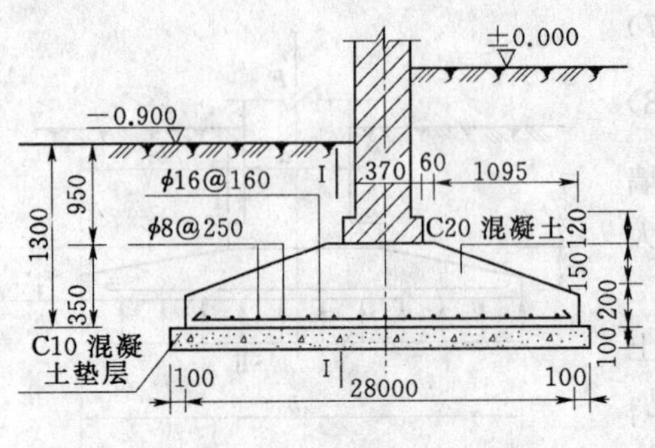

图 8-21　［例 8-5］图

$$F=1.35F_k=1.35\times280=378\ (\text{kN})$$

地基净反力设计值为

$$p_n=\frac{F}{b}=\frac{378}{2.8}=135\ (\text{kPa})$$

Ⅰ—Ⅰ截面的剪力设计值为

$$V=p_na_1=135\times(1.095+0.06)=156\ (\text{kN/m})$$

选用 C20 混凝土，$f_t=1.10\text{N/mm}^2$。

基础至少所需有效高度为

$$h_0=\frac{V}{0.7\beta_H f_t}=\frac{156\times10^3}{0.7\times1.0\times1.10}=202.6\ (\text{mm})$$

实际上基础有效高度 $h_0=350-40-20/2=300\ (\text{mm})>202.6\text{mm}$（按有垫层且底板钢筋直径暂按Φ 20 计）。

满足要求。

（3）底板配筋。

计算Ⅰ—Ⅰ截面弯矩

$$M=\frac{1}{2}P_na_1^2=\frac{1}{2}\times135\times1.155^2=90.0\ (\text{kN}\cdot\text{m/m})$$

选用Ⅱ级钢筋，$f_y=300\text{N/mm}^2$。

基础每延米的受力钢筋截面积 A_s 为

$$A_s=\frac{M}{0.9h_0f_y}=\frac{90.0\times10^6}{0.9\times300\times300}=1111\ (\text{mm}^2)$$

选用Φ 16@160，实配 $A_s=1256\text{mm}^2$，沿垂直于砖墙长度方向布置，在砖墙长度方向配筋选 $\phi8$@250。

基础配筋如图 8-21 所示。

2. 柱下钢筋混凝土单独基础设计

（1）中心荷载作用。

1）基础底板厚度确定。在柱中心荷载 F 作用下，如果基础高度（或阶梯高度）不满足要求，将沿柱周边（或阶梯高度变化处）产生冲切破坏，形成 45°斜裂面的角锥体（图 8-22）。因此，由冲切破坏锥体以外的地基反力所产生的冲切力应小于冲切面处混凝土的抗冲切能力。

对于矩形基础，柱短边一侧冲切破坏较柱长边一侧危险，所以，只需根据短边一侧冲切破坏条件确定底板厚度，即

$$F_l \leqslant 0.7\beta_{hp} f_t a_m h_0 \tag{8-34}$$

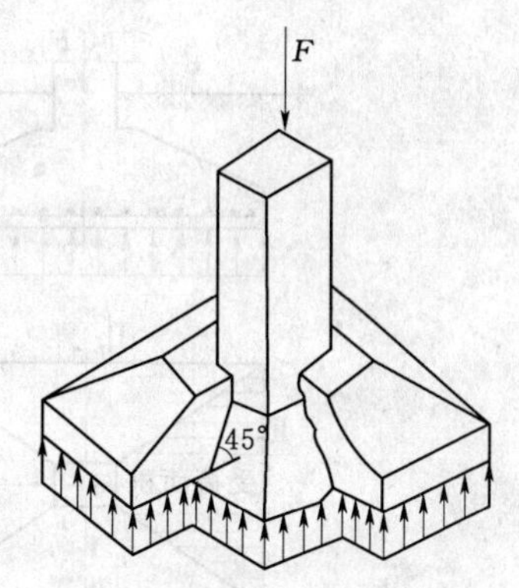

图 8-22 柱下独立基础冲切破坏

式中：F_l 为相应于荷载效应基本组合时作用在 A_l 上的地基土净反力设计值，$F_l=p_nA_l$；p_n 意义见图 8-23（a)，对偏心受压基础可取基础边缘处最大地基土单位面积净反力 $p_{n,\max}$；A_l 为冲切验算时取用的部分基底面积[图 8-23（b)、(c)] 中的阴影面积；β_{hp} 为受冲切承载力截面高度影响系数，当 $h\leqslant 800$mm 时，β_{hp} 取 1.0；当 $h\geqslant 2000$mm 时，β_{hp} 取 0.9，其间按线性内插法取用；f_t 为混凝土轴心抗拉强度设计值；h_0 为基础冲切破坏锥体的有效高度；a_m 为基础冲切破坏锥体最不利一侧计算长度，$a_m=(a_t+a_b)/2$。a_t 为冲切破坏锥体最不利一侧斜截面的上边长。当计算柱与基础交接处的受冲切承载力时，取柱宽，当计算基础变阶处的受冲切承载力时，取上阶宽；a_b 为冲切破坏锥体最不利一侧斜截面在基础底面积范围内的下边长，当冲切破坏锥体的底面积落在基础底面以内[图 8-23（b)]，计算柱与基础交接处的受冲切承载力时，取柱宽加两倍基础有效高度，当冲切破坏锥体的底面积在下方向落在基础底面以外，即 $a_t+2h_0\geqslant b$ 时[图 8-23（c)]，$a_b=b$。

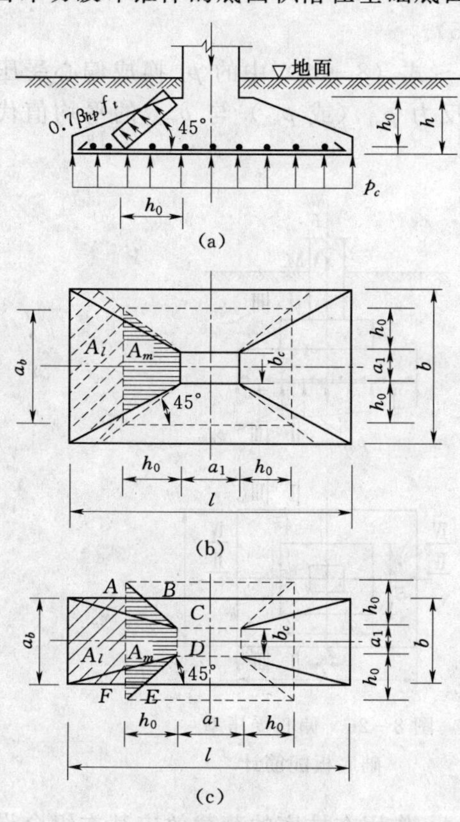

图 8-23 中心受压柱基础底板厚度的确定

(a) 验算柱与基础交接处；(b) 当 $b\geqslant a_t+2h_0$ 时；(c) 当 $b<a_t+2h_0$ 时

2）基础底板配筋。基础底板配筋按抗弯计算确定。由于单独基础底板在地基净反力作用下在两个方向发生弯曲，所以两个方向都要配受力钢筋，计算按正截面受弯承载力。

当矩形基础台阶的宽高比 $\tan\alpha\leqslant 2.5$ 和 $e\leqslant b/6$时，底板弯矩设计值按下列公式计算。

柱边（Ⅰ—Ⅰ截面）[图 8-24（a)]

$$M_1=\frac{p_n}{24}(l-a_c)^2(2b+b_c) \tag{8-35}$$

柱边（Ⅱ—Ⅱ截面）[图 8-24（a)]

$$M_2=\frac{p_n}{24}(b-b_c)^2(2l+a_c) \tag{8-36}$$

阶梯高度变化处（Ⅲ—Ⅲ截面）[图 8-24（b)]

$$M_3=\frac{p_n}{24}(l-a_1)^2(2b+b_1) \tag{8-37}$$

阶梯高度变化处(Ⅳ—Ⅳ截面）[图 8-24（b)]

$$M_4=\frac{p_n}{24}(b-b_1)^2(2l+a_1) \tag{8-38}$$

根据弯矩值即可按式（8-30）确定相应的钢筋面积 A_s。

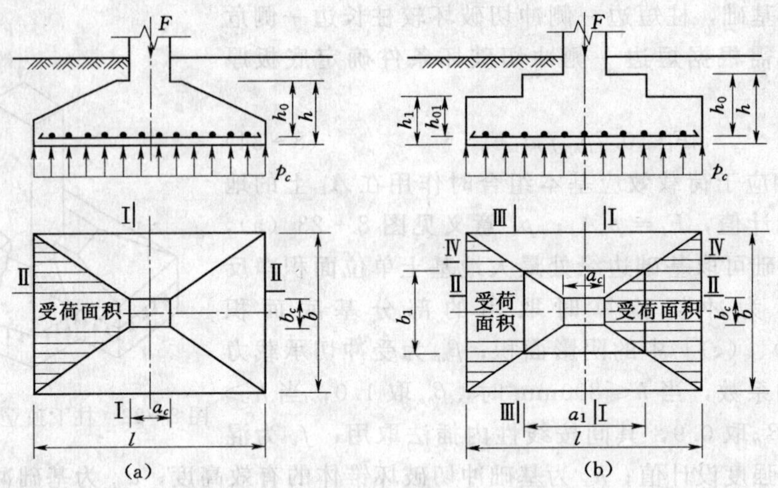

图 8-24　中心受压柱基础底板配筋计算

(2) 偏心荷载作用。

偏心受压基础底板厚度和配筋计算与中心受压情况基本相同。

偏心受压基础在确定底板厚度时，只需将式（8-34）中 F_l 计算中的 p_n 换成偏心受压时基础边缘处最大设计净反力 $p_{n\max}$ 即可（图 8-25）。

偏心受压基础配筋计算时，只需将式（8-35）～式（8-38）中的 p_n 换成偏心受压时柱边处（或变截面处）基础底面设计底面设计净反力 p_{n1}（或 p_{n2}）与 $p_{n\max}$ 的平均值代替即可（图 8-26）。

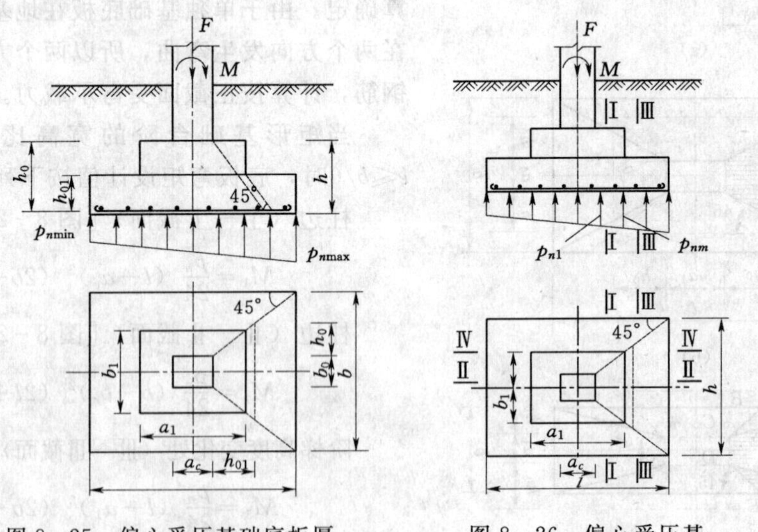

图 8-25　偏心受压基础底板厚度计算

图 8-26　偏心受压基础底板配筋计

【例 8-6】　框架结构柱截面为 300mm×400mm，作用在柱底的荷载效应基本组合设计值为：中心垂直荷载 980kN，力矩 $M=125\text{kN}\cdot\text{m}$。根据工程地质条件和上部荷载确定柱基础底面尺寸为 $l\times b=2.4\text{m}\times1.6\text{m}$。试设计此柱基的底板厚度并计算底板配筋（材料选用 C20 混凝土和 II 级钢筋 $f_y=300\text{N/mm}^2$）。

解

(1) 计算基底净反力。

偏心距为

$$e_0=\frac{M}{F}=\frac{125}{980}=0.128\ (\text{m})$$

基础边缘处的最大净反力为

$$p_{n\max}=\frac{F}{lb}\left(1+\frac{6e_0}{l}\right)=\frac{980}{2.4\times1.6}\left(1+\frac{6\times0.128}{2.4}\right)=336.9\ (\text{kPa})$$

(2) 确定基础底板厚度（采用阶梯形基础）。

1）柱边基础截面抗冲切验算：

$$l=2.4\text{m};\ b=1.6\text{m};\ a_t=a_c=0.3\text{m};\ b_c=0.4\text{m}$$

初步选择基础高度 $h=600$mm，从下至上分 350mm，250mm 两个台阶，$h_0=550$mm（考虑垫层）

$$a_t+2h_0=0.3+2\times0.55=1.40\ (\text{m})<b=1.6\text{m}，取\ a_b=1.40\text{m}$$

$$a_m=\frac{a_t+a_b}{2}=\frac{300+1400}{2}=850\ (\text{mm})$$

因偏心受压，p_n 取 $p_{n\max}$

冲切力为

$$\begin{aligned}F_l&=p_{n\max}\left[\left(\frac{l}{2}-\frac{a_c}{2}-h_0\right)b-\left(\frac{b}{2}-\frac{b_c}{2}-h_0\right)^2\right]\\&=336.9\times\left[\left(\frac{2.4}{2}-\frac{0.4}{2}-0.55\right)\times1.6-\left(\frac{1.6}{2}-\frac{0.3}{2}-0.55\right)^2\right]\\&=239.2\ (\text{kN})\end{aligned}$$

抗冲切力为

$$\begin{aligned}0.7\beta_{hp}f_ta_mh_0&=0.7\times1.0\times1.10\times10^3\times0.85\times0.55\\&=360\ (\text{kN})>239.2\text{kN}\end{aligned}$$

满足要求。

2）变阶处抗冲切验算：

$$a_t=b_1=0.8\text{m};\ a_1=1.2\text{m};\ h_{01}=350-50=300\ (\text{mm})$$

$$a_t+2h_{01}=0.8+2\times0.30=1.40\ (\text{m})<1.60\text{m}，取\ a_b=1.4\text{m}$$

$$a_m=\frac{a_t+a_b}{2}=\frac{0.8+1.4}{2}=1.1\ (\text{m})$$

冲切力为

$$\begin{aligned}F_l&=p_{n\max}\left[\left(\frac{l}{2}-\frac{a_1}{2}-h_{01}\right)b-\left(\frac{b}{2}-\frac{b_1}{2}-h_{01}\right)^2\right]\\&=336.9\times\left[\left(\frac{2.4}{2}-\frac{1.2}{2}-0.30\right)\times1.6-\left(\frac{1.6}{2}-\frac{0.8}{2}-0.30\right)^2\right]\\&=158.34\ (\text{kN})\end{aligned}$$

抗冲切力为

$$0.7\beta_{hp}f_t a_m h_{01}=0.7\times1.0\times1.10\times10^3\times1.1\times0.3$$

$$=254.10\ (\text{kN})>F_l=158.34\ (\text{kN})$$

满足要求。

(3) 配筋计算。

1) 基础长边方向。

Ⅰ—Ⅰ截面（柱边）：

柱边净反力为

$$p_{n1}=p_{n\min}+\frac{l+a_c}{2l}\ (p_{n\max}-p_{n\min})$$

$$=173.5+\frac{2.4+0.4}{2\times2.4}\ (336.9-173.5)=268.8\ (\text{kPa})$$

悬臂部分净反力平均值为

$$\frac{1}{2}\ (p_{n\max}+p_{n1})=\frac{1}{2}\times\ (336.9+268.8)=302.9\ (\text{kPa})$$

相应弯矩为

$$M_1=\frac{1}{24}\left(\frac{p_{n\max}+p_{n1}}{2}\right)(l-a_c)^2\ (2b+b_c)$$

$$=\frac{1}{24}\times302.9\times\ (2.4-0.4)^2\times\ (2\times1.6+0.3)=201.9\ (\text{kN}\cdot\text{m})$$

$$A_{s1}=\frac{M_1}{0.9f_yh_0}=\frac{201.9\times10^6}{0.9\times300\times550}=1360\ (\text{mm}^2)$$

Ⅲ—Ⅲ截面（变阶处）

$$p_{n3}=p_{n\min}+\frac{l+a_1}{2l}\ (p_{n\max}-p_{n\min})$$

$$=173.5+\frac{2.4+1.2}{2\times2.4}\ (336.9-173.5)$$

$$=296.0\ (\text{kPa})$$

$$M_3=\frac{1}{24}\left(\frac{p_{n\max}+p_n}{2}\right)\ (l-l_1)^2\ (2b+b_1)$$

$$=\frac{1}{24}\times\left(\frac{336.9+296.0}{2}\right)\times\ (2.4-1.2)^2$$

$$\times\ (2\times1.6+0.8)=75.9\ (\text{kN}\cdot\text{m})$$

$$A_{s3}=\frac{M_1}{0.9f_yh_{01}}=\frac{75.9\times10^6}{0.9\times300\times310}=906.81\ (\text{mm}^2)$$

因为 $A_{s1}>A_{s3}$，所以按 A_{s1} 配筋，实际配 $9\phi14$，$A_s=1384>1360$ (mm^2)。

2) 基础短边方向。

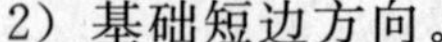

因该基础受单向偏心荷载作用，所以基础短边方向基底反力按均匀分布计算 $p_n=\frac{1}{2}\ (p_{n\max}+p_{n\min})$

$$p_n=\frac{1}{2}\times\ (336.9+173.5)=255.2\ (\text{kPa})$$

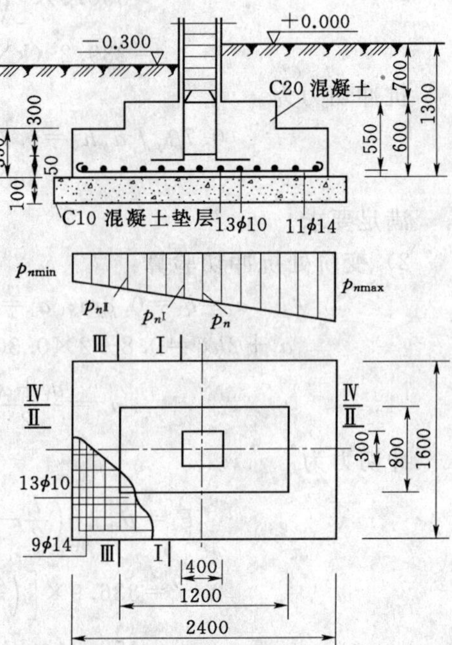

图 8-27　基础底板配筋示意图

与长边方向配筋方法相同，实际按构造配筋 13ϕ10（A_s=1020.5mm^2）。

基础配筋参见图 8-27。

8.6 减少不均匀沉降危害的措施

地基过量变形会导致建筑物损坏或影响使用功能。减少不均匀沉降除了选择合适的基础方案和地基处理措施外，在建筑、结构设计和施工中采取相应的措施也十分重要的，如果处理得当，可节省基础造价或减少地基处理的费用。

8.6.1 建筑措施

1. 建筑物体型力求简单

建筑物体型指平面和立面轮廓。建筑平面简单、高度一致的建筑物，基底应力较均匀，圈梁容易拉通，整体刚度好，即使沉降较大，建筑物也不易产生裂缝和损坏。

平面形状复杂的建筑物，如“L”、“T”、“H”形等，不但整体刚度降低，而且会造成建筑物纵横单元相交处地基中附加应力重叠，沉降增大，同时房屋构件中应力状态也比较复杂，建筑物容易因不均匀沉降而产生裂损。

2. 控制建筑物长高比

建筑物长高比指平面长度与从基础底面起算的高度之比。长高比大的砌体承重结构整体刚度较差，纵墙易因挠度过大而开裂。一般来说，若预估最大沉降量 s>120mm，对三层及以上建筑长高比不易大于 2.5；对于平面简单、内外墙贯通、横墙间隔较小的房屋可适当放宽，但也不宜大于 3.0。

3. 设置沉降缝

用沉降缝将复杂的建筑物，或长高比较大的建筑物分割成若干个独立的沉降单元，可有效地减轻地基的不均匀沉降危害。一般宜在下述部位设置沉降缝：

1）平面形状复杂的建筑物转折处。

2）建筑物高度或荷重有很大差别处。

3）长高比过大的建筑物的适当部位。

4）地基土压缩性显著变化处。

5）建筑物结构或基础类型不同处。

6）分期建筑的交接处。

图 8-28 和图 8-29 分别为砖石承重结构条形基础和框架结构基础沉降缝的构造。

沉降缝应有足够的宽度，缝内一般不填塞材料。沉降缝宽度与建筑物层数有关，可参照表 8-9。

表 8-9　　房屋沉降缝的宽度

建筑物层数	沉降缝宽度（mm）	建筑物层数	沉降缝宽度（mm）
2～3	50～60	5 层以上	≥120
4～5	80～120		

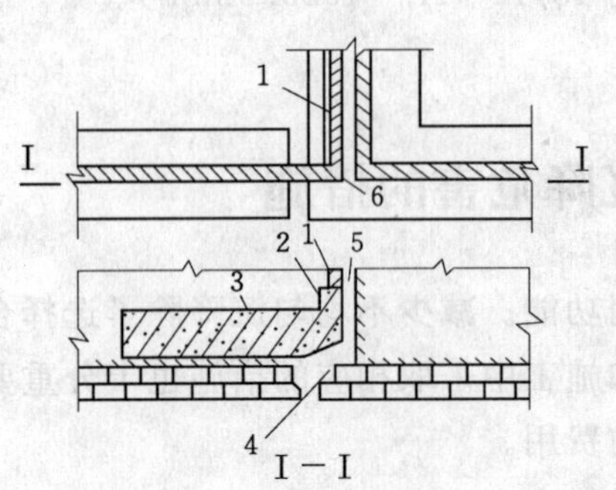

图 8－28　条形基础沉降缝

1—轻质墙；2—横梁；3—挑梁；4—松散煤渣；5—沉降缝；6—落水管

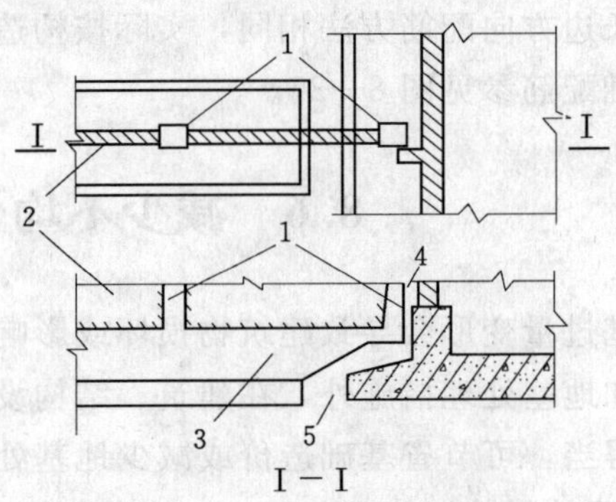

图 8－29　框架基础沉降缝

1—框架柱；2—填充墙；3—挑梁；4—沉降缝；5—松散煤渣

4. 控制相邻建筑物的间距

建筑物相隔太近时会由于地基应力的扩散作用使相邻建筑物产生附加沉降。所以，建造在软弱地基上的建筑物应隔开一定距离，基础间净距参见表 8－10。

相邻的高耸结构（或对倾斜要求严格的构筑物）的外墙间隔距离应根据倾斜允许值计算确定。

表 8－10　　相邻建筑物基础间净距　　单位：m

影响建筑物的预估平均沉降量 s（mm）＼被影响建筑物的长高比	$2.0\leqslant\frac{L}{H_f}<3.0$	$3.0\leqslant\frac{L}{H_f}<5.0$	影响建筑物的预估平均沉降量 s（mm）＼被影响建筑物的长高比	$2.0\leqslant\frac{L}{H_f}<3.0$	$3.0\leqslant\frac{L}{H_f}<5.0$
70～150	2～3	5～6	260～400	6～9	9～12
160～250	3～6	6～9	＞400	9～12	≥12

注　表中 L 为房屋长度或沉降缝分隔的单元长度；H_f 为房屋高度（自基础底面算起）。

5. 调整建筑物的某些标高

确定建筑物各部分标高应考虑沉降可能引起的变化，一般可采取如下措施：

1）室内地坪和地下设施的标高，应根据预估的沉降量予以提高。

2）建筑物各部分（或设备之间）有联系时，可将沉降大者的标高适当提高。

3）建筑物与设备之间应留有足够的净空；当建筑物有管道通过时，管道上方应预留足够尺寸的孔洞，或采用柔性的管道接头。

8.6.2　结构措施

在软弱地基上，加强结构的刚度和强度是调整不均匀沉降的重要措施；将上部结构做成静定体系是减轻地基不均匀沉降危害的有效措施。

1. 减轻建筑物的自重

传到地基上的荷载包括永久荷载和可变荷载，永久荷载中建筑物自重（上部结构和基础重量、基础上方填土重量等）在总荷载中所占比重较大，减轻建筑物自重可以有效减低建筑物基底压力，是减少基础不均匀沉降的根本措施，主要方法有：

1）减轻墙体重力。如选用轻质墙体材料（空心砌块、多孔砖或其他轻质墙等）。

2）采用轻型结构。如采用预应力混凝土结构、轻钢结构及各种轻型结构。

3）采用覆土少而自重轻的基础。如采用空心基础、壳体基础等，在可能条件下采用架空地板代替室内厚填土。

2. 减小或调整基底附加压力

（1）设置地下室或半地下室。通过以挖除的土重抵消（补偿）部分甚至全部建筑物重量，达到减小基底附加压力和沉降的目的。另外，在建筑物高低层之间，为减小荷载差异引起的不均匀沉降，可在高层部分设地下室或半地下室，使两者基底附加压力差异减小。

（2）调整基底尺寸。根据加大基底尺寸可以减小基础沉降的原理，将上部结构荷载大的基础底面积适当加大，减小沉降差异。

3. 设置圈梁

在砌体内适当部位设置圈梁，以提高砌体的抗剪、抗拉强度，防止建筑物出现裂缝。圈梁一般沿外墙设置在楼板下或窗顶上。设在窗顶上的圈梁可兼作过梁用。在主要的内墙上也要适当设置圈梁，并与外墙的圈梁连成整体。

圈梁可在基础及屋顶各设一道；对多层建筑，可隔层设置；如场地土质较差，则需层层设置。对单层工业厂房、仓库等建筑，可结合基础梁、联系梁、过梁等酌情设置。注意顶层圈梁上方应有足够的砌体，以使圈梁和砌体能整体受力。

圈梁分钢筋混凝土圈梁及配筋砖圈梁两种。钢筋混凝土圈梁宽度一般与砖墙宽度相同，混凝土的强度等级不低于C15，主筋一般不小于3ϕ10［图8-22（a）］。如兼作过梁，钢筋应按计算确定。钢筋砖圈梁的截面一般为6皮砖高，用M5水泥砂浆砌筑，在圈梁部位中的上、下灰缝中各配3ϕ6的钢筋［图8-30（b）］。

所有圈梁在平面上应形成封闭系统。当圈梁因墙身开洞不能连通时，可按图8-22（c)所示方法处理。当洞尺寸过大时，宜采取加设构造柱等加强措施。

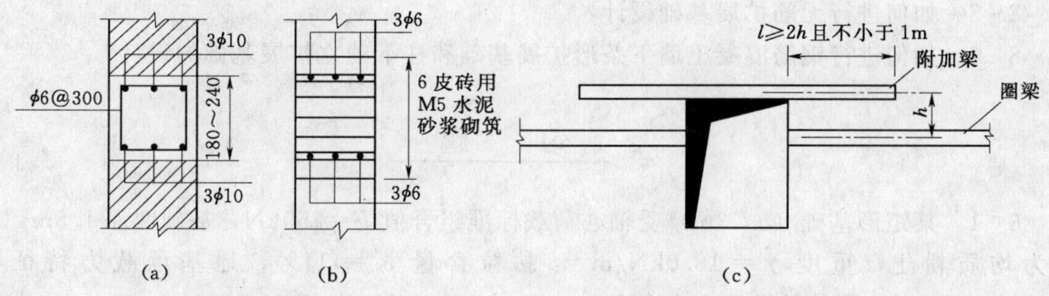

图8-30　圈梁截面及搭接

（a）钢筋混凝土圈梁；（b）钢筋砖圈梁；（c）圈梁穿过空洞时的处理方法

4. 增大基础刚度

对于建筑体型复杂、荷载差异较大的框架结构，可采用箱形基础、筏板基础等措施加强基础整体刚度，减少不均匀沉降。对于采用单独柱基的框架结构，可在基础间设置基础梁（地梁），以增大基础刚度、减小不均匀沉降。

5. 上部结构采用静定体系

由于排架、三铰拱（架）等铰接结构对不均匀沉降有较好的适应，不致因不均匀沉降出现很大的附加应力，故在软弱地基上建造某些公共建筑物、单层工业厂房、仓库等，可考虑采用此类静定结构体系，以减轻不均匀沉降产生的不利后果。应提及的是，严重的不均匀沉降仍会对此类结构的屋盖系统、围护结构、吊车梁及各种纵、横联系构件造成危害，应注意防范。

8.6.3　施工措施

采用科学的施工程序和施工方法对于减小软基上建筑物不均匀沉降有重要的意义，具体的施工措施有以下几点。

1）当建筑物存在高低差异或轻重悬殊时，应遵循先高（重）后低（轻）的施工程序，如果高低层之间设计有连接体，应最后修建连接体，以部分消除高低层之间沉降差异的影响。

2）注意不要在已建成的建筑物周围堆载、打桩和降水，确需进行这些活动时要采取有效的防范措施，密切关注对邻近建筑物可能产生的不利影响。

3）基坑开挖时不要扰动基底土的原状结构，通常要在坑底保留约 200mm 厚的土层，待垫层施工时再挖除。如发现坑底已被扰动，可挖去已扰动的土，并用砂、碎石等回填夯实至要求标高。

思　考　题

8-1　天然地基上浅基础的设计包括哪些内容？

8-2　常见浅基础有哪些型式？

8-3　确定基础埋置深度时需要考虑哪些因素？

8-4　如何确定地基的承载力？

8-5　如何进行无筋扩展基础设计？

8-6　如何进行钢筋混凝土墙下条形扩展基础和柱下独立扩展基础的设计？

习　　题

8-1　某矩形基础（$b<3$m）受轴心荷载标准组合值 $F=250$kN，基础埋深 1.5m，场地为均质粉土，重度 $\gamma=18.0\text{kN/m}^3$，黏粒含量 $\rho_c=11\%$，地基承载力特征值 $f_{ak}=190\text{kN/m}^2$，则基础尺寸应为多少？

（答案：$b\times l=1\text{m}\times1.4\text{m}$）

8-2　某墙下条形基础底面宽度 1.5m，基础埋深 1.2m，偏心距 $e=0.04$m，地基为粉质黏土，黏聚力 $c_k=12$kPa，内摩擦角 $\varphi_k=26°$，地下水位距地表 1.0m，地下水位以上土的重度 $\gamma=18.0\text{kN/m}^3$，地下水位以下土的饱和重度 $\gamma_{sat}=19.5\text{kN/m}^3$，求该地基土的承载力特征值。

（答案：185.42kPa）

8-3　某墙下条形基础（偏心 $b<3$m），埋置深度 1.5m，上部结构传来的工作需要值 83kN/m，弯矩值 8.0kN·m。修正后的地基承载力特征值 $f_a=90\text{kN/m}^2$，其他条件

如图 8-31所示，试按台阶的宽高比为 1∶1 确定混凝土基础上的砖放脚台阶数及砖基础高度。

（答案：4，0.48m）

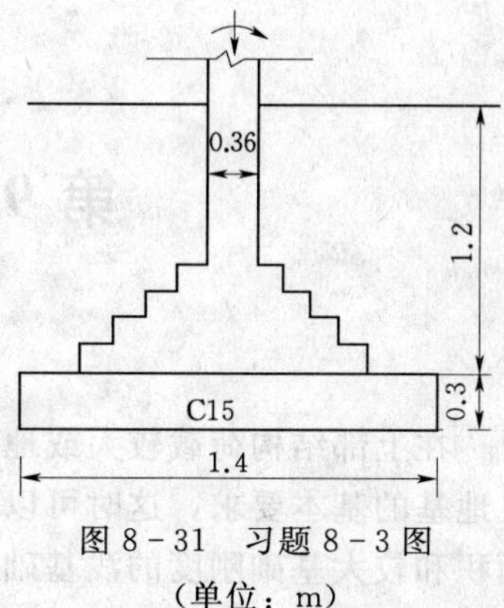

图 8-31　习题 8-3 图

（单位：m）

8-4　某矩形基础尺寸为 2000mm×4000mm，受竖向力 F=1500kN，弯矩100kN·m，如图 8-32 所示，混凝土轴心抗拉强度设计值 f_t=1.1N/mm²，矩形截面柱的尺寸为 1000mm×500mm，基础埋深 2m，则抗冲切承载力与地基土抗切净反力设计值各为多少？

（答案：899.13kN；206.25kN）

8-5　某正方形基础尺寸为 3m×3m，如图 8-33 所示，受竖向力 F=1400kN，弯矩 120kN·m，混凝土轴心抗拉强度设计值 f_t=1.1N/mm²，正方形截面柱尺寸为0.5m×0.5m，基础埋深 2m，则抗冲切承载力为多少？底板的合理配筋为多少？（材料钢筋 f_y=210kN/mm²）

（答案：1042.64kN，15ϕ12）

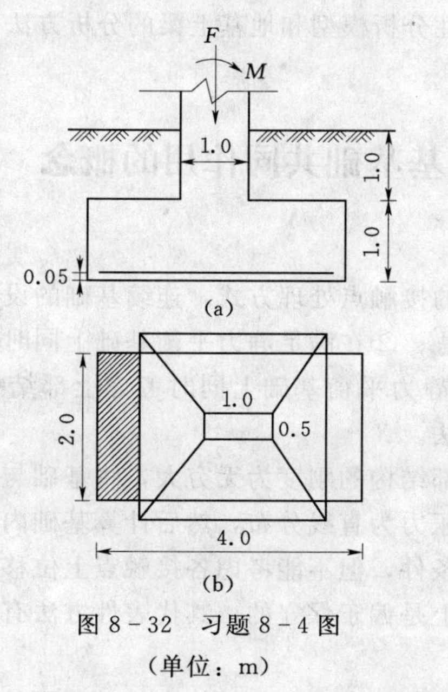

图 8-32　习题 8-4 图

（单位：m）

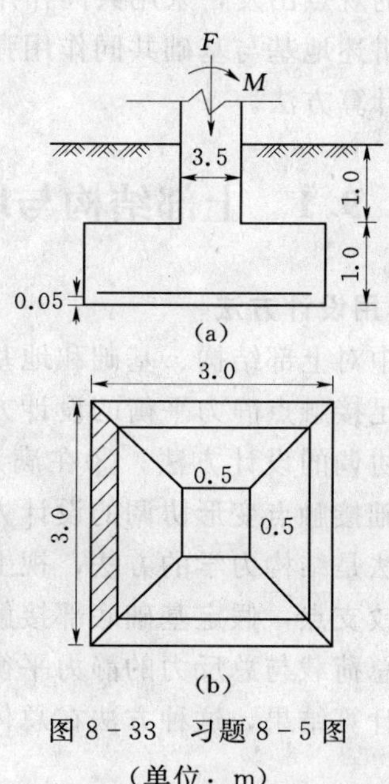

图 8-33　习题 8-5 图

（单位：m）

第 9 章　连续基础

在上部结构荷载较大或地基条件较差的情况下，采用第 8 章所述的浅基础往往不能满足地基的基本要求，这时可以考虑选用连续基础或深基础。连续基础是指具有较大基础底面积和较大基础刚度的浅基础，包括有柱下条形基础、柱下交叉条形基础、筏形基础和箱形基础等。

连续基础的设计一般可以按规范采用简化计算方法。在地基条件和基础受荷较复杂时，可以将连续基础看成为地基上的受弯构件（梁或者板），从地基、基础以及上部结构三者相互影响的观点出发，采用共同作用的方法进行地基上梁或者板的分析和计算。

本章主要讲述地基与基础共同作用弹性分析模型和地基上梁的分析方法，以及各类连续基础的简化计算方法。

9.1　上部结构与地基基础共同作用的概念

9.1.1　共同作用设计方法

根据设计中对上部结构、基础和地基的接触点处理方式，连续基础的设计有下述三种方法：①只满足接触点静力平衡的设计方法；②在满足静力平衡基础上同时考虑地基与基础接触点变形协调的设计方法；③在满足静力平衡基础上同时考虑上部结构与基础接触点、地基与基础接触点变形协调的设计方法。

第一种方法是结构力学的方法，视上部结构的刚度为无穷大，将基础与上部结构连接点看作是不动铰支点，假定基础底部接触压力为直线分布，然后计算基础内力。这样计算的结果可满足总荷载与总反力的静力平衡条件，但不能考虑各接触点上位移必须连续的条件。根据工程计算结果，这种方法在总体上是偏于保守的，其代表性方法有倒梁法、倒楼盖法等。

第二种方法是先将基础的刚度视为无限大，求出上部结构在基础顶面处的墙柱脚固端反力，然后再将该反力作用于基础，在同时考虑基础与地基静力平衡和变形协调的条件下计算基础内力。这是一种不完全的共同作用设计方法，所得到的计算结果可以反映地基与基础相对刚度对工作性状的影响，其代表性方法有弹性地基梁、板法。

第三种方法同时考虑上部结构与地基基础的共同作用，其主要特点是将上部结构、基础和地基三者看成是一个彼此协调的整体，根据其整体共同作用原理，使之在接触点处不仅满足静力平衡条件，而且满足变形协调条件。这是一种完全的共同作用设计方法，所得结果可以反映三部分刚度的相互影响，其代表性方法有子结构法等。

所以，共同作用设计方法就是基于土与结构物共同作用的理念，通过静力平衡和变形协调两类控制条件进行基础设计的方法，包括地基与基础的共同作用和上部结构与地基基础的共同作用。具体设计中，这种共同作用是通过三者刚度比例变化所造成的影响来表示的，即分析上部结构时考虑地基基础刚度的作用，分析基础结构时也考虑上部结构刚度的贡献和地基刚度的影响。

由于共同作用设计方法所求解的对象属高维超静定问题，因而必须借助计算机和先进的计算技术采用数值分析的方法。

9.1.2 上部结构与地基基础的相互影响

1. 上部结构刚度对基础受力性状的影响

上部结构刚度由水平刚度、竖向刚度和抗弯刚度组成，对基础受力性状的影响主要表现在对差异沉降的调整和对基础相对挠曲的调整，即增大上部结构刚度将减小基础挠曲和内力。较多实测数据显示，上部结构对基础受力的影响表现为两大特征，一是影响的有限性，二是影响的滞后性。有限性是指刚度的形成并非随着上部结构的层数增加而不断增加，水平刚度和抗弯刚度只是在最初几层随着层数的增加而增加较快，继而迅速减缓至趋于某一稳定值。竖向刚度则随层数的增加呈一定规律增加，但同样会在达到某一层时趋于稳定，所不同的是使竖向刚度达到稳定值的层数一般大于使水平刚度和抗弯刚度达到稳定值的层数。滞后性是指上部结构的逐层建造使其刚度的形成与建造过程有关，相对于结构的形成有一定的滞后，即当后建成的结构的刚度逐渐形成并与先建造的部分形成一个整体之前，先建成部分可能已产生结构内力和变形。

2. 基础刚度对上部结构的影响

在上部结构刚度与地基条件不变的情况下，基础内力随其刚度增大而增大，相对挠曲随之减少，由此使得上部结构中的次应力也随之减少。所以，从减少基础内力出发，宜减少基础刚度；而从减少上部结构次应力而言，宜增加基础刚度。

另外，基础刚度对上部结构的内力分布亦有一定影响，如竖向荷载作用下，由于基础发生了盆形沉降，中柱因沉降大而卸载，边柱因沉降小而加载，即在基础刚度影响下，上部结构柱系的内力将会出现重分布现象。

3. 地基刚度和地基模型对基础的影响

在上部结构、基础和荷载都不变的条件下，随着地基刚度的降低，基础内力和纵向弯曲相应增大，上部结构中的内力也会发生相应变化；反之，当地基土较坚硬时，由于基础自身的相对挠曲比较小，使得上部结构刚度对基础内力的影响不甚明显。所以，当地基土较软弱时，考虑上部结构—基础—地基的共同作用更具有实际意义。

地基模型的选用对共同作用的分析结果有显著的影响，如采用线弹性地基模型时，随着结构刚度的增加，基底反力不断向边、端部集中，造成基底边缘发生过大的反力，与实测结果相差甚远。采用非线性弹性地基模型时，基底反力的集中现象可以得到改善，采用弹塑性地基模型时，即使对于刚性基础，其基底边缘反力也比较缓和，与实测结果比较接近。所以，应根据计算目的和研究对象选用合理的地基模型，如仅仅计算建筑物的平均沉降，一般可以考虑采用最简单的弹性模型，但如要研究基础的内力或建筑物的整体弯曲，则应考虑地基土的非线性特征。

9.2 连续基础共同作用分析方法

9.2.1 文克尔地基模型

连续基础共同作用分析的重要依赖是地基模型的选取及模型参数的确定。地基模型是描述土体在外荷载作用下的反应的一种数学表达，不仅直接影响地基反力的分布和基础的沉降，而且影响基础结构和上部结构的内力分布和变形。由于岩土体特性的复杂，地基模型只能针对一些理想化的状态建立，且不存在普遍都能适用的数学模型以满足土体所要求的应力应变关系。地基模型有很多种，本节只介绍文克尔地基模型。

1. 模型的基本形式

文克尔（Winkler，1867）地基模型是一种最简单的线弹性地基模型，它假设土介质表面任一点所受的压力强度 p 仅与该点的竖向位移 s 成正比，即

$$p=ks \tag{9-1}$$

式中：k 为基床系数，kN/m^3，与土的性质、类别有关，还与基础底面积的大小、形状以及基础的埋置深度等因素有关。

文克尔地基模型实质是将地基分割成了无数的小土柱，然后将每一条土柱用一根独立弹簧来代替，如图 9-1 所示。当基础刚度不同，基础上施加的荷载特性不同时，采用该模型计算的基底压力图形也不同，对于柔性基础，基底反力与基础的竖向位移分布相似，绝对刚性基础因基底各点竖向位移呈线性变化，故基底反力也呈直线分布。

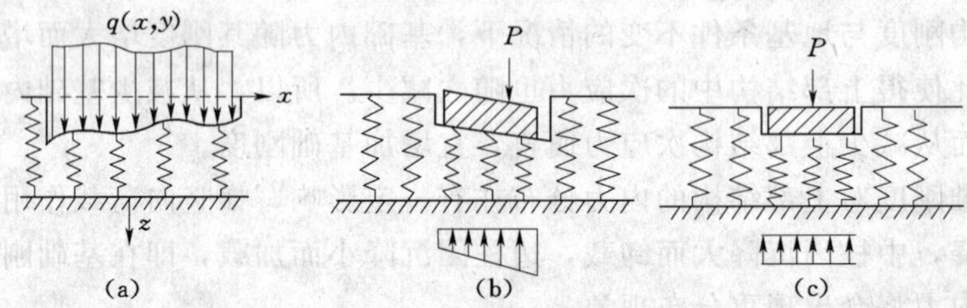

图 9-1 文克尔地基模型示意图

(a) 柔性基础受非均布荷载；(b) 刚性基础受偏心荷载；(c) 刚性基础受中心荷载

文克尔地基模型的主要缺陷是忽略了地基中的剪应力，因而不能反映地基中附加应力的扩散，使得计算结果与实际情况有所不符，如图 9-2 所示。但由于该模型简单、模型参数少，且参数 k 的取值有较多的工程经验，所以目前在实际设计中还在被广泛采用。一般认为，当地基土为较软弱的半液态土（如淤泥、软黏土等）或基底下塑性区相对较大时，比较符合文克尔假定。另外，对于地基的压缩层较薄、不超过梁或板的短边宽度之半的薄压缩层地基，因压力面积较大，剪应力较小，也可以采用文克尔地基模型进行计算。

2. 基床系数 k 的确定

基床系数 k 是文克尔地基模型的重要参数，确定 k 值的方法有下述几种。

(1) 荷载试验法。载荷试验确定基床系数的方法是在现场荷载 p—s 曲线上取对应基底反力 p 的刚性载荷板沉降值 s 来计算载荷板下的基床系数，即

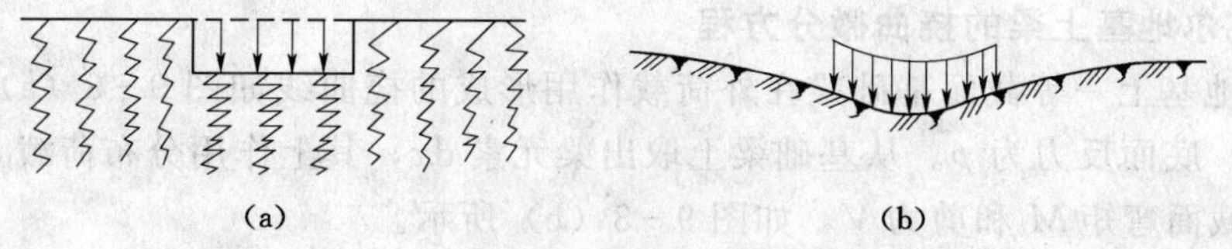

(a)　　(b)

图 9-2　文克尔地基变形与实际地基变形比较

(a) 文克尔地基；(b) 实际地基

$$k_p=\frac{p}{s} \tag{9-2}$$

当载荷板 $b_p<0.707\text{m}$ 时，将上述结果用于实际工程还应按太沙基建议的方法（Terzaghi，1955）进行适当修正。

砂土
$$k=k_p\left(\frac{b+0.3}{2b}\right)^2\frac{b_p}{b} \tag{9-3a}$$

黏土
$$k=k_p\frac{b_p}{b} \tag{9-3b}$$

式中：b 为基础宽度；b_p 为载荷板宽度。

(2) 按基础预估沉降量确定。对于某一特定的地基基础条件，可以通过下述方法估算基床系数

$$k=\frac{p_0}{s_m} \tag{9-4}$$

式中：p_0 为基底平均附加压力；s_m 为基础平均沉降量。

对于薄压缩层地基或薄压缩层分层地基，根据 $s_m=\sigma_z h/E_s\approx p_0 h/E_s$，上式可分别写成

$$k=\frac{E_s}{h} \tag{9-5a}$$

$$k=\frac{1}{\sum\frac{h_i}{E_{si}}} \tag{9-5b}$$

式中：h_i、E_{si} 分别为第 i 层土的厚度和压缩模量。

(3) 经验数据。当基底面积大于 10m^2 时，k 值可按表 9-1 参考确定。

表 9-1　基床系数参考值

地基土种类与特征	k (10^4kN/m^3)	地基土种类与特征	k (10^4kN/m^3)
淤泥质、有机质土或新填土	0.1～0.5	黄土及黄土状粉质黏土	4～5
软弱黏土	0.5～1.0	密实砾石	5～10
黏土及粉质黏土 软塑	1～2	硬黏土或人工夯实粉质黏土	10～20
黏土及粉质黏土 可塑	2～4	软质岩石和中、强风化的坚硬岩石	20～100
黏土及粉质黏土 硬塑	4～10	完好的坚硬岩石	100～1500
松砂	1～1.5	砖	400～500
中密砂或松散砾石	1.5～2.5	块石砌体	500～600
密砂或中密砾石	2.5～4	混凝土与钢筋混凝土	800～1500

9.2.2 文克尔地基上梁的挠曲微分方程

设弹性地基上一等截面基础梁在外荷载作用形成的挠曲线如图 9-3（a）所示，基础梁宽度为 B，底面反力为 p。从基础梁上取出梁元素 dx，其上作用分布荷载 q 和基底反力 p 以及两侧截面弯矩 M 和剪力 V，如图 9-3（b）所示。

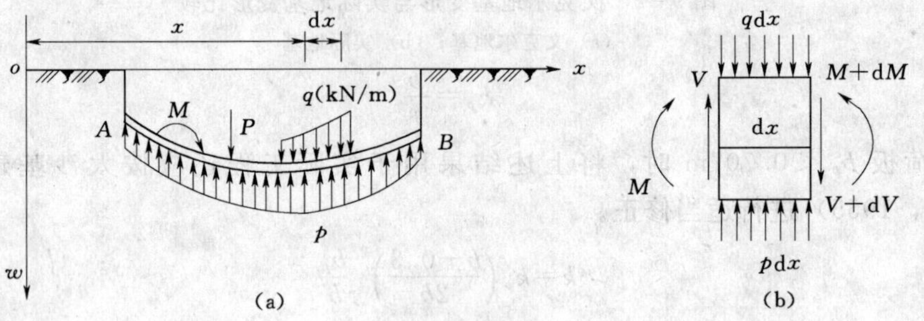

图 9-3 弹性地基上的基础梁及梁元素

(a) 弹性地基梁；(b) 梁元素

由梁元素的静力平衡条件有

$$V-(V+dV)+pBdx-qdx=0$$

整理得

$$\frac{dV}{dx}=Bp-q \tag{9-6}$$

根据材料力学，梁挠度 w 的微分方程为

$$E_hI\frac{d^2w}{dx^2}=-M$$

式中：E_h、I 为梁材料的弹性模量和截面惯性矩。

将上式连续对 x 求导，并利用 $V=\frac{dM}{dx}$ 可得

$$E_hI\frac{d^4w}{dx^4}=-\frac{d^2M}{dx^2}=-\frac{dV}{dx}=-Bp+q \tag{9-7}$$

上式即为满足静力平衡条件的弹性地基上梁的挠度微分方程，对于梁的无荷载段，上式变为

$$E_hI\frac{d^4w}{dx^4}=-Bp \tag{9-8}$$

式（9-8）中基底反力 p 的计算可根据实际需要采用不同的地基模型，如果采用文克尔地基模型，则有 $p=ks$，根据接触条件，沿梁全长任一点地基变形 s 应等于相应点的挠度，即 $s=w$（变形协调），代入式（9-8），有

$$E_hI\frac{d^4w}{dx^4}=-Bkw=-Kw \tag{9-9}$$

式中：K 为梁单位长度上的集中基床系数 $K=kB$，k 为文克尔地基的基床系数。

令 $\lambda=\sqrt[4]{\frac{kB}{4E_hI}}$，式（9-9）可进一步表示为

$$\frac{d^4 w}{dx^4}+4\lambda^4\omega=0 \tag{9-10}$$

式（9－10）即为文克尔地基上同时满足静力平衡和变形协调的梁的挠曲微分方程式，式中λ被称为梁的柔度特征值，单位为（长度$^{-1}$），λ值越大，说明梁的刚度越小。

上式是四价常系数线性常微分方程，通解为

$$w(x)=e^{\lambda x}(C_1\cos\lambda x+C_2\sin\lambda x)+e^{-\lambda x}(C_3\cos\lambda x+C_4\sin\lambda x) \tag{9-11}$$

式中：C_1、C_2、C_3、C_4为待定常数，按荷载类型和边界条件确定。

9.2.3 文克尔地基上梁的解答

1. 集中力作用下的无限长梁

如图9－4（a）所示，坐标原点取在集中力P_0作用点处。当$x\to\infty$时，有$w\to 0$，故式（9－11）中$C_1=C_2=0$。另外由于地基反力为对称，有$\left[\frac{dw}{dx}\right]_{x=0}=0$，故又得到$C_3=C_4=C$。所以式（9－11）为

$$w(x)=e^{-\lambda x}C(\cos\lambda x+\sin\lambda x) \tag{9-12}$$

在O点右侧无穷小ε处（$x=\varepsilon$）将梁切开，梁截面上剪力$V=-E_h I\left(\frac{d^3\omega}{dx^3}\right)\bigg|_{x\to 0}=-\frac{P_0}{2}$，故得到$C=\frac{P_0\lambda}{2K}$。将$C$代入式（9－12），可得集中荷载作用下文克尔地基上无限长梁的解答

$$\left.\begin{aligned} w=\frac{P_0\lambda}{2K}A_x \quad \theta=-\frac{P_0\lambda^2}{K}B_x \\ M=\frac{P_0}{4\lambda}C_x \quad V=-\frac{P_0}{2}D_x \end{aligned}\right\} \tag{9-13}$$

其中

$$\left.\begin{aligned} A_x=e^{-\lambda x}(\cos\lambda x+\sin\lambda x) \quad B_x=e^{-\lambda x}\sin\lambda x \\ C_x=e^{-\lambda x}(\cos\lambda x-\sin\lambda x) \quad D_x=e^{-\lambda x}\cos\lambda x \end{aligned}\right\} \tag{9-14}$$

A_x、B_x、C_x、D_x数值可查表9－2确定。

表9－2　A_X、B_X、C_X、D_X、E_X、F_X函数表

λx	A_x	B_x	C_x	D_x	E_x	F_x
0	1	0	1	1	∞	$-\infty$
0.02	0.99961	0.01960	0.96040	0.98000	382156	－382105
0.04	0.99844	0.03842	0.92160	0.96002	48802.6	－48776.6
0.06	0.99654	0.05647	0.88360	0.94007	14851.3	－14738.0
0.08	0.99393	0.07377	0.84639	0.92016	6354.30	－6340.76
0.10	0.99065	0.09033	0.80998	0.90032	3321.06	－3310.01
0.12	0.98672	0.10618	0.77437	0.88054	1962.18	－1952.78
0.14	0.98217	0.12131	0.73954	0.68085	1261.70	－1253.48
0.16	0.97702	0.13576	0.70550	0.84126	863.174	－855.840
0.18	0.97131	0.14954	0.67224	0.82178	619.176	－612.524

续表

λx	A_x	B_x	C_x	D_x	E_x	F_x
0.20	0.96507	0.16266	0.63975	0.80241	461.078	−454.971
0.22	0.95831	0.17513	0.60804	0.78318	353.904	−348.240
0.24	0.95106	0.18698	0.57710	0.76408	278.526	−273.229
0.26	0.94336	0.19822	0.54691	0.74514	223.862	−218.874
0.28	0.93522	0.20887	0.51748	0.72635	183.183	−178.457
0.30	0.92666	0.21893	0.48880	0.70773	152.233	−147.733
0.35	0.90360	0.24164	0.42033	0.66196	101.318	−97.2646
0.40	0.87844	0.26103	0.35637	0.61740	71.7915	−68.0628
0.45	0.85150	0.27735	0.29680	0.57415	53.3711	−49.8871
0.50	0.82307	0.29079	0.24149	0.53228	41.2142	−37.9185
0.55	0.79343	0.30156	0.19030	0.49186	32.8243	−29.6754
0.60	0.76284	0.30988	0.14307	0.45295	26.8201	−23.7865
0.65	0.73153	0.31594	0.09966	0.41559	22.3922	−19.4496
0.70	0.69972	0.31991	0.05990	0.37981	19.0435	−16.1724
0.75	0.66761	0.32198	0.02364	0.34563	16.4562	−13.6409
$\pi/4$	0.64479	0.32240	0	0.32240	14.9672	−12.1834
0.80	0.63538	0.32233	−0.00928	0.31305	14.4202	−11.6477
0.85	0.60320	0.32111	−0.03902	0.28209	12.7924	−10.0518
0.90	0.57120	0.31848	−0.06574	0.25273	11.4729	−8.75491
0.95	0.53954	0.31458	−0.08962	0.22496	10.3905	−7.68705
1.00	0.50833	0.30956	−0.11079	0.19877	9.49305	−6.79724
1.05	0.47766	0.30354	−0.12943	0.17412	8.74207	−6.04780
1.10	0.44765	0.29666	−0.14567	0.15099	8.10850	−5.41038
1.15	0.41836	0.28901	−0.15967	0.12934	7.57013	−4.86335
1.20	0.38986	0.28072	−0.17158	0.10914	7.10976	−4.39002
1.25	0.36223	0.27189	−0.18155	0.09034	6.71390	−3.97735
1.30	0.33550	0.26260	−0.18970	0.07290	6.37186	−3.61500
1.35	0.30972	0.25295	−0.19617	0.05678	6.07508	−3.29477
1.40	0.28492	0.24301	−0.20110	0.04191	5.81664	−3.01003
1.45	0.26113	0.23286	−0.20459	0.02827	5.59088	−2.75541
1.50	0.23835	0.22257	−0.20679	0.01578	5.39317	−2.52652
1.55	0.21662	0.21220	−0.20779	0.00441	5.21965	−2.31974
$\pi/2$	0.20788	0.20788	−0.20788	0	5.15382	−2.23953
1.60	0.19592	0.20181	−0.20771	−0.00590	5.06711	−2.13210
1.65	0.17625	0.19144	−0.20664	−0.01520	4.93283	−1.96109

续表

λx	A_x	B_x	C_x	D_x	E_x	F_x
1.70	0.15762	0.18116	−0.20470	−0.02354	4.81454	−1.80464
1.75	0.14002	0.17099	−0.20197	−0.03097	4.71026	−1.66098
1.80	0.12342	0.16098	−0.19853	−0.03765	4.61834	−1.52865
1.85	0.10782	0.15115	−0.19448	−0.04333	4.53732	−1.40638
1.90	0.09318	0.14154	−0.18989	−0.04835	4.46596	−1.29312
1.95	0.07950	0.13217	−0.18483	−0.05267	4.40314	−1.18795
2.00	0.06674	0.12306	−0.17938	−0.05632	4.34792	1.09008
2.05	0.05488	0.11423	−0.17359	−0.05936	4.29946	−0.99885
2.10	0.04388	0.10571	−0.16753	−0.06182	4.25700	−0.91368
2.15	0.03373	0.09749	−0.16124	−0.06376	4.21988	−0.83407
2.20	0.02438	0.08958	−0.15479	−0.06521	4.18751	−0.75959
2.25	0.01580	0.08200	−0.14821	−0.06621	4.15936	−0.68987
2.30	0.00796	0.07476	−0.14156	−0.06680	4.13495	−0.62457
2.35	−0.00084	0.06785	−0.13487	−0.06702	4.11387	−0.56340
$3\pi/4$	−0	0.06702	−0.13404	−0.06702	4.11147	−0.55610
2.40	−0.00562	0.06128	−0.12817	−0.06689	4.09573	−0.50611
2.45	−0.01143	0.05503	−0.12150	−0.06647	4.08019	−0.45248
2.50	−0.01663	0.04913	−0.11489	−0.06576	4.06692	−0.40229
2.55	−0.02127	0.04354	−0.10836	−0.06481	4.05568	−0.35537
2.60	−0.02536	0.03829	−0.10193	−0.06364	4.04618	−0.31156
2.65	−0.02894	0.03335	−0.09563	−0.06228	4.03821	−0.27070
2.70	−0.03204	0.02872	−0.08948	−0.06076	4.03157	0.23264
2.75	−0.03469	0.02440	−0.08348	−0.05909	4.02608	−0.19727
2.80	−0.03693	0.02037	−0.07767	−0.05730	4.02157	−0.16445
2.85	−0.03877	0.01663	−0.07203	−0.05540	4.01790	−0.13408
2.90	−0.04026	0.01316	−0.06659	−0.05343	4.01495	−0.10603
2.95	−0.04142	0.00997	−0.06134	−0.05138	4.01259	−0.08020
3.00	−0.04226	0.00703	−0.05631	−0.04929	4.01074	−0.05650
3.10	−0.04314	0.00187	−0.04688	−0.04501	4.00819	−0.01505
π	−0.04321	0	−0.04321	−0.04321	4.00748	0
3.20	−0.04307	−0.00238	−0.03831	−0.04069	4.00675	0.01910
3.40	−0.04079	−0.00853	−0.02374	−0.03227	4.00563	0.06840
3.60	−0.03659	−0.01209	−0.01241	−0.02450	4.00533	0.09693
3.80	−0.03138	−0.01369	−0.00400	−0.01769	4.00501	0.10969
4.00	−0.02583	−0.01386	−0.00189	−0.01197	4.00442	0.11105

续表

λx	A_x	B_x	C_x	D_x	E_x	F_x
4.20	−0.02042	−0.01307	0.00572	−0.00735	4.00364	0.10468
4.40	−0.01546	−0.01168	0.00791	−0.00377	4.00279	0.09354
4.60	−0.01112	−0.00999	0.00886	−0.00113	4.00200	0.07996
$3\pi/2$	−0.00898	−0.00898	0.00898	0	4.00161	0.07190
4.80	−0.00748	−0.00820	0.00892	0.00072	4.00134	0.06561
5.00	−0.00455	−0.00646	0.00837	0.00191	4.00085	0.05170
5.50	0.00001	−0.00288	0.00578	0.00290	4.00020	0.02307
6.00	0.00169	−0.00069	0.00307	0.00238	4.00003	0.00554
2π	0.00187	0	0.00187	0.00187	4.00001	0
6.50	0.00179	0.00032	0.00114	0.00147	4.00001	−0.00259
7.00	0.00129	0.00060	0.00009	0.00069	4.00001	−0.00479
$9\pi/4$	0.00120	0.00060	0	0.00060	4.00001	−0.00482
7.50	0.00071	0.00052	−0.00033	0.00019	4.00001	−0.00415
$5\pi/2$	0.00039	0.00039	−0.00039	0	4.00000	−0.00311
8.00	0.00028	0.00033	−0.00038	−0.00005	4.00000	−0.00266

式（9-13）是对梁的右半部导出的（$x>0$），对 P_0（$x=0$）左侧的截面，有 $x<0$，此时需用 x 的绝对值代入上式计算，计算结果 w、M 的符号与式（9-13）相同，θ、V 取相反符号，如图 9-4（a）所示。

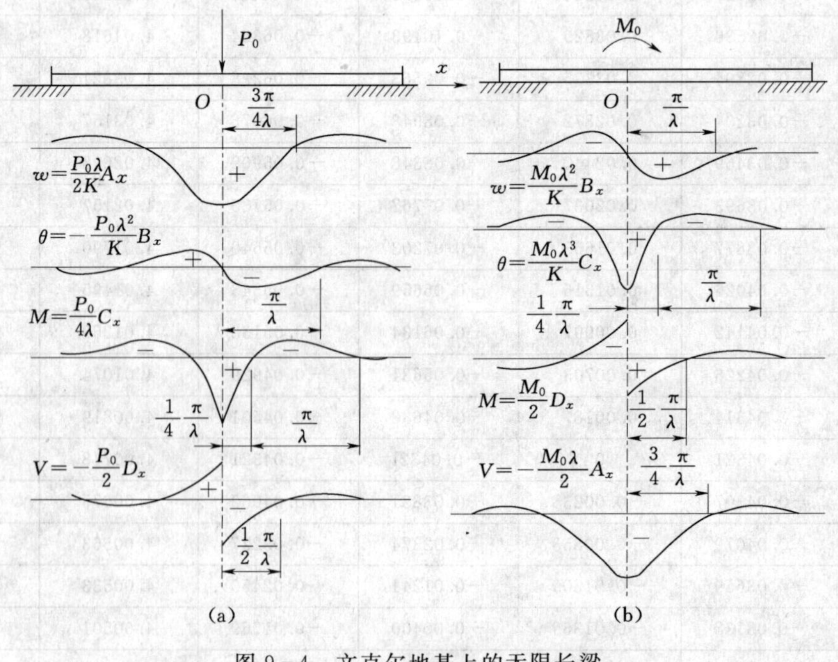

图 9-4　文克尔地基上的无限长梁

（a）集中力作用；（b）集中力偶作用

2. 集中力偶作用下的无限长梁

当无限长梁上作用集中力偶时，设顺时针方向力偶 M_0 作用点为原点［图 9-4（b）］。当 $x\to\infty$ 时，有 $w\to 0$，由式（9-11）得 $C_1=C_2=0$；又由反对称性得 $C_3=0$。在 $x=\varepsilon$ 处将梁切开，由 $M=-E_hI\left(\frac{d^2\omega}{dx^2}\right)\bigg|_{x\to 0}=\frac{M_0}{2}$，得 $C_4=\frac{M_0\lambda^2}{K}$，于是得集中力偶作用下文克尔地基上无限长梁的解答

$$\left.\begin{aligned}&w=\frac{M_0\lambda^2}{K}B_x \quad \theta=\frac{M_0\lambda^3}{K}C_x\\&M=\frac{M_0}{2}D_x \quad V=-\frac{M_0\lambda}{2}A_x\end{aligned}\right\}\tag{9-15}$$

式中：A_x、B_x、C_x、D_x 与式（9-14）相同。当计算截面位于 M_0 左边时，x 取绝对值，w、M 的符号与式（9-15）计算结果相反，θ、V 取相同符号。集中力偶 M_0 作用下的 w、θ、M、V 如图 9-4（b）所示。

3. 梁端有集中荷载和弯矩作用的半无限长梁

当梁的一端作用有荷载，另一端延伸很远时，此梁称为半无限长梁。

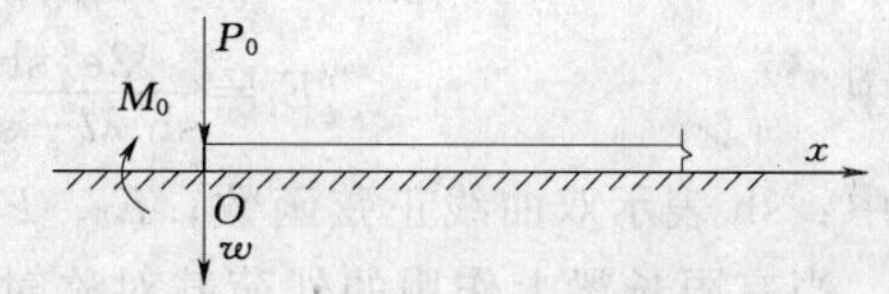

图 9-5 作用集中荷载和弯矩的半无限长梁

设在梁的一端作用一集中荷载 P_0 和弯矩 M_0（图 9-5），坐标原点设于端点，则类似于无限长梁的推导方法可得式（9-11）的特解为

$$\left.\begin{aligned}&w=\frac{2\lambda}{K}\ (P_0D_x-M_0\lambda C_x)\\&M=-\frac{1}{\lambda}\ (P_0B_x-M_0\lambda A_x)\\&V=-\ (P_0C_x+2M_0\lambda B_x)\end{aligned}\right\}\tag{9-16}$$

式中：A_x、B_x、C_x、D_x 与式（9-14）相同。

4. 有限长梁

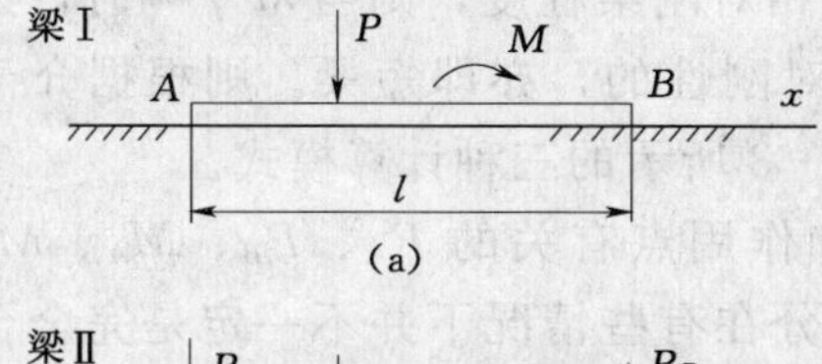

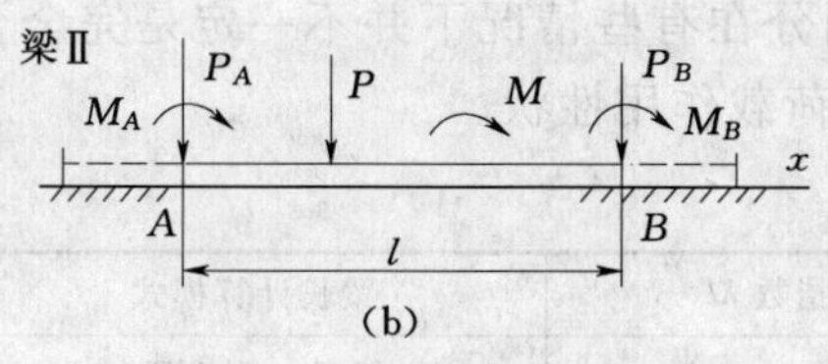

图 9-6 有限长梁的计算

（a）有限长梁；（b）扩展为无限长梁

实际工程中并不存在真正的无限长梁或半无限长梁，对于有限长梁，确定积分常数比无限长梁复杂得多，一种常用的简化方法是依据前述无限长梁的解，利用叠加原理求得满足有限长梁两自由端边界条件的解答。

图 9-6 为一长为 L 的梁 AB（简称梁 I），假设梁 I 两端都无限延伸成为无限长梁Ⅱ，则在端点 A、B 处必然产生原来并不存在的内力 M_a、V_a 和 M_b、V_b。要使梁Ⅱ的 AB 段等效于梁Ⅰ的状态，就必须在梁Ⅱ的 A、B 端施加未知力 P_A、P_B 和未知弯矩 M_A、M_B，以满足原来 A、B 处无内力的边界条件。

由式（9-13）及式（9-15）可建立方程组

$$\left.\begin{aligned}
&M_a+\frac{P_A}{4\lambda}+\frac{P_B}{4\lambda}C_l+\frac{M_A}{2}-\frac{M_B}{2}D_l=0\\
&V_a-\frac{P_A}{2}+\frac{P_B}{2}D_l-\frac{\lambda M_A}{2}-\frac{\lambda M_B}{2}A_l=0\\
&M_b+\frac{P_A}{4\lambda}C_l+\frac{P_B}{4\lambda}+\frac{M_A}{2}D_l-\frac{M_B}{2}=0\\
&V_b-\frac{P_A}{2}D_l+\frac{P_B}{2}-\frac{\lambda M_A}{2}A_l-\frac{\lambda M_B}{2}=0
\end{aligned}\right\}\tag{9-17}$$

解上述方程组得

$$\left.\begin{aligned}
&P_A=(E_l+F_lD_l)V_a+\lambda(E_l-F_lA_l)M_a-(F_l+E_lD_l)V_b+\lambda(F_l-E_lA_l)M_b\\
&M_A=-(E_l+F_lC_l)\frac{V_a}{2\lambda}-(E_l-F_lD_l)M_a+(F_l+E_lC_l)\frac{V_b}{2\lambda}-(F_l-E_lD_l)M_b\\
&P_B=(F_l+E_lD_l)V_a+\lambda(F_l-E_lA_l)M_a-(E_l+F_lD_l)V_b+\lambda(E_l-F_lA_l)M_b\\
&M_B=(F_l+E_lC_l)\frac{V_a}{2\lambda}+(F_l-E_lD_l)M_a-(E_l+F_lC_l)\frac{V_b}{2\lambda}+(E_l-F_lD_l)M_b
\end{aligned}\right\}\tag{9-18}$$

其中

$$E_l=\frac{2e^{\lambda l}\,\mathrm{sh}\lambda l}{\mathrm{sh}^2\lambda l-\sin^2\lambda l}\quad F_l=\frac{2e^{\lambda l}\sin\lambda l}{\sin^2\lambda l-\mathrm{sh}^2\lambda l}\tag{9-19}$$

式中：sh 表示双曲线正弦函数；E_l、F_l 数值可查表 9－2 确定。

当有限长梁上作用的外荷载对称时，由 $V_a=-V_b$，$M_a=M_b$，有

$$\left.\begin{aligned}
&P_A=P_B=(E_l+F_l)[(1+D_l)V_a+\lambda(1-A_l)M_a]\\
&M_A=-M_B=-(E_l+F_l)[(1+C_l)\frac{V_b}{2\lambda}+(1-D_l)M_a]
\end{aligned}\right\}\tag{9-20}$$

求解 P_A、P_B、M_A、M_B、P、M 分别作用下的无限长梁 II，并将结果叠加，即可得到梁 I 的结果。

5. 地基上梁的柔度指数

实际工程中的梁是属于无限长梁还是有限长梁并非是以梁长的绝对尺度划分，而是通过荷载在梁端引起的影响是否可以忽略来判断。根据式（9－18），所有边界条件力都与系数 λl 有关，定义 λl 为地基上梁的柔度指数，表明梁的相对刚柔程度，则当 $\lambda l\to\infty$ 时，梁是绝对柔性的，亦即无限长梁；当 $\lambda l\to 0$ 时，梁是绝对刚性的，亦即短梁。则根据介于 0～∞之间的 λl 值可近似将文克尔地基上的梁分成表 9－3 所示的三种计算模式。

需提及的是，式（9－17）还表明与外荷载大小和作用点有关的 P_A、P_B、M_A、M_B 也是影响边界条件力的因素，所以，表 9－3 所做的划分在有些情况下并不一定是完全合理的划分，实际计算时可根据精度要求兼顾 λl 的值和荷载作用性状。

表 9－3　梁长计算模式的判断

柔度指数 λl	梁长计算模式	柔度指数 λl	梁长计算模式
$\lambda l\geq\pi$	长梁（柔性梁）	$\lambda l\leq\pi/4$	短梁（刚性梁）
$\pi/4<\lambda l<\pi$	有限长梁（有限刚度梁）		

【例 9－1】　有限长梁计算如图 9－7 所示一钢筋混凝土条形基础承受对称柱荷载，基础抗弯刚度 $EI=4.3\times10^3\mathrm{MPa\cdot m^4}$，长 $l=17$m，底面宽 $b=2.5$m，预估基础平均沉降 $s_m=36.7$mm。试计算基础中点 C 处的挠度、弯矩和基底净反力。

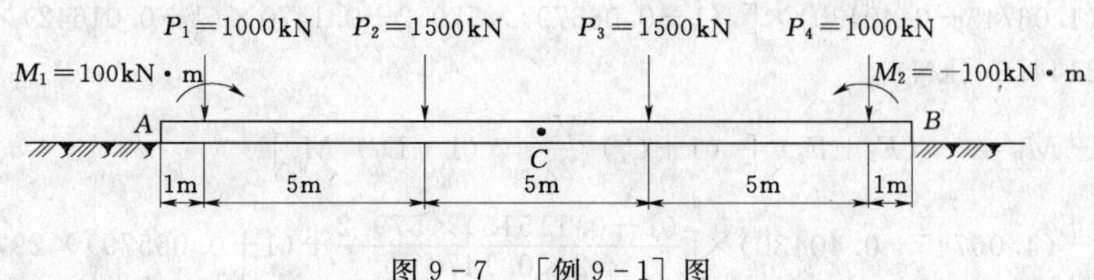

图 9-7　［例 9-1］图

解

（1）确定基床系数 k 和梁的柔度指数 λl

设基底附加压力 p_0 约等于基底平均净反力 p_j

$$p_0=\frac{\sum P}{lb}=\frac{(1000+1500)\times 2}{17\times 2.5}=117.65\ (\text{kPa})$$

按基础预估平均沉降确定基床系数

$$k=\frac{p_0}{s_m}=\frac{117.65\times 10^3}{36.7\times 10^3}=3.21\ (\text{MN/m}^3)$$

柔度指数

$$\lambda=\sqrt[4]{\frac{kb}{4EI}}=\sqrt[4]{\frac{3.21\times 2.5}{4\times 4.3\times 10^3}}=0.1470\ (\text{m}^{-1})$$

$$\lambda l=0.1470\times 17=2.498$$

因为 $\pi/4<\lambda l<\pi$，所以可以按有限长梁计算。

（2）按半无限长梁公式计算梁左端 A 处 M_a、M_b。

计算无限长梁相应于基础左端 A 处由外荷载引起的弯矩 M_a 和剪力 V_a，计算结果列于表 9-4。

由于存在对称性，故 $M_b=M_a=297.2$kN·m，$V_b=-V_a=-579.2$kN。

表 9-4　　　　　　　　**［例 9-1］表 1**

外荷载	x (m)	λx	A_x	C_x	D_x	M_a (kN·m)	V_a (kN)
$P_1=1000$kN	1	0.147		0.72763	0.85398	1237.5	427.0
$M_1=100$kN·m	1	0.147	0.98037		0.85398	−42.7	−7.2
$P_2=1500$ kN	6	0.882		−0.05345	0.26624	−136.3	199.7
$P_3=1500$ kN	11	1.617		−0.20735	−0.00906	−528.9	−6.8
$P_4=1000$ kN	16	2.352		−0.13460	−0.06701	−228.9	−33.5
$M_2=-100$ kN·m	16	2.352	0.00056		−0.06701	−3.4	0.004
总计						297.2	579.2

（3）计算梁端边界条件力 P_A、M_A 和 PF_B、M_B。

由 $\lambda l=2.498$ 按式（9-14）和式（9-19）确定得

$A_l=-0.01642$，$C_l=-0.11515$，$D_l=-0.06579$，$E_l=4.06745$，$F_l=-0.40430$

代入式（9-20），得

$$P_A=P_B=(E_l+F_l)[(1+D_l)V_a+\lambda(1-A_l)M_a]$$

$=(4.06745-0.40430)\times[(1-0.06579)\times 579.2+0.1470\times(1+0.01642)\times 297.2]$

$=2144.6$（kN）

$$M_A=-M_B=-(E_l+F_l)\left[(1+C_l)\frac{V_a}{2\lambda}+(1-D_l)M_a\right]$$

$$=-(4.06745-0.40430)\times\left[\frac{(1-0.11515)\times 579.2}{2\times 0.1470}+(1+0.06579)\times 297.2\right]$$

$=-7545.5$（kN·m）

（4）计算外荷载与梁端外界条件力同时作用于无限长梁时，基础中点 C 的弯矩 M_C、挠度 ω 和基底净反力 p_C，计算结果见表 9-5。

表 9-5　　［例 9-1］　表 2

外荷载及边界条件力	x（m）	λx	A_x	B_x	C_x	D_x	$M_C/2$	$\omega_C/2$
$P_1=1000$kN	7.5	1.103	0.44589		−0.14651		−249.2	4.1
$M_1=100$kN·m	7.5	1.103		0.29620		0.14969	7.5	0.1
$P_2=1500$kN	2.5	0.368	0.89454		0.39730		1013.5	12.3
$P_A=2144.6$kN	8.5	1.250	0.36223		−0.18155		−662.2	7.1
$M_A=-7545.5$kN·m	8.5	1.250		0.27189		0.09034	−340.8	−5.5
总计							−231.2	18.0

$M_C=2\times(-231.2)=-462.4$（kN·m）

$\omega_C=2\times 18.0=36.0$（mm）

$p_C=k\omega_C=3.21\times 10^3\times 36.0\times 10^{-3}=115.56$（kPa）

注　按照同样的方法对其他各点计算后，可绘制基底净反力图、弯矩图和剪力图。

9.3　柱下条形基础

柱下条形基础是框架或排架结构常用的基础型式，适用于软弱地基、压缩性不均匀地基（局部有软弱夹层、土洞）、上部荷载不均匀或上部结构对基础沉降比较敏感的情况，与扩展基础相比，具有刚度大、可在一定程度上调整不均匀沉降的特点，但相应造价也会增加。

9.3.1　构造要求

柱下条形基础横截面一般为倒 T 形，基础截面下部向两侧伸出部分称为翼板，中间梁腹部分称为肋梁，如图 9-8 所示。主要构造要求如下：

1）肋梁高度一般为柱距的 1/8～1/4，并满足受剪承载力计算要求。翼板厚度不宜小于 200mm，当翼板厚度大于 250mm 时，宜采用变厚度翼板，其坡度宜小于或等于 1∶3。

2）基础端部应沿纵向从两端边柱外伸，长度宜为边跨跨距的 0.25 倍。

3）现浇柱与条形基础梁交接处，其平面尺寸不应小于图 9-8（d）的规定。

4）基础梁顶部和底部的纵向受力钢筋除满足计算要求外，顶部钢筋按计算配筋全部贯通，底部通长配筋不应少于底部受力钢筋截面积的 1/3。

5）基础的混凝土强度等级不应低于 C20。

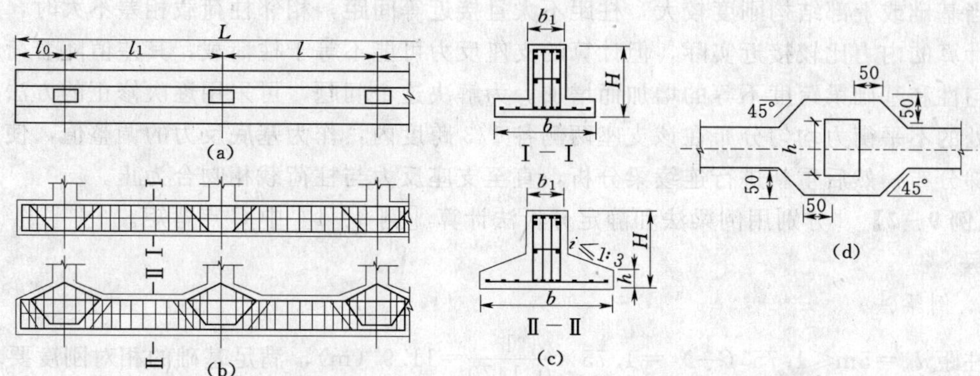

图 9-8　柱下条形基础构造

(a) 平面图；(b) 剖面图；(c) 横截面图；(d) 现浇柱与条形基础梁交接平面尺寸

9.3.2　内力计算

条形基础内力计算方法有简化计算方法和弹性地基梁法，其中弹性地基梁法除了前述解析方法外，更多的是采用数值分析方法，这部分内容可参考有关文献，此处仅介绍实际工程中应用较多的简化计算方法。

简化计算方法假设基底反力为直线分布，适用于地基土较均匀、基础有足够相对刚度、柱距相差不大的情况。根据上部结构刚度的大小，该类方法又可分为静定分板法和倒梁法。

1. 静定分析法

静定分析法计算简图如图 9-9 所示，将柱端作为固端，经上部结构分析得到固端荷载，按直线分布求出基底净反力，然后按连续梁的静力平衡条件计算基础任一截面弯矩和剪力。

静定分析法将上部结构视为柔性结构，不考虑上部结构刚度的影响，计算所得的基础不利截面上的弯矩绝对值偏大。

2. 倒梁法

倒梁法计算简图如图 9-10 所示，假定柱下条形基础的基底反力为直线分布，以柱作为固定铰支座，基底净反力作为荷载，将基础视为倒置连续梁计算内力（采用弯矩分配法或弯矩系数法）。

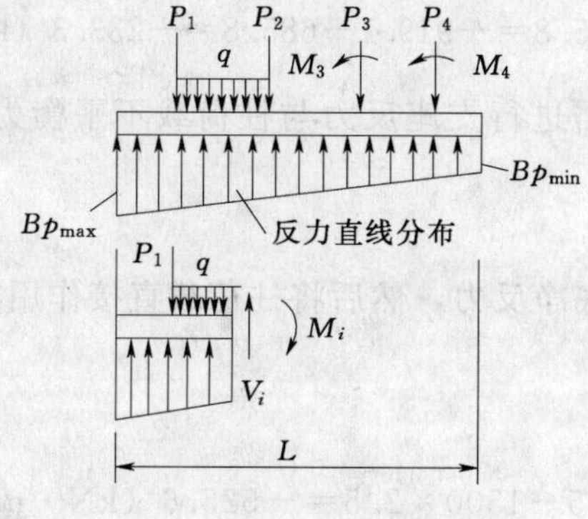

图 9-9　静定分析法计算简图

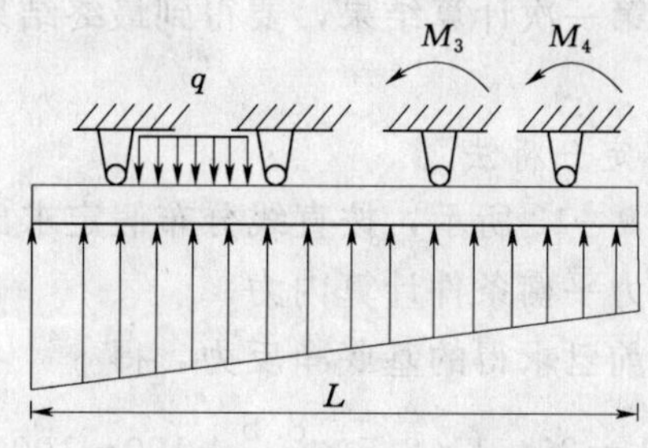

图 9-10　倒梁法计算简图

当基础或上部结构刚度较大，柱距不大且接近等间距，相邻柱荷载相差不大时，用倒梁法计算的内力比较接近实际，但计算的支座反力可能不等于柱荷载，其差值随着荷载的不均匀性和基础梁跨度不等的增加而增加。为解决这个问题，可采用逐次修正的方法，将支座处的不平衡力均匀分布在该支座两侧各1/3跨度内，作为基底反力的调整值，使反力呈阶梯分布，然后重新进行连续梁分析，直至支座反力与柱荷载相吻合为止。

【例9-2】 分别用倒梁法和静定分析法计算［例9-1］中C点弯矩。

解

1. 倒梁法

柱距 $l_m=5\text{m}\leqslant 1.75\left(\frac{1}{\lambda}\right)=1.75\times\frac{1}{0.1470}=11.9\ (\text{m})$，满足基础的相对刚度要求。

将柱脚视为条形基础的铰支座，将基础梁按倒置的普通连续梁计算，荷载为直线分布的基底净反力 bp_j（kN/m）和除柱脚竖向集中荷载以外的各种荷载，如图9-11所示。

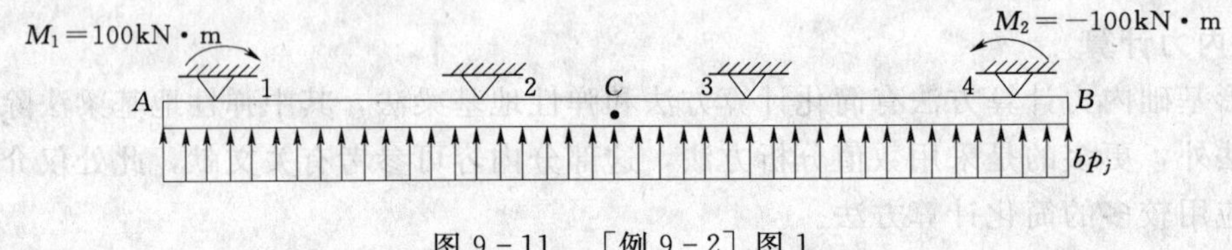

图9-11 ［例9-2］图1

基底净反力

$$bp_j=\frac{\sum P}{l}=\frac{5000}{17}=294.1\ (\text{kN/m})$$

各固端弯矩：

边跨 $$M_{21}=\frac{1}{12}bp_jl_1^2=\frac{1}{12}\times294.1\times5^2=612.7\ (\text{kN}\cdot\text{m})$$

中跨 $$M_{23}=\frac{1}{12}bp_jl_2^2=\frac{1}{12}\times294.1\times5^2=612.7\ (\text{kN}\cdot\text{m})$$

A截面伸出端 $$M_1^l=\frac{1}{2}\times294.1\times1^2=147.1\ (\text{kN}\cdot\text{m})$$

弯矩分配如图9-12所示。

得C点弯矩

$$M_C=-\frac{1}{8}bp_jl_2^2+M_2=-\frac{1}{8}\times294.1\times5^2+685.8=-919.1+685.8=-233.3\ (\text{kN}\cdot\text{m})$$

此为第一次计算结果，要得到最终结果尚需进行支座反力与柱荷载不平衡力的调整，此处略。

2. 静定分析法

如图9-13所示，按直线分布假定求出基底净反力，然后将柱荷载直接作用在基础梁上，按静力平衡条件计算内力。

根据前已求得的基底净反力，得

$$M_c=294.1\times8.5\times\frac{8.5}{2}+100-1000\times7.5-1500\times2.5=-525.6\ (\text{kN}\cdot\text{m})$$

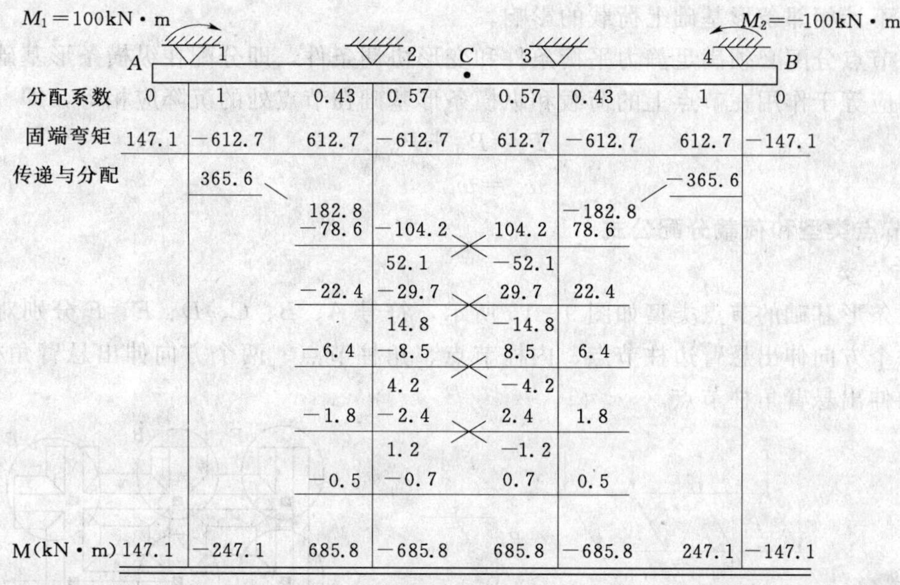

图 9-12 ［例 9-2］图 2

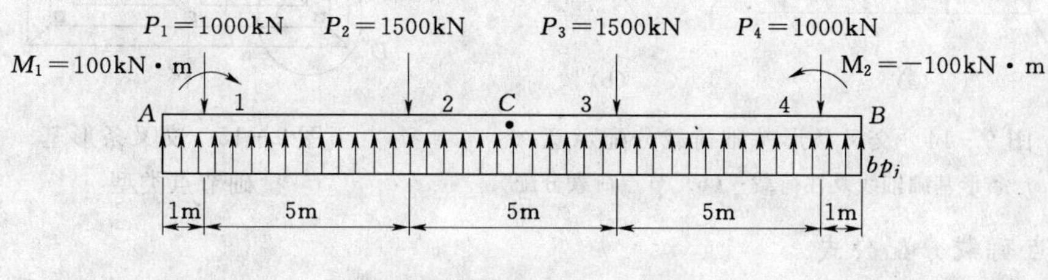

图 9-13 ［例 9-2］图 3

按类似方法可求出梁的弯矩图和剪力图。

需说明的是，本例主要是说明各种方法的计算过程，并未探讨该地基梁最适合采用何种方法。

9.4 柱下交叉条形基础

柱下交叉条形基础可看成由纵横两个方向柱下条形基础组成的一种空间结构，与柱下条形基础相比具有更大的基底面积和空间刚度，因而具有较强的调整不均匀沉降的能力。此类基础的上部结构荷载通常都作用在交叉节点处，故采用简化方法进行计算的关键问题是解决节点处荷载在纵横两个方向上的分配。当分配在纵横两个方向条形基础上的荷载为已知时，即可分别按单向条形基础进行构造设计和计算。

9.4.1 节点荷载分配原则（图 9-14）

节点荷载分配的简化计算方法可采用节点形状分配系数法，该方法假定：

（1）纵横条形基础的交点均为铰接，一个方向条形基础有转角时不对另一方向的条形基础引起内力。

（2）节点上两个方向的弯矩分别由纵向和横向条形基础承担。

(3) 不计相邻条形基础上荷载的影响。

(4) 节点分配必须满足静力平衡条件和变形协调条件，即分配在纵横条形基础上的两个力之和应等于作用在节点上的荷载和纵横条形基础在节点处的沉降应相等，即

$$\left.\begin{aligned}P_i=P_{xi}+P_{yi}\\w_{ix}=w_{iy}\end{aligned}\right\}\tag{9-21}$$

9.4.2 节点类型和荷载分配公式

1. 节点类型

交叉条形基础的节点类型如图 9-15 所示，符号 A、B、C、D、E、F 分别对应边柱节点、一个方向伸出悬臂边柱节点、内柱节点、角柱节点、两个方向伸出悬臂角柱节点、一个方向伸出悬臂角柱节点。

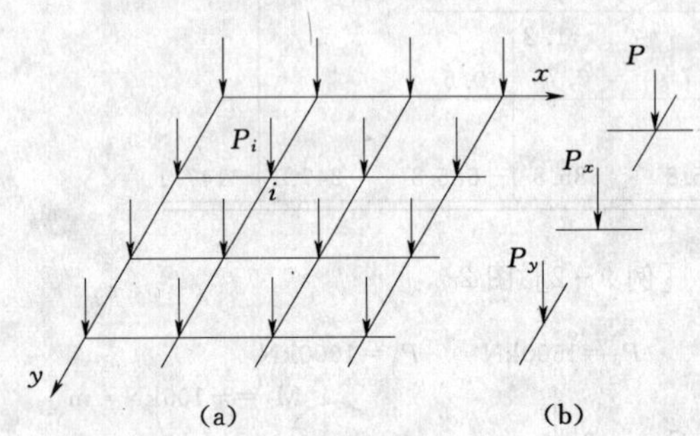

图 9-14 交叉条形基础荷载分配示意
(a) 条形基础轴线及柱荷载；(b) 节点荷载分配

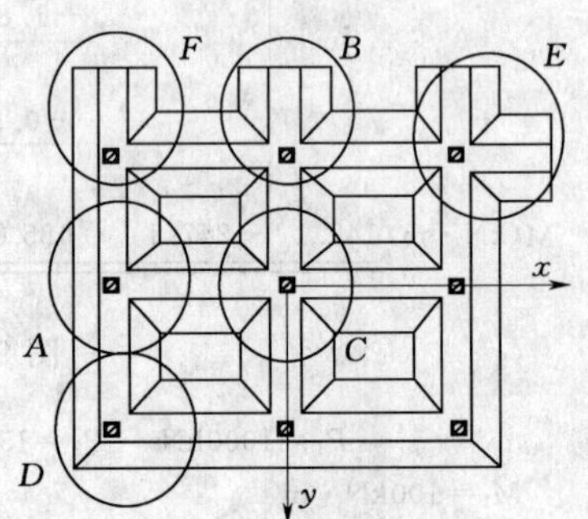

图 9-15 交叉条形基础节点类型

2. 节点荷载分配公式

(1) 边柱节点（T 形节点）。

情况一：边柱节点类型如图 9-15 中 A 节点，详见图 9-16 (a)。针对图 9-16 (a)，在节点荷载 P 作用下，交叉条形基础可分解为 P_x 作用下的无限长梁和 P_y 作用下的半无限长梁。

由式 (9-13)，P_x 作用下节点 ($x=0$) 的沉降 w_x 为

$$w_x=\frac{P_x\lambda_x}{2kb_x}=\frac{P_x}{2kb_xS_x}$$

其中

$$S_x=\sqrt[4]{\frac{4EI_x}{kb_x}}$$

由式 (9-16)，P_y 作用下节点的沉降为

$$w_y=\frac{2P_y\lambda_y}{kb_y}=\frac{2P_y}{kb_yS_y}$$

其中

$$S_y=\sqrt[4]{\frac{4EI_y}{kb_y}}$$

式中：k 为地基的基床系数；b_x、b_y 分别为 x 方向和 y 方向梁的底面宽度；λ_x 和 λ_y 分别为 x、y 方向梁的弹性特征系数，$\lambda_x=1/S_x$、$\lambda_y=1/S_y$。

根据静力平衡条件和变形协调条件，得

$$P_x=\frac{4b_xS_x}{4b_xS_x+b_yS_y}P \quad P_y=\frac{4b_yS_y}{4b_xS_x+b_yS_y}P \tag{9-22}$$

情况二：边柱节点类型如图 9-15 中 B 节点，详见图 9-16（b）。

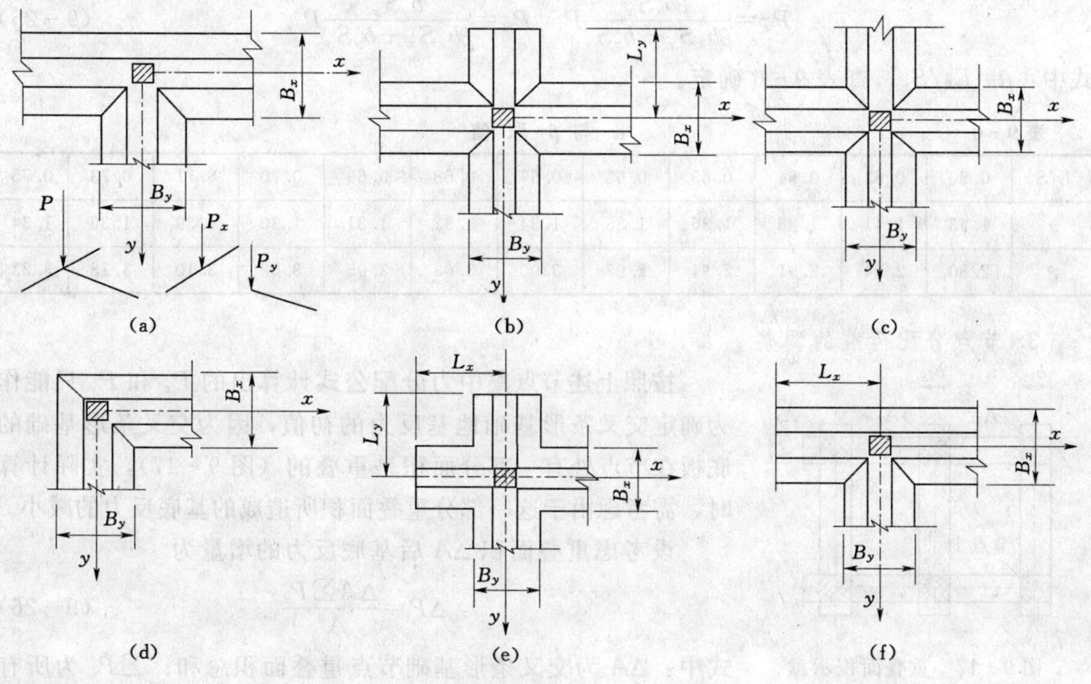

图 9-16 各类节点详图

(a) 边柱节点；(b) 一端伸出边柱节点；(c) 中柱节点；(d) 角柱节点；

(e) 两端伸出角柱节点；(f) 一端伸出角柱节点

按上述方法可求得边柱有伸出悬臂长度时的荷载 P_x 和 P_y。设伸出悬臂长度为 L_y，一般有 $L_y=$（0.6～0.75）S_y，节点的分配荷载按下式计算

$$P_x=\frac{\alpha b_xS_x}{\alpha b_xS_x+b_yS_y}P \quad P_y=\frac{b_yS_y}{\alpha b_xS_x+b_yS_y}P \tag{9-23}$$

式中：α 系数由表 9-6 确定；其余符号意义同前。

（2）中柱节点（十字形节点）。中柱节点类型如图 9-15 中 C 节点，详见图9-16（c）。按上述同样方法求得荷载分配为

$$P_x=\frac{b_xS_x}{b_xS_x+b_yS_y}P \quad P_y=\frac{b_yS_y}{b_xS_x+b_yS_y}P \tag{9-24}$$

式中符号意义同前。

（3）角柱节点（L 形节点）。

情况一：角柱节点如图 9-15 中 D 类节点，详见图 9-16（d），荷载分配公式如式（9-24）。

情况二：角柱节点如图 9-15 中 E 类节点，详见图 9-16（e）。为减缓角柱节点处地

基反力过于集中的情况，常在两个方向上都伸出一段。当 $L_x=\xi S_x$ 和 $L_y=\xi S_y$、ξ=0.60～0.75时，节点荷载分配公式仍可采用式（9－24）。

情况三：角柱节点如图 9－15 中 F 类节点，详见图 9－16（f），只在一个方向上形成悬臂梁。此时按下式确定节点荷载分配

$$P_x=\frac{\beta b_x S_x}{\beta b_x S_x+b_y S_y}P \quad P_y=\frac{b_y S_y}{\beta b_x S_x+b_y S_y}P \tag{9-25}$$

式中：$\beta=L_x/S_x$，查表 9－6 确定。

表 9－6 **α 与 β 取值**

L/S	0.60	0.62	0.64	0.65	0.66	0.67	0.68	0.69	0.70	0.71	0.73	0.75
α	1.43	1.41	1.38	1.36	1.35	1.34	1.32	1.31	1.30	1.39	1.36	1.34
β	2.80	2.84	2.91	2.94	2.97	3.00	3.03	3.05	3.08	3.10	3.18	3.23

3. 节点分配荷载的调整

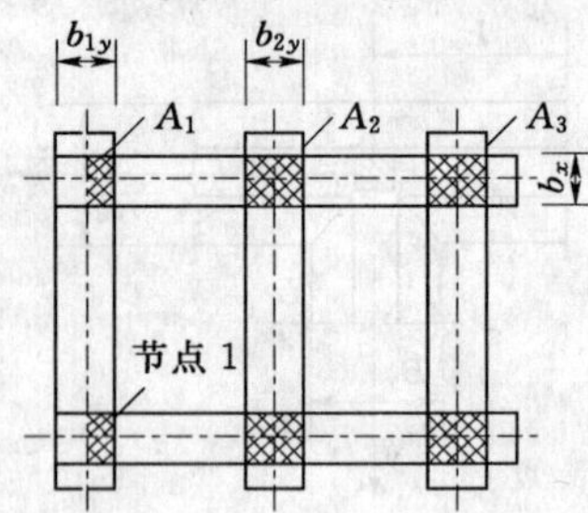

图 9－17　重叠面积示意

按照上述节点集中力分配公式计算出的 P_x 和 P_y 只能作为确定交叉条形基础地基反力的初值，因为交叉条形基础的底板在节点处有一部分面积是重叠的（图 9－17），实际计算时，需考虑由于这一部分重叠面积所造成的基底反力的减小。

设考虑重叠面积 ΔA 后基底反力的增量为

$$\Delta P=\frac{\Delta A\sum P_i}{A^2} \tag{9-26}$$

式中：ΔA 为交叉条形基础节点重叠面积总和；$\sum P_i$ 为所有节点集中力之和；A 为交叉条形基础总支承面积。

将基底反力增量 ΔP 按节点分配荷载和节点荷载的比例折算成分配荷载增量，对于任一节点 i，有

$$\left.\begin{aligned}\Delta P_{ix}&=\frac{P_{ix}}{P_i}\Delta A_i\Delta P\\ \Delta P_{iy}&=\frac{P_{iy}}{P_i}\Delta A_i\Delta P\end{aligned}\right\} \tag{9-27}$$

式中：ΔP_{ix} 和 ΔP_{iy} 分别为 i 节点 x 轴向和 y 轴向的分配荷载增量；ΔA_i 为节点 i 处基础板带相互重叠的面积。

所以，调整后的节点分配荷载为

$$\left.\begin{aligned}P'_{ix}&=P_{ix}+\Delta P_{ix}\\ P'_{iy}&=P_{iy}+\Delta P_{iy}\end{aligned}\right\} \tag{9-28}$$

9.5 筏形基础与箱形基础

筏形基础和箱形基础都是高层建筑常用的基础型式，前者指柱（墙）下连续平板式或梁板式钢筋混凝土基础，具有施工简单、整体刚度好等优点；后者是由钢筋混凝土顶、底

板、侧墙和一定数量内隔墙构成的中空结构，不仅具有相当大的整体刚度和整体稳定性，还能形成补偿性基础。

筏形基础和箱形基础的主要设计内容包括地基计算、尺寸确定和内力分析等。

9.5.1 一般规定

1. 基础底面积

基底面积根据地基土承载力、上部结构的布置及荷载分布等因素确定。当为满足地基承载力的要求而扩大底板面积时，宜优先扩大基础的宽度。对于单幢建筑物，在均匀地基及无相邻建筑荷载影响的条件下，基底平面形心宜与结构竖向永久荷载重心重合。当不能重合时，在永久荷载与长期效应作用下，偏心距 e 应满足下式要求

$$e \leqslant 0.1\frac{W}{A} \tag{9-29}$$

式中：W 为与偏心距方向一致的基础底面边缘抵抗距；A 为基础底面积。

2. 地基承载力

基础底面压力 p 与修正后的地基承载力特征值 f 应符合下述要求：

当受轴心荷载作用时 $$p \leqslant f \tag{9-30}$$

当受偏心荷载作用时 $$p_{\max} \leqslant 1.2f \tag{9-31}$$

对于非抗震设防的高层建筑 $$p_{\min} \geqslant 0 \tag{9-32}$$

对于抗震设防建筑，基础底面压力除满足式（9－29）、式（9－32）外，还应进行下列验算

$$p_E \leqslant f_{SE} \tag{9-33}$$

$$p_{E\max} \leqslant 1.2f_{SE} \tag{9-34}$$

$$f_{SE} = \zeta_s f \tag{9-35}$$

式中：p_E 为基础底面地震效应组合的平均压力值；$p_{E\max}$ 为基础底面地震效应组合的边缘最大压力设计值；f_{SE} 为调整后的地基土抗震承载力设计值；ζ_s 为地基土抗震承载力调整系数，按规范确定。

当基础底面地震效应组合的边缘最小压力出现零应力时，零应力区的面积不应超过基础底面面积的 25%。

3. 地基沉降

当采用压缩模量计算筏形基础和箱形基础的最终沉降量 s 时，可按下式计算

$$s = \sum_{i=1}^{n}\left(\psi'\sum_{i=1}^{n}\frac{p_c}{E'_{si}} + \psi_s\frac{p_0}{E_{si}}\right)(Z_i\bar{\alpha}_i - Z_{i-1}\bar{\alpha}_{i-1}) \tag{9-36}$$

式中：ψ' 为考虑回弹影响的沉降计算经验系数，无经验时取 $\psi'=1.0$；ψ_s 为经验修正系数，按地区经验采用；p_c 为基础底面处地基土的自重压力标准值；p_0 为长期效应组合下的基础底面处的附加压力标准值；E'_{si}、E_{si} 为基础底面下第 i 层土的回弹再压缩模量和压缩模量；n 为沉降计算深度范围内所划分的地基土层数；Z_i、Z_{i-1} 为基础底面至第 i 层、第 $i-1$ 层土层底面的距离；$\bar{\alpha}_i$、$\bar{\alpha}_{i-1}$ 为基础底面计算点至第 i 层、第 $i-1$ 层土层底面范围内平均附加应力系数，按 3.3 节确定。

4. 整体倾斜

整体倾斜值可根据荷载偏心、地基的不均匀性、相邻荷载的影响和地区经验进行计

算。在非抗震设计中，横向整体倾斜的计算值 α_T 宜符合下式要求

$$\alpha_T \leqslant \frac{b}{100H_g} \tag{9-37}$$

式中：b 为筏形基础或箱形基础的底面宽度；H_g 为建筑物高度，指室外地面至檐口高度。

9.5.2 筏形基础

1. 选型

筏形基础从构造上一般可分为平板式筏形基础和梁板式筏形基础，也可按上部结构型式分为柱下筏形基础和墙下筏形基础。

选型基于多种因素的综合考虑，如地基土性质、上部结构体系、柱距、荷载大小、施工条件等。在工程设计中，一般认为柱距变化和柱间荷载变化不超过20%、柱网间距较小、上部荷载不很大的结构可选用平板式筏形基础；而对于纵横柱网间尺寸相差较大，上部结构的荷载也较大时，宜选用带梁式的筏形基础。当上部结构为剪力墙时，如果每道剪力墙都直通到基础，一般习惯把筏形基础做成平板式的，反之宜选用梁板式的。

梁板式筏形基础耗材量少于平板式筏形基础，同时具有较大的刚度，而平板式筏形基础施工方便，同时对地下室空间高度有利。

2. 构造要求

底板厚度根据抗冲切、抗剪切要求确定。一般平板式筏形基础的板厚应不小于400mm，梁板式筏形基础板厚不应小于300mm，且板厚与板格的最小跨度之比不宜小于1/20。

对基础梁外伸的梁板式筏形基础，底板挑出的长度从基础梁外皮起算横向不宜大于1200mm，纵向不宜大于800mm；平板式筏形基础挑出长度从柱外皮起算横向不宜大于1000mm，纵向不宜大于600mm。筏板的外挑部分可做成坡度，但其边缘厚度不宜小于200mm。

地下室的外墙厚度不应小于250mm，内墙厚度不应小于200mm。墙体内应设置双面钢筋，钢筋配置量除满足承载力要求外，竖向和水平钢筋的直径不应小于10mm，间距不应大于200mm。

地下室底层柱、剪力墙与梁板式筏形基础的基础梁的连接构造要求应符合下述规定：柱、墙的边缘至基础梁边缘的距离不应小于50mm（图9-18）。

筏板混凝土强度等级不应低于C30。对于设置地下室或架空层的筏形基础底板、肋梁及侧壁应采用防水混凝土，抗渗等级应根据地下水的最大水头与防渗混凝土厚度的比值按现行规范选用，但不应小于0.6MPa。

筏板配筋率一般在0.5%～1.0%为宜。当板厚小于300mm时单层配筋，板厚等于或大于300mm时双层配筋。受力钢筋的最小直径不宜小于8mm，间距100～200mm。分布钢筋直径取8～10mm，间距200～300mm。筏板配筋不宜粗而疏，以有利于发挥薄板的抗弯和抗裂能力。

考虑到整体弯曲的影响，筏板配筋除符合计算要求外，纵横方向支座钢筋尚应有1/3～1/2贯通全跨，配筋率不应小于0.15%；跨中钢筋应按实际配筋率全部贯通。筏板

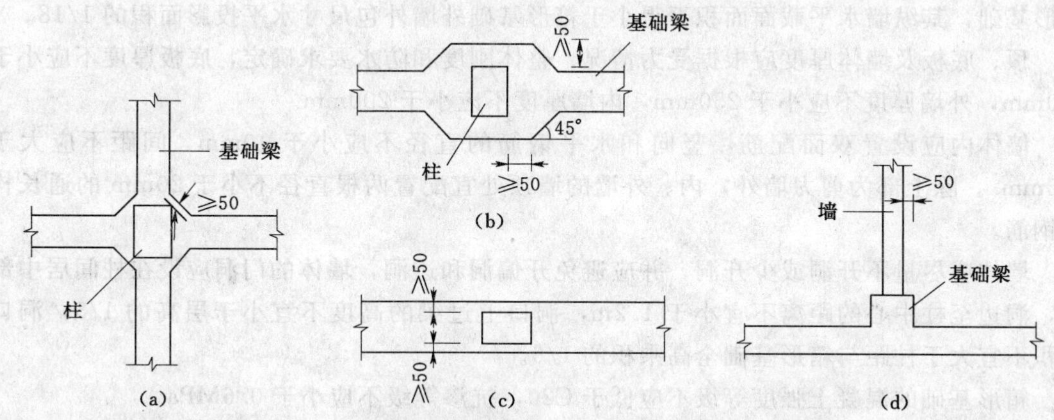

图 9-18 地下室底层柱或剪力墙与基础梁连接的构造要求
(a) 交叉基础梁宽度小于柱截面边长；(b)、(c) 单向基础梁与柱连接；
(d) 基础梁与剪力墙连接

悬臂部分下的土体如可能与筏板脱离时，应在悬臂上部设置受力钢筋。当双向悬臂挑出但肋梁不外伸时，宜在板底布置放射状附加钢筋。

3. 内力计算方法

影响筏板内力的因素很多，包括上部结构刚度、荷载大小及分布状况、板的刚度、地基土的压缩性以及相应的地基反力等。目前采用的分析方法主要有刚性板法和弹性板法。

(1) 刚性板法。刚性板法属于简化分析方法，适用于地基较均匀、上部结构刚度比较大、柱荷载及柱距变化小于20%的筏形基础，具体计算方法有倒楼盖法和静定分析法两种。其中倒楼盖法应用于上部结构刚度较好的情况，对于平板式筏形基础，可按无梁楼盖计算，对于梁板式筏形基础，可将底板视为承受地基净反力分布荷载作用的多跨连续双向板（或单向板），肋梁按多跨连续梁计算。静定分析法是将筏板划分为互相垂直的板带，以相邻柱间中线作为各板带的分界线。该方法假定各板带互不影响，内力计算按刚性截条考虑。由于板带法没有考虑条带之间的剪力，因而计算结果常与实际情况有较大差异。

(2) 弹性板法。弹性板法适用于地基复杂、上部结构刚度有限、柱荷载及柱距变化较大的情况，具体计算方法可将其视作弹性地基上的板（如文克尔地基），采用有限差分法或有限单元法进行分析。对于梁板式筏形基础，划分单元时可将肋梁与板分别划分成梁单元和薄板单元。

9.5.3 箱形基础

箱形基础设计比一般基础要复杂，合理的设计与计算除综合考虑整个建筑场地的地质条件、施工方法和使用要求外，还应适当考虑地基基础与上部结构的共同作用。

1. 构造要求

基础高度应满足结构承载力和整体刚度的要求，并应考虑建筑使用要求，其值不宜小于箱形基础长度（不包括底板悬挑部分）的1/20，且不小于3m。

外墙沿建筑物四周布置，内墙一般沿上部结构柱网和剪力墙纵横均匀布置。墙体水平截面总面积（不扣除洞口部分）不宜小于基础面积的1/10。对于基础平面长宽比大于4的箱形基础，其纵墙水平截面面积不得小于箱形基础外墙外包尺寸水平投影面积的 1/18。

顶、底板及墙体厚度应根据受力情况、整体刚度和防水要求确定，底板厚度不应小于 300mm，外墙厚度不应小于 250mm，内墙厚度不应小于 200mm。

墙体内应设置双面配筋，竖向和水平钢筋的直径不应小于 10mm，间距不应大于 200mm.。除上部为剪力墙外，内、外墙的墙顶处宜配置两根直径不小于 20mm 的通长构造钢筋。

墙体应尽量不开洞或少开洞，并应避免开偏洞和边洞，墙体的门洞应设在柱间居中部位，洞边至柱中心的距离不宜小于 1.2m，洞口上过梁的高度不宜小于层高的 1/5，洞口面积不宜大于柱距与箱形基础全高乘积的 1/6。

箱形基础的混凝土强度等级不应低于 C20，抗渗等级不应小于 0.6MPa。

2. 地基反力计算

箱形基础基底反力可采用基底反力系数法计算，该法是通过对我国一批高层建筑长期实测、分析整理而提出的一种具有较好精度的实用计算方法，被列入《高层建筑箱形与筏形基础技术规范》(JGJ 6—99)。

该方法考虑了箱形基础基底反力的实际分布特征，对于矩形基础，将其底面（包括悬挑部分，但不宜大于 0.8m）划分为若干区格，各区格基底反力 p_i 为

$$p_i=\frac{\sum P}{BL}\alpha_i \tag{9-38}$$

式中：$\sum P$ 为上部结构竖向荷载加箱形基础自重和挑出部分台阶上的土重；B、L 分别为箱形基础的宽度和长度；α_i 为相应于 i 区格的基底反力系数，由表 9-7 确定。

对于一些异型基础，上述技术规范也提供了类似的反力系数表。

表 9-7　　箱形基础基底反力系数

	黏性土							
	1.379	1.177	1.127	1.108	1.108	1.127	1.177	1.379
	1.177	0.952	0.898	0.879	0.879	0.898	0.952	1.177
	1.127	0.898	0.841	0.821	0.821	0.841	0.898	1.127
$L/B=1$	1.108	0.879	0.821	0.800	0.800	0.821	0.879	1.108
	1.108	0.879	0.821	0.800	0.800	0.821	0.879	1.108
	1.127	0.898	0.841	0.821	0.821	0.841	0.898	1.127
	1.177	0.952	0.898	0.879	0.879	0.898	0.952	1.177
	1.379	1.177	1.127	1.108	1.108	1.127	1.177	1.379
	1.267	1.115	1.075	1.061	1.061	1.075	1.115	1.267
	1.074	0.904	0.865	0.853	0.853	0.865	0.904	1.074
$L/B=2\sim3$	1.047	0.875	0.835	0.822	0.822	0.835	0.875	1.047
	1.074	0.904	0.865	0.835	0.853	0.865	0.904	1.074
	1.267	1.115	1.075	1.061	1.061	1.075	1.115	1.267

续表

黏性土								
	1.229	1.042	1.014	1.003	1.003	1.014	1.042	1.229
	1.096	0.929	0.904	0.896	0.896	0.904	0.929	1.096
L/B=4～5	1.082	0.918	0.893	0.884	0.884	0.893	0.918	1.082
	1.096	0.929	0.904	0.895	0.895	0.904	0.929	1.096
	1.229	1.042	1.014	1.003	1.003	1.014	1.042	1.229
	1.215	1.053	1.013	1.008	1.008	1.013	1.053	1.215
	1.083	0.939	0.903	0.899	0.899	0.903	0.939	1.083
L/B=6～8	1.070	0.927	0.892	0.888	0.888	0.892	0.927	1.070
	1.083	0.939	0.903	0.899	0.899	0.903	0.939	1.083
	1.215	1.053	1.013	1.008	1.008	1.013	1.053	1.215
软土								
	0.906	0.966	0.814	0.738	0.738	0.814	0.966	0.906
	1.124	1.197	1.009	0.914	0.914	1.009	1.197	1.124
	1.235	1.314	1.109	1.006	1.006	1.109	1.314	1.235
	1.124	1.107	1.009	0.914	0.914	1.009	1.107	1.124
	0.906	0.966	0.814	0.738	0.738	0.814	0.966	0.906
砂土								
	1.5876	1.2582	1.1875	1.1611	1.1611	1.1875	1.2582	1.5876
L/B=1	1.2582	0.9096	0.8410	0.8168	0.8168	0.8410	0.9096	1.2582
	1.1875	0.8410	0.7690	0.7436	0.7436	0.7690	0.8410	1.1875
	1.1611	0.8168	0.7436	0.7175	0.7175	0.7436	0.8168	1.1611
	1.1611	0.8168	0.7436	0.7175	0.7175	0.7436	0.8168	1.1611
L/B=1	1.1875	0.8410	0.7690	0.7436	0.7436	0.7690	0.8410	1.1875
	1.2582	0.9096	0.8410	0.8168	0.8168	0.8410	0.9096	1.2582
	1.5876	1.2582	1.1875	1.1611	1.1611	1.1875	1.2582	1.5876
	1.411	1.168	1.111	1.090	1.090	1.111	1.168	1.411
	1.110	0.847	0.798	0.781	0.781	0.798	0.847	1.110
L/B=2～3	1.070	0.812	0.762	0.745	0.745	0.762	0.812	1.070
	1.110	0.847	0.798	0.781	0.781	0.798	0.847	1.110
	1.411	1.168	1.111	1.090	1.090	1.111	1.168	1.411
	1.396	1.212	1.166	1.149	1.149	1.166	1.212	1.396
	0.992	0.828	0.794	0.783	0.783	0.794	0.828	0.992
L/B=4～5	0.989	0.818	0.783	0.772	0.772	0.783	0.818	0.989
	0.992	0.828	0.794	0.783	0.783	0.794	0.828	0.992
	1.396	1.212	1.166	1.149	1.149	1.166	1.212	1.396

基底反力系数法适用于上部为框架结构、荷载均匀、地基为均质土、无相邻建筑物影

响，并基本满足有关构造要求的单幢建筑物的箱形基础。当上部结构及荷载不均匀时，应分别将不均匀对称的荷载对纵横方向所产生的力矩值所引起的基底不均匀反力和按表9-6计算的基底反力进行叠加，其中力矩引起的基底不均匀反力可按直线分布计算。

3. 结构计算

箱形基础作为一个空格结构，除了承受着上部结构传来的荷载与地基反力引起的整体弯曲应力之外，其顶、底板还分别承受着由顶板荷载与地基反力引起的局部弯曲。因此，顶、底板的弯曲应力需按整体和局部弯曲的组合来决定，分析中应考虑上部结构、基础和土的共同作用。在实际工程中可根据上部结构整体刚度选用下述简化分析方法。

(1) 按局部弯曲计算。当地基压缩层深度范围内的土层在竖向和水平方向较均匀、且上部结构为平立面布置较规则的剪力墙、框架、框架—剪力墙体系时，箱形基础的顶、底板可仅按局部弯曲计算，即顶板按普通楼盖计算，底板按倒楼盖计算，底板反力按基底反力系数法确定，注意应扣除板的自重。

考虑到整体弯曲的影响，顶、底板钢筋配置量除满足局部弯曲的计算要求外，纵横方向的支座钢筋尚应有1/3～1/2贯通全跨，且贯通钢筋的配筋率分别不应小于0.15%、0.10%；跨中钢筋应按实际配筋全部贯通。

(2) 按局部弯曲+整体弯曲计算。对于不满足上述要求的箱形基础，应同时考虑整体弯曲和局部弯曲作用，基底反力可按基底反力系数法确定。

计算底板局部弯曲所产生的弯矩时应乘以0.8的折减系数，计算整体弯曲时应考虑上部结构与箱形基础的共同作用，对于框架结构，箱形基础的自重应按均布荷载处理。

箱形基础承受的整体弯矩 M_F 按下列公式计算

$$M_F = M\frac{E_F J_F}{E_F J_F + E_B J_B} \tag{9-39}$$

式中：$E_B J_B$ 为上部结构总抗弯折算刚度，对于等柱距的框架结构，有

$$E_B J_B = \sum_{i=1}^{n}\left[E_b J_{bi}\left(1+\frac{K_{ui}+K_{li}}{2K_{bi}+K_{ui}+K_{li}}m^2\right)\right]+E_w J_w \tag{9-40}$$

M 为建筑物整体弯曲产生的弯矩，可按静定梁分析或采用其他有效方法计算；$E_F J_F$ 为箱形基础的刚度，其中 E_F 为箱形基础的混凝土弹性模量，J_F 为按工字形截面计算的箱形基础截面惯性矩，工字形截面的上、下翼缘宽度分别为箱形基础顶、底板的全宽，腹板厚度为在弯曲方向的墙体厚度的总和；E_b 为梁、柱的混凝土弹性模量；K_{ui}、K_{li}、K_{bi} 分别第 i 层上柱、下柱和梁的线刚度（图9-19），其值为 J_{ui}/h_{ui}、J_{li}/h_{li} 和 J_{bi}/l；J_{ui}、J_{li}、J_{bi} 分别为第 i 层上柱、下柱和梁的截面惯性矩；h_{ui}、h_{li} 分别为第 i 层上柱及下柱的高度；L、l 分

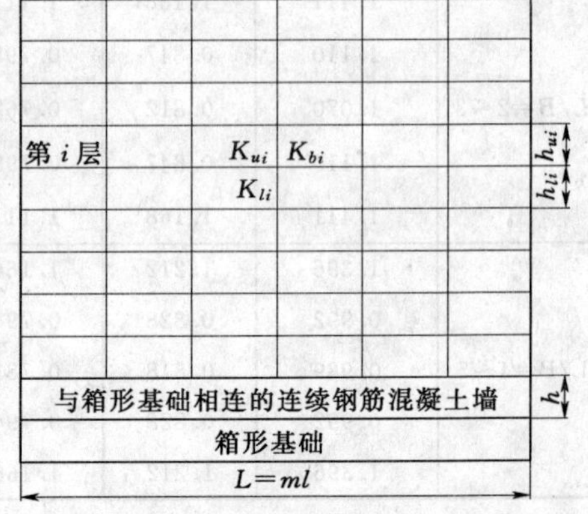

图9-19 式(9-39)中符号的示意

别为上部结构弯曲方向的总长度和柱距；E_w 为弯曲方向与箱形基础相连的连续钢筋混凝土墙混凝土的弹性模量；J_w 为弯曲方向与箱形基础相连的连续钢筋混凝土墙的截面惯性矩，其值为 $th^3/12$；t、h 为在弯曲方向与箱形基础相连的连续钢筋混凝土墙体厚度和高度；m 为弯曲方向的节间数；n 为建筑物层数（不大于 8 层时，取实际楼层数；大于 8 层时取 8)。

式（9－40）也可适用于柱距相差不超过 20％的框架结构，此时 l 取柱距的平均值。

将所计算的整体弯曲和局部弯曲结果叠加，据此进行配筋计算。

箱形基础的地基计算及强度验算见有关技术规范。

9.5.4　补偿性基础设计

当建筑物基础部分采用箱形基础或设地下室时，中空及封闭型结构使得基础埋深范围内被挖除的土重可以补偿部分甚至全部上部结构重量，使得地基的稳定性和变形状况得以改善。这种基础被称为补偿性基础，按照这种设计理念进行的基础设计被称为补偿性基础设计。

设基础底面平均压力为 p，基础底面处自重应力和受到的水的浮力分别为 σ_c 和 σ_w，则根据自重应力与基底压力的比较，补偿性基础被分为：

全补偿性基础　　$\sigma_c = p - \sigma_w$

超补偿性基础　　$\sigma_c > p - \sigma_w$

欠补偿性基础　　$\sigma_c < p - \sigma_w$

根据上述定义和地基中附加应力概念，全补偿性基础是可以不考虑沉降问题的，但由于基础和上部结构修建过程存在的回弹及再压现象，使得实际工程中任何补偿性基础都存在一定的沉降。

思　考　题

9－1　简述上部结构与地基基础共同作用概念。

9－2　简述文克尔地基模型的优点、缺陷，及适应土类。

9－3　如何区分短梁、有限长梁、无限长梁？

9－4　简述柱下条形基础的简化分析方法。

9－5　简述柱下交叉条形基础的荷载分配原则。

9－6　平板式筏形基础和梁板式筏形基础的适用条件是什么？

9－7　简述箱形基础基底反力计算方法。

9－8　何谓补偿性基础？

习　题

9－1　某条形基础宽度 $b=3\text{m}$，作用荷载和柱距如图 9－20 所示，基础埋深 $d=1.5\text{m}$，持力层土的地基承载力设计值 $f=150\text{kN/m}^3$，试用静力平衡法计算基础内力。

（答案：$M_A=38kN\cdot m$，$M_B=987kN\cdot m$，$M_C=1083kN\cdot m$，$M_D=338kN\cdot m$）

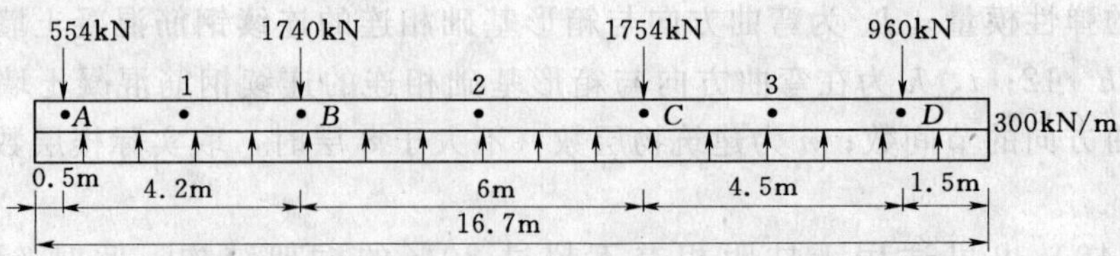

图9-20　习题9-1图

9-2　某建筑物基础的荷载和柱距如图9-21所示，边柱荷载 $P_1=1252kN$，内柱荷载 $P=1838kN$，柱距6m，共8跨，悬臂1.1m，基础总长度为 $L=56.2m$，试用倒梁法计算基础内力。

（答案：$M_A=185kN\cdot m$，$M_B=1087kN\cdot m$，$M_C=884kN\cdot m$）

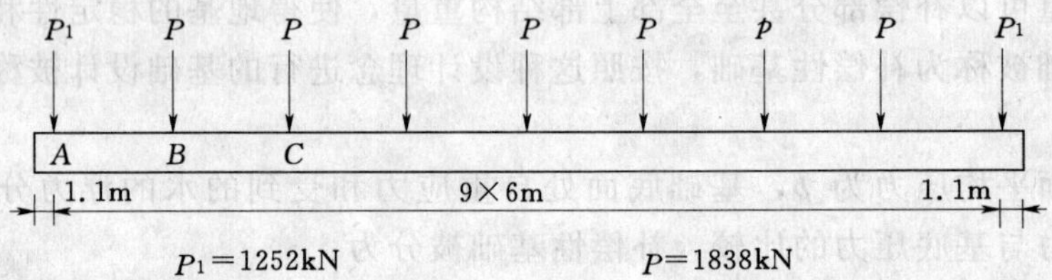

图9-21　习题9-2图

9-3　承受柱荷载的钢筋混凝土条形基础如图9-22所示，其梁高 $h=0.6m$，底面宽度 $b=2.6m$，梁的弹性模量 $E=21000MPa$，$I=0.0475m^4$，地基基床系数 $k=22000kN/m^3$。试用弹性地基梁方法计算基础 C 点处的挠度、弯矩和基底净反力。

（答案：$M_C=-1527.0kN\cdot m$，$\omega_C=5.7mm$，$p_C=124.7kPa$）

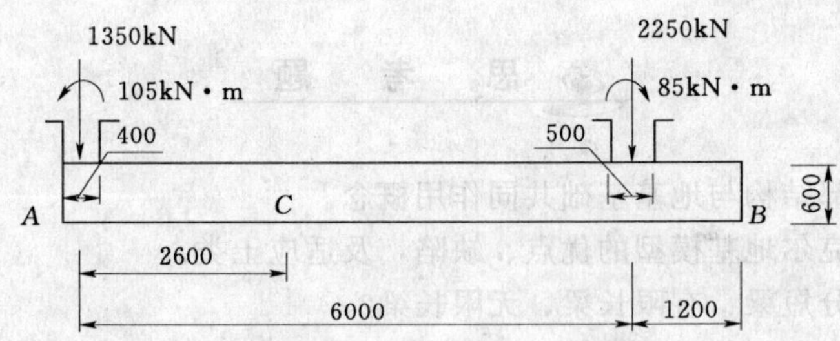

图9-22　习题9-3图

第10章 桩基础与其他深基础

深基础是指应用特定施工机械或手段将基础结构置于深层坚硬土（岩）层、具有较好承载性能的基础，主要基础型式有桩基础、沉井基础和地下连续墙等类型，其中桩基础使用最广泛。

桩基础是由设置于土中的竖直或倾斜的基础构件或支护构件和连接桩顶的承台所组成，其作用是将所承受的荷载传递到地基深层。当建筑物荷载很大、地质条件又相对较差时，桩基础往往以其较大的承载潜力和抵御复杂荷载的特殊性能，以及对各种地质条件的良好适应性成为一种理想基础型式。

本章主要讲述桩基础特点，单、群桩工作性状及竖向承载力计算，竖向荷载下桩基础设计，并简要介绍沉井基础、地下连续墙基础等其他深基础。

10.1 桩基础的特点及分类

10.1.1 桩基础特点

与浅基础相比桩基础具有以下特点：

1）由地基深层较好的土层作为建筑物的持力层，桩基及深基础周壁的摩擦力同时承受部分建筑物荷载，因而具有较高的承载力，能承受较大的竖直荷载与水平荷载。

2）具有很大的竖向单桩刚度（端承桩）或群桩刚度（摩擦桩），在自重或相邻荷载作用下，不会产生过大的不均匀沉降，容易保证建筑物的倾斜不超过允许范围。

3）需要专门的施工设备和施工技术。

4）属于隐蔽工程，造价高、工期长、技术复杂。

5）位于深水中的桩基所受的水流冲击力、船舶碰撞力、波浪力等水平力比浅基础大得多。

10.1.2 桩及桩基础的类型

桩和桩基础可按桩身材料、成桩方法、桩的承载性状、桩的使用功能和桩径大小等进行分类。

1. 按桩身材料分类

按桩身材料桩可被分为木桩、钢筋混凝土桩、钢桩、组合桩等，其中木桩现已比较少用。

（1）钢筋混凝土桩。

1）预制钢筋混凝土桩或预应力钢筋混凝土桩。预制钢筋混凝土桩强度高，耐久性好，不易被腐蚀，其混凝土强度等级不低于C30。预应力钢筋混凝土桩还可减少打桩过程中出现的裂缝，其混凝土强度等级不低于 C40。

配箍筋的钢筋混凝土桩及预应力钢筋混凝土方桩和管桩能承受轴向拉、压荷载，水平荷载及弯矩，是适用于各种建筑物基础的通用桩型；不配箍筋、纵向配预应力钢筋的混凝土方桩，一般在不考虑基础的上拔力和水平地震力时才采用。

2）灌注混凝土桩或钢筋混凝土桩。在施工现场的桩位上以不同方法先成孔，然后向孔内灌注混凝土（有时也加钢筋笼）而制成。由于施工方法的不同，可分成多种类型。

打入式灌注桩：利用锤击打桩机或振动打桩机将钢管打入土中成孔（至设计标高），然后边拔出钢管边灌注混凝土而成。在黏性土及砂土层中均可使用。

钻（挖）孔灌注桩：利用各种钻挖孔机具就地钻（挖）孔，然后灌注混凝土。根据不同土质采用不同钻挖工具，常用的有螺旋钻机、冲击钻机、抓锥钻机等。钻孔过程中为避免孔壁坍塌，可下薄套管或用泥浆护壁，待钻孔至设计标高后再往孔里灌注混凝土或放下钢筋笼后再灌注混凝土。一般桩身混凝土不应低于 C25。

（2）钢桩。钢桩一般包括钢管桩、H 型钢桩、钢轨桩、箱形截面的钢桩等，其中最常用的是钢管桩。钢管桩桩尖有封闭式与开口式两种：封闭式一般用于管径小于 450mm，管内无土无水的情况，施工简便；开口式用于管径较大、穿越土层比较坚硬的情况，需要挖掉管内土及排水后，向管内灌注混凝土。H 型钢桩能穿越含卵石之内的土层直至岩面，并嵌入岩层一定深度。钢轨桩一般用于抢修工程。

钢桩比钢筋混凝土桩成本高，用钢量大，但强度高，能承受较大水平力，易于加工和搬运，能打入坚硬的持力层。采用 H 型或工字形的钢桩，能提供较大的表面摩阻力，挤土体积小，避免地面隆起或桩侧土的移动。

钢桩在海水中易被腐蚀，H 型钢桩在打桩过程中容易产生纵向压曲。

（3）组合桩。组合桩指一根桩采用两种不同材料接成，或用两种不同施工法沉到土中。例如下部为 H 型钢桩而上部为钢筋混凝土方桩的组合桩：下部利用 H 型钢桩贯入能力强的特点，可以打入砾石层、风化岩层或其他硬土层；上部为钢筋混凝土桩，具有较大的刚度和对海水的抗侵蚀作用。

2. 按成桩方法分类

（1）挤土桩。挤土桩包括预制桩（打入或压入）、沉管灌注桩等。打入桩通过锤击（或以高压射水辅助）将各种预先制好的桩打入地基内所需要的深度，是港口和近海工程中广泛采用的桩基施工方法，可用于黏性土和砂性土地基，但打桩振动和噪声对邻近工程或环境有影响。静力压桩方法避免了锤击的影响，适用于软基上邻近建筑物较多，不允许有强烈振动的情况。

（2）非挤土桩。非挤土桩包括先在地基形成桩孔，然后再打入的预制桩，和在孔内放入钢筋笼，用混凝土浇注桩身的灌注桩等，按现有成孔工艺可划分为钻、挖、冲孔灌注桩。非挤土桩的桩侧摩阻力不能很好发挥，但对持力层地形高低起伏的适应性强。

（3）部分挤土桩。部分挤土桩包括开口的钢管桩、H 型钢桩和开口预应力混凝土桩等，成桩过程对桩周土结构有一定的影响，但基本不改变土的工程性质。

3. 按桩的承载性状分类

根据桩的传力特点和支承型式，桩可分为端承型桩和摩擦型桩，如图 10－1 所示。端承型桩是指桩穿过软弱土层支承于硬土层或岩层上的桩，因桩周软土的摩阻力和桩的竖向变形较小，桩侧摩阻力不能充分发挥出来，桩上的荷载主要靠桩端阻力来承受。摩擦型桩则是指桩上荷载主要靠桩侧阻力支承，桩端土阻力较小。实际工程中，最常见的桩是既有桩身摩阻力，又有桩尖端阻力，可称为摩擦端承桩或端承摩擦桩，两者作用的比较取决于地基土的特性、桩的尺寸、施工方法以及荷载大小等。

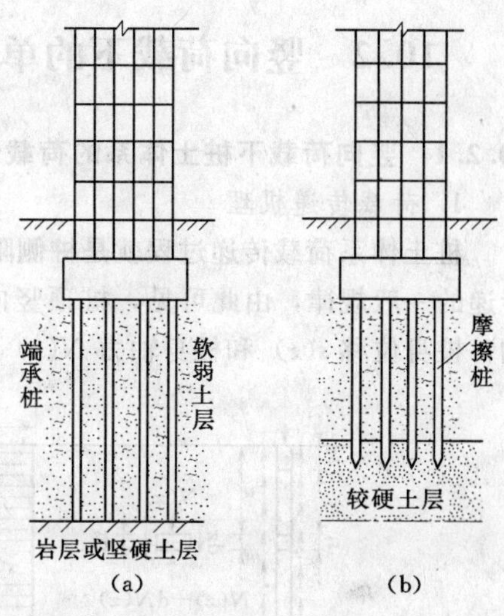

图 10-1 桩按荷载传递方式分类

(a) 端承型桩；(b) 摩擦型桩

4. 按桩的使用功能分类

根据桩的功能和受力条件，桩可分为抗压桩、水平荷载桩和复合受荷桩。大多数建筑桩基在正常工作条件下都属于抗压桩，以承受竖向荷载为主。抗拔桩多用于高压输电塔等特殊构筑物，主要承受上拔荷载。基坑支护桩、抗滑桩等属水平荷载桩，复合受荷桩是指竖向荷载和水平荷载都比较大的桩，如桥梁桩基等。

5. 按桩径大小分类

按桩的直径或截面尺寸可将灌注桩分为大直径桩、中等直径桩和小桩。分类界线不尽统一，一般将大于 ϕ 800mm 的灌注桩视为大直径桩，小桩指小于 ϕ 250mm 的桩，也称为微型桩，多用于地基浅层处理和旧建筑物基础托换加固。

6. 桩基分类

根据桩基承台与地面的相对位置，桩基被分为低承台桩基和高承台桩基（图 10-2），前者多用于工业与民用建筑，后者多用于桥梁码头和海洋工程等。

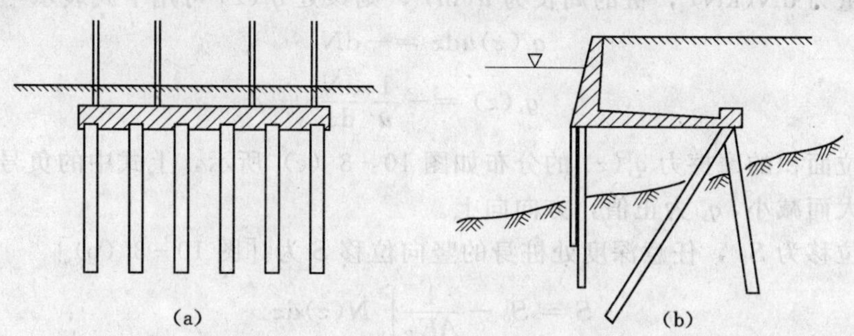

图 10-2 按桩台相对位置分类的桩基

(a) 低承台桩基；(b) 高承台桩基

低桩承台的底面位于地面或冲刷线以下一定深度，桩在地基中作为支承上部结构的深基础，承台—桩—土是共同作用的。高桩承台的底面位于地面或冲刷线以上，若水平荷载不大，不受船舶或漂流物的冲击，高桩承台是一种很好的形式。

10.2　竖向荷载下的单桩工作性状及单桩竖向承载力计算

10.2.1　竖向荷载下桩土体系的荷载传递

1. 荷载传递机理

桩土体系荷载传递过程就是桩侧阻力和桩端阻力的发挥过程。图 10－3 为桩土体系荷载传递的一般规律，由此可见，桩顶竖向荷载是通过桩侧摩阻力和桩端阻力逐渐传递给土体的，桩身位移 $s(z)$ 和桩身轴力 $N(z)$ 随深度递减，桩侧摩阻力 $q_s(z)$ 自上而下逐步发挥。

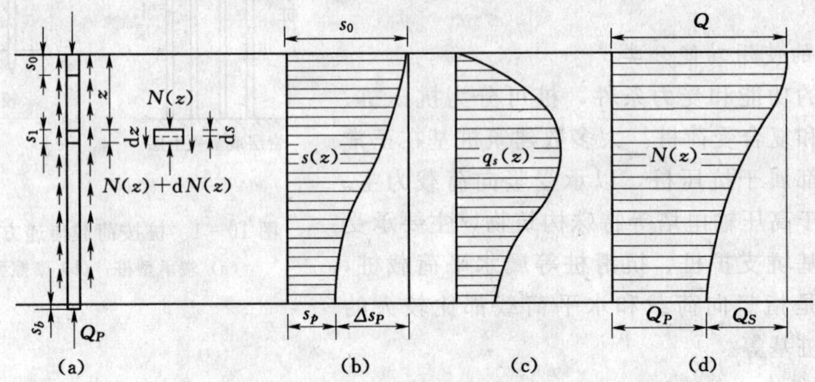

图 10－3　桩土体系荷载传递

(a) 桩身荷载传递；(b) 沉降分布；(c) 摩阻力分布；(d) 轴力分布

因此，桩的承载力由桩侧摩阻力和桩端阻力两部分组成。

$$Q = Q_S + Q_P \tag{10-1}$$

当桩侧摩阻力和桩端阻力均达到极限值时，相应的 Q 称为极限荷载，记为 Q_u 。

分析桩身单位面积的摩擦力 $q_s(z)$ 时，在桩身任意深度 z(m) 处取一微段 dz ，其两端轴向力的增量为 dN(kN)，桩的周长为 u(m)，则该处 $q_s(z)$ 可用下式表示

$$q_s(z)u\mathrm{d}z = -\mathrm{d}N$$

$$q_s(z) = -\frac{1}{u}\frac{\mathrm{d}N}{\mathrm{d}z} \tag{10-2}$$

桩身单位面积的摩擦力 $q_s(z)$ 的分布如图 10－3（c）所示，上式中的负号表示轴力随深度 z 的增大而减小，q_s 为正值，方向向上。

若桩顶位移为 S_0 ，任意深度处桩身的竖向位移 S 为［图 10－3（b）］

$$S = S_0 - \frac{1}{AE_P}\int_0^z N(z)\mathrm{d}z \tag{10-3}$$

式中：A 为桩横截面积；E_P 为桩的弹性模量。

2. 影响荷载传递的因素

Matters 和 Poulos 通过弹性理论分析得到桩土体系荷载传递随有关因素变化的一般规律如下。

1）桩端土与桩周土的刚度比 E_b/E_s 越小，侧摩阻力分担的荷载比例越大，桩身轴力沿深度衰减越快，即传递到桩端的荷载越小。

2）随桩身刚度与桩侧土刚度之比 E_c/E_s 的增大，传递到桩端的荷载增大，但当 E_c/E_s 值达到某一较大的值后，端阻分担的荷载比变化将不明显。

3）随桩长径比 L/d 增大，传递到桩端的荷载减小，桩身下部侧阻发挥值也相应降低。

4）随桩端扩径比 D/d 增大，桩端阻力分担的荷载比增加。

3. 桩侧摩阻力和桩端阻力

实测资料表明，只要桩与土体之间出现微小的相对位移 s，沿桩身就有荷载传递发生，产生桩侧摩阻力，且在不太大的相对位移（黏性土约为 4～6mm，砂土约为 6～10mm，或桩径的 0.5%～1.0%）情况下，桩侧摩阻力即可充分发挥，达到极限值。而桩端阻力的发挥所需的位移值与桩底土层性质极为相关，达到极限值所需要的位移要比发生桩侧极限摩阻力大得多，且随着桩径成比例增加。因此，在桩的荷载传递过程中总是桩侧摩阻力先充分发挥，然后桩端阻力才逐渐发挥，直至达到极限状态。

桩侧摩阻力 q_s 的大小除与桩土间相对位移 s 有关外，还与作用在桩身侧面上的法向应力 σ_x 有关，如图 10－4 所示，分布随深度 z 而变化。σ_x 的分布规律很难准确确定，不能简单定义为静止土压力、主动土压力或被动土压力，受桩的入土深度、土的性质、桩周土可能存在土拱作用以及施工方法等因素的影响。由于挤土效应，一般打入桩侧压力 σ_x 大于钻孔桩。

在饱和黏性土中打桩存在时间效应，摩阻力一方面受被扰动土中超静水压力的影响，另一方面受黏土的触变性质影响，呈现先低后高的现象，打桩后静置一段时间后会有所提高。在砂土中打桩存在挤密效应，强度可能增高，故测得摩阻力值可能增高，但经过一段时间后，由于土体颗粒的自行调整，结构有所恢复，这时测得摩阻力值要低些。因此，在实测打入桩的承载力时，要获得比较真实数据应在打桩休止数天后进行。

桩端阻力的发挥除与位移有关外，还与进入持力层的深度有关，如图 10－5 所示土层情况，将桩置于第 1、第 2 种情况，其桩端阻力差别不大，但当埋置为第 3、第 4、第 5 种情况时，则其差别较大，随着置入深度增加而增加，其中第 5 种情况为临界情况，即超过此一限度后，桩端阻力就不再随着埋深增加而增加。试验还表明，如持力层之下还有弱下卧层，则桩端越接近软弱下卧层端阻力越低。

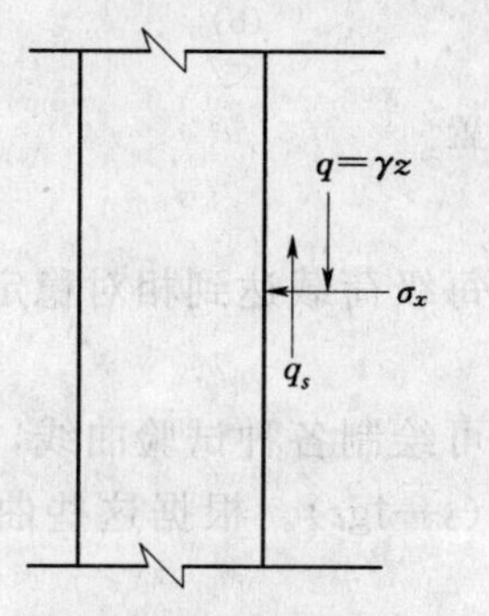

图 10－4 桩身的应力状态

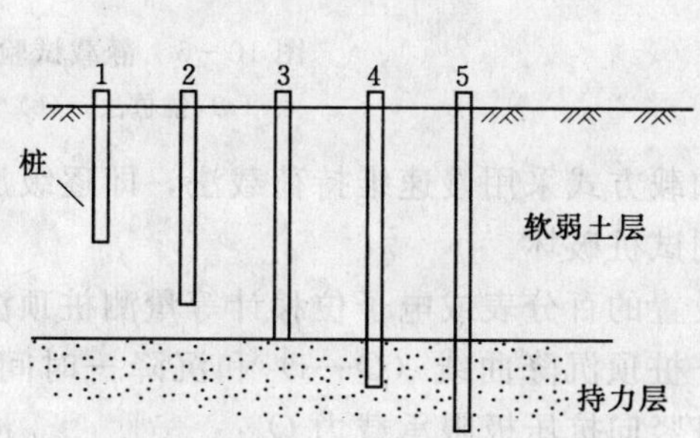

图 10－5 桩端阻力发挥的临界深度

10.2.2　单桩竖向极限承载力标准值的确定

单桩竖向承载力取决于桩身材料强度和土对桩的支承力。

1. 按桩身材料强度确定

将桩视作轴心受压杆件，荷载效应基本组合时单桩竖向承载力设计值 R_a 的计算式如下

$$R_a = A_p f_c \psi_c \tag{10-4}$$

式中：f_c 为混凝土轴心抗压强度设计值；A_p 为桩身横截面积；ψ_c 为基桩成桩工艺系数，预制桩取 0.85，灌注桩取 0.7～0.8。

2. 按土对桩的支承力确定单桩竖向承载力标准值 Q_{uk}

按土阻力确定单桩竖向承载力的方法有静载荷试验、经验公式、静力触探、打桩公式、动力试验和理论公式等方法。本节仅就前两种确定承载力的方法予以介绍。

(1) 桩的静载荷试验。通过桩的静载荷试验确定单桩承载能力最能准确反映土对桩的支承作用。现行规范规定，同一条件下的静载荷试验桩数一般不少于总桩数的 1%，且不少于 3 根。由于打桩对桩周土体的扰动，静载荷试桩应在土体强度充分恢复后才能进行，一般预制桩在砂土中不少于 7 天，黏性土中不少于 15 天，饱和软土中不少于 25 天，灌注桩应在桩身混凝土达到设计强度后才能进行试桩。

试验装置主要包括加荷稳压部分、提供反力部分和沉降观测部分。加荷方法有锚桩法和直接载荷法两种：图 10-6 (a) 为锚桩法加荷装置示意图，锚桩可利用工程桩，或根据地质条件和所需锚桩深度另设置 4～6 根。图 10-6 (b) 为直接在载荷平台上堆置重物（如钢锭、混凝土块等），平台下通过钢横梁借助千斤顶对桩施加垂直荷载。

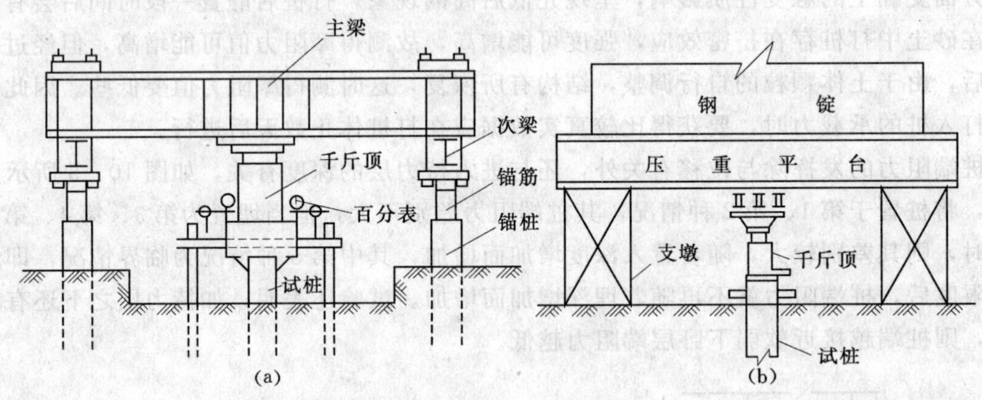

图 10-6　静载试验加载装置

(a) 锚桩法；(b) 压重法

试验加载方式采用慢速维持荷载法，即逐级加载，每级荷载达到相对稳定后加下一级荷载，直到试桩破坏。

通过设置的百分表或电子位移计等量测桩顶沉降，可绘制各种试验曲线，图 10-7 分别为荷载—桩顶沉降曲线（Q—s）和沉降—时间曲线（s—$\lg t$）。根据这些曲线特征可综合判断单桩竖向抗压极限承载力 Q_u：

1) 对于图 10-7 (a) 所示陡降型 Q—s 曲线，取其发生明显陡降的起始点对应的荷载值。

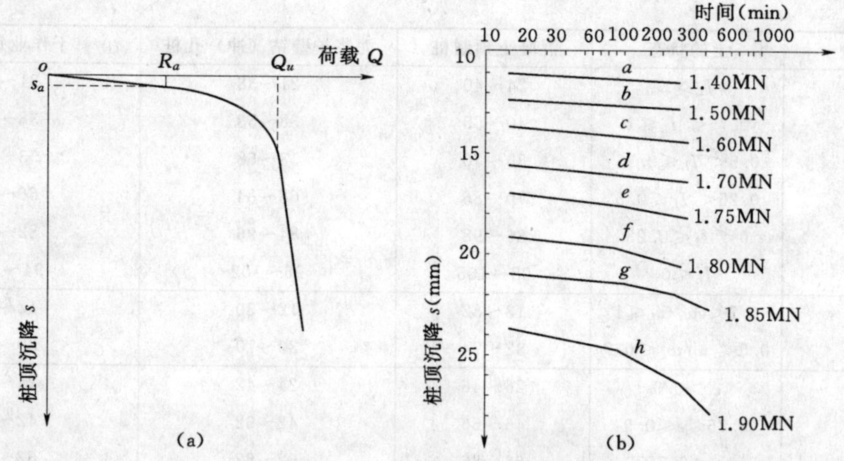

图 10-7 单桩静载荷试验曲线

(a) 单桩 Q—s 曲线；(b) 单桩 s—lg$t$ 曲线

2）根据图 10-7（b）所示 s—lg$t$ 曲线，取曲线尾部出现明显向下弯曲的前一级荷载值。

3）某级荷载作用下，桩的沉降量大于前一级荷载的两倍，且经 24 小时尚未稳定时，取该荷载的前一级荷载值。

4）Q—s 曲线为缓变型时，取桩顶总沉降量 $s=40$mm 所对应的荷载值。

当各试桩条件基本相同，各试桩实测极限承载力相差不大，取其平均值作为单桩竖向极限承载力标准值 Q_{uk}。

（2）经验公式。单桩竖向承载力为桩侧土摩阻力和桩端土支承力两部分之和。对于摩擦桩及桩端嵌入破碎岩和软质岩石的桩，单桩竖向极限承载力标准值可按下式估算

$$Q_{uk}=u_p\sum q_{sik}l_i+q_{pk}A_p \tag{10-5}$$

式中：q_{sik}、q_{pk} 分别为桩侧第 i 层土的极限侧阻力标准值、极限端阻力标准值，由当地静载荷试验结果统计分析得到，无实测值时，可按表 10-1 和表 10-2 取值；A_p 为桩底端横截面面积；u_p 为桩身周边长度；l_i 为第 i 层岩土的厚度。

桩端嵌入完整及较完整硬质岩中的嵌岩桩单桩竖向极限承载力，由桩周土总极限侧阻力和嵌岩段总极限阻力组成，按下式估算单桩竖向承载力的标准值

$$q_{uk}=u\sum q_{sik}l_i+\xi_r f_{rk}A_p \tag{10-6}$$

式中：f_{rk} 为桩端岩石饱和单轴抗压强度标准值；ξ_r 为嵌岩段侧阻和端阻综合系数，根据嵌岩深径比与岩石类别确定。

表 10-1　　桩的极限侧阻力标准值 q_{sik}　　单位：kPa

土的类型	土的状态	混凝土预制桩	泥浆护壁钻（冲）孔桩	干作业钻孔桩
填土		22～30	20～28	20～28
淤泥		14～20	12～18	12～18
淤泥质土		22～30	20～28	20～28

续表

土的类型	土的状态	混凝土预制桩	泥浆护壁钻（冲）孔桩	干作业钻孔桩
黏性土	$I_L>1$	24～40	21～38	21～38
	$0.75<I_L\leqslant1$	40～55	38～53	38～53
	$0.5<I_L\leqslant0.75$	55～70	53～68	53～66
	$0.25<I_L\leqslant0.5$	70～86	68～84	66～82
	$0<I_L\leqslant0.25$	86～98	84～96	82～94
	$I_L\leqslant0$	98～105	96～102	94～104
红黏土	$0.7<w/w_L\leqslant1$	13～32	12～30	12～30
	$0.5<w/w_L\leqslant0.7$	32～74	30～70	30～70
粉土	$e>0.9$	26～46	24～42	24～42
	$0.75\leqslant e\leqslant0.9$	46～66	42～62	42～62
	$e<0.75$	66～86	62～82	62～82
粉细砂	稍密	24～48	22～46	22～46
	中密	48～66	46～64	46～64
	密实	66～88	64～86	64～86
中砂	中密	54～74	53～72	53～72
	密实	74～95	72～94	72～94
粗砂	中密	74～95	74～95	76～98
	密实	95～116	95～116	98～120
砾砂	稍密	70～110	50～90	60～100
	密实	116～138	116～130	112～130

表 10－2　　桩的极限端阻力标准值 q_{pk}　　单位：kPa

土的类型	土的状态		预制桩入土深度（m）				水下冲（孔）桩入土深度（m）	
			$h\leqslant9$	$9<h\leqslant16$	$16<h\leqslant30$	$h>30$	$5\leqslant h<10$	$10\leqslant h<15$
黏性土	$0.75<I_L\leqslant1$		210～850	650～1400	1200～1800	1300～1900	150～250	250～300
	$0.5<I_L\leqslant0.75$		850～1700	1400～2200	1900～2800	2300～3600	350～450	450～600
	$0.25<I_L\leqslant0.5$		1500～2300	2300～3300	2700～3600	3600～4400	800～900	900～1000
	$0<I_L\leqslant0.25$		2500～3800	3800～5500	5500～6000	6000～6800	1100～1200	1200～1400
粉土	$0.75<e\leqslant0.9$		950～1700	1400～2100	1900～2700	2500～3400	300～500	500～650
	$e\leqslant0.75$		1500～2600	2100～3000	2700～3600	3600～4400	650～900	750～950
粉砂	稍密		1000～1600	1500～2300	1900～2700	2100～3000	350～500	450～600
	中密、密实		1400～2200	2100～3000	3000～4500	3800～5500	600～750	750～900
细砂	中密、密实		2500～4000	3600～5000	4400～6000	5300～7000	650～850	900～1200
中砂			4000～6000	5500～7000	6500～8000	7500～9000	850～1050	1100～1500
粗砂			5700～7500	7500～8500	8500～10000	9500～11000	1500～1800	2100～2400
砾砂	中密、密实	$N>15$	6000～9500		9000～10500		1400～2000	
角砾、圆砾		$N_{63.5}>10$	7000～10000		9500～11500		1800～2200	
碎石、卵石		$N_{63.5}>10$	8000～11000		10500～13000		2000～3000	

续表

土的类型	土的状态	水下冲(孔)桩入土深度(m)		干作业钻孔桩入土深度(m)		
		$15\leqslant h<30$	$h\geqslant 30$	$5\leqslant h<10$	$10\leqslant h<15$	$15\leqslant h$
黏性土	$0.75<I_L\leqslant 1$	300~450	300~450	200~400	400~700	700~950
	$0.5<I_L\leqslant 0.75$	600~750	750~800	500~700	800~1100	1000~1600
	$0.25<I_L\leqslant 0.5$	1000~1200	1200~1400	850~1100	1500~1700	1700~1900
	$0<I_L\leqslant 0.25$	1400~1600	1600~1800	1600~1800	2200~2400	2600~2800
粉土	$0.75<e\leqslant 0.9$	650~750	750~850	800~1200	1200~1400	1400~1600
	$e\leqslant 0.75$	900~1100	1100~1200	1200~1700	1400~1900	1600~2100
粉砂	稍密	600~700	650~750	500~950	1300~1600	1500~1700
	中密、密实	900~1100	1100~1200	900~1000	1700~1900	1700~1900
细砂	中密、密实	1200~1500	1500~1800	1200~1600	2000~2400	2400~2700
中砂		1500~1900	1900~2100	1800~2400	2800~3800	3600~4400
粗砂		2400~2600	2600~2800	2900~3600	4000~4600	4600~5200
砾砂	中密、密实 $N>15$	2000~3200		3500~5000		
角砾、圆砾	$N_{63.5}>10$	2200~3600		4000~5500		
碎石、卵石	$N_{63.5}>10$	3000~4000		4500~6500		

【例 10-1】 某钢筋混凝土管桩，外径 550mm，内径 390mm，桩长 20m。建设场地的地基土分为 6 层：第 1 层为中密人工填土，厚 3.0m；第 2 层为软塑状态粉质黏土，$I_L=0.85$，厚 4.0m；第 3 层为流塑粉质黏土，$I_L=1.1$，厚 4.5m；第 4 层为软塑粉质黏土，$I_L=0.80$，厚 5.0m；第 5 层为硬塑粉质黏土，$I_L=0.25$，厚 2.0m；第 6 层为粗砂，中密，层厚大于 15m。承台埋深 1m，计算此桩基础的单桩竖向极限承载力标准值。

解

根据各土层的类别与状态，桩周土极限侧阻力的标准值可参考当地经验值取值如下：

中密填土 $q_{s1k}=15\text{kPa}$；

粉质黏土 $q_{s2k}=21\text{kPa}$，$q_{s3k}=11\text{kPa}$，$q_{s4k}=22\text{kPa}$，$q_{s5k}=38\text{kPa}$；

中密粗砂 $q_{s6k}=40\text{kPa}$，桩端土极限端阻力标准值取 $q_{pk}=2100\text{kPa}$。

管桩桩底端横截面积 A_p 为

$$A_p=\pi d^2/4=\pi\times 0.55^2/4=0.2376(\text{m}^2)$$

桩周长为 $u_p=\pi d=\pi\times 0.55=1.728(\text{m}^2)$

根据单桩极限竖向承载力标准值的估算公式

$$Q_{uk}=u_p\sum q_{sik}l_i+q_{pk}A_p$$

有

$$\begin{aligned}Q_{uk}&=1.728\ (15\times 2.0+21\times 4+11\times 4.5+22\times 5.0\\&\quad+38\times 2+40\times 2.5)\ +2100\times 0.2376\\&=776.74+498.96=1275.7\ (\text{kN})\end{aligned}$$

10.2.3 桩的负摩阻力

1. 负摩阻力特征

(1) 负摩阻力。一般情况下桩受竖向荷载后，相对于桩周土作向下运动，土对桩就产生向上作用的摩阻力，即通常的正摩阻力。但是若桩周土的沉降大于桩的沉降时，在桩入土深度的全部或一部分长度上将出现向下作用的摩阻力，称为负摩阻力，如图 10-8（a）所示。负摩阻力不但不会对桩上的荷载起支承作用，反而成为桩上的附加荷载，增加桩的沉降或不均匀沉降。

产生负摩阻力的情况一般有：桩穿过新沉积的欠固结软黏土或新填土支承在硬持力层上时，由于土的自重产生固结沉降；桩周地面大面积堆载、填土或桩侧地面承受局部较大长期荷载；桩基础场地降低地下水位；沉桩严重扰动桩周土后引起土的固结；桩穿越厚层松散填土、自重湿陷性黄土进入相对较硬土层。

（2）中性点。对于穿经软弱土层支承于坚硬的持力层的桩基，桩的上段由于桩周土的沉降大于桩身沉降而出现负摩阻力，而在靠近持力层（硬层）附近，由于地基土的沉降小于桩的沉降，则桩身上仍作用着向上的正摩阻力。因此在桩身某处摩阻力发生正负变号，此点被称为中性点。

中性点是摩阻力变化，桩、土相对位移变化和轴向压力沿桩身变化的特征点，中性点处桩的沉降与桩周地基沉降量相等，该处摩阻力为零，轴向力最大，如图 10-8 所示。

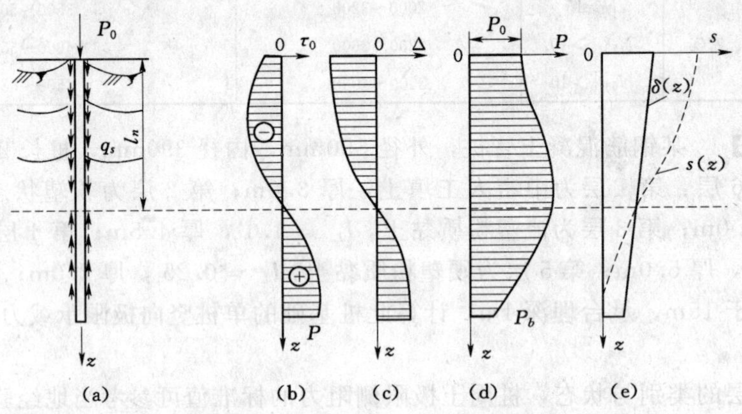

图 10-8 桩的正摩阻力和负摩阻力

（a）中性点示意；（b）摩阻力沿深度变化；（c）桩土相对位移随深度变化；

（d）桩轴力随深度变化；（e）中性点确定

中性点位置一般可根据桩的沉降与桩侧土沉降相等的条件确定。现场测试结果指出，中性点的深度 l_n 是由持力层的性质而决定的，l_n 可参考表 10-3 决定。

表 10-3 **中性点深度 l_n**

持力土层性质	黏性土、粉土	中密以上砂	砾石、卵石	基岩
中性点深度比 l_n/l_0	0.5～0.6	0.7～0.8	0.9	1.0

注 1. l_n、l_0 分别为中性点深度、桩周软弱土层下限深度。
2. 桩穿越自重湿陷性黄土时，l_n 按表列数值增大 10%（持力层为岩基除外）。

（3）时间效应。由于负摩阻力由桩侧土层固结沉降所引起，因此负摩阻力的产生和发展均经历一时间过程，过程的长短取决于桩侧土固结完成的时间和桩身沉降所完成的时间。当后者先于前者完成时，则负摩阻力达峰值后稳定不变；反之，负摩阻力达峰值后又会有所降低。固结土层越厚，渗透性越低，负摩阻力达峰值所需时间越长。

此外，中性点位置也存在时间效应。

2. 消减负摩阻力的措施

消除负摩阻力的工程措施主要有下述方法。

(1) 对于预制混凝土桩和钢桩，一般采用涂层的办法减少负摩阻力，即对中性点以上的桩身部分涂以软沥青涂层，为了防止桩身侧面所涂的沥青在沉桩时被破坏，往往将桩底做得比桩身稍大一些。

(2) 在预制桩外面加套管（桩与套管之间涂以润滑油），起到不让侧面土层的负摩阻力传至桩上的作用。

(3) 对于钢桩，可采用"负摩擦桩"（NF 桩），即事先在桩身侧面涂 0.5mm 厚的黏弹性物质，在这种物质的外面涂上 1.8mm 厚的合成树脂保护层，可以使作用在 NF 桩上的负摩阻力不及普通桩上的 20%。

(4) 在桩的设计中加入保护桩，如图 10-9 所示。对于由外部填土或堆载所引起的负摩阻力情况，可在群桩基础外围设置小直径钻孔灌柱桩作为保护桩［图 10-9 (a)］，隔离新填土自重所产生的周边桩上的负摩擦力，使外围的下层软黏土固结下沉所引起的下拉荷载全部由周边保护桩来负担。图 10-9 (b) 为 Brom 提出的一种措施，除了外围设有隔离式的保护桩外，在建筑物基底轮廓内部也设有相当数量的保护桩。

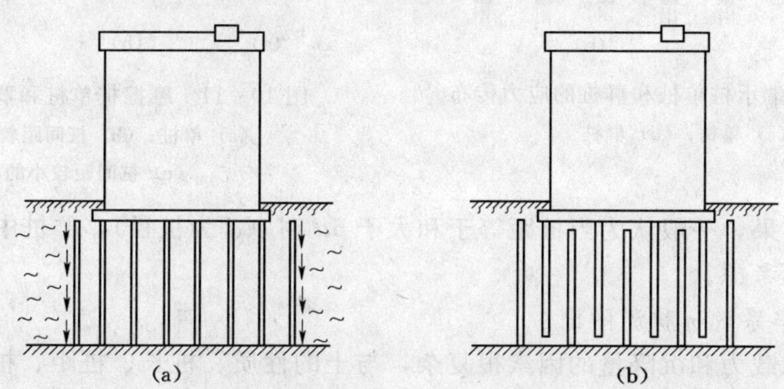

图 10-9　消减负摩阻力措施

(a) 群桩外围设置保护桩；(b) 群桩内部设置保护桩

10.3 竖向荷载作用下的群桩工作性状及计算

10.3.1 群桩在竖向荷载作用下的工作性状

实际工程中桩基础常由多根桩组成，由 2 根以上的桩组成的桩基称为群桩基础。竖向荷载作用下，由于基桩间的相互影响及承台的共同工作，群桩的承载力和沉降与单桩是不同的。

1. 端承群桩基础

端承桩基桩底持力层坚硬，桩的贯入变形小，由桩身压缩引起的桩顶沉降也不大，所以承台分担荷载的作用和桩侧摩阻力的扩散作用一般均不予以考虑。如图 10-10 所示，桩尖下压力分布面积与桩底截面面积近乎相等，各桩承压面不会重叠，没有压力叠加作用。因此，群桩的承载力等于各单桩承载力之和，各桩受到相同荷载时，群桩的沉降几乎与单桩的沉降相等。

2. 摩擦群桩基础

摩擦桩在竖向荷载作用下会形成承台—桩—土共同作用，工作性状趋于复杂，性质与单桩有很大不同。图 10-11 所示为单桩传递的荷载在桩端处分布的情况，由于摩擦力的扩散作用，当桩间距较小时，群桩中各桩传递的应力互相叠加，造成桩端处的压力大于单桩，使得群桩引起的应力传播深度也比单桩深。群桩效应表现为如果各桩受到的荷载与单桩相同，则群桩的沉降量大于单桩的沉降量；如果要使群桩沉降量等于单桩沉降量，则群桩中每根桩的承载力必然小于单桩承载力。

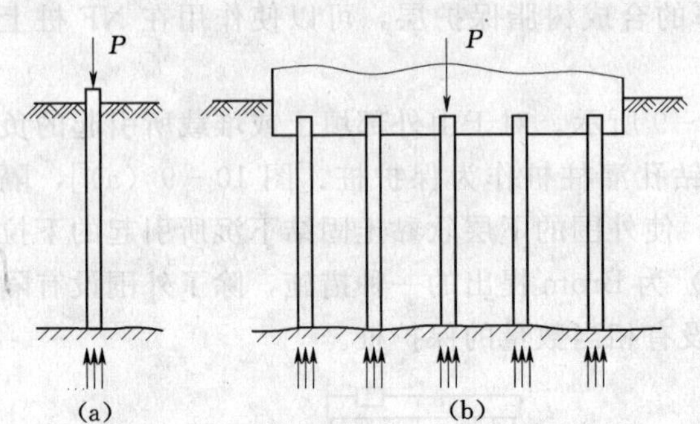

图 10-10　端承桩单桩和群桩的应力传布
(a) 单桩；(b) 群桩

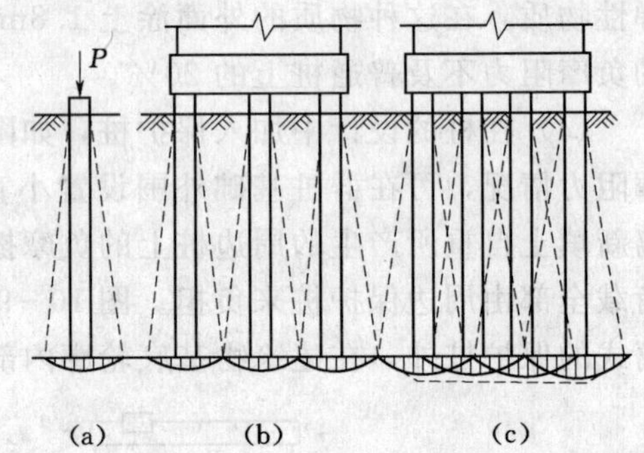

图 10-11　摩擦桩单桩和群桩的应力传布
(a) 单桩；(b) 桩间距较大的群桩；
(c) 桩间距较小的群桩

根据试验结果，一般认为当桩距等于和大于 $6d$ 时（d 为桩径），群桩中各桩桩底压力的叠加作用可不考虑。

3. 群桩效率系数 η 和沉降比 ξ

影响群桩承载力和沉降量的因素很复杂，与土的性质、桩长、桩距、桩数、群桩的平面形状和大小等因素有关，可以用群桩效率系数 η 和沉降比 ξ 分析群桩的工作特性。

群桩效率系数 η

$$\eta = \frac{Q_{un}}{nQ_u} \tag{10-7}$$

沉降比 ξ

$$\xi = \frac{s_n}{s_1} \tag{10-8}$$

式中：Q_{un}、Q_u 分别为群桩极限承载力和单桩的极限承载力；n 为桩群中的桩数；s_n、s_1 为群桩上作用荷载 nQ 时的沉降量和单桩上作用荷载 Q 时的沉降量。

国内外通过群桩的模型试验和现场载荷试验对群桩进行了大量研究，得到下述认识：

1）桩距增大，效率系数 η 提高。

2）桩距增大至一定值后，η 增加不明显。

3）桩距相同时，桩数越多，η 越低。

4）承台面积保持不变，桩数增加时（桩距减少），η 显著降低。

5）桩距增大，沉降比 ξ 减小。

6）桩距和荷载都相同时，ξ 随桩数的增多而变大。

桩基设计时，要尽量提高群桩的效率系数 η 和降低沉降比 ξ。

10.3.2 群桩竖向承载力的计算

1. 群桩承载力的计算

群桩承载力分以下两种情况进行计算：

(1) 单桩承载力累加法。对于下列桩基，群桩竖向承载力设计值为各单桩竖向承载力设计值的总和：端承桩群桩基础；桩数少于9根的摩擦桩基或爆扩桩基；条形基础下的桩不超过两排。

(2) 实体深基础计算方法。对于不符合单桩承载力累加算法的摩擦桩，可视作一假想的实体深基础，以实体深基础的基底应力分布近似地代替桩尖平面上的应力分布，用验算深基础底面处应力的办法来确定群桩的竖向承载力，要求群桩底面处土的压应力不超过该处土的竖向承载力设计值。

2. 群桩地基强度的验算

对于桩距小于6倍桩径时的群桩基础，桩底持力层土的强度验算如图10-12所示。假定桩侧摩阻力从桩顶外围的四周以 $\alpha=\varphi/4$ 的扩散角向下扩散，将桩基础视为实体基础，验算桩底平面扩散面积 ab 上的压力 p 是否满足要求。

中心荷载作用时，应满足

$$p_k=\frac{F_k+G_k}{A}\leqslant f_a \tag{10-9}$$

偏心荷载作用时，应满足

$$p_{k\max}=\frac{F_k+G_k}{A}+\frac{M_{xk}}{W_x}+\frac{M_{yk}}{W_y}\leqslant 1.2f_a \tag{10-10}$$

$$A=\left(a_0+2l\tan\frac{\varphi}{4}\right)\left(b_0+2l\tan\frac{\varphi}{4}\right) \tag{10-11}$$

式中：F_k 为相应于荷载效应标准组合时，上部结构传至桩基上的垂直荷载，其作用点位于设计地面处，kN；G_k 为包括图10-12中承台、承台上覆土，桩及桩间土的全部重量，有地下水时应考虑浮力，kN；A 为桩尖处扩散后实体基础面积，m^2；a_0、b_0、l 如图10-12所示；M_{xk}、M_{yk} 为相应于荷载效应标准组合时，作用在桩尖处扩散面积主轴的力矩，kN·m；W_x、W_y 为桩尖处扩散面积 A 对桩基主轴的截面抵抗矩，m^3；f_a 为桩尖平面处地基土经过修正后的地基承载力设计值，kPa。

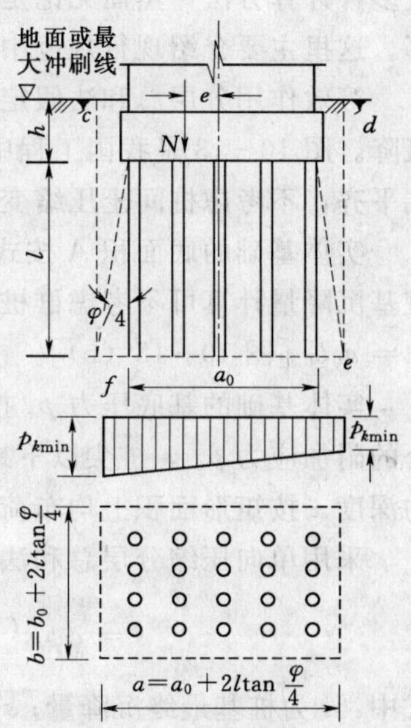

图10-12 群桩地基强度验算

当桩支承于坚硬的土层上，而桩周土较软弱时，可不考虑桩群侧面土摩擦阻力的扩散作用。此时 $A=a_0b_0$，其强度验算仍同式(10-9)和式(10-10)。

当桩尖平面以下有软弱下卧层时，还应验算该土层的承载力，具体方法参见第 8 章。

3. 群桩中各单桩受力验算

低桩承台的刚度相对于桩来说，一般较大，因此，在计算桩基中各桩所受的垂直荷载时，可根据材料力学的偏心受压原理计算。各桩受力不应超过单桩竖向承载力特征值。

(1) 在轴心竖向力作用下，桩基为中心受压，单桩承受的轴向压力 Q_k 应满足

$$Q_k = \frac{F_k + G_k}{n} \leqslant R_a \tag{10-12}$$

(2) 在偏心竖向力作用下，每根桩受到的平均压力 Q_k 应满足式 (10－12) 的条件，另外，桩基中单桩受到的最大轴向压力应满足

$$Q_{k\max} = \frac{F_k + G_k}{n} + \frac{M_{xk} y_{\max}}{\sum y_i^2} + \frac{M_{yk} x_{\max}}{\sum x_i^2} \leqslant 1.2R_a \tag{10-13}$$

式中：F_k 为相应于荷载效应标准组合时，作用于桩基承台顶面的竖向力；G_k 为桩基承台自重及承台上土自重标准值；Q_k、$Q_{k\max}$ 分别为相应于荷载效应标准组合轴心竖向力作用下任一单桩的竖向力、偏心竖向力作用单根受到的最大轴向压力；n 为桩基中的桩数；M_{xk}、M_{yk} 分别为相应于荷载效应标准组合作用于承台底面通过桩群形心的 x、y 轴的力矩；x_i、y_i 分别为桩 i 至桩群形心的 y、x 轴线的距离；R_a 为单桩竖向承载力特征值。

10.3.3　群桩的沉降计算

对于摩擦桩、地基基础设计等级为甲级的桩基，以及体形复杂、荷载不均匀或桩端以下存在软弱土层的设计等级为乙级的桩基，均应进行群桩的沉降验算，群桩基础的沉降不得超过建筑物沉降的允许值。而嵌岩桩、设计等级为丙级的建筑物桩基和条形基础下不超过两排的桩基，可不进行桩基沉降验算。

群桩沉降主要包括桩间土压缩变形和桩端以下地基土的整体压缩变形，国内外曾提出过多种计算方法，然而无论是理论解、数值解或是各种经验公式，目前都不能达到准确计算。这里主要介绍现行规范中采用的等效作用分层总和法。

等效作用分层总和法假定桩基为实体基础，然后按浅基础沉降计算方法计算实体基础沉降。图 10－13 是我国工程中常用的等代墩基法的计算图式，它假定实体基础底面与桩端平齐，不考虑桩间土压缩变形对沉降的影响。

实体基础的底面积 A 按式 (10－11) 确定，如果在软土地基上桩尖进入较硬土层时，桩基沉降量计算可不考虑群桩外围桩身侧面剪应力的扩散作用，此时实体基础的底面积为 $A = a_0 b_0$ [图 10－13 (b)]。

实体基础的基底压力 p_k 按式 (10－9) 计算，减去该处的自重应力，即可得到 z 桩尖处的附加应力 p_0，桩尖以下地基中各薄层分界面处的附加应力，可以根据分界面距桩尖的深度 z 按矩形面积上均布荷载作用下的 Boussinesq 解求得。

采用单向压缩分层总和法按下式计算实体深基础最终沉降量

$$s = \psi\psi_e s' = \psi\psi_e \sum_{j=1}^{m} p_{0j} \sum_{i=1}^{n} \frac{1}{E_{si}} \left[z_{ij}\bar{\alpha}_{ij} - z_{(i-1)j}\bar{\alpha}_{(i-1)j} \right] \tag{10-14}$$

式中：s 为桩基最终沉降量；s' 为按分层总和法计算出的桩基沉降量；ψ 为桩基沉降计算经验系数；ψ_e 为桩基等效沉降系数，按相应规范确定；m 为角点法计算点对应的矩形荷载分

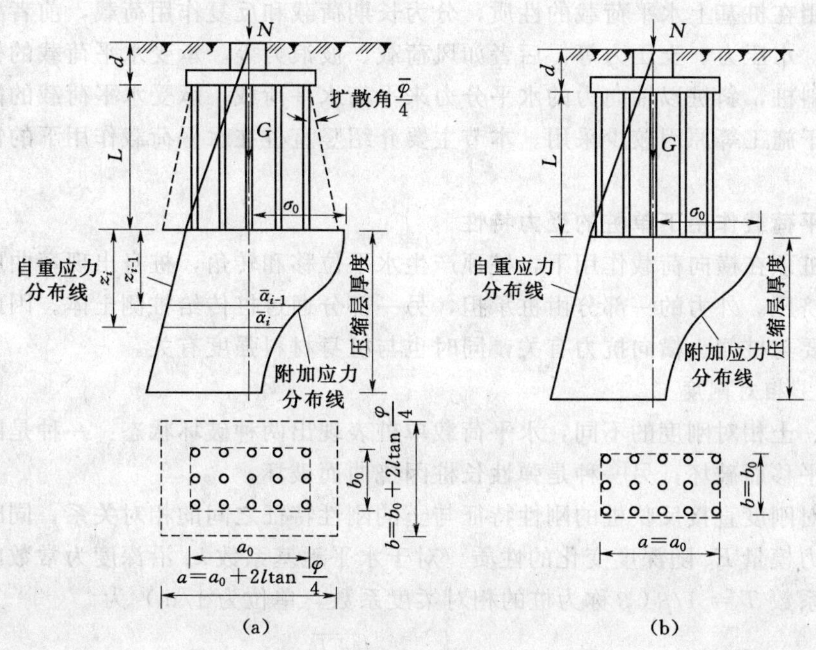

图 10-13 实体深基础的底面积

(a) 考虑扩散作用；(b) 不考虑扩散作用

块数；p_{0j}为第j块矩形底面在荷载效应性永久组合下的附加压力；n为桩基沉降计算范围内所划分的土层数；E_{si}为等效作用底面以下第i层土的压缩模量，采用地基土在自重压力至自重压力加附加压力作用时的压缩模量；z_{ij}、$z_{(i-1)j}$为桩端平面第j块荷载至第i层土、第$i-1$层底面的距离；$\bar{\alpha}_{ij}$、$\bar{\alpha}_{(i-1)j}$为桩端平面第j块荷载计算点至第i层土、第$i-1$层土底面深度范围内平均附加应力系数。

采用上式时压缩层厚度自桩尖平面算起，至附加应力等于土的自重应力的20%处，注意附加应力计算时应考虑相邻建筑的影响。

应提及的是，上述平均附加压力系数是采用Boussinesq解求得，即弹性半无限体表面作用均布矩形荷载下的附加应力计算公式，这与实际情况并不吻合，因为群桩基础中各单桩桩身的摩擦力和桩端的端承力均可在桩尖以下各土层中产生附加应力，所以采用荷载作用于半无限体内部的弹性理论Mindlin解计算附加应力较为合理。Mindlin解计算附加应力的方法为：将各桩的桩端阻力简化为集中力，将其摩擦力简化为沿桩身线性分布的几种力，分别计算它们在桩尖以下各土层分界面处产生的应力，然后逐根叠加。该方法计算复杂，不便在实际工程中推广应用。式（10-14）中等效沉降系数ψ_e即是针对Boussinesq解的缺陷和Mindlin解的复杂引入的一个修正系数，在两种解中建立一个经验关系，尽可能地提高计算精度。

10.4 水平荷载作用下的桩基工作性状及计算

当竖向力、水平力和弯矩共同作用在桩顶时，一般可将其分开为横向受力和轴向受力。根据作用在桩基上水平荷载的性质，分为长期荷载和反复作用荷载，前者如上部结构传递的荷载、水压力、土压力等，后者如风荷载、波浪力等。承受水平荷载的桩基可以采用竖直桩或斜桩，斜桩以轴向力的水平分力来平衡水平荷载，承受水平荷载的能力大于竖直桩，但由于施工等原因较少采用。本节主要介绍竖直桩在水平荷载作用下的性状和承载力计算。

10.4.1　水平荷载作用下单桩的受力特性

单桩的桩顶在横向荷载作用下，桩顶产生水平位移和转角，桩身出现弯曲应力，桩前土体受侧向挤压。外力的一部分由桩承担，另一部分通过桩传给桩侧土体。因此，其横向承载能力主要与桩侧土横向抗力有关，同时也与桩身材料强度有关。

1. 桩、土相对刚度

根据桩、土相对刚度的不同，水平荷载单桩表现出两种破坏状态：一种是刚性短桩因桩的转动或平移而破坏；另一种是弹性长桩因挠曲而破坏。

桩土相对刚度直接反映桩的刚性特征与土的刚性特征之间的相对关系，同时又间接地反映着土反力模量 E_S 随深度变化的性质。对于水平地基系数 k_h 沿深度为常数的地基，桩的相对刚度系数 $T=1/\beta$（β 称为桩的相对柔度系数，单位为 1/m）为

$$T=\frac{1}{\beta}=\sqrt[4]{\frac{4EI}{k_h B}} \tag{10-15}$$

对于水平地基系数随深度线性增加的地基，若采用 $k_h=mz$，桩的相对刚度系数 $T=1/\alpha$（α 称为桩的相对柔度系数，单位为 1/m）为

$$T=\frac{1}{\alpha}=\sqrt[5]{\frac{EI}{mb_0}} \tag{10-16}$$

式中：k_h 为沿深度不变的水平地基反力系数，kN/m^3；m 为水平地基反力系数随深度增长的比例系数，kN/m^4；E 为桩的弹性模量，kN/m^2；I 为抗弯刚度，m^4；B 为桩受力面宽度或桩径，m；b_0 为考虑桩周土空间受力的计算宽度，m，其值的确定参见下节。

设桩的入土深度为 l，则 l/T 为相对桩长，其大小反映着桩在横向荷载作用下的不同工作性状，根据相对桩长可以将水平荷载桩划分为刚性桩和弹性桩，如铁路部门的标准为：自地面或冲刷线算起的实际埋置深度 $\alpha l\leqslant 2.5$ 时为刚性桩；$\alpha l>2.5$ 时为弹性桩。而公路部门的标准为：相对桩长 $\alpha l\leqslant 2.0$ 时为刚性桩；$2.0<\alpha l<4.5$ 时为弹性桩；$\alpha l\geqslant 4.5$ 时为弹性长桩。

2. 刚性短桩的破坏

当桩顶自由，桩径较大、桩的入土较小及土质较差时，桩的相对刚度很大。在水平力的作用下，不考虑桩身的挠曲变形，桩身如刚体一样围绕桩轴上某点转动［图 10-14 (a)］。此时可将桩视为刚性桩，水平承载力由桩侧土的强度控制。如果桩径较大，还要考虑桩底土偏心受压时的承载力。

对于桩顶受到承台或桩帽约束而不能产生转动的刚性短桩，桩与承台将一起产生刚体平移［图 10-14 (b)］，当平移达一定限度时，桩侧土体屈服而破坏。

3. 弹性桩的破坏

当桩径较小、桩的入土深度较大、地基较密实时，桩的抗弯刚度与地基刚度相比较

小，桩犹如地基中的竖直弹性地基梁一样工作。在水平荷载及两侧土压力的作用下，桩身产生如图 10－15（a）所示的挠曲，水平承载力由桩身材料的抗弯强度和侧向土抗力所控制。根据桩底边界条件的不同，弹性桩又有中长桩和长桩之分：长桩有足够的入土深度，桩底按固定端考虑；中长桩的计算则取决于桩底的支承条件。

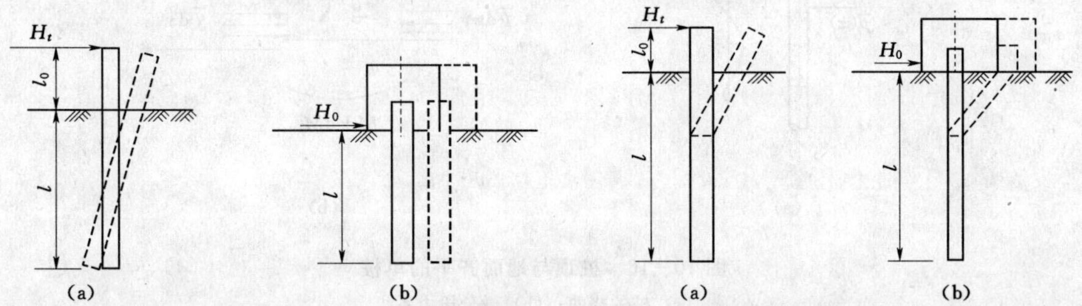

图 10－14　刚性短桩

(a) 桩头自由；(b) 桩头嵌固

图 10－15　弹性桩

(a) 桩头自由；(b) 桩头嵌固

当中长桩的桩顶嵌固时，桩顶将出现较大的反向固端弯矩［图 10－15（b）］，而桩身弯矩相应减小并向下部转移，桩顶水平位移比桩顶自由情况下大大减小。随着荷载的增加，桩顶最大弯矩处和桩身最大弯矩处将相继屈服，桩的承载力达到极限。

如果桩身强度较高，横向荷载作用下桩顶将产生较大的水平位移，此时承载力由位移控制。

10.4.2　水平荷载作用下弹性桩的分析

1. 水平荷载下弹性桩的微分方程

将承受水平荷载的单桩视为弹性地基中的竖直梁，如图 10－16 所示，入土深度为 h，桩顶与地面（或局部冲刷线）齐平，在桩顶作用有剪力 Q_0 和弯矩 M_0，沿桩长作用有水平分布荷载 $\overline{p}(z)$，沿桩身任取一微分段 dz，作用其上的荷载有分布荷载 $\overline{p}(z)$ 和土反力 $\overline{q}(z,x)$，以及上下截面的剪力和弯矩，根据微元体的静力平衡条件 $(Q+dQ)-Q+\overline{p}(z)dz-\overline{q}(z,x)dz=0$ 和材料力学公式 $Q=\frac{dM}{dz}$、$EI\frac{d^2x}{dz^2}=-M$ 可建立地面以下基桩微分方程

$$EI\frac{d^4x}{dz^4}=\overline{p}(z)-\overline{q}(z,x) \tag{10-17}$$

式中：EI 为桩的抗弯刚度。

若令 $\overline{p}(z)=0$，可得

$$EI\frac{d^4x}{dz^4}+\overline{q}(z,x)=0 \tag{10-18}$$

采用桩的单位面积地基反力强度 $q(z,x)$（简称地基反力）来表示桩的单位长度地基反力 $\overline{q}(z,x)$，可得

$$q(z,x)=\frac{\overline{q}(z,x)}{b_1}$$

式中：b_1 是垂直于反力方向桩的计算宽度，故式（10－18）可写为

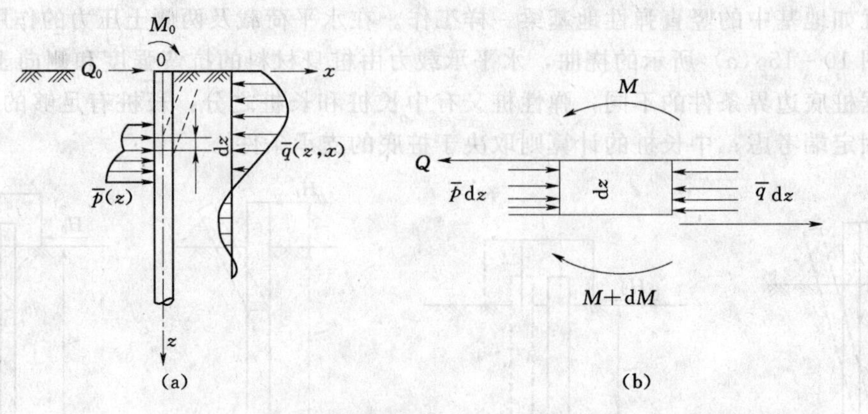

图 10-16　桩顶与地面齐平的单桩

(a) 桩的挠曲；(b) 微分段力系

$$EI\frac{d^4x}{dz^4}+b_1q(z,x)=0 \tag{10-19}$$

显然，地基反力函数 $q(z,x)$ 的不同表达方式可使式（10-19）得到不同的解答。水平受荷桩的分析方法主要有地基反力系数法、弹性理论法和数值计算方法等，下面只介绍国内采用较多的线弹性地基反力系数法。

2. 线弹性地基的反力系数法

假定地基反力 $q(z,x)$ 与桩位移 x 成正比，即

$$q(z,x)=k(z)x \tag{10-20}$$

式中：$k(z)$ 为桩侧土的地基反力系数，其分布和大小对于微分方程的解有重要影响，常用的分布图式有图 10-17 所示的常数法、k 法、m 法和 c 值法。

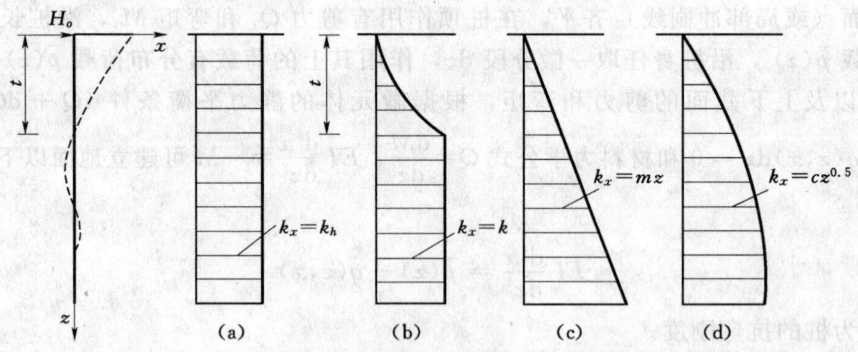

图 10-17　地基反力系数计算图式

(a) 常数法；(b) k 法；(c) m 法；(d) c 值法

(1) 常数法。如图 10-17（a）所示，假定桩侧土地基反力系数沿深度为一常数，即 $k(z)=k$。该法由张有龄先生于 20 世纪 30 年代提出，根据这种假定，可得出地面处土的侧向抗力最大的结论，与非黏性土和正常固结黏性土的实际情况不符。只有在坚硬的岩石中水平方向地基系数才可能沿深度不变。

(2) k 法。如图 10-17（b）所示，假定桩侧土地基系数在第一弹性零点 t 至地面间

随深度增加（呈凹形抛物线），而达 t 后保持为常数。该法由前苏联安盖尔斯基于 1937 年提出，曾在我国广泛采用，但由于 t 点以上地基系数的变化规律并没有明确给出，因而在使用中存在一定问题。用该法所得桩身最大弯矩值大于实测值，偏于安全。

（3）m 法。如图 10-17（c）所示，假定桩侧土地基系数随深度呈线性增加，即 $k(z)=mz$，我国目前采用该法最多，如铁路、公路桥梁桩基以及现行国家标准《建筑地基基础设计规范》均推荐使用该法。但根据假定地基系数随深度无限增长，与实际情况不符。

（4）c 值法。如图 10-17（d）所示，假定地基系数沿深度呈抛物线增加，即 $k(z)=cz^{0.5}$。该法由日本久保浩一于 1964 年提出，原陕西省交通科学研究所在分析了若干桩基的实测结果以后，认为地基系数随深度按 0.1～0.6 次方增大，因此提出采用 c 值法。我国《公路桥涵地基与基础设计规范》在推荐 m 法的同时，也推荐了该法。

上述四种方法的计算结果是不同的，实用时应根据土类和桩变位情况选择，一般说来，m 法和 c 值法适用于一般黏性土和砂性土，当桩水平位移较大时 m 法比较接近实际，当桩水平位移较小时 c 值法比较接近实际。

3. 水平荷载作用下弹性桩的 m 法解答

将土体视作弹性变形介质，根据 m 法分析桩顶承受侧向外力的等截面单桩的桩身位移、内力和桩侧土应力，计算中不考虑桩与土之间的黏着力和摩阻力。

（1）桩侧土抗力的计算宽度 b_0。大量试验证明，当一竖直桩桩顶承受的侧向力（水平力）大到某一值时，与该侧向力相反一侧桩背的土将产生按某一角度 α 扩散的裂缝，这说明桩侧土具有抵抗作用的宽度 b_0 大于桩身实际宽度 b，如图 10-18 所示。

对于直径 d 或宽度 b 等于和大于 1m 的桩，计算宽度 b_0 为

矩形桩： $b_0=b+1$

圆形桩： $b_0=0.9(d+1)$

当桩的直径 d 或宽度 b 小于 1m 时，计算宽度为

矩形桩： $b_0=1.5b+0.5$

圆形桩： $b_0=0.9(1.5d+0.5)$

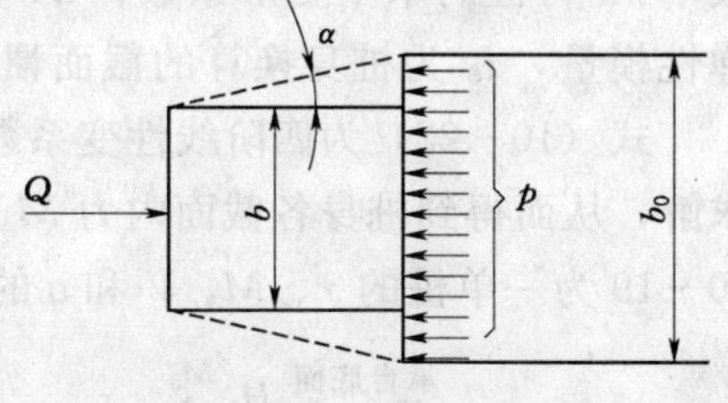

图 10-18 桩的计算宽度

（2）地基系数。采用 m 法分析水平荷载桩时，m 应通过水平载荷试验确定，无静载试验资料时可参考《建筑桩基技术规范》提供的数值（表 10-4）。

表 10-4　　地基土水平抗力系数的比例系数 m 值

序号	地基土类别	预制桩、钢桩		灌注桩	
		MN/m^4	相应单桩在地面处水平位移（mm）	MN/m^4	相应单桩在地面处水平位移（mm）
1	淤泥，淤泥质土，饱和湿陷性黄土	2～4.5	10	2.5～6	6～12
2	流塑、软塑状黏性土，$e>0.9$ 粉土，松散粉细砂，松散、稍密填土	4.5～6	10	6～14	4～8
3	可塑状黏性土、湿陷性黄土；$e=0.75$～0.9 粉土，中密填土、稍密细砂	6～10	10	14～35	3～6

续表

序号	地基土类别	预制桩、钢桩		灌注桩	
		MN/m^4	相应单桩在地面处水平位移（mm）	MN/m^4	相应单桩在地面处水平位移（mm）
4	硬塑、坚硬状黏性土、湿陷性黄土；$e<0.75$粉土，中密的中粗砂，密实老填土	10～22	10	35～100	2～5
5	中密、密实的砾砂、碎石类土			100～300	1.5～3

注　1. 当桩顶水平位移大于表列数值或灌注桩配筋率较高（≥0.65%）时，m值应适当降低；当预制桩的水平位移小于10mm时，m值可适当提高。

2. 当水平荷载为长期或经常出现的荷载时，应将表列数值乘以0.4降低采用。

3. 当地基为可液化土层时，应将表列数值乘以土层液化折减系数。

（3）单桩最大弯矩的计算。桩顶与地面或局部冲刷线齐平时，单桩在桩顶弯矩M_0、剪力H_0和地基水平抗力作用下产生挠曲，将m法假定和计算宽度b_0代入式（10－20）并代入微分方程（10－19），得

$$EI\frac{d^4x}{dz^4}+mb_0zx=0 \tag{10-21}$$

令$\alpha=\sqrt[5]{\dfrac{mb_0}{EI}}$，上式变为

$$\frac{d^4x}{dz^4}+\alpha^5zx=0 \tag{10-22}$$

式中：α为桩的水平变形系数；EI为桩基的挠曲刚度，按$0.85E_cI_0$计算，E_c为混凝土的弹性模量，I_0为桩身换算的截面惯性矩。

式（10－22）为四阶线性变系数齐次常微分方程，可以用幂级数法、差分法等多种方法求解，从而得到桩身各截面内力M、V和位移x、ϕ，以及土的水平地基反力$q(z,x)$。图10－19为一单桩的x、M、V和q的分布规律。

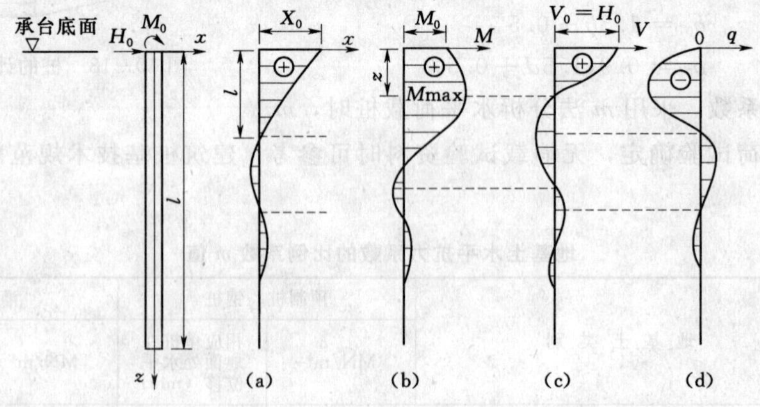

图10－19　单桩挠曲及内力

（a）桩身水平位移；（b）桩身弯矩；（c）桩身剪力；（d）地基水平反力

求得桩身各截面的水平位移、内力及桩侧土抗力后，即可验算桩身强度和桩侧土抗力，决定配筋量。

如果仅仅需要根据桩身最大弯矩及位置计算截面配筋，可以根据桩顶荷载和桩的水平变形系数进行下述简化计算

$$M_{\max} = \beta M_0 \tag{10-23}$$

式中：β 为系数，由 $\alpha \dfrac{M_0}{H_0}$ 从表 10－5 中查得；M_0 为桩顶处弯矩设计值；H_0 为桩顶处的水平力设计值。

水平荷载下单桩最大弯矩值的对应深度 $z_{\max}$ 为

$$z_{\max} = \frac{\bar{h}}{\alpha} \tag{10-24}$$

式中：$\bar{h}$ 为换算深度，由表 10－5 确定。

表 10－5　桩身最大弯距系数及位置系数

$\bar{h}=\alpha z$	$\alpha \frac{M_0}{H_0}$	β	$\bar{h}=\alpha z$	$\alpha \frac{M_0}{H_0}$	β
0.0	∞	1.000	1.4	−0.145	−4.596
0.1	131.25	1.001	1.5	−0.299	−1.876
0.2	34.19	1.004	1.6	−0.434	−1.128
0.3	15.54	1.012	1.7	−0.555	−0.740
0.4	8.98	1.029	1.8	−0.665	−0.530
0.5	5.54	1.059	1.9	−0.768	−0.396
0.6	3.91	1.101	2.0	−0.865	−0.304
0.7	2.59	1.169	2.2	−1.048	−0.187
0.8	1.99	1.294	2.4	−1.230	−0.118
0.9	1.24	1.441	2.6	−1.420	−0.074
1.0	0.82	1.928	2.8	−1.635	−0.045
1.1	0.50	2.299	3.0	−1.893	−0.026
1.2	0.25	3.896	3.5	−2.994	−0.003
1.3	0.03	3.438	4.0	−0.045	0.011

10.4.3 单桩水平承载力的确定

根据《建筑桩基技术规范》，受水平荷载的一般建筑物和水平荷载较小的高大建筑物单桩基础和群桩中基桩应满足

$$H_{ik} \leqslant R_h \tag{10-25}$$

式中：H_{ik} 为荷载效应标准组合下作用于基桩 i 桩顶处的水平力；R_h 为单桩基础或群桩中复合基桩的水平承载力设计值，可通过单桩水平静载荷试验确定，单桩基础 $R_h = R_{ha}$ 。

单桩水平承载力取决于桩的材料强度、截面刚度、入土深度、桩侧土质条件、桩顶水平位移允许值和桩顶嵌固情况等，其数值比相同情况下的竖向承载力低得多，可按下述方法确定。

1. 静载荷试验法

确定单桩水平承载力的方法以水平静载荷试验为最准确的方法，具体试验方法参见

《建筑基桩检测技术规范》(JGJ 106)。

对于受水平荷载较大的甲级、乙级建筑桩基，根据静载荷试验结果确定水平极限荷载 H_u，然后除以水平抗力分项系数 γ_h 得到单桩水平承载力设计值。

对于钢筋混凝土预制桩、钢桩、桩身全截面配筋率不小于 0.65%的灌注桩，可根据静载荷试验结果取地面处水平位移为 10mm（对水平位移敏感的建筑物取 6mm）所对应的荷载为单桩水平承载力设计值。

对于桩身配筋率小于 0.65%的灌注桩，可取单桩水平静载荷试验的临界荷载为单桩水平承载力设计值。

2. 经验公式法

当缺少单桩水平静载荷试验资料时，对于桩身配筋率小于 0.65%的灌注桩，其单桩水平承载力设计值可按下式估算

$$R_{ha}=\frac{0.75\alpha\gamma_m f_t W_0}{\upsilon_m}(1.25+22\rho_q)\left(1\pm\frac{\xi_N N}{\gamma_m f_t A_n}\right) \tag{10-26}$$

式中±号根据桩顶竖向力性质确定：压力取“+”，拉力取“-”。

式中：R_{ha} 为单桩水平承载力特征值；α 为桩的水平变形系数：$\alpha=\sqrt[5]{\frac{mb_0}{EI}}$；$\gamma_m$ 为桩截面模量塑性系数，圆形截面 $\gamma_m=2$，矩形截面 $\gamma_m=1.75$；f_t 为桩身混凝土抗拉强度设计值；W_0 为桩身换算截面受拉边缘的截面模量，圆形截面为：$W_0=\frac{\pi d}{32}[d^2+2(\alpha_E-1)\rho_g d_0^2]$，方形截面为 $W_0=\frac{b}{6}[b^2+2(\alpha_E-1)\rho_g b_0^2]$，其中 d 为桩径，d_0 为扣除保护层的桩径，b 为方形截面边长，b_0 为扣除保护层的桩截面边长；α_E 为钢筋弹性模量与混凝土弹性模量的比值；υ_m 为桩身最大弯矩系数，按表 10-6 取值，单桩基础和单排桩基纵向轴线与水平力方向垂直的情况，按桩顶铰接考虑；ρ_q 为桩身配筋率；A_n 为桩身换算截面积，圆形截面为：$A_n=\frac{\pi d^2}{4}[1+(\alpha_E-1)\rho_g]$，方形截面为 $A_n=b^2[1+(\alpha_E-1)\rho_g]$；$\xi_N$ 为桩顶竖向力影响系数，竖向压力取 0.5，竖向拉应力取 1.0；N 为荷载效应标准组合下桩顶的竖向力，kN。

表 10-6　桩顶（身）最大弯矩系数 υ_m 和桩顶水平位移系数 υ_x

桩顶约束情况	桩的换算埋深 αh	υ_m	υ_x	桩顶约束情况	桩的换算埋深 αh	υ_m	υ_x
铰接、自由	4.0	0.768	2.441	固接	4.0	0.926	0.940
	3.5	0.750	2.502		3.5	0.934	0.970
	3.0	0.703	2.727		3.0	0.967	1.028
	2.8	0.675	2.905		2.8	0.990	1.055
	2.6	0.639	3.163		2.6	1.018	1.079
	2.4	0.601	3.526		2.4	1.045	1.095

注　1. 铰接（自由）的 υ_m 系桩身的最大弯矩系数，固接 υ_m 系桩顶最大弯矩系数。
2. 当 $\alpha h>4$ 时，取 $\alpha h=4.0$。

对于桩身配筋率不小于 0.65%的灌注桩，缺少单桩水平静载试验资料时单桩水平承载力设计值按下式估算

$$R_{ha}=0.75\frac{\alpha^3 EI}{\upsilon_x}x_{0a} \tag{10-27}$$

式中：EI 为桩身抗弯刚度，对于钢筋混凝土桩，$EI=0.85E_cI_0$，I_0 为桩身换算截面惯性矩，圆形截面，$I_0=W_0d/2$，矩形截面 $I_0=W_0b_0/2$；x_{0a} 为桩顶允许水平位移；υ_x 为桩顶水平位移系数，按表 10-6 取值，取值方法同 υ_m。

验算地震作用桩基的水平承载力时，应将上述方法确定的单桩水平承载力特征值乘以调整系数 1.25。

研究表明，对水平承载力设计值影响最大的土层大约在 3～4 倍桩径范围内，设计时应特别注意这一深度范围内土性评价和沉桩影响。

10.5 竖向荷载下的桩基础设计

桩基础设计是根据荷载、地质及水文等条件，拟定承台标高和尺寸、桩的材料、直径、长度、数量和在平面上的排列等。设计过程中要满足力学与使用功能上的要求，同时要考虑技术上的可能性和是否经济等因素。

10.5.1 设计基本原则

为确保建筑物的安全和正常使用，桩基础设计必须满足以下三方面原则：

(1) 基底总荷载不超过桩基承载力与桩间土分担荷载的总和。

(2) 地基计算变形量小于建筑物容许变形值。

(3) 满足水平荷载作用下建筑物抗倾覆和抗滑移稳定性要求。

这三个要求也是建筑物基础设计的基本要求，对于重要程度和使用年限不同的建筑物可区分对待。

10.5.2 设计步骤

1. 选择桩型、长度和截面尺寸

桩型选择需考虑因素包括地质条件、建筑物荷载条件、结构特点、打桩设备、施工条件等，还需进行技术经济比较。确定桩型时一般应避免同一建筑物同时采用端承桩和摩擦桩。

桩的长度指从承台底面至桩端的距离，另外再考虑桩顶嵌入承台深度和桩尖尺寸。所以确定桩长主要是确定桩端持力层和桩端进入持力层深度。坚硬岩层、中密以上的砂层，及孔隙比小于 0.7、压缩系数小于 0.25MPa^{-1}，液性指数小于 1.0 的黏性土都可做桩基持力层。

桩端进入持力层的深度应根据地质条件、荷载及施工工艺确定，宜为桩身直径 d 的 1～3倍。灌注桩在黏性土、粉土中不宜小于 $2d$，砂土不宜小于 $1.5d$，在碎石类土中不宜小于 $1d$，当存在软弱下卧层时，桩基以下硬持力层的厚度一般不宜小于 $3d$；嵌岩桩嵌入完整和较完整的未风化、微风化和中等风化硬质岩体的最小深度不宜小于 0.5m。

当硬持力层较厚，且施工条件许可时，桩端全断面进入持力层的深度宜达到桩端阻力的临界深度。

确定桩长度时，还应同时考虑桩的制作、运输、沉桩设备的能力等因素。

2. 确定单桩承载力的特征值 R_a

初步设计时单桩竖向承载力特征值可由经验公式计算，对重要工程，应通过单桩静载荷试验确定。地基基础设计等级为丙级的建筑物，可以通过静力触探及标贯试验参数来确定 R_a。

3. 确定桩数量及桩的布置

桩数可按上部结构荷载和单根桩竖向承载力特征值确定。中心荷载时，桩数 n 按下式计算

$$n=\frac{F+G}{R_a} \tag{10-28}$$

式中：F 为相应于荷载效应标准组合时作用于桩基承台顶面的竖向力设计值；G 为桩基承台自重及承台上土自重标准值；R_a 为单桩竖向承载力特征值。

偏心荷载时，由于桩基中各桩受力可能不均匀，因而应适当增加桩数量，增加方法是将按上式确定的桩数增加 10%～20%。

以上选定的桩数在经过平面布置和单桩受力验算后，可能有增减。

桩的布置间距：桩的最小中心距应符合表 10－7 规定。对于大面积桩群，尤其是挤土桩，桩的最小中心距宜按表列数值适当加大。扩底灌注桩除应符合表 10－7 要求外，尚应满足表 10－8 规定。

表 10－7　桩的最小中心距

土类与成桩工艺		排数不少于 3 排且桩数不少于 9 根的摩擦型桩基	其他情况
非挤土/部分挤土灌注桩		$3.0d/3.5d$	$3.0d$
挤土灌注桩	穿越非饱和土	$4.0d$	$3.5d$
	穿越饱和软土	$4.5d$	$4.0d$
挤土预制桩		$3.5d$	$3.0d$
打入式敞口管桩和 H 形钢桩		$3.5d$	$3.0d$

注　d 为圆桩直径或方桩边长。

表 10－8　灌注桩扩底端最小中心距

成桩方法		排数不少于 3 排且桩数不少于 9 根的摩擦型桩基	其他情况
钻、挖孔扩底桩		$2.0D$ 或 $D+2$m（当 $D>2$m 时）	$1.5D$ 或 $D+1.5$m（当 $D>2$m 时）
沉管夯扩灌注桩	非饱和土	$2.2D$ 且 $4.0d$	$2.0D$ 且 $3.5d$
	饱和黏性土	$2.5D$ 且 $4.5d$	$2.2D$ 且 $4.0d$

注　D 为扩大端设计直径。

桩的排列方式可采用行列式或梅花形布置，如图 10－20 所示。对受力条件而言，梅花形布置即第二行错半个桩中心距排列较好；对施工方便而言，行列式简单。布桩时应力求各桩受力均匀，并做到既发挥每根桩的作用，又节约承台材料和方便施工。

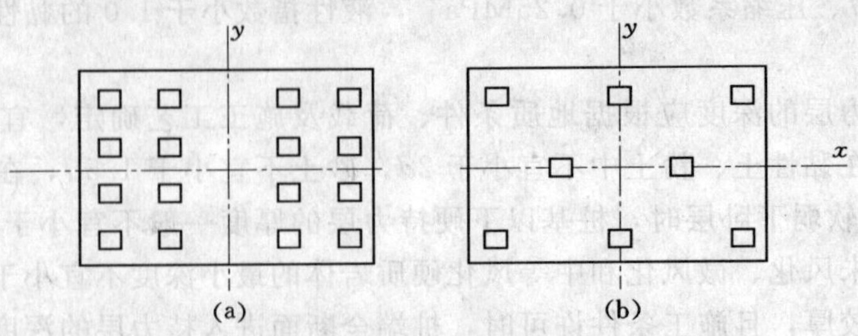

图 10－20　桩的排列方式

(a) 行列式排列；(b) 梅花形排列

4. 桩基中各桩受力验算

桩承台的作用是把多根桩联结成一整体，共同承受上部荷载，同时把上部结构荷载通过桩承台传到各根桩桩顶。低桩承台中的各单桩竖向承载力验算按 10.3.2 中 3 介绍的方法进行。

5. 桩基础地基强度和沉降验算

把群桩视为假想实体深基础，桩基地基强度验算按 10.3.2 中 2 介绍的方法进行，桩基沉降验算按 10.3.3 中介绍方法进行。

6. 桩身强度计算与构造要求

对于钢筋混凝土预制桩，根据桩在起吊、运输、锤击应力以及工作受压条件最不利情况下，进行桩身强度及抗裂度计算。考虑预制桩吊运时可能受到振动和冲击的影响，计算吊运弯矩和吊运拉力时可将桩身自重乘以 1.5 的动力系数。

7. 承台计算

桩基础承台应有足够的强度和刚度，能将各桩连成整体，并能将上部结构荷载可靠地传给各桩。

承台的平面尺寸按桩的平面布置确定，边桩的中心距离承台边不应小于桩的直径。承台的厚度按冲切及抗剪条件确定，一般不小于 30cm，混凝土标号不低于 C15。冲切计算时，包括桩对承台的冲切和单根桩对承台的冲切两种情况。

承台的配筋按内力计算确定。墙下桩基为梁式承台，可按连续梁计算；柱下单独桩基承台，或整个建筑物下片筏板加桩基，为板式承台，其配筋可按双向正交板计算。

10.5.3 桩身结构设计

1. 预制桩

钢筋混凝土预制桩常见的是预制方桩和管桩，一般预制桩典型构造如图 10-21 所示。预制桩的混凝土等级不宜低于 C30。预应力混凝土桩的混凝土等级不宜低于 C40。纵向钢筋的混凝土保护层厚度不小于 30mm。

混凝土预制桩的截面边长不应小于 200mm，预应力混凝土桩的截面边长不宜小于 350mm。

预制桩的桩身配筋应按吊运、沉桩及桩在建筑物中受力等条件计算确定。锤击法沉桩最小配筋率不宜小于 0.8%，静压法沉桩最小配筋率不宜小于 0.6%，主筋直径不宜小于 $\phi14$。打入桩桩顶 $4\sim5d$ 范围内箍筋加密，并设置钢筋网片。

2. 灌注桩

桩身混凝土强度等级不得低于 C25，混凝土预制桩尖不得低于 C30。

主筋的混凝土保护层厚度不应小于 35mm，水下灌注混凝土不得小于 50mm。

灌注桩应按算得的桩中最不利受力状态来配筋，其配筋量可根据桩身内力的分布分段进行，然后按整桩来检算其稳定条件，具体计算方法可按偏心受压构件计算。计算配筋的具体要求为：

(1) 配筋率。当桩身直径为 300～2000mm 时，截面配筋率可取 0.65%～0.20%，小桩径取高值，大桩径取低值。

(2) 配筋长度。端承桩宜通长配筋。受水平荷载的摩擦型桩（包括受地震作用的桩

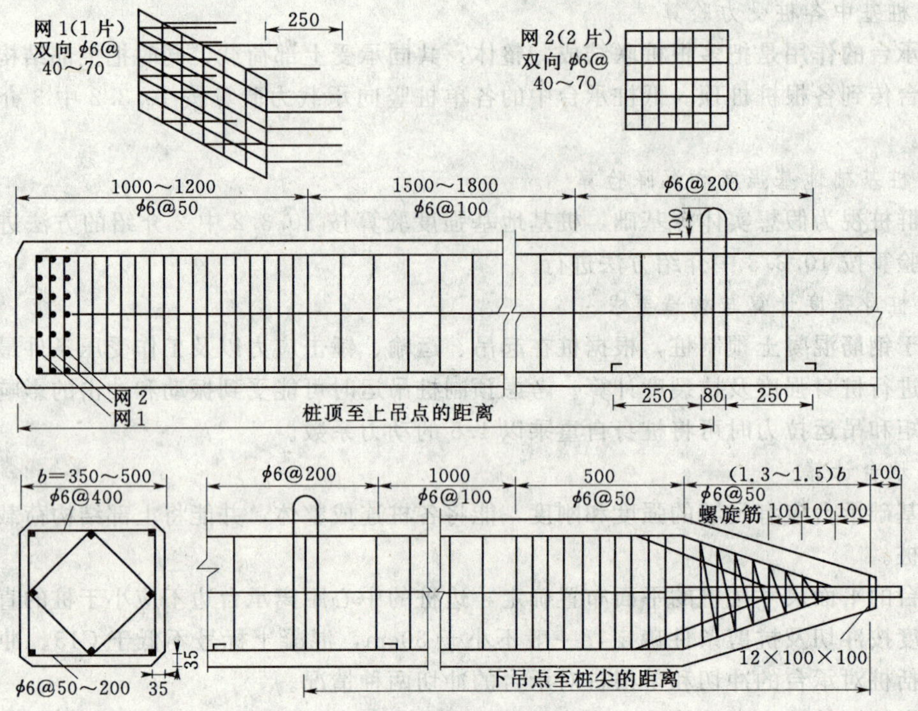

图 10－21　混凝土预制桩

基)，配筋长度宜采用 $4.0/\alpha$（α 为桩的水平系数）。对于桩径大于 600mm 的摩擦型桩配筋长度不少于 2/3 桩长；对承受负摩阻力和因先成桩后开挖基坑而随地基土回弹的桩，其配筋长度应穿过软土层进入稳定土层的深度不小于 $2\sim3d$；专用抗拔桩应通长配筋；因地震作用、冻胀或膨胀力作用而承受拔力的桩，按计算配置等截面或变截面通长配筋。

(3) 对于受水平荷载的桩，主筋不宜小于 8ϕ12；对于抗压桩和抗拔桩，主筋不应少于 6ϕ10。纵向钢筋应沿桩身周边均匀布置，其净距不应小于 60mm，并尽量减少钢筋接头。

(4) 箍筋采用 ϕ6～ϕ8 @200～300mm，宜采用螺旋式箍筋。受水平荷载较大的桩基和抗震桩基，桩顶以下 $5d$ 范围内箍筋应适当加密。当钢筋笼长度超过 4m 时，应每隔 2m 左右设一道 ϕ12～ϕ18 的焊接加劲箍筋。

10.5.4　承台结构设计

承台设计应按现行《混凝土结构设计规范》进行受弯、受冲切、受剪切计算，当承台的混凝土强度等级低于柱或桩的混凝土强度等级时，还应验算柱下或桩上承台的局部受压承载力。

1. 受弯计算

(1) 柱下桩基独立承台。多桩矩形承台的弯矩计算截面取在柱边和承台高度变化处，计算公式为

$$M_x = \sum N_i y_i \tag{10-29}$$

$$M_y = \sum N_i x_i \tag{10-30}$$

式中：M_x、M_y 分别为垂直于 x 轴和 y 轴方向计算截面处的弯矩设计值；x_i、y_i 分别为垂直于 y 轴和 x 轴方向自桩轴线到相应计算截面的距离（图 10-22）；N_i 为扣除承台和承台上方土重后第 i 桩竖向净反力设计值。当不考虑承台效应时，为第 i 桩竖向总反力设计值。

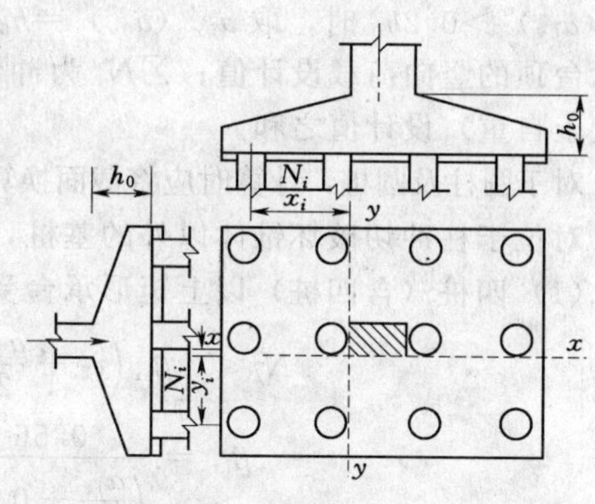

图 10-22 柱下桩基独立矩形承台弯矩计算

三桩三角形承台的弯矩计算方法与矩形承台相同。只是应注意当其计算弯矩截面不与主筋方向正交时，需根据主筋方向角对配筋面积进行换算。

（2）箱形承台和筏形承台。箱形承台和筏形承台弯矩宜按地基—桩—承台—上部结构共同作用的原理分析计算。对于箱形承台，当桩端持力层为基岩、密实的碎石类土、砂土，且较均匀时，或当上部结构为剪力墙、框架—剪力墙体系且箱形承台的整体刚度较大时，箱形承台顶、底板可仅考虑局部弯曲作用进行计算。对于筏形承台，当桩端持力层坚硬均匀、上部结构刚度较好，且柱荷载及柱间距变化不超过 20%时，可仅考虑局部弯曲作用按倒楼盖法计算；当桩端以下有中、高压缩性土、非均匀土层、上部结构刚度较差或柱荷载及柱间距变化较大时，应按弹性地基梁板进行计算。

（3）柱下条形承台梁。柱下条形承台梁按弹性地基梁进行分析计算，当桩端持力层较硬且桩柱轴线不重合时，可视桩为不动支座，按连续梁计算。

（4）墙下条形承台梁。按倒置弹性地基梁计算。

2. 受冲切计算

柱下桩基独立承台冲切破坏方式包括柱对承台冲切和角桩对承台的冲切。冲切破坏锥体应采用自柱（墙）边和承台变阶处至相应桩顶边缘连线所构成的截锥体，锥体斜面与承台底面之夹角不小于 45°（图 10-23）。

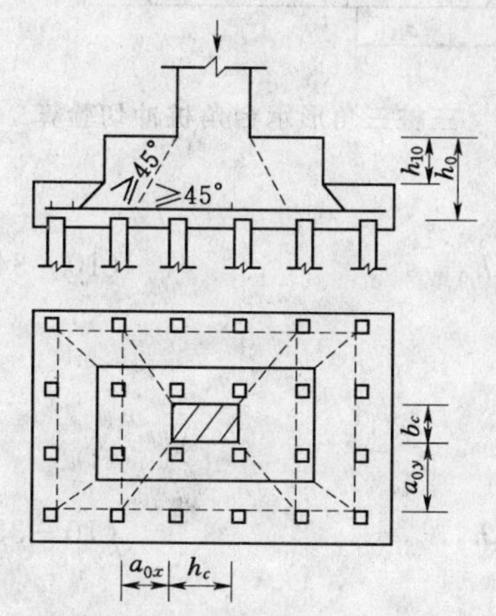

图 10-23 柱对承台的冲切计算

柱受冲切承载力按下列公式计算

$$F_l \leqslant 2[\beta_{0x}(b_c + a_{0y}) + \beta_{0y}(h_c + a_{0x})]\beta_{hp} f_t h_0 \tag{10-31}$$

$$F_l = F - \sum N_i$$

$$\beta_{0x} = 0.84/(\lambda_{0x} + 0.2)$$

$$\beta_{0y} = 0.84/(\lambda_{0y} + 0.2) \tag{10-32}$$

式中：F_l 为扣除承台及其上填土自重，作用在冲切破坏锥体上相应于荷载效应基本组合的冲切力设计值；h_0 为冲切破坏锥体的有效高度；β_{hp} 为受冲切承载力截面高度影响系数，按有关规定取用；β_{0x}、β_{0y} 为冲切系数；λ_{0x}，λ_{0y} 为冲跨比，$\lambda_{0x} = a_{0x}/h_0$、$\lambda_{0y} = a_{0y}/h_0$，$a_{0x}$、$a_{0y}$ 为冲跨，即柱（墙）边或承台变阶处到桩边的水平距离；当 a_{0x}（a_{0y}）$< 0.2h_0$ 时，取 a_{0x}（a_{0y}）$= 0.2h_0$，当

a_{0x}（a_{0y}）$>0.2h_0$ 时，取 a_{0x}（a_{0y}）$=h_0$。即 $\lambda_{0x}(\lambda_{0y})$ 的取值范围为 0.2～1.0；F 为作用于承台顶的竖向荷载设计值；$\sum N_i$ 为冲切破坏锥体范围内各桩的净反力（不计承台及承台上土自重）设计值之和。

对于圆柱及圆桩，计算时应将截面换算成方柱及方桩。

对位于柱冲切破坏锥体以外的基桩，可按下式计算受基桩冲切的承载力。

（1）四桩（含四桩）以上矩形承台受角桩冲切的承载力（图 10-24）。

$$N_l \leqslant \left[\beta_{1x}\left(c_2+\frac{a_{1y}}{2}\right)+\beta_{1y}\left(c_1+\frac{a_{1x}}{2}\right)\right]\beta_{hp} f_t h_0 \tag{10-33}$$

$$\beta_{1x}=\frac{0.56}{\left(\dfrac{a_{1x}}{h_0}+0.2\right)},\quad \beta_{1y}=\frac{0.56}{\left(\dfrac{a_{1y}}{h_0}+0.2\right)}$$

式中：N_l 为扣除承台及其上填土自重后的角桩桩顶相应于荷载效应基本组合时的竖向力设计值；β_{1x}、β_{1y} 分别为角桩冲切系数；c_1、c_2 分别为从角桩内边缘至承台外边缘的距离；a_{1x}、a_{1y} 分别为从承台底角桩内边缘引 45°冲切线与承台顶面相交点至角桩内边缘的水平距离，当柱或承台变阶处位于该 45°线以内时，则取由柱边或变阶处与桩内边缘连线为冲切锥体的锥线；h_0 为承台外边缘的有效高度。

（2）三桩三角形承台受角桩冲切的承载力（图 10-25）。

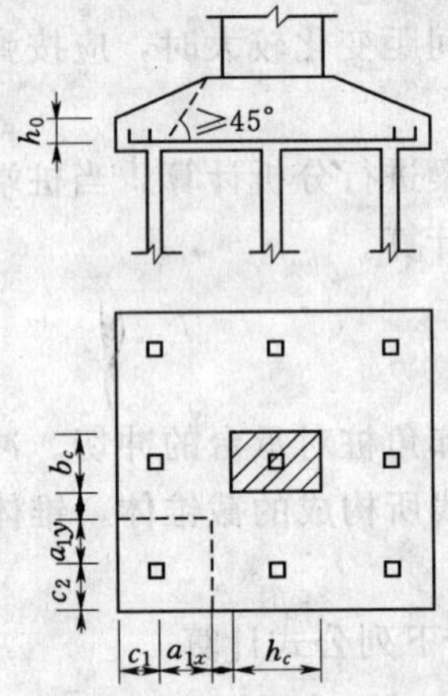

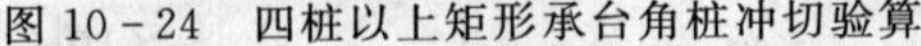

图 10-24　四桩以上矩形承台角桩冲切验算

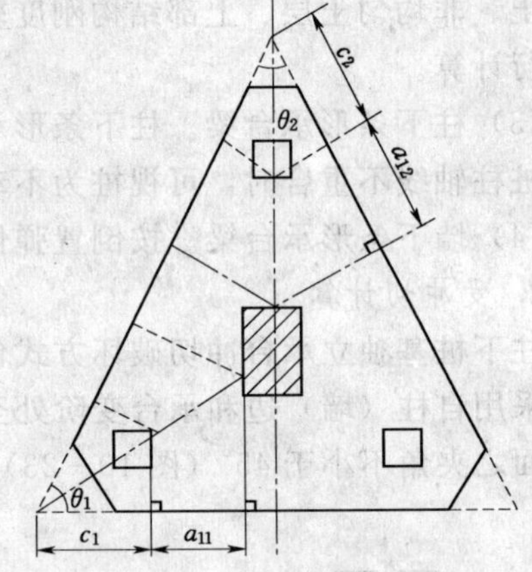

图 10-25　三桩三角形承台角桩冲切验算

底部角桩

$$N_l \leqslant \beta_{11}(2c_1+a_{11})\beta_{hp}\tan\frac{\theta_1}{2} f_t h_0 \tag{10-34}$$

$$\beta_{11}=\frac{0.56}{\left(\dfrac{a_{11}}{h_0}+0.2\right)}$$

顶部角桩

$$N_l \leqslant \beta_{12}(2c_2+a_{12})\beta_{hp}\tan\frac{\theta_2}{2} f_t h_0 \tag{10-35}$$

$$\beta_{12}=\frac{0.56}{\left(\dfrac{a_{12}}{h_0}+0.2\right)}$$

式中：a_{11}、a_{12} 分别为从承台底角桩内边缘向相邻承台边引 45°冲切线与承台顶面相交点至角桩内边缘的水平距离，当柱位于该 45°线以内时，则取柱边与桩内边缘连线为冲切锥体的锥线。

3. 受剪切验算

柱下桩基独立承台的抗剪计算在小剪跨比的条件下具有深梁特征。

斜截面受剪承载力验算应符合下述规定：

1）剪切破坏面为通过柱边（墙边）和桩边连线形成的斜截面（图 10-26）。

2）斜截面受剪承载力按下列公式计算。

$$V \leqslant \beta_{hs} \alpha f_t b_0 h_0 \tag{10-36}$$

$$\alpha = \frac{1.75}{\lambda + 1.0}$$

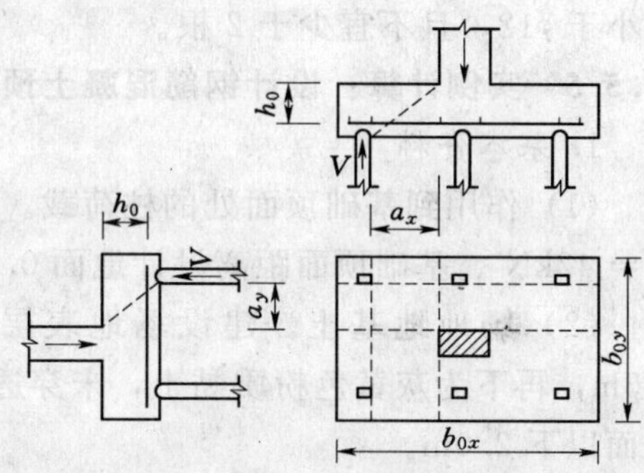

图 10-26　承台斜截面受剪计算

式中：V 为扣除承台及其上填土自重后相应于荷载效应基本组合时斜截面的最大剪力设计值；f_t 为混凝土轴心抗拉强度设计值；b_0 为承台计算截面处的计算宽度；h_0 为承台计算截面处的有效高度；α 为剪切系数；β_{hs} 为受剪切承载力截面高度影响系数，$\beta_{hs} = (800/h_0)^{1/4}$；$\lambda$ 为计算截面的剪跨比，$\lambda_x = a_x/h_0$，$\lambda_y = a_y/h_0$，a_x、a_y 为柱边（墙边）或承台变阶处至 x、y 方向计算一排桩的桩边的水平距离，当 $\lambda < 0.25$ 时，取 $\lambda = 0.25$；当 $\lambda > 3$ 时，取 $\lambda = 3$。

在应用上式计算时应注意：当柱边外有多排桩形成多个剪切斜截面时，对每一斜截面都应进行受剪承载力验算；应对柱的纵横（x—x、y—y）两个方向的斜截面分别进行受剪承载力验算；对于阶梯形承台应分别在变阶处及柱边处进行斜截面受剪计算，具体计算方法见相应规范。

4. 承台构造要求

柱下桩基独立承台的构造尺寸在满足抗冲切、抗剪切、抗弯承载力及上部结构的要求外，尚应符合下列要求：

1）承台宽度不应小于 500mm。边桩中心距承台边缘距离不宜小于桩的直径或边长，且挑出部分不应小于 150mm，对于条形承台不应小于 75mm。

2）承台厚度不应小于 300mm。

3）承台混凝土的强度等级不宜低于 C25，纵向钢筋混凝土保护层厚度不宜小于 70mm，当设素混凝土垫层时，不宜小于 50mm。

4）承台配筋，对于矩形承台钢筋应按双向均匀通长布置，直径不宜小于 $\phi 12$，间距不宜大于 200mm；对于三桩承台，应按三向板带均匀配置，最里面的三根钢筋相交围成的三角形应位于柱截面范围以内（图 10-27）。

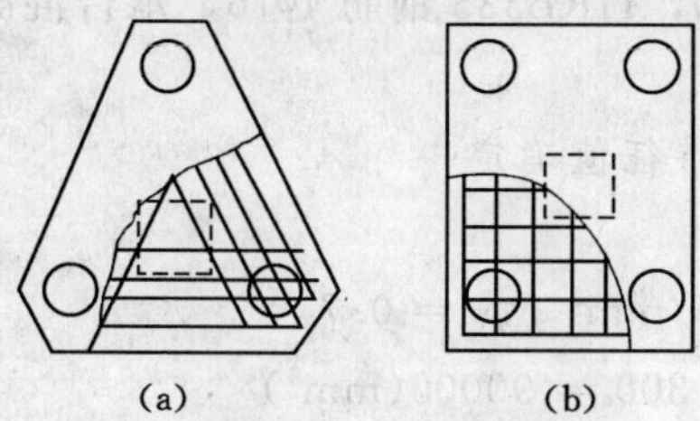

图 10-27　承台配筋

(a) 三桩承台；(b) 四桩承台

5. 桩与承台的连接

桩顶嵌入承台的长度，对大直径桩（$d \geqslant 800$mm）不宜小于 100mm；对中等直径桩（250mm$< d <$800mm）

不宜小于 50mm。

桩顶主筋应伸入承台内，其锚固长度不宜小于 35 倍主筋直径，对抗拔桩不应小于 40 倍主筋直径。预应力混凝土桩可采用钢筋与桩头钢板焊接的连接方法。

6. 承台之间的连接

单桩承台宜在桩顶两个方向上设置联系梁；两桩承台宜在其短向设置联系梁；有抗震要求的柱下独立承台，宜在纵横方向设置联系梁；联系梁顶与承台顶齐平，宽度不宜小于 250mm，高度可取承台中心距的 1/15～1/10。联系梁配筋按计算确定，上下纵向钢筋不宜小于 $\phi12$，且不宜少于 2 根。

10.5.5　实例计算：设计钢筋混凝土预制桩基础

1. 基本资料

（1）作用到基础顶面处的柱荷载。轴向力 $N=2850\text{kN}$，弯矩 $M=395\text{kN}\cdot\text{m}$，剪力 $Q=42\text{kN}$。基础顶面距离设计地面 0.5m，承台底面埋深 $D=2.0\text{m}$。

（2）场地地基土。建设场地表层为松散杂填土，厚 2.0m，以下为灰色黏土，厚 8.5m，再下为灰黄色粉质黏土，未穿透。土的物理力学性质指标见表 10-9。地下水位在地面以下 2.0m。

表 10-9　　　　土的物理力学性质指标

土层名称	层厚 h_i(m)	w (%)	γ (kN/m³)	G	e	w_L (%)	w_P (%)	I_P	I_L	Sr (%)	c (kPa)	φ (°)	a_{1-2} (MPa⁻¹)	E_s (MPa)	f_a (kPa)
人工填土（杂填土）	2.0		16.0												
黏土（灰色）	8.5	38.2	18.9	2.73	1.0	38.2	18.4	19.8	1.0	95.6	18	20	0.41	4.88	110
粉质黏土（灰黄色）	4.0 3.6 5.2	26.7	19.6	2.71	0.75	32.7	17.7	15	0.6	96.5	12	21	0.25	7.0 8.2 12.0	220

（3）进行了桩的静载荷试验，其 Q—s 曲线如图 10-28 所示。

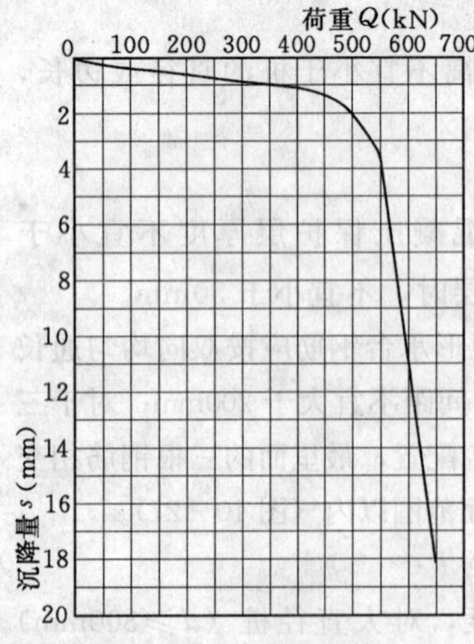

图 10-28　试桩的 Q—s 曲线

2. 桩的材料和尺寸

根据地基条件和施工设备，采用钢筋混凝土预制方桩，以灰黄色粉质黏土作为桩基持力层，桩的全断面（桩尖处断面最大的位置）进入持力层 1.45m，桩顶伸入承台 5cm，则桩长 $l=10\text{m}$，桩截面尺寸取 30cm×30cm。

桩材料：混凝土 C30，HRB335 钢筋 $4\phi16$，承台混凝土 C20。

3. 单桩竖向承载力特征值确定

（1）由桩材料强度。

$$f_c = 15\text{N/mm}^2\ ;\ \psi_c = 0.7$$

$$A_p = 300\times300 = 90000(\text{mm}^2)$$

则

$$R_a = A_p f_c \psi_c = 90000\times15\times0.7$$

$= 945000\text{N} = 945(\text{kN})$

(2) 由静载荷试验。

在 $Q—s$ 曲线上，按“发生明显陡降的起点（第二拐点）所对应的前一级荷载”定出单桩极限承载力 $Q_u = 550\text{kN}$ 。则单桩竖向承载力特征值为

$$R_a = \frac{Q_u}{2} = 275(\text{kN})$$

(3) 由经验公式。

桩尖土端承力：灰黄色粉质黏土，$I_L=0.6$，入土深度为12m，查表求得 $q_{pk} = 968\text{kPa}$。

桩侧土的摩阻力：

灰色黏土层，$I_L=1.0$，属软塑，$q_{s1k}=15\sim20\text{kPa}$，取 $q_{s1k}=15\text{kPa}$。

灰黄色粉质黏土层，$I_L=0.6$，属可塑，$q_{s2k}=20\sim35\text{kPa}$，取 $q_{s2k}=25\text{kPa}$。

则

$$R_a=u_p\sum q_{sik}l_i+q_{pk}A_p=4\times0.3\ (15\times8.5+25\times1.45)\ +968\times0.3^2=283.6\ (\text{kN})$$

以上三种计算结果，确定取用单桩竖向承载力特征值为 $R_a = 275\text{kN}$ 。

4. 桩数量及布置

设桩承台平面尺寸为2m×3m，$F=2850\text{kN}$，承台和覆土重 $G=2\times3\times2\times20=240\ (\text{kN})$，则桩数

$$n = 1.1\times\frac{F+G}{R_a} = 1.1\times\frac{2850+240}{275} = 12.36\text{，取 } n=12 \text{ 根}$$

桩中心距 $s=\ (3\sim6)\ d=0.9\sim1.8\text{m}$，设计中，对于短桩取 $s=1.0\text{m}$。桩按行列式布置，承台平面布置和尺寸如图10-29所示。

5. 桩基中各桩受力验算

各桩平均轴向压力

$$\bar{p} = \frac{F+G}{n} = \frac{2850+2.6\times3.6\times2\times20}{12} = 268.7(\text{kN}) \leqslant R_a = 275\text{kN}$$

单桩最大和最小轴向力

$$\begin{matrix}p_{\max}\\p_{\min}\end{matrix}=\frac{F+G}{n}\pm\frac{M_y x_{\max}}{\sum x_i^2}=268.7\pm\frac{(395+42\times1.5)\ \times1.5}{6\ (0.5^2+1.5^2)}$$

$$=\begin{matrix}314.5\ (\text{kN})\\222.9\ (\text{kN})\end{matrix}\quad\leqslant1.2R_a=330\text{kN}$$

满足要求。

6. 群桩地基强度验算

以 $\alpha = \frac{\varphi}{4} = \frac{20^\circ}{4} = 5^\circ$（图10-30），从桩顶外围向下扩散传布压力，扩散面积

$$a = a_0 + 2l\tan\alpha = 3.3 + 2\times9.95\tan5^\circ = 5.04(\text{m})$$

$$b = b_0 + 2l\tan\alpha = 2.3 + 2\times9.95\tan5^\circ = 4.04(\text{m})$$

$$A = a\times b = 5.04\times4.04 = 20.36(\text{m}^2)$$

桩尖标高以上土的平均容重为

$$\gamma_m = \frac{16\times2+8.9\times8.5+9.6\times1.45}{11.95} = 10.2(\text{kN/m}^3)$$

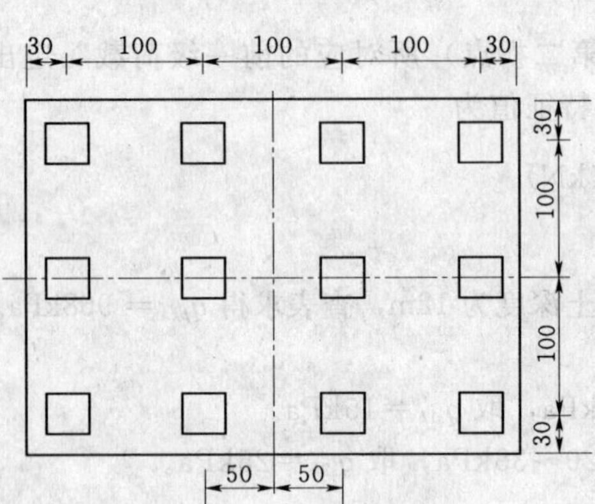

图 10-29　桩的平面布置

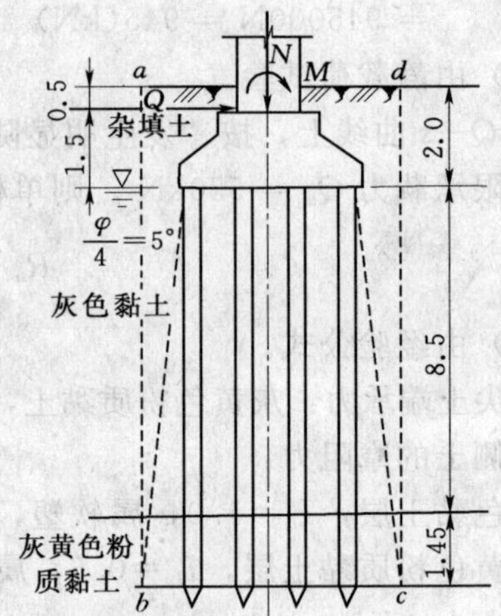

图 10-30　群桩承载力和沉降验算（单位：m）

桩尖处灰黄色粉质黏土的承载力设计值，查表可得：$f_{ak} = 220\text{kPa}$

一般粉质黏土，查表得宽度修正系数 $\eta_b = 0.3$，深度修正系数 $\eta_d = 1.5$，则经修正后灰黄色粉质黏土的承载力特征值 f_a 为

$$
\begin{aligned}
f_a &= f_{ak} + \eta_b \gamma (b-3) + \eta_d \gamma_m (d-0.5) \\
&= 220 + 0.3 \times 9.6(4.04-3) + 1.5 \times 10.2(11.95-0.5) \\
&= 398.18(\text{kPa})
\end{aligned}
$$

桩尖处扩大面积 A 以上、$abcd$ 体积的基础自重 G：近似取承台，桩、土混合重度为 $\gamma = 20\text{kN/m}^3$，地下水位以下取 $\gamma' = 10\text{kN/m}^3$，则

$$G = 4.04 \times 5.04 \times (2 \times 20 + 9.95 \times 10) = 2840(\text{kN})$$

基础底面 A 上的压力：

中心荷载作用时，满足

$$p = \frac{F+G}{A} = \frac{2850+2840}{20.36} = 279.4(\text{kPa}) \leqslant f_a = 398.18\text{kPa}$$

偏心荷载作用时，满足

$$
\begin{aligned}
p_{\max} &= \frac{F+G}{A} + \frac{M_{yk}}{W_y} \\
&= 279.4 + \frac{395 + 42 \times (1.5+9.95)}{4.04 \times 5.04^2/6} \\
&= 330.62(\text{kPa}) \leqslant 1.2 f_a = 477.81\text{kPa}
\end{aligned}
$$

7. 群桩地基变形计算

桩尖平面处平均压力

$$p = 279.4\text{kPa}$$

桩尖平面处土的自重压力

$$p_c = 2.0 \times 16 + 8.5 \times 8.9 + 1.45 \times 9.6 = 121.6(\text{kPa})$$

附加应力

$$p_0 = p - p_c = 279.4 - 121.6 = 157.8(\text{kPa})$$

沉降计算过程及结果列于表 10-10。

表 10-10 **沉降量计算表**

i	z_i (m)	$\frac{a}{b}=\frac{5.04/2}{4.04/2}=1.25$				E_{si} (kPa)	$\frac{p_0}{E_{si}}$	$\Delta s_i=\frac{p_0}{E_{si}}(z_i\bar{\alpha}_i - z_{i-1}\bar{\alpha}_{i-1})$ (m)
		z_i/b	$\bar{\alpha}_i$	$z_i\bar{\alpha}_i$	$z_i\bar{\alpha}_i - z_{i-1}\bar{\alpha}_{i-1}$			
0	0	0	1.00	0				
1	2.55	1.26	0.8940	2.28	2.28	7000	0.0226	5.153×10^{-2}
2	6.15	3.04	0.5810	3.57	1.29	8200	0.0193	2.490×10^{-2}
3	10.35	5.12	0.3991	4.13	0.56	12000	0.0132	0.739×10^{-2}
4	11.35	5.62	0.3706	4.21	0.08	12000	0.0132	0.105×10^{-2}

由于 $\Delta s_4/\sum\Delta s_i = 0.105/8.487 = 0.012 < 0.025$，计算至桩尖下 11.35m 的压缩层下限已满足要求。取沉降经验系数 $\psi_p = 1.1$，桩基的最终沉降量

$$S = \psi_p \sum \Delta S_i = 1.1\times 8.497 = 9.35\ (\text{cm})$$

承台设计、桩强度验算略。

桩的配筋构造图如图 10-31 所示。

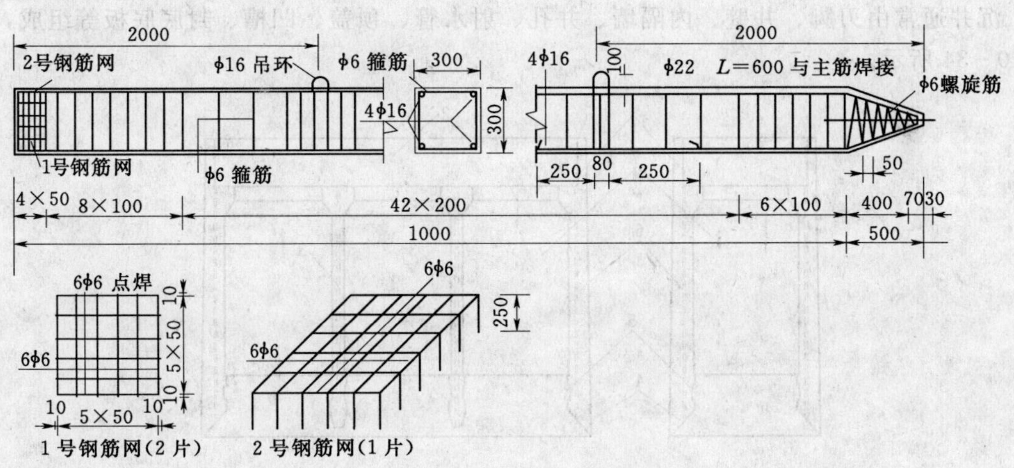

图 10-31　桩的配筋构造图

10.6 其 他 深 基 础

10.6.1　沉井基础

沉井是一个用混凝土（或钢筋混凝土）制成的井筒状结构物。施工时先就地制作第一节井筒，然后在井筒内挖土，使沉井在自重作用下克服土的阻力而下沉，随着沉井逐步下沉，再逐步接高井筒，直至沉井下沉到设计标高后，在其下端浇筑封底混凝土。沉井的类型如图 10-32 和图 10-33 所示。

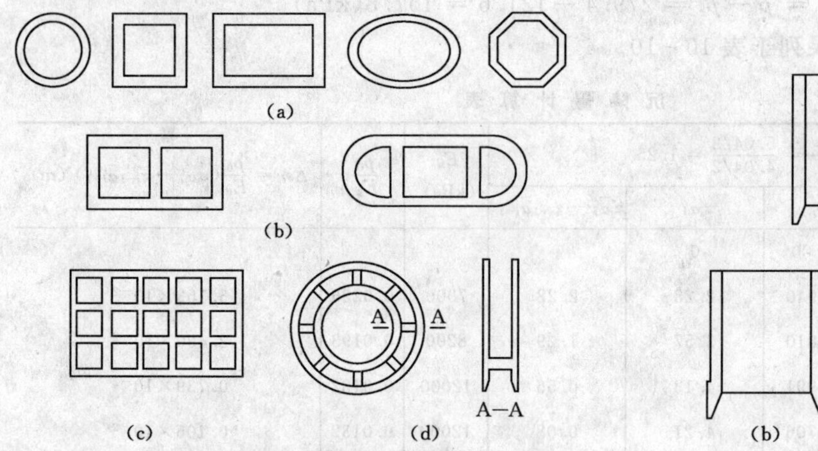

图 10-32　沉井平面形状图

(a) 单孔；(b) 单排孔；(c) 多排孔；(d) 双环异形沉井

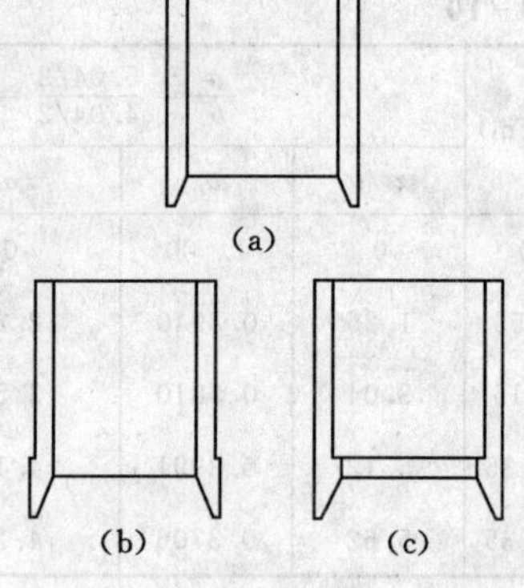

图 10-33　沉井剖面形状图

(a) 柱形井壁；(b) 外台阶井壁；(c) 内台阶井壁

沉井基础具有占地面积小，不需要板桩围护、操作简便、内部空间可充分利用等优点。井壁即可作为基础的一部分，又可作为地下构筑物围护结构。

1. 沉井的构造和类型

沉井通常由刃脚、井壁、内隔墙、井孔、射水管、顶盖、凹槽、封底底板等组成，如图 10-34 所示。

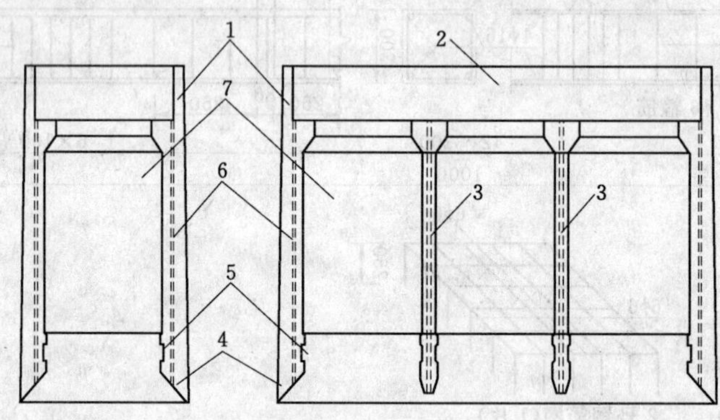

图 10-34　沉井构造

1—井壁；2—顶盖和封底；3—隔墙；4—刃脚；5—凹槽；6—射水管；7—井孔图

井壁是沉井的主体部分，在沉井下沉过程中起挡土、挡水及利用本身重量克服土与井壁之间的摩阻力的作用；当沉井施工完毕后，它就成为基础或基础的一部分而将上部荷载传到地基。因此，井壁必须具有足够的强度和一定的厚度。

刃脚在沉井的最下端，沉井下沉时起切入土中的作用，是沉井的重要组成部分，必须有足够的强度，以免挠曲与碰坏。刃脚有多种形式，如图 10-35 所示。

隔墙又叫内壁，其作用是加强沉井刚度。为缩小外壁跨度，减少外壁的挠曲应力，通常把沉井分成若干个取土井，以便于掌握挖土位置及控制下沉方向。隔墙间距一般要求不大于 5～6m，厚度一般为 0.8～1.2m。

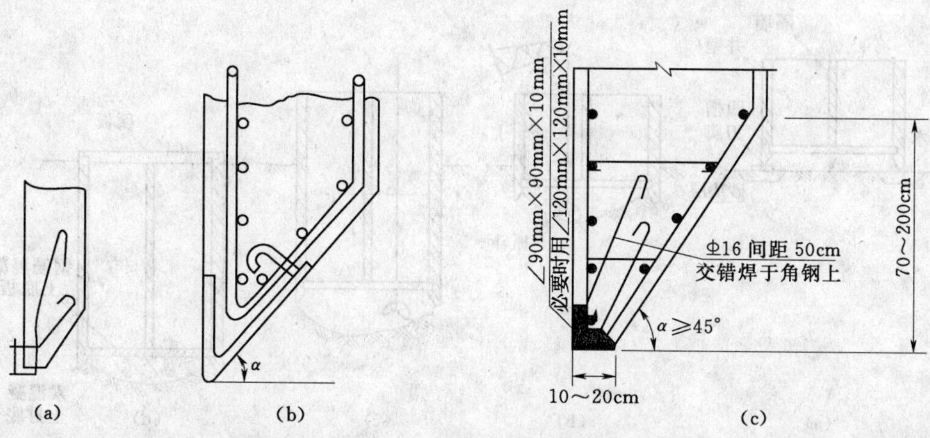

图 10-35 刃脚构造图

(a) 普通刃脚；(b) 钢刃尖刃脚；(c) 钢筋加固包有角钢刃脚

井孔是挖土排土的工作场所和通道，其大小视取土方法而定，宽度（直径）最小不小于2.5m。平面布局是以中心线为对称轴，便于对称挖土使沉井均匀下沉。

射水管多均匀布置在井壁内或外侧处，在下沉深度较大、沉井自重力小于土的摩阻力，或所穿过的土层较坚硬时用来助沉。

顶盖板是传递沉井襟边以上荷载的构件，不填芯沉井的沉井盖厚度约为1.5～2.0m，钢筋布设应按力学计算要求的条件进行。

凹槽是为增加封底混凝土和沉井壁更好地联结而设立的，深度约为0.15～0.25m，高约为1.0m。如井孔为全部填实的实心沉井也可不设凹槽。

封底混凝土是传递墩（台）全部荷载于地基的承重结构，其厚度依据承受压力的设计要求而定，根据经验也可取不小于井孔最小边长的1.5倍。

2. 沉井的施工

沉井施工过程分为地面浇筑沉井、挖土下沉、接高井壁、浇筑井壁和沉井封底及浇筑底板、顶板，如图10-36所示。

沉井下沉方法有排水下沉和不排水下沉两种。排水下沉用于沉井下沉所穿过的土层透水性较低、地下水涌水量不大、且不会因排水而产生大量流沙时。不排水下沉用于土层不稳定、涌水量很大时，此时井内排水挖土很容易产生大量流沙，故只能在水下进行挖土下沉。

沉井封底有干封底和水下封底两种。当基底涌水量不大，地基稳定时，应首先考虑干封底。当土层不稳定，干封底易出现大量流沙或沉井下沉过速易歪斜时，以及在河床中下沉的沉井，则应采用水下浇灌混凝土进行封底。

待封底混凝土达到一定强度时，即可抽除沉井内积水，浇筑钢筋混凝土底板和顶板。

3. 沉井的设计与计算

沉井施工阶段和竣工后各使用阶段都将承受土、水压力、底面反力、自重等作用，设计与计算应满足各阶段的要求。具体内容有：沉井尺寸拟定及验算；施工过程中，沉井是挡土、挡水的结构物，因而要对沉井按施工要求进行结构强度计算；施工完毕后，沉井本

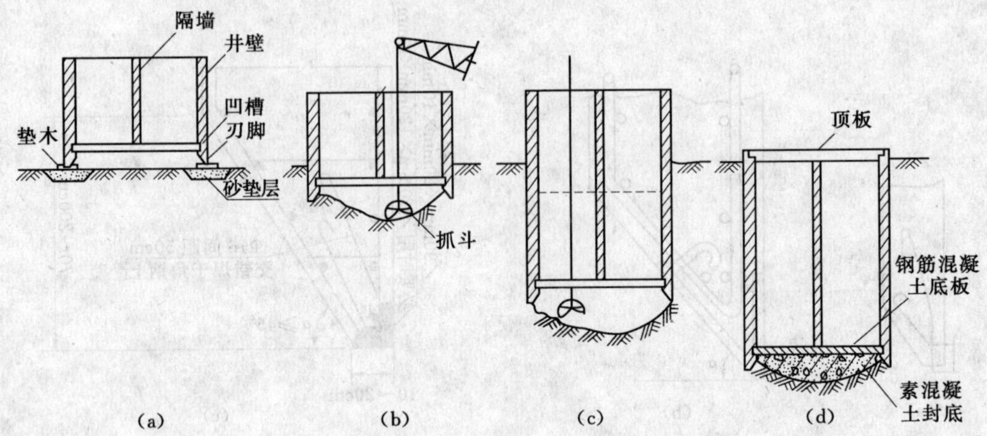

图 10-36　沉井施工程序示意图

(a) 地面浇筑沉井；(b) 挖土下沉；(c) 接高井壁，继续挖土下沉；

(d) 下沉到设计标高后，浇筑封底混凝土、底板和沉井顶板

身就是结构物的基础，因而应按实体基础进行各项验算。

(1) 下沉系数 K_1、抗浮稳定系数 K_2。在确定沉井的外形尺寸和壁厚时，应保证沉井在各种施工阶段作用下能克服四壁摩阻力 R_f 而顺利下沉，即下沉系数 K_1 应满足

$$K_1=\frac{G}{R_f}\geqslant 1.1\sim 1.25 \tag{10-37}$$

式中：G 为各种施工阶段时的沉井的自重；R_f 为沉井侧壁土的摩阻力。

沉井封底后至内部结构及设备完成前，由于井外地下水位使得沉井如水中的一只浮筒，应有足够的重量才能避免浮动，即抗浮稳定系数 K_2 应满足：

$$K_2=\frac{\sum G+R_f}{P}\geqslant 1.05 \tag{10-38}$$

式中：$\sum G$ 为沉井结构的自重；P 为水对沉井的浮力，等于地下水位以下沉井排开同体积的水的重量。

(2) 地基强度验算。作为天然地基上的深基础，沉井基础必须满足地基强度条件（图 10-37）

$$N+G\leqslant R_s+R_f \tag{10-39}$$

式中：N 为沉井顶面处作用的外荷载；G 为包括井内填料或设备的沉井自重；R_s 为沉井底部（包括封底混凝土部分面积）地基土的总承载力；R_f 为沉井外壁土的最大摩阻力承载力。计算时假定井壁单位摩阻力 q_{si} 在地面以下 5m 内为三角形分布，5m 以下为常数，分层土时取加权平均值。

(3) 第一节井壁的应力验算。第一节井壁在自重作用下可根据不同情况分别按图 10-38所示受力状态验算井壁的强度：图 10-38 (a) 为不排水挖土下沉时，因挖土不均导致沉井支承于四角，沉井受力可视为简支梁；图 10-38 (b) 为不排水挖土下沉时，遇到石等障碍物作用而支承于中部，沉井受力可视为悬臂梁；图 10-38 (c) 为圆形沉井下沉时，按支承于相互垂直的两个直径上的四个支点验算。

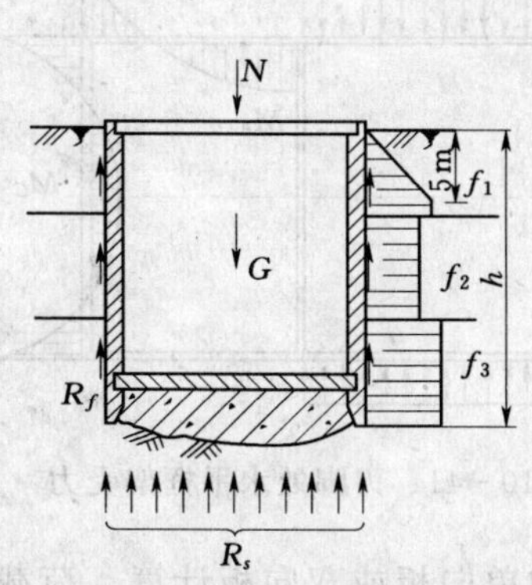

图 10-37 作用在沉井上的力系

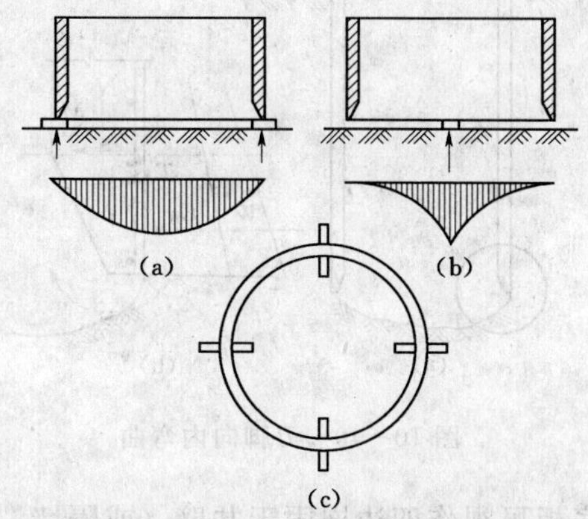

图 10-38 第一节井壁强度验算

(a) 按简支梁；(b) 按悬臂梁；(c) 按单支点

(4) 刃脚计算。沉井刃脚的受力条件比较复杂，一般可按下述两种最不利受力情况，取单位宽度作为悬臂梁计算。

刃脚向外弯曲：沉井下沉到一半深度，上部井壁已全部筑高，刃脚入土 1m [图 10-39 (a)]。此时刃脚斜面上土向外横向推力产生向外弯矩最大，用以计算内侧竖向钢筋 [图 10-39 (b)] 和截取水平框架计算刃脚的水平钢筋。

刃脚向内弯曲：沉井下沉到接近设计标高，刃脚下土已掏空，沉井的自重全部由外侧摩阻力承担 [图 10-40 (a)]。此时外侧水、土压力最大，向内弯曲也最大，用以计算外侧竖向钢筋 [图 10-40 (b)] 和水平环向钢筋 [图 10-41)]。

(5) 井壁计算。井壁的水平钢筋，按下沉到设计标高，刃脚下土已掏空的最不利位置，水、土压力最大，按水平框架计算内力。

井壁的竖直钢筋，按下沉到设计标高，刃脚下土已掏空，上部井壁被土夹住，下部似悬挂在土中的最不利位置，用以计算井壁拉力。等截面沉井产生的最大拉力等于沉井自重的 1/4，位置在沉井的 $h/2$ 高度处。

此外，还应验算井壁在使用阶段各种受力时的强度。

(6) 封底混凝土及底板、顶板钢筋混凝土强度计算。干封底时，按构造要求确定厚度，一般厚度为 0.6～1.2m。水下封底时，混凝土的厚度由抗浮和强度条件计算。按抗浮计算时，封底混凝土厚度作为沉井结构重量的一部分，应满足抗浮要求，按强度条件计算时，在封底混凝土达到设计强度，已抽除沉井中的水、未浇筑钢筋混凝土底板前，封底素混凝土受到最大的水压力，按水头高度减去混凝土自重为荷载，以素混凝土板承受水压力来计算弯矩，验算强度。

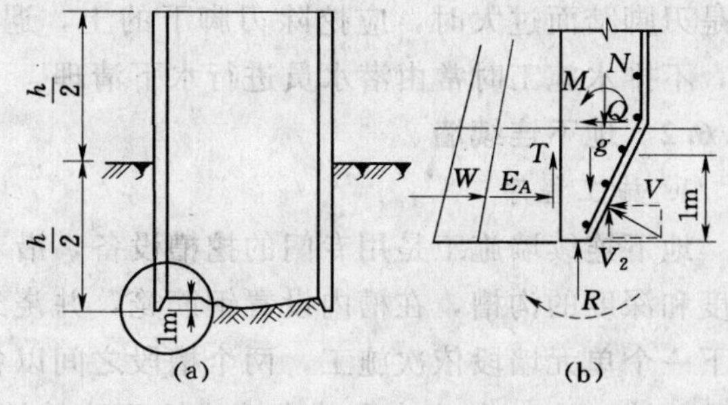

图 10-39 刃脚向外弯曲

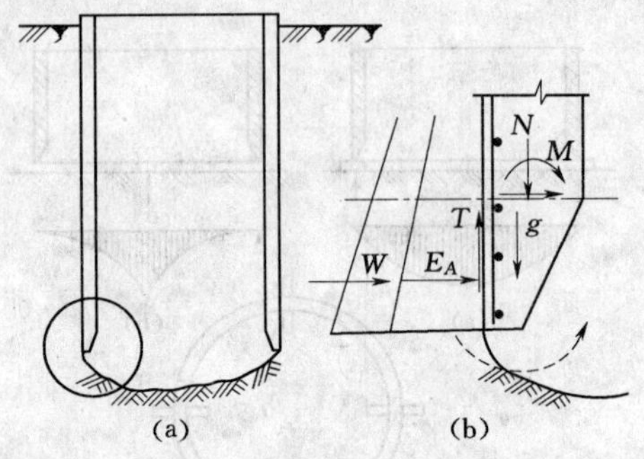

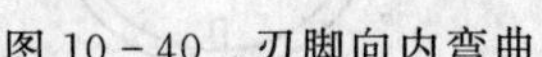

图 10－40　刃脚向内弯曲

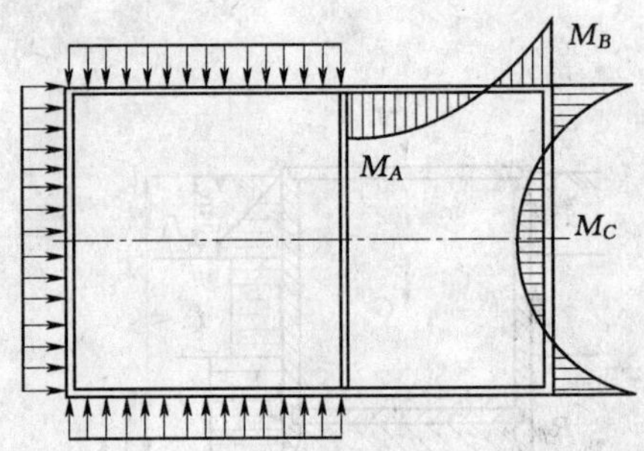

图 10－41　刃脚处水平框架受力

底板可视作四边嵌固于井壁（或隔墙、格梁）上的单向板或双向板计算。荷载取最大均匀水浮力或沉井上最大的自重引起的均匀反力。

顶板按动、静荷载作用下的单向或双向板计算。

4. 沉井施工中常见问题

（1）流沙现象。当排水下沉时，沉井穿过地下水位以下的粉、细砂土层时，常会出现流沙现象。大量的砂土涌入沉井内，使施工发生困难，沉井容易倾斜，并影响附近地面及建筑物而引起沉陷开裂。流沙现象的排除方法有：若预估有粉细砂层可能会出现流沙，则采用排水下沉时应在下沉前在沉井外围设置井点降水系统，排除产生流沙的条件；在遇到薄层流沙时，可加快沉井下沉速度以穿越流沙层；如施工中遇到流沙现象，其影响比较严重无法克服时，则应停止挖土，在井内灌水，改为不排水下沉。

（2）突沉。在软黏土层中沉井下沉时，常因侧面摩阻力小而会发生突然下沉。突沉容易使沉井倾斜或超沉，防止突沉的措施有：注意均匀挖土，井壁刃脚下挖土不宜过深，加大沉井的下沉系数，使刃脚始终埋在土中下沉；设置下框架横梁，加宽刃脚踏面宽度。施工时，有时利用突沉可以穿越流沙层，防止流沙现象的发生。

（3）偏斜。由于土质不均或挖土不均衡，沉井下沉时会发生偏斜。虽然偏斜经常发生，若不及时纠正，沉井可能会偏离设计位置而不符合使用要求。因此，在沉井下沉过程中应随时进行测量，若有偏斜，应在沉得少的部位多挖土或用压重来纠偏。

（4）不沉或慢沉。若是由于侧面摩阻力过大而造成可在井壁外侧射水冲刷，同时压重强迫下沉，在不排水挖土施工时，可抽除部分井内水，以减少浮力加重沉井克服摩阻力；若是刃脚踏面过大时，应挖除刃脚下的土，遇有大石块等障碍物时，可进行小型爆破排除，不排水施工时常由潜水员进行水下清理。

10.6.2　地下连续墙

1. 施工程序

地下连续墙施工是用专门的挖槽设备，沿着深基或地下建筑物周边，开挖出具有一定宽度和深度的沟槽，在槽内设置钢筋笼，并浇筑混凝土，筑成一个单元墙段（槽段）。再在下一个单元墙段依次施工，两个槽段之间以各种特定的接头方式相互联结，形成一道地下连续墙。1950 年意大利首次建成地下连续墙，随后通过各国的引进和推广，逐渐演变成为一种新的深基础。由于地下连续墙同时具有防渗、截水、承重、挡土、抗滑、防爆等多种功能，因而应用越来越广泛。另外，地下连续墙非常适用于距原有建筑物较近的工程，法国做到的最小距离在 0.5m 左右，日本在 0.2m 左右。在城市修建地下铁道等构筑物时，可以做到不影响或少影响街面交通，当作为高层建筑的多层地下室时，还可采用"逆作法"施工，上部结构可以和下部结构同时施工，因而可大大缩短工期。

地下连续墙施工程序示意图如图 10-42 所示，分为：开挖导沟、修筑导墙、制备护壁泥浆、成槽、槽段内钢筋混凝土施工等阶段。单元槽段之间的连接有刚性接头和非刚性接头两种，国内使用最多的是用钢制接头管连接的非刚性接头（图 10-43）。

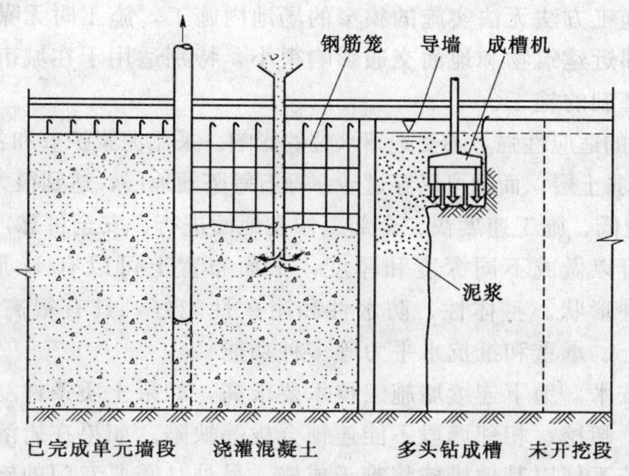

图 10-42 地下连续墙施工程序示意图

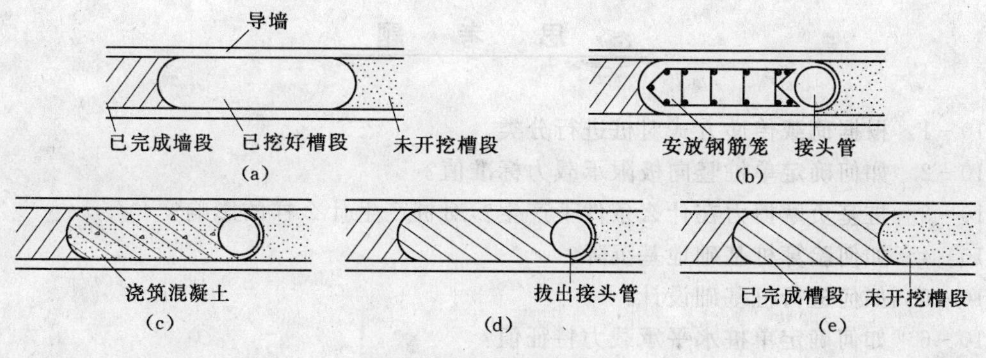

图 10-43 槽段的连接

(a) 已完成墙段的邻近槽段开挖；(b) 在开挖好的槽段中放置接头管及钢筋笼；(c) 浇筑混凝土；(d) 浇筑混凝土后拔出接头管；(e) 进行下一墙段的施工

2. 结构计算概念

地下连续墙的设计计算目前国内外还没有一种成熟的方法。设计时往往用各种方法进行计算，对结果作出综合判断，然后在施工中进行测试和观察，积累经验，再进行修改。

地下连续墙既要作为永久性结构的一部分，又要作为地下工程施工过程中的防护结构，因此，设计时应计算在施工期间以及使用各个阶段、各种支承条件下的墙体内力。作用在墙体上的荷载除自重外，主要有水压力、土压力、地震力以及上部荷载、施工荷载等，应根据施工开挖的各个阶段、内外土面和水面的不同高差、以及不同的支撑或锚拉条件确定：仅作为挡土结构时，主要受到土压力和水压力的作用；作为承重结构时，需承受上部结构传来的荷重（包括活载）、邻近建筑基础荷载传递的水平分力等，此时既要验算墙体结构的强度，还要验算墙底地基的承载力；特殊情况下墙体还应能承受风或地震产生的水平力。

3. 地下连续墙的特点和适用条件

地下连续墙具有一系列独特的优点，主要有：

(1) 能在其他施工方法无法实施的狭窄的场地内施工，施工时无噪音无振动，不需降低地下水，因而对邻近建筑物和地面交通影响很小，特别适用于在城市里和密集建筑群中进行地下工程和深基础的施工。

(2) 对地质条件的适应性强，不受地下水位的影响。采用泥浆护壁和各种不同性能的挖槽机械设备不仅能在软弱土层，而且可以穿过砂、砾石等坚硬地层，达到很大深度（50m 以上）。

(3) 造价相对较低、施工速度快、全部工作在地面进行、安全可靠，可以机械化施工。

(4) 根据需要可以做成不同深度和厚度，平面布置上可以有 H 形、T 形、三角形、圆形、放射形等各种形状。整体性、防水性和耐久性能好，具有很高的强度和刚度，因此，具有防渗、挡土、承重和抵抗水平力等多种功能。

作为一门工程技术，地下连续墙施工技术要求高，如果土质条件复杂又施工不当，会造成墙体表面粗糙、超挖、相邻墙段不能连锁合拢等缺陷。如果在岩溶地区或含有较高承压水头的砂砾层，若不辅以其他措施将难于成槽。另外，需要专门的施工机械设备，对施工管理要求较严。

思考题

10-1　根据荷载传递方式对桩进行分类。

10-2　如何确定单桩竖向极限承载力标准值？

10-3　桩基负摩擦力在什么条件下产生？对桩产生什么样的影响？

10-4　如何验算桩基础地基沉降？

10-5　如何进行桩基础设计？

10-6　如何确定单桩水平承载力特征值？

10-7　简述沉井基础的特点。

10-8　简述地下连续墙施工程序。

习题

10-1　某大楼采用 C25 钢筋混凝土预制桩基础，桩的截面尺寸为 35cm×35cm，桩承台底部埋深为 1.0m，桩长 10m。该地基土表层为粉质黏土，塑性指数 $I_P=16.8$，液性指数 $I_L=0.75$，土层摩擦力标准值为 25kPa，厚度为 2.0m；第二层土为淤泥质土，液性指数 $I_L=1.15$，土层摩擦力标准值为 10kPa，厚度为 7.0m；第三层土为中砂，中密状态，土层摩擦力标准值为 35kPa，桩端土承载力标准值为 2100kPa，厚度大于 10.0m。试根据桩身强度和土阻力分别计算单桩竖向承载力标准值。

（答案：1738.9kN，488.25kN）

10－2　某工程为框架结构，独立基础，作用在基础顶面的竖向荷载为 $F=2500$kN，地基表层为素填土，厚度为 1m；第二层为淤泥，软塑，厚度为 6.5m，$q_{sk}=11$kPa；第三层为粉质黏土，厚度为 15m，$I_L=0.25$，$q_{sk}=82$kPa，$q_{pk}=4000$kPa；试设计桩基础。

（答案：采用预制桩 35cm×35cm，桩长 15m，桩尖进入粉质黏土层 8.5m，承台尺寸 180cm×180cm，高度为 1m，共需 4 根桩）

10－3　某桩基础尺寸、布置、荷载及地层条件如图 10－45 所示，采用预制钢筋混凝土桩。桩的截面尺寸为 30cm×30cm，桩尖进入粉质黏土层 1m。试验算单桩承载力能否满足要求。

（答案：$R_a=440$kN，$Q_{k\max}=410.4$kN$<1.2R_a$，满足要求）

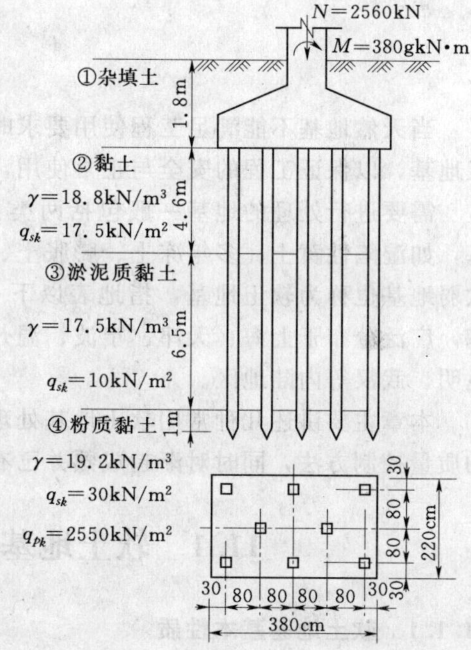

图 10－45　习题 10－3 图

第11章 软土地基处理

当天然地基不能满足工程使用要求时，需对其采取适当的措施进行加固改良，形成人工地基，以保证工程的安全与正常使用，这种地基加固和改良过程称为地基处理。

需要进行处理的地基一般包括两类：不良地基和软弱地基。不良地基又称特殊土地基，如湿陷性黄土、多年冻土、膨胀土、岩溶等地层，相应的处理技术将在第13章介绍。软弱地基也称为软土地基，指地表以下一定深度内主要由高压缩性的软弱土所组成的地基，广泛分布于上海、天津、宁波、温州、连云港、福州、厦门、广州等东南沿海地区及昆明、武汉等内陆地区。

本章主要讲述几种常用软土地基处理措施的原理、设计计算方法和步骤，以及施工中的质量控制方法，同时对渐趋成熟并已有广泛应用背景的处理技术作简要介绍。

11.1 软土地基的性质及处理技术分类

11.1.1 软土地基基本性质

软弱土主要指淤泥、淤泥质土、泥炭、泥炭质土、部分冲填土及杂填土。

据我国《岩土工程勘察规范》(GB 50021—2002) 中的定义，凡天然孔隙比大于1.0，且天然含水量大于液限的细粒土为软土，包括淤泥、淤泥质土、泥炭、泥炭质土。软土一般具有以下特点：

1) 天然含水量高，$W>W_L$，呈流塑状态。

2) 孔隙比大，$e\geqslant 1.0$。

3) 压缩性高，$a_{1-2}>0.5\text{MPa}^{-1}$，属高压缩性土。

4) 渗透性差，通常渗透系数 $k\leqslant i\times 10^{-6}\text{cm/s}$。

5) 具有结构性，受到施工扰动（振动、搅拌等）时，土体结构破坏，强度显著降低。其灵敏度在3～16之间。

6) 具有流变性，在不变的荷载作用下，变形持续发生，并可导致抗剪强度的衰减。表现为在固结沉降之后，还会继续发生较大的次固结沉降。这类土在荷载作用下，沉降稳定历时长，一些深厚软土的沉降往往持续数年甚至数十年之久。

7) 抗剪强度低，天然不排水抗剪强度一般小于30kPa。

8) 具有不均匀性，软土中常常夹有厚薄不等的粉土或粉细砂层。

冲填土是河道疏浚、围海造地、人工清淤等人类活动中水力冲填而形成，含有较多的黏粒，且往往是欠固结的，其强度及压缩性指标均较低。

杂填土是经人工搬运或各种垃圾及废物任意堆填而形成，成分复杂，多数情况下比较疏松和不均匀，荷载作用下会发生较大的沉降和不均匀沉降。

11.1.2 软土地基处理技术分类

地基处理技术的分类方法很多，按时间可分为临时处理与永久处理；按处理深度可分为浅层处理与深层处理；按处理的均匀性及处理面积可分为两大类：一类是对天然地基土进行全面的改良，另一类是形成复合地基；按地基处理的加固原理可分为排水固结法、复合地基法等。一般认为按加固原理进行分类比较合理，表 11-1 列出了适用于软弱土地基处理的主要加固技术方法。

表 11-1　　软弱地基处理技术方法分类

类别	方　法	简　要　原　理	适用范围
置换	换土垫层法	将软弱土开挖至一定深度，回填抗剪强度较高、压缩性较小的岩土材料，如砂、砾、石渣等，并分层夯实。实现有效扩散基底压力，提高地基承载力、减少沉降的目的	各种软弱土地基
	EPS 超轻质料填土法	发泡聚苯乙烯（EPS）重量只有土的 1/100～1/50，并具有较好的强度和压缩性能，用作填料，有效减少作用在地基上的荷载，也可置换部分地基土	软弱地基上的填方工程
排水固结	堆载预压法	在软土地基中设置排水通道（水平砂垫层、竖向塑料排水板或袋装砂井），缩小土体固结排水距离，地基在预压荷载作用下，排水固结，地基土强度提高。卸去预压荷载后再建造建（构）筑物，地基承载力高，工后沉降小	软黏土、杂填土、泥炭土地基等
	真空预压法	在软土地基中设置排水体系（同加载预压法），然后在表面设置不透气层（如不透气密封膜），通过在膜下对排水体系长时间不断抽气抽水，使地基中形成负压，软黏土在负压下排水固结，达到提高地基承载力，减少工后沉降目的	软黏土地基
	真空堆载联合预压	当单独采用堆载预压法或真空预压法达不到设计的技术或工期要求时，可将真空预压与堆载预压联合使用	软黏土地基
胶结法	深层搅拌法	利用深层搅拌机械将水泥浆或水泥粉等与地基土原位强制搅拌，形成圆柱状、格栅状或连续墙式的水泥土体，与未处理的地基土形成复合地基，以提高承载力，减少沉降	淤泥、淤泥质土、黏性土和粉土等软土地基
	高压喷射注浆法	利用高压喷射专用机械，在地基中通过高压喷射流冲切土体，浆液对土体置换与胶结，形成水泥土增强体。增强体与未处理的土体形成复合地基，以提高承载力，减少沉降	淤泥、淤泥质土、黏性土、粉土、黄土、砂土、人工填土和碎石土等地基
砂石桩法	表层原位压实法	采用人工或机械夯实，碾压或振动，使土体密实，以提高地基承载力。一般采用分层填筑	杂填土、疏松无黏性土、非饱和黏性土地基等浅层处理
	振冲密实法	振冲器的振动使饱和砂层发生液化，砂颗粒重新排列孔隙减少；同时振冲器的水平振动力挤密土体，以提高地基承载力，减少沉降，并提高地基土抗液化能力	黏粒含量小于 10%的疏松砂性土地基
	挤密砂石桩法	采用振动沉管法等在地基中设置碎石桩，在制桩过程中对周围土层产生挤密作用。被挤密的桩间土和密实的砂石桩形成复合地基，达到提高地基承载力，减少沉降的目的	砂土地基、非饱和黏性土地基

续表

类别	方法	简要原理	适用范围
加筋	低强度混凝土桩复合地基法	在地基中设置低强度混凝土桩，与桩间土形成复合地基，提高地基承载力，减少沉降	深厚软弱地基
	钢筋混凝土桩复合地基法	在地基中设置钢筋混凝土桩，与桩间土形成复合地基，提高地基承载力，减少沉降	深厚软弱地基
	长短桩复合地基法	由长桩和短桩及桩间土形成复合地基，提高地基承载力，减少沉降。长桩和短桩可采用同一桩型，也可采用两种桩型。通常长桩采用刚度较大的桩型，短桩采用柔性桩、或散体材料桩	深厚软弱地基
冷热处理	冻结法	冻结土体，改善地基土截水性能，提高土体抗剪强度以形成挡土结构或止水帷幕	饱和砂土或软黏土地基的临时措施
	烧结法	钻孔加热或焙烧，减少土体含水量，减少压缩性，提高土体强度，达到地基处理目的	有富余热源地区的软黏土地基

软土地基处理方法很多，且新的技术不断得到应用，但每种处理方法都有它的适用范围和局限性，所以软土地基处理的核心是处理方法的正确选择与实施。对于一具体工程，在确定处理方法时必须综合考虑各种影响因素，如岩土条件、建筑物的结构特点、工程要求、处理成本以及环境影响因素等。一般按下面的步骤确定：

(1) 初选几种可行性方案。根据工程类型、要求的承载力以及工后沉降要求，综合考虑各种相关因素，初步选定两种或两种以上的可行性方案。

(2) 确定最佳方案。对初选的各方案，从加固原理、适用范围、预期处理效果、材料来源与消耗、机具条件、施工技术与进度和对环境的影响，进行全面的技术经济比较，从中确定一种最佳的地基处理方案。有时可以结合几种方案的优点，采用一种综合的处理方案。

(3) 现场试验。由于具体场地条件的复杂性，以及由于各种处理方法的作用机理的复杂性，导致处理效果必然存在一定的不确定性。因此对已确定的地基处理方案，按工程要求的安全等级和场地复杂程度，选择代表性的区段进行施工试验，并配合必要的测试与检测。根据实际处理效果，决定是否对技术参数进行必要的调整，或是否修改方案。

11.2 排水固结法

11.2.1 加固机理及适用

1. 排水固结系统的组成

排水固结法是对天然地基或对设置了袋装砂井等竖向排水体的地基施加荷载，使土体附加压力增大，孔隙水排出而逐渐固结，地基发生沉降，同时强度得到提高的方法。该法常用于解决软土地基的沉降与稳定问题，可使地基的沉降在加载预压期间基本完成或大部分完成，使建（构）筑物在使用期间不致产生过大的沉降与沉降差。同时，可提高地基土的抗剪强度，从而提高地基的承载力与稳定性。因而排水固结法是一种常用的软弱地基处理措施。

排水固结法由排水系统与加压系统组成，如图 11-1 所示。

排水系统主要在于改变地基原有的排水边界条件，增加孔隙水排出途径，缩短排水距离。该系统由水平排水垫层和竖向排水体构成：当软土层较薄，或土的渗透性较好而施工期允许较长，可仅在地表铺设一定厚度的砂垫层，然后加载；对于排水性较差的深厚软土层，可设置砂井、袋装砂井或塑料排水板等竖向排水体，与地表砂垫层相连。

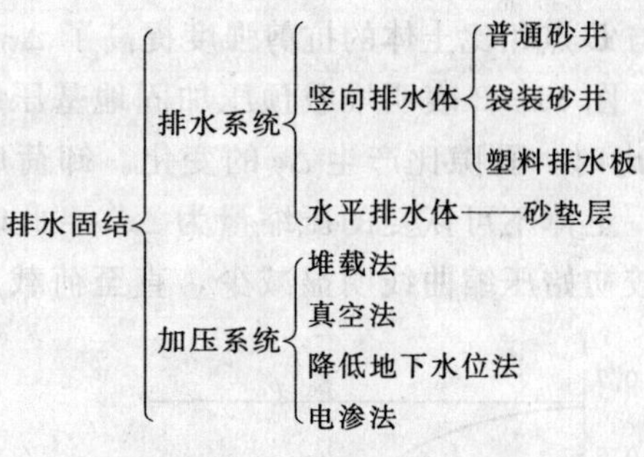

图 11-1 排水固结系统的组成

加压系统指对地基施加预压的荷载，通常有堆载预压法、真空预压法、降水预压法、电渗排水法以及联合加压法等，其中堆载预压法、真空预压法以及真空堆载联合预压法使用较普遍。

2. 堆载预压法加固机理

堆载预压法以土料、块石、砂料或建筑物本身（路堤、坝体、房屋）作为荷载，对被加固的地基进行预压。软土地基在此附加荷载作用下，产生正的超孔隙水压力。经过一段时间后，超静孔隙水压力逐渐消散，土中有效应力不断增长，地基土得以固结，产生垂直变形，同时，强度得到提高。当软土层较薄，或土的渗透性较好而施工期允许较长，可直接在地表铺设一定厚度的砂垫层，然后加载。对于排水性较差的深厚软土层，需要设置砂井、袋装砂井或塑料排水板等竖向排水体，并与地表砂垫层相连，构成排水系统。

堆载预压法加固机理如图 11-2 所示。对于正常固结的软土，土中各点处于 K_0 应力状态，以应力圆 D 表示某点的应力状态，相应的强度可近似用平均有效应力 $p'_0=\frac{1}{2}(\sigma'_{10}+\sigma'_{30})$ 所对应的强度 τ_0 表示（如图 11-2 中 E 点）。当堆载预压法加固时，在土中形成的超静孔隙水压力消散后，土体主固结完成，相应的有效应力圆为 D'。此时

$$\sigma'_1=\sigma'_{10}+\Delta\sigma'_V \tag{11-1}$$

$$\sigma'_3=\sigma'_{30}+\Delta\sigma'_h \tag{11-2}$$

$$p'=\frac{1}{2}(\sigma'_1+\sigma'_3)=p'_0+\frac{1}{2}(\Delta\sigma'_V+\Delta\sigma'_h) \tag{11-3}$$

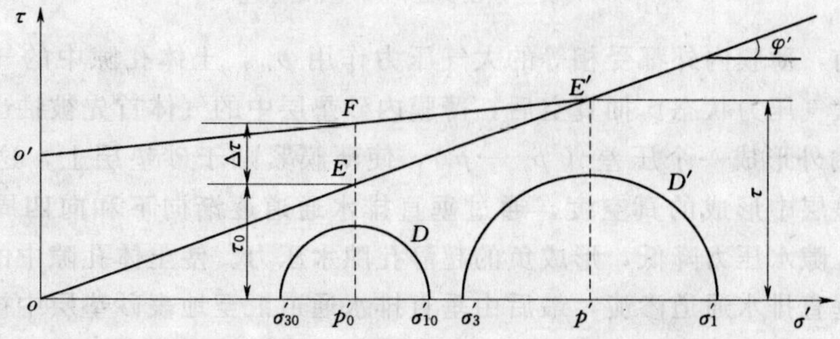

图 11-2 堆载预压法加固地基的强度增长机理

D' 圆的圆心 p' 对应的强度为 τ，土体的强度由 E 到 E'。当外荷卸去以后，被加固土

体由正常固结状态变成超固结状态，土体中的强度沿超固结强度包线 $o'E'$ 返回到 F 点，F 点与 E 点相比土体的抗剪强度提高了 $\Delta\tau$ 。因此，经过预压加固土体的强度得到了提高。

图 11 - 3 表明堆载预压加固地基压缩变形的情况。由图可见，当固结压力由 p'_0 发展到 p_c 时，孔隙比产生 Δe 的变化。卸荷后应力又返回到 p'_0，变形由 C 点沿回弹曲线到 A' 点，土体不可恢复的压缩量为 $\Delta e'$ 。此时若再受荷，土体将沿再压缩曲线 $A'C$ 发展，变形量较初始压缩曲线明显减少，直至荷载超过 p_c 后才与初始压缩曲线重合。

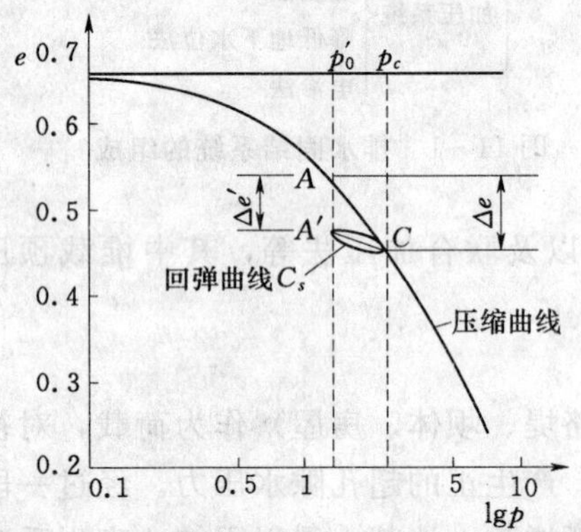

图 11 - 3 堆载预压加固地基的压缩变形

应指出的是，预压加固过程中，土体的固结是与土中超静水压力的消散紧密相关，在土层较厚、渗透性较差的软土地基中，垂直排水通道能加速超静水压力的消散，加快土体的固结进程，减小了建筑物在使用期间的沉降变形和差异沉降。

3. 真空预压法加固机理

真空预压法是利用大气压力作为预压荷载的一种排水固结法，即在地表施加的不是实际荷重，而是将大气压力作为荷载，具体实施如图 11 - 4 (a) 所示。在拟加固软基表面先铺设一定厚度的砂垫层，然后按一定间距设置竖向排水体，再将不透气的塑料薄膜铺设在砂垫层上，借助于埋设在砂垫层中的滤管，通过抽真空装置将膜下土体中的空气和水抽出，使土体排水固结。

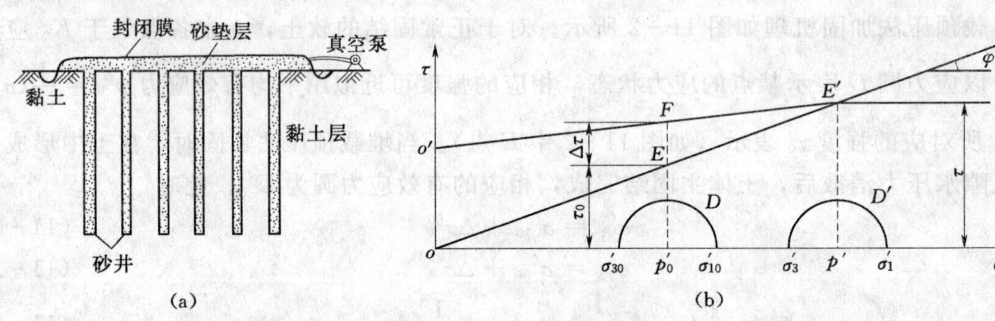

图 11 - 4 真空预压加固地基的强度增长机理

(a) 真空预压实施；(b) 固结原理

在抽真空前，薄膜内外都受相等的大气压力作用 p_a ，土体孔隙中的气体与地下水面以上都是处于大气压力状态。抽真空后，薄膜内砂垫层中的气体首先被抽出，压力逐渐下降至 p ，薄膜内外形成一个压差（ $p_a - p$），使薄膜紧贴于砂垫层上，这个压差被称为“真空度”。砂垫层中形成的真空度，通过垂直排水通道逐渐向下和向四周土体传递与扩展，引起土中孔隙水压力降低，形成负的超静孔隙水压力。使土体孔隙中的气和水由土体向事先设置的垂直排水通道渗流，最后由垂直排水通道汇至地表砂垫层中被泵抽出。

真空预压固结原理如图 11 - 4 (b) 所示，加固过程中总应力并没有增加，即 $\Delta\sigma = \Delta\sigma' + \Delta u = 0$ 。根据太沙基原理，在真空度形成及抽气延续过程中，土中降低的孔隙水压力等于增加的有效应力，即

$$\Delta\sigma' = -\Delta u \tag{11-4}$$

设加固前地基中应力状态如图 11-4（b）中有效应力圆 D，平均应力为

$$p'_0 = \frac{1}{2}(\sigma'_{10} + \sigma'_{30}) \tag{11-5}$$

固结完成后应力增加 $\Delta\sigma'$，有

$$\sigma'_3 = \sigma'_{30} + \Delta\sigma' \tag{11-6}$$

$$\sigma'_1 = \sigma'_{10} + \Delta\sigma' \tag{11-7}$$

此时有效应力圆半径不变，位置由 D 右移到 D'，平均应力增加到

$$p' = p'_0 + \Delta\sigma' \tag{11-8}$$

当加固结束，“荷载”卸除后，地基的强度将沿超固结包线退到 F 点，与原有抗剪强度 τ_0 相比，抗剪强度增加了 $\Delta\tau$，即加固后强度得到了提高。

所以进行真空预压时，软土是在有效应力作用下得到加固的，垂直排水通道在真空排水预压法中，不仅仅起着垂直排水、减小排水距离、加速土体固结的作用，而且起着传递真空度的作用，即“预压荷载”是通过垂直排水通道向土体施加的。

4. 排水固结法适用土类

排水固结法是利用土体的固结特性来进行地基加固，适用于各类淤泥、淤泥质土及冲填土等饱和黏性土地基，主要应用于提高软土地基承载力与稳定性，以及消除或减少建筑基础沉降。

11.2.2 加固设计与计算

1. 堆载预压法设计

堆载预压法加固设计内容主要包括：①选择竖向排水体类型，确定其断面尺寸、间距、排列方式和深度；②水平排水体设计；③确定预压区范围、预压荷载大小、荷载分级、加载速率与预压时间；④计算地基土的固结度、强度增长、抗滑稳定性与变形。

（1）竖向排水体设计。竖向排水体一般有普通砂井、袋装砂井和塑料排水板，统称为砂井。

一般应用中，普通砂井直径取 300～500mm，袋装砂井直径取 70～120mm，塑料排水板将其换算为当量直径 d_p

$$d_p = \frac{2(b+\delta)}{\pi} \tag{11-9}$$

式中：b 为塑料排水板宽度，mm；δ 为塑料排水板厚度，mm。

砂井布置宜采用“细而密”的方案，平面排列通常采用等边三角形或正方形，如图 11-5 所示。在大面积荷载作用下，设每一砂井为一独立排水体系，等边三角形布置时，每根砂井的有效影响范围为正六边形；正方形布置时，有效范围为正方形。

为简化计算，可根据竖向排水体间距 l 将每根砂井的影响范围以等面积圆代替，等效直径为：

等边三角形布置时

$$d_e = \sqrt{\frac{2\sqrt{3}}{\pi}}l = 1.05l \tag{11-10}$$

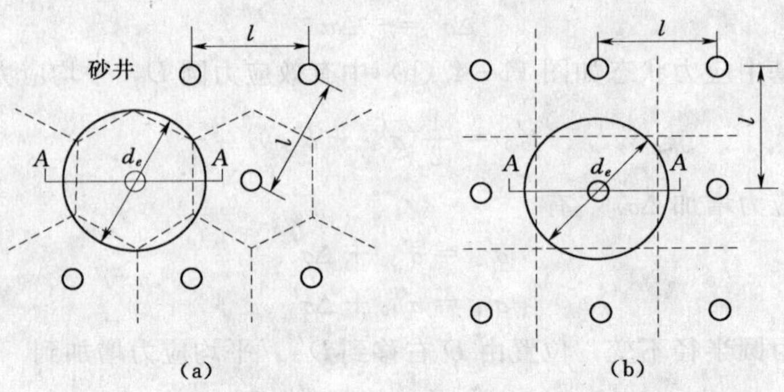

图 11-5 竖向排水体排列方式

(a) 等边三角形布置；(b) 正方形布置

正方形布置时

$$d_e = \sqrt{\frac{4}{\pi}} l = 1.13l \tag{11-11}$$

式中竖向排水体的间距 l 可根据地基土的固结特性和预定时间内所要求达到的固结度确定。

竖向排水体的深度应根据建筑物对地基的稳定性、变形要求和工期确定。对以地基抗滑稳定性控制的工程，竖向排水体深度至少应超过最危险的滑动面一定距离。对以变形控制的工程，竖向排水体的深度应根据在限定的预压时间内需完成的变形量确定。如果受压层厚度不大，可贯穿软土层以减少预压荷载或预压时间。

(2) 水平排水体设计。水平排水体即砂垫层，其作用是连通竖向排水体，排出从土层进入竖向排水体的渗流水。砂垫层厚度一般不小于 500mm，宜选用干净的中粗砂，黏粒含量不宜大于 3%。在预压区边缘应设置排水沟，预压区内应设置与砂垫层相连的排水盲沟。

(3) 预压荷载设计。预压荷载设计主要是确定预压荷载的大小及分级、加载速率以及预压时间。软弱地基上的堆载会在地基内产生剪应力，当这种剪应力超过土体的抗剪强度时，地基将发生剪切破坏。所以，堆载预压需分级逐步加载，在前期荷载作用下地基固结，其强度增加到满足下一级荷载作用要求时，方可施加下一级荷载。

具体设计步骤如下。

1) 利用天然地基土抗剪强度 c_u 计算第一级容许施加的荷载 p_1。对于长条梯形填土，可根据 Fellenius 公式估算，即

$$p_1 = \frac{5.52c_u}{K} \tag{11-12}$$

式中：K 为安全系数，建议采用 1.1～1.5；c_u 为天然地基土的不排水抗剪强度，kPa，由无侧限、三轴不排水剪切试验或原位十字板剪切试验测定。

2) 计算第一级荷载 p_1 作用下地基强度增长值。地基在 p_1 荷载作用下，经过一段时间强度逐渐提高，提高以后的地基强度为 c_{u1}

$$c_{u1} = \eta(c_u + \Delta c'_{u1}) \tag{11-13}$$

式中：η 为强度折减系数；$\Delta c'_{u1}$ 为 p_1 作用下地基因固结而增长的强度，与土层的固结度有关，一般可先假定一固结度（如 $U=70\%$），然后求出强度增量 $\Delta c'_{u1}$。

3）计算 p_1 作用下达到所确定固结度（如 $U=70\%$）所需要的时间。

4）根据第二步所得到的地基强度 c_{u1} 估算第二级所能施加的荷载 p_2

$$p_2=\frac{5.52c_{u1}}{K} \tag{11-14}$$

然后求出在 p_2 作用下地基固结度达 70%时的强度以及所需要的时间，进而计算第三级所能施加的荷载。依次计算出各级荷载的停歇时间，制订出初步加荷计划。

5）按以上步骤确定的加荷计划进行每一级荷载下地基稳定性验算。如稳定性不满足要求，则调整荷载计划。

6）计算预压荷载下地基的最终沉降量和预压期间的沉降量，以确定预压荷载卸除的时间。

如在预压工期内，地基沉降量不满足设计要求，则可采用超载预压方法，参见有关资料。

当天然地基的强度满足预压荷载作用下地基的稳定性要求时，可一次性加载。

(4) 地基固结度计算。固结度计算是堆载预压地基处理的重要内容，各级荷载下的固结度可用以推算地基强度的增强值，分析地基的稳定性，确定相应的加荷计划，估算加荷期间地基的沉降量，确定预压时间等。

天然地基瞬间加荷情况下的一维固结问题已在第 4 章中介绍，对于砂井地基的瞬时加载，可根据砂井地基固结理论分别计算地基竖向排水平均固结度和径向排水平均固结度

$$U_z=1-\frac{8}{\pi^2}e^{-\pi^2 T_V/4} \tag{11-15}$$

$$U_r=1-e^{-8T_h/F_{(n)}} \tag{11-16}$$

$$T_V=\frac{C_V t}{H^2} \tag{11-17}$$

$$T_h=\frac{C_h}{d_e^2}t \tag{11-18}$$

$$F_{(n)}=\frac{n^2}{n^2-1}\ln(n)-\frac{3n^2-1}{4n^2} \tag{11-19}$$

式中：U_z 为竖向排水平均固结度，%；U_r 为径向排水平均固结度，%；T_V 为竖向固结时间因子（无因次）；T_h 为径向固结时间因子（无因次）；C_V 为竖向固结系数；C_h 为径向固结系数（或称水平向固结系数）；t 为时间；d_e 为竖向排水体有效影响范围的直径；n 为井径比（d_e/d_p）；$F_{(n)}$ 为与井径比有关的函数。

砂井地基在同时发生竖向排水固结与径向排水固结情况下的总的平均固结度可按下式计算

$$U_{rz}=1-(1-U_z)(1-U_r) \tag{11-20}$$

注意，上述各式均假定荷载是一次瞬时施加，当实际工程中采用图 11-6 所示的多级等速加载时，平均固结度的简化公式为

$$U'_t = \sum_1^n \frac{q'_i}{\sum \Delta p}\left[(T_i - T_{i-1}) - \frac{\alpha}{\beta} e^{-\beta t} (e^{\beta T_i} - e^{\beta T_{i-1}})\right] \quad (11-21)$$

式中：U'_t 为 t 时刻多级荷载等速加荷修正后的平均固结度，%；$\sum \Delta p$ 为各级荷载的累计值；q'_i 为第 n 级荷载的平均加载速率，kPa/d；T_{i-1}、T_i 分别为各级等速加荷的起点与终点时间（从零点起算），当计算第 i 级荷载加荷期间 t 时刻的固结度时，则 T_i 改为 t；α、β 为参数，根据地基土排水固结条件按表 11-2 采用。

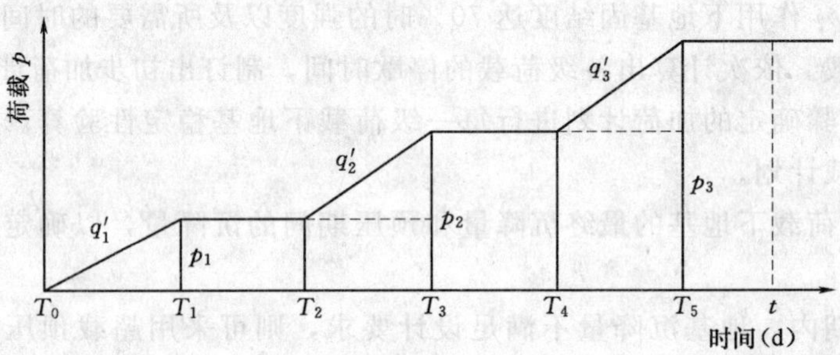

图 11-6 多级等速加载过程

表 11-2 排水固结法参数 α、β

参数	排水固结条件			说明
	竖向排水固结 $U_z > 30\%$	向内径向排水固结	竖向和向内径向排水固结（竖井穿过软土层）	
α	$\frac{8}{\pi^2}$	1	$\frac{8}{\pi^2}$	$F_{(n)} = \frac{n^2}{n^2-1}\ln(n) - \frac{3n^2-1}{4n^2}$
β	$\frac{\pi^2 C_V}{4H^2}$	$\frac{8C_h}{F_n d_e^2}$	$\frac{8C_h}{F_n d_e^2} + \frac{\pi^2 C_V}{4H^2}$	C_h、C_V —— cm²/s H——竖向排水距离 cm

注 对于设置竖向排水体的地基，表中所列 β 为不考虑涂抹与井阻影响的参数值。

（5）地基土的强度增长计算。计算预压荷载下饱和黏性土地基中某点的抗剪强度增长时应考虑土体原来的固结状态。对于正常固结饱和黏性土地基，某点某时刻的抗剪强度可按下式计算

$$\tau_{ft} = \tau_{f0} + \Delta\sigma_z U_t \tan\varphi_{cu} \quad (11-22)$$

式中：τ_{ft} 为 t 时刻该点的抗剪强度，kPa；τ_{f0} 为地基土的天然抗剪强度，kPa；$\Delta\sigma_z$ 为预压荷载引起的该点附加竖向应力，kPa；U_t 为计算点地基土的固结度，可采用上一步计算得到的平均固结度；φ_{cu} 为三轴固结不排水压缩试验得到的土的内摩擦角，(°)。

（6）地基土抗滑稳定性验算。堆载预压实施过程中，在堆载边界形成了人工边坡，该人工边坡的抗滑稳定性直接影响堆载施工进度与实施效果，因而设计时需对其进行抗滑稳定性验算。验算方法采用如图 11-7 所示的圆弧滑动法。

滑动力矩为

$$M_T = R\sum (T_{\mathrm{I}} + T_{\mathrm{II}})_i = R\left[\sum_A^B (W_{\mathrm{I}} + W_{\mathrm{II}})_i \sin\alpha_i + \sum_B^C W_{\mathrm{II}\,i} \sin\alpha_i\right] \quad (11-23)$$

抗滑力矩分为地基内 AB 部分 $[M_R]_{AB}$ 和堆载填土内 BC 部分 $[M_R]_{BC}$，其中地基内 AB 部分抗滑力矩为

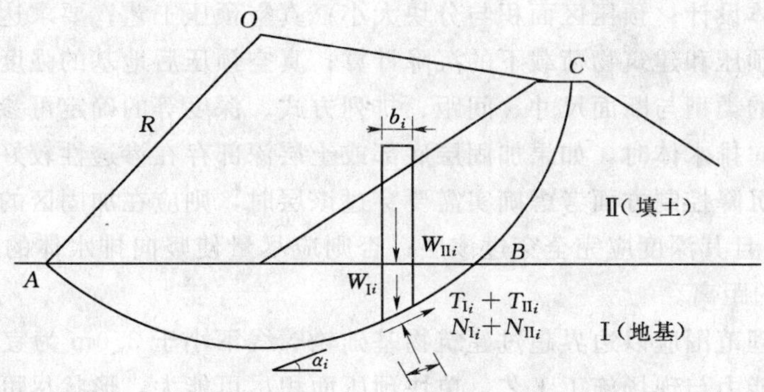

图 11-7 堆载预压地基土抗滑稳定性计算简图

$$[M_R]_{AB}=R\sum_{A}^{B}(c_u l_i+W_{\mathrm{I}i}\cos\alpha_i\tan\varphi_u+W_{\mathrm{II}i}U\cos\alpha_i\tan\varphi_{cu}) \tag{11-24}$$

堆载填土内 BC 部分抗滑力矩为

$$[M_R]_{BC}=\eta_m R\sum_{B}^{C}[c_n l_i+\eta_n W_{\mathrm{II}i}\cos\alpha_i\tan\varphi_n] \tag{11-25}$$

式中：W_{I}、W_{II} 为土条在地基部分和在填土堆载部分的重量；α_i 为土条底面与水平面夹角；c_u、φ_u 为天然地基土的不排水抗剪强度指标；c_n、φ_n 为填土固结不排水抗剪强度指标；η_m、η_n 为折减系数；其余符号意义同前。

折减系数 η_m、η_n 按如下分析选择：堆填部分 BC 段滑动开始之前，在张力作用下已形成深度、宽度的裂缝，因而在地基破坏时堆载填土的强度并不能完全发挥，所以对中等高度以上的堆载体的抗剪力应考虑一个折减系数 η_m，一般采用 0.6～0.8，而对于高度在 5～6m 以下的堆载体可不考虑填土的抗剪力。另外，由于堆载体内密实度、固结度、饱和度并不均匀，故应将试验室测定的固结不排水抗剪强度指标进行折减，折减系数 η_n 一般采用 0.5。

综合式（11-23）～式（11-25）得到地基抗滑稳定安全系数 K 为

$$K=\frac{\sum_{A}^{B}(c_u l_i+W_{\mathrm{I}i}\cos\alpha_i\tan\varphi_u+W_{\mathrm{II}i}U\cos\alpha_i\tan\varphi_{cu})+\eta_m\sum_{B}^{C}[c_n l_i+\eta_n W_{\mathrm{II}i}\cos\alpha_i\tan\varphi_n]}{\sum_{A}^{B}(W_{\mathrm{I}}+W_{\mathrm{II}})_i\sin\alpha_i+\sum_{B}^{C}W_{\mathrm{II}i}\sin\alpha_i} \tag{11-26}$$

上式表明，地基抗滑稳定安全系数 K 与堆载体填筑重量和地基固结度密切相关，当不考虑地基的固结，即 $W_{\mathrm{II}i}U\cos\alpha_i\tan\phi_{cu}=0$ 时，根据设定的 K 值反求 W_{II}，即为根据天然地基强度所能快速填筑的最大荷载。第一级加荷结束后，考虑地基强度提高项 $W_{\mathrm{II}i}U\cos\alpha_i\tan\varphi_{cu}$，便可计算第二级的填土重量，依此类推。

(7) 地基沉降计算。堆载预压荷载下地基最终沉降量 s_∞ 由三部分组成：瞬时沉降 s_d、固结沉降 s_c 和次固结沉降 s_0。具体计算方法参考第 4 章。

2. 真空预压法设计

真空预压法设计与计算内容包括：竖向排水体的类型与断面尺寸、间距、排列方式和深度；水平排水体设计；预压区面积与分块大小；真空预压工艺；要求达到的真空度与地基固结度；真空预压和建筑物荷载下的沉降计算；真空预压后地基的强度增长计算等。

竖向排水体的类型与断面尺寸、间距、排列方式、深度等的确定可参照堆载预压法设计。但在设计竖向排水体时，如果加固层底部或土层深部存在渗透性较好的砂性土层时应慎重考虑，若从沉降控制方面考虑确实需要穿过该层时，则应在加固区的周边设置竖向密封墙（密封沟），且其深度应完全穿过该层；否则应尽量使竖向排水体的底部与砂性土层保证 1.0m 以上的距离。

真空预压处理范围应以边界超过建筑物基础轮廓线不小于 3.0m 为宜。根据目前密封膜的工厂化加工能力与现场施工工艺，单块预压面积尽可能大，形状尽可能呈方形或接近方形，形状比（加固面积与周长之比）亦尽可能大。

我国在将真空泵成功改造为射流泵之后，采用合理的施工工艺，一般工程膜下真空度能达到－80kPa 以上。现行的有关规范规定，真空预压的膜下真空度应稳定地保持在 650mmHg 柱即－85kPa 以上，且分布均匀。为保证达到稳定的真空度，一般需在边界设置竖向隔离密封墙，以有效隔断水平向透气层或透水层。对于在浅层存在透气透水性较好的砂性土层时，设置密封墙尤其重要。

真空预压地基土的固结度计算、强度增长计算、变形计算等均可参照前述堆载预压法。

与堆载预压相比，真空预压具有施工进度快、施工成本低、施工操作性强等突出优点，但预压荷载一般难以超过 85kPa。因而对于荷载较大或建筑物荷载超过真空预压的压力时，可以考虑采用真空—堆载联合预压法。

3. 施工过程监测与质量检测

在堆载预压与真空预压法处理中，一般需要在施工过程中进行必要的监测，以及时发现加固过程中出现的问题，并根据监测结果对施工过程进行控制。一般工程中实施的监测项目参见表 11－3，实际工程中可根据工程的具体情况确定应实施的项目。

表 11－3　　**监测项目一览表**

监测项目	监测仪器或元件	监　测　目　的	备注
真空度	真空度表	测试膜下真空度，了解真空预压荷载大小	真空预压中
表面沉降	浅层沉降板与水准仪	及时了解施工中沉降、沉降速率以及卸载后地基回弹情况，预测总沉降与工后沉降量	必需项目
水平位移（浅层）	边桩与全站仪或经纬仪	了解边界处地表土体沉降（隆起）或侧向位移，判断或预测地基抗滑稳定性	必需项目
水平位移（深层）	侧斜管与侧斜仪	了解边界处深层土体的侧向变形，判断或预测地基抗滑稳定性	
孔隙水压力	渗压计与配套二次仪表	了解地基土孔隙水压力变化，推断地基土固结度，并以此确定卸载时间	
深层（分层）沉降	分层磁环与沉降仪	了解加固深度内各土层的压缩情况，判断加固的有效深度，分析各个深度土层的固结程度	

质量检测手段有：

1）钻孔取土试验分析。在加固区的同一地点，于加固前后分别钻孔取土，进行物理性质指标与力学指标测定。

2）现场十字板剪切试验。该试验能较灵敏测试地基土的原位强度指标，能较准确判断加固效果。

3）现场大型平板荷载试验。该试验能较准确地推求地基承载力，能综合测试加固效果。

实际工程中，可采用以上一种或几种试验手段检测软土地基加固效果。

【例 11-1】 某建筑场地为淤泥质黏土，固结系数 $c_h = c_v = 2.3\times10^{-3}\text{cm}^2/\text{s}$，受压土层厚度为 18m，采用的袋装砂井直径为 70mm，袋装砂井按等边三角形布置，间距 1.5m，设置深度 18m，砂井底部为隔水层，砂井打穿受压土层，预压荷载总压力为 120kPa，分两级等速加载如图 11-8 所示。如不考虑竖井的井阻和涂沫，试计算：

(1) 加荷 100 天时（从开始加荷算起）受压土层之平均固结度为多少？

(2) 如使受压土层平均固结度达到 93%，需要多少天（从开始加荷算起）？

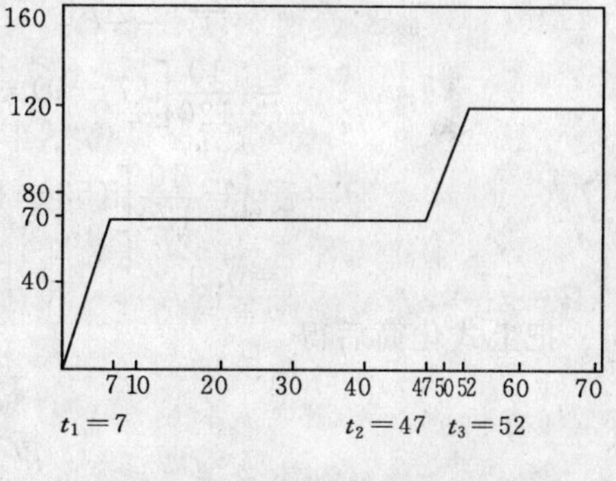

图 11-8 ［例 11-1］图

解

(1) 确定参数 α、β。

压缩土层发生竖向和向内径向排水固结，且竖向井穿透受压土层，按表 11-2，可取

$$\alpha = \frac{8}{\pi^2};\ \beta = \frac{8c_h}{F_n d_e^2} + \frac{\pi^2 c_v}{4H^2}$$

砂井采取等边三角形布置，有效排水圆直径为

$$d_e = 1.05l = 1.05\times1.5 = 1.575(\text{m})$$

井径比 n

$$n = d_e/d_p = 1.575/0.07 = 22.5$$

$$F_n = \frac{n^2}{n^2-1}\ln(n) - \frac{3n^2-1}{4n^2}$$

$$= \frac{22.5^2}{22.5^2-1}\ln22.5 - \frac{3\times22.5^2-1}{4\times22.5^2} = 2.3$$

$$\beta = \frac{8c_h}{F_n d_e^2} + \frac{\pi^2 c_v}{4H^2}$$

$$= \frac{8\times2.3\times10^{-3}}{2.3\times157.5^2} + \frac{3.14^2\times2.3\times10^{-3}}{4\times1800^2}$$

$$= 3.242\times10^{-7}(1/\text{s}) = 0.02801(1/\text{d})$$

$$\alpha = \frac{8}{\pi^2} = 0.81$$

(2) 计算加荷 100 天时的竖向平均固结度 $\overline{U}_t$。

第一级加载速率 $\dot{q}_1 = 70/7 = 10$ (kPa/d)

第二级加载速率 $\dot{q}_2 = 50/5 = 10$ (kPa/d)

$$\overline{U}_t = \sum_{1}^{n} \frac{q'_i}{\sum \Delta p}\left[(T_i - T_{i-1}) - \frac{\alpha}{\beta} e^{-\beta t} (e^{\beta T_i} - e^{\beta T_{i-1}})\right]$$

$$= \frac{q'_1}{\sum \Delta p}\left[(t_1 - t_0) - \frac{\alpha}{\beta} e^{-\beta t} (e^{\beta t_1} - e^{\beta t_0})\right] + \frac{q'_2}{\sum \Delta p}\left[(t_3 - t_2) - \frac{\alpha}{\beta} e^{-\beta t} (e^{\beta t_3} - e^{\beta t_2})\right]$$

$$= \frac{10}{120}\left[(7-0) - \frac{0.81}{0.02801} e^{-0.02801\times 100} (e^{0.02801\times 7} - e^0)\right]$$

$$+ \frac{10}{120}\left[(52-47) - \frac{0.81}{0.02801} e^{-0.02801\times 100} (e^{0.02801\times 52} - e^{0.02801\times 47})\right]$$

$$= 0.8862 \approx 0.89$$

(3) 计算使平均固结度达到93%时的时间 t。

$$\overline{U}_t = \sum_{1}^{n} \frac{q'_i}{\sum \Delta p}\left[(T_i - T_{i-1}) - \frac{\alpha}{\beta} e^{-\beta t} (e^{\beta T_i} - e^{\beta T_{i-1}})\right]$$

$$= \frac{10}{120}\left[(7-0) - \frac{0.81}{0.02801} e^{-\beta t} (e^{0.02801\times 7} - e^0)\right]$$

$$+ \frac{10}{120}\left[(52-47) - \frac{0.81}{0.02801} e^{-\beta t} (e^{0.02801\times 52} - e^{0.02801\times 47})\right]$$

$$= 0.93$$

把上式化简后得

$$e^{-\beta t} = 0.037366$$

$$\beta t = \ln(26.7625)$$

$$0.02801 t = 3.287003$$

$$t = 117.35 \approx 117\text{天}$$

即：加荷100天时受压土层之平均固结度约为89%；使平均固结度达到93%需要117天。

11.3 复合地基法

11.3.1 复合地基理论

1. 基本概念

复合地基是指天然地基在地基处理过程中部分土体得到增强、或被置换、或在天然地基中设置加筋材料，由增强体与其周围地基土共同承担荷载并协调变形的人工地基。

根据增强体的设置方向，可以分为水平向增强体复合地基与竖向增强体复合地基。竖向增强体复合地基又称为桩体复合地基，是较常见的复合地基。常见的竖向增强体有：砂石桩、水泥土桩、各种低强度桩或钢筋混凝土桩；水平增强体主要是加筋土地基，加筋材料有土工合成材料、扁（带）状钢筋或钢筋混凝土等。

复合地基型式可分别从增强体设置方向、增强体材料类型、刚度及是否设置垫层、增强体长度及变化情况等四个方面进行分类：

(1) 按增强体设置方向分类。有竖向增强体复合地基、水平向增强体复合地基、竖向和斜向结合增强体复合地基（如树根状）。

（2）按增强体材料分类。有土工合成材料复合地基，如土工栅格和土工布等；砂石桩复合地基；水泥土桩、土桩、灰土桩或渣土桩复合地基；各类低强度混凝土桩和钢筋混凝土桩等。

（3）按增强体刚度和垫层设置情况分类。有设垫层的刚性增强体、不设垫层的刚性增强体、设垫层的柔性增强体、不设垫层的柔性增强体等。

（4）按增强体长度设置分类。有等长度桩复合地基与长短桩复合地基。

合理选用复合地基型式应综合考虑多方面因素，如土性特点、工程条件、应用目的等。

2. 主要设计参数

（1）面积置换率 m 。复合地基面积置换率指桩体横截面与该桩体所承担的复合地基面积之比，用 m 表示

$$m = \frac{d^2}{d_e^2} \tag{11-27}$$

式中：d 为桩体平均直径，m；d_e 为 1 根桩分担的处理地基面积的等效圆直径，m。对于等边三角形布置

$$d_e = 1.05l \tag{11-28}$$

对于正方形布置

$$d_e = 1.13l \tag{11-29}$$

式中：l 为桩间距，m。

（2）桩土应力比 n 。桩土应力比指复合地基中桩体的竖向平均应力与桩间土的竖向平均应力之比。影响桩土应力比的因素有荷载水平、桩土模量比、复合地基面积置换率、原地基土强度、桩长以及垫层情况等。

（3）复合土层压缩模量 E_{sp} 。在复合地基计算中，为了简化，将加固区视为一均质的复合土体后与原非均质复合土层等价的均质复合土层的压缩模量称为复合土层压缩模量 E_{sp} 。复合地基类型不同，其复合土层压缩模量的计算方法也不同。

3. 复合地基承载力与变形验算

复合地基为非均质地基，其承载力一般应通过复合地基荷载试验确定。初步设计时，可先按复合求和法确定，普遍表达式为

$$p_{cf} = K_1 \lambda_1 m p_{pf} + K_2 \lambda_2 (1-m) p_{sf} \tag{11-30}$$

式中：p_{cf} 为复合地基极限承载力，kPa；p_{pf} 为单桩极限承载力，kPa；p_{sf} 为天然地基极限承载力，kPa；K_1 为反映复合地基中桩体实际极限承载力与单桩极限承载力不同的修正系数；K_2 为反映复合地基中桩间土实际极限承载力与天然地基极限承载力不同的修正系数；λ_1 为复合地基破坏时，桩体发挥其极限强度的比例，或称桩体极限强度发挥度，若桩体先达到极限强度，引起复合地基破坏时，则 $\lambda_1 = 1.0$ ，若桩间土先达到极限强度，则 $\lambda_1 < 1.0$ ；λ_2 为复合地基破坏时，桩间土发挥其极限强度的比例，可称为桩间土极限强度发挥度；m 为复合地基面积置换率。

复合地基的竖向变形分加固区变形与下卧层变形两部分，可按分层总和法计算，其中计算加固区变形时用复合土层压缩模量。

复合地基加固地基的关键是提高竖向增强体（桩体）强度及较好发挥桩间土的承载力。

11.3.2　砂石桩法

1. 施工方法分类

碎石桩、砂桩和砂石桩总称为砂石桩，又称为粗颗粒土桩，是指用振动、冲击或水冲等方式在软弱地基中成孔后，再将碎石或砂挤压入孔中，形成大直径的由砂石所构成的密实桩体。软土地基中设置砂石桩后，桩体与桩间土共同承受上部荷载。砂石桩复合地基是一种典型的、常见的复合地基。

砂石桩的施工方法按其成桩过程和作用可分为四类，见表 11-4。

表 11-4　砂石桩施工方法分类

<table>
<tr><th>分类</th><th>施工方法</th><th>成 桩 工 艺</th><th>适用土层</th></tr>
<tr><td rowspan="3">挤密法</td><td>振冲挤密法</td><td>采用振冲器振动水冲成孔，再振动密实填料成桩，并挤密桩间土</td><td rowspan="3">砂性土、非饱和黏性土，以炉灰、炉渣、建筑垃圾为主的杂填土，松散的素填土</td></tr>
<tr><td>沉管法</td><td>采用沉管成孔，振动或锤击密实填料成桩，并挤密桩间土</td></tr>
<tr><td>干振法</td><td>采用振孔器成孔，再用振孔器振动密实填料成桩，并挤密桩间土</td></tr>
<tr><td rowspan="2">置换法</td><td>振冲置换法</td><td>采用振冲器振动水冲成孔，再振动密实填料成桩</td><td rowspan="2">饱和黏性土</td></tr>
<tr><td>钻孔锤击法</td><td>采用沉管且钻孔取土方法成孔，锤击填料成桩</td></tr>
<tr><td rowspan="3">排土法</td><td>振动气冲法</td><td>采用压缩气体成孔，振动密实填料成桩</td><td rowspan="3">饱和黏性土</td></tr>
<tr><td>沉管法</td><td>采用沉管成孔，振动或锤击填料成桩</td></tr>
<tr><td>强夯置换法</td><td>采用重锤夯击成孔和重锤夯击填料成桩</td></tr>
<tr><td rowspan="3">其他方法</td><td>水泥碎石桩法</td><td>在碎石内掺入水泥或膨润土制成桩体</td><td rowspan="3">饱和黏性土</td></tr>
<tr><td>裙围碎石桩法</td><td>在群桩周围设置刚性的（混凝土）裙围来约束桩体的侧向鼓胀</td></tr>
<tr><td>袋装碎石桩法</td><td>将碎石装入土工织物袋而制成桩体，土工织物对桩体起侧向约束作用</td></tr>
</table>

2. 加固机理

砂石桩复合地基中，桩体对地基土主要起下述作用：

（1）加筋作用。设置桩体后，由于桩体具有较高的抗剪强度，可有效提高地基稳定性和整体强度。另外，由于加固区是地基压缩层的主要部分，所以具有较高模量的复合土体可有效减小地基压缩变形量。

（2）砂性土中的振密与挤密作用。在砂土与粉土等砂性土地基中设置砂石桩时，成桩过程将对周围产生横向挤压力，桩管将地基中等于桩体体积的地基土挤向桩周围的土层，使其孔隙比减小，密实度增加。同时，桩管的振动能量以波的形式在土体中传播，引起桩四周土体的振动，使得土体由松散变为密实或使孔隙水压力升高而液化。

（3）黏性土中的置换作用。在软弱黏性土中形成桩体后，桩与桩间土共同作用，形成复合地基。由于砂石桩体置换了同体积的软弱土，使复合地基的承载力比天然地基大幅提高。

（4）黏性土中排水固结作用。砂石桩作为一种粗颗粒土桩，其桩体本身具有很好的渗透性，是施工中及后期加荷过程中超孔隙压力水排出的理想通道，有利于土体的排水固结。

3. 设计计算

(1) 方案的确定。根据建筑类型、地基处理的目的、场地的工程地质条件、施工机具情况，确定砂石桩的类型，如振动或振冲或锤击砂桩、碎石桩或砂石桩，也可以与其他地基处理方法结合使用。

(2) 处理范围。砂石桩处理范围应大于建筑基底范围，沉降处理宽度宜在基础外加宽1～3排桩，原地基越松散或越软弱，加宽越大。重要工程以及要求较高的工程应加宽较多。对可液化地基，在基础外缘扩大宽度不应小于可液化土层厚度的1/2，且不小于基础宽度的1/5，并不应小于5m。

(3) 桩径与桩位布置。砂石桩一般采用等边三角形或正方形布置。对于砂性土地基，采用等边三角形更有利，可使地基振密或挤密更均匀。砂石桩直径可采用300～800mm，可根据地基土质情况和成桩设备等因素综合分析确定。对饱和黏性土地基选用较大桩径更为有利。

(4) 桩间距。砂石桩的间距以能满足地基强度与变形要求、并实现单位面积造价最低作为控制标准，此外应满足抗液化和消除黄土湿陷性等要求。对于砂性土地基，不宜大于砂石桩直径的4.5倍；对于黏性土地基不宜大于桩径的3倍。

初步设计时，对于砂性土地基可根据加固后要求土体达到的孔隙比 e_1 按以下公式估算：

等边三角形布置

$$l = 0.95\xi d\sqrt{\frac{1+e_0}{e_0-e_1}} \tag{11-31}$$

正方形布置

$$l = 0.89\xi d\sqrt{\frac{1+e_0}{e_0-e_1}} \tag{11-32}$$

$$e_1 = e_{\max} - D_r(e_{\max} - e_{\min}) \tag{11-33}$$

式中：d 为砂石桩直径；ξ 为修正系数，当考虑振动下沉密实作用时，可取1.1～1.2，否则取1.0；e_0 为地基处理前的孔隙比；$e_{\max}$、$e_{\min}$ 为砂土的最大、最小孔隙比；D_r 为地基挤密振密后要求砂土达到的相对密实度，可取0.70～0.85。

对于黏性土地基，桩间距可由面积置换率 m 计算确定：

等边三角形布置

$$l = 1.08\sqrt{\frac{A_p}{m}} \tag{11-34}$$

正方形布置

$$l = \sqrt{\frac{A_p}{m}} \tag{11-35}$$

式中：A_p 为砂石桩的截面积。

(5) 桩长。桩长主要取决于需要加固土层的厚度，视工程要求及地质条件而定。当松、软土厚度不大时，砂石桩应穿过该层；当松、软土层厚度较大时，对按稳定性控制的工程，砂石桩的桩长不小于最危险滑裂面以下2m的深度；对按变形控制的工程，砂石桩的桩长应满足处理后地基变形量不超过建筑物的地基允许变形量并满足软弱下卧层承载力要求；对可液化土层，桩长应穿透该层或按《建筑抗震设计规范》验算确定。此外，为避免桩身浅部的侧向变形，设计桩长不得小于4.0m。

(6) 材料。桩体材料可就地取材，一般使用中、粗混合砂、碎石、卵石、砂砾石等，含泥量不大于5%。碎石桩体材料的容许最大粒径与施工设备的尺寸和功率有关，一般不大于8cm，对于碎石常用粒径为2～5cm。

4. 施工与检验

(1) 成桩步骤。以沉管振动成桩法中的一次拔管法为例，具体步骤如下：

1) 设备就位，桩管垂直对准桩位，活瓣桩靴闭合。

2) 启动振动桩锤，将桩管振动沉入土中，达到设计深度，使桩管周围土挤密或挤压。

3) 从桩管上端的投料斗加入石料，数量根据设计确定，为保证顺利下料，可适量加水。

4) 边振动边拔管直至拔出地面。

(2) 质量控制。

1) 通过拔管速度控制桩身的连续性和密实度。拔管速度应通过实验确定，一般地层中拔管速度为1～2m/min。

2) 通过填砂料的数量来控制桩身直径。利用振动将桩靴充分打开，顺利下料。当砂石料量达不到设计要求时，要在原位再沉管投料一次或在旁边补打一根。

施工完毕后要进行效果检验，复合地基的处理效果检测是通过一种或多种检测方法对处理后的复合地基性状进行测试，以验证复合地基的各项物理、力学指标满足设计要求的程度。砂石桩处理效果的检验方法主要有载荷试验、静力触探试验、动力触探试验、旁压试验、波速试验等。

11.3.3 水泥土搅拌法

1. 加固机理与适应范围

水泥土搅拌法是利用水泥（或石灰）等材料作为固化剂的主剂，通过特制的深层搅拌机械，在地基深处就地将软土和固化剂（浆液或粉体状）强制搅拌，利用固化剂和软土之间所产生的一系列物理—化学反应，使软土硬结成具有整体性、水稳定性和一定强度的水泥土体，从而提高地基强度和变形模量的一种软土地基加固方法。由于搅拌后形成的水泥土体呈柱状，故常称水泥搅拌桩。工程实践中将软土与水泥浆搅拌形成的水泥搅拌桩称为深层搅拌桩，将软土与水泥粉体搅拌形成的水泥搅拌桩称为粉喷桩。

水泥土搅拌法适用于处理正常固结的淤泥与淤泥质土、粉土、饱和黄土、素填土、黏性土以及无流动地下水的饱和松散砂土等地基。对于处理泥炭土、有机质土、塑性指数大于25的黏土、地下水具有腐蚀性时以及无工程经验的地区，必须通过现场试验确定其适应性。对于地基土中夹有较多大粒径块石以及存在一定厚度的较密实中粗砂层的地层不适应。

2. 影响水泥搅拌桩力学性能的主要因素

经验表明，水泥搅拌桩的桩体强度与水泥的掺入量、地基土的塑性指数、地基土含水量、有机质含量以及成桩龄期等因素直接相关。

水泥掺入量一般以水泥掺入比表示，即水泥质量与被加固的软土质量之比。水泥土的抗压强度随着水泥掺入量的增大而增大。当 $a_w \leqslant 5\%$ 时，由于水泥与土的反应过弱，水泥土固化程度低，强度离散性也较大。所以在实际工程应用中，水泥掺入量应大于 7%：对于大体积地基处理，水泥掺入量取 7%～12%；一般工程取 12%～20%。

水泥土无侧限抗压强度一般为 0.3～4.0MPa，随土的含水量的降低而增大。水泥土强度随龄期的增长而提高，工程上对于竖向承载的水泥搅拌桩一般取 90 天龄期作为标准龄期。

土中有机质的存在使土体具有较大的水溶性和塑性、较大的膨胀性与低渗透性，并使土显酸性，这些因素均有碍水泥土中水泥水化反应。因此，有机质含量高的软土，单纯采用水泥加固的效果较差。此时，可在水泥中掺入一定量的外加剂，如石膏、三乙醇胺等。

此外，水泥土的强度还受水泥本身的强度等级、水泥土的养护条件等多种因素影响。

3. 水泥土加固地基设计

采用水泥搅拌桩加固地基的设计内容包括：加固体布置、搅拌桩单桩竖向承载力、复合地基承载力确定、沉降计算分析等。

(1) 加固体布置形式。应用于提高地基承载力，减少地基沉降的工程，水泥土加固体一般采用桩型。荷载较小时，采用单轴水泥搅拌形成单桩体；荷载较大时则采用双轴或两个双轴搅拌相互搭接形成的四桩体。平面上各桩体按建筑物基础形状，以方形或正三角形在基础范围内均匀布置。若建筑物基础面积较大、且对地基沉降（均匀）有较高要求时，可采用格室型或墙体型布置。

(2) 水泥搅拌桩单桩竖向承载力。水泥搅拌桩单桩竖向承载力由现场载荷试验确定，或取下两式计算结果较小值

$$R_a = q_{sa} u_p l + \alpha A_p q_{pa} \tag{11-36}$$

$$R_a = \eta f_{cu} A_p \tag{11-37}$$

式中：R_a 为搅拌桩单桩竖向承载力；q_{sa} 为桩周土摩阻力特征值，对不同土类可取为：淤泥 4～7kPa，淤泥质土 6～12kPa，软塑状态黏性土 10～15kPa，可塑状态黏性土 12～18kPa；u_p、l、A_p 分别为搅拌桩桩周长、桩长和桩截面；q_{pa} 为桩端地基土未经修正的承载力值，kPa；α 为桩端天然地基土的承载力折减系数，可取 0.4～0.6，承载力高时取低值；η 为桩身强度折减系数，干法取 0.2～0.3，湿法取 0.25～0.33；f_{cu} 为水泥土相同配比条件下的室内立方体试块抗压强度平均值，kPa。

(3) 复合地基承载力。水泥土复合地基承载力特征值可根据《建筑地基处理技术规范》(JGJ 79—2002) 推荐的方法确定，即

$$f_{spa} = m\frac{R_a}{A_p} + \beta(1-m)f_{sk} \tag{11-38}$$

式中：f_{spa} 为水泥土复合地基承载力；m 为复合地基面积置换率；β 为桩间土承载力折减系数，可取 0.5～0.9，当桩端土比桩侧土好时取小值；f_{sk} 为桩间土承载力特征值。

也可以根据工程需要或工程条件确定一个初始置换率，再根据初步的单桩承载力等因素设计合理的复合地基承载力。

(4) 复合地基沉降计算。水泥土搅拌桩复合地基在进行承载力设计后，尚需进行复合地基沉降验算。复合地基的沉降 s 包括群桩体的压缩量 s_{sp} 及桩端以下未加固土层（下卧层）的压缩量 s_s，即

$$s = s_{sp} + s_s \tag{11-39}$$

式中 s_{sp} 和 s_s 可采用分层总和法计算，计算 s_{sp} 所用的压缩模量为桩土压缩模量 E_{sp}，按下式计算

$$E_{sp} = mE_p + (1-m)E_s \tag{11-40}$$

式中：E_p、E_s 为水泥土搅拌桩体和桩间土压缩模量。

4. 施工程序

水泥搅拌桩的施工工艺（以水泥浆搅拌法为例）流程如图 11-9 所示，具体如下：

(1) 定位。搅拌桩机就位、对中，并使机械保持水平。

(2) 预搅下沉。待水泥搅拌桩机的冷却水循环正常后，启动搅拌机电机，放松搅拌机钢丝绳，使搅拌机沿导向架搅拌切土下沉，下沉速度可由电机的电流监控表控制。

(3) 制备水泥浆。待搅拌桩机下沉至一定深度时，即按设计确定的水泥浆配合比制备水泥浆，并稍提前集中于浆池内。

(4) 提升注浆搅拌。搅拌头下沉至设计深度后，开启水泥注浆泵，一边搅拌提升一边注浆，将水泥浆液注入土体内。搅拌机的搅拌与提升速度均按要求严格控制。

(5) 重复上下搅拌。搅拌桩机提升至设计加固深度的顶面标高后，为保证注浆量及搅拌均匀，再次搅拌下沉、提升注浆。最后提升出地面，完成一桩的施工。

(6) 移位，进行下一桩施工。

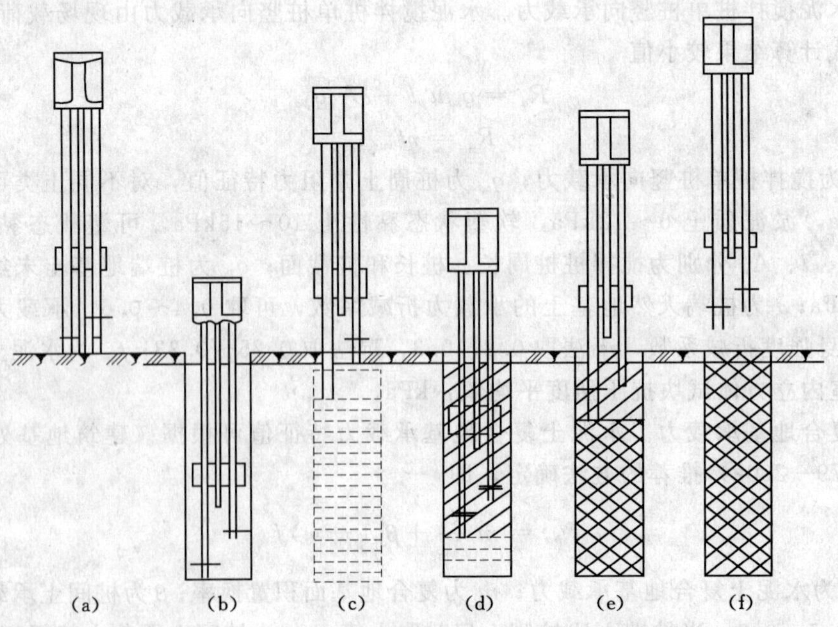

图 11-9 水泥搅拌桩（喷浆）施工工序

(a) 定位下沉；(b) 沉至底部；(c) 喷浆搅拌上升；(d) 重复搅拌下沉；(e) 重复搅拌上升；(f) 施工完毕

5. 质量控制与质量检测

(1) 质量控制。搅拌桩施工中的质量控制应贯穿整个施工过程，随时检查施工记录与计量记录，对每根桩进行质量评定。检查的重点是：水泥用量、桩长、搅拌头转数与提升速度、复搅次数与复搅深度、停浆处理方法等。

(2) 质量检测。搅拌桩施工结束后，可采用以下几种方法对搅拌桩的施工质量进行检测：

1) 标准贯入试验或轻便触探等动力试验。通过贯入阻抗估算水泥土的物理力学指标，检验不同龄期的桩体强度和均匀性。

2) 静力触探试验。水泥土搅拌桩成桩后用静力触探测试桩身强度沿深度的分布图，通过与原始的地基土的静力触探曲线进行比较，可得桩身强度的增强幅度，并能判断桩体的缺陷位置和桩长。

3) 取芯检验。用钻孔方法连续采取水泥搅拌桩桩体芯样，直观检验桩体强度和搅拌的均匀性。

4) 截取桩段进行抗压强度试验。在桩体上部不同深度现场挖取 50cm 桩段，上下截面以水泥砂浆修平，装入压力试验机进行抗压试验，测得桩身抗压强度与变形模量。

5) 静载荷试验。静载荷试验可以是单桩复合地基，也可以是多桩复合地基。载荷板的面积应与检测范围内桩所承担的加固面积相当，否则应予修正。载荷试验一般在 28 天龄期进行，而设计的标准龄期通常是 90 天。所以，推算 90 天龄期的复合地基承载力时应乘以一个大于 1 的系数。

6) 开挖检验。可根据工程设计要求，选取一定数量的桩体进行开挖，检查加固桩体的外观质量、搭接质量与整体性等。

11.3.4 高压喷射注浆法

1. 加固机理与适用范围

高压喷射注浆法是在化学注浆基础上采用高压水射流切割技术发展起来的一种地基处理方法。一般是利用钻机把带有特殊喷嘴的注浆管钻至设计土层深度后，再利用高压设备使浆液或水或气成为压力高达 20MPa 甚至更高的射流切割被加固土体，同时钻杆以一定的速度逐渐向上提升，浆液射流与土粒混合形成注浆体，待浆液凝固后在地基土中形成固结体，与周围土体共同形成复合地基。

高压喷射注浆固结体的形状与浆液射流的喷射方向有关。可以是旋转喷射（旋喷），形成旋喷体，如图 11-10 (a) 所示；也可以是定向喷射（定喷）和摆动喷射（摆喷），形成板状或墙状或扇状固结体，如图 11-10 (b)、(c) 所示。

高压喷射注浆法适用于处理淤泥、淤泥质土、流塑、软塑或可塑性黏土、粉土、砂土、黄土、素填土和碎石土等地基。对于地下水流速过大的地基、无填冲物的岩溶地段、永久冻土或对水泥有腐蚀性的地基不适宜。

2. 高压喷射注浆工艺与固结体性质

高压喷射注浆法有四种工艺类型：

(1) 单管法。喷射流为单一的高压水泥浆喷射流，又称 CCP 工法，所形成的固结体直径约为 0.3～0.8m。

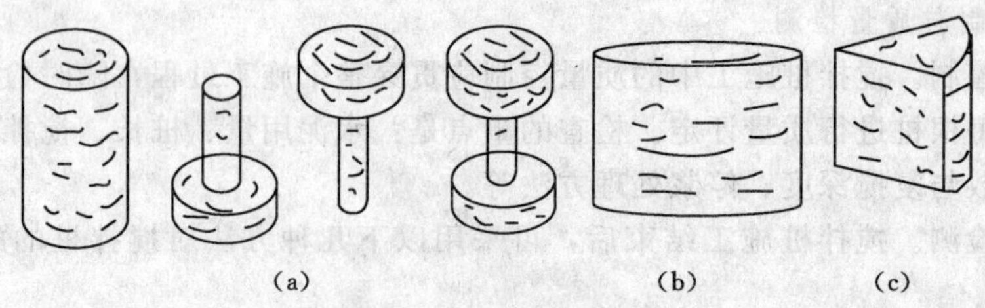

图 11-10　注浆固结体形式

(a) 旋喷体；(b) 板状固结体；(c) 扇状固结体

(2) 二重管法。喷射流为高压浆液喷射流与其外部环绕的压缩空气喷射流组成的复合式高压喷射流，所形成的固结体直径约为 0.8～1.2m。

(3) 三重管法。使用三重注浆管，在高压水射流（20～30MPa）的周围环绕一股 0.5～0.7MPa 左右的圆筒状气流，以水和气同轴喷射冲切土体，形成较大的空隙，再另由泥浆泵注入压力为 0.5～3.0MPa 的浆液填充，通过喷嘴旋转和提升运动，在地基土中形成直径约为 1～2m 的大直径固结体。三重管法又称 CJP 工法。

(4) 多重管法。以多管水汽同轴超高压力射流（压力约 40MPa）切割破坏土体，然后用真空泵从多重管中抽出经高压水切割形成的泥浆，经过多次冲和抽在地基中形成一个较大的空间，装在喷嘴附近的超声波传感器及时测出空间的直径和形状，最后根据工程要求选用浆液、砂浆、砾石等材料填充，在地基中形成 2～4m 的大直径柱状固结体。此法又称 SSS-MAN 法。

不同的高压喷射注浆工艺形成的固结体的物理力学性质有较大差别，见表 11-5。

表 11-5　高压喷射注浆固结体性质一览表

固结体性质 \ 工艺		单管法	二重管法	三重管法
单桩竖向极限承载力（kN）		500～600	1000～2000	大于 2000
单桩水平极限承载力（kN）		30～40		
最大抗压强度（MPa）		砂类土 10～20，黏性土 5～10，黄土 5～10，砾砂 8～20		
抗拉强度/抗压强度		1/5～1/10		
弹性模量（MPa）		$K\times10^3$		
干重度（kN/m^3）		砂类土 16～20	黏性土 14～15	黄土 13～15
渗透系数（cm/s）		砂类土 10^{-5}～10^{-6}	黏性土 10^{-6}～10^{-7}	砾砂 10^{-6}～10^{-7}
黏聚力 c（MPa）		砂类土 0.4～0.5	黏性土 0.7～1.0	
内摩擦角 φ（°）		砂类土 30～40	黏性土 20～30	
标准贯入击数 N		砂类土 30～50	黏性土 20～30	
弹性波速（km/s）	P 波	砂类土 2～3	黏性土 1.5～2.0	
	S 波	砂类土 1.0～1.5	黏性土 0.8～1.0	
化学稳定性		较　好		

3. 设计

高压喷射注浆法的设计需根据加固目的而定，并在很大程度上依赖于地区经验和现场实测资料。主要设计内容如下：

（1）喷射孔的间距及布置。喷射孔在设计前必须充分了解工程的工程地质、水文地质以及环境条件，并进行室内配方试验，必要时尚应进行现场喷射试验，以掌握可能形成的固结体的直径或有效喷射范围。

喷射孔设计参数包括确定单桩承载力、固结体强度、布孔形式与孔距等。其中单桩承载力的变化很大，一般通过现场试验确定，无试验资料时可参照表 11-5 所列参数选用，安全系数取 2～3。固结体强度根据设计直径或范围与总桩数确定，一般在黏性土中固结体强度为 5～10MPa，砂类土中为 10～20MPa。布孔方式需考虑应用目的，对于堵水防渗工程，可按多排布孔，也可布置成交圈形式，如图 11-11 所示。另外，定喷或摆喷也是一种常用的堵水防渗方式。对于地基加固工程，旋喷桩之间的距离可适当加大，孔距以旋喷桩径的 2～3 倍控制为宜。布孔范围可根据需要确定，可仅在上部结构荷载范围内布桩。

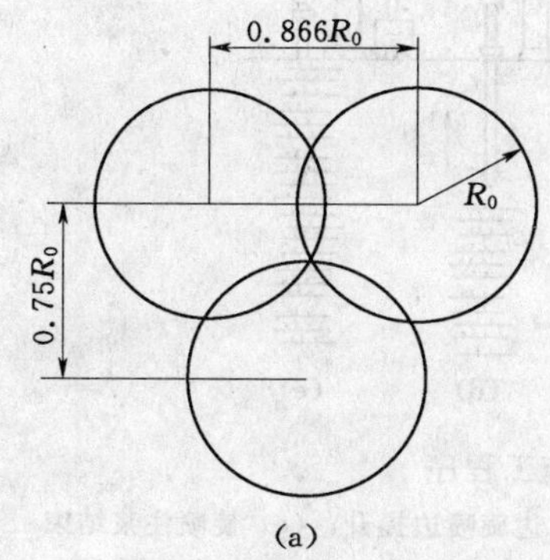

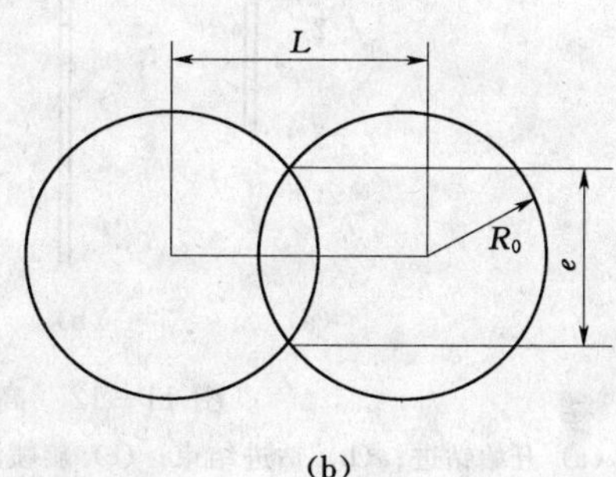

图 11-11　布孔形式与孔距

(a) 布孔孔距；(b) 旋喷桩体交圈

（2）注浆材料及用量。注浆材料较多，但水泥是最常用的浆液材料。注浆量的计算方法有体积法与喷量法，一般取其中较大者作为喷射浆量。

体积法

$$Q=\frac{\pi}{4}D_e^2K_1h_1(1+\beta)+\frac{\pi}{4}D_0^2K_2h_2 \tag{11-41}$$

式中：Q 为需要的喷浆量，m^3；D_e 为旋喷体直径，m；D_0 为注浆管直径，m；K_1 为填充率，可取 0.75～0.90；h_1 为旋喷段长度，m；K_2 为未旋喷范围内的填充率，可取 0.5～0.75；h_2 为未旋喷段长度，m；β 为损失系数，可取 0.1～0.2。

喷量法

$$Q=\frac{H}{v}q(1+\beta) \tag{11-42}$$

式中：v 为旋喷头提升速度，m/min；H 为旋喷喷射长度，m；q 为单位时间喷浆量，m^3/min；β 为损失系数，可取 0.1～0.2。

根据计算的喷浆量与设计的水灰比即可确定水泥用量。

4. 施工与质量控制

高压喷射注浆施工机具主要包括高压发生装置和注浆喷射装置，施工程序无论是单管或多重管都是先将钻杆插入或钻入预定深度的土层中，自上而下进行喷射注浆作业，如图11-12所示。施工质量控制应做好下述方面：

1）严格控制桩位，避免桩位偏差过大。

2）控制浆液水灰比。

3）避免制浆过程中浆液搅拌时间过长，随搅随用。

4）需要搭接时应避免相邻桩的施工时间间隔过长。

5）控制好旋喷或摆喷速度与提升速度，避免断桩（墙）或桩（墙）体纵向不均匀。

6）有效控制桩长或墙深。

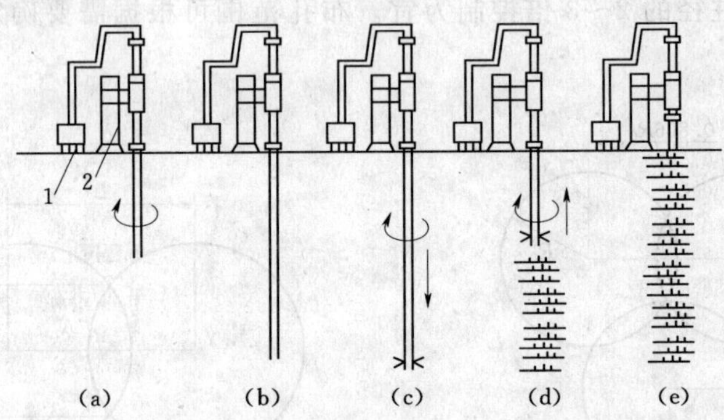

图11-12 高压喷射注浆施工程序

(a) 开始钻进；(b) 钻进结束；(c) 旋喷注浆开始；(d) 边旋喷边提升；(e) 旋喷注浆结束

1—超高压水泵；2—钻机

高压旋喷桩施工结束后，可采用标准贯入试验、渗透试验、取芯检验、静载荷试验、开挖检验等方法进行施工质量检测。

11.4 强夯法与动力固结法

11.4.1 概述

强夯法是1969年由法国Menard技术公司首创的一种地基加固方法。该法将重型夯锤（一般100～400kN）提升到8～20m高度（最高可超过40m）后自由下落，对地基作用强大的冲击能，夯锤对上部土体冲切，土体结构破坏，形成夯坑，并对周围土体进行动力挤压。经处理后的地基土强度提高，压缩性减小，抗液化性增强，同时还能提高土体的均匀性、减少不均匀沉降。

强夯法起初仅用于加固松散砂土和碎石土地基，经过20多年的发展，现已成功应用于夯实碎石土、砂土、低饱和度的粉土、黏性土、人工填土和湿陷性黄土等类地基。对于饱和度较高的软黏土地基，动力固结的方法也取得了一定的工程经验。

强夯技术在我国发展经历了四个阶段：

第一阶段：自1978年首次引进至20世纪80年代初，该阶段应用的夯击能级低，一般为 1000kN·m，处理深度 5m 左右，以处理浅层人工填土为主。

第二阶段：20 世纪 80 年代初至 90 年代初，此期间开发了 6250kN·m 能级强夯，使强夯的有效处理深度提高到了 10m 左右，应用范围得到扩展，技术也日臻完善。

第三阶段：20 世纪 90 年代初至 2002 年，本阶段成功开发了 8000kN·m 能级强夯，使强夯消除黄土湿陷性的深度达到 15m。此后，高能级强夯技术发展迅速，应用范围进一步扩大。

第四阶段：2002 年底至今，为了处理高填方地基，研发和应用了 10000kN·m 能级强夯，并出现了强夯置换和柱锤冲扩等新技术。

目前，国内强夯技术主要有三个研究方向：一是以处理饱和软土为目的的低能级强夯技术；二是以处理高填方与深厚湿陷性黄土，以及消除湿陷为目的的高能级强夯技术；三是强夯与其他地基处理技术优势互补，发展成为组合式地基处理技术。

11.4.2 强夯法的加固机理

根据地基土的类别和强夯施工工艺，强夯法加固机理有三种不同的加固机理：动力密实、动力固结和动力置换。

1. 动力密实

采用强夯加固多孔隙、粗颗粒、非饱和土是基于动力密实的机理，即用冲击型动力荷载，使土体中的孔隙比减小，土体密实，从而提高地基土强度。非饱和土的夯实过程，就是土中的气相（空气）被挤出的过程，其夯实变形主要是土颗粒的相对位移引起。

2. 动力固结

用强夯法处理细颗粒饱和土时是借助动力固结理论，即巨大的冲击能量在土中产生很大的应力波，破坏了土体原有结构，使土体局部液化并形成许多裂隙，增加了排水通道，待超孔隙水压力消散后，土体固结，并由于软土的触变性，强度得到提高。饱和黏性土地基采用强夯法加固地基效果取决于触变恢复和地基土的固结。

3. 动力置换

动力置换可分为整式置换与桩式置换。整式置换是采用强夯将碎石整体挤入淤泥中，其作用机理类似于换土垫层。桩式置换是通过强夯将碎石按一定的间隔夯击填筑土体中，形成桩式（或墩式）的碎石桩（或墩），其作用机理类似于采用振冲法形成的砂石桩。

11.4.3 强夯法设计要点

应用强夯法加固软弱地基时，一定要根据现场的地质条件和工程的使用要求，正确地选用各项技术参数，包括加固范围、夯点布置、有效加固深度、单击夯击能、夯击遍数、间隔时间等。

1. 有效加固深度

有效加固深度指经强夯加固后，该深度土层强度和变形等指标能满足设计要求的土层深度。一般可以按下式估计

$$H = \alpha\sqrt{Mh} \tag{11-43}$$

式中：H 为有效加固深度，m；M 为夯锤质量，t；h 为落距，m；α 为经验系数，与土性有关，砂类土、碎石类土取 0.4～0.45，粉土、黏性土及湿陷性黄土取 0.35～0.4。

表 11-6 给出了强夯处理的有效加固深度参考值。

表11-6　强夯的有效加固深度　单位：m

单击夯击能（kN·m）	碎石土、砂土等粗颗粒土	粉土、黏性土、湿陷性黄土等细颗粒土	单击夯击能（kN·m）	碎石土、砂土等粗颗粒土	粉土、黏性土、湿陷性黄土等细颗粒土
1000	5.0～6.0	4.0～5.0	5000	9.0～9.5	8.0～8.5
2000	6.0～7.0	5.0～6.0	6000	9.5～10.0	8.5～9.0
3000	7.0～8.0	6.0～7.0	8000	10.0～10.5	9.0～9.5
4000	8.0～9.0	7.0～8.0			

2. 夯锤与落距

夯锤重与落距决定于加固深度所需能量，单位夯击能应根据地基土的类别、结构类型、荷载大小和要求处理的深度等综合考虑，并通过试验确定。在一般情况下，对粗粒土可取1000～3000kN·m/m^2，对细粒土可取1500～4000kN·m/m^2。对饱和黏性土所需的能量不能一次性施加，否则土体会产生侧向挤出，强度反而有所降低，且难于恢复。

设计中先根据需要加固的深度初步确定采用的单位夯击能，然后再根据机具条件因地制宜确定夯锤重与落距。对于相同的夯击能量，宜采用大落距的施工方案，因为增大落距可以获得较大的接地速度，能将大部分能量有效地传到地下深处，增加深层夯实效果。

3. 夯击点布置与间距

强夯处理范围应大于建筑物基础范围。夯击点的布置一般为三角形或正方形，间距约为5～9m。第一遍的间距可取夯锤直径的2.5～3.5倍，第二遍夯击点位于第一遍夯击点之间，以后各遍间距可适当减小，以保证使夯击能量传递到深处和保护夯坑周围所产生的辐射向裂缝为基本原则。

4. 夯击数与遍数

夯击点的夯击数以使土体竖向压缩量最大、侧向变形最小为原则，一般为4～10击。每遍夯击点的夯击数应按现场试夯得到的夯击数和夯沉量的关系曲线确定，同时满足下列条件：

1）最后两击的夯沉量不宜大于下列值：单击夯击能小于4000kN·m时为50mm；单击夯击能为4000～6000kN·m时为100mm；单击夯击能大于6000kN·m时为200mm。

2）夯坑周围不发生过大隆起。

3）不因夯坑过深而发生起锤困难。

夯击遍数根据地基土的性质和平均夯击能确定，可采用点夯2～3遍（对于渗透性较差的细粒土，必要时夯击遍数可适当增加），最后再以低能量满夯2遍。

5. 垫层铺设

拟强夯加固的场地表层必须铺设垫层以支承起重设备，并有效扩散夯击能量、加大地下水位与地表层的距离。为防止形成“橡皮土”，对地下水位较高的饱和黏性土和易液化流动的饱和砂土，需铺设砂、砂砾或碎石垫层，垫层厚度一般为0.5～2.0m。

6. 夯遍间的间歇时间

各夯遍间的间歇时间取决于加固土层中孔隙水压力消散所需的时间。对于砂性土，强夯时孔隙水压力峰值出现在夯击后的瞬间，故砂性土可连续夯击；而对软黏土，由于孔隙水压力消散较慢，故当夯击能逐渐增加时，孔隙水压力亦相应地叠加，间隙时间一般为15～30天。可以设置袋装砂井或塑料排水板，以加速孔隙水压力的消散缩短间隙时间。

11.4.4 强夯法的施工

强夯法施工（图11-13）的主要设备是起重机械。西欧国家所用的起重设备大多为大吨位的履带式起重机，稳定性好，行走方便。日本采用轮胎式起重机亦取得了满意的结果。国外除了使用现成的履带吊外，还制造了常用的三足架和轮胎式强夯机，用于起吊40t夯锤，落距可达40m。我国一般使用滑轮组起吊夯锤，利用自动脱钩装置使锤形成自由落体。

图11-13 强夯施工

国内夯锤可取10～25t。夯锤材质最好用铸钢，也可用钢板为外壳内浇混凝土的锤。夯锤的底面一般为圆形，夯锤中设置若干个上下贯通的气孔，孔径可取250～300mm，以减小起吊夯锤时的吸力和夯锤着地前的瞬时气垫的上托力。锤底面积宜按土的性质确定，锤底静压力值可取25～40kPa，对于淤泥质土宜采用4～6m²，同时应控制夯锤的高宽比。

当强夯施工时所产生的振动对临近建筑物或设备产生有害影响时，应采取防振或隔振措施，可在夯区周围设置隔振沟。

11.4.5 软黏土的动力排水固结法

对饱和软黏土采用强夯法加固是基于动力排水固结机理。通过在地表铺设砂垫层（或吹填砂层），在软土地基中设置竖向塑料排水板或袋装砂井形成排水通道，然后以严格控制的强夯动力在软土中产生附加应力，土体内相应出现超孔隙水压力。同时，借助于塑料排水板或袋装砂井所形成的“水柱”作为传递工具，将强夯产生的附加应力迅速传递到“水柱”的底部，从而使竖向排水体深度范围内的软土都受到强夯的影响。

动力排水固结法的主要优点有：①因严格控制了强夯动力和夯击能，使软黏土中产生的超孔隙水压力不过快上升，克服了传统强夯法用于软土的致命弱点；②利用塑料排水板或袋装砂井所形成的“水柱”使附加应力快速向土体深部传递，大大扩展了强夯的影响深度；③利用动载压缩波在层状土中传播与反射而产生拉伸微裂纹，并与竖向排水体构成网状排水系统，大大加速了软土的固结过程；④强夯动力反复、逐步增强地作用于软土，使软土中的超孔隙水压力维持在较高的、必要的、合理的水平上，既不破坏软土的结构，又能加速软土中孔隙水的排出，实现快速、稳步加固软土的目的，这是传统强夯法无法做到的。

另外，为了充分利用动力排水固结法的突出优点，还可通过排水法与强夯法的结合发展出新的地基处理技术，如动静结合排水固结法，高真空击密法等，使得加固深度和处理工期有明显改善。

11.4.6　施工监测及施工质量检测

1. 施工监测

强夯法施工过程中需进行土体变形、土体孔隙水压力、振动加速度等指标监测。

地面及深层变形监测目的是了解地表隆起的影响范围及土体的密实度变化，研究夯击能与夯沉量的关系，确定场地平均沉降和搭夯的沉降量。具体监测项目包括地面沉降观测、深层沉降观测和深层水平位移观测。

土体孔隙水压力监测一般可在试验现场沿夯击点等距离的不同深度以及等深度的不同距离埋设孔隙水压力计，以了解在夯击作用下土体孔隙水压力在深度和水平距离方向的增长和消散规律，确定夯击的影响范围与影响程度等。

振动加速度监测是通过测试地面振动加速度以了解强夯振动的影响范围。在施工中，为了减少强夯振动对周边的影响，常在夯区周围设置隔振沟。

2. 施工质量检测

强夯施工结束后间隔一段时间方能进行地基加固效果检测。对砂土等无黏性土地基，间隔时间为 1～2 周；对粉土和黏性土地基间隔时间为 2～4 周。

施工质量检验方法有室内物理力学土工试验、现场十字板剪切试验、现场动力触探试验（包括标准贯入试验）、静力触探试验、旁压仪试验、载荷试验以及波速试验等。检测点位置分别位于夯坑内、夯坑外以及夯击区边缘，检验深度应不小于设计处理深度。

11.5　其 他 处 理 技 术

11.5.1　换填法

1. 加固机理及适用范围

换填法是将基底以下一定深度内的软弱土层挖除，换填低压缩性散体材料（中砂、粗砂、砾石、碎石、卵石、矿渣、灰土及素土等），并分层夯实作为基础持力层的一种传统的软土地基处理方法。当软弱土地基承载力、稳定性或变形不能满足工程要求，且厚度不大时，采用换填法能取得较好的工程效果。

换土垫层主要作用为：

1）地基中的剪切破坏是从基础底面以下边角处开始的，随着基底压力的增大而逐渐向深部发展。因此，当基础底面以下浅层可能被剪切破坏的软弱土被强度较大的垫层材料置换后，承载能力得以提高。

2）地基浅层的沉降量在总沉降量中所占比例较大，由土体侧向变形引起的沉降，理论上也是浅层占的比例较大。因而以垫层材料置换浅层软弱土层，可以明显减少沉降。

3）用砂石等材料作垫层时，因其透水性强，地基受压时有利于下卧层的孔隙水压力消散，加速其固结。

4）采用粗颗粒材料作垫层可以降低甚至消除毛细水上升现象，防止因孔隙水结冰而导致的冻胀。

5）对于湿陷性黄土，以素土和灰土垫料置换浅层湿陷性土层，可消除或减少土层湿陷沉降量。对于膨胀土，采用黏性土、砂、碎石、灰土以及矿渣等进行置换，可以减少地基的胀缩变形量。

换土垫层法适用于淤泥、淤泥质土、湿陷性黄土、膨胀土、素填土、杂填土、季节性冻土地基以及暗沟、暗塘等的浅层处理，在轻型建筑、地坪、堆料场和道路等工程中较多采用。在各种置换材料中，砂土垫层是最常用的型式，但砂土、碎石材料不能用于湿陷性黄土的换土垫层。

2. 垫层设计要点

垫层设计的关键是决定于其厚度 z 和底宽 b_m，如图 11-14 所示。计算时先假定垫层厚度 z 再按下式进行验算，直至满足

$$\sigma_z + \sigma_{cz} \leqslant f_{az} \tag{11-44}$$

式中：σ_z 为相应于荷载效应标准组合时垫层底面处的附加应力设计值，kPa；σ_{cz} 为垫层底面处土的自重应力值，kPa；f_{az} 为经深度修正后垫层底面处土的地基承载力特征值，kPa。

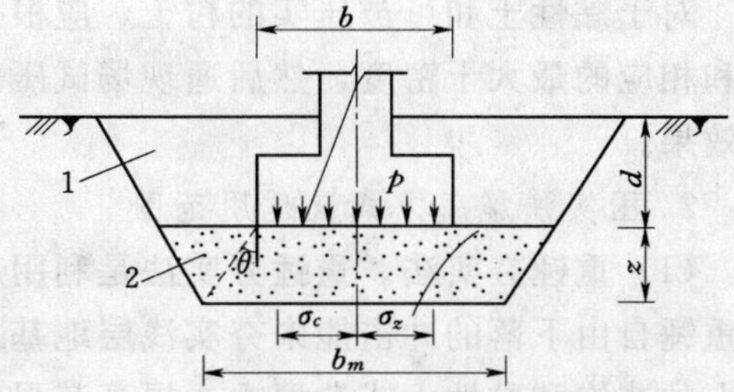

图 11-14　砂土垫层设计简图

1—回填土；2—砂垫层

式（11-44）中 σ_z 和 σ_{cz} 的计算同于浅基础的软弱下卧层验算，但应注意垫层厚度范围内的土层的重度宜取垫层材料的重度，应力扩散角 θ 也根据垫层材料按表 11-7 采用。

表 11-7　压力扩散角 θ

z/b	换填材料		
	中砂、粗砂、砾砂、圆砾或角砾、卵石、碎石	粉土、粉质黏土、粉煤灰	灰　土
0.25	20°	6°	28°
≥0.50	30°	23°	28°

注　当 $z/b<0.25$ 时，除灰土仍取 28°外，其余材料均取 0°；当 $0.25<z/b<0.5$ 时，θ 值可直线内插求得。

垫层底面的设计宽度 b' 应以满足应力扩散要求和防止垫层向两侧挤出为原则，按下式计算

$$b' \geqslant b + 2z\tan\theta \tag{11-45}$$

垫层顶面每边宜比基础底面宽 0.3m，或从垫层底面两侧向上按开挖坡度延伸至基础底面。

垫层的剖面确定后，对于比较重要的建筑物还应进行基础的沉降验算。验算时可不考虑砂、石垫层自身的变形。但当原土层是饱和软土时，总变形量应包括因垫层范围土的重

度较原软土层增大，而在垫层下软土层中产生的附加应力所引起的变形。

换土垫层材料可用砂、砾石、碎石、灰土、粉煤灰、干渣等，必要时可加铺土工合成材料。垫层施工可根据工程和场地的具体情况，选用机械碾压法或重锤夯实法、平板振动法等。

11.5.2 机械压实法

1. 压实原理

机械压实法可压实换填土、分层回填土，也可加固地基表层土，是一种常用的浅层地基处理方法。根据其施工机具、施工方法的不同，又分为重锤夯实法、机械碾压法和振动压实法。夯压的目的是使土体达到设计要求的密实度，从而使土的强度增加、压缩性降低、渗透性减小。

对于砂性土，比较干燥状态时只要采用振动或同时配合夯击即可克服粒间摩擦力，将小颗粒的土压进大颗粒的孔隙中去，达到压实的目的。而对于湿砂，由于水膜的张力作用有碍土颗粒间的运动，应在压实前适当加水后再振夯。

对于黏性土和可被压实的粉土，应根据室内试验确定在某一击实能作用下的最优含水量和相应的最大干密度，然后通现场试压获得压实施工参数，使压实后的土体获得最佳压实效果。

2. 压实法施工方式及适用范围

(1) 重锤夯实法。重锤夯实法是利用起重机械将重锤提升到一定高度然后自由下落，以重锤自由下落的冲击能来夯实浅层地基。重锤夯实法可用于处理地下水位距地表 0.8m 以上的非饱和黏性土或杂填土，提高其强度，降低其压缩性和不均匀性；也可用于处理湿陷性黄土，消除其湿陷性。

(2) 机械碾压法。通常采用压路机、推土机、羊足碾及蛤蟆夯等机械或其他碾压机械在地基表面来回移动，利用机械自重把松散土地基压实。常用于地下水位以上大面积填土的压实以及一般非饱和黏性土和杂填土地基的浅层处理。

(3) 振动压实法。采用振动压实机械在地基表面施加振动力以振实浅层松散土地基，主要的机具是振动压实机。用于处理砂土地基以及碎石、炉渣等渗透性较好的无黏性土为主的松散填土地基加固效果良好，处理后的地基有较强的抗震能力。

振动压实的效果主要取决于被压实土的成分和施振的时间，施工前应先进行现场试验，根据振动压实的要求确定施振的时间。有效振动压实深度为 1.2～1.5m，如地下水位太高将影响振动压实效果。此外尚应注意对周围建筑物的影响，振源与建筑物的距离应大于 3m。

思 考 题

11-1 何为软弱地基？有什么特点？

11-2 什么是复合地基？其作用机理是什么？

11-3 试述强夯法地基加固机理，动力固结法与传统的强夯法有什么区别？

11-4 预压法的排水系统由哪几个部分组成？

11-5　堆载预压法与真空预压法的加固机理有何区别？

11-6　确定竖向排水体的设置深度要考虑哪些因素？

11-7　砂石桩包括哪几种桩？

11-8　高压喷射注浆的加固机理和适用范围如何？

11-9　垫层法设计原则和设计要点是什么？

11-10　浅谈软土地基加固技术的发展趋势。

11-11　深层搅拌法的加固机理是什么？有哪几种主要作用？

习　题

11-1　某建筑场地地质剖面资料如下：①淤泥质黏土，0～5m，$\gamma=19\text{kN/m}^3$，$e_0=1.12$；②流塑状黏土，5～10m，$\gamma=19.5\text{kN/m}^3$，$e_0=0.98$；③10m以下为基岩。

室内压缩试验资料见表11-8。

表11-8　**室内压缩试验 *e*—*p***

土层 \ 压力 p (kPa)	0	25	50	75	100	125	150	175	200	250
①	1.21	1.08	1.04	1.00	0.97	0.95	0.93	0.91	0.89	0.87
②	0.98	0.95	0.93	0.91	0.89	0.87	0.85	0.84	0.83	0.82

参照现行《建筑地基处理技术规范》（JGJ 79—2002），计算当大面积预压荷载为100kPa，沉降经验系数取1.3，固结度达80%时地基的地基沉降量。

（答案：0.38m）

11-2　某独立基础埋深3.0m，底面积为4m×4m，上部结构荷载为2500kN，基础底面下设褥垫层300mm，场地地质资料如下：①黏土，0～12m，$\gamma=19\text{kN/m}^3$，$q_{sk}=10\text{kPa}$，$f_{ak}=85\text{kPa}$，$E_a=5\text{MPa}$；②黏土，12～20m，$\gamma=18\text{kN/m}^3$，$q_{sk}=20\text{kPa}$，$f_{ak}=280\text{kPa}$；③地下水位距地表1.5m。

采用深层搅拌法处理，正方形布桩，桩径为500mm，桩长为10m，水泥掺入比为15%，桩体强度平均值$f_{cu}=3\text{MPa}$，桩间土承载力折减系数取0.4，桩端天然地基土承载力折减系数取0.5，桩身强度折减系数取0.33，按《建筑地基处理技术规范》（JGJ 79—2002）计算：

（1）复合地基承载力特征值最低不得小于多少？

（2）单桩承载力特征值R_a取何值？

（3）确定桩间距。

（4）处理后复合地基压缩模量为多少？（取$E_p=100f_{cu}$）

（答案：166.25kPa；194.30kN；1.191m；9.80mPa）

第12章 基 坑 工 程

建筑基坑是指为进行建筑物（包括构筑物）基础与地下室的施工所开挖的地面以下空间。为保证基坑施工、主体地下结构的安全与周围环境不受损害，需进行基坑支护、降水和开挖，并进行相应的勘察、设计、施工和监测等工作，这项综合性的工程就称为基坑工程。

基坑工程是基础工程中一个不可回避的传统课题，也是一个内涵丰富且不断变化的研究领域。既是一项风险工程，又是一门综合性很强的新型学科，其内容的覆盖不仅包括土力学中典型的强度、稳定与变形问题，还涉及土与支护结构的共同作用问题。基坑工程几乎应用于所有土木工程领域，工作内容包括勘探、设计、施工、环境监测、信息反馈等。

本章主要讲述基坑支护结构型式，支护结构上的荷载计算，及常用支护型式的设计与分析。

12.1 支护结构的型式及适用条件

常用的基坑支护结构型式有：放坡开挖，悬臂式支护结构，重力式支护结构，内撑式支护结构，拉锚式支护结构，土钉墙支护结构，以及一些其他型式如喷锚支护结构、沉井支护结构、加筋水泥土支护结构、冻结法支护结构等。

12.1.1 放坡开挖

放坡开挖是指选择合理的坡比进行开挖，适用于土质较好、开挖深度不大以及施工现场有足够放坡场所的工程。放坡开挖可独立使用，也可与其他支护结构结合使用（浅层放坡、下部支护），主要特点是施工简单、费用低，但挖土及回填土方量大。

放坡开挖应注意控制边坡高度和坡度。当土（岩）质比较均匀且坡底无地下水时，可根据经验或参照同类土（岩）体的稳定坡高和坡度确定，在下述几种情况下应进行边坡稳定性验算：

1）坡顶有堆积荷载。

2）边坡高度和坡度超过容许值。

3）有软弱结构面的倾斜地层。

4）岩层和主要结构层面倾斜方向与边坡开挖面倾斜方向一致，且两者走向的夹角小于45°。

土质边坡的稳定分析可按圆弧滑动法进行分析，岩质边坡宜按由软弱夹层或结构面控制的可能滑动面进行验算。

当放坡高度大于容许值时，应采用分级放坡并设置过渡平台。

12.1.2　悬臂式支护结构

悬臂式支护结构依靠足够的入土深度和结构的抗弯刚度来挡土和控制墙后土体及结构的变形，其结构型式如图 12-1 所示，一般适用于土质较好、开挖深度较小的基坑。

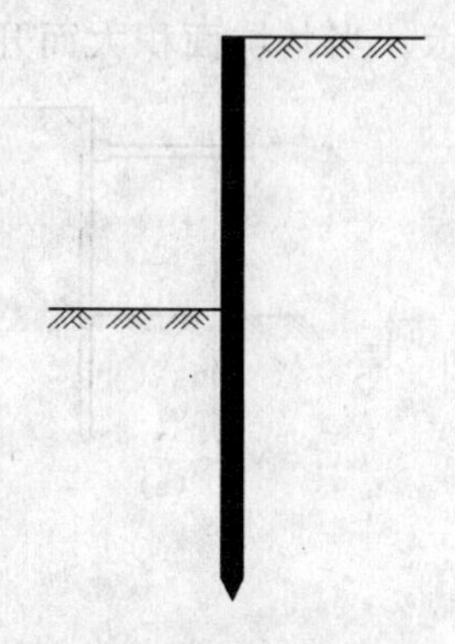

图 12-1　悬臂式支护结构

12.1.3　土钉墙支护结构

土钉墙支护结构是通过在开挖边坡中设置土钉，形成如图 12-2 所示加筋土重力式挡土墙。

土钉墙支护结构适用于允许土体有较大位移、开挖深度不大于 12m 的基坑工程，一般用于地下水位以上或人工降水后的黏土、粉土、杂填土以及松散砂土、碎石土等。

12.1.4　重力式支护结构

水泥土重力式支护结构如图 12-3 所示。通常由水泥搅拌桩组成，有时也采用高压喷射注浆法形成。其特点是宽度较大，适用于墙顶超载不大于 20kPa、开挖深度较浅（不宜大于 7m）、基坑周边场地较宽且允许坑边土体有较大位移的基坑工程。这一般用作填土、可塑～流塑黏性土、粉土、粉细砂及中、粗砂的支护结构。

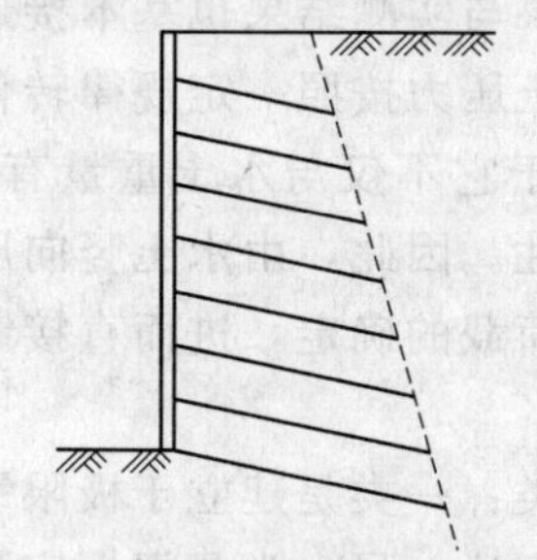

图 12-2　土钉墙支护结构

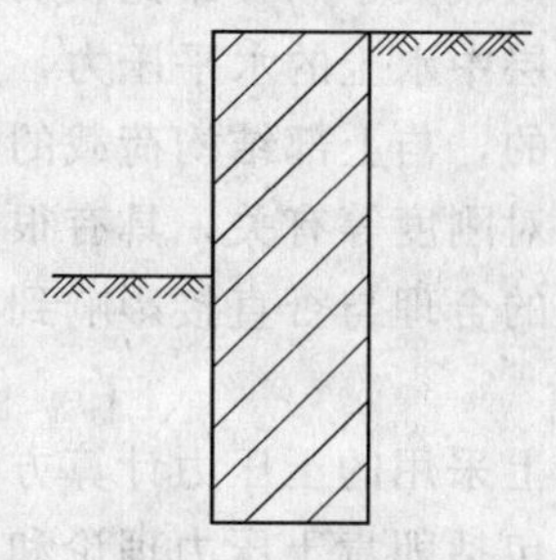

图 12-3　水泥土重力式支护结构

12.1.5　拉锚式支护结构

拉锚式支护结构由挡土结构和锚固部分组成，锚固结构有锚杆和地面拉锚两种，如图 12-4 所示。根据不同的开挖深度，可设置单层或多层锚杆［图 12-4（a）］，当有足够的场地设置锚桩或其他锚固物时可采用地面拉锚［图 12-4（b）］。

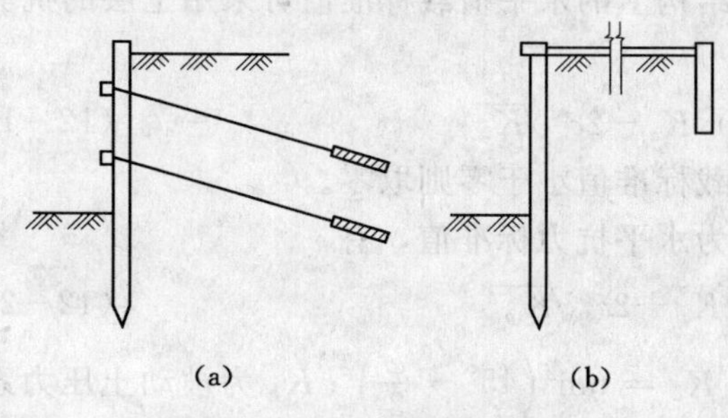

图 12-4　拉锚式支护结构

拉锚式支护结构一般用于场地狭小且需深开挖、周边环境对基坑土体的水平位移控制要求很严的基坑工程，另外，这种支护结构需要地基土提供较大的锚固力，因而多用于砂土地基或黏土地基。

12.1.6　内撑式支护结构

内撑式支护结构由挡土结构和支撑结构两部分组成，其中挡土结构常采用密排钢筋混凝土桩和地下连续墙，支撑结构可采用单层或多层水平支撑，如图 12-5（a）、（b）、（c）

所示。当基坑面积大而开挖深度不大时，也可采用单层斜撑，如图 12-5（d）所示。

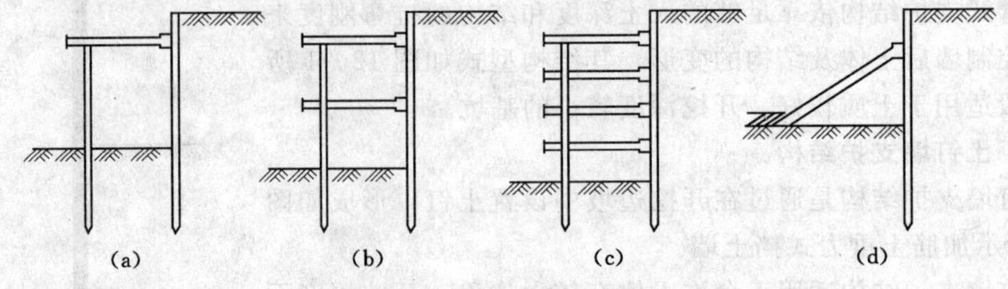

图 12-5　内撑式支护结构

内撑式支护结构适用于场地狭小且需深开挖，周边环境对基坑土体的水平位移控制要求更严格，以及基坑周边不允许锚杆施工的基坑工程。

12.2　支护结构上的荷载计算

在一般地基基础工程计算中，建筑物的自重以及作用于建筑物上的各种荷载都是通过基础传给地基，荷载大小和分布比较明确，计算结果与实测结果也基本接近。而支护结构的主要荷载是地层中水土的水平压力，是由竖向水土压力按照一定规律转化为水平压力作用于支护结构上的，与上部结构荷载的根本区别在于它不仅与水土重量有关，还与土性、土与支护结构相对刚度等有关，具有很大的不确定性。因此，由水土竖向压力转化为水平压力的计算方法的合理与否直接影响到支护结构上荷载的确定，进而直接影响支护结构的设计。

目前，工程上采用的土压力计算方法大致有两类：一类是建立于极限平衡理论上的经典土压力理论，包括朗肯土压力理论和库仑土压力理论；另一类是根据实测结果而提出的 Terzaghi - Peck 土压力模式。

12.2.1　按经典土压力理论计算

1. 计算点位于地下水位以上

地下水位以上土层及地面超载作用于支护结构上的水平荷载标准值可采用土层的抗剪强度指标按朗肯主动土压力理论计算，即

$$p_{aik}=(q+\sum\gamma_i h_i)K_a-2c\sqrt{K_a} \tag{12-1}$$

按上述规定计算的基坑开挖面以上水平荷载标准值小于零则取零。

基坑内侧作用于支护结构上的被动土压力为水平抗力标准值，有

$$p_{pik}=(\sum\gamma_i h_i)K_p+2c\sqrt{K_p} \tag{12-2}$$

两式中：q 为地面超载；K_a 为主动土压力系数，$K_a=\tan^2\left(45°-\dfrac{\varphi}{2}\right)$；$K_p$ 为被动土压力系数，$K_p=\tan^2\left(45°+\dfrac{\varphi}{2}\right)$；$c$ 为计算点所在土层的内聚力；φ 为计算点所在土层的内摩擦角；γ_i 为计算点以上第 i 层土的重度；h_i 为计算点以上第 i 层土的厚度。

2. 计算点位于地下水位以下

当土层位于地下水位以下时，支护结构承受的荷载（水压力和土压力）有“土水分

算”和“土水合算”两种算法。

(1) 土水分算。土水分算时土压力采用有效重度 γ' 和有效应力抗剪强度指标 c'、φ' 计算，另加静水压力，即

$$p_{ak}=\gamma' hK'_a-2c\sqrt{K'_a}+\gamma_w h \tag{12-3}$$

如果不能获得土体的有效应力抗剪强度指标，可采用总应力法进行计算，即

$$p_{ak}=\gamma' hK_a-2c\sqrt{K_a}+\gamma_w h \tag{12-4}$$

式中：h 为地下水位至计算点的高度。需提及的是，计算静水压力时应考虑根据止水方案确定的坑内外的水头差。

作用于基坑内侧的被动土压力（有效应力抗剪强度指标）为

$$p_{pk}=\gamma' hK'_p+2c'\sqrt{K'_p}+\gamma_w h \tag{12-5}$$

(2) 土水合算。土水合算方法是根据较多工程实践得出一种针对透水性较差的土体的方法，在这种方法中，作用于支护结构上的土压力采用饱和重度 γ_{sat} 和总应力抗剪强度指标 c、φ 计算，不再另外叠加水压力，即

$$p_{ak}=\gamma_{sat} hK_a-2c\sqrt{K_a} \tag{12-6}$$

相应的被动土压力为

$$p_{pk}=\gamma_{sat} hK_p+2c\sqrt{K_p} \tag{12-7}$$

式中符号意义同前。

现行规范规定，对砂土和粉土按水土分算原则计算；对粘性土宜根据工程经验按水土分算或水土合算原则计算。

【例 12-1】 某一长条形基坑，开挖深度为 8.0m，支护结构采用 600mm 厚钢筋混凝土地下连续墙，墙体深度为 18.0m，支撑为一道 $\phi500\times11$ 钢管支撑，支撑平面间距为 3m，支撑轴线位于地面以下 2.0m。地质条件为：地层为饱和黏性土，$\gamma=18\text{kN/m}^3$，$\varphi=10°$，$c=10\text{kPa}$，地下水位在地面以下 1m，不考虑地面荷载。试按朗肯土压力理论（水土合算）计算主动土压力和被动土压力。

解

对于水土合算问题，一般采用总应力强度指标。主动土压力系数为

$$K_a=\tan^2\left(45°-\frac{\varphi}{2}\right)=\tan^2\left(45°-\frac{10}{2}\right)=0.704$$

被动土压力系数为

$$K_p=\tan^2\left(45°+\frac{\varphi}{2}\right)=\tan^2\left(45°+\frac{10}{2}\right)=1.420$$

(1) 主动土压力计算。基坑外侧对支护结构的土压力为主动土压力。土层为黏性土（$c\neq0$），故距墙顶 z_0 深度范围内土压力为 0。已知土的天然重度 $\gamma=18\text{kN/m}^3$（视为饱和重度），则

$$z_0=\frac{2c}{\gamma\sqrt{K_a}}=\frac{2\times10}{18\times\sqrt{0.704}}=1.324(\text{m})$$

墙底处的主动土压力强度为

$$p_{ak}=(q+\gamma_{sat}h)K_a-2c\sqrt{K_a}$$
$$=(0+18\times18)\times0.704-2\times10\times\sqrt{0.704}$$
$$=211.32(\text{kPa})$$

则主动土压力为

$$E_a=\frac{1}{2}\times211.32\times(18-1.324)$$
$$=1762(\text{kN/m})$$

计算结果如图 12-6 所示。

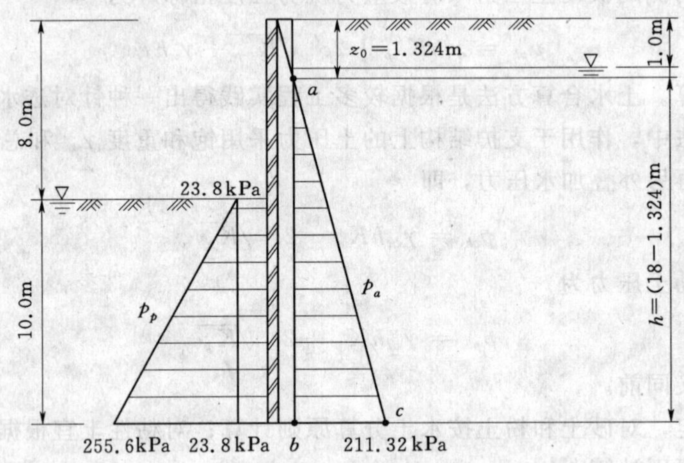

图 12-6　计算结果示意图

(2) 被动土压力计算。基坑内侧对支护结构的土压力为被动土压力，由公式

$$p_{pk}=\gamma_{sat}zK_p+2c\sqrt{K_p}$$

以 $z=0$ 代入，得基坑底处的被动土压力强度为

$$p_{pk}=\gamma_{sat}zK_p+2c\sqrt{K_p}=0+2\times10\times\sqrt{1.420}=23.8(\text{kPa})$$

以 $z=10$ 代入，得地下连续墙底处的被动土压力强度为

$$p_{pk}=\gamma_{sat}zK_p+2c\sqrt{K_p}=18\times10\times1.420+2\times10\times\sqrt{1.420}=279.4(\text{kPa})$$

被动土压力合力为土压力强度分布梯形的面积，有

$$E_p=\frac{1}{2}\times(23.8+279.4)\times10=1516(\text{kN/m})$$

12.2.2　按 Terzaghi—Peck 模式计算

一些实测资料表明，按经典土压力理论计算的基坑支护结构的土压力与实测结果有较大误差，特别是采用多层支撑或锚固的支护结构时。Terzaghi—Peck 经验土压力模式在国外应用比较普遍，国内一般用于黏性土基底标高以上带支撑（或锚固）的主动土压力计算，分布模式如图 12-7 所示。

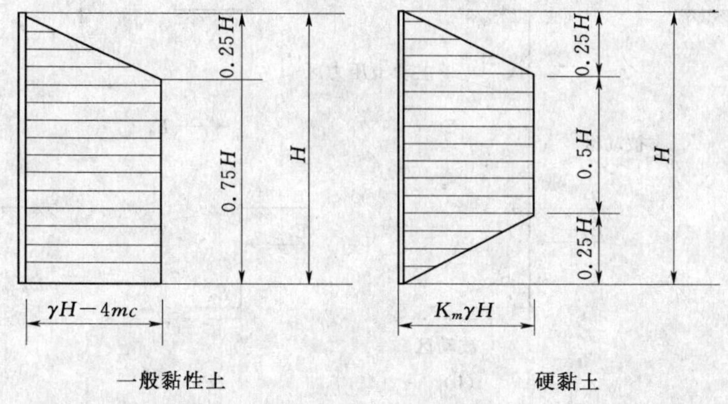

图 12-7 主动区土压力分布包络线图

图中：H 为开挖深度；c 为开挖范围及基底下相邻土层的不排水强度；m 为修正系数，当基底下存在较厚软黏土时取 0.4，当基底下存在坚硬土层时取 1.0；K_m 为平均土压力系数，排水及防护条件良好时取 0.2～0.3，反之取 0.3～0.4。

正确计算作用于支护结构上的侧压力是合理设计支护结构的关键，也是目前深基坑支护工程中尚未能很好解决的问题之一，其中有关计算模式、土性参数取值等均需进一步研究。因而，对于安全等级为一级、二级的建筑基坑，确定侧压力时宜分别按上述方法进行计算比较，取其中偏于安全的结果。

12.3 支护结构的计算与分析

12.3.1 悬臂式支护结构

悬臂式支护结构主要依靠嵌入土内深度平衡上部地面荷载、水压力及主动土压力形成的侧压力，因此插入深度至关重要。其次计算桩、墙所承受的最大弯矩，以便核算桩、墙的截面尺寸和配筋。

悬臂式排桩围护的计算方法采用传统的板桩计算方法，如图 12-8 所示。悬臂桩墙在基坑底面以上外侧主动土压力作用下，桩墙将向基坑内侧倾移，而下部则反方向变位，即桩墙将绕基坑底以下某点（图中 b 点）旋转。由于 b 点处墙体无变位，故受到的力大小相等、方向相反，净压力为零。b 点以上墙体向左移动，左侧作用被动土压力，右侧作用主动土压力；b 点以下则相反，右侧作用被动土压力，左侧作用主动土压力。因此，作用在墙体上各点处的净土压力为该点两侧被动土压力和主动压力之差，沿墙身的分布如图 12-8（b)所示。图 2-8（c）为根据净土压力分布特征将其简化成线性分布的悬臂桩墙计算图式，图 12-8（d）为 H. Blum 建议的简化图式，依据净土压力分布即可根据静力平衡条件计算板桩的入土深度和内力。

1. 静力平衡法

极限平衡法在支护结构设计中是技术人员所熟悉的一种计算方法，在我国深基坑支护设计发展初期一直被广泛应用。在支点结构设计中，采用静力平衡法或后面介绍的等值梁

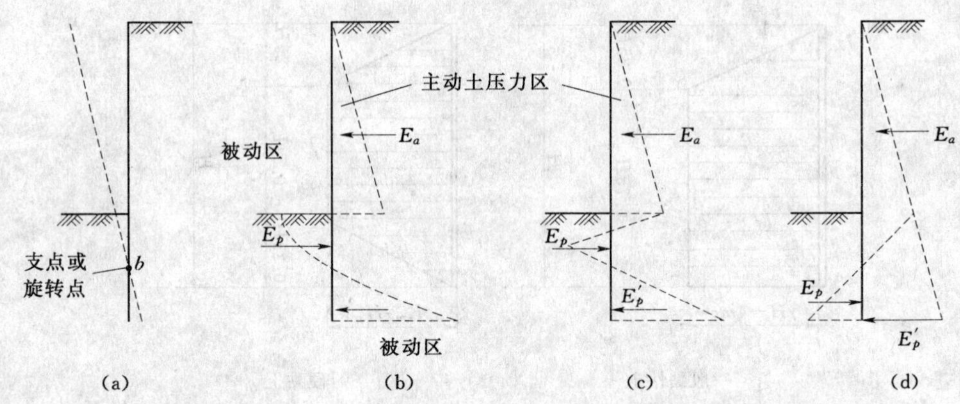

图 12-8 悬臂式桩墙变位及土压力分布图

(a) 变位示意图；(b) 土压力分布示意图；(c) 静力平衡法计算简图；(d) Blum 法计算简图

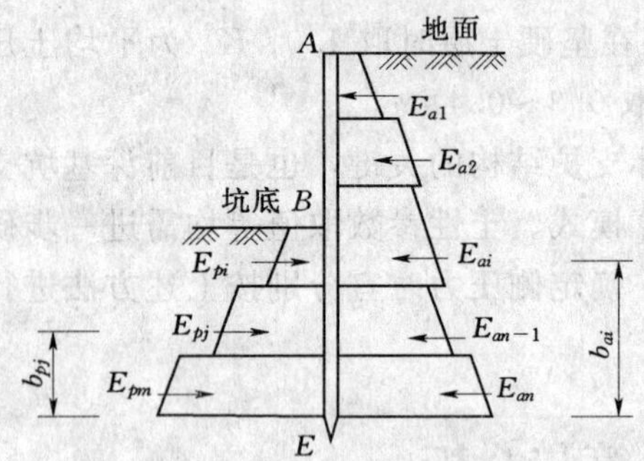

图 12-9 静力平衡法计算简图

法时计算假定比较简单，所以难以表达支护结构体系各参数变化的要求，因此在多支点结构设计中渐渐被弹性支点法所取代。然而，也正是由于它具有计算简单的特点，所以至今还在相当范围内得到应用，现行规程也明确了对于悬臂式及单支点支护结构嵌固深度应按极限平衡法确定。同时，也可用于悬臂及单支点的内力计算。

静力平衡法计算简图如图 12-9 所示。随着桩墙入土深度的不同，作用在不同深度处各点的净土压力分布也不同。当单位宽度板桩墙两侧所受的净土压力相平衡时，板桩墙则处于稳定，相应的板桩入土深度即为板桩保证其稳定性所需的最小入土深度，通常采用试算方法确定。

设桩插入土中的最小深度为 d，则将各土压力对端部 E 点取矩，有

$$\sum_{i=1}^{n} E_{ai} b_{ai} = \sum_{j=1}^{m} E_{pj} b_{pj} \tag{12-8}$$

式中：E_{ai} 为主动土压力区第 i 层土压力之和；b_{ai} 为主动土压力区第 i 层压力重心至取矩点 E 的距离；E_{pj} 为被动土压力区第 j 层作用力合力值；b_{pj} 为被动土压力区第 j 层合力作用点至 E 点的距离。

显然，满足式 (12-8) 的 d 是使桩排处于临界状态的值。为保证悬臂桩排有足够的稳定，需将 d 值增大。设计嵌固深度 t_c 按下式确定（图 12-10）

$$t_c = e + 1.2(d - e) \tag{12-9}$$

或

$$t_c = k'_d d \tag{12-10}$$

式中：e 为开挖底部至净土压力为零的距离；k'_d 为增大系数，基坑底以下土质较好时取 1.15，较差时取 1.30。

确定桩的设计嵌固深度 t 后，即可根据桩身最大弯矩处剪力为零的条件通过试算确定

桩身最大弯矩。

2. Blum 法

Blum 建议将旋转点以下的被动土压力近似地在其重心处用一个集中力代替，如图 12-11所示，然后同样按平衡条件求解。

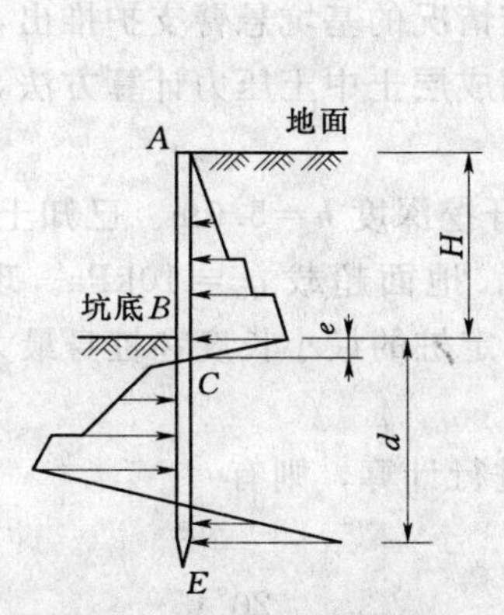

图 12-10　嵌固深度示意图

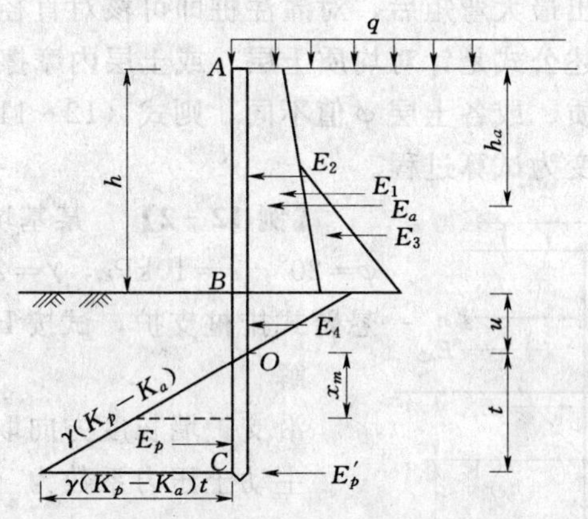

图 12-11　Blum 法计算简图

(1) 桩最小插入深度。如图 12-11 所示，对桩端 C 点取矩，有

$$\sum M_c=0$$

$$E_a(h+u+t-h_a)-E_p\frac{t}{3}=0 \tag{12-11}$$

式中 $E_p=\gamma(K_p-K_a)t\dfrac{t}{2}=\dfrac{\gamma}{2}(K_p-K_a)t^2$，代入上式得

$$E_a(h+u+t-h_a)-\frac{\gamma}{6}(K_p-K_a)t^3=0 \tag{12-12}$$

整理后得

$$t^3-\frac{6E_a}{\gamma(K_p-K_a)}t-\frac{6E_a(h+u-h_a)}{\gamma(K_p-K_a)}=0 \tag{12-13}$$

式中：t 为桩墙的有效嵌固深度；E_a 为主动土压力、水压力合力；h 为基坑开挖深度；h_a 为合力 E_a 距地面的距离；u 为土压力零点距坑底的距离，若不考虑 c、q 的作用，可根据静土压力零点处墙前被动土压力强度与墙后主动土压力强度相等的关系 $K_pu=K_a(h+u)$ 求得

$$u=\frac{K_ah}{K_p-K_a} \tag{12-14}$$

解式 (12-13) 所示的三次方程可得 t。为保证悬臂桩墙有足够的稳定，需将 t 值增大，实际工程中取最小嵌入深度为

$$t_c=u+K_t't \tag{12-15}$$

式中：K_t' 为嵌固深度增大系数，通常取 $K_t'=1.1\sim1.4$。

(2) 支护结构的最大弯矩。最大弯矩位于剪力 $Q=0$ 处（主动土压力等于被动土压力）。设从图 12-11 中 O 点往下 x_m 处 $Q=0$，则被动土压力应与 E_a 相等，即

$$E_a-\gamma(K_p-K_a)x_m\frac{x_m}{2}=0$$

$$x_m = \sqrt{\frac{2E_a}{\gamma(K_p - K_a)}} \tag{12-16}$$

最大弯矩为
$$M_{\max} = E_a(h + u + x_m - h_a) - \frac{\gamma(K_p - K_a)x_m^3}{6} \tag{12-17}$$

求出最大弯矩后，对灌注桩即可核对直径及配筋计算。

上述公式是针对均质土层、或土层内摩擦角 φ 不变情况的基坑悬臂支护推出，如果土层非均质、或各土层 φ 值不同，则式（12-11）应采用成层土中土压力计算方法，此时求解过程变为试算过程。

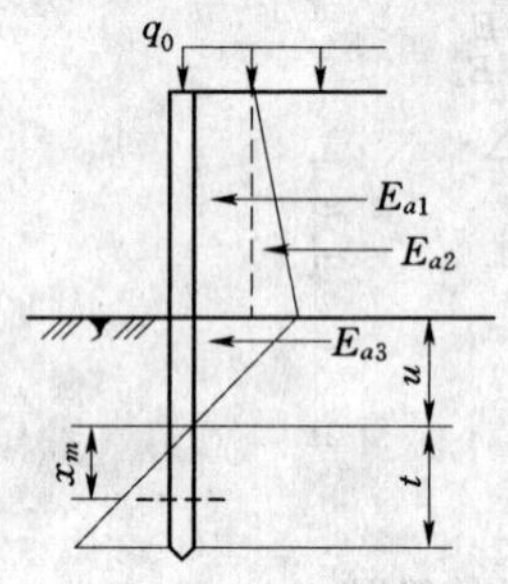

【例 12-2】 某基坑如图。开挖深度 $h=5.0\text{m}$。已知土性指标：$\varphi=20°$，$c=10\text{kPa}$，$\gamma=20\text{kN/m}^3$，地面超载 $q_0=10\text{kPa}$。现拟采用悬臂式排桩支护，试按 Blum 法确定桩的最小长度和桩身最大弯矩。

解

沿支护墙长度方向取 1 延米进行计算，则有

主动土压力系数为

$$K_a = \tan^2\left(45° - \frac{\varphi}{2}\right) = \tan^2\left(45° - \frac{20°}{2}\right) = 0.49$$

被动土压力系数为

$$K_p = \tan^2\left(45° + \frac{\varphi}{2}\right) = \tan^2\left(45° + \frac{20°}{2}\right) = 2.04$$

基坑开挖底面处土压力强度为

$$\begin{aligned} p_a &= (q_0 + \gamma h)K_a - 2c\sqrt{K_a} \\ &= (10 + 20 \times 5) \times 0.49 - 2 \times 10 \times \sqrt{0.49} \\ &= 39.9(\text{kN/m}^2) \end{aligned}$$

土压力零点距开挖面的距离可根据墙前被动土压力强度与墙后主动土压力强度相等的关系求得，即

$$\gamma u K_p + 2c\sqrt{K_p} = [q_0 + \gamma(h + u)]K_a - 2c\sqrt{K_a}$$

则
$$u = \frac{(q_0 + \gamma h)K_a - 2c(\sqrt{K_a} + \sqrt{K_p})}{\gamma(K_p - K_a)} = \frac{11.33}{31.00} = 0.37(\text{m})$$

开挖面以上桩后侧地面超载引起的侧压力 E_{a1} 为

$$E_{a1} = q_0 K_a h = 10 \times 0.49 \times 5 = 24.5(\text{kN})$$

其作用点距地面的距离 h_{a1} 为

$$h_{a1} = \frac{1}{2}h = \frac{1}{2} \times 5 = 2.5(\text{m})$$

开挖面以上桩后侧主动土压力 E_{a2} 为

$$\begin{aligned} E_{a2} &= \frac{1}{2}\gamma h^2 K_a - 2ch\sqrt{K_a} + \frac{2c^2}{\gamma} \\ &= \frac{1}{2} \times 20 \times 5^2 \times 0.49 - 2 \times 10 \times 5 \times \sqrt{0.49} + \frac{2 \times 10^2}{20} \\ &= 62.5(\text{kN}) \end{aligned}$$

其作用点距地面的距离 h_{a2} 为

$$h_{a2}=\frac{2}{3}\left(h-\frac{2c}{\gamma\sqrt{K_a}}\right)=\frac{2}{3}\left(5-\frac{2\times10}{20\times\sqrt{0.49}}\right)=2.38(\mathrm{m})$$

桩后侧开挖面至土压力零点净土压力 E_{a3} 为

$$E_{a3}=\frac{1}{2}p_a u=\frac{1}{2}\times39.9\times0.37=7.38(\mathrm{kN})$$

其作用点距地面的距离 h_{a3} 为

$$h_{a3}=h+\frac{1}{3}u=5+\frac{1}{3}\times0.37=5.12(\mathrm{m})$$

作用于桩后的土压力合力 E_a 为

$$E_a=E_{a1}+E_{a2}+E_{a3}=24.5+62.5+7.38=94.38(\mathrm{kN})$$

E_a 的作用点距地面的距离 h_a 为

$$\begin{aligned}h_a&=\frac{E_{a1}h_{a1}+E_{a2}h_{a2}+E_{a3}h_{a3}}{E_a}\\&=\frac{24.5\times2.5+62.5\times2.38+7.38\times5.12}{94.38}\\&=2.63(\mathrm{m})\end{aligned}$$

将上述计算得到的 K_a，K_p，u，E_a，h_a 值代入式（12-13）得

$$t^3-\frac{6\times94.38}{20\times(2.04-0.49)}t-\frac{6\times94.38\times(5+0.37-2.63)}{20\times(2.04-0.49)}=0$$

即 $$t^3-18.27t-50.05=0$$

可解得 $$t=5.27\mathrm{m}$$

取增大系数 $K_t'=1.3$，则桩的最小长度 l 为

$$l=h+u+1.3t=5+0.37+1.3\times5.27=12.22(\mathrm{m})$$

最大弯矩点距土压力零点的距离 x_m 为

$$x_m=\sqrt{\frac{2E_a}{(K_p-K_a)\gamma}}=\sqrt{\frac{2\times94.38}{(2.04-0.49)\times20}}=2.47(\mathrm{m})$$

最大弯矩

$$\begin{aligned}M_{\max}&=94.38\times(5+0.37+2.47-2.63)-\frac{20\times(2.04-0.49)\times2.47^3\times1}{6}\\&=413.86(\mathrm{kN\cdot m})\end{aligned}$$

12.3.2 单层支点支护结构

尽管悬臂式支护结构具有施工方便、受力简单等优点，但对于土质较差、基坑埋深较大的工程，悬臂式支护结构断面设计往往可能无法满足强度与变形的要求，即使设计上可以做到满足强度与变形的要求，但在经济上可能会造成比采用支点（锚杆或支撑）更浪费的现象。因此，一般悬臂式支护结构难以满足设计要求或造价太高时，往往采用单层支点支护结构。

1. 桩端支承条件

顶端支撑（或拉锚）的排桩围护结构与顶端自由（悬臂）的排桩结构在受力特征上是不同的，由于顶端支撑使得围护结构不易移动而形成一铰接的简支点。对于桩插入土内部

分，入土浅时为简支，深时则为嵌固。图 12-12 为桩插入土中不同深度而形成的支承条件和受力性状。

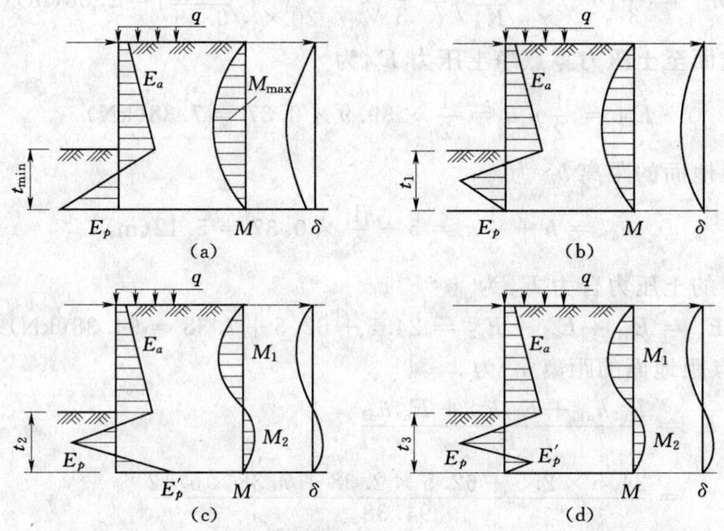

图 12-12　入土深度不同的板桩墙的土压力、弯矩及变形图

(1) 如图 12-12 (a) 所示，支护桩入土较浅（最浅为 t_{min}），桩前被动土压力全部发挥，墙体处于极限平衡状态，底端可能有少许向左位移的现象发生。对支撑点的主动土压力力矩和被动土压力力矩相等，桩身弯矩为正，最大值 M_{max} 位于跨中。

(2) 如图 12-12 (b) 所示，支护桩入土深度增加（大于 t_{min}），桩前被动土压力不能充分发挥与利用，桩底端可能仅在原位置转动一角度而不致有位移现象发生，这时桩底土压力便等于零，桩身弯矩为正。

(3) 如图 12-12 (c) 所示，支护桩入土深度继续增加（达到 t_2），墙前墙后都出现被动土压力，支护桩在土中处于嵌固状态，相当于上端简支下端嵌固的超静定梁。此时弯矩大大减小且出现正负两个方向的弯矩，底端嵌固弯矩 M_2 的绝对值略小于跨间弯矩 M_1 的数值，净压力零点与弯矩零点约相吻合。

(4) 如图 12-12 (d) 所示，支护桩入土深度进一步增加（达到 $t_3>t_2$），此时桩的入土深度已嫌过深，墙前墙后的被动土压力都得不到充分发挥和利用，对跨间弯矩的减小也不起明显作用。

上述四种情况中，第四种因不经济而很少采用，第三种是目前常用的工作状态，设计中一般采用正弯矩为负弯矩的 110%～115%，也有采用正负弯矩相等作为依据的。由该状态得出的桩虽然较长，但因弯矩较小，故可以选择较小的截面，同时因入土较深，比较安全可靠。若按第一种、第二种情况设计，可得较小的入土深度和较大的弯矩，对于这种情况，桩底可能有少许位移。另外，桩端自由支承比嵌固支承的受力情况更明确，造价也相对经济合理。

2. 自由端单支点桩墙支护结构计算（静力平衡法）

图 12-13 是单支点自由端支护结构的断面及土压力分布。可采用下列方法确定桩的最小入土深度 t_{min} 和水平向每延米所需主动力（或锚固力）R_a 。

取支护结构单位长度，根据对支点 A 的力矩平衡条件求得

$$M_{E_{a1}} + M_{E_{a2}} - M_{E_p} = 0 \qquad (12-18)$$

由上式经试算可求出桩的最小入土深度 $t_{\min}$。

支点 A 处的水平力 R_a 根据水平力平衡条件求出

$$R_a = E_{a1} + E_{a2} - E_p \qquad (12-19)$$

根据剪力和弯矩的关系，先求出桩身剪力等于 0 的位置，即可求出最大弯矩及作用点。

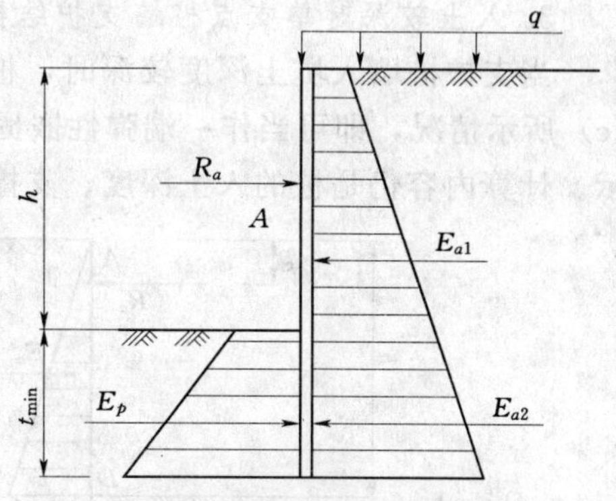

图 12-13 单支点桩墙支护的静力平衡计算简图

【例 12-3】 试按静力平衡法对［例 12-1］计算单根支撑轴力和地下连续墙墙身最大弯矩。

解

由前述［例 12-1］的解已计算出主动土压力和被动土压力。则由静力平衡条件 $\sum F_x=0$，有

$$R_a + E_p = E_a$$

由支撑平面间距为 3m，得每一根支撑需承担 3m 宽度地下连续墙的土压力荷载。所以，每一根支撑的轴力 N 为

$$N = 3(E_a - E_p) = 3 \times (1762.2 - 1516.0) = 738.6(\text{kN})$$

根据剪力和弯矩的关系，弯矩的极值出现在剪力为 0 的位置。因此，先求出地下连续墙上剪力为 0 的位置 A，再求该处的弯矩即可。设 A 点在基坑底面以上 y 处，如图 12-14所示。

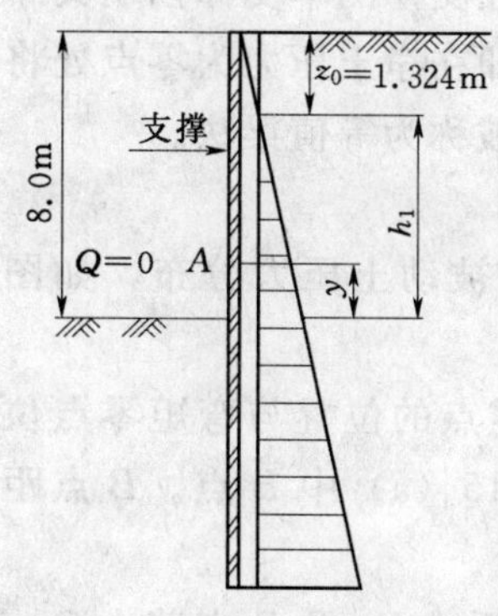

图 12-14 ［例 12-3］图

每根支撑所受的支撑力为 $N=738.6$kN，则每米地下连续墙上的支撑力 N_1 为

$$N_1 = N/3 = 738.6/3 = 246.2\ (\text{kN})$$

由水平方向合力为 0 的条件，得

$$Q = N_1 - E_{ay}$$

式中：Q 为 A 点的剪力；E_{ay} 为 A 点以上主动土压力的合力。基坑底面以上主动土压力的分布高度 $h_1=6.676$m，由图 12-14 可以得到

$$\begin{aligned} Q &= N_1 - E_{ay} \\ &= 246.2 - 0.5 \times 18 \times (6.676 - y)^2 \times 0.704 \\ &= 246.2 - 6.336 \times (6.676 - y)^2 \end{aligned}$$

令 $Q=0$，由上式解得 $y=0.42$m。故该点的弯矩，即最大弯矩 $M_{\max}$ 为

$$\begin{aligned} M_{\max} &= 246.2 \times (6 - 0.42) - 6.336 \times (6.676 - 0.42)^2 \times \frac{1}{3}(6.676 - 0.42) \\ &= 867.9(\text{kN} \cdot \text{m}) \end{aligned}$$

基坑内侧受拉。

3. 入土较深时单支点桩墙支护结构计算

当支护桩墙入坑土深度较深时，桩端有弹性嵌固（铰结）与固定两种，按图 12-12（c）所示情况，即可当作一端弹性嵌固另一端简支的梁来研究，计算简图如图 12-15 所示。计算内容仍是桩的入土深度、支撑反力及最大弯矩。

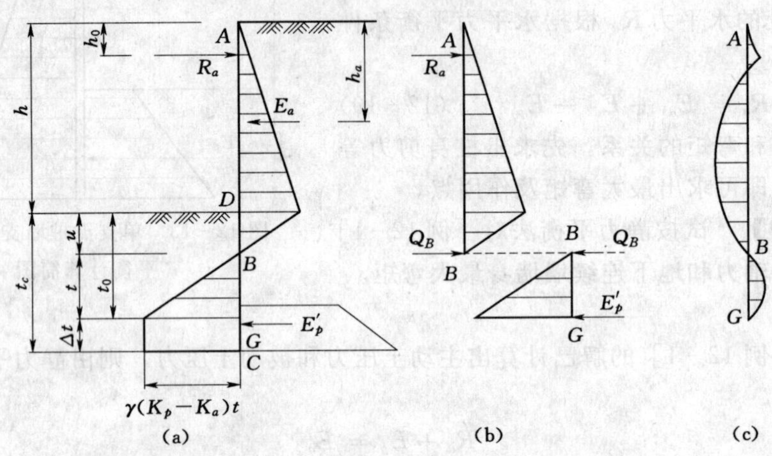

图 12-15　等值梁法计算简图

(a) 均质土层土压力分布；(b) 等值梁；(c) 弯矩分布

单支撑挡墙下端为弹性嵌固时，其弯矩图如图 12-12（c）所示。若在弯矩零点位置将梁（支护结构）断开以简支计算，则不难看出该段的弯矩分布与图 12-12（a）、（b）所示整梁一样，所以将此段梁称为整梁在该段的等值梁。但由于设计时并不能先得到弯矩分布，所以弯矩零点位置也是未知的。实际设计中根据下端为弹性支撑的单支撑挡墙其净土压力零点位置与弯矩零点位置很接近的情况，近似以其代之，即在净土压力为零点处将支护结构断开作为两个相连的简支梁来计算，这种简化计算方法被称为等值梁法。

等值梁法计算步骤如下：

1）根据基坑深度、勘察资料等，计算沿桩身主动土压力与被动土压力分布，如图 12-14 (a)所示；

2）确定正负弯矩反弯点的位置。实测结果表明净土压力为零点的位置与弯矩零点位置很接近，因此可假设反弯点就在净土压力为零点处，如图 12-15（a）中 B 点。B 点距基坑底面的距离 u 根据净土压力为零的条件求出。

3）由图 12-15（b）所示等值梁 AB 根据平衡方程计算支撑反力 R_a 及 B 点剪力 Q_B

$$R_a=\frac{E_a(h+u-h_a)}{h+u-h_0} \tag{12-20}$$

$$Q_B=\frac{E_a(h_a-h_0)}{h+u-h_0} \tag{12-21}$$

4）由图 12-15（b）所示等值梁 BG 的力矩平衡条件 $\Sigma M_G=0$ 确定桩的入土深度

$$Q_B=\frac{1}{6}[K_p\gamma(u+t)-K_a\gamma(h+u+t)]t^2$$

解得

$$t = \sqrt{\frac{6Q_B}{\gamma(K_p - K_a)}} \tag{12-22}$$

求得 t 后，桩在基坑底以下的最小插入深度 t_c 仍可按式（12-15）确定。

【例 12-4】　某基坑工程如图开挖深度 $h=8.0\text{m}$，采用单支点桩锚支护结构，支点离地面 $h_0=1.0\text{m}$，支点水平间距为 2.0m。地基土土性参数的加权平均值为：$\gamma=18.0\text{kN/m}^3$，内摩擦角 $\varphi=28°$，黏聚力 $c=0$，地面超载 $q_0=20\text{kPa}$。试用等值梁法计算桩墙的入土深度 t_c、水平支锚力 R_a 和最大弯矩 $M_{\max}$。

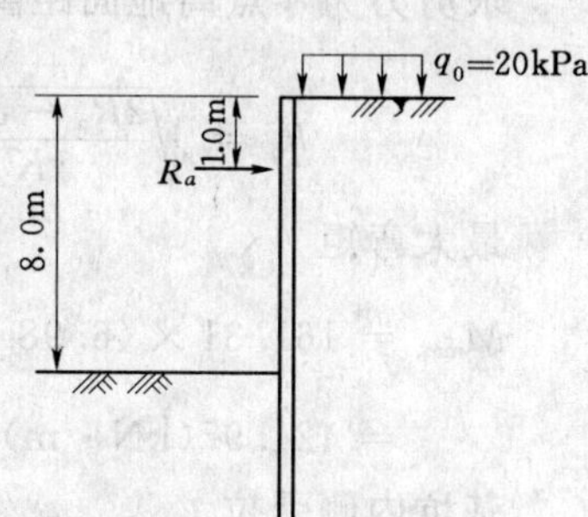

解

取单位长度作为计算宽度。

主动土压力系数为

$$K_a = \tan^2\left(45° - \frac{\varphi}{2}\right) = \tan^2\left(45° - \frac{28°}{2}\right) = 0.36$$

被动土压力系数为

$$K_p = \tan^2\left(45° + \frac{\varphi}{2}\right) = \tan^2\left(45° + \frac{28°}{2}\right) = 2.77$$

墙后地面处主动土压力强度为

$$p_{a1} = q_0K_a - 2c\sqrt{K_a} = 20 \times 0.36 - 0 = 7.20(\text{kPa})$$

墙后基坑底面处主动土压力强度为

$$p_{a2} = (q_0 + \gamma h)K_a - 2c\sqrt{K_a} = (20 + 18 \times 8) \times 0.36 - 0 = 59.04(\text{kPa})$$

净土压力零点离基坑底距离为

$$u = \frac{(q_0 + \gamma h)K_a - 2c(\sqrt{K_a} + \sqrt{K_p})}{\gamma(K_p - K_a)} = \frac{59.04}{18 \times (2.77 - 0.38)} = 1.36(\text{m})$$

墙后净土压力合力为

$$E_a = \frac{1}{2} \times (7.20 + 59.04) \times 8 + \frac{1}{2} \times 59.04 \times 1.36 = 305.11(\text{kN/m})$$

E_a 作用点距地面的距离为

$$h_a = \left[\frac{1}{2} \times 8 \times 7.2 \times 8 + \frac{2}{3} \times 8 \times \frac{1}{2} \times (59.04 - 7.20) \times 8 + \left(8 + \frac{1}{3} \times 1.36\right) \times \frac{1}{2} \times 59.04 \times 1.36\right] \div 305.11 = 4.94(\text{m})$$

支点水平锚固拉力为

$$R_a = \frac{E_a(h + u - h_a)}{h + u - h_0} = \frac{305.11 \times (8 + 1.36 - 4.94)}{8 + 1.36 - 1} = 161.31(\text{kN/m})$$

土压力零点处（即弯矩为零点）的剪力为

$$Q_B = \frac{E_a(h_a - h_0)}{h + u - h_0} = \frac{305.11 \times (4.94 - 1.0)}{8 + 1.36 - 1} = 143.80(\text{kN})$$

桩的有效嵌固深度为

$$t = \sqrt{\frac{6Q_B}{\gamma(K_p - K_a)}} = \sqrt{\frac{6 \times 143.80}{18 \times (2.77 - 0.36)}} = 4.46(\text{m})$$

取增大系数 $K_t' = 1.4$，则桩的最小长度 l 为

$$l = h + u + 1.4t = 8 + 1.36 + 1.4 \times 4.46 = 15.6(\text{m})$$

求剪力为零点离地面距离 h_q，由 $R_a - \frac{1}{2}\gamma h_q^2 K_a - q_0 K_a = 0$ 得

$$h_q = \sqrt{\frac{2R_a - q_0 K_a}{\gamma K_a}} = \sqrt{\frac{2 \times 161.31 - 20 \times 0.36}{18 \times 0.36}} = 6.98(\text{m})$$

最大弯矩

$$M_{\max} = 161.31 \times (6.98 - 1.0) - \frac{1}{6} \times 18 \times 6.98^3 \times 0.36 - \frac{1}{2} \times 20 \times 6.98^2 \times 0.36$$

$$= 421.97(\text{kN} \cdot \text{m})$$

基坑内侧受拉。

12.3.3 多层支点支护结构

当基坑较深，土质较差，单层支点支护结构不能满足基坑支挡的强度与稳定性要求时，可采用多层支点支护结构。支点层数及位置则根据土层分布及性质、基坑深度、支护结构刚度和材料强度以及施工要求等因素确定。

目前对多层支点支护结构的计算通常采用等值梁法、连续梁法、支撑荷载 1/2 分担法、弹性支点法及有限元法等。以下对其中主要的几种方法予以简单介绍。

1. 连续梁法

多支撑支护结构可当做刚性支撑（支座无位移）的连续梁，如图 12 - 16 所示，计算时应根据施工阶段分别计算。下面以设置三道支撑基坑为例说明其设计计算步骤。

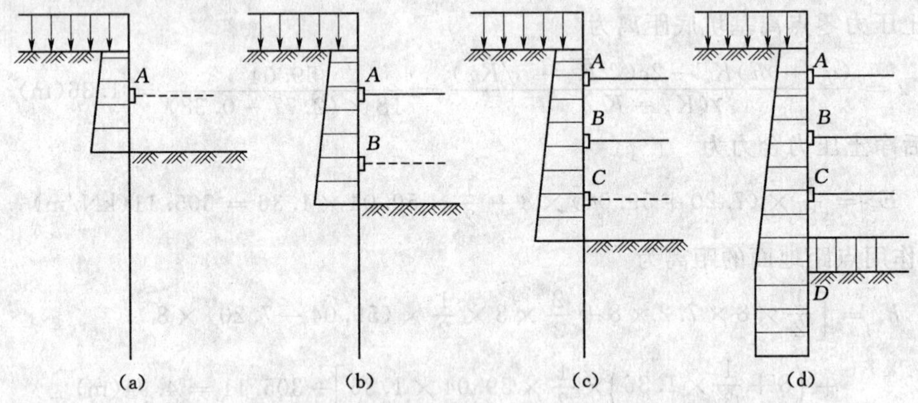

图 12 - 16 连续梁法各施工阶段的计算简图

1) 在设置支撑 A 以前的开挖阶段［图 12 - 16 (a)］，可将桩（墙）作为一端嵌固在土层的悬臂桩（墙）。

2) 在设置支撑 B 以前的开挖阶段［图 12 - 16 (b)］，可将桩（墙）作为两个支点的静定梁，两个支点分别是 A 及净土压力为零的点。

3) 在设置支撑 C 以前的开挖阶段［图 12 - 16 (c)］，可将桩（墙）作为三个支点的连续梁，三个支点分别是 A、B 及净土压力零点。

4) 在浇筑底板以前的开挖阶段［图 12 - 16 (d)］，可将桩（墙）作为具有四个支点

的三跨连续梁。

2. 支撑荷载 1/2 分担法

对多支点的支护结构，若支护桩（墙）后的主动土压力分布采用太沙基—佩克假定的图式，则支撑或拉锚的内力及其支护桩（墙）的弯矩可按经验法计算（图 12-17）：

1）每道支撑或拉锚所受的力是相应于两个半跨的土压力荷载值，如图 12-17（a）所示。

2）假设土压力强度用 q 表示，对于按连续梁计算，最大支座弯矩（三跨以上）为 $M=\frac{ql^2}{10}$，最大跨中弯矩为 $M=\frac{ql^2}{20}$，如图 12-17（b）所示。

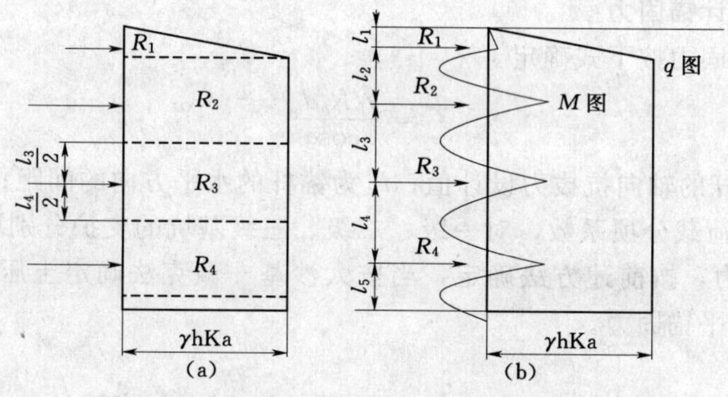

图 12-17　支撑荷载 1/2 分担法

3. 弹性支点法

弹性支点法也称弹性抗力法和地基反力法，计算简图如图 12-18 所示。计算方法如下：

1）墙后的荷载既可直接按朗肯土压力计算［图 12-18（a）］，也可按矩形分布的经验土压力模式计算［图 12-18（b）］，后者在我国基坑支护结构设计中广泛应用。

2）基坑开挖面以下的支护结构受到的土体抗力用弹簧模拟，有

$$\sigma_x = k_s y \tag{12-23}$$

式中：k_s 是地基土的水平基床系数，kN/m^3；y 是土体的水平变形，m。

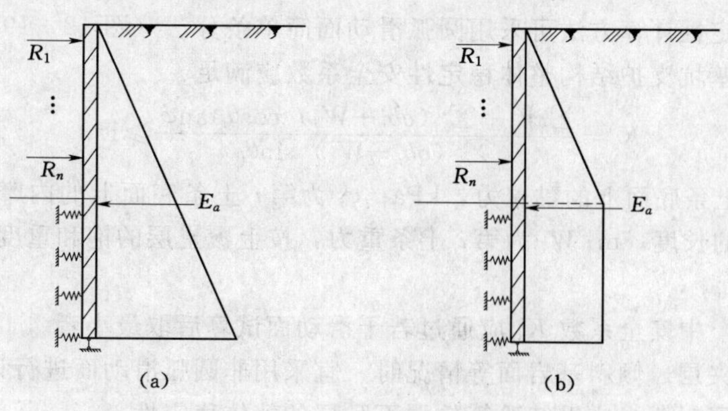

图 12-18　弹性支点法计算简图

3）支点按刚度系数为 k_z 的弹簧进行模拟。以 m 法为例，基坑支护结构的基本挠曲微

分方程为

$$EI\frac{d^4y}{dz^4}+mzby-p_ab_s=0 \tag{12-24}$$

式中：EI 为支护结构的抗弯刚度，kN·m²；y 为支护结构的水平挠曲变形，m；z 为竖向坐标，m；b 为支护结构计算宽度，m；p_a 为主动土压力强度，kPa；m 为地基土的水平抗力系数 k_s 的比例系数，kN/m⁴；b_s 为主动侧荷载作用宽度，m。

求解式（12-24）即可得到支护结构的内力和变形，通常可采用一维杆系有限元求解。外荷载为作用于支护结构的主动土压力和水压力，可根据实际土性选择土水分算模式或合算模式，并注意土体抗剪强度指标的选取。

12.3.4　锚杆的设计锚固力

锚杆的设计锚固力按下式确定

$$T=\frac{\gamma_0R_ad_a}{\cos\alpha} \tag{12-25}$$

式中：T 为单根锚杆的轴向抗拔力设计值；d_a 为锚杆的水平方向的间距；α 为锚杆对水平方向的倾斜角；γ_0 为荷载分项系数，对一级、二级、三级基坑的支护分别取 1.2、1.1、1.0；R_a 为水平向锚固力，按前述方法确定，当按太沙基－佩克法确定土压力时，也可用 1/2 分割法确定各层水平锚固力。

12.4　基坑的稳定性分析

基坑开挖时，由于坑内土体的被挖除将使地基原有的平衡状态被破坏，随着应力场和变形场的变化可能导致基坑失稳，如被支护土体的滑动、坑底隆起、涌砂等。基坑稳定性分析目的在于验算拟定支挡结构的设计是否稳定和合理，分析内容包括验算支护结构整体稳定性、踢脚稳定性、坑底抗隆起稳定性和基坑抗渗流稳定性等。

12.4.1　基坑整体稳定性分析

基坑整体稳定性分析实际上是对支护结构的直立边坡进行稳定性分析，通过分析验算支护结构的嵌固深度。

基坑整体稳定性计算方法可采用圆弧滑动面简单条分法（图 12-19），取单位墙宽按总应力法计算。基坑支护结构整体稳定性安全系数应满足

$$K_s=\frac{\sum c_il_i+\sum(qb_i+W_i)\cos\theta_i\tan\varphi_i}{\sum(qb_i+W_i)\sin\theta_i}\geqslant 1.3 \tag{12-26}$$

式中：c_i 为第 i 土条底面上的黏聚力，kPa；φ_i 为第 i 土条底面上的内摩擦角，(°)；l_i 为第 i 土条底面上的长度，m；W_i 为第 i 土条重力，按上覆土层的饱和重度计算；θ_i 为第 i 土条底面倾角，(°)。

式（12-26）中安全系数 K_s 应通过若干滑动面试算后取最小者。

当有软弱土夹层，倾斜基岩面等情况时，宜采用非圆弧滑动面进行计算。当嵌固深度下部存在软弱土层时，尚应继续验算软弱下卧层的整体稳定性。

12.4.2　支护结构踢脚稳定性分析

对于内支撑或锚拉支护体系，在水平荷载作用下，基坑土体有可能在支护结构底部因

产生踢脚破坏而出现不稳定现象。对于单支点结构，踢脚破坏产生于以支点处为转动点的失稳，多层支点结构可能绕最下层支点转动而产生踢脚失稳。计算模型如图 12－20 所示。

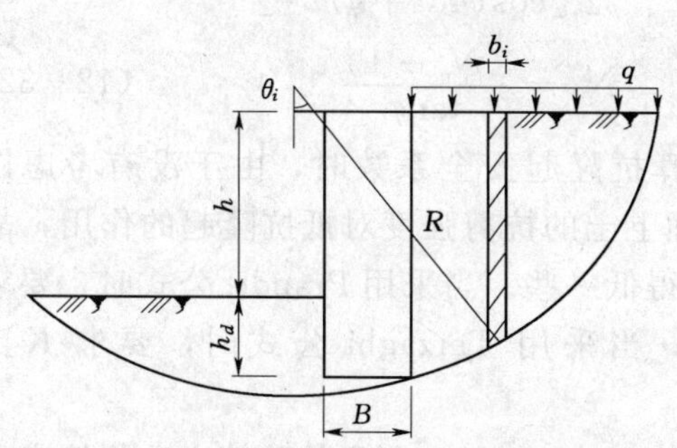

图 12－19 基坑整体稳定性分析

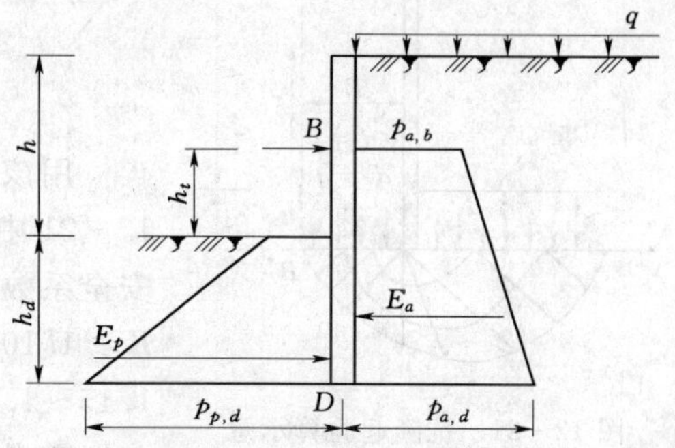

图 12－20 踢脚计算简图

踢脚安全系数应满足

$$K_T=\frac{M_p}{M_a}=\frac{E_p\left(h_t+\frac{2}{3}h_d\right)}{\left(\frac{1}{6}p_{a,b}+\frac{1}{3}p_{a,d}\right)(h_t+h_d)^2}\geqslant 1.0\sim 1.5 \tag{12-27}$$

式中：M_p 为基坑内侧被动土压力对 B 点（最下层支点处）的力矩；M_a 为基坑外侧 BD 段主动土压力对 B 点的力矩；E_p 为基坑内侧被动土压力；$p_{a,b}$ 为基坑外侧 B 点处主动土压力强度；$p_{a,d}$ 为基坑外侧 D 点处主动土压力强度；h_t 为支护结构最下层支点离基坑底的距离；h_d 为支护结构的嵌固深度。

12.4.3 基坑底抗隆起稳定性分析

在软黏土地基中开挖基坑时，由于基坑内外地基土体的压力差，当这一压力差超过基坑底面以下地基的承载力时，地基的平衡状态就破坏，从而发生支护结构背侧的土体塑性流动，产生坑顶下陷或坑底隆起。因此，为防止发生上述现象，需对基坑进行抗隆起稳定性验算。

当基坑底有较厚软黏土（$\varphi=0$）和坑底为砂土（$c=0$）时，可采用太沙基—佩克法确定抗坑底隆起安全系数。

当坑底为一般黏性土时，可参照 Prandtl 和 Terzaghi 的地基承载力公式，并将支护桩底面的平面作为求极限承载力的基准面，其滑动线形状如图 12－21 所示。

假设支护结构入土深度为 d，可按下式计算抗隆起安全系数

$$K_s=\frac{\gamma_2 dN_q+cN_c}{\gamma_1(h+d)+q} \tag{12-28}$$

式中：d 为墙体入土深度；h 为基坑开挖深度；γ_1、γ_2 为墙体外侧及坑底土体重度；q 为地面超载；N_c、N_q 为地基承载力系数。

采用 Prandtl 公式计算时，N_c、N_q 分别为

$$N_q=\tan^2(45°+\varphi/2)e^{\pi\tan\varphi} \tag{12-29}$$

$$N_c=\frac{N_q-1}{\tan\varphi} \tag{12-30}$$

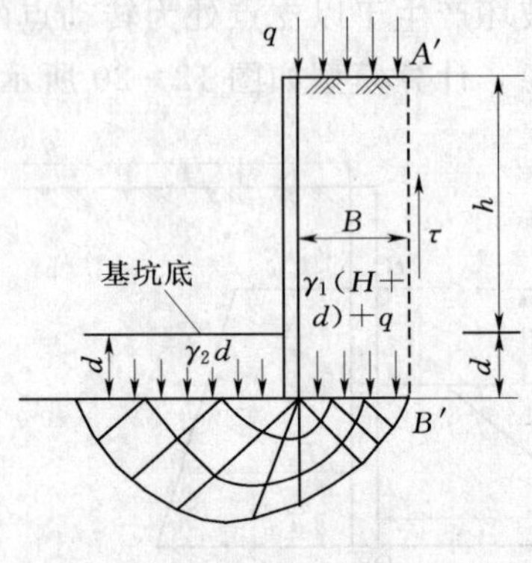

图 12-21 抗隆起验算示意

采用 Terzaghi 公式计算时，N_c、N_q 分别为

$$N_q = \frac{1}{2}\left[\frac{e^{\left(\frac{3}{4}\pi-\frac{\varphi}{2}\right)\tan\varphi}}{\cos(45^\circ+\varphi/2)}\right]^2 \tag{12-31}$$

$$N_c = \frac{(N_q-1)}{\tan\varphi} \tag{12-32}$$

用该方法验算抗隆起安全系数时，由于没有考虑图 12-21 中 $A'B'$ 面上土的抗剪强度对抵抗隆起的作用，故安全系数 K 可取得低一些。当采用 Prandtl 公式时，要求 $K \geqslant 1.10 \sim 1.20$；当采用 Terzaghi 公式时，要求 $K \geqslant 1.15 \sim 1.25$。

需提及的是，式（12-28）所示的验算方法将墙底面作为求极限承载力的基准面有一定近似性，但实际工程表明是偏于安全的。

12.4.4 基坑抗渗流稳定性分析

基坑抗渗流稳定性验算包括坑底抗渗流稳定性验算和抗承压水稳定性验算，前者主要指抗流砂，后者主要指抗突涌。

1. 坑底抗流砂稳定性

如图 12-22 所示，地下水由高处向低处渗流，在基坑底部，当向上的动水压力（渗透力）$j \geqslant \gamma'$（γ' 为土的有效重度）时，将会产生流砂现象。较轻程度的流砂破坏将使一小部分细砂随着地下水一起穿过挡墙缝隙而流入基坑，增加基坑的泥泞程度；中等程度的流砂将在基坑底部靠近挡墙处发现有成堆细砂缓缓涌起，形成许多小小的涌水孔，涌出的水夹带着一些细砂颗粒在慢慢地流动，此时挡墙内被动土压力减小，慢慢地会增大墙底位移；严重的流砂涌砂速度很快，有时会像开水初沸时的翻泡，此时基坑底部成为流动状态，工人无法立足，作业条件恶化，发展结果将造成基坑坍塌、基础发生滑移或不均匀下沉或悬浮，还会危及附近已有建（构）筑物的安全。因此，在粉、细砂中开挖基坑，必须采取有效措施以防止流砂现象的发生。

若近似地按紧贴墙体的最短路线确定最大渗透力 j，则抗流砂稳定安全系数应满足

$$K_{LS} = \frac{\gamma'}{j} = \frac{(h-h_w+2h_d)\gamma'}{(h-h_w)\gamma_w} \geqslant 1.5 \sim 2.0 \tag{12-33}$$

式中：h_w 为墙后地下水位埋深，m；γ_w 为地下水的重度，kN/m³；其余符号意义同前。

由上述方法可见，控制渗流的最主要因素是支护结构的入土深度。因此，增加支护结构的入土深度会增加基坑底部抗隆起和抗渗透破坏的稳定性。

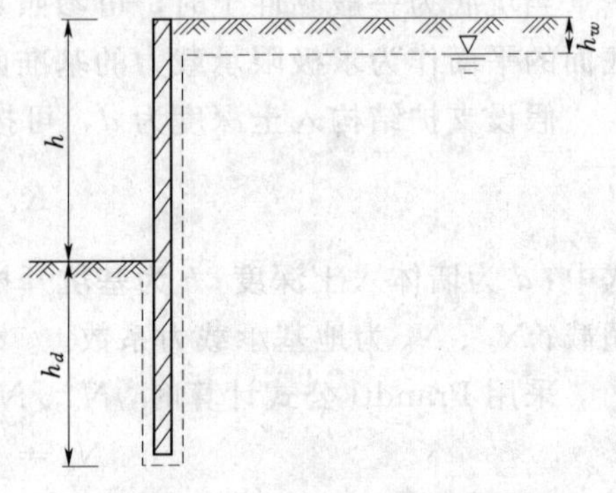

图 12-22 基坑抗流砂验算

另外，当围护结构本身不透水时，基坑内外水位差会导致坑外地下水绕过围护墙下端向基坑内渗流，这种渗流产生的动水压力在墙背后向下作用，而在墙前则向上作用，如图 12-23 所示。当动水压力大于土的有效重度时，土颗粒就会随水流向上

喷涌。在砂性土中，开始时土中细颗粒通过粗粒的间隙被水流带出，产生管涌现象。随着渗流通道变大，土颗粒对水流阻力减小，动水力增加，使大量砂粒随水流涌出，形成流沙，加剧危害。在软黏土地基中渗流力往往使地基产生突发性的泥流涌出。以上现象发生后，使基坑内土体向上推移，基坑外地面产生下沉，墙前被动土压力减少甚至丧失，危及支护结构的稳定及周边环境的安全。

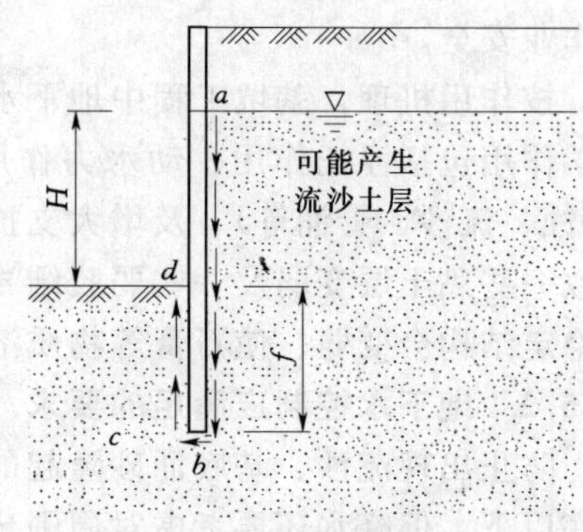

图 12-23 沿基坑支护结构周围的渗流

2. 基坑底土突涌稳定性

如果在基底下的不透水层较薄，而且在不透水层下面存在有较大水压的滞水层或承压水层，当上覆土层不足以抵挡下部的水压时，基坑底土体将会发生突涌破坏。因此，在设计坑底下有承压水的基坑时，应进行突涌稳定性验算。根据压力平衡概念（图 12-24），基坑底土突涌稳定性应满足

$$K_{TY}=\frac{\gamma h_s}{\gamma_w H}\geqslant 1.1\sim 1.3 \tag{12-34}$$

式中：h_s 为基坑下不透水层厚度，m；H 为承压水头高于含水层顶板的高度，m。

若基坑底土抗突涌稳定性不满足要求，可采用隔水挡墙隔断滞水层、加固基坑底部地基等处理措施。

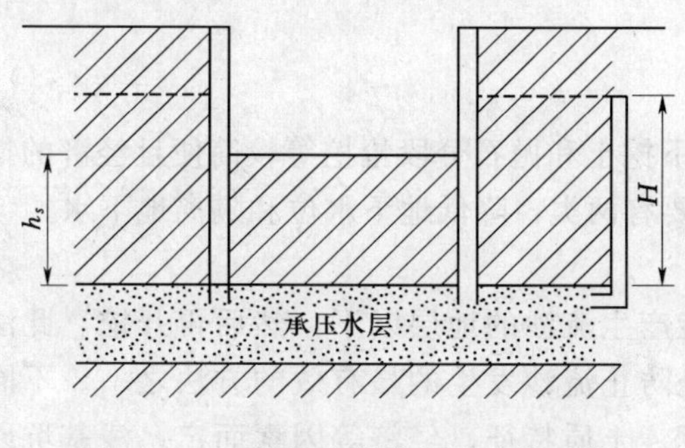

图 12-24 基坑底抗突涌稳定性验算

基坑稳定分析除上述诸方面外，还应考虑土体内的孔隙水压力变化对基坑稳定性的影响。基坑开挖时，土体处于卸载状态，土体内会产生负的孔隙水压力。随着时间的延续，负孔隙水压力将逐渐消散，对应的有效应力就会逐渐降低，使得土体抗剪强度逐渐降低。所以基坑竣工时的稳定性高于它的长期稳定性，稳定安全度会随时间延长而降低。因此，基坑开挖后应尽量在最短时间内铺设垫层和浇筑底板。

12.5 地下水控制

12.5.1 地下水对基坑工程的影响

在地下水位较高的地区开挖深基坑时，土的含水层被切断，地下水会不断地渗入基坑，容易造成流沙、边坡失稳和使地基承载力下降，造成周围地下管线和建筑物不同程度的破坏。有时基坑下面会遇到承压含水层，基坑开挖后，由于上部荷载的卸荷，坑底有被承压水顶破而发生涌砂、隆起的危险。因此，控制地下水，减小其对基坑开挖和周围环境的负面影响，是深基坑工程设计与施工的重要组成部分。另外，通过控制地下水，还可以改善施工作业条件，使基坑土方开挖在较干燥的土层中进行，提高挖土效率，并有利于施

工作业安全。

按作用机理，基坑工程中地下水的作用可分为两大类：力学作用和物理—化学作用。力学作用包括浮托作用、动水力作用和静水压力，可能造成地面沉降或上浮、渗流破坏(潜蚀、流沙、管涌等)、及增大支护结构上的侧压力。物理—化学作用包括土中水的改变导致一些黏土层变弱及一些弱胶结岩石的崩溃、一些黏土层膨胀、黄土层被水浸泡后原有的稳定结构会变弱、使石膏等物质溶解、及某些水合作用和腐蚀作用等。

12.5.2 地下水控制应满足的要求

防止出现流沙、基底涌砂隆起的有效措施之一是降低地下水位，即将地下水位降低到坑底以下。但降水还要考虑对周围环境的影响，降水形成的盆式降水曲线，在使坑内水位下降的同时，也使坑外一定区域内的地下水位有所下降，从而使基坑周围的土体固结下沉，如沉降较大则影响周围建筑物和地下管线的安全与使用。因此，在城市建设密集区开挖深基坑，往往不能采用降水的方法，而是采用截水的方法来保障基坑的安全，即通过设置隔水帷幕，阻止地下水向坑内的渗流；或者是在降水的同时，在靠近被保护对象的附近设置回灌井点，从而阻止回灌井点外侧地下水的流失，保证周围建筑物和设施的安全。所以，控制地下水不仅仅包括降水，还应包括截水和回灌。通过控制地下水，不仅保障基坑的安全，还要保证基坑周围建筑物和地下设施的安全与正常使用。

12.5.3 地下水控制方法

地下水控制可从下述三方面考虑：

1）改变动水压力的方向，使其方向朝下。

2）平衡或消减动水压力的大小。

3）在基坑周围截断水流。

对于较浅的基坑，可以采取枯水期施工、水下挖土和抛石分段抢挖等较简便且经济的措施。对于深基坑，施工中控制地下水位的措施主要有两类：降低地下水位和隔离地下水。

1. 降低地下水位

在基坑外设置井点将地下水位降至坑底可能产生流沙的地层以下，然后再开挖。此法可减小水力梯度，且使动水压力的方向改变，是防止流沙发生的最有效的方法之一。不同形式的降水方法的选择，视工程性质、开挖深度、土质特征、经济等因素而定，浅基坑以轻型井点最为经济，深基坑则常用喷射井点或深井井点。

基坑降水期间，在基坑四周一定范围内，由于水位降落而引起地面沉降，形成以水位漏斗中心为中心的地面沉降变形区，导致其范围内建筑物、道路、管网等设施因不均匀沉降发生断裂倾斜，影响正常使用和安全。对此，可采用回灌技术平衡地下水位。即在需要采取沉降防止措施的建筑物靠近基坑一侧设置回灌系统，尽量保持原有地下水位。回灌系统适用于粉质土层，对于黏性土，一般无需降水，而砂、砾类土因透水性高，使得回灌量与抽水量均很大，一般不适用。

2. 隔离地下水

隔离地下水的作用主要是阻止地下水渗流到基坑中去。此类方法有：在基坑四周打设封闭的钢板桩、沿基坑周边构筑水泥土墙或化学灌浆帷幕、地下连续墙、坑底水平封底隔水等，也可以用冻结基坑周围土的方法来防止流沙，但此法造价较高。

12.6 深基坑工程的施工与监测

12.6.1 深基坑工程的施工

深基坑工程的成功与否不仅与设计计算有关，而且与施工方案及施工质量密不可分。与上部结构相比，基坑工程的施工由于无法摆脱空间、时间、自然环境、人为等众多因素的影响，往往带有更大的风险性和随机性，深基坑工程尤为突出。因而，对深基坑工程的施工工艺、施工组织、施工管理以及信息分析和特殊事件的处理等方面提出了更高的要求。

对水泥围护结构，施工过程中搅拌是否均匀，搭接长度是否足够，水泥掺量是否符合设计要求，相邻桩的施工间歇时间是否超过规定，土方开挖前的养护时间是否达到设计要求，土方开挖是否分层开挖等一系列问题，都可影响水泥土护围结构的承载力、稳定和抗渗能力。该围护结构的成败在很大程度上取决于施工质量。

板式支护体系由围护墙、围檩与支撑体系、防渗与止水结构等组成。围护墙结构常用型式有桩排式围护墙和板墙式围护墙。对这类支护体系，同样，施工质量产生巨大的影响。如钢板桩的施工，垂直度如何，相互咬合是否严密，支撑是否顶紧等，都影响板桩墙的变形和抗渗能力。

目前应用较多的钻孔灌注桩围护墙，其桩位偏差和桩身垂直度偏差，桩孔成孔的质量，钢筋笼加工质量和下放位置、混凝土的强度等级，防渗帷幕水泥土搅拌桩的施工质量，支撑和围檩的施工质量和形成时间等，都影响这种支护体系的强度、稳定、变形和抗渗能力。一旦某个环节的施工质量不保证，土方开挖后会带来一些麻烦，须及时补救，重者则会带来后果严重的事故。

地下连续墙围护结构是一种整体性较强、受力性能和抗渗性能较好的围护结构。但如果结构处理不好，墙身浇筑质量不保证，混凝土强度等级达不到等，亦会削弱其受力性能和抗渗能力，给基坑工程带来不利影响。

所以，深基坑工程的设计与施工是一项系统工程，必须具有多学科知识和丰富的施工经验，并结合拟建场地的土质和周围环境情况，才能制订出因地制宜的支护方案和实施办法。

12.6.2 深基坑工程的监测

由于深基坑工程的复杂性和土层的不确定性，目前支护结构设计计算还难以全面准确地反映工程进行中的实际变化情况。因此，在基坑工程与支护结构使用期间，有目的地进行工程监测是十分必要的。通过对支护结构和周围环境的监测，利用其反馈的信息和数据进行信息化施工，能随时掌握土层和支护结构内力的变化情况，以及邻近建（构）筑物、地下管线和道路的变化情况，将观测值与设计计算值进行对比和分析，随时采取必要的技术措施，防止发生重大工程事故，保证安全施工，同时还可为检验、完善计算理论提供依据。

1. 监测内容

基坑开挖与支护的监测，可根据具体情况，采用以下部分或全部内容：

1）平面和高程监控点的测量。

2）支护结构和被支护土体的侧向位移测量。

3）监控坑底隆起的测量。

4）支护结构内外土压力的测量。

5）支护结构内外孔隙水压力的测量。

6）支护结构内力的测量（包括锚杆内力）。

7）地下水位变化的测量。

8）监控邻近建筑物和管线的观测。

2. 监测基本要求

无论采用何种具体的监测方法，都要满足下列技术要求：

1）观测工作必须是有计划的，应严格按照有关的技术文件（如监测任务书）执行。这类技术文件的内容，至少应该包括监测方法和使用的仪器、监测精度、测点的布置、观测周期等。计划性是观测数据完整性的保证。

2）监测数据必须是可靠的。数据的可靠性由监测仪器的精度、可靠性以及观测人员的素质来保证。

3）观测必须是及时的。因为监控开挖是一个动态的施工过程，只有保证及时观测才有利于发现隐患，及时采取措施。

4）对于观测的项目应按照工程具体情况预先设定预警值，预警值应包括变形值、内力值及其变化速率。当观测发现超过预警值的异常情况，要立即考虑采取应急措施。

5）每个工程的基坑支护监测，应该有完整的观测记录，形象的图表、曲线和观测报告。报告内容应包括：工程概况，监测项目和各测点的平面和立面布置图，采用仪器设备和监测方法，监测数据处理方法和监测结果过程曲线，监测结果评价等。

3. 监测方法

基坑监测应以获得定量数据的专门仪器测量或专用测试元件为主，以现场目测检查为辅。常用的监测仪器及精度要求见表12-1。

表12-1 常用的监测仪器及精度要求

监测项目	位置或监测对象	仪 器	监测精度
边坡土体水平位移	靠近挡土结构的周边土体	测斜仪、测斜管	1.0mm
挡土支护结构水平位移	挡土结构上端部	经纬仪、全站仪	1.0mm
挡土结构变形	挡土结构内	测斜仪、测斜管	1.0mm
支撑轴力	支撑中部或端部	轴力计、应变计	不低于1/100（F·S）
锚杆拉力	锚杆位置或锚头	钢筋计、压力传感器	不低于1/100（F·S）
地下水位	基坑周边	水位管、水位计	1.0mm
挡土结构土压力	挡土结构背后和入土段挡土结构前面	土压力计	不低于1/100（F·S）
孔隙水压力	周围土体	孔隙水压力计	不低于1.0kPa
立柱沉降	支撑立柱顶上	水准仪	不低于1.0mm
邻近建（构）筑物沉降、倾斜	需保护的建（构）筑物	经纬仪、水准仪、全站仪	不低于1.0mm
地下管线沉降和位移	管线接头	经纬仪、水准仪、全站仪	不低于1.0mm
坑底隆起	不同土体深度	分层沉降仪	不低于1.0mm

4. 监测点的布置

基坑工程的监测范围应符合国家、地区或部门规范（规程）的规定。当基坑的长度与宽度之比较大时，应在基坑长度方向选择不少于 2 个断面进行监测，并在每个断面上，其监测范围应根据位移影响范围的理论预测结果来确定。如果难以理论预测，监测范围可定为开挖深度的 2～4 倍。对于矩形基坑，应在两个方向上均匀布置监测断面。监测范围可根据工程性质、地质条件及周围环境具体确定。

在现场监测中，应合理地确定监测范围及布置监测点，埋设必要的量测仪器。以便获得相关数据从而了解和掌握地层和地下结构中的应力场、位移场的实际变化规律，及时采取工程措施。位移监测点应根据理论预测的分布规律来布置，变化越大的地方，监测点应布置得越密。离基坑或地下结构越近，监测点也应越密。土层中的水平位移、土压力、孔隙水压力监测点，应在预测的基础上，结合实际工程需要来布置。应力场、位移场变化剧烈的地方，监测点间距宜小些。

12.6.3 深基坑信息化施工技术

基坑开挖过程中，土体性状和支护结构的受力状态随着土体的卸荷都在不断变化，加之地层条件的复杂性和施工影响的不确定性，使得基坑工程的设计结果与实际情况都会存在一定差别，仅依靠理论分析和经验估计难以完成经济可靠的基坑设计与施工。为此，采用信息化施工方法就显得十分必要和重要。

信息化施工原理如图 12－25 所示，实质是以施工过程的信息为纽带，通过信息收集、分析、反馈等环节，不断地优化设计方案，确保基坑开挖安全可靠而又经济合理。其基本方法是：在施工过程中采集相关的信息，例如位移、沉降、土压力、结构内力等，经及时处理后与预测结果比较，从而作出决策，修改原设计中不符合实际的部分，并利用所采集的信息量预测下一施工段支护结构及土体的性状。如此反复循环，不断采集信息，不断修改设计并指导施工，将设计置于动态过程中。通过分析预测指导施工，通过施工信息反馈修改设计，使设计及施工逐渐逼近实际，从而保证工程施工安全、经济地进行。

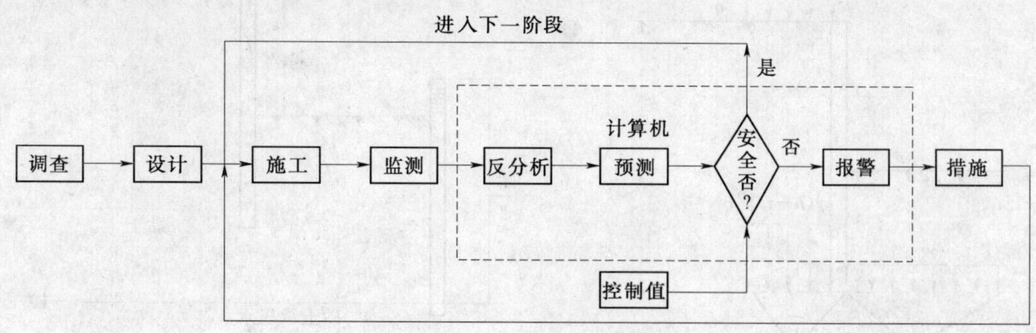

图 12－25 信息化施工原理框图

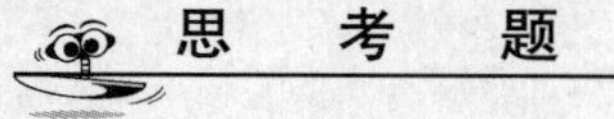

思 考 题

12－1 试简述支护结构的类型及其各自主要特点。

12-2 基坑支护结构中土压力的计算模式有哪些？适用条件是什么？

12-3 排桩和地下连续墙支护结构计算中的静力平衡法和等值梁法有何区别？各有什么局限性？

12-4 土钉墙支护结构与传统的重力式土钉墙及加筋土钉墙有何异同？

12-5 目前基坑工程设计与施工中尚存在哪些问题？

12-6 常用的地下水控制方法有哪些？各有什么特点？

12-7 基坑工程为什么要进行现场监测和信息化施工？

习 题

12-1 已知基坑开挖深度 $h=10$m，未见地下水，坑壁黏性土土性参数为：重度 $\gamma=18$kN/m^3，黏聚力 $c=10$kPa，内摩擦角 $\varphi=25°$，坑侧无地面超载。试计算作用于每延米支护结构上的主动土压力（算至基坑底面）。

（答案：248.9kN/m）

12-2 当基坑土层为软土时，应验算坑底土抗隆起稳定性。如图12-26所示，已知基坑开挖深度 $h=5$m，基坑宽度较大，深宽比略而不计。支护结构入土深度 $t=5$m，坑侧地面荷载 $q=20$kPa，土的重度 $\gamma=18$kN/m^3，内摩擦角 $\varphi=0°$，黏聚力 $c=10$kPa，不考虑地下水的影响。如果取承载力系数 $N_c=5.14$，$N_q=1.0$，问抗隆起的安全系数为多少？

（答案：0.707）

12-3 基坑剖面如图12-27所示，已知黏土饱和重度 $\gamma_{sat}=20$kN/m^3，水的重度 $\gamma_w=10$kN/m^3，承压水层测压管中水头高度为14m，如果要求坑底抗突涌稳定安全系数 K 不小于1.1，问该基坑在不采取降水措施的情况下，最大开挖深度 H 为多少？

（答案：8.3m）

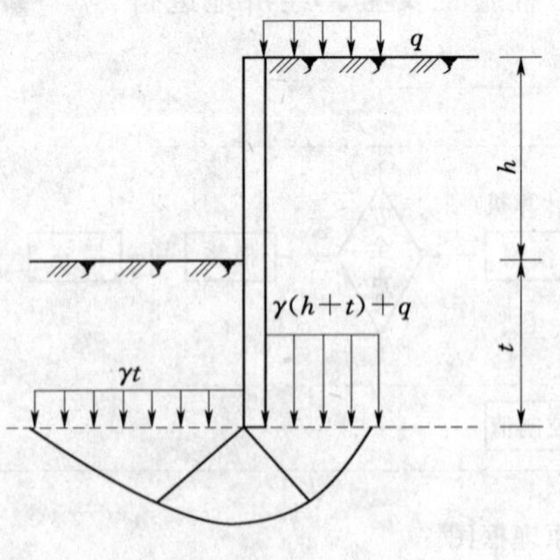

图12-26 习题12-2图

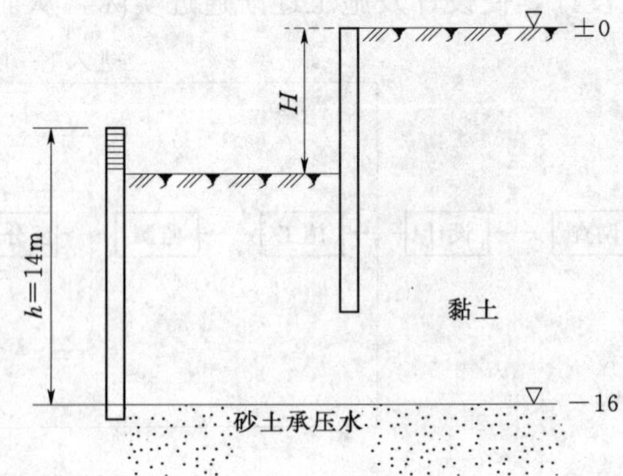

图12-27 习题12-3图

第13章　特 殊 土 地 基

我国辽阔的地域分布着多种区域性特殊土，如软土、膨胀土、湿陷性黄土、红黏土、冻土等，由于不同的成因使得各自具有一些特殊的结构和性质。同时由于我国是一个地震多发的国家，地震时在岩土体中传播的地震波将引起地基土体振动，产生一系列震害，所以地震区地基基础设计也有更多需考虑的问题。

本章主要讲述几种在我国分布较广的区域性特殊土地基及其特殊的地基与基础问题，包括这些特殊土地基的特征和分布，特殊的工程性质及产生原因，对工程建设的影响和危害，以及工程评价方法和处理措施。

13.1　膨 胀 土 地 基

13.1.1　膨胀土的工程性质

1. 膨胀土特征

膨胀土是在地质作用下形成的一种主要由亲水性强的黏土矿物组成的多裂隙黏性土，并具有显著的吸水膨胀和失水收缩两种变形特征。

膨胀土在我国分布广泛，以黄河流域及其以南地区较多，据统计，湖北、河南、广西、云南等20多个省、自治区均有膨胀土。我国膨胀土形成的地质年代大多数为第四纪晚更新世（Q_3）及其以前，少量为全新世（Q_4），呈黄、黄褐、红褐、灰白或花斑等颜色。膨胀土多呈坚硬—硬塑状态，$I_L \leqslant 0$，孔隙比一般在0.7以上，结构致密，压缩性较低。

2. 影响膨胀土胀缩性的主要因素

膨胀土具有的胀缩变形特性可归因于膨胀土的内在机制和外部因素两个方面。

内在机制主要是指矿物成分及微观结构，由于膨胀土含有大量的蒙脱石、伊利石等亲水性黏土矿物，比表面积大，活动性强烈，既易吸水又易失水；黏土矿物颗粒集聚体间面—面接触的分散结构是膨胀土的普遍结构形式，这种结构比团粒结构具有更大的吸水膨胀和失水收缩的能力。

外部因素是水对膨胀土的作用：土中原有含水量与土体膨胀时所需含水量相差越大，则遇水后膨胀和失水后收缩越明显。造成土中水分变化的原因有环境因素、气候条件、地形地貌、地面覆盖以及地下水位等。比如，雨季土中水分增加，土体产生膨胀，旱季水分减少，土体产生收缩；同类膨胀土地基，地势低处胀缩变形比高处小，因为高地带临空面大，土中水分蒸发条件好，土中水分变化大；在炎热干旱地区，地面上的覆盖阔叶树林也会对建筑物胀缩变形造成不利影响，因为树根吸水作用加剧地基干缩变形。

3. 膨胀土地基对构筑物的危害

一般黏性土都具有胀缩性，但其量不大，对工程没有太大的影响。而膨胀土的膨胀—收缩—再膨胀的往复变形特性非常显著，易造成膨胀土地基上的建筑物损坏。膨胀土地基上建筑物损坏具有下列规律：

(1) 建筑物的开裂破坏具有地区性成群出现的特点，建筑物裂缝随气候变化不停地张开和闭合，且以低层轻型、砖混结构损坏最为严重。

(2) 房屋在垂直和水平方向受弯和受扭，故在房屋转角处首先开裂，墙上出现对称或不对称的八字形、X形缝。外纵墙基础由于受到地基在膨胀过程中产生的竖向切力和侧向水平推力的作用，造成基础移动而产生水平裂缝和位移，室内地坪和楼板发生纵向隆起开裂。

(3) 膨胀土边坡不稳定，地基会产生水平向和垂直向的变形，坡地上的建筑物损坏要比平地上更严重。

另外，膨胀土的胀缩特性除使房屋发生开裂、倾斜外，还会使公路路基发生破坏，堤岸、路堑产生滑坡，涵洞、桥梁等刚性结构物产生不均匀沉降和开裂等工程灾害。

13.1.2 膨胀土地基评价

1. 膨胀土的工程特性指标

对膨胀土进行室内试验时，除了一般的物理力学性质指标试验外，尚应进行下列特殊试验。

(1) 自由膨胀率 δ_{ef} 。将人工制备的烘干土浸泡于水中，在水中经过充分浸泡后增加的体积与原体积之比称为自由膨胀率，即

$$\delta_{ef}=\frac{V_w-V_0}{V_0}\times 100\% \qquad (13-1)$$

式中：V_w 为土样在水中膨胀稳定后的体积，10mL；V_0 为干土样原有体积，10mL。

自由膨胀率 δ_{ef} 表示土样在无结构力影响下和无压力作用下的膨胀特性，可反映土样的矿物成分及含量，用来初步判定是否为膨胀土。

(2) 膨胀率 δ_{ep} 。膨胀率指在一定压力下，处于侧限条件下的原状土样浸水膨胀稳定后，试样增加的高度与原高度之比，即

$$\delta_{ep}=\frac{h_w-h_0}{h_0}\times 100\% \qquad (13-2)$$

式中：h_w 为土样浸水膨胀稳定后的高度，mm；h_0 为土样的原始高度，mm。

膨胀率 δ_{ep} 可用来评价地基土的胀缩等级，计算膨胀土地基的变形量以及测定膨胀力。

(3) 线缩率 δ_s 和收缩系数 λ_s 。线缩率是指原状土样的垂直收缩变形与土样原始高度之比，用百分数表示，即

$$\delta_s=\frac{h_0-h_i}{h_0}\times 100\% \qquad (13-3)$$

式中：h_i 为某含水量 ω_i 时的土样高度，mm；h_0 为土样的原始高度，mm。

绘制线缩率与含水量关系曲线如图 13-1 所示，称为收缩曲线。曲线可分为直线收缩

阶段（Ⅰ）、过渡阶段（Ⅱ）和微收缩阶段（Ⅲ）。

利用曲线的直线收缩阶段可以计算膨胀土的收缩系数 λ_s，即线缩率与含水量关系曲线直线收缩阶段斜率

$$\lambda_s = \frac{\Delta\delta_s}{\Delta w} \tag{13-4}$$

式中：$\Delta\delta_s$ 为直线收缩阶段与两点含水量之差对应的竖向线缩率之差；Δw 为直线收缩阶段两点含水量之差。

收缩系数可用来评价地基的胀缩等级和计算膨胀土地基的变形量。

(4) 膨胀力 p_e。原状土样在体积不变时，由于浸水膨胀产生的最大内应力，称为膨胀力 p_e。

以各级压力下的膨胀率 δ_{ep} 为纵坐标，压力 p 为横坐标，将试验结果绘制成 p—δ_{ep} 关系曲线，该曲线与横坐标轴的交点即为膨胀力 p_e，如图 13-2 所示。

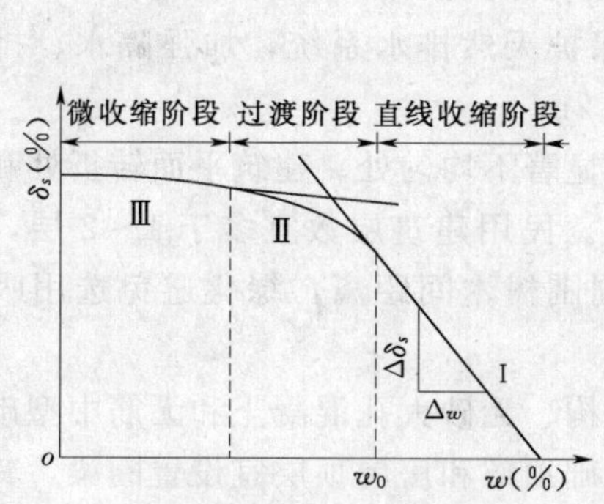

图 13-1　线缩率与含水量关系曲线

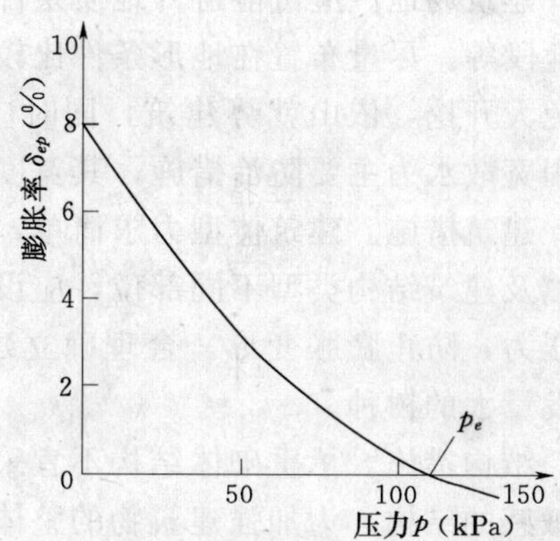

图 13-2　膨胀率与压力关系曲线

在设计上如果希望减小膨胀变形，应使基底压力接近 p_e。

2. 膨胀土地基的评价

(1) 膨胀土判别。根据我国大多数膨胀土地区工程经验，判别膨胀土的主要依据是工程地质特征与自由膨胀率 δ_{ef}。《膨胀土地区建筑技术规范》(GBJ 112—87) 给出判别标准为：凡 $\delta_{ef} \geqslant 40\%$，且具有一般工程地质特征的场地应判定为膨胀土地基。

(2) 膨胀土的膨胀潜势。通过上述判定膨胀土以后，要进一步确定膨胀土的胀缩性能，也就是胀缩强弱。现行规范按自由膨胀率 δ_{ef} 大小划分土的膨胀潜势强弱，以判别土的胀缩性高低，见表 13-1。

(3) 膨胀土地基的胀缩等级。膨胀土地基评价应根据地基的胀缩变形对低层砖混房屋的影响程度进行，地基的胀缩等级以地基分级变形量 s_c 大小进行划分，见表 13-2。s_c 按下式计算

$$s_c = \sum_{i=1}^{n}(\delta_{epi} + \lambda_{si}\Delta w_i)h_i \tag{13-5}$$

式中：δ_{epi} 为基础底面下第 i 层土在压力作用下的膨胀率，由室内试验确定；λ_{si} 为第 i 层土

的收缩系数；Δw_i 为第 i 层土在收缩过程中可能发生的含水量变化的平均值（小数表示）；h_i 为第 i 层土的计算厚度，cm，一般为基底宽度的0.4倍；n 为自基础底面至计算深度内所划分的土层数，计算深度可取大气影响深度，当有热源影响时，应按热源影响深度确定。

表 13-1　膨胀土的膨胀潜势分类

δ_{ef}（%）	膨胀潜势
$40 \leqslant \delta_{ef} < 65$	弱
$65 \leqslant \delta_{ef} < 90$	中
$\delta_{ef} \geqslant 90$	强

表 13-2　膨胀土地基的胀缩等级

S_c（mm）	级别
$15 \leqslant S_c < 35$	Ⅰ
$35 \leqslant S_c < 70$	Ⅱ
$S_c \geqslant 70$	Ⅲ

13.1.3　膨胀土地基工程措施

1. 设计措施

（1）建筑场地。应可能避开地质条件不良地段，如浅层滑坡、地裂发育、地下水位变化剧烈地段等。尽量布置在地形条件比较简单、土质较均匀、胀缩性较弱的场地。坡地建筑应避免大开挖，依山就势建筑，同时应利用和保护天然排水系统，加强隔水、排水措施，采用宽散水为主要防治措施，其宽度不小于1.2m。

（2）建筑措施。建筑体型力求简单，在地基土显著不均匀处、建筑平面转折处和高差较大处以及建筑结构类型不同部位，应设置沉降缝。民用建筑层数宜多于1～2层，以加大基底压力，防止膨胀变形。合理确立建筑物与周围树木间距离，绿化避免选用吸水量大、蒸发量大的树种。

（3）结构措施。承重砌体结构不宜采用砖拱结构、无砂大孔混凝土和无筋中型砌块等对变形敏感的结构。为加强建筑物的整体刚度，基础顶部和房屋顶层宜设置圈梁，其他隔层设置或层层设置，使用要求特别严格的房屋地坪可采用地面配筋或地面架空等措施，尽量与墙体脱开。

（4）地基基础措施。较均匀的膨胀土地基，可采用条基；基础埋深较大或条基基底压力较小时，宜采用墩基，基础埋深应增大、且不应小于1m。当以基础埋深为主要防治措施时，基础埋深宜超过大气影响深度或通过变形验算确定。膨胀土地基常用处理方法有换土垫层、土性改良、深基础等，换土可采用非膨胀性的黏土、砂石或灰土等材料，换土厚度应通过变形计算确定，垫层宽度应大于基础宽度；土性改良可通过在膨胀土中掺入一定量的石灰来提高土的强度，工程中可采用压力灌浆的办法将石灰浆液灌注入膨胀土的裂隙中起加固作用。当大气影响深度较深，膨胀土层较厚，选用地基加固或墩式基础施工有困难时，可选用桩基础穿越。

2. 施工措施

在施工中应尽量减少地基中含水量的变化，进行开挖工程时应快速作业，避免基坑岩土体受曝晒或泡水，雨季施工应采取防水措施，基坑施工完毕后，应及时回填土夯实。

由于膨胀土坡地具有多向失水性及不稳定性，坡地上的建筑破坏比平坦场地上严重，应尽量避免在坡坎上建筑。如无法避开，则应通过排水措施、支护措施等将环境整治后，再开始兴建。

13.2 湿陷性黄土地基

13.2.1 湿陷性黄土的特征及成因

黄土是一种产生于第四纪地质历史时期干旱条件下的沉积物，它的内部物质成分和外部形态特征都不同于同时期的其他沉积物。一般认为不具层理的风成黄土为原生黄土，原生黄土经过流水冲刷、搬运和重新沉积而形成的黄土称为次生黄土，它常具有层理和砾石夹层。

湿陷性黄土是指在一定压力下受水浸湿，土结构迅速破坏，并发生显著附加下沉的黄土，它主要为属于晚更新世（Q_3）的马兰黄土及属于全新世（Q_4）中各种成因的次生黄土。这类土为形成年代较晚的新黄土，土质均匀或较为均匀，结构疏松，大孔发育，有较强烈的湿陷性。在一定压力下受水浸湿后土结构不破坏，并无显著附加下沉的黄土称非湿陷性黄土，一般属于中更新世（Q_2）的离石黄土和属于早更新世（Q_1）的午城黄土。这类形成年代久远的老黄土土质密实，颗粒均匀，无大孔或略具大孔结构，一般不具有湿陷性或轻微湿陷性。

湿陷性黄土又分为自重湿陷性和非自重湿陷性两种。在上覆土的自重应力下受水浸湿发生湿陷的黄土称自重湿陷性黄土；在大于上覆土的自重应力下（包括附加应力和土的自重应力）受水浸湿发生湿陷的黄土称非自重湿陷性黄土。

黄土分布区域一般气候干燥、降雨量少、蒸发量大，属于干旱、半干旱气候类型，我国总分布面积约 64 万 km^2，以黄河中游地区最为发育，多分布于甘肃、陕西、山西地区，青海、宁夏、河南也有部分分布，其他如河北、山东、辽宁、黑龙江、内蒙古和新疆等省（区）也有零星分布。其中湿陷性黄土约占 60%，大部分分布在黄河中游地区。

黄土外观颜色较杂乱，主要呈黄色或褐黄色。颗粒组成以粉粒为主，其含量占 50% 以上，同时含有砂粒和黏粒，黄土还含有大量可溶盐类。往往具有肉眼可见的大孔隙，孔隙比变化大多在 1.0～1.1 之间。黄土的土粒比重为 2.51～2.84，湿陷性黄土天然重度的变化范围较大，一般为 13.3～18.1kN/m^3，天然含水率在 3.3%～25.3%，垂直渗透系数一般为（0.16～0.3）$\times 10^{-5}$cm/s，水平渗透系数一般为（0.1～0.8）$\times 10^{-6}$cm/s，饱和度在 15%～77%之间，多数为 40%～50%，处于稍湿状态。

黄土的湿陷是一个复杂的地质、物理、化学过程，湿陷的原因可分为外因和内因两方面。外因指受水浸湿和荷载作用，内因包括颗粒组成、结构特征及物质成分。国内外学者对于黄土湿陷内因的解释归纳起来大致有毛管假说、溶盐假说、胶体不足假说、水膜楔入假说、欠压密理论和微观结构假说等六种理论，但每种理论都有不完善的地方。

对于图 13-3 所示的以粗粒土为主体骨架的多孔隙黄土结构，可以认为组成黄土的物质成分中的黏粒含量是重要影响因素，黏粒含量越多湿陷性越小。我国黄土湿陷性存在着由西北向东南递减的趋势，这与自西北向东南方向砂粒含量减少而黏粒含量增多情况是一致的。另外对于图示大孔隙结构，当受水浸湿时，结合水膜增厚楔入颗粒之间，造成结合水联结消失，盐类溶于水中，骨架强度降低，土体结构在上覆土层的自重应力或附加应力与自重应力综合作用下迅速破坏，土粒滑向大孔，粒间孔隙减少。还有，黄土中盐类及其存在状态对湿陷性也有直接影响，如以较难溶解的碳酸钙含量为主，则湿陷性减弱，而其他碳酸盐、硫酸盐和氯化物等易溶盐含量越多，湿陷性越强。

13.2.2　黄土湿陷性评价

黄土湿陷性评价主要包括：①湿陷性黄土勘察；②湿陷性黄土判定，查明黄土在一定压力下浸水后是否具有湿陷性；③湿陷性黄土类型，判别场地的湿陷类型是属于自重湿陷性还是非自重湿陷性黄土；④湿陷等级，判定湿陷性黄土地基的湿陷等级，即强弱程度。

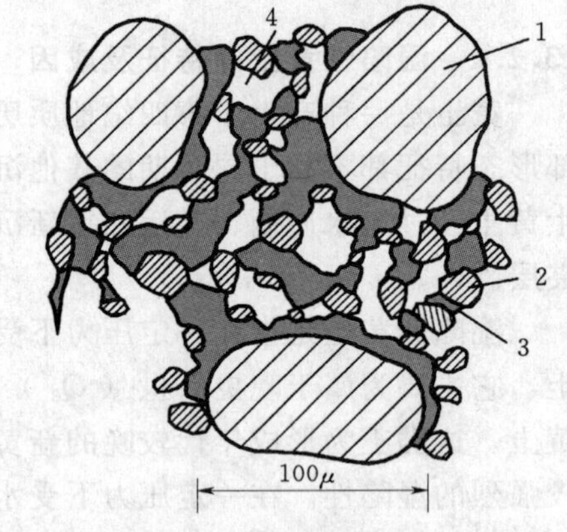

图 13-3　黄土结构示意

1—砂粒；2—粗粉粒；3—胶结物；4—大孔隙

1. 湿陷性黄土勘察

根据《湿陷性黄土地区建筑规范》（GB 50025—2004）黄土地基的勘察工作应着重查明地层时代、成因，湿陷性土层的厚度，湿陷系数随深度的变化，湿陷类型和湿陷等级的平面分布、地下水位变化幅度和其他工程地质条件。

湿陷性黄土的勘察阶段可分为场址选择或可行性研究、初步勘察、详细勘察三个阶段，各阶段的勘察成果应符合各阶段要求，对工程地质条件复杂和基底压力大于 300kPa 的构造物，尚应进行施工勘察和专门勘察。

根据勘察结果进行工程地质测绘，划分不同的地貌单元，查明不良地质现象的分布地段、规模和发展趋势及其对建设工程的影响。

另外，还需根据规范要求钻取适量原状土样进行相关室内试验。

2. 湿陷性黄土判定

（1）湿陷系数 δ_s。黄土的湿陷性应按室内压缩试验在一定压力 p 下测定的湿陷系数 δ_s 来判定，其定义式为

$$\delta_s = \frac{h_p - h'_p}{h_0} \tag{13-6}$$

式中：h_p 为保持天然的湿度和结构的土样，加压至一定压力时，下沉稳定后的高度，cm；h'_p 为上述加压稳定后的土样，浸水作用下沉稳定后的高度，cm；h_0 为土样的原始高度，cm。

当 $\delta_s < 0.015$ 时，应定为非湿陷性黄土；当 $\delta_s > 0.015$ 时，应定为湿陷性黄土。

试验中测定湿陷系数的压力 p 应采用地基中黄土的实际压力，但由于在初步勘察阶段建筑物各设计条件尚未确定，故 GB 50025—2004 规定：自基础底面（初步勘察时，自地面下 1.5m）算起，10m 以内的土层应用 200kPa；10m 以下至非湿陷性土层顶面，应用其上覆土的饱和自重应力（当大于 300kPa 时，仍应用 300kPa）；如基底压力大于 300kPa 时，宜用实际压力判别黄土的湿陷性。

（2）湿陷起始压力 p_{sh}。上述方法可测出某一压力下黄土的湿陷系数，在此压力中存在一产生湿陷的压力界限值，即为湿陷起始压力 p_{sh}，当黄土所受压力低于此值时，即使浸了水也只产生压缩变形，不会出现湿陷现象。p_{sh} 确定方法如下：

按现场载荷试验确定时，应在 $p—s_s$（压力与浸水下沉量）曲线上取其转折点所对应的压力作为湿陷起始压力值。当曲线上的转折点不明显时，可取浸水下沉量 S_s 与承压板宽度 b 之比小于 0.015 所对应的压力作为湿陷起始压力值。

按室内压缩试验确定 p_{sh} 有单、双线两种方法。双线法在同一个取土点的同一深度处，以环刀取两个试样，一个在天然湿度下分级加载，另一个在天然湿度下加第一级荷载，下沉稳定后浸水，至湿陷稳定，再分级加载，分别测定这两个试样在各级压力下稳定后的试样高度 h_p 和浸水下沉稳定后的试样高度 h'_p，就可以绘制出不浸水试样的 $p—h_p$ 曲线和浸水试样的 $p—h'_p$ 曲线，如图 13-4 所示。然后按式（13-6）绘制 $p—\delta_s$ 曲线，在 $p—\delta_s$ 曲线上取 $\delta_s=0.015$ 所对应的压力作为湿陷起始压力值 p_{sh}。

单线法在同一个取土点的同一深度处，至少以环刀取 5 个试样，各试样均在天然湿度下分级加载，分别加至不同的规定压力，下沉稳定后测土样高度 h_p，再浸水，至湿陷稳定时测土样高度 h'_p。按式（13-6）绘制 $p—\delta_s$ 曲线，按双线法方法确定 p_{sh}。

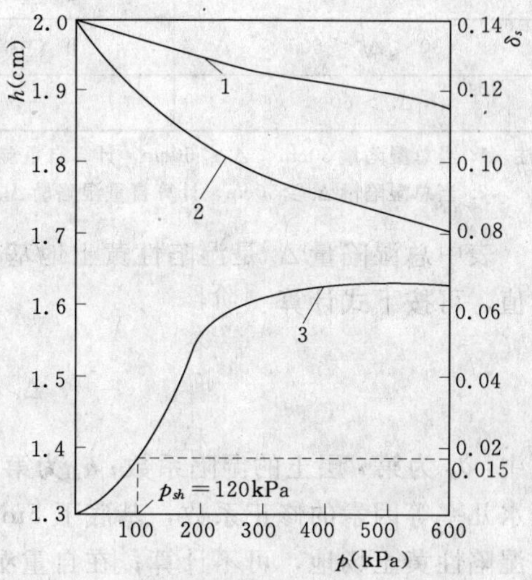

图 13-4　双线法压缩试验曲线

1—不浸水试样的 $p—h_p$ 曲线；2—浸水试样的 $p—h'_p$ 曲线；3—$p—\delta_s$ 曲线

3. 湿陷性黄土类型

工程实践表明，自重湿陷性黄土在没有外荷载作用时，浸水后也会迅速发生剧烈的湿陷，由于湿陷导致的事故多于非自重湿陷性黄土，对两种类型的湿陷性黄土地基，所采取的设计和施工措施是有所区别的。

建筑场地的湿陷类型，应按实测自重湿陷量 Δ'_{zs} 或按室内压缩试验累计的计算自重湿陷量 Δ_{zs} 判定。实测自重湿陷量 Δ'_{zs} 根据现场试坑浸水试验确定，该试验方法可靠但成本较高，有时受各种条件限制也不易做到。因此 GB 50025—2004 规定，除在新建区，对甲类、乙类建筑物宜采用现场试坑浸水试验外，对一般建筑物可按计算自重湿陷量划分场地类型。

计算自重湿陷量按下式进行

$$\Delta_{zs}=\beta_0\sum_{i=1}^{n}\delta_{zsi}h_i \tag{13-7}$$

式中：δ_{zsi} 为第 i 层土在上覆土的饱和自重应力作用下的湿陷系数，测定和计算方法同 δ_s，即 $\delta_{zs}=\dfrac{(h_z-h'_z)}{h}$，其中 h_z 是加压至土的饱和自重应力时下沉稳定后的高度；h_i 为第 i 层土的厚度，cm；n 为总计算土层内湿陷土层的数目，总计算厚度应从天然地面算起（当挖、填方厚度及面积较大时，自设计地面算起）至其下全部湿陷性黄土层的底面为止（δ_s <0.015 的土层不计）；β_0 为因土质地区而异的修正系数。对陇西地区可取 1.5，对陇东陕北地区可取 1.2，对关中地区可取 0.7，对其他地区可取 0.5。

当实测自重湿陷量 Δ'_{zs} 或计算自重湿陷量 Δ_{zs} 小于 7cm 时，应判定为非自重湿陷性黄土；大于 7cm 时，应判定为自重湿陷性。

4. 湿陷等级

湿陷性黄土地基的湿陷等级，应根据基底下各土层累计的总湿陷量和计算自重湿陷量的大小等因素按表 13-3 判定。

表 13-3　湿陷性黄土地基的湿陷等级

湿陷类型 / 计算自重湿陷量(cm) / 总湿陷量(cm)	非自重湿陷性场地	自重湿陷性场地	
	$\Delta_{zs} \leqslant 7$	$7 < \Delta_{zs} \leqslant 35$	$\Delta_{zs} > 35$
$\Delta_s \leqslant 30$	Ⅰ（轻微）	Ⅱ（中等）	—
$30 < \Delta_s \leqslant 60$	Ⅱ（中等）	Ⅱ或Ⅲ	Ⅲ（严重）
$\Delta_s > 60$	—	Ⅲ（严重）	Ⅳ（很严重）

注　1. 当总湿陷量 30cm$<\Delta_s<$50cm，计算自重湿陷量 7cm$<\Delta_{zs}<$30cm 时，可判为Ⅱ级。
2. 当总湿陷量 $\Delta_s \geqslant$50cm，计算自重湿陷量 $\Delta_{zs} \geqslant$30cm 时，可判为Ⅲ级。

表中总湿陷量 Δ_s 是湿陷性黄土地基在规定压力作用下充分浸水后可能发生的湿陷变形值，可按下式计算

$$\Delta_s = \sum_{i=1}^{n} \beta \delta_{si} h_i \tag{13-8}$$

式中：δ_{si} 为第 i 层土的湿陷系数；h_i 为第 i 层土的厚度，cm；β 为考虑地基土的侧向挤出和浸水几率等因素的修正系数，基底下 5m（或压缩层）深度内可取 1.5；5m 以下，在非自重湿陷性黄土场地，可不计算；在自重湿陷性黄上场地可按式（13-7）的 β_0 取值。

设计时应根据黄土地基的湿陷等级考虑相应的设计措施，同样情况下，湿陷程度越高，设计措施要求也越高。

【例 13-1】　某建筑场地，工程地质勘察中某探坑每隔 1m 取土样，测得各土样 δ_{zsi} 和 δ_{si} 见表 13-4，试确定该场地的湿陷类型和地基的湿陷等级。

表 13-4　[例 13-1] 表

取土深度 (m)	1	2	3	4	5	6	7	8	9	10
δ_{zsi}	0.002	0.014	0.020	0.013	0.026	0.056	0.045	0.014	0.001	0.020
δ_{si}	0.070	0.060	0.073	0.025	0.088	0.084	0.071	0.037	0.002	0.039

解

1. 场地湿陷类型判别

计算自重湿陷量 Δ_{zs}（自天然地面算起至其下全部湿陷性黄土层面为止，β_0 取 1.2）

$$\begin{aligned}\Delta_{zs} &= \beta_0 \sum_{i=1}^{n} \delta_{zsi} h_i \\ &= 1.2 \times (0.02 + 0.026 + 0.056 + 0.045 + 0.02) \times 100 \\ &= 20.04\text{cm} > 7\text{cm}\end{aligned}$$

故该场地应判定为自重湿陷性黄土场地。

2. 黄土地基湿陷等级判别

计算黄土地基的总湿陷量 Δ_s（取 $\beta=\beta_0$）

$$
\begin{aligned}
\Delta_s &= \sum_{i=1}^{n}\beta\delta_{si}h_i \\
&= 1.5\times(0.07+0.06+0.073+0.025+0.088)\times 100 \\
&\quad +1.2\times(0.084+0.071+0.037+0.039)\times 100 \\
&= 75.12\text{cm}
\end{aligned}
$$

所以，该湿陷性黄土地基的湿陷等级可判为Ⅲ级（严重）。

13.2.3 湿陷性黄土地基的工程措施

湿陷性黄土地基应满足承载力、湿陷变形、压缩变形和稳定性的要求。针对黄土地基湿陷性特点和工程要求，地基处理措施、防水措施和结构措施是湿陷性黄土地区三种主要的工程处理措施。

1. 地基处理措施

地基处理的目的在于破坏湿陷黄土的大孔结构，以便全部或部分消除地基的湿陷性。根据建筑物的重要性及地基受水浸湿可能性的大小和在使用上对不均匀沉降限制的严格程度，将建筑物分为甲、乙、丙、丁四类。对甲类建筑物要求消除地基的全部湿陷量，或穿透全部湿陷土层；对乙类、丙类建筑物则要求消除地基的部分湿陷量；丁类可不作处理。常用地基处理方法列于表 13－5 中。

表 13－5　湿陷性黄土地基常用的处理方法

名称		适用范围	可处理湿陷性土层厚度（m）
垫层法		地下水位以上	1～3
夯实法	强夯	$S_r<60\%$的湿陷性黄土	3～12
	重夯		1～2
挤密法		地下水位以下，$S_r<65\%$湿陷性黄土	5～15
桩基础		基础荷载大、有可靠的持力层	≤30
预浸水法		Ⅲ级、Ⅳ级湿陷性黄土	可消除地面下 6m 以下全部土层的湿陷性

2. 防水措施

防水措施是为了消除黄土发生湿陷变形的外在条件，基本防水措施要求在建筑布置、场地排水、地面排水、散水等方面，防止雨水或生产生活用水渗入浸湿地基。对重要建筑物场地和高级别湿陷地基，应采用严格的防水措施，即在检漏防水措施基础上还要对防水地面、排水沟、检漏管沟和井等设施提高设计标准。

3. 结构措施

结构措施是前两项措施的补充手段，包括建筑平面布置力求简单，加强建筑上部结构整体刚度，预留沉降净空等减小建筑物不均匀沉降或使结构物能适应地基的湿陷变形。

13.3 红黏土地基

13.3.1 红黏土工程地质特征与工程特性

1. 形成与分布

红黏土是出露在地表的碳酸盐在更新世以来的湿热环境中，经过一系列复杂的物理和化学风化，特别是红土化作用，形成并覆盖在基岩上，呈棕色或黄褐色的高塑性黏土。其液限等于或大于50%，一般具有表面收缩、上硬下软、裂隙发育等特征。经后期水流冲蚀搬运至低洼处堆积、颜色虽较原生红黏土浅，但仍保留其基本特征，且液限大于45%的土称为次生红黏土。

红黏土形成和分布于湿热的热带、亚热带地区，主要分布在我国长江以南（即北纬33°以南）地区，以贵州、云南、广西等省（区）最为广泛和典型。通常堆积在山坡、山麓、盆地或洼地中，主要为残积、坡积类型。

红黏土常为岩溶地区的覆盖层，因受基岩起伏影响，厚度变化较大。经搬运再沉积形成的次生红黏土则主要分布在溶洞、沟谷和河谷低级阶地，覆盖于基岩或其他沉积物之上。

2. 主要矿物成分

红黏土中黏粒含量高，矿物成分主要为高岭石、伊利石和绿泥石，化学成分以S_iO_2、Fe_2O_3、Al_2O_3为主。黏土矿物具有稳定的结晶格架，细粒组结成稳固的团粒结构，土体近于两相体且土中又多为结合水，这三者是构成红黏土具有良好力学性能的基本因素。红黏土可溶性盐类矿物主要有重碳酸盐，其次为钙、镁的硫酸盐和氯化物。

3. 厚度变化特征

红黏土地层从地表向下是由硬变软。据统计结果，上部坚硬、硬塑状态的土层占红黏土层的75%以上，厚度一般都大于5m；接近基岩处的可塑状态占10%～20%；软塑、流塑状态的占5%～10%，位于基岩凹部溶槽内。处于表层的坚硬红黏土属二相系，固态矿物具有较稳定的结晶格架，颗粒呈稳固的团粒结构；液态水多以结合水存在，不能在自重作用下排水固结。处于下层的红黏土因处于岩面的洼槽处不易压实，且持水条件好，多呈软塑或流塑态。

4. 基本物理力学性质

红黏土具有不同于一般黏性土的物理力学特性和相关规律：

(1) 土的天然含水率、孔隙比、饱和度高。含水率几乎与液限相等，孔隙比在1.1～1.7之间，饱和度大于85%。

(2) 物理指标变化幅度大，具有高分散性，含水率和孔隙比呈现良好的线性关系。

(3) 渗透性差，具有较高的强度和较低的压缩性。内摩擦角较小，黏聚力大，无侧限抗压强度可达200～400kPa。另外，虽然红黏土孔隙比较大，压缩系数却较小。

(4) 原状红黏土浸水后膨胀量较小，失水后收缩剧烈，胀缩特性以失水收缩为主。

13.3.2 红黏土地基评价

红黏土地基评价包括地基稳定性、地基承载力和地基均匀性。

呈坚硬、硬塑状态的红黏土由于收缩作用可形成大量裂隙，且裂隙的发育和发展速度极快，这使得土体的连续性和整体性被破坏，所以在进行整体稳定分析时应将土体的抗剪强度指标作相应折减。

红黏土的地基承载力在同样孔隙比条件下高于一般软黏土，确定方法主要有原位试验法、承载力公式法和经验方法，应在土质单元划分基础上根据实际情况综合选用。采用原位试验时，一般对于浅层土进行静载荷试验，对于深层土进行旁压试验；按承载力公式计算时，抗剪强度指标最好由三轴试验确定，若采用直剪试验指标需对 c、φ 进行折减；按经验表格确定时需考虑现场鉴别的土的干湿状态。

红黏土地基均匀性主要是针对由红黏土和下伏基岩组成的 II 类地基，对于地基全部由红黏土组成的 I 类地基可不做均匀性评价。II 类地基的评价内容主要是根据不同情况验算其沉降差是否满足要求，其中临界深度值可参照《岩土工程勘察规范》确定。

13.3.3 红黏土的工程处理措施

红黏土地基具有承载力高、压缩性小的特性，所以从一般意义上说是一种较好的天然地基。但是由于红黏土地基的不均匀性和下部含水量较高、土性软弱易产生不均匀沉降的特点，往往需要对其进行工程处理。

（1）充分利用红黏土上硬下软分布特征，基础尽量浅埋。对三级建筑物，当满足持力层承载力时，即可认为已满足下卧层承载力的要求。应尽可能保持土的天然结构和湿度，防止地基土收缩和缩后膨胀的不利影响。对以硬岩为主的地基，应处理软的，但对以软为主的地基，则应处理硬的，处理中调整变形和应力状态并重，同时注意选用的工程措施应尽量简单。

（2）对不均匀红黏土地基，可采用如下措施：改变基础宽度，调整相邻地段基底压力；增减基础埋深，使基底下可压缩土层厚度相对均匀；对外露石芽，用可压缩材料做褥垫进行处理；对土层厚度、状态不均匀的地段可用低压缩材料做置换处理。另外，基坑开挖时宜采取保温保湿措施，防止失水收缩；对基岩面起伏大、岩质坚硬的地基，可采用大直径嵌岩桩或墩基；对不均匀的红黏土地基，应合理设置结构物的沉降缝，土层厚度和湿度状态发生变化处都应作为沉降缝的选择位置。

13.4 岩 溶 与 土 洞

13.4.1 土岩组合地基

当建筑地基主要受力层范围内遇到下列情况之一者，属于土岩组合地基。

（1）下卧基岩表面坡度较大。

（2）石芽密布并有出露的地基。

（3）大块孤石地基。

土岩组合地基的工程特性可以按上述三种情况分别描述：

（1）下卧基岩表面坡度较大，使基底下土层厚薄不均，如图 13-5 所示，导致地基承载力和压缩性相差悬殊而引起建筑物不均匀沉降。另外，上覆土层也有可能沿倾斜基岩表面滑动造成失稳。

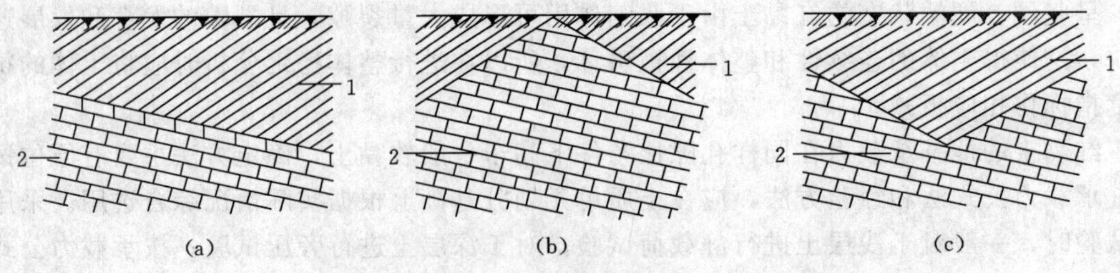

图 13-5　基岩面与倾斜情况

(a) 基岩表面倾斜；(b) 基岩表面相背倾斜；(c) 基岩表面相向倾斜

1—土层；2—岩层

(2) 石芽密布并有出露的地基一般在岩溶地区出现，如我国贵州、广西和云南等省(区)。其特点是基岩表面起伏较大，石芽间多被红黏土所填充，如图 13-6 所示，这种地基很难查清岩面起伏变化全貌，即使勘探点很密集。

(3) 大块孤石地基是地基中夹杂大块孤石（图 13-7），多出现在山前洪积层中或冰碛层中。这类地基类似于岩层面相背倾斜和个别石芽出露地基，其变形条件最为不利，建筑物极易开裂。

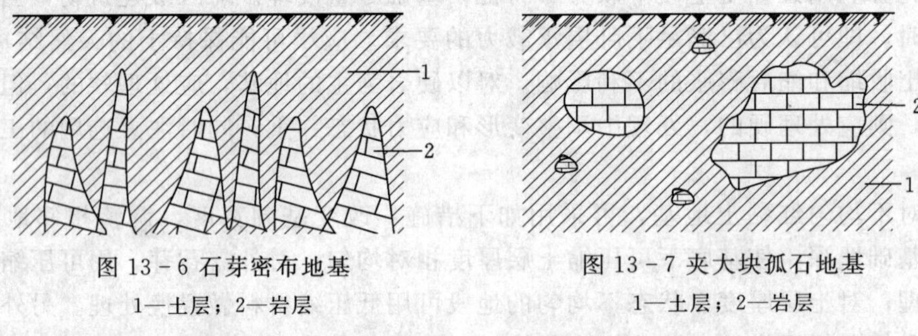

图 13-6 石芽密布地基

1—土层；2—岩层

图 13-7 夹大块孤石地基

1—土层；2—岩层

土岩组合地基的处理措施可分为结构措施和地基处理两方面：

(1) 结构措施。对建造在软、硬相差比较悬殊的土岩组合地基上的长度较大或造型复杂的建筑物，为减小不均匀沉降所造成的危害，宜用沉降缝将建筑物分开，缝宽 30～50mm。必要时应加强上部结构的刚度，如加密隔墙，增设圈梁等。

(2) 地基处理。地基处理措施可分为两大类。一类是处理压缩性较高的那一部分地基，使之适应压缩性较低的地基，如采用桩基础、局部深挖、换填或用梁、板、拱跨越等，这类处理方法效果较好，费用也较高。另一类是处理压缩性较低部分的地基，使之适应压缩性较高的地基，如采用褥垫法，在石芽出露部位做褥垫，也能取得良好效果，褥垫可采用炉渣、中砂、土夹石或黏性土等，厚度宜取 300～500mm。

13.4.2　岩溶

岩溶（又称喀斯特 Karst）属土岩组合地基的组成部分，指可溶性岩层，如石灰岩、白云岩、石膏、岩盐等受地表水和地下水的长期化学溶蚀和机械侵蚀作用而形成的沟槽、裂隙、石芽、石林和空洞等特殊地貌形态和水文地质现象的总称。以地下水为主、地表水为辅，以化学过程（溶解与沉淀）为主、机械过程（流水侵蚀和沉积，重力崩塌和堆积）为辅的对可溶岩的破坏与改造作用统称为岩溶作用。

我国岩溶分布较广，尤其是碳酸盐类岩溶，总面积约为344.4km^2，遍及26个省、市、自治区，尤其是西南、中南地区分布更广，贵州、云南、广西等省（区）岩溶最为集中。

1. 岩溶发育条件和规律

岩溶发育必须具备的条件是：岩石具有可溶性，岩石裂隙发育且具有透水性，岩层中的水循环交替条件好，水具有溶蚀性。

影响岩溶发育的主要因素有：岩性、温度、水溶液、气候地貌和地形、地质构造等。

从岩溶发育的条件分析，水的循环交替是最基本的，凡是循环通畅、交替强烈，溶蚀作用就强，因此，循环交替条件决定了岩溶发育的总趋势及岩溶作用的强烈程度。此外，循环通道的特性，如孔隙或断裂系统的位置、方向、密度、大小及通畅交叉情况等，决定着各种地下岩溶的形态、位置、大小及延伸方向。

在各种可溶性岩层中，石灰岩、泥灰岩、白云岩及大理岩中发育较慢；盐岩、石膏及石膏质岩层中发育较快。

2. 岩溶地基评价和处理措施

岩溶地基的评价与处理是山区建设中经常遇到的问题，首先是查明与评价，其次是预防与处理。

查明与评价包括了解岩溶的发育规律、分布情况和稳定程度。当场地存在下述问题时，可判定未经处理不宜作为地基：

1）浅层有洞体或溶洞群，洞径较大，且不稳定。

2）埋藏有漏洞、槽谷等，并覆盖有软弱土体。

3）土洞或塌陷成群发育地段。

4）岩溶水排泄不畅，可能有淹没的地段。

岩溶对地基稳定性的影响主要表现在下述几方面：

1）地基主要受力层范围内如有溶洞、暗河等，在附加荷载或振动作用下，溶洞顶板可能塌陷，造成地基突然下沉。

2）溶洞、溶槽、石芽、漏斗等岩溶形态造成基岩面起伏较大，使地基不均匀。

3）基础埋置在基岩上，其附近有溶沟、竖向岩溶裂隙、落水洞等，有可能使基础下岩层沿倾向上述临空面的软弱结构面产生滑动。

4）岩溶地区较复杂的水文地质条件易产生新的工程地质问题。

在不稳定的岩溶地区进行建设，首先应考虑避开岩溶强烈发育区，不能避开时应结合岩溶的形态、工程要求、施工条件和经济安全原则进行处理。具体处理措施有：

(1) 清爆换填。对浅层洞体，若顶板不稳定，可清除覆土，爆开顶板，挖去松软填充物，分层回填上粗下细碎石滤水层，然后建造基础。

(2) 梁、板跨越。对于洞壁完整、强度较高而顶板破碎的岩溶地基，宜采用钢筋混凝土梁、板跨越，但支承点必须落在较完整的岩面上。

(3) 洞底支撑。对跨度较大、顶板完整但厚度较薄的溶洞地基，宜采用石砌柱或钢筋混凝土柱支撑洞顶，此方法应注意查明洞底的稳定性。

(4) 水流排导。岩溶水的处理应采取疏导的原则，一般采用排水隧洞、排水管道等进行疏导，以防止水流通道堵塞，造成动水压力对基坑底板、地坪及道路等的不良影响。

13.4.3 土洞

土洞也属于土岩地基组成部分，是可溶性岩层的上覆土层在地表水冲蚀或地下水潜蚀作用下所形成的洞穴。由于埋藏浅、分布密、发育快、顶板强度低，对工程危害非常大。

1. 土洞分类

土洞按其成因可分为三类：

(1) 地表水形成的土洞。当地下水深埋于基岩面之下，岩溶以垂直形态为主的山区，土洞以地表水潜蚀为主。地表水通过土中裂隙、生物孔洞、石芽边缘等通道渗入地下，借冲蚀作用自上而下逐渐形成漏斗形土洞，或形成地面塌陷。

(2) 地下水形成的土洞。当地下水埋藏浅，略具承压性，岩溶以水平形态为主的准平原地区，土洞以地下水潜蚀为主。即地下水位频繁升降于岩土交界面附近，加剧水的潜蚀和吸蚀作用，为土洞的形成和发展提供了必要条件。

(3) 人工降水形成的土洞。如果地下动、静水位高于基岩面，且岩石裂隙及岩溶较发育，则人工降水可使地下水位迅速下降和水动力条件急剧变化，同样造成水力梯度增大，地下水潜蚀作用加强，从而在岩土界面附近形成土洞。

2. 影响土洞发育的因素

土洞或地表塌陷的形成和发展，受到地区地质构造、水文地质、岩溶发育、地表排水以及人为改变地下水动力条件等诸因素的影响。其中，土、岩溶与水的活动是缺一不可的条件。

(1) 土质和土层厚度的影响。土洞多位于黏性土层中，黏性土的黏粒成分、黏聚力、水稳性不同，是使得同一地区在其他条件相似情况下土洞分布不均的原因之一。凡颗粒细、黏性大、胶结好、水理性稳定的土层，不易形成土洞。在溶槽处，经常有软黏土分布，其抗冲蚀能力弱，且处于地下水流首先作用的场所，是土洞发育的有利部位。应提及的是，当形成土洞的其他条件相似而土的性质不同时，仅反映为土洞的发展速度不同，并不能得出某种土不可能形成土洞的结论。

土层厚薄对土洞的形成、由土洞发展到地表塌陷所需时间以及塌陷形成后的断面形状等都有一定影响。一般土层越厚，土洞发展至地面塌陷所需时间越长，且易形成自然拱而不易扩展到地表。对于由地表水作用形成的土洞，只要具备土洞发育条件，水的补给充足，不论土层厚薄均可形成塌陷，仅表现为出现塌陷的时间不同而已。

(2) 基岩中岩溶发育的影响。土洞是岩溶作用的产物，因此它的分布同样受到决定岩溶发育的岩性、岩溶水、地质构造等因素的控制。土洞发育区必然是岩溶发育区，土洞或塌陷下的基岩中必有岩溶水通道，尽管这一通道不一定是巨大的裂隙或岩溶空间，尤其是对地表水形成的土洞。

(3) 水的影响。由于水是形成土洞的外因和动力，所以土洞的分布规律服从于土与水相互作用的规律。许多土洞的开挖显示，空洞洞顶标高一般在地下水位变动幅度以内，而大多位于高水位与平水位之间。

由地表水形成的土洞或塌陷，其规模及发育速度取决于水的补给条件，其作用和发展过程大多是随着水流自上而下地发生，只有地表水渗入土中流经一段水平距离再注入基岩情况可出现自下而上发育的土洞。由地下水作用形成的土洞，其规模和发育速度与水动力条件、水位升降幅度及频率有关。由人工降水形成的土洞，由于流速和水位升降幅度及频数都较自然条件下大得多，因此土洞与塌陷区的发育强度也要大得多。

3. 土洞与地面塌陷的防范及处理

(1) 处理地表水和地下水。做好地表水截流、防渗和堵漏等，杜绝地表水渗入。对形成土洞的地下水，当地质条件许可时，可采用截流、改道方法，防止土洞和地表塌陷的发展。

(2) 挖填处理。对地表水形成的浅层土洞和塌陷先挖除软土，然后用块石或片石混凝土回填。对地下水形成的土洞和塌陷，可采用挖除软土和抛填块石后做反滤层，面层用黏土夯实。有些土洞若挖除工程量太大，可采用强夯法将土洞夯塌，然后用碎石土回填并逐层夯实。

(3) 灌砂处理。对于埋藏深、洞径大的土洞，在洞体板上钻两个或多个钻孔，其中之一作为排气孔，孔径为 50mm 左右，另一个用来灌砂，孔径大于 100mm，灌砂同时冲水，直到排气孔冒砂为止。如土洞内有水灌砂困难时，可采用压力灌注强度等级为 C15 的细石混凝土，也可灌注水泥和砾石。

(4) 垫层处理。在基础底面下夯填黏性土夹碎石作垫层，以提高基底标高，减小土洞顶板的附加压力。

(5) 梁板跨越。当塌陷区范围较大、地下岩溶强烈发育的地段，或者直径和危险性都较小的深埋土洞，当土层的稳定性较好时，可不处理洞体，而在洞顶上以桥梁形式跨越土洞群和塌陷区。

(6) 采用桩基等深基础。对重要建筑物，当土洞较深时，可采用桩基或沉井穿过覆盖土层，将建筑物荷载直接传至稳定岩层。

13.5 多年冻土地基

多年冻土指天然条件下冻结状态持续三年或三年以上的土层。在一个年度周期内经历着冻结和未冻结两种状态的土为季节性冻土。我国多年冻土分布面积约为 215 万 km^2，主要分布在高纬度地区和高海拔地区。

1. 融沉性

冻土地基存在冻胀和融陷。冻胀是由于土在冻结过程中，土中水分转化为冰时产成的土体体积膨胀，可以造成地基土隆起，对构筑物产生冻胀力。融陷是冻土在融化过程中无外荷作用时产生的沉降，可造成土层软化和土体强度降低，并使构筑物产生较大沉降和不均匀沉降。

多年冻土对工程的主要危害是融沉性（也可称融陷性），融沉性的大小用平均融化下沉系数 δ_0 表示，有

$$\delta_0=\frac{h_1-h_2}{h_1}=\frac{\Delta h}{h_1}=\frac{e_1-e_2}{1+e_1}\times 100\% \tag{13-9}$$

式中：h_1、h_2、Δh 分别为冻土试样融化前后高度和融陷量，mm；e_1、e_2 为冻土试样融化前后孔隙比。

根据 δ_0 的大小多年冻土可被分为不融沉、弱融沉、融沉、强融沉、融陷五类。

冻土融化时除了产生融沉外，在外荷作用下还会由于土中水的逐渐排出而产生压缩下沉，称为融化压缩。在荷载作用下，融沉与融化压缩是耦合在一起的两种作用，一般较难从发生时间上区分。

2. 设计规定

由于冻土在冻结和融化两种状态下力学特性相差甚远，故选择多年冻土地基的设计状态很重要。根据《冻土地区建筑地基基础设计规范》(JGJ 118—98）规定，将多年冻土用作建筑地基时，可采用下列三种状态之一进行设计：

1）多年冻土以冻结状态用作地基，即在建筑物施工和使用期间，地基土始终保持冻结状态。

2）多年冻土以逐渐融化状态用作地基，即在建筑物施工和使用期间，地基土处于逐渐融化状态。

3）多年冻土以预先融化状态用作地基，即在建筑物施工之前，使地基融化至计算深度或全部融化。

保持冻结状态的设计宜用于下列之一的情况：①多年冻土的年平均地温低于－1.0℃的场地；②持力层范围内的地基土处于坚硬冻结状态；③最大融化深度范围内，存在融沉、强融沉、融陷性土及其夹层的地基；④非采暖建筑或采暖温度偏低，占地面积不大的建筑物地基。

逐渐融化状态的设计宜用于下列之一的情况：①多年冻土的年平均地温为－0.5～－1.0℃的场地；②持力层范围内的地基土处于塑性冻结状态；③在最大融化深度范围内，地基为不融沉和弱融沉性土；④室温较高、占地面积较大的建筑，或热载体管道及给排水系统对冻层产生热影响的地基。

预先融化状态的设计宜用于下列之一的情况：①多年冻土的年平均地温不低于－0.5℃的场地；②持力层范围内地基土处于塑性冻结状态；③在最大融化深度范围内，存在变形量为不允许的融沉、强融沉和融陷土及其夹层的地基；④室温较高、占地面积不大的建筑物地基。

另外，设计时注意对一栋整体建筑物采用同一种设计状态；对同一建筑场地遵循一个统一的设计状态。

3. 基础埋置深度

多年冻土地区基础埋置深度的选择应考虑多年冻土层的上、下限（图 13－8）。对不衔接的多年冻土地基，当房屋热影响的稳定深度范围内地基土的稳定和变形都能满足要求时，应按季节冻土地基计算基础的埋深。对衔接的多年冻土，当按保持冻结状态利用多年冻土作地基时，基础的最小埋置深度应根据土的设计融深 z_d^m 确定，并应符合表 13－6 的规定。

4. 地基计算

多年冻土地区建筑物地基设计中，应对地基进行静力计算和热工计算。地基的静力计算包括承载力计算，变形计算和稳定性验算。确定冻土地基承载力时，应计入地基土的温度影响。地基热工计算应对持力层内温度特征值进行计算。另外，建造于山坡的建筑物，其地基应进行冻融界面的稳定性验算。

关于地基计算的具体方法可参阅《冻土地区建筑地基基础设计规范》(JGJ 118—98)。

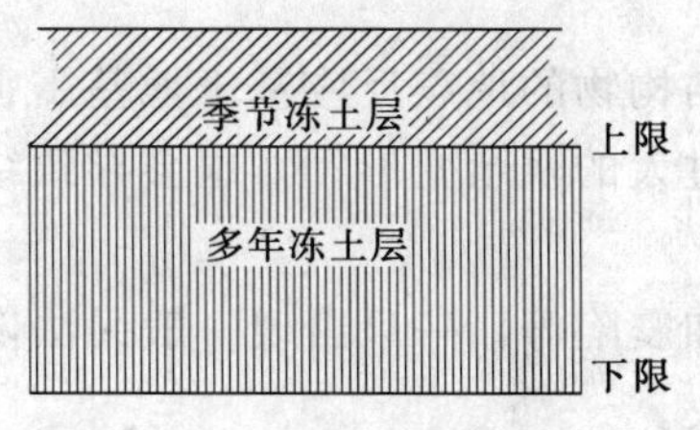

图 13-8 多年冻土的上限和下限

表 13-6 多年冻土地基基础最小埋置深度

建筑物安全等级	基 础	基础最小埋深 (m)
一级、二级	建筑物基础(桩基除外)	z_d^m+1
	建筑物的桩基础	z_d^m+2
三级	建筑物基础	z_d^m

13.6 地 震 区 地 基

13.6.1 基本概念

我国处于世界上环太平洋地震带和欧亚地震带两大地震带之间，是一个地震多发国家。1976 年唐山大地震和 2008 年汶川大地震造成的惨重损失震惊世界。地震是地壳运动的一种特殊形式，按其成因可分为构造地震、火山地震、诱发地震和陷落地震。其中构造地震最为常见，约占地震总数的 90%。

地震活动频繁而猛烈的地区称地震区。地震时产生剧烈振动的地震发源地叫震源，震源正上方的地面位置叫震中。按震源的深浅，地震被分为浅源地震（小于 70km)、中源地震（70～300km）和深源地震（大于 300km)。

地震引起的振动以波的形式从震源向各个方向传播并释放能量。地震波包含在地球内部传播的体波和只限于在地面附近传播的面波。其中体波又分纵波和横波，面波是体波经地层界面多次反射形成的次生波。

地震震级指一次地震释放的能量大小，地震烈度是指某一地区遭受该次地震时所受到的影响程度。一次地震只有一个震级，但一次地震在不同地点可表现出不同的烈度。根据地震时地震最大加速度、建筑物损坏程度、地貌变化特征、地震时人的伤亡及感觉等因素，可建立地震烈度表，绝大多数国家包括我国的地震烈度表均按 12 度划分。

基本烈度是指一个地区今后一定时期（100 年）内，一般场地条件下可能遭遇的最大地震烈度，由国家地震局编制的《中国地震烈度区划图》确定。抗震设防烈度是指一个地区作为抗震设防依据的地震烈度，按国家规定权限审批或颁发的文件执行。常见的抗震设防烈度为Ⅵ度、Ⅶ度、Ⅷ度、Ⅸ度，与设计基本地震加速度值间的对应关系见表 13-7。

表 13-7 抗震设防烈度和设计基本地震加速度值的对应关系

抗震设防烈度	Ⅵ	Ⅶ	Ⅷ	Ⅸ
设计基本地震加速度值	$0.05g$	$0.10\ (0.15)\ g$	$0.20\ (0.30)\ g$	$0.40g$

注 g 为重力加速度；表中括号指尚存在地震加速度为 $0.15g$ 和 $0.30g$ 的区域。

我国制定的《建筑抗震设计规范》(GB 50011—2001) 给出了我国主要城镇抗震设防烈度，可供查用。《建筑抗震设计规范》适用于抗震设防烈度为Ⅵ～Ⅸ度地区建筑工程的抗震设计及隔震、消能减震设计。对于抗震设防烈度大于Ⅸ度地区的建筑及行业有特殊要求的工业建筑，其抗震设计应按有关专门规定执行。

13.6.2 地基震害现象

地震对建筑物的破坏都是通过地基传至结构物，所以结构物的地震反应基于地基震害分析。另外，地震作用下地基本身的失效，如强度降低或过大的残余变形等，也会导致结构的进一步破坏。

地基的震害现象包括地表滑坡、地表断裂、震动液化和震陷等，一旦出现一般无法恢复，由此引起的结构破坏也往往无法通过提高设计标准解决。

1. 地表滑坡

滑坡是山区和丘陵地区的重要震害特征。地震导致滑坡的原因可分为两方面：一是地震时边坡滑动体承受了附加惯性力，加大了下滑力；二是土体受震趋于密实，孔隙水压力增高，有效应力降低，甚至产生液化，减小了阻滑力。所以，地震滑坡的发生与震前地貌特征、边坡稳定性等因素有关。地质调查表明：凡发生过地震滑坡的地区，地层中几乎都有夹砂层。根据现有的资料，地震滑坡尚未在均质黏性土内发生过。

2. 地表断裂

地表断裂又称地裂缝，分构造地裂缝和重力地裂缝。构造地裂缝是地震中断层错动在地表形成痕迹，是地震区高烈度的标志。重力地裂缝是在地震震动作用下，由于地貌重力影响或地表土质软硬不匀而形成的地面浅部开裂。地表断裂与地震滑坡引起的地层相对错动有密切关系，河流两岸、深坑边缘或其他有临空自由面的地带往往地裂发育。

3. 震动液化

地震震动使排列较松散的土颗粒产生变密趋势，体积减小。饱和砂土在体积突然减少时由于来不及排出孔隙水而使孔隙水承受压力，在土体内部产生超静孔隙水压力，导致有效应力减小，土体抗剪强度降低。在周期性地震荷载作用下，孔隙水压力逐渐累积，当有效应力接近零时土体呈现液体特性，即“土体液化”。地震液化会引起地表裂缝中喷水冒砂、地面下陷、场地失效、建筑物产生沉降和倾斜等灾害。

场地地震液化的判别可按《建筑抗震设计规范》(GB 50011—2001) 规定进行：

(1) 对于饱和砂土和饱和粉土（不含黄土），Ⅵ度时，一般情况下可不进行判别和处理，但对液化沉陷敏感的乙类建筑可按Ⅶ度的要求进行判别和处理；Ⅷ～Ⅸ度时，乙类建筑可按本地区抗震设防烈度的要求进行判别和处理。

(2) 对于存在饱和砂土和饱和粉土（不含黄土）的地基，除Ⅵ度设防外，应进行液化判别；存在液化土层的地基，应根据建筑的抗震设防类别，地基的液化等级，结合具体情况采取相应的措施。

(3) 饱和的砂土或粉土（不含黄土），当符合下列条件之一时，可初步判别为不液化或可不考虑液化影响：

1) 地质年代为第四级晚更新世（Q_3）及其以前时，Ⅶ度、Ⅷ度时可判为不液化。

2) 粉土的黏粒（粒径小于 0.005m 的颗粒）含量百分率，Ⅶ度、Ⅷ度和Ⅸ度分别不小于 10、13 和 16 时，可判别为不液化土。此处注意用于液化判别的黏粒含量系采用六偏磷酸钠作分散剂测定，采用其他方法时应按有关规定换算。

3）天然地基的建筑，当上覆非液化土层厚度和地下水位深度符合下列条件之一时，可不考虑液化影响：

$$\left.\begin{array}{l} d_u > d_0 + d_b - 2 \\ d_w > d_0 + d_b - 3 \\ d_u + d_w > 1.5d_0 + 2d_b - 4.5 \end{array}\right\} \quad (13-10)$$

式中：d_w 为地下水位深度，m，宜按设计基准期内年平均最高水位采用，也可按近期内年最高水位采用；d_u 为上覆盖液化土层厚度，m，计算时宜将淤泥和淤泥质土层扣除；d_b 为基础埋置深度，m，不超过 2m 时应采用 2m；d_0 为液化土特征深度，m，可按表 13-8 采用。

（4）当初步判别认为需进一步进行液化判别时，应采用标准贯入试验判别法判别地面下 15m 深度范围内的液化；当采用桩基或埋深大于 5m 的深基础时，尚应判别 15～20m 范围内土的液化。当饱和土标准贯入锤击数（未经杆长修正）小于液化判别标准贯入锤击数临界值时，应判为液化土。当有成熟经验时，尚可采用其他判别方法。

表 13-8　液化土特征深度　单位：m

饱和土类别 \ 设防烈度	Ⅶ	Ⅷ	Ⅸ
粉土	6	7	8
砂土	7	8	9

在地面下 15m 深度范围内，液化判别标准贯入锤击数临界值可按下式计算

$$N_{cr} = N_0[0.9 + 0.1(d_s - d_w)]\sqrt{\frac{3}{\rho_c}}\ (d_s \leqslant 15\text{m}) \quad (13-11)$$

在地面下 15～20m 范围内，液化判别标准贯入锤击数临界值可按下式计算

$$N_{cr} = N_0[2.4 - 0.1d_s]\sqrt{\frac{3}{\rho_c}}\ (15\text{ m} < d_0 \leqslant 20\text{m}) \quad (13-12)$$

式中：N_{cr} 为液化判别标准贯入锤击数临界值；N_0 为液化判别标准贯入锤击数基准值，应按表 13-9 采用；d_s 为饱和土标准贯入点深度，m；ρ_c 为黏粒含量百分率，当小于 3 或为砂土时，应采用 3；d_w 为地下水位深度，m。

表 13-9　标准贯入锤击数基准值表

设计地震分组 \ 设防烈度	Ⅶ	Ⅷ	Ⅸ
第一组	6（8）	10（13）	16
第二、第三组	8（10）	12（15）	18

注　括号内数值用于设计基本地震加速度为 0.15g 和 0.30g 的地区。

（5）对存在液化土层的地基，应探明各液化土层的深度和厚度，按下式计算每个钻孔的液化指数，并按表 13-10 综合划分地基的液化等级

$$I_{lE} = \sum_{i=1}^{n}\left(1 - \frac{N_i}{N_{cri}}\right)d_i W_i \quad (13-13)$$

式中：I_{lE} 为液化指数；n 为在判别深度范围内每一个钻孔标准贯入试验点的总数；N_i、N_{cri} 分别为 i 点标准贯入锤击数的实测值和临界值，当实测值大于临界值时应取临界值的数值；d_i 为 i 点所代表的土层厚度，m，可采用与该标准贯入试验点相邻的上下两标准贯入试验点深度差的一半，但上界不高于地下水位深度，下界不深于液化深度；W_i 为 i 土层单位土层厚度的层位影响权函数值，m^{-1}，若判别深度为 15m，当该层中点深度不大于 5m 时应采用 10m，等于 5m 时应采用零值，5～10m 时应按线性内插法取值；若判别深度为 20m，当该层中点深度不大于 5m 时应采用 10m，等于 20m 时应采用零值，5～20m 时应按线性内插法取值。

表 13－10　　液 化 等 级

液化等级	轻微	中等	严重
判别深度为 15m 时的液化指数	$0 \leqslant I_{lE} \leqslant 5$	$5 \leqslant I_{lE} \leqslant 15$	$I_{lE} \leqslant 15$
判别深度为 20m 时的液化指数	$0 \leqslant I_{lE} \leqslant 6$	$6 \leqslant I_{lE} \leqslant 18$	$I_{lE} \leqslant 18$

4. 土的震陷

震陷在地震中表现为地面巨大的沉陷，建筑物产生沉降或不均匀沉降。震陷一般发生于砂性土或淤泥质土中，产生原因有多种，如松砂经振动后密实；饱和砂土经振动后液化；饱和黏性土在振动荷载下土中应力增加、土体结构受到扰动后强度急剧降低等。土的震陷不仅使建筑物产生过大的沉降，而且产生较大的差异沉降和倾斜，影响建筑物的安全与使用。

13.6.3　地基基础抗震设计原则

地基基础抗震设计的任务是保证在地震过程中和地震停止后，地基在强度和变形方面能满足使用要求。抗震设计应以预防为主，从地基基础角度可考虑下述方法和措施。

1. 建筑场地选择

建筑物场地的土质条件、地形条件、地质构造、地下水位及场地土覆盖层厚度等对地基震害和结构的地震反应有显著影响。对建筑抗震极为不利的土质和场地包括软弱土、液化土、孤突的山梁、山丘、条状山嘴、高差较大的台地、陡坡及故河道岸边等。另外，地质构造中具有断层薄弱环节、地下水位较高、或覆盖层厚度较大的区域也是建筑抗震的不利地段。

应尽量选择对抗震措施有利的场地，避开对抗震不利的场地，实在无法避开时，应采取适当的抗震措施。

在选择建筑平立面布置和结构方案时应仔细考虑小区域的场地因素，应避免结构与场地"共振"。

2. 地基和基础抗震措施

根据地基震害特点可考虑一些有效的抗震构造措施，如控制荷载的对称与均匀性；对工业厂房在屋架下弦预留净空；在墩、柱间设置抗水平力的构件；加强基础和上部结构整体刚度，设置闭合的地梁、圈梁等。

由于基础处于建筑物底部，又受到岩土介质的约束，所以大多地基在Ⅶ～Ⅷ度下基础本身的震害是较小的，但提高基础的防震性能可减小上部结构的震害。基础防震性能的提高可通过合理加大基础埋置深度、采用整体性较好的浅基础形式（如筏形基础、箱形基础、十字交叉条形基础等）、采用桩基础等深基础。

3. 场地抗液化措施

场地液化防治可从结构和地基两方面采取措施，表 13－11 是《建筑抗震设计规范》(GB 50011—2001) 提出的抗液化措施的指导意见。

(1) 全部消除地基液化沉陷的措施。采用桩端伸入液化深度以下稳定土层中的桩基和深基础；采用处理至液化深度下界的加密法（如振冲、振动加密、挤密碎石桩、强夯等）加固；采用非液化土替换全部液化土层等。

(2) 部分消除地基液化沉陷的措施。应使处理后的地基液化指数减少，当判别深度为 15m 时，其值不宜大于 4，当判别深度为 20m 时，其值不宜大于 5；对独立基础和条形基础，处理深度尚不应小于基础底面下液化土特征深度和基础宽度的较大值。

表 13－11　抗液化措施

建筑抗震设防类别	地基的液化等级		
	轻　微	中　等	严　重
乙	部分消除液化沉陷，或对基础和上部结构处理	全部消除液化沉陷，或部分消除液化沉陷且对基础和上部结构处理	全部消除液化沉陷
丙	基础和上部结构处理，亦可不采取措施	基础和上部结构处理，或更高要求的措施	全部消除液化沉陷或部分消除液化沉陷且对基础和上部结构处理
丁	可不采取措施	可不采取措施	基础和上部结构处理，或其他经济的措施

（3）减轻液化影响的基础和上部结构处理。可综合采用选择合适的基础埋置深度；调整基底面积，减少基础偏心；加强基础的整体性和刚度，如采用箱形基础、筏形基础或钢筋混凝土交叉条形基础，加设基础圈梁等；减轻荷载，增强上部结构的整体刚度和均匀对称性，合理设置沉降缝，避免采用对不均匀沉降敏感的结构形式等。

4. 天然地基基础抗震强度验算

对于需要进行抗震验算的天然地基，应采用地震作用效应标准组合，且地基抗震承载力应取地基承载力特征值乘以地基抗震承载力调整系数计算。

地基土竖向抗震承载力应满足

$$p \leqslant \zeta_a f_a \qquad (13-14)$$

$$p_{\max} \leqslant 1.2\zeta_a f_a$$

式中：p 为地震作用效应标准组合的基础底面平均压力，kPa；$p_{\max}$ 为地震作用效应标准组合的基底边缘处最大压力，kPa；f_a 为经深度宽度修正后地基承载力特征值，kPa；ζ_a 为地基土抗震承载力调整系数，按表13－12采用。

表 13－12　地基土抗震承载力调整系数

岩 土 名 称 和 性 状	ζ_a
岩石，密实的碎石土，密实的砾，粗，中砂，$f_{ak} \geqslant 300$ 的黏性土和粉土	1.5
中密、稍密的碎石土，中密、稍密的砾，粗，中砂，密实和中密的细，粉砂，$150 \leqslant f_{ak} < 300$ 的黏性土和粉土，坚硬黄土	1.3
稍密的细，粉砂，$100 \leqslant f_{ak} < 150$ 的黏性土和粉土，可塑黄土	1.1
淤泥，淤泥质土，松散的砂，杂填土，新近堆积黄土及流塑黄土	1.0

高宽比大于 4 的高层建筑，在地震作用下基础底面不宜出现拉应力；其他建筑，基础底面与地基土之间零应力区面积不应超过基础底面面积的 15%。

5. 桩基础抗震强度验算

非液化土中低承台桩基的抗震验算应符合下列规定：单桩的竖向和水平向抗震承载力特征值，均可比非抗震设计时提高 25%。当承台周围的回填土夯实至干密度不小于《建筑地基基础设计规范》（GB 50007—2002）对填土的要求时，可由承台正面填土与桩共同承担水平地震力作用；但不应计入承台底面与地基土间的摩擦力。

存在液化土层的低承台桩基抗震验算时应符合下列规定：①不计承台周围土的抗力或刚性地坪对水平地震力的分担作用；②当桩承台底面上、下分别有厚度不小于1.5m、1.0m 的非液化土层或非软弱土层时，可按下列两种情况中的不利情况进行桩的抗震验算，一是桩承受全部地震作用，桩的承载力按有关规范取用，但液化土的桩周摩阻力及桩水平抗力均应乘以表 13-13 的折减系数，二是地震作用按水平地震影响系数最大值的 10%采用，桩承载力应扣除液化土层的全部摩擦阻力及桩承台下 2m 深度范围内非液化土的桩周摩阻力；③液化土中桩的纵筋布置自桩顶至液化深度以下全长设置，箍筋应加密。

表 13-13　　土层液化影响折减系数

实际标贯锤击数/临界标贯锤击数	深度 d_s（m）	折减系数
≤0.6	$d_s \leqslant 10$	0
	$10 < d_s \leqslant 20$	1/3
>0.6～0.8	$d_s \leqslant 10$	1/3
	$10 < d_s \leqslant 20$	2/3
>0.8～1.0	$d_s \leqslant 10$	2/3
	$10 < d_s \leqslant 20$	1

由于对桩、土、承台和上部结构在地震中的动力相互作用的了解还很不够，目前通用的桩基抗震验算方法还不可能很准确地反映桩和承台工作情况。因此，桩基础在通过抗震验算以后，应注意采取构造措施予以适当加强。

思　考　题

13-1　膨胀土对建筑物有哪些危害？膨胀土地区工程处理措施有哪些？

13-2　如何根据湿陷系数判定黄土的湿陷性？如何划分地基的湿陷等级？湿陷性黄土地基处理有哪些方法？

13-3　什么是土岩组合地基、岩溶、土洞和红黏土地基？

13-4　简述多年冻土地基特点。

13-5　什么是震级、地震烈度、基本烈度及抗震设防烈度？

13-6　地基震害现象有哪些？

13-7　抗液化措施有哪些？

习　题

13-1　某电厂灰坝工地，强夯施工前，钻孔每隔 1m 取土样，测得各土样 δ_{zs} 和 δ_s 见表 13-14，试确定该场地的湿陷类型和地基的湿陷等级（取 $\beta_0=0.5$）。

表 13-14

取土深度（m）	1	2	3	4	5	6	7	8	9	10
δ_{zs}	0.017	0.022	0.022	0.022	0.026	0.039	0.043	0.029	0.014	0.012
δ_s	0.086	0.074	0.077	0.078	0.087	0.094	0.076	0.049	0.012	0.002
备注	δ_{zs} 和 $\delta_s < 0.015$ 属非湿陷性土层									

[答案：10.45cm，自重湿陷性黄土场地；71.25cm，该湿陷性黄土地基的湿陷等级可判为Ⅲ级（严重）]

13-2　某膨胀土样室内土工实验，测得土样原始体积为 10mL，膨胀稳定后体积增大为 16.1mL。试求此土样的自由膨胀率，并确定该膨胀土的膨胀潜势。

（答案：61%，弱）

参考文献

[1] 陈书申，陈晓平．土力学与地基基础．3版．武汉：武汉理工大学出版社，2006.
[2] 东南大学，浙江大学等四校合编．土力学．2版．北京：中国建筑工业出版社，2005.
[3] 华南理工大学，浙江大学，湖南大学编．基础工程．北京：中国建筑工业出版社，2003.
[4] 陈仲颐，周景星，王洪瑾编．土力学．北京：清华大学出版社，1994.
[5] 冯国栋主编．土力学．北京：水利电力出版社，1984.
[6] 钱家欢主编．土力学．2版．南京：河海大学出版社，1995.
[7] 陈希哲编著．土力学地基基础．3版．北京：清华大学出版社，1998.
[8] R F Craig. Soil Mechanics（1997，Sixth Edition）. Published by E&FN Spon，London SE1 8HN，UK.
[9] T W Lambe，R V Whitman. Soil Mechanics. 1979 John Wiley & Sons Inc.
[10] 黄文熙主编．土的工程性质．北京：水利电力出版社，1983.
[11] 钱家欢，殷宗泽主编．土工原理与计算．2版．北京：水利电力出版社，1994.
[12] 董建国，沈锡英，钟才根编．土力学与地基基础．上海：同济大学出版社，2005.
[13] 李广信主编．高等土力学．北京：清华大学出版社，2004.
[14] 陈晓平编著．基础工程设计与分析．北京：中国建筑工业出版社，2005.
[15] 史佩栋，等编著．深基础工程特殊技术问题．北京：人民交通出版社，2004.
[16] 顾晓鲁，等编．地基与基础．北京：中国建筑工业出版社，2003.
[17] 王秀丽主编．基础工程．重庆：重庆大学出版社，2001.
[18] 袁聚云，等编．基础工程设计原理．上海：同济大学出版社，2001.
[19] 白晓红主编．基础工程设计原理．北京：科学出版社，2005.
[20] 高大钊，等编著．天然地基上的浅基础．北京：机械工业出版社，2002.
[21] 张季容，朱向荣编著．简明建筑基础计算与设计手册．北京：中国建筑工业出版社，1997.
[22] 史佩栋主编．实用桩基工程手册．北京：中国建筑工业出版社，2002.
[23] 宰金珉，宰金璋．高层建筑基础分析与设计——土与结构物共同作用的理论与应用．北京：中国建筑工业出版社，1993.
[24] 沈杰编．地基基础设计手册．上海：上海科学技术出版社，1988.
[25] 董建国，赵锡宏著．高层建筑地基基础——共同作用理论与实践．上海：同济大学出版社，1997.
[26] 陈忠汉，等．深基坑工程．2版．北京：机械工业出版社，2002.
[27] 蒋国胜，等．基坑工程．北京：中国地质大学出版社，2000.
[28] 崔江余，梁仁旺．建筑基坑工程设计计算与施工．北京：中国建材工业出版社，1999.
[29] 赵明华主编．土力学与基础工程．2版．武汉：武汉理工大学出版社，2000.
[30] 林鸣，徐伟．深基坑工程信息化施工技术．北京：中国建筑工业出版社，2006.
[31] 杨克己．实用桩基工程．北京：人民交通出版社，2004.
[32] 刘金砺．桩基础设计与计算．北京：中国建筑工业出版社，1996.
[33] 陆震铨，祝国荣编译．地下连续墙的理论与实践．北京：中国铁道出版社，1987.
[34] 周申一，张立荣，杨仁杰，杨永灏．沉井沉箱施工技术．北京：人民交通出版社，2005.
[35] 黄绍铭，高大钊主编．软土地基与地下工程．北京：中国建筑工业出版社，2005.

［36］ 龚晓南主编．地基处理技术发展与展望．北京：中国水利水电出版社，知识产权出版社，2004.

［37］ 龚晓南主编．地基处理手册．北京：中国建筑工业出版社，2000.

［38］ 叶书麟，叶观宝编著．地基处理与托换技术．北京：中国建筑工业出版社，2005.

［39］ 刘永红主编．地基处理．北京：科学出版社，2005.

［40］ 《工程地质手册》编委会编．工程地质手册．北京：中国建筑工业出版社，2007.

［41］ 《地基处理手册》编委会．地基处理手册．2 版．北京：中国建筑工业出版社，2001.

［42］ 《土工合成材料工程应用手册》编委会．土工合成材料工程应用手册．北京：中国建筑工业出版社，2000.

［43］ 李相然．土力学应试指导．北京：中国建材工业出版社，2001.

［44］ 王铁行．岩土力学与地基基础题库及题解．北京：中国水利水电出版社，2004.

［45］ 水利部南京水利科学研究院主编．土工试验方法标准（GB/T 50123—1999）．

［46］ 交通部公路科学研究院主编．公路土工试验规程（JTJ 051—93）．

［47］ 建设部综合勘察研究设计院主编．岩土工程勘察规范（GB 50021—2002）．

［48］ 中国建设科学研究院主编．建筑地基基础设计规范（GB 50007—2002）．

［49］ 交通部公路规划设计院主编．公路桥涵设计通用规范（JTJ 021—89）．

［50］ 交通部公路规划设计院主编．公路桥涵地基与基础设计规范（JTJ 024—85）．

［51］ 中国建筑科学研究院主编．建筑结构荷载规范（GB 50009—2001）．

［52］ 中国建筑科学研究院主编．建筑桩基技术规范（JGJ 94—94）．

［53］ 中华人民共和国行业标准．建筑基坑支护技术规程（JGJ 120—99）．

［54］ 中国建筑科学研究院主编．高层建筑箱形与筏形基础技术规范（JGJ 6—99）．

［55］ 中国建筑科学研究院主编．混凝土结构设计规范（GB 50010—2002）．

［56］ 中国建筑科学研究院主编．软土地区工程地质勘察规范（JGJ 83—91）．

［57］ 中华人民共和国国家标准．建筑抗震设计规范（GB 50011—2001）．

［58］ 中华人民共和国国家标准．膨胀土地区建筑技术规范（GBJ 112—87）．

［59］ 中华人民共和国国家标准．湿陷性黄土地区建筑规范（GB 50025—2004）．

［60］ 水利部华北水利水电学院主编．岩土工程基本术语标准（GB/T 50279—98）．

［61］ 建设部综合勘察研究设计院主编．建筑岩土工程勘察基本术语标准（JTJ 84—92）．

［62］ 交通部公路规划设计院主编．公路工程名词术语（JTJ 002—87）．

［63］ 中国土木工程学会土力学与基础工程学会主编．土力学及基础工程名词（汉英及英汉对照）．2 版．北京：中国建筑工业出版社，1991.

［64］ 龚晓南，潘秋元，张季容主编．土力学及基础工程实用名词词典．杭州：浙江大学出版社，1993.